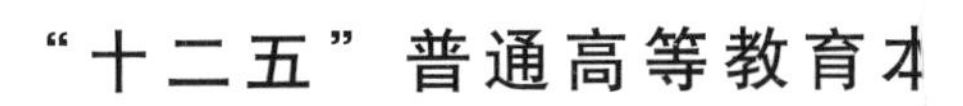

计算机图形学

——原理、方法及应用

（第4版）

主　编　潘云鹤

副主编　童若锋　耿卫东　唐　敏　童　欣

中国教育出版传媒集团

高等教育出版社·北京

内容提要

本书第3版是“十二五”普通高等教育本科国家级规划教材。

本书根据计算机图形学近十余年的重要进展，对内容进行了较大篇幅的扩充，增加了“基于视觉及人工智能的三维重建”“虚拟现实与增强现实”“计算机动画与游戏”“三维运动的碰撞处理”等章节，并在第1章中增加了“计算机图形输入输出设备与系统”一节。同时扩充了真实感图形显示领域的大量新内容。本书加入了对于计算机图形学重要工具 OpenGL 的介绍，并与相关章节的原理与算法相对照，以增强教材的实用性。

本书可作为高等学校计算机、数字媒体、动画等相关专业的基础教材，也可供计算机图形学或相关领域的爱好者参考。

图书在版编目（CIP）数据

计算机图形学：原理、方法及应用 / 潘云鹤主编.--4版.--北京：高等教育出版社，2022.7

ISBN 978-7-04-058250-5

Ⅰ.①计… Ⅱ.①潘… Ⅲ.①计算机图形学-高等学校-教材 Ⅳ.①TP391.41

中国版本图书馆 CIP 数据核字(2022)第025709号

Jisuanji Tuxingxue：Yuanli、Fangfa ji Yingyong

策划编辑 时 阳　责任编辑 时 阳　封面设计 贺雅馨　版式设计 李彩丽
责任绘图 黄云燕　责任校对 高 歌　责任印制 刁 毅

出版发行 高等教育出版社
社 址 北京市西城区德外大街4号
邮政编码 100120
印 刷 山东临沂新华印刷物流集团有限责任公司
开 本 787 mm×1092 mm 1/16
印 张 27.5
字 数 620千字
购书热线 010-58581118
咨询电话 400-810-0598
网 址 http://www.hep.edu.cn
http://www.hep.com.cn
网上订购 http://www.hepmall.com.cn
http://www.hepmall.com
http://www.hepmall.cn
版 次 2001年1月第1版
2022年7月第4版
印 次 2022年7月第1次印刷
定 价 59.00元

本书如有缺页、倒页、脱页等质量问题，请到所购图书销售部门联系调换

物 料 号 58250-00

第 4 版前言

本书第 4 版增编了近十余年来计算机图形学新的重要进展。因此，篇幅有了较大扩展。

由于人工智能与计算机视觉的发展，三维形状的表达与各种应用已越来越重要，它的自动建立、多种表达和处理技术构成了本书新的一章“基于视觉及人工智能的三维重建”。动画技术发展迅速，不仅已成为数字创意产业的核心，而且在科学研究和工程设计的模拟中正开始发挥重要作用。本版为此新增“计算机动画与游戏”和“三维运动的碰撞处理”两章。将计算机图形、立体显示和姿势传感器等软硬件联合使用的“虚拟现实”（VR）技术已经诞生了 30 多年，近年来相关产品价格迅速下降，走向普及。而另一种将计算机图形和其他媒体如图像、视频、声音结合使用的“增强现实”（AR）技术后来居上，发展势头更猛，并有望与跨媒体智能相结合，从而进入更大的发展空间。因此，本版增设了“虚拟现实与增强现实”一章。在计算机图形学的发展中，输入输出设备始终极为重要，因此在第 1 章中增加了“计算机图形输入输出设备与系统”一节。OpenGL 是当今计算机图形学研发者应用最广的工具。本版增设了对 OpenGL 的介绍，并插入有关章节，与其中的原理和算法对照，增加了实用性。“真实感图形绘制”依旧是计算机图形学的热门，本版充实了大量新内容。浙江大学的童若锋、耿卫东、唐敏等教授和微软亚洲研究院的童欣博士参与了本书的扩充与修订工作。

我观察计算机图形学 60 余年的发展，发现其核心目标始终是显示。围绕显示，计算机图形学解决了建模、变换和真实感显示等问题，取得了丰硕的成果。当今，随着人工智能 2.0 的崛起，又有一个新的目标在召唤计算机图形学，那就是视觉形象思维的模拟。视觉形象占人类记忆的大部分。在计算机中对视觉形象的表达、搜索、想象、转换、创造的模拟将开辟人工智能和计算机图形学联合创新与发展的巨大新空间。让我们继续为之努力！

潘云鹤

2021 年 12 月

第3版前言

本书自2004年6月修订本出版以来，受到了很多读者的欢迎，作为高等学校相关专业的研究生、本科生和研究生进修班等不同层次学生的教材，获得较好的效果。近十年来，计算机图形学在三维游戏、计算机动画、虚拟现实等研究成果与应用需求的推动下得到了飞速发展。与计算机图形学相关的学科如计算机视觉、多媒体技术等领域的发展，以及相关硬件如图形采集设备、动作捕捉仪等的成熟也为图形学的高速发展提供了相应的条件。这就使得在图形的表示、处理和绘制等方面都有了较大的更新。为使读者能够掌握计算机图形学中的新方法，我们在《计算机图形学——原理、方法及应用》第二版的基础上进行修订，增加了在计算机动画中经常使用的细分曲线曲面、网格重建与几何处理以及三维游戏、虚拟现实中的关键技术实时绘制等内容，同时也删减了原书中的数据接口与交换标准以及布尔运算与特征造型等偏重于计算机辅助设计方面的内容。为使读者更好地理解和应用网格处理和GPU绘制等新内容，我们在中国高校计算机课程网上提供了相应的代码供读者参考。在修订中，我们注重内容的系统性，从原理、方法和应用三个层面阐述图形学技术，力求使本书内容更丰富、结构更合理、适用面更广。

童若锋、唐敏、张宏鑫、李际军等参加了本书的修订工作。

近年来，计算机图形学通过与图像技术、智能技术、计算机视觉技术等学科的交叉，衍生出了丰富多彩的新内容。学科的交叉不仅使计算机图形学推动了兄弟学科的发展，也促进了图形学本身的快速发展，特别是三维数据采集、立体视觉、GPU等方面的发展对图形学技术产生了重要影响。由于本书的主要功能是作为高等院校教授计算机图形学知识的基础教材，因此在增选内容时重点考虑的是内容的系统性、基础性和主流性。受篇幅限制，还有很多图形学中的新发展、新应用如非真实感绘制、运动捕捉、运动控制、立体视频生成等方面的内容未能介绍。随着图形学与智能技术、计算机视觉技术、互联网技术的进一步交叉与融合，图形学会不断产生新的方法，带动新的应用，感兴趣的读者可进一步关注相关论文和专著中所展示的进展。

因写作时间与水平的局限，书中难免有疏漏之处，敬请读者指正。

潘云鹤

2011年4月1日

修订版前言

本书是2001年1月版的修订本。计算机图形学从20世纪60年代至今短短几十年内在应用需求的驱动下得到了飞速发展，成为计算机应用的主要研究方向之一。与计算机图形学的快速发展相对应，计算机图形学在国内外已有不少教材，但各教材侧重点有所不同，传统的教材注重原理和基本方法，较少涉及CAD等应用领域的实用方法介绍。作者在分析了多年教学过程中使用的国内外教材的优缺点后编写了计算机图形学讲义，并在此基础上完善而写成了《计算机图形学——原理、方法及应用》一书。本书除介绍计算机图形学基础知识、主要算法和应用外，还介绍系统与标准，并有一些在工业界应用的CAD系统实例，使读者既能很好地理解基础理论知识，又能掌握实际的应用方法和系统结构。

2001年1月本书第一版出版后，作为浙江大学和兄弟院校相关专业的研究生、本科生和研究生进修班等不同层次学生的教材，获得较好的教学效果。但计算机技术特别是图形硬件和网络技术的快速发展以及应用需求的推动，使得计算机图形学的知识有了更新和发展，并不断衍生出生机勃勃的学科分支，计算机动画、科学计算可视化等相关技术也日益成熟。为使读者尽快掌握相关知识，并使本书内容更丰富，结构更合理，适用面更广，我们在《计算机图形学——原理、方法及应用》第一版的基础上进行修订，增加了曲线曲面、计算机动画、科学计算可视化等章节，并对造型、真实感绘制等章节进行了调整，增加了分解模型、粒子系统、阴影生成等内容，使读者能了解新技术的发展。除了内容上的调整外，修订版还将在形式上有所提高，对应课本内容，我们将提供PPT课件，增加一些纸质课本无法表达的图形、图像，以取得更好的教学效果。

董金祥、陈德人、童若锋、唐敏、耿卫东、许端清、李际军、鲁东明、欧阳应秀等同志参加了本书的编写和修订工作，并由董金祥修改定稿。

今后10年，计算机图形学会在一片更加广阔的空间发展，在此过程中，特别要注意3个发展方向。一是图像技术和图形技术的交叉，它可能成为应对更高显示水平与更低计算成本挑战的强大武器，这也包括它的延伸，即动画和视频技术的交叉；二是智能技术与图形技术的交叉，基于数学计算的图形学算法发展得很快，同时也留下了用数学公式难以攻克的问题，解决这些问题的一套强大工具便是人工智能中的知识和逻辑技术，这种交叉手段，已经在动画的生成、基于图像的真实感显示（IBR）等技术上显示了远大的前景；三是互联网技术与图形技术的交叉，互联网络的那种分布式的、协同的、远距离的乃至无线的技术还将给计算机图形学带来哪些不可预知的变化，我们应当积极探索而不仅仅是拭目以待。

因写作时间有限，书中若有疏漏之处，敬请读者指正。

潘云鹤

2003年9月1日

初版前言

近20多年来，计算机图形学已成为计算机科学中最主要的分支之一。这种现象的产生至少有两个原因：其一，图形是人类最易接受的信息形式，这不仅因为眼睛是人类最重要的感知器官，而且也因为人的大脑中的绝大部分信息是关于形象的信息，因此，以图形方式进行人—机交互最自然，也最敏捷；其二，计算机图形学本身就很有吸引力，人的探索欲是促进科学发展最大的动力，于是，全世界越来越多的学者加入了这个领域的研究工作，结果使得各种计算机图形学会议的规模日渐扩大，成果日趋精彩，相关产业也随之蓬勃发展。

目前，计算机图形学已广泛应用于各个领域，同娱乐界中众多的计算机动画技术一样，工业界也已普遍使用了各种各样的计算机辅助设计技术。近年来，科学界对计算机模拟技术给予了越来越高的评价，并将其列为可与理论、实验相并立的第三大科学研究手段。随着远程教育的发展，声、文、图并茂的教材将会迅速普及，人类的智力开发水平也将随之被推向一个新的高度。

本书是计算机图形学的基本教材。书中不但描述了计算机图形学的基本概念与算法，而且介绍了系统与标准，并有一些在工业界应用的CAD系统实例。希望读者通过阅读此书获得系统的计算机图形学知识，并为今后学习日新月异发展的计算机图形学前沿知识打下坚实的基础。

今后10年，计算机图形学会在一片更加广阔的空间发展。在此过程中，特别要注意3个发展方向。一是图像（Image）技术和图形技术的交叉，它可能成为应对更高显示水平与更低计算成本挑战的强大武器，也包括它的延伸，即动画和视频（Video）技术的交叉；二是智能（Intelligence）技术与图形技术的交叉，基于数学计算的图形学算法发展得很快，同时也留下了用数学公式难以攻克的问题，解决这些问题的一套强大工具便是人工智能中的知识和逻辑技术，这种交叉手段，已经在动画的生成、基于图像的真实感显示（IBR）等技术上显示了远大的前景；三是互联网（Internet）技术与图形技术的交叉，互联网络的那种分布式的、远距离的、协同的技术将给计算机图形学带来哪些不可预知的变化，我们应不仅仅是拭目以待，还要积极探索。

中国科学院软件研究所总工程师戴国忠研究员仔细审阅了全书，并提出了宝贵建议，在此表示衷心的感谢。参加本书编写工作的还有董金祥、陈德人、唐敏、童若峰、耿卫东、许端清等同志。本书所附光盘由董金祥、陈德人、陈纯、吕菁、唐敏、许端清等同志制作。

因写作时间有限，书中若有疏漏之处，敬请读者指正。

潘云鹤

2000年10月1日

目录

第 1 章 计算机图形学基本知识

1.1 计算机图形学的概念

计算机图形学（computer graphics）是研究怎样用计算机表示、生成、处理和显示图形的一门学科，在计算机辅助设计、地理信息系统、计算机仿真、计算机游戏、计算机动画、虚拟现实等方面有着广泛的应用。要了解计算机图形学，首先要理解计算机图形和数字图像的概念。

计算机图形 以点、线、面等特征数据用计算机表示、生成、处理和显示的对象。从范围上说，计算机图形包括山、水、虫、人等客观世界存在的所有物体甚至意识形态；从内容上说，计算机图形也已不仅仅是物体的形状，还包含物体的材质、运动等各种属性。因此，计算机图形是存储在计算机内部的物体的坐标、纹理等各种属性。

数字图像 由规则排列的像素上的颜色值组成的二维数组。数字图像可能由数码相机、摄像机或其他成像设备如 CT（计算机断层扫描）机等从外界获取，也可能在计算机上通过程序将计算机图形转化而成。

除了计算机图形和图像外，物体在计算机内部的表达还可以是符号或抽象模型、图像中的一个区域等，研究这些物体在计算机内部的表达及表达间的转换形成了和计算机图形学密切相关的几个重要学科。

图像处理 将客观世界中原来存在的物体的影像处理成新的数字化图像的相关技术，如 CT 扫描、X 射线探伤等。

模式识别 对所输入的图像进行分析和识别，找出其中蕴含的内在联系或抽象模型，如邮政分拣、人脸识别、地形地貌识别等。

计算几何 也称为计算机辅助几何设计，是研究几何模型和数据处理的学科，探讨几何形体的计算机表示、分析和综合，研究如何灵活、有效地建立几何形体的数学模型以及在计算机中更好地存储和管理这些模型数据。

计算机视觉 模拟人的视觉机理，使计算机获得与人类相似的获取和处理视觉信息能力的学科。

1.2 计算机图形学的发展

计算机图形学的研究起源于美国麻省理工学院。从20世纪50年代初期到20世纪60年代中期，美国麻省理工学院积极从事现代计算机辅助设计/制造技术的开拓性研究。1952年，在该校的伺服机构实验室里诞生了世界上第一台数控铣床的原型。1957年，美国空军将第一批三坐标数控铣床装备运用到飞机制造工厂，大型精密数控绘图机也同时诞生。随后，麻省理工学院发展了数控加工自动编程工具（automatically programmed tools，APT），这演变成国际上最通用的加工编程工具。1964年，孔斯（Steve Coons）在麻省理工学院提出了用小块曲面片组合表示自由型曲面时使曲面片边界达到任意高次连续阶的理论，此方法得到工业界和学术界的极大推崇，称之为孔斯曲面。孔斯和法国雷诺汽车公司的贝齐埃（Pierre Bézier）并列被称为现代计算机辅助几何设计技术的奠基人。

1962年，第一台光笔交互式图形显示器在美国麻省理工学院林肯实验室研制成功，这是Ivan Sutherland以博士论文形式完成的研究课题。

在美国工业界，研制交互式图形显示器的工作也同时开展，其中起到最重要作用的是IBM公司。在1964年秋，它推出了自主的设计方案，以后经过改进，成为IBM 2250显示器，这是IBM计算机正式提供给工业界使用的第一代刷新式随机扫描图形终端。它使用光笔作为交互输入手段，并且配有32个功能键，以便调用程序中的相应功能模块。洛克希德飞机公司利用IBM 2250开发的CADAM（computer-graphics augmented design and manufacturing，计算机图形增强设计与制造）绘图加工系统，从1974年起向外界转让，成为目前IBM主机上应用最广的CAD/CAM软件。

IBM公司在1984年又推出了IBM 5080，IBM 5080采用光栅扫描技术，带彩色图像；有局部处理能力，并可以用旋钮直接放大、平移、旋转画面；光笔改为电笔，与输入板配合使用，并可操纵屏幕上的光标。

20世纪60年代末和20世纪70年代初，美国Tektronix公司发展了存储管技术，显示器型号先后有4006、4010、4012等。Tektronix 4014曾经是20世纪70年代末CAD和工程分析中应用最广的图形终端，它的屏面尺寸是19英寸，画面线条清晰，分辨率可以达到4 096×3 072，价格不到刷新式显示器的一半，每次输入显示命令后可以保留画面1小时。因此，它的优点是编程简单，复杂的画面不会像刷新式显示器那样出现闪烁；缺点是不能局部地动态修改显示画面。

光栅扫描型显示器采用与电视机类似的工作原理，最初主要用于图像处理。屏面像素的分辨率并不高，大多是512×512，但是色彩层次十分丰富，可以高达24个二进制位，即红、绿、蓝三原色各占8 bit，各有2^8即256种层次，最终组合成2^{24}种色彩或灰度等级。当分辨率低时，这类显示器显示线条的效果不太好，有明显的锯齿形，而且要作矢量到点阵的相互转换，交互响应速度受到一定影响，图形显示缓冲器占用的存储量大。到了20世纪80年代初，个人计算机如Apple、IBM PC以及Apollo、SUN等工程工作站问世，并迅速受到广大用户的欢迎，销售量激增。在这些产品的设计中，主机和图形显示器融为一体，都用光栅扫描型显示方法，并得以同时生成高质量的线型图和逼真的彩色明暗图。由于大规模集成电路技术的发展和专用图形处理芯片的出现，光栅扫描型显示器的质量越来越好，价格越来越低，已成为图形显示器的常规形式。在工程设计中，联网的分布式工作站也正在逐渐取代分时式的大型主机连接几十个图形终端的结构。

在图形显示技术发展的历程中，需要强调两家公司的产品，这就是Evans & Sutherland公司的PS 300型和Silicon Graphics公司的IRIS型显示设备。它们采用了新的体系结构来提高图形的处理速度，在某种程度上满足了实时的要求。

Evans和Sutherland都是计算机业界知名的计算机图形学专家，后者是光笔图形系统的研制人。PS 300优化了传统的计算指令时序结构，不是逐条执行操作命令，而是采用数据驱动式原理，各个操作的执行次序取决于所需数据的到达时刻，当一种操作所需的全部输入数据都已齐备时，该操作便启动执行，这样可以方便地组织并行处理。图形处理中的矩阵运算和其他基本算法使用3个位片处理机组成的流水线，使得屏面上显示的线框图可以用旋钮实时旋转、平移和缩放，并且快速显示运动机构的动作过程，以便从不同角度观察各个元件间的协调关系。三维物体轮廓线的显示亮度可以随距离远近而变化，离眼睛越远的部分线条越淡，这样可更好地体现出立体图的真实感。

数字成像的一般处理过程如下。

（1）建立模拟对象的几何模型，按照需要的逼近精度将模型简化为平面多面体。不少系统为了简化、统一运算过程，还进一步将多面体的各个棱面分解为三角形单元。

（2）将单个物体进行组装，施加平移、旋转和比例变换等操作，形成整体模拟环境。

（3）确定观察点位置，进行显示对象的透视变换。

（4）确定显示范围，相当于照相时的取景。窗口的有效范围用上、下、左、右、前、后6个平面规定。将所有准备输出的图元与窗口范围进行比较，裁剪出落在窗口有效边界以内的部分。

（5）确定图形显示器屏面上的显示范围（称作视区），将用户定义的三维空间（称作世界坐标系）内的物体映射到显示器的屏面坐标系中。

（6）计算各单元三角形的法向矢量，根据光照模型确定可见三角形表面的亮度和色彩。

（7）显示所有可见的三角形单元。

美国人J. H. Clark从1979年至1981年在美国斯坦福大学计算机系统实验室试用特殊的浮点运算器组成的流水线来完成上述过程。他将这类专用处理器称为几何机器。

Silicon Graphics公司的IRIS工作站就是采用数字成像工作原理生产的工业产品。此后，其他公司纷纷效仿。这种持续不断地提高显示画面质量、加快交互速度的努力，一直在推动计算机图形学技术的飞速发展。

1.3 计算机图形学的应用

随着计算机图形学的不断发展，它的应用范围也日趋广泛。目前，计算机图形学的应用领域主要有以下几个方面。

1. 用户界面

图形比文字、统计报表更直观、逼真，所谓“一目了然”“耳闻不如目睹”，都说明了形象的优越性和必要性。Macintosh 微机首先在商品化产品上用形象的图形表示操作命令，使得普通用户也能用计算机画图、做日常计算，打破了人们对操作计算机所持的神秘感。图文结合的形式大大改善了计算机交互操作的用户界面，开辟了计算机应用的很多新领域。

2. 计算机辅助设计与制造（CAD/CAM）

这是计算机图形学在工业界最重要的应用领域。交互图形工作站在机械、电子、建筑等行业中迅速取代绘图板加丁字尺的传统设计方法，担负起繁重的日常绘图任务和总体方案的优化、细节设计等工作。

本书将介绍一些机械 CAD 系统所生成的零件、装配件的例子。

3. 地形地貌和自然资源图

国土基础信息系统是国家经济信息系统的组成部分。它将以往分散的表册、照片、图纸等资料整理成统一的数据库，记录全国的大地/重力测量数据、高山/平原地形、河流/湖泊水系、道路/桥梁、城镇/乡村、农田/林地/植被、国界/地区界、地名等。利用这些存储的信息不仅可以绘制平面地图，还可以生成三维的地形地貌图，为高层次的国土整治预测和决策，也为综合治理和资源开发的研究工作提供科学依据。

计算机图形学在战争指挥自动化中占有重要地位。例如，美国早期的 SAGE 战术防空计划直接推动了现代光笔图形显示器的研制。现代战争是多单位、多兵种的协同作战，战役指挥员和统帅部都必须及时了解各单位的发展态势。依靠电话和地图指挥作战的方式正在演变成利用计算机网络和图形显示设备直接传输态势变化并下达作战部署。此外，计算机图形系统在陆军和海军的战役/战术对抗训练中也发挥着重要的作用。这种作战模拟系统使用联机的 3 台图形工作站，分别供红军、蓝军和导演使用。每个工作站配置了显示作战态势的图形终端、显示战斗损耗的字符终端以及交互输入设备。计算机内存储作战区域的地图、各种军标符号和模拟战斗效果的各种算法。全部模拟过程由导演指挥，分别向红军和蓝军布置作战任务、组织讲评。空军飞行员的空战模拟器对图形显示器的硬件结构和软件算法提出了最苛刻的要求。飞行员在训练模拟舱内的操纵动作需要实时变换成投影在球形房顶上的飞机映像的飞行姿态。一场空战中同时有二三架战斗机参与，无疑使整个计算机系统的研制费用高涨。这类系统已投入训练使用。

4. 计算机动画和艺术

计算机动画是计算机图形学的一个分支，常使用大型计算机和高级图形显示器。

用计算机构造人体模型有着非常广阔的应用前景。人-机工程中需要考察人、机器同周围环境的关系；工业设计中要使应用于生活的造型适应人的生理、心理特征；服装设计中要将人体作为效果分析的对象；舞蹈工作者需要方便地编写舞谱和形象地表达舞蹈动作细节的工具；等等。针对应用场合的不同，人体模型的构造方法也不同，最简单的是杆系模型，应用最多的是多面体模型，最复杂的是曲面模型。模型的活动关节数也取决于应用需要。例如，为了设计战斗机驾驶舱，需要计算飞行员的视景角度，用人体模型检查身体各部分允许的活动范围，考察各种手把、开关能否操纵自如，等等。这时，使用的人体模型应该详细到包含手掌和手指。

5. 科学计算可视化

科学计算可视化将计算中涉及与产生的大量数字信号以图像或图形的信息呈现在研究者面前，以促进研究者对被模拟对象变化过程的认识，发现通常通过数值信息发现不了的现象，取得更多的研究成果。随着可视化技术的不断发展，它在自然科学（如分子构模、医学图像的三维重建、地球科学）和工程技术（如计算流体动力学、有限元分析、CAD/CAM）等许多领域有着越来越广泛的应用。例如，它可以将CT（计算机断层扫描）扫描的图像通过体绘制或表面重构把肿瘤等的三维形象展示出来，为医师提供诊断治疗的直观依据；它还能够显示飞行器穿越大气层时周围气流的运动情况和飞行器各部位所受的压力，以供工程师分析。可视化既要用到二维曲线图表和三维模型，也有彩色高维几何表示。

6. 计算机游戏

计算机游戏是计算机图形学应用的一个主要增长点，目前已成为促进计算机图形学研究特别是图形硬件发展的最大动力源泉，对于大规模场景的组织、管理和实时绘制以及GPU技术的发展起到巨大的推动作用。

7. 虚拟现实

虚拟现实可以认为是在计算机图形学的基础上结合人机交互、人工智能等形成的一个新的计算机学科分支，也可以认为是计算机图形学的一种应用。它用计算机生成逼真的三维场景，通过适当的装置使人作为参与者在计算机生成的场景中自然地进行具有沉浸感的交互操作，实现与在现实场景中相似的真实体验。

随着计算机硬件的不断更新以及各种图形软件的不断出现，计算机图形学的应用前景将会更加引人入胜。

1.4 计算机图形输入输出设备与系统

与文本处理和数值计算不同，计算机图形学处理的对象是二维或者三维空间中连续的几何形体及其丰富的外观、材质、运动、变形等属性。这就需要除键盘外专门的计算机硬件设备来帮助用户实现高效率的图形输入输出及交互操作。本节首先讨论图形输入输出设备的分类，然后对典型的计算机图形输入输出设备及其原理进行逐一介绍，最后对由这些设备所组成的几种典型的计算机图形交互系统进行简要介绍，并展望计算机图形输入输出设备的未来发展趋势。

1.4.1 计算机图形输入输出设备的分类

对于计算机图形输入输出设备，按照其数据格式、图形属性、数据维度与用途可以进行不同的分类。按照其数据格式，可以把计算机图形输入输出设备分为矢量型输入输出设备和光栅扫描型输入输出设备两大类。

1. 矢量型输入输出设备

这类设备采用跟踪轨迹、记录坐标点的方法输入图形，或沿特定轨迹运动并在特定坐标点输出图形。输入输出的主要数据形式为由矢量的直线或折线组成的图形数据。这类设备的特点是输入输出的控制精度可以很高，数据简洁；缺点是输入输出的结果是一个序列，往往只能串行进行，速度受限，也无法输入或者输出几何形体表面或内部变化的细节。

2. 光栅扫描型输入输出设备

这类设备采用逐行扫描、按一定密度采样的方式输入输出图形。输入输出的主要数据格式为存储了每个采样点属性值（如颜色）的二维像素矩阵或空间的三维体素矩阵。随着图像传感器和光栅显示设备的进步，这类输入输出设备在图形学中已经成为主流。这类设备的优点是输入输出可以由大量高度集成的硬件单元并行进行，分辨率高，效率高，硬件容易设计和实现；缺点是输入设备所获得的图像数据必须被转换为图形（graphics）数据，才能被图形软件系统和各子系统所使用，而输出设备也需要将连续的矢量图形数据通过采样转换为对应的采样矩阵。在这个过程中，如何处理采样位置不精确和采样结果的走样问题是图形输入输出软件必须具备的一个关键功能。这在后面介绍图形算法的章节中会有进一步的介绍。

另外，也可以按照输入图形数据的属性、输出图形数据的属性和物理介质对输入输出设备进行分类，例如用于交互的键盘、鼠标，用于三维几何输入的三维扫描仪，以及用于三维实体输出的三维打印机。同时，也可以按照输入输出数据的维度对设备进行分类，例如用于输入离散交互数据的数位板和光笔，用于输入二维图形数据的扫描仪，以及用于输入三维图形数据的深度相机等。

1.4.2 计算机图形输入设备

按照图形输入设备的用途和输入数据的维度，可以把输入设备分成交互输入设备、二维图形输入设备和三维图形输入设备。

1. 交互输入设备

交互输入设备主要用于输入用户的控制命令、数值与控制交互的轨迹位置信息。大部分交互输入设备都是矢量型图形输入设备。

键盘

键盘包括 ASCII 编码键、命令控制键和功能键，可实现图形操作的某些特定功能。

鼠标

鼠标是一种手持移动设备，形状如一个方盒，表面有 2~4 个开关，机械式鼠标的底部是两个互相垂直的轮子，或是一个球。当轮子或球滚动时，带动两个角度-数字转换装置产生滚动距离在 x 方向、y 方向的移动值。表面的开关则用于位置的选择。鼠标的一个重要特征是，只有当轮子滚动时才会产生指示位置的变化。把鼠标从一个位置拿起放到另一个位置后，如果轮子没有滚动，则不会输入任何信息，即鼠标只能输入轮子的滚动值，而不能像数字化仪那样输入位置值。因此，鼠标不能用于输入图纸，而主要用于指挥屏幕上的光标。鼠标价格便宜、操作方便，是目前图形交互时使用最多的图形输入设备。其中，光电式鼠标利用发光二极管与光敏晶体管来测量位移。机械式鼠标内有 3 个滚轴，即空轴、x 向滚轴、y 向滚轴，还有 1 个滚球。x 向、y 向滚轴带动译码轮，译码轮位于两个传感器之间且有一圈小孔，二极管发向光电晶体管的光因被译码轮阻断而产生反映位移的脉冲，两脉冲相位成 90°。

触摸屏

触摸屏通过手指等物体对屏幕的触摸进行二维定位，是目前移动设备如手机、平板计算机最主要的交互方式，也是很多大尺寸显示屏幕的一种有效交互方式。相比于鼠标，其操作直观，无须学习，但是操作精度较差。按照原理，触摸屏分为以下几种：电阻式和电容式触摸屏利用两涂层间的电阻和电容的变化确定触摸位置；红外线式触摸屏利用红外线发生/接收装置检测光线的遮挡情况，从而引发电平变化，或通过测量投射屏幕两边的阴影范围来确定触摸位置；而声表面波式触摸屏利用触摸使声波发生衰减，从而确定 x、y 坐标。目前多数的触摸屏允许多点定位，从而实现用户的多点交互输入。

游戏控制手柄

游戏控制手柄最初是设计用于控制游戏机上角色动作的设备，后来也被用于在很多交互图形应用中进行一些图形输入交互，如虚拟场景的三维漫游，控制三维形状的旋转和位移，以及造型中的一些操作等。游戏控制手柄上一般包含若干个功能按键用来进行选择和输入特定的命令，以及几个方向按键和摇杆，用来输入二维位移和方向，从而实现图形应用中对应的图形对象的连续旋转和位移。近年来，很多游戏控制手柄中加入了振动反馈和一定的力反馈，使得游戏控制手柄变成了同时具有输入和输出功能的交互设备。

三维虚拟现实控制手柄

随着虚拟现实等技术的发展，沉浸式的三维虚拟世界无法使用鼠标、键盘甚至游戏控制手柄这样的设备实现交互和输入。三维虚拟现实控制手柄对传统的游戏控制手柄进行了改进，手柄上不仅提供支持选择和命令输入的按键和扳机，同时支持手柄的三维空间定位和角度旋转，从而实现三维轨迹和位置的输入。为实现三维定位，不同的手柄采取了不同的方案。索尼公司的手柄在顶部放置了两个球，通过游戏机上的双目相机实现三维定位。脸书公司的手柄内置了发射红外线的 LED（发光二极管），在计算机旁边的两个相机可以拍摄到手柄上的 LED，从而确定其三维空间位置，而手柄本身自带的陀螺仪可以确定手柄的朝向和旋转。

2. 二维图形输入设备

二维图形输入设备主要用于输入二维平面上的图形和图像信息。

光笔

光笔是早期使用的一种手持式光检测设备。它的外形像一支笔，笔尖是一组透镜，透镜聚焦处是光导纤维，连入光电二极管。光线经透镜射入，通过光导纤维，由光电二极管转换为电信号，整形后成为电脉冲。光笔上的按钮则控制电脉冲是否被输出。光笔的工作过程和数字化板类似。光笔将荧光屏当作图形平板，屏上的像素矩阵能够发光。当光笔所对应的像素被激活时，像素发出的光就被转换为脉冲信号，这个脉冲信号与扫描时序进行比较后，便得到光笔所指位置的方位信号。光笔原理简单、操作直观，是早期 CAD（计算机辅助设计）系统中最主要的图形输入设备。但是，光笔也存在不少缺点。光笔以荧光屏作为图形平板，因此它的分辨度、灵敏度同荧光屏的特征有很大关系，显示器的不同分辨率、电子束的不同扫描速度、荧光粉的不同特性、笔尖与荧光粉的不同距离与角度等诸多因素都会影响光笔的分辨度与灵敏度；光笔无法检测荧光屏上不发光的区域；而且，使用者长期凝视荧光屏会感到眼睛疲劳。

坐标数字化仪

坐标数字化仪是一种二维矢量图形输入设备，由一块平板和一个探头组成，主要用于输入一系列点的坐标值。它按工作原理的不同可分为电磁式、磁致伸缩式、机械式、超声波式等多种类型。机械式坐标数字化仪的导轨和测头沿两个方向移动，带动光栅轮移动，产生光电信号，从而得到相对距离作为当前点的坐标数。超声波式坐标数字化仪利用 x、y 方向的超声波传感器拾取坐标点的笔尖上产生的超声波，通过所记录的超声波到 x、y 方向的最小时间换算出两点间的距离。全电子式坐标数字化仪在平板的板面下方是一块具有 x 方向和 y 方向的导线网印制线路板。平板内装有一套电子线路，它向导线网的 x 方向线与 y 方向线依次进行时序脉冲扫描。扫描电流对导线的瞬间激励引起的时序脉冲的时间进行比较后，就可以自动求出探头（一般为笔尖）所在的位置数据并送入计算机。电磁式坐标数字化仪可以和显示屏幕相结合，让用户用装有探头的笔直接在屏幕上交互。

图形扫描仪

Microtek 公司率先推出了具有划时代意义的产品——扫描仪，为微型计算机带来了“眼睛”。扫描仪通过光电转换、点阵采样的方式，将一幅平面的画面变为数字图像。它由 3 个部分组成：扫描头、控制电路和移动扫描机构。

在扫描时，扫描头的光线发射部分发射出一束细窄的光线到画面上，画面所反射的光线被光线接收部分接收并转换为电信号。之后，控制电路将扫描头输出的电信号整形，并通过 A/D 转换电路转换为表示方位与光强度的数字信号输出。移动扫描机构使扫描头相对于画面做 x 和 y 方向的二维扫描移动。按照移动机构的不同，扫描仪可以分为两类，即平板式和滚筒式。前者将画面固定在平面上，扫描头在画面上做二维水平扫描移动；后者将画面固定在一个滚筒上，扫描头只做 y 方向的一维移动，而 x 方向的移动则由滚筒的旋转完成。

扫描仪的精度一般在 300~600 dpi，有的可高达 2 400 dpi，甚至达 4 800 dpi、9 600 dpi。画面通过扫描仪变为一幅数字矩阵图像，其中每一点的值代表画面上对应点的反射光线强度，即该点的亮度。近年来，随着数码相机的广泛应用和技术进步，低端的扫描仪已经完全被数码相机所取代。而面向大幅面、高 DPI（点每英寸）的扫描仪仍然在专业图形应用中发挥着作用。

数码相机

数码相机是利用光栅化的图像传感器，结合透镜系统接收真实世界的入射光进行成像的设备。和传统的胶片相机不同，数码相机依靠阵列化的光传感器接收入射光并将入射光强转化为电信号，进行模数转换后，得到一个具有和感光阵列相同分辨率的二维图像。为了拍摄彩色图像，一般在感光阵列前放置具有特定排列顺序的三基色过滤片，使得每个像素接收具有特定波长的光。之后将相邻的三基色像素的值进行组合插值，得到图像上每个像素的三色值。光传感器按照原理分为 CCD（电荷耦合器件）和 CMOS（互补金属氧化物半导体器件）两种。数码相机既是用户量最大的二维图形图像输入设备，也是很多现代图形学输入设备的基础构件。

3. 三维图形输入设备

三维现实世界中包含着丰富的图形数据。三维图形输入设备用于直接捕捉和输入真实世界中的三维图形信息。这些设备的核心大部分都是二维的图像传感器，也就是数码相机。由于图像传感器只能捕捉一维或者二维的光学信息，因此这些设备需要使用软件算法将捕捉到的原始信号进行计算处理后，才能将其变为三维图形属性数据。下面按照处理图形数据属性的不同，对这些输入设备进行分类并简要介绍其基本原理。

三维扫描仪与深度相机

三维扫描仪和深度相机主要是指通过将特定光线投影到三维物体或场景上并通过反射光线图像获取物体三维几何形状的设备。这些设备一般由一个能发出特定空间或时间光强分布变化的光源和一个或多个图像传感器即数码相机组成。根据设备测量原理的不同，这些设备可分为基于飞行时间（time of flight）的深度相机、基于三角测距原理的深度相机和三维扫描仪。

在基于飞行时间的深度相机中，光源和相机位置非常接近且朝向相同，光源发出一系列光脉冲，这些光脉冲到达待测量的物体表面反射后被相机拍摄，检测得到光脉冲发出到进入相机传感器的时间差或相位差，从而得到光飞行的时间，根据恒定光速可以得到一张物体的二维深度图像。微软公司的第二代 Kinect 产品和 Azure Kinect 产品，以及现在很多高端手机和苹果公司的平板计算机上都使用了基于飞行时间的深度相机来获得深度图像。这类设备的集成度、帧速率和分辨率都比较好，获得的深度图像会由于场景或物体上光线的多次反射而产生偏差。同时，由于受到光源功率的限制，这些设备往往只能在室内和相对比较近的距离范围内使用。在室外，基于光飞行时间的激光雷达测距系统（LIDAR）可以通过发射较强的激光实现大范围的距离测量。但是 LIDAR 设备目前的空间分辨率有限，只能测量稀疏扫描线上的深度数据。

基于三角测距原理的深度相机和三维扫描仪的基本原理是通过空间中已知两点（一般为相机和光源）和物体上一个点形成一个三角形，如果每个已知点到测量点的直线方向已知，那么通过求两条射线的交点就可以得到测量点的位置。根据这一原理，这些三维测量设备又可以进一步分为基于结构光的设备和基于线扫描的设备。基于线扫描的设备从光源发射一条激光扫描线到物体上，激光线经物体反射后被相机拍到。根据预先测量好的光源、相机位置和相机焦距，可以求得光线方向和反射光线方向，从而计算得到激光线照射到的物体表面点的三维位置信息。通过移动激光线扫描整个物体，就可以得到物体的三维信息。基于这个方法的设备获得的三维信息精度较高，往往被用于高精度的几何信息获取。在拍摄时，设备一般固定以避免震动带来的误差，同时被拍摄的物体需要静止。因此这类设备无法拍摄动态的物体几何形状，如人体、动物等。基于结构光的方法由光源发射具有特定已知空间图案的光到物体表面，图案反射由于物体形状不同会产生不同的变形，相机拍摄到反射的变形图案后可计算出物体到相机的距离。这一方法获得的深度或几何信息的精度有限，但是结合高速的光源，设备拍摄快速，所以往往会被手持扫描设备采用或用于拍摄动态物体的三维几何形状。很多基于三角测量的设备会结合多个相机，通过计算机视觉的三维重建算法来获得更稳定、精确的测量结果。

所有这些设备中的图像传感器一次只能获取特定视点下物体或场景可见表面的几何形状。为获取物体或场景的完整三维形状，需要通过旋转物体或者移动设备绕物体来拍摄并将获得的深度信息拼接合并后获得完整的三维形状信息。而对于场景，这些设备也需要通过平移和旋转来对整个场景进行扫描，以获取整个场景的三维信息。另外，大部分三维扫描仪的相机可以同时获得物体上每个点的颜色信息。

三维物体材质外观捕捉设备与光穹

通过相机可以拍摄得到在特定光照和某一固定视角下物体表面的真实颜色和反光。然而，这样的图像无法反映物体真实的材质，也无法用于计算物体表面材质在任意光照和视点下与光的交互作用而产生的颜色和反光变化。为了测量给定材质的光反射属性，也就是双向反射分布函数（bidirectional reflection distribution function，BRDF），需要特定的材质反射属性捕捉设备。早期的双向反射测量仪（gonioreflectometer）包含一个放置材质样本的中心平台和用机械装置控制的点光源或方向光源与相机。在测量时，把材质样本放在中心平台上，机械装置如机械臂分别控制光源和相机在材质上方的半球的每一个采样位置，捕捉材质在任意光照方向、任意视线方向下的反射光颜色和强弱，从而获得材质的双向反射分布函数。这样的设备虽然精度很高，但是只能获取材质某一个点的反射分布函数，同时捕捉时间长，无法对大一点的物体表面的材质进行捕捉。随着数字成像技术和光源的进步，新的材质反射属性捕捉设备可通过多光源和多相机加速捕捉过程。目前，较为先进的用来捕捉物体材质和外观属性的设备是光穹（light dome）。这个设备同样包含一个放置物体的中心平台，以及以平台为中心的一个球面或半球面的笼子结构，笼子上均匀分布着朝向平台中心的多个（几十到上百个）相机以及均匀分布的上千个光源。拍摄时，将物体放置在中心后，计算机控制光穹中光源以一定的组合和顺序点亮，每次点亮后，所有的相机从不同的角度同时拍摄物体的外观。重复这一过程，直到所有的光源组合顺序点亮完毕。这样获取的数据经过计算机处理后，可以计算出物体表面的材质属性，或直接用于绘制物体在全新光照下的外观。通过安装可以快速开关的 LED 光源和高速相机，目前最先进的光穹可以控制灯光在一秒内完成上千或上万次开关，从而实现对动态物体，如演员的脸部的动态材质与外观的捕捉。这一技术已被电影工业用于多部影片的拍摄。

三维动作捕捉设备

真实世界的人在肌肉的控制下，可以做出丰富的动作和充满细节变化的脸部表情。通过捕捉这些三维动作数据并将其用于驱动计算机图形技术产生的虚拟角色，是目前影视制作中一项基础而重要的特效技术。同时，三维运动数据的捕捉也在运动员训练、康复治疗等领域得到了很好的应用。目前的三维运动捕捉设备按照原理可以分为光学式、机电式、磁感应式和惯性传感器式几类。所有的运动捕捉设备都需要演员穿上装有特定传感器的紧身衣。紧身衣保证了捕捉到的人体运动的准确性，减少了衣服变形带来的动作误差。而传感器记录了每个部位的三维运动信息，从而可以恢复整个人体的三维动作。

机电式的动作捕捉需要演员身穿附有机械结构的紧身衣。机械结构像是一个机械战甲，每一个可以运动的部件对应到人的每个部分和关节运动。在捕捉时，人的每个关节的运动都会引起对应的机械结构部件的刚性运动和旋转。通过记录、测量每一部件的旋转和运动量，系统可以计算出人体每个关节的旋转和运动，从而恢复运动数据。由于这一技术需要的机械结构较为笨重，会影响演员动作的精确性和表演，目前基本上已被光学式设备所取代。

磁感应式技术利用紧身衣中的磁感应传感器和置于场景周围的发射器，通过探测紧身衣所处位置磁场的变化计算得到三维旋转和运动。由于这一装置需要紧身衣和外部设备连线，限制了演员的运动自由度，目前采用得也较少。

基于惯性传感器的运动捕捉设备在紧身衣的关节处装有惯性传感器（陀螺仪、磁力计和加速度传感器），这些传感器可以将局部身体的三维旋转与平移信号通过无线电信号传递给计算机，经过计算后恢复人体每个部位的三维运动。这个系统的优点是惯性传感器尺寸非常小，嵌入衣服后不会影响人的运动，方便演员做更自由和剧烈的运动。同时，由于传感器数据通过无线电信号传输，不需要外部相机，所以可以同时捕捉多人近身运动和大面积遮挡的场景。然而，由于惯性传感器无法直接捕捉三维绝对位置，而是需要通过加速度和角度变化计算得到，这一方法存在随时间的误差累积和运动滞后不足，很大程度上限制了其应用。上述这几种技术都无法捕捉人脸的三维表情。

光学动作捕捉系统是目前使用最为广泛的动作捕捉设备。这一设备在紧身衣的不同关节和不同部位附有可以反射红外线的小球。红外反射小球突出于衣服外，保证了可以在尽可能多的角度被红外线照射到并被相机捕捉到。为捕捉动作数据，在场地周围分布着多台红外相机，相机镜头的四周安装有红外光源，可以发出红外线，使得小球的红外反光强度远大于周围环境从而能被相机清晰捕捉到。拍摄前，通过标定程序，可以确定相机在场景中的位置和朝向，这样在拍摄后可以根据小球在每个相机拍摄图像中的位置计算出小球的三维位置。经过计算，一个人的动作被还原为人所对应的三维骨架上每个单独部分（如上臂、小臂、肩膀、小腿、大腿等）的三维运动和旋转。为了拍摄脸部运动并获得具有丰富细节的脸部表情，需要在脸部贴上或画上具有红外反光功能的大量标记点，从而实现精细表情的捕捉。目前在影视业中，为同时实现脸部和全身的动作捕捉，需要演员身穿紧身衣，同时头上佩戴两个向前伸出的固定臂，上面的相机面向人脸，可以从左右两个角度近距离地捕捉并重建脸部所有标记点的三维精细运动。同时，头盔上的标记点可以恢复整个头部的旋转与运动。光学动作捕捉系统获得的动作数据精度高、帧率高，可以对动作做精细的恢复。但是这一拍摄系统需要反光的标记点或小球同时被多台相机拍摄到以实现精确的三维定位。因此对于多个人互相遮挡或者两个人有近身肢体接触的情况（如拥抱、摔跤等），这一系统无法很好地捕捉所有人的三维动作。

数据手套

数据手套是附加了传感器的手套，用于同时获取用户的三维手部姿态和手的三维位置信息，从而实现用户在虚拟世界的抓取、点按以及其他交互操作。数据手套可以认为是一种可穿戴的手部三维运动捕捉设备。数据手套一般利用手套内部的传感器检测手指的弯折，实现对手部姿态的捕捉和输入。同时，依靠内置的惯性传感器或光纤，或者手套外表的红外反射小球和外置红外摄像头实现数据手套的三维位置定位。作为交互输入输出设备，数据手套也常常会集成力反馈设备，实现用户在操作时的触感和力反馈，增强操作的真实感和体验。

1.4.3 计算机图形输出设备

本节介绍常用的图形输出设备。按照输出的介质和输出图形内容的类型，输出设备可分为显示虚拟二维光学图像的二维图形显示设备，显示真三维图像的三维图形显示设备，以及将图形内容输出到真实物理介质的二维图形打印设备和三维图形打印设备。

1. 二维图形显示设备

二维图形显示器是最常用的图形显示设备。早期的图形显示器为矢量式，后来变为光栅式。目前所有的显示器虽然硬件不同，但是都采用了光栅式显示方式。下面首先介绍早期的矢量显示器，之后重点介绍光栅显示器的显示原理和帧缓存的概念，最后对目前流行的基于光栅显示的主流显示硬件进行逐一介绍。

矢量显示器

早期的图形显示器为矢量式的随机扫描显示器和存储管式显示器。随机扫描图形显示器中电子束的定位和偏转具有随机性，在某一时刻，显示屏上只有一个光点发光，因而可以画出线很细的图形，故又称为画线式显示器或矢量式显示器。它的基本工作过程是，从显示文件存储器中取出画线指令或显示字符指令、方式指令（如高度、线型等），送到显示控制器，由显示控制器控制电子束的偏转，轰击荧光屏上的荧光材料，从而产生一条发亮的图形轨迹。随机扫描图形显示器使用一个独立的存储器来存储图形信息，然后不断地取出这些信息来刷新屏幕。由于存取信息速度的限制，使得显示稳定图形时的画线的长度受到限制且造价较高。针对这些问题，20 世纪 70 年代后期产生了利用管子本身来存储信息的技术，这就是存储管技术。这种技术很容易显示形状的线框信息，但是无法显示三维形状表面的明暗变化与丰富色彩，因此很快被光栅显示器所淘汰。

光栅扫描式显示器与帧缓存原理

随机扫描图形显示器和存储管式图形显示器都是画线设备。在屏幕上显示一条直线的过程，是从屏幕上的一个可编址点直接画到另一个可编址点的过程。光栅扫描式图形显示器（简称“光栅显示器”）是画点设备，可将其看作一个点阵单元发生器，并可控制每个点阵单元的亮度。它不能直接从单元阵列中的一个可编址的像素画一条直线到另一个可编址的像素，只能用尽可能靠近这条直线路径的像素点集来近似地表示这条直线。显然，只有画水平线、垂直线及正方形对角线时，像素点集在直线路径上的位置才是准确的，其他情况下的直线均呈台阶状，即为锯齿线，如图 1.1 所示。这时，采用反走样技术可适当减轻台阶状效果。

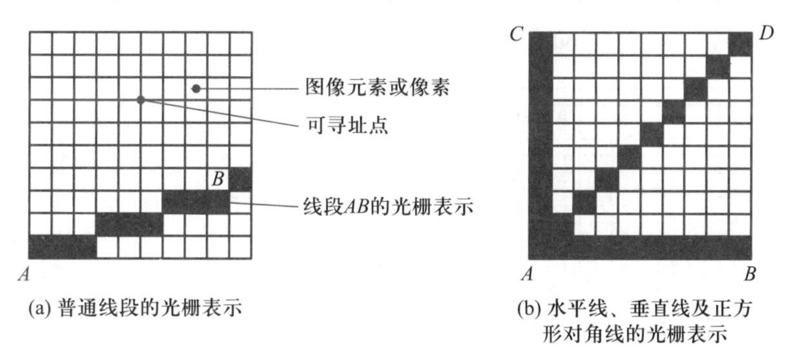

(a) 普通线段的光栅表示

(b) 水平线、垂直线及正方形对角线的光栅表示

图 1.1 光栅扫描式图形显示器的直线显示效果

一个黑白光栅显示器的工作状况示意如图 1.2 所示。

其中，帧缓冲存储器是一块连续的计算机存储器。对于黑白单灰度显示器，每个像素需要 1 bit 存储器。对于由 1 024×1 024 像素组成的黑白单灰度显示器，所需要的最小帧缓冲存储器是 1 048 576 bit，并在一个位面上。图形在计算机中是逐位产生的，计算机中的每个存储位只有 0 或 1 两种状态，因此一个位面的帧缓冲存储器只能产生黑白图形。帧缓冲存储器是数字设备，光栅显示器是模拟设备，把帧缓冲存储器中的信息在光栅显示器屏幕上输出时，必须经过数模转换。在帧缓冲存储器中的每位像素只有经过数模转换，才能在光栅显示器上产生图形。

在光栅图形显示器中，需要有足够的位面和帧缓冲存储器结合才能反映图形的颜色和灰度等级。图 1.3 所示是一个具有 N 位面灰度等级的帧缓冲存储器。显示器上每个像素的亮度是由 N 位面中相应像素位置的内容控制的，即各个位的二进制值（0 或 1）被存入指定的寄存

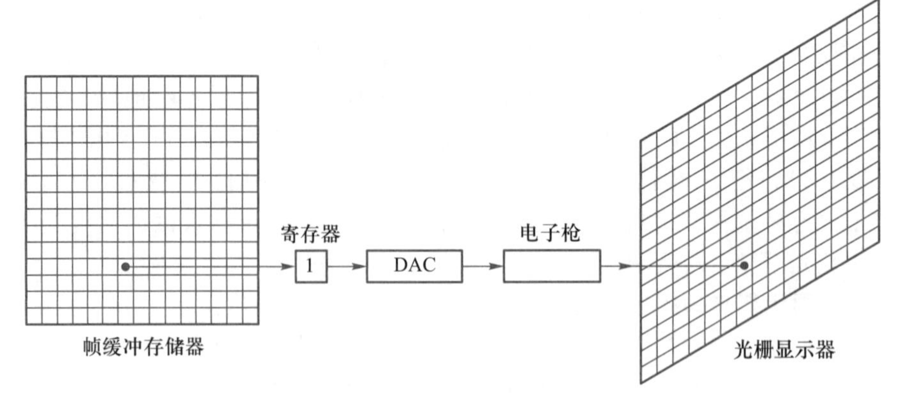

图 1.2 黑白光栅显示器的工作状况示意

器中，该寄存器中的二进制数被转换成灰度等级，其范围为 $0\sim2^N-1$。显示器的像素地址通常以左下角点为屏幕（或称设备）坐标系的原点(0,0)，对于由 $n\times n$ 个像素构成的显示器，其行、列编址的范围为 $0\sim n-1$。亮度等级经数模转换器（digital-analog converter，DAC）变成驱动显示器电子束的模拟电压。对于具有 3 个位面、分辨率是 1 024×1 024 个像素阵列的显示器，需要 3×1 024×1 024(3 145 728) bit 的存储器。

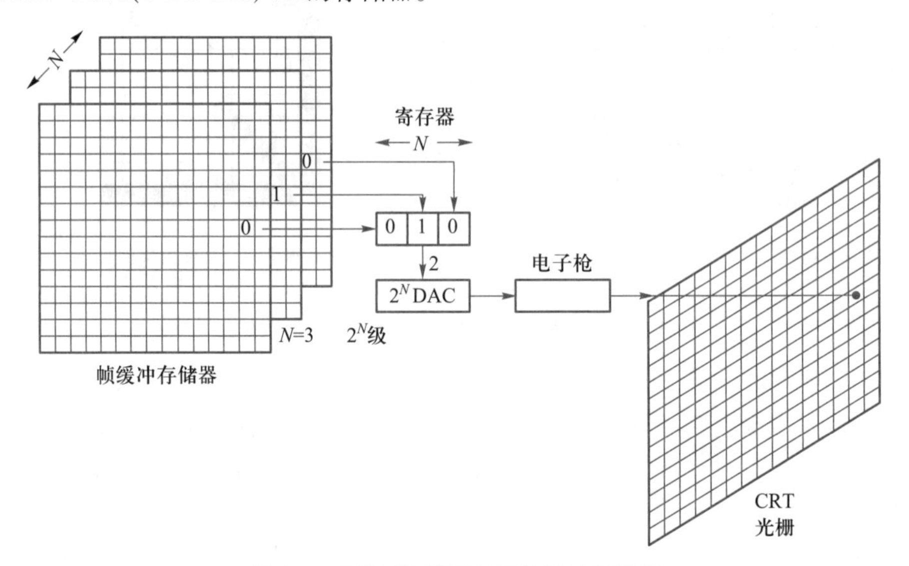

图 1.3 *N* 位面灰度等级的帧缓冲存储器

为了限制帧缓冲存储器的增加，可采用颜色查找表来提高灰度级别，如图 1.4 所示。此时，可把帧缓冲存储器中的位面号作为颜色查找的索引，颜色查找表必须有 2^N 项，每一项具有 W 位字宽。当 $W>N$ 时，可以有 2^W 个灰度等级，但每次只能有 2^N 个不同的灰度等级可用。若要用 2^N 以外的灰度等级，需要改变颜色查找表中的内容。在图 1.4 中，W 是 4 bit，N 是 3 bit，通过设置颜色查找表中最左位的值（0 或 1），可以使只有 3 bit 的帧缓冲存储器产生 16 种颜色。

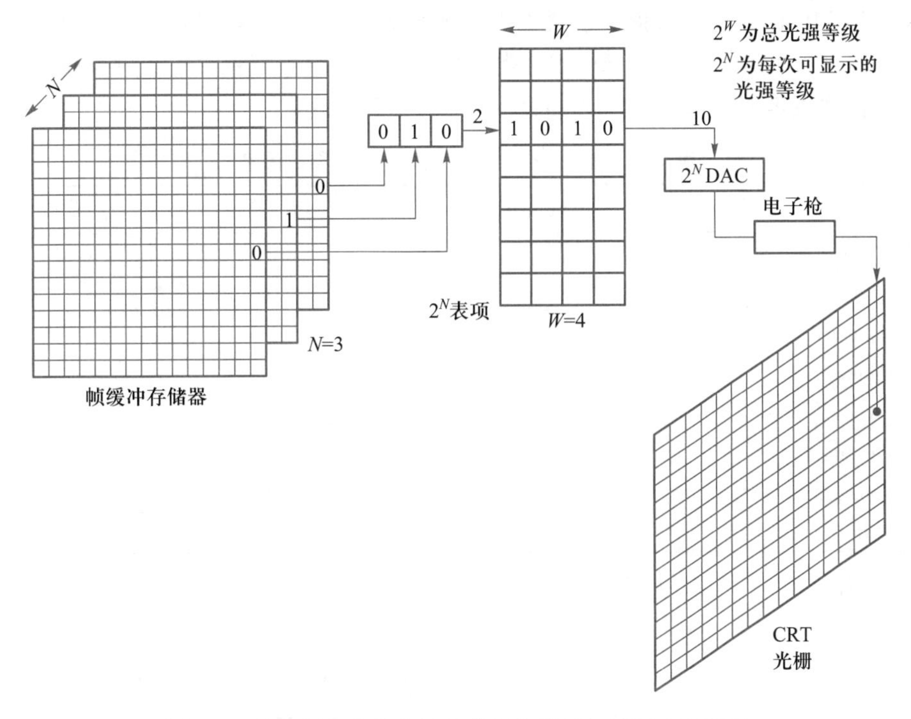

图 1.4　具有颜色查找表的 N 位面灰度等级帧缓冲存储器

图 1.5 是彩色光栅显示器的工作状况示意，红（R）、绿（G）、蓝（B）三原色有 3 个位面的帧缓冲存储器和 3 个电子枪。每个位面的帧缓冲存储器对应一个电子枪，即对应一种原色，3 个颜色位面的组合色如表 1.1 所示。对于每个颜色的电子枪，可以通过增加帧缓冲存储器位面来提高颜色种类的灰度等级。如图 1.6 所示，每种原色电子枪有 8 个位面的帧缓冲存

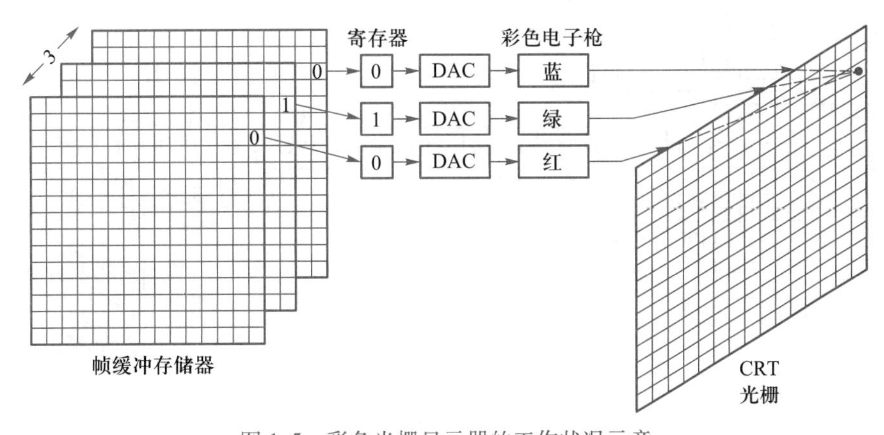

图 1.5　彩色光栅显示器的工作状况示意

储器和8 bit的数模转换器，每种原色可有256(2^8)种亮度（灰度等级），三种原色的组合将是2^{24}，即16 777 216种颜色。这种显示器称为全色光栅图形显示器，其帧缓冲存储器称为全色帧缓冲存储器。为了进一步提高颜色的种类，可以对每组原色配置一个颜色查找表，如图1.7所示，颜色查找表是10 bit，可以产生1 073 741 824(2^{30})种颜色。

表1.1 具有3个位面的帧缓冲存储器的颜色表

	红（R）	绿（G）	蓝（B）
黑（black）	0	0	0
红（red）	1	0	0
绿（green）	0	1	0
蓝（blue）	0	0	1
黄（yellow）	1	1	0
青（cyan）	0	1	1
紫（magenta）	1	0	1
白（white）	1	1	1

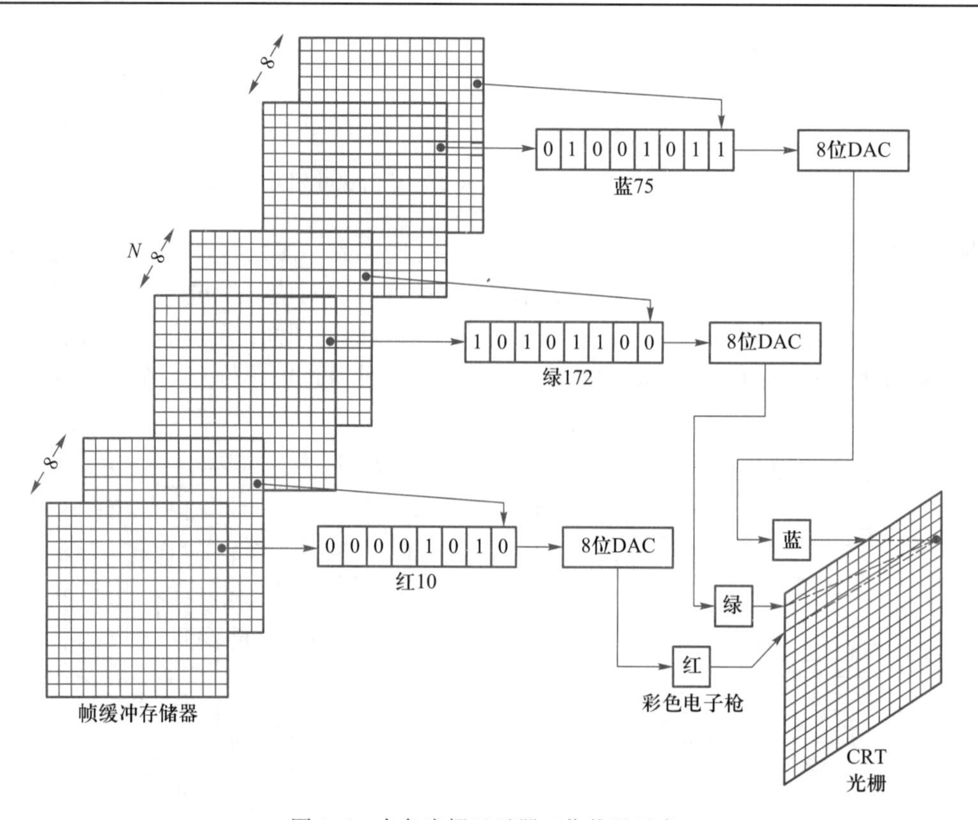

图1.6 全色光栅显示器工作状况示意

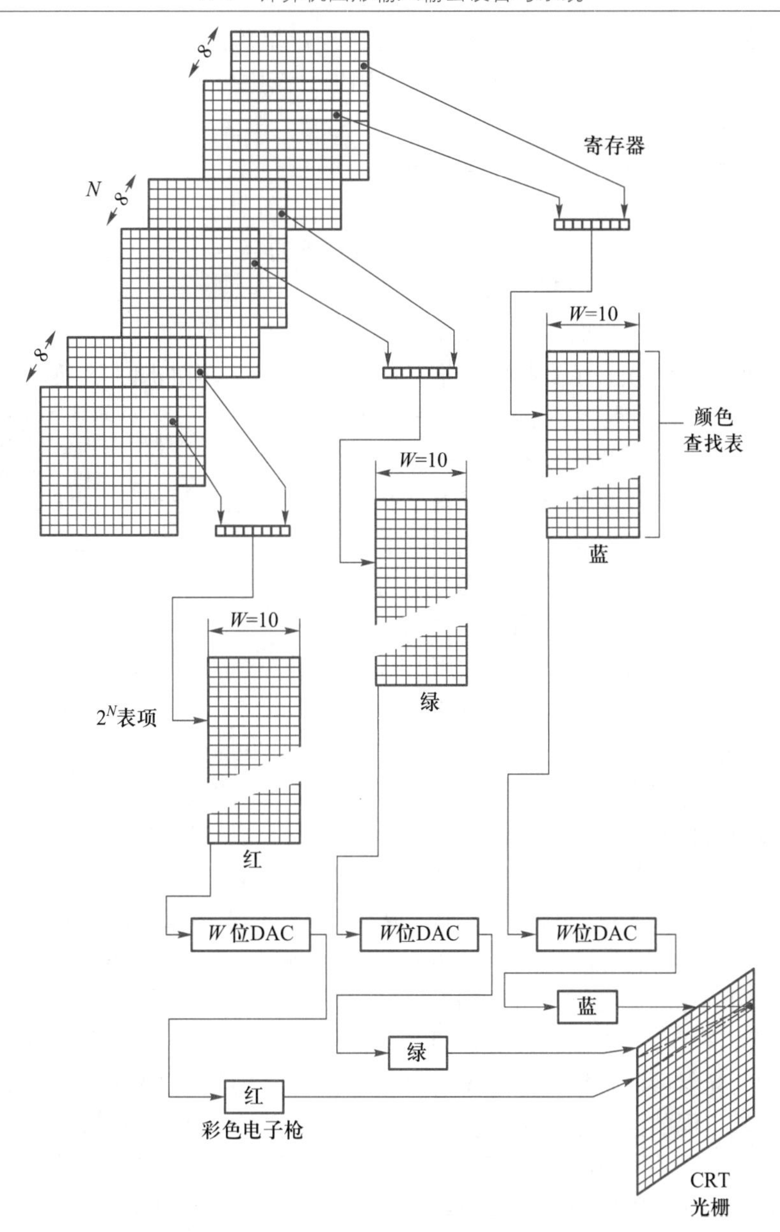

图 1.7 配有颜色查找表的全色帧缓冲存储器

光栅扫描式显示器硬件

早期的光栅显示器为基于阴极射线管的 CRT（阴极射线管）显示器。随着硬件技术的发展，目前光栅显示器的主流已经为 LCD（液晶显示）显示器、等离子显示器和 LED 显示器。

彩色阴极射线管通常利用电磁场产生高速的、经过聚焦的电子束，使其偏转到屏幕的不同位置，以轰击屏幕表面的荧光材料而产生可见图形。其主要组成部分如下。

阴极：当它被加热时，发射电子。

控制栅：控制电子束偏转的方向和运动速度。

加速电极：用以产生高速的电子束。

聚焦系统：保证电子束在轰击屏幕时，汇聚成很细的点。

偏转系统：控制电子束在屏幕上的运动轨迹。

荧光屏：当它被电子轰击时，发出亮光。

所有这些部件都封闭在一个真空的圆锥形玻璃壳内，其结构如图1.8所示。

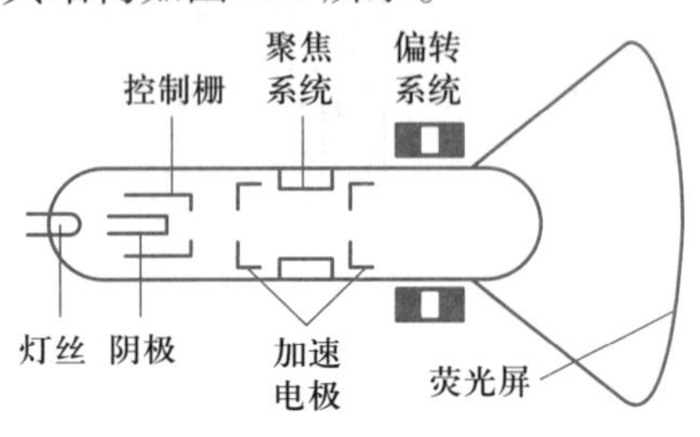

图1.8 阴极射线管的组成

阴极射线管的技术指标主要有两条：一是分辨率，二是显示速度。一个阴极射线管在水平和垂直方向的单位长度上能识别出的最大光点数称为分辨率。光点也称作像素（pixel）。分辨率主要取决于阴极射线管荧光屏所用荧光物质的类型、聚焦系统和偏转系统。显然，对于相同尺寸的屏幕，光点数越多，点间距离越小，分辨率就会越高，显示的图形就会越精细。常用CRT的分辨率在1 024×1 024左右，即屏幕水平和垂直方向上各有1 024个像素点。高分辨率的图形显示器的分辨率可达4 096×4 096。分辨率的提高除了CRT自身的因素外，还与确定像素位置的计算机字长、存储像素信息的介质、模数转换的精度及速度有关。一般用每秒显示矢量线段的条数作为衡量CRT显示速度的指标。显示速度取决于偏转系统的速度、CRT矢量发生器的速度及计算机发送显示命令的速度。CRT采用静电偏转，速度快，满屏偏转只需要3 μs，但结构复杂，成本较高。若采用磁偏转则速度较慢，满屏偏转需要30 μs。通常CRT所用荧光材料的刷新频率为20～30帧/秒。使CRT显示不同颜色的图形是通过把发出不同颜色的荧光物质进行组合而实现的。通常用射线穿透法和影孔板法实现彩色显示。影孔板法广泛用于光栅扫描显示器（包括家用电视机）中。这种CRT屏幕内部涂有多组呈三角形的荧光材料，每组材料有3个荧光点。当某组荧光材料被激活时，分别发出红、绿、蓝三种光，其不同的强度混合后即产生不同颜色。例如，关闭红、绿电子枪就会产生蓝色；以相同强度的电子束去激发全部3个荧光点就会得到白色。在廉价的光栅图形系统中，电子束只有发射、关闭两种状态，因此只能产生8种颜色；而比较复杂的显示器可以产生中等强度的电子束，因而可以产生几百万种颜色。

液晶显示器（liquid crystal display，LCD）和其他几种显示设备不同，液晶显示器的每个像素并不发光，而是通过叠加在均匀的背面光源前面并改变每个像素的透光率来实现内容的显示。

一个液晶显示器通常包含产生光照的背光模组和前面控制透射的液晶面板。背光模组作为显示器的光源，通过特定的光路设计，可以向液晶面板发射均匀、高亮度的平行白光。而液晶层主要包含两个改变光偏振状态的偏光板（也叫极化板）和夹在中间的液晶层。背光模组发出的平行光经过第一个偏光板后变成具有特定偏振方向（比如水平）的光。之后光在穿过液晶层时，光的偏振方向会根据液晶的排列方式而相应改变。改变了偏振方向的光之后通过第二个偏光板。对于每个像素，如果光的偏振方向和第二个偏光板的偏振方向平行，那么所有的光线都会通过，像素亮度为最高亮度。如果光的偏振方向和第二个偏光板的偏振方向垂直，所有的光线都会被遮挡，像素亮度变为黑色。而当光的偏振方向和第二个偏光板的偏振方向夹角在平行和垂直之间时，通过光线的量也会相应地发生改变，从而实现像素的亮度变化。通过对每个像素的液晶施加不同的电压，液晶显示器可以改变像素的液晶排列方式，从而改变光的偏振方向，实现像素亮度的变化。为实现彩色显示，液晶显示器的液晶面板内有彩色滤光片，其中每个像素都包含固定排列的 RGB 子像素掩膜，每个子像素发出的光通过掩膜后，变成特定的 RGB 颜色的光，从而实现色彩的显示。

和阴极射线管相比，液晶显示器的体积小、分辨率高、功率低。但和基于 LED 的平板显示器相比，液晶显示器的发光效率不高。背光模组发出的光一般有 80%~90%会被遮挡，因此液晶显示器的功耗仍然比较大。同时，在液晶显示器中，液晶的排列一旦被改变，它将保持此状态达几百毫秒，甚至在触发电压切断后仍然保持这种状态不变，这对图形的刷新速度影响极大。为了解决这个问题，在液晶显示器表面的网格点上装有一个晶体管，通过晶体管的开关来快速改变液晶的排列状态，同时也控制状态改变的程度。晶体管也可用来保存每个单元的状态，从而可按刷新频率周期性地改变晶体单元的状态。这样，液晶显示器就可用来制造连续色调的轻型电视机和显示器。但是，液晶显示器仍然会有由于刷新较慢造成的残影等问题，使得这一显示技术很难被应用到 VR（虚拟现实）头盔等对刷新率有很高要求的设备中。

等离子显示器是用许多小氖气灯泡构成的平板阵列，每个灯泡处于开或关状态。等离子板不需要刷新。等离子显示器一般由 3 层玻璃板组成。第一层的里面是涂有导电材料的垂直条，中间层是灯泡阵列，第三层表面是涂有导电材料的水平条。若要点亮某个地址的灯泡，首先要在相应行施加较高的电压，等该灯泡点亮后，可用低电压维持氖气灯泡的亮度。若要关掉某个灯泡，只要将相应的电压降低即可。灯泡开关的周期时间是 15 ms，通过改变控制电压，可以使等离子板显示不同灰度的图形。等离子显示器的三层结构如图 1.9 所示。由于分辨率、老化等限制，等离子显示器目前已经基本退出了市场，被 LED 显示器所取代。

发光二极管（LED）显示器是近几年发展起来的显示技术。它的每个像素由三基色的发光二极管按照一定的空间顺序紧密排列而成。由于每个 LED 单独发光，在不发光时 LED 为全黑，所以和 LCD 显示技术相比，它有更高的亮度（户外可以使用）、对比度、动态范围以及刷新频率。目前大部分手机的屏幕和大屏幕电视都采用了 LED 显示技术。目前这一技术还在不断地发展过程中。

几种显示技术的比较如表 1.2 所示。

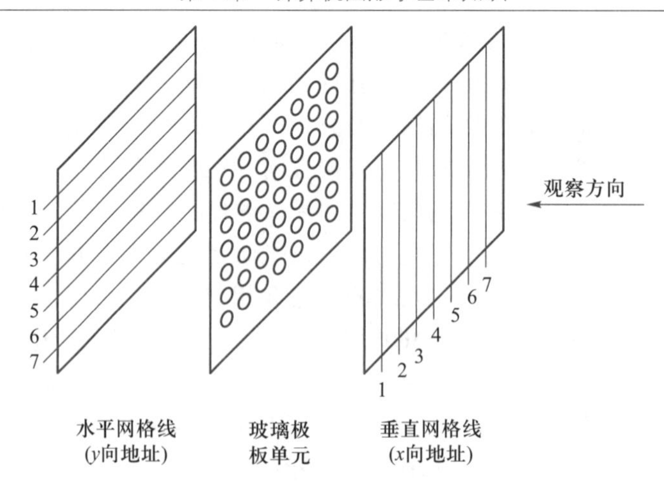

图1.9 等离子显示器的结构

表1.2 几种显示技术的比较

性质	阴极射线管	等离子显示器	LED显示器	液晶显示器	性质	阴极射线管	等离子显示器	LED显示器	液晶显示器
功耗	大	中	小	较小	分辨率	中	好	好	好
屏幕	小	中	大	大	对比度	中	好	好	中
厚度	大	小	小	较小	灰度等级	好	差	好	差
平面度	一般	中	好	好	视角	大	中	大	一般
亮度	好	好	好	适中	色彩	丰富	中	丰富	中

2. 三维图形显示设备

已有的二维图形显示设备为了显示三维图形，必须将三维几何进行绘制后变成特定视点的二维图像。而用户观看显示器的效果和观看图片、视频的效果相似。近年来，一些真三维显示技术尝试直接显示三维物体或场景向空间所有可能方向发射的光强，也就是光场，以给用户带来直接的三维观看体验。

立体显示器是最简单的一种三维立体显示设备，它通过显示针对左眼和右眼的具有视差的图像对，从而形成立体视觉。这些设备只能提供单一视点下的立体观看体验，因而无法实现真实三维观看中挪动视点造成的遮挡变化和景深变化。头戴式的立体显示器被广泛用于虚拟现实和增强现实头盔显示器中。这些设备针对左眼和右眼分别提供近眼的显示屏。而大型的立体显示屏或者采用偏振、交替显示的方式，或者采用不同光谱的方式再统一在屏幕上显示左右眼的内容。这些设备需要用户佩戴专用的眼镜，每只眼镜的镜片将对应于另外一只眼镜的显示内容过滤掉，从而实现立体显示。基于透镜或视差遮挡栅（parallax barrier）的立体显示器不需要用户佩戴眼镜。设备一般在原有显示器外面设置一个专用的透镜层或遮挡的栅格，从而将每个像素发出的光变为指定的左眼或者右眼方向，通过牺牲空间分辨率换取立体显示。随着显示器分辨率的提高，基于透镜或者视差遮挡栅的立体显示器一般可以实现水平方向上多个观察角度的立体显示，并允许多个用户一起观看。

光场显示器是一种尚在研制中的显示设备。光场显示的目标是一个场景中每个点向屏幕方向发出的所有光线，从而复现场景的光场，实现真正的三维显示。用户观察光场显示器的显示，理论上可以获得和观看真实场景一样的视差、景深、遮挡等所有感受。光场显示器按照原理可以分为体显示器、基于微镜面的显示器和基于多层 LCD 的显示设备。其中，体显示器控制三维空间中每个显示点的颜色实现显示，为此可以通过叠加多层的半透明显示器实现，或者通过一个快速旋转的扇叶上的显示（LCD 屏或投影）实现空间不同点的显示内容不同。多层 LCD 通过沿不同方向、不同层的 LCD 像素显示结果的叠加实现光场显示。

3. 二维图形打印设备

图形显示设备只能在屏幕上显示各种图形，但在计算机图形学应用中，还需要把图形画在纸或者其他物理媒介上。常用的二维图形绘制设备也称为硬复制设备，有打印机和绘图仪两种。打印机是廉价的产生图纸的硬复制设备，从机械动作上通常分为撞击式和非撞击式两种。撞击式打印机使成型字符通过色带印在纸上，如行式打印机、点阵式打印机等。非撞击式打印机常用的技术有喷墨技术、激光技术等，这类打印设备速度快、噪声小，已逐渐取代以往的撞击式打印机。绘图仪则主要有光栅式的静电绘图仪和矢量式的笔式绘图仪。

喷墨打印机

喷墨打印机既可用于打印文字，又可用于绘图（实际指打印图纸）。喷墨打印机的关键部件是喷墨头，通常分为连续式和随机式两种。连续式喷墨头的射速较快，但需要墨水泵和墨水回收装置，结构比较复杂；随机式喷墨头的主要特点是墨滴的喷射是随机的，只有在需要印字（图）时才喷出墨滴，墨滴的喷射速度较低，不需要墨水泵和墨水回收装置，此时，若采用多喷嘴结构也可以获得较高的印字（图）速度。随机式喷墨头常用于普及型便携式打印机；连续式喷墨头多用于喷墨绘图仪。目前，常用的喷墨头有以下四种。

（1）压电式

这种喷墨头使用压电器件代替墨水泵产生压力，根据所印字（图）的信息对压电器件施加电压，使墨水喷成墨滴以印字、印图。这种喷墨头是早期喷墨打印机采用得最多的一种，并一直沿用至今，但这种喷墨头分辨率的进一步提高会受到压电器件尺寸的限制。

（2）气泡式

气泡式喷墨头在喷嘴内装有发热体，在需要印字、印图时，对发热体加电，以使墨水受热产生气泡，随着温度的升高气泡膨胀，将墨水挤出喷嘴进行印字、印图。

（3）静电式

前两种喷墨头由于机械尺寸所限，难以进一步提高分辨率。由于二者都使用水性墨水，容易因干涸造成微细喷嘴的堵塞。静电式喷墨头采用高沸点的油性墨水，利用静电吸引力把墨水喷在纸上。

（4）固体式

这种喷墨头采用固体墨，有 96 个喷嘴，其中 48 个喷嘴用于墨色印字、印图，青、黄、品红三原色各用 16 个喷嘴，其分辨率可达 300 dpi。印刷彩色图像的输出速度比前面所述喷墨头快。

激光打印机

激光打印机也是一种既可用于打印字符又可用于绘图的设备，主要由感光鼓、上粉盒、打底电晕丝和转移电晕丝组成。激光打印机开始工作时，感光鼓旋转并借助打底电晕丝使整个感光鼓的表面带上电荷。打印数据从计算机传至打印机，经处理送至激光发射器。在发射激光时，激光打印机中的一个六面体反射镜开始旋转，此时可以听到激光打印机发出特殊的“嗞嗞”声。反射镜的旋转和激光的发射同时进行，由打印数据决定激光的发射或停止。每个光点打在反射镜上，随着反射镜的转动和变换角度，将激光点反射到感光鼓上。感光鼓上被激光照到的点将失去电荷，从而在感光鼓表面形成一幅肉眼看不到的磁化图像。感光鼓旋转到上粉盒，其表面被磁化的点将吸附碳粉，从而在感光鼓上形成将要打印的碳粉图像。然后，将图像传到打印机上。打印纸从感光鼓和转移电晕丝中通过，转移电晕丝上将产生比感光鼓上更强的磁场，碳粉受吸引从感光鼓上脱离，朝转移电晕丝方向转移，结果便在不断向前运动的打印纸上形成碳粉图像。打印纸继续向前运动，通过高达 400 ℃高温的溶凝部件，碳粉图像便定型在打印纸上，产生永久图像。同时，感光鼓旋转至清洁器，将所有剩余在感光鼓上的碳粉清除干净，开始新的工作。

静电绘图仪

静电绘图仪是一种光栅扫描设备，它利用静电同极相斥、异极相吸的原理。单色静电绘图仪把像素化后的绘图数据输出至静电写头上，静电写头通常是双行排列的，头内装有许多电极针。静电写头随输入信号控制，每根极针放出高电压，绘图纸正好横跨在静电写头与背板电极之间，纸通过静电写头时，静电写头便把图像信号转换到纸上。带电的绘图纸经过墨水槽时，因为墨水的碳微粒带正电，所以墨水被纸上的电子所吸附，在纸上形成图像。彩色静电绘图的原理与单色静电绘图的原理基本相同。不同之处在于，彩色绘图时需要把纸来回往返几次，分别套上紫、黄、青、黑四种颜色，这四种颜色分布在不同位置时可形成四千多种色彩图。目前，彩色静电绘图仪的分辨率可达 800 dpi，产生的彩色图片比彩色照片的质量还好，但高质量的彩色图像需要高质量的墨水和纸张。

笔式绘图仪

笔式绘图仪分为滚筒式和平板式两种。平板式笔式绘图仪在一块平板上画图，绘图笔分别由 x、y 两个方向进行驱动。而滚筒式绘图仪则在一个滚筒上画图，图纸在一个方向（x 方向）上滚动，而绘图笔在另一个方向（如 y 方向）上移动。两类绘图仪都有各自的系列产品，其绘图幅面从 A3 到 A0 直至 A0 加长等。笔式绘图仪的主要性能指标包括最大绘图幅面、绘图速度和精度、优化绘图以及绘图所用的语言等。

各绘图仪生产厂家在推销产品时，往往把绘图速度放在第一位。由于绘图仪是一种慢速设备，它的绘图速度高就会相应提高整个系统的效率。绘图仪给出的绘图速度仅是机械运动的速度，不能完全代表绘图仪的效率。目前，常用笔式绘图仪的画线速度在1线/秒左右，加速度在$2g$（g为重力加速度）到$4g$之间。机械运动速度能否提高，必然受到各种机电部件性能的约束，甚至还会受到绘图笔性能的限制。目前各厂家均十分重视绘图优化。

绘图仪的速度和主机数据通信的速度相差很大，不可能实现在主机发送数据的同时，绘图仪就完成这些图形数据的绘制任务。必须由绘图缓冲存储器先把主机发送的数据存储起来，然后再让绘图仪绘制。绘图缓冲存储器容量越大，存储的数据就越多，从而访问主机的次数越少，相应地，绘图速度越快。绘图优化是固化在绘图仪中的一个专用软件，它只能搜索、处理已经传送到绘图缓冲存储器中的数据，对于那些尚存放在主机中的数据无能为力。

与绘图仪精度有关的指标有相对精度、重复精度、机械分辨率和可寻址分辨率。相对精度通常统称为精度，它取绝对精度和移动距离百分比精度二者之中的最大值；机械分辨率指机械装置可移动的最小距离；可寻址分辨率则是图形数据增加一个最小单位所移动的最小距离，可寻址分辨率必须比机械分辨率大。在主机向绘图仪发送数据的同时，还要发送操纵绘图仪实现各种动作的命令，如抬笔、落笔、画直线段、画圆弧等，然后由绘图仪解释这些命令并执行它们。这些命令便称为绘图语言。在每种绘图仪中都固化了特定的绘图语言，其中，惠普公司的HPGL绘图语言应用范围最广，并有可能成为各种绘图仪未来移植的标准语言。

4. 三维图形打印设备

图形学一个重要的应用之一是计算机辅助设计和制造。传统的工业制造流水线采用减材制造的方法，通过一系列加工手段，如铸造、车、铣、刨、磨等，去除三维原料胚上设计形状之外多余的部分，最后得到给定形状的三维物理产品。这一流程需要专业化多工序的加工流程和机械设备，难以满足用户个性化快速制造的需求。为了实现这一目的，近年来，三维打印技术和设备逐步成熟和普及，可以方便地将用户设计的三维形状打印出不同材质的三维实体，实现个性化制造。三维打印技术是一种增材制造技术，它通过对给定三维形状的体素化，得到三维形状的一个体素表达，也就是三维形状占有的空间所有位置单元（体素）。之后，三维打印设备逐层或逐行的填充三维形状所占有的体素，叠加形成最终的三维形状。

典型的三维打印按照原理和材料性态可以大概分为挤压型、光聚合型和颗粒型三种。挤压型由移动的喷嘴将材料细丝加热熔化后喷出到指定位置，然后快速冷凝成型。通过喷嘴不断扫描移动，在基础平面上一层层地累积完成打印过程。这一原理也被用于大多数低成本的三维打印机。而光聚合型则利用特定波长的光照射液体光聚合材料，通过控制照射的位置，让该位置的材料液体凝固形成对应的体素，然后通过下移底板实现一层层的打印。与挤压型相比，这种打印方法一般精度高，速度更快。而颗粒型主要用于金属打印，利用激光烧熔特定位置的微小金属颗粒，从而实现对应体素的打印。

三维打印设备原理在20世纪80年代发明以后，近几年得到飞速的发展，目前支持各种材质，包括高分子材料、金属、陶瓷等。同时，打印精度不断提高，可支持多种材质、颜色的混合打印。

1.4.4　计算机图形设备的组合系统

上面两小节介绍了一些常用的计算机图形学输入输出设备。在实际应用中，根据使用场景的不同，这些设备往往组合使用，构成不同的计算机图形交互系统。下面简单介绍三种典型的计算机图形交互系统，进一步了解各种设备在实际场景中如何配合完成图形学的不同任务。

基于头盔的虚拟现实或增强系统

基于头盔的虚拟现实或增强现实系统一般包含头盔、手柄或数据手套，以实现图形系统的输入输出。这一系统的显示由头盔上的近眼显示系统完成。对于虚拟现实系统，显示由两块LED或LCD屏幕实现。对于增强现实系统，显示一般由两块光导式半透明显示屏实现。两块屏幕分别覆盖两眼的视野。头盔上集成传感器或相机，或者利用外部的辅助设备一起实现对头部的姿态和空间位置的定位，从而实现对用户视点在虚拟环境和真实环境中的定位。同时，这些系统会配备可以进行三维定位的手柄，或者直接利用头盔上的相机拍摄以实现用户的手势识别，从而实现用户和虚拟内容的直接交互。本书第10章将对虚拟现实技术和系统进行更为详细的介绍。

基于桌面的图形输入输出系统

基于桌面个人计算机的图形输入输出系统是最为常用的图形系统。这一系统通过配备二维显示屏实现图形内容的显示。利用传统的鼠标、键盘、游戏手柄实现图形内容的交互。为实现图形内容的输入输出，大部分桌面系统可以配备数字绘图板（即数字化仪）或数字笔，通过笔的绘画功能实现图形内容的创作和编辑。同时，这些计算机还可以连接喷墨或激光打印机以及小型的三维打印机，实现图形内容的快速输出。

用于影视拍摄的图形输入输出系统

在这个应用场景中，专业的图形输入设备需要分阶段使用，完成不同内容的输入。拍摄系统利用相机运动的跟踪和演员的运动捕捉，完成实景拍摄并保证实际场景与虚拟场景的有效融合。为此，在影视拍摄制作中，演员往往需要在专用的实验室里通过三维扫描仪和光穹系统扫描，创建自己的形象和表演的数字版本，用于特效制作。在片场拍摄时，真实的演员身穿运动捕捉紧身衣，在巨大的绿幕前进行表演。为了保证拍摄效果，一般可以先扫描真实布景的三维模型，并将其与通过特效产生的虚拟特效场景在计算机上融合到一起。在拍摄时，通过在数码摄像机上添加定位跟踪标志，拍摄现场的计算机可以实时定位相机轨迹，并在拍摄用的相机上实时合成最终影片的效果，帮助导演和摄影师确定影片最后的效果，从而有效地降低成本。

1.4.5 设备未来发展趋势

随着近年来图像传感器的发展与其他各种传感器的小型化和廉价化，各种输入输出设备得到了很大的发展。同时，计算机视觉技术、人工智能技术的发展，也推动着图形输入输出设备与系统的变革。展望未来，计算机图形输入输出设备的发展有如下三个趋势。

（1）智能化

随着人工智能和机器学习技术的进步，越来越多的设备利用采集标注的数据和机器学习算法来从少量的数据中获取输入的信息。例如，Kinect 利用单个深度相机实现人体姿态的捕捉和手势的识别，使得原来需要数据手套或者三维运动捕捉设备才能完成的任务，现在仅依靠深度相机就可以完成。而近年来随着深度学习技术的进步，算法可以从手机相机拍摄的图片中实时获取人脸的三维表情或者身体的姿态，从而实现一些普通质量的运动捕捉，帮助用户实现一些图形特效。而针对材质采集，也有算法可以从单张或单视点的图像出发，利用机器学习算法进行材质获取，从而避免了使用专用昂贵的光穹设备。

（2）集成化

随着多种传感器的普及，越来越多的设备通过集成多种传感器和输入输出手段，实现包含语音、手势、图像等的多通道输入和输出功能，或综合利用多种设备实现高质量的输入输出。例如，在可穿戴虚拟现实或增强现实系统中，用户的头盔集成屏幕、耳机用于图形和声音的输出；集成姿态传感器、向外的相机实现对头部姿态和位置的跟踪，通过向内的相机实现眼部跟踪及显示内容的调整和鼠标的控制。游戏手柄也会集成输入用的话筒和力反馈来实现用户语音和控制的输入，以及游戏中触觉的输出。

（3）便携化

智能算法的使用和硬件制造工艺的进步，使得输入输出设备向轻量化、移动化方向发展，方便用户随时随地和图形系统进行交互，完成需要的图形输入输出操作。柔性屏幕、手机、轻量级 LED 显示眼镜的出现使得图形显示和交互无处不在，而智能输入设备如配有惯性传感器的腕带，使用户不需要携带任何特殊设备就可以实现图形的手势交互，语音识别使用户可以通过简单的语言描述和命令创作、修改图形内容。

随着计算机图形输入输出设备的发展，相信有一天人们能像与周围的物理三维世界交互一样，方便、自然地创建和编辑虚拟的图形内容并实现与虚拟图形内容的自然互动，享受人们亲手创造的计算机图形的美妙世界。

1.5 OpenGL 基础知识

OpenGL（open graphics library，开放式图形库）是由 SGI（Silicon Graphics）公司对其 3D

图形库 GL 进行开放后形成的一种跨平台跨编程语言的 3D 图形 API（应用程序接口），经过不断改进和扩展，OpenGL 目前已成为事实上的工业标准。

对于开发者来说，OpenGL 是一组 C 语言函数，通过调用这些函数，可以方便地进行二维、三维图形的显示。OpenGL 核心库包含以下三个程序库，Visual Studio（简称 VS）中已经包含了 OpenGL 核心库。

- opengl32. lib：图形核心函数库。
- glut32. lib：工具函数库，如视点设置、投影与反投影等。
- glaux32. lib：辅助函数库，如二次曲面的绘制，球、方块、茶壶等体素的定义。

它们分别对应头文件 gl. h、glut. h 和 glaux. h。

GLUT 库可以看作 OpenGL 核心库的扩展，它提供了与窗口系统进行交互的函数。GLUT 库不包含在标准 OpenGL 库中，需要自行下载安装，很多网站都提供了 GLUT 库压缩包的下载。解压缩 GLUT 压缩包，可以看到其中包含头文件 glut. h，库文件 glut32. lib 和动态链接库 glut32. dll。下面简单介绍 Visual Studio 中 GLUT 库的配置。

① 创建 VS 工程空项目，将解决方案设置为 release 和 win32。

② 选择项目的属性→VC++目录，编辑包含目录和库目录，添加 glut 文件夹地址。

③ 选择项目属性→链接器→输入，编辑附加依赖项，添加 glut32. lib。

④ 在项目中添加 cpp 文件，输入以下代码进行测试。

```
#include <windows.h>
#define GLUT_DISABLE_ATEXIT_HACK
#include "glut.h"

void display()
{
    glClear(GL_COLOR_BUFFER_BIT);
    glColor3f(1, 0, 0);
    glBegin(GL_TRIANGLES);
    glVertex3f(-0.5, 0.5, 0);
    glVertex3f(0.5, 0.5, 0);
    glVertex3f(0, -0.5, 0);
    glEnd();
    glutSwapBuffers();
}

int main(int argc, char *argv[])
{
```

```
    glutInit(&argc, argv);
    glutInitDisplayMode(GLUT_RGB | GLUT_DOUBLE);
    glutCreateWindow("Simple GLUT App");
    glutDisplayFunc(display);
    glutMainLoop();
    return 0;
}
```

⑤ 编译生成 exe 文件，将 glut 文件夹中的 glut32. dll 复制到 release 文件夹中，至此 GLUT 环境配置完毕。运行 exe 文件，应能看到一个小窗口中显示了一个红色的三角形。

OpenGL 函数的命名遵循以下规则。

① 所有的 OpenGL 函数命名都以 gl、glu 或 glut 等开头，表明该函数属于哪个函数库。

② OpenGL 函数通常有以下后缀：

一个数字{2,3,4}表明该函数的参数个数；

一个字母{i,f,d,ub}表示参数的类型，分别对应于整数、浮点数、双精度类型、无符号 byte 类型；

字母 v 表明参数是一个数组。

下面以 glColor 函数为例演示 OpenGL 语法，该函数用来设置当前绘制的颜色。

在 OpenGL 中，颜色可以用 3 个分量 RGB 来定义，分别对应于红、绿、蓝三原色的强度；也可以用 4 个分量 RGBA 来定义，即再加入透明度分量。

颜色可以用浮点数定义，取值范围为 0~1，0 为强度最弱，1 为强度最强。例如：

```
glColor3f(0.0, 0.5, 1.0);            //0% 红色+50% 绿色+100% 蓝色
glColor4f(0.f, 0.5f, 1.f, 0.3f);     //0% 红色+50% 绿色+100% 蓝色, 30% 透明
GLfloat color[4] = {0.f, 0.5f, 1.f, 0.3f};
glColor4fv(color);                   //同上,0% 红色+50% 绿色+100% 蓝色, 30% 透明
```

颜色也可以用 byte 类型定义，取值范围为 0~255，0 为强度最弱，255 为强度最强。它对应于 C 语句中的 unsigned char 类型。例如：

```
glColor3ub(0, 127, 255);             //0% 红色+50% 绿色+100% 蓝色
glColor4ub(0, 127, 255, 76);         //0% 红色+50% 绿色+100% 蓝色, 30% 透明

GLubyte color[4] = {0, 127, 255, 76};
glColor4ubv( color );                //同上,0% 红色+50% 绿色+100% 蓝色, 30% 透明
```

③ OpenGL 中的常量都是以 GL_为前缀的大写字符串。

④ OpenGL 有自己的类型定义，与 C 语言的标准类型的映射关系如表 1.3 所示。

表 1.3 OpenGL 的类型定义

关 键 字	类 型
GLbyte	signed char
GLint	int/long
GLfloat	float
GLdouble	double

习 题

1. 简述随机扫描显示器和光栅扫描显示器的工作原理和特点。

2. 为什么要制定和采用计算机图形标准？经国际标准化组织（International Organization for Standardization，ISO）批准的计算机图形标准软件有哪些？

3. 计算机图形显示器和绘图设备表示颜色时各使用什么颜色系统？它们之间的关系如何？

4. 简述帧缓冲存储器与显示器分辨率的关系。分辨率分别为 640×480、1 280×1 024 和 2 560×2 048 的显示器，各需要多少位平面数为 24 的帧缓冲存储器？

第 2 章　基本图形的生成与计算

2.1　直线的生成算法

在光栅显示器的荧光屏上生成一个对象，实质上是往帧缓冲存储器的相应单元中填入数据；画一条从(x_1,y_1)到(x_2,y_2)的直线，实质上是一个发现最佳逼近直线的像素序列并填入色彩数据的过程，这个过程也称为直线光栅化。本节介绍在光栅显示器上实现直线光栅化最常用的两种算法，即直线 DDA 算法和直线 Bresenham 算法。

2.1.1　直线 DDA 算法

DDA 是数字微分分析式（digital differential analyser）的缩写。设直线的起点为(x_1,y_1)，终点为(x_2,y_2)，则斜率 m 为

$$m=\frac{y_2-y_1}{x_2-x_1}=\frac{\mathrm{d}y}{\mathrm{d}x}$$

直线中的每一点坐标都可以由前一点坐标变化一个增量$(\mathrm{D}x,\mathrm{D}y)$而得到，即表示为递归式

$$x_{i+1}=x_i+\mathrm{D}x$$
$$y_{i+1}=y_i+\mathrm{D}y$$

并有关系

$$\mathrm{D}y=m\cdot\mathrm{D}x$$

递归式的初值为直线的起点(x_1,y_1)，这样，就可以用加法来生成一条直线。其加速的关键是应用前一个点的值来计算后续点。

按照直线从(x_1,y_1)到(x_2,y_2)的方向不同，分为 8 个象限（图 2.1）。对于方向在第 1a 象限内的直线而言，取增量值 $\mathrm{D}x=1$，$\mathrm{D}y=m$；对于方向在第 1b 象限内的直线而言，取增量值 $\mathrm{D}y=1$，$\mathrm{D}x=1/m$。各象限中直线生成时，$\mathrm{D}x$、$\mathrm{D}y$ 的取值如表 2.1 所示。

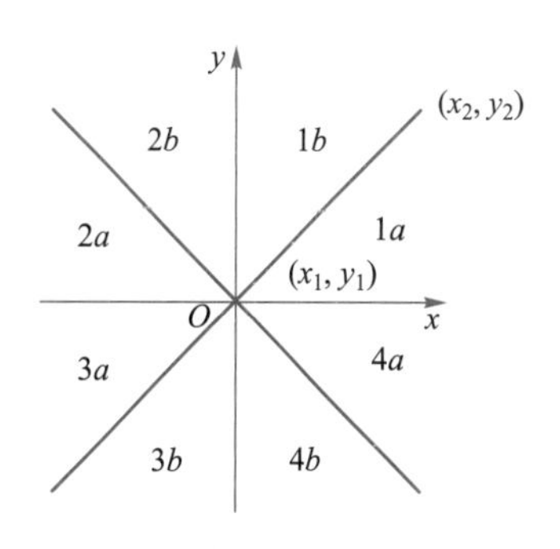

图 2.1　直线方向的 8 个象限

表 2.1 8 个象限中的坐标增量值

象限	|dx|>|dy|?	Dx	Dy	象限	|dx|>|dy|?	Dx	Dy
1*a*	True	1	*m*	3*a*	True	-1	-*m*
1*b*	False	1/*m*	1	3*b*	False	-1/*m*	-1
2*a*	True	-1	*m*	4*a*	True	1	-*m*
2*b*	False	-1/*m*	1	4*b*	False	1/*m*	-1

研究表 2.1 中的数据，可以发现以下两个规律。

（1）当 $|dx|>|dy|$ 时

$$|Dx|=1,\quad |Dy|=m$$

否则

$$|Dx|=1/m,\quad |Dy|=1$$

（2）Dx、Dy 的符号与 dx、dy 的符号相同。

这两条规律可以使生成直线的程序简化。由上述方法写成的程序如下所示。其中 steps 变量的设置以及 delta_x=dx/steps、delta_y=dy/steps 等语句，正是利用了上述两条规律，使程序变得简练。使用 DDA 算法，每生成一条直线做两次除法，画线中每一点做两次加法。因此，用 DDA 算法生成直线的速度是相当快的。

```
dda_line(xa, ya, xb, yb, c)
 int xa, ya, xb, yb, c;
 {
    float delta_x, delta_y, x, y;
    int dx, dy, steps, k;
    dx=xb-xa;
    dy=yb-ya;
    if(abs(dx)>abs(dy))
        steps=abs(dx);
    else steps=abs(dy);
    delta_x=(float)dx/(float)steps;
    delta_y=(float)dy/(float)steps;
    x=xa;
    y=ya;
    set_pixel(x, y, c);
    for(k=1;k<=steps;k++)
    {
        x+=delta_x;
        y+=delta_y;
```

DDA 算法

```
        set_pixel(x, y, c);
    }
}
```

2.1.2　直线 Bresenham 算法

本算法由 Bresenham 在 1965 年提出。设直线从起点(x_1,y_1)到终点(x_2,y_2)。直线可表示为方程 $y=mx+b$，其中

$$b=y_1-m\cdot x_1,\ m=\frac{y_2-y_1}{x_2-x_1}=\frac{\mathrm{d}y}{\mathrm{d}x}$$

此处的讨论先将直线方向限于 1a 象限（图 2.1），在这种情况下，当直线光栅化时，x 每次都增加 1 个单元，即

$$x_{i+1}=x_i+1$$

而 y 的相应增加值应当小于 1。为了光栅化，y_{i+1} 只可能选择图 2.2 中两种位置之一。

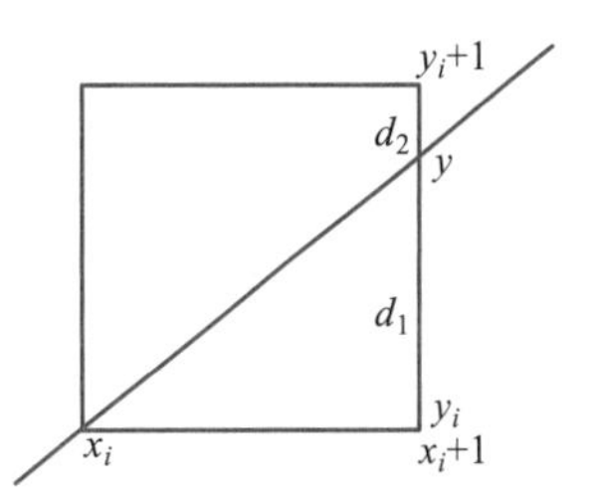

图 2.2　纵坐标的位置选择

y_{i+1}的位置选择 $y_{i+1}=y_i$或者 $y_{i+1}=y_i+1$，选择的原则是看精确值 y 与 y_i及 y_i+1 的距离 d_1及 d_2的大小。计算公式为

$$y=m(x_i+1)+b \tag{2.1}$$

$$d_1=y-y_i \tag{2.2}$$

$$d_2=y_i+1-y \tag{2.3}$$

如果 $d_1-d_2>0$，则 $y_{i+1}=y_i+1$，否则 $y_{i+1}=y_i$。因此算法的关键在于简便地求出 d_1-d_2的符号。将式（2.1）、式（2.2）、式（2.3）代入 d_1-d_2，得

$$d_1-d_2=2y-2y_i-1=2\frac{\mathrm{d}y}{\mathrm{d}x}(x_i+1)-2y_i+2b-1$$

用 $\mathrm{d}x$ 乘等式两边，并以 $P_i=(d_1-d_2)\mathrm{d}x$ 代入上述等式，得

$$P_i=2x_i\mathrm{d}y-2y_i\mathrm{d}x+2\mathrm{d}y+(2b-1)\mathrm{d}x \tag{2.4}$$

d_1-d_2用于判断符号的误差。由于在 1a 象限，$\mathrm{d}x$ 总大于 0，所以 P_i仍旧可以用来判断符号的误差。P_{i+1}为

$$P_{i+1}=P_i+2\mathrm{d}y-2(y_{i+1}-y_i)\mathrm{d}x \tag{2.5}$$

求误差的初值 P_1，可将 x_1、y_1和 b 代入式（2.4）中的 x_i、y_i，得到

$$P_1=2\mathrm{d}y-\mathrm{d}x$$

综合上面的推导，第 1a 象限内的直线 Bresenham 算法思想如下。

① 画点(x_1,y_1)，$\mathrm{d}x=x_2-x_1$，$\mathrm{d}y=y_2-y_1$，计算误差初值 $P_1=2\mathrm{d}y-\mathrm{d}x$，$i=1$。

② 求直线的下一点位置

$$x_{i+1}=x_i+1$$

如果 $P_i>0$，则 $y_{i+1}=y_i+1$，否则 $y_{i+1}=y_i$。

③ 画点(x_{i+1},y_{i+1})。

④ 求下一个误差 P_{i+1}，如果 $P_i>0$，则 $P_{i+1}=P_i+2dy-2dx$；否则 $P_{i+1}=P_i+2dy$。

⑤ $i=i+1$，如果 $i<dx+1$，则转步骤②；否则结束操作。

Bresenham 算法的优点如下。

① 不必计算直线的斜率，因此不做除法。

② 不用浮点数，只用整数。

③ 只做整数加/减运算和乘 2 运算，而乘 2 运算可以用移位操作实现。

Bresenham 算法的运算速度很快，并适于用硬件实现。

由上述算法编制的程序如下所示。这个程序适用于所有 8 个方向的直线（图 2.1）的生成。程序用色彩 c 画出一条端点为(x_1,y_1)和(x_2,y_2)的直线。其中变量 p 是误差；const1 和 const2 是误差的逐点变化量；inc 是 y 的单位递变量，值为 1 或-1；tmp 是象限变换时的临时变量。程序以判断条件$|dx|>|dy|$为分支，并分别将 $2a$、$3a$ 象限的直线和 $3b$、$4b$ 象限的直线变换到 $1a$、$4a$ 和 $2b$、$1b$ 象限方向，以实现程序处理的简捷。

直线 Bresenham 算法

```
void line(x1, y1, x2, y2, c)
 int x1, y1, x2, y2, c;
 {
     int dx, dy,x, y,p,const1,const2,inc,tmp;
     dx=x2-x1;
     dy=y2-y1;
     if(dx * dy>=0)          /* 准备 x 或 y 的单位递变值 */
         inc=1;
     else
         inc=-1;
     if(abs(dx)>abs(dy)){
         if(dx<0){
             tmp=x1;         /* 将 2a、3a 象限方向的直线变换到 1a、4a 象限方向 */
             x1=x2;
             x2=tmp;
             tmp=y1;
             y1=y2;
             y2=tmp;
             dx=-dx;
             dy=-dy;
         }
         p=2 * dy-dx;
```

```
        const1=2*dy;                /*注意此时误差的变化参数取值*/
        const2=2*(dy-dx);
        x=x1;
        y=y1;
        set_pixel(x, y, c);
        while(x<x2){
            x++;
            if(p<0)
                p+=const1;
            else{
                y+=inc;
                p+=const2;
            }
            set_pixel(x, y, c);
        }
    }
    else{
        if(dy<0){
            tmp=x1;                 /*将3b、4b象限方向的直线变换到2b、1b象限方向*/
            x1=x2;
            x2=tmp;
            tmp=y1;
            y1=y2;
            y2=tmp;
            dx=-dx;
            dy=-dy;
        }
        p=2*dx-dy;                  /*注意此时误差的变化参数取值*/
        const1=2*dx;
        const2=2*(dx-dy);
        x=x1;
        y=y1;
        set_pixel(x, y, c);
        while(y<y2){
            y++;
            if(p<0)
                p+=const1;
```

```
            else{
                x+=inc;
                p+=const2;
            }
                set_pixel(x,y,c);
        }
    }
}
```

2.2 圆的生成算法

2.2.1 基础知识

给出圆心坐标(x_c,y_c)和半径r，逐点画出一个圆周的公式有下列两种。

1. 直角坐标法

$$(x-x_c)^2+(y-y_c)^2=r^2$$

由上式导出

$$y=y_c\pm\sqrt{r^2-(x-x_c)^2}$$

当$x-x_c$从$-r$到r做加1递增时，就可以求出对应的圆周点的y坐标，但是这样求出的圆周上的点是不均匀的，$|x-x_c|$越大，对应生成的圆周点之间的圆周距离也就越长。因此，所生成的圆不美观。

2. 极坐标法

$$x=x_c+r\cdot\cos\theta,\ y=y_c+r\cdot\sin\theta$$

当θ从0到π做递增时，由此式便可求出圆周上均匀分布的360个点的(x,y)坐标。利用圆周坐标的对称性，此算法还可以简化。将圆周分为8个象限（图2.3），只要将第1a象限中的圆周光栅点求出，其余7部分圆周就可以通过对称法则计算出来。图2.3给出了圆心在$(0,0)$点时的对称变换法则。但即使做了如此简化，用上述公式每计算一点坐标，都要经过三角函数计算，计算量仍相当大。

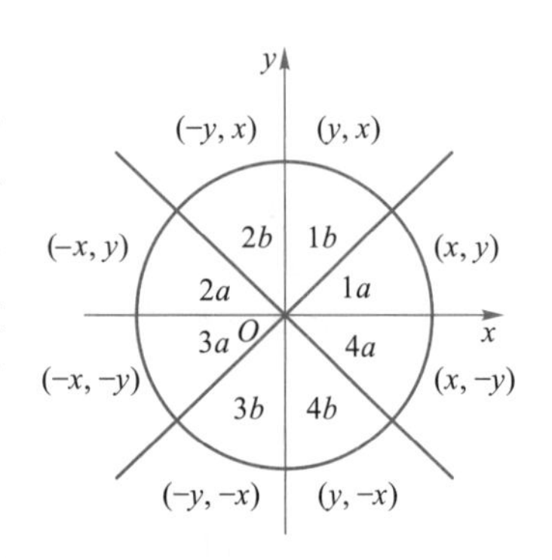

图2.3 圆心在(0,0)点圆周生成时的对称变换

在计算机中用上述两个公式所示的方法生成圆周颇费时间，下面介绍的算法则要简捷得多。

2.2.2 圆的 Bresenham 算法

设圆的半径为 r。先考虑圆心在(0,0)，并从 $x=0$、$y=r$ 开始的顺时针方向的 1/8 圆周的生成过程。在这种情况下，x 每步增加 1，从 $x=0$ 开始，到 $x=y$ 结束。即有

$$x_{i+1}=x_i+1$$

相应地，y_{i+1}则在两种可能中选择

$$y_{i+1}=y_i \text{或者} y_{i+1}=y_i-1$$

选择的原则是考察(x_{i+1},y_i)还是(x_{i+1},y_i-1)与圆心的距离更接近于半径 r（图 2.4），计算式为

$$d_1=(x_i+1)^2+y_i^2-r^2$$

$$d_2=y^2-(y_i-1)^2=r^2-(x_i+1)^2-(y_i-1)^2$$

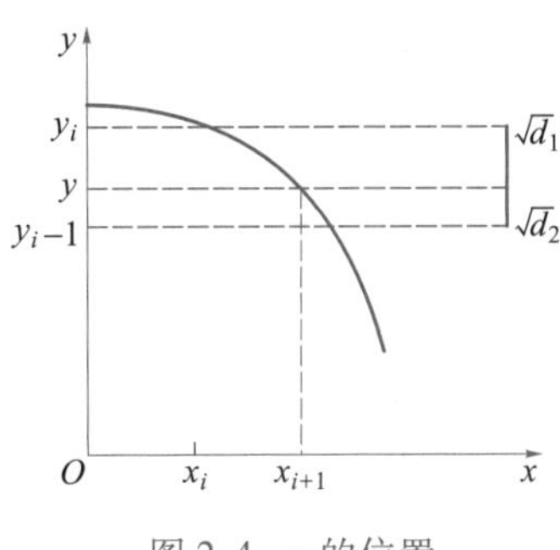

图 2.4 y 的位置

令 $p_i=d_1-d_2$，并代入 d_1、d_2，则有

$$p_i=2(x_i+1)^2+y_i^2+(y_i-1)^2-2r^2 \tag{2.6}$$

p_i称为误差。如果 $p_i<0$，则 $y_{i+1}=y_i$，否则 $y_{i+1}=y_i-1$。p_i的递归式为

$$p_{i+1}=p_i+4x_i+6+2(y_{i+1}^2-y_i^2)-2(y_{i+1}-y_i) \tag{2.7}$$

p_i的初值由式（2.6）代入 $x_i=0$，$y_i=r$，而得

$$p_1=3-2r \tag{2.8}$$

根据上面的推导，圆周生成算法思想如下。

① 求误差初值，$p_1=3-2r$，$i=1$，画点$(0,r)$。

② 求下一个光栅位置，其中 $x_{i+1}=x_i+1$，如果 $p_i<0$，则 $y_{i+1}=y_i$；否则 $y_{i+1}=y_i-1$。

③ 画点(x_{i+1},y_{i+1})。

④ 计算下一个误差，如果 $p_i<0$，则 $p_{i+1}=p_i+4x_i+6$；否则 $p_{i+1}=p_i+4(x_i-y_i)+10$。

⑤ $i=i+1$，如果 $x=y$，则结束；否则返回步骤②。

虽然式（2.7）表示 p_{i+1}的算法似乎很复杂，但因为 y_{i+1}只能取值 y_i或 y_i-1，因此在算法中，第 4 步的算式变得很简单，只需做加法和乘 4 的乘法。因此圆的 Bresenham 算法运行速度也是很快的，并适宜于在硬件上实现。

圆的 Bresenham 算法的程序实现如下。

```
circle(xc, yc, radius, c)
int xc, yc, radius, c;
{
    int x, y, p;
    x=0;
    y=radius;
```

圆的 Bresenham 算法

```
    p=3-2*radius;
    while(x<y){
        plot_circle_points(xc,yc,x,y,c);
        if(p<0)p=p+4*x+6;
        else{
            p=p+4*(x-y)+10;
            y-=1;
        }
        x+=1;
    }
    if(x==y)
        plot_circle_points(xc,yc,x,y,c);
}

plot_circle_points(xc,yc,x,y,c)
int xc,yc,x,y,c;
{
    set_pixel(xc+x,yc+y,c);
    set_pixel(xc-x,yc+y,c);
    set_pixel(xc+x,yc-y,c);
    set_pixel(xc-x,yc-y,c);
    set_pixel(xc+y,yc+x,c);
    set_pixel(xc-y,yc+x,c);
    set_pixel(xc+y,yc-x,c);
    set_pixel(xc-y,yc-x,c);
}
```

2.3 区域填充算法

2.3.1 基础知识

区域填充即给出一个区域的边界，要求对边界范围内的所有像素单元赋予指定的颜色代码。区域填充中最常用的是多边形填色，本节就以此为例讨论区域填充算法。

多边形填色即给出一个多边形的边界，要求对多边形边界范围内的所有像素单元赋予指定的颜色代码。要完成这个任务，首要的问题是判断一个像素在多边形内还是多边形外。

数学上提供如下所述的“扫描交点的奇偶数判断法”。

① 将多边形画在平面上。

② 用一根水平扫描线自左向右通过多边形从而与多边形的边界相交。扫描线与边界相交奇数次后进入该多边形，相交偶数次后离开该多边形。图 2.5 所示为此类情况：扫描线与多边形相交 4 点，相交于 a 点之后入多边形；交于 b 点（第 2 交点）之后出多边形；交于 c 点（第 3 交点）之后又入多边形；交于 d 点（第 4 交点）之后又出多边形。

上述方法似乎能完美地解决问题，但事实并非如此，因为直线在光栅化后变成了占有单位空间的离散点。图 2.5 中的 A 点和 B、C 点，在光栅化后变成如图 2.6 所示的情况。此时，使用上述判断法则会在 A、B、C 点处发生错判现象。在 A 点处，扫描线通过这一点后判为入多边形，其实此时已出多边形，结果是在 A 点之后的扫描线段上全都错误地填上颜色；在 B 点和 C 点处，因为光栅化，使得扫描线通过交点的个数发生变化而同样导致填色错误。因此，原始的扫描交点奇偶判断方法需要加以周密的改善，才能成为计算机中实用的填色算法。

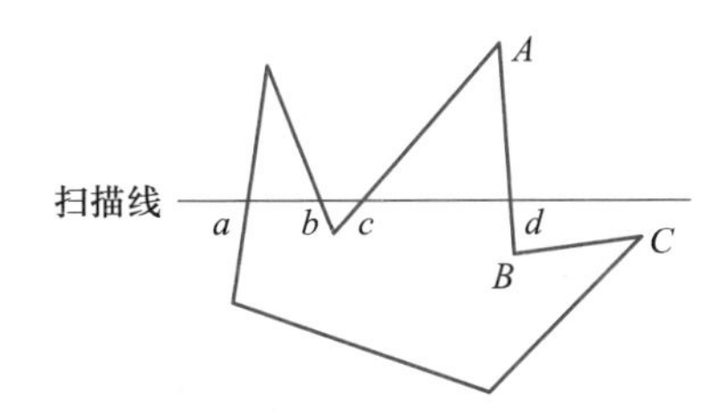

图 2.5　扫描线与多边形相交

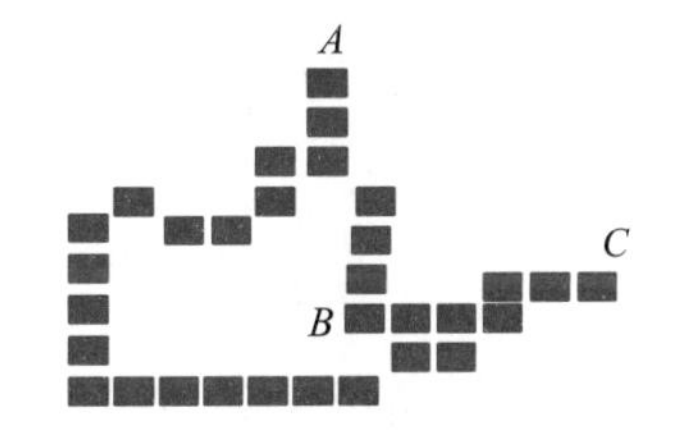

图 2.6　光栅化后直线变成离散点

填色算法分为以下两大类。

(1) 扫描线填色（scan-line filling）算法

这类算法建立在多边形边界的矢量形式数据之上，可用于程序填色，也可用于交互填色。

(2) 种子填色（seed filling）算法

这类算法建立在多边形边界的图像形式数据之上，还需要提供多边形边界内一点的坐标。因此它一般只能用于人机交互填色，而难以用于程序填色。

2.3.2　扫描线填色算法

首先介绍算法的基本思想。

多边形以 n、x_array、y_array 的形式给出，其中，x_array、y_array 中存放着多边形的 n 个顶点的 x、y 坐标。扫描线填色算法的基本思想是：用水平扫描线从上到下扫描由点线段构成的多段定义多边形，每根扫描线与多边形各边产生一系列交点，将这些交点按照 x 坐标进行分类，将分类后的交点成对取出，作为两个端点，以所需要填的色彩画水平直线，多边形被扫描完毕后，填色也就完成。

上述基本思想中，有几个问题需要解决或改进。

1. 左、右顶点处理

当以 1、2、3 的次序画多边形外框时，多边形的左顶点和右顶点如图 2.7 中的顶点 2 所示。它们具有以下性质：

左顶点 2：$y_1<y_2<y_3$

右顶点 2：$y_1>y_2>y_3$

其中 y_1、y_2、y_3是 3 个相邻的顶点的 y 坐标。

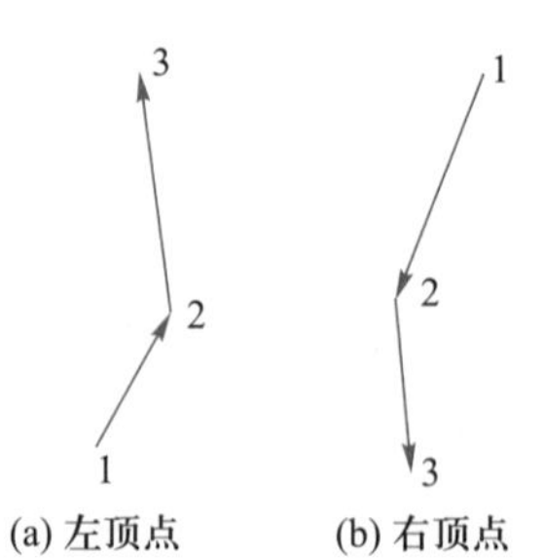

图 2.7 多边形的顶点

当扫描线与多边形的每个顶点相交时，会同时产生两个交点，这是因为一个顶点同时属于多边形两条边的端点。这时，如果所交的顶点是左顶点或右顶点，填色就会因扫描交点的奇偶计数出错而出现错误。因此，对多边形的所有左、右顶点做如下处理：

将左、右顶点的入边（以该顶点为终点的那条边，即 1-2 边）之终点删去。对于左顶点，入边端点(x_1,y_1)、(x_2,y_2)修改为(x_1,y_1)、$\left(x_2-\dfrac{1}{m},y_2-1\right)$；对于右顶点，入边端点$(x_1,y_1)$、$(x_2,y_2)$修改为$(x_1,y_1)$、$\left(x_2+\dfrac{1}{m},\ y_2+1\right)$，其中，$m=\dfrac{y_2-y_1}{x_2-x_1}$，即入边的斜率。

对于多边形的上顶点$(y_2>y_1$、$y_2>y_3)$或下顶点$(y_2<y_1$、$y_2<y_3)$，奇偶计数正确，因此不必修改，保持相邻边原状不变。

2. 水平边处理

水平边$(y_1=y_2)$与水平扫描线重合，无法求交点，因此将水平边画出后删去，不参加求交点及求交点以后的操作。

3. 求扫描线与边的交点采用递归算法

以(x_1,y_1)、(x_2,y_2)为端点的边与第 $i+1$ 条扫描线的交点为

$$\begin{cases} y_{i+1}=y_i-1 \\ x_{i+1}=x_i-\dfrac{x_2-x_1}{y_2-y_1} \end{cases}$$

由上式可知，求交点只需做两个简单的减法。

4. 减少求交计算量，采用活性边表

对于一根扫描线而言，与之相交的边只占多边形全部边的一部分。因此，在基本算法思想中，每根扫描线与多边形所有边求交点的操作是一种浪费，需要加以改进。活性边表（active list of side）将多边形的边分成两个子集：与当前扫描线相交的边的集合及与当前扫描线不相交的边的集合。对后者不必进行求交运算，这样就提高了算法的效率。

活性边表的构成方法如下。

① 将经过左、右顶点处理并剔除水平边后的多边形的各边按照 maxy 值排序，存入一个线性表中。表中每一个元素代表一条边。第一个元素是 maxy 值最大的边，最后一个元素是 maxy 值最小的边。图 2.8（a）中的多边形所形成的线性表如图 2.8（b）所示。其中，*F* 点和 *B* 点的 *y* 值相等，且为全部多边形的 maxy 的最大值。因此 *FG*、*FE*、*AB*、*BC* 这 4 条边排在表之首；而 *C* 点的 *y* 值大于 *E* 点的 *y* 值，所以 *CH* 排在 *DE* 前面，其余类推。maxy 值相等的边按任意次序排列。

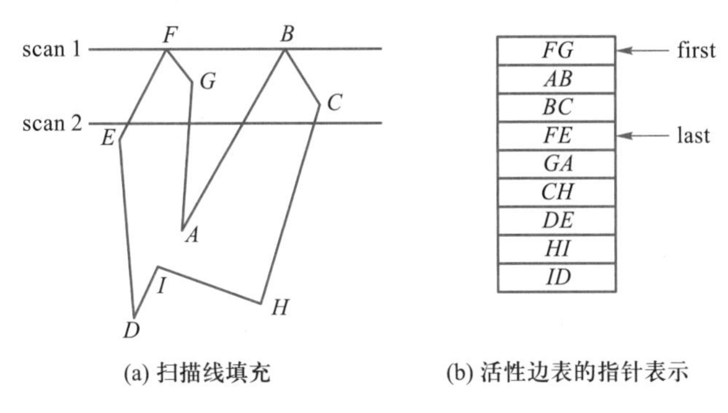

图 2.8　活性边表及其指针的表示

② 在上述线性表中加入两个指针 first 和 last，即形成活性边表。这两个指针之间是与当前扫描线相交的边的集合和已经处理完（即扫描完）的边的集合。区分这两者的方法是在处理完的边上面加上记号：$\Delta y=0$。在 last 指针以后的是尚未与当前扫描线相交的边，在 first 指针以前的是已经处理完的边。对于图 2.8（a）中扫描线 scan1 的情况，图 2.8（b）中列出指针 first、last 的位置。如果扫描线由上而下移到了 scan2 的位置，则活性边表的指针 first 应指向 *AB*，指针 last 应指向 *CH*。每根扫描线只需与位于指针 first、last 之间且 Δy 不为 0 的边求交即可。这就缩小了进行求交运算的范围。

③ 活性边表中每个元素的内容包括以下几项。

a. 边的 maxy 值，记为 y_top。

b. 与当前扫描线相交的点的 *x* 坐标值，记为 x_int。

c. 边的 *y* 方向的当前总长，初始值为 y_2-y_1，记为 Δy。

d. 边的斜率的倒数$\dfrac{x_2-x_1}{y_2-y_1}$，记为 x_change_ per_scan。

④ 活性边表在每根扫描线扫描之后刷新，刷新的内容有如下两项。

a. 调整 first 和 last 指针之间参加求交运算的边元素的值：$\Delta y=\Delta y-1$，x_int = x_int − x_change_ per_scan。

b. 调整 first 和 last 指针，以便使新边进入激活范围，处理完的边退出激活范围。当 first

所指边的 Δy 为 0 时，first = first+1；当 last 所指的下一条边的 y_top 大于下一扫描线的 y 值时，last = last+1。

下面介绍扫描线填色程序。

在如下扫描线填色算法的程序中，主程序名为 fill_area(count，x，y)，其中参数 x、y 是两个一维数组，存放多边形顶点（共 count 个）的 x 和 y 坐标。主程序调用 8 个子程序，彼此的调用关系如图 2.9 所示。

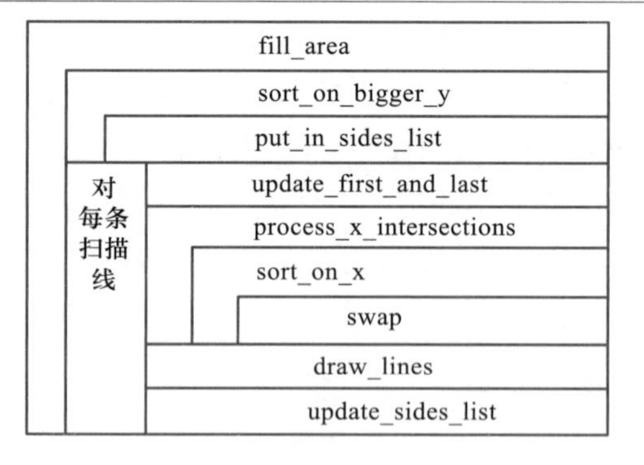

图 2.9 fill_area 的程序结构

扫描线填色算法

```
typedef struct{
    int y_top;
    float x_int;
    int delta_y;
    float x_change_ per_scan;
}EACH_ENTRY;

EACH_ENTRY sides[MAX_POINT];
int x[MAX_POINT], y[MAX_POINT];
int side_count, first_s, last_s, scan, bottomscan, x_int_count;
fill_area(count, x, y)
int count, x[ ], y[ ];
{
    sort_on_bigger_y(count);
    first_s=1;
    last_s=1;
    for(scan=sides[1].y_top;scan>bottomscan;scan--)
    {
        update_first_and_last(count, scan);
        process_x_intersections(scan, first_s, last_s);
        draw_lines(scan, x_int_count, first_s);
        update_sides_list();
    }
}

void put_in_sides_list(entry, x1, y1, x2, y2, next_y)
int entry, x1, y1, x2, y2, next_y;
```

```
{
    int maxy;
    float x2_temp, x_change_temp;
    x_change_temp=(float)(x2-x1)/(float)(y2-y1);
    x2_temp=x2;           /* 以下为退缩一点操作 */
    if((y2>y1)&&(y2<next_y)){
        y2--;
        x2_temp-=x_change_temp;
    }
    else{
        if((y2<y1)&&(y2>next_y)){
            y2++;
            x2_temp+=x_change_temp;
        }
    }
    /* 以下为插入活性边表操作 */
    maxy=(y1>y2)?y1:y2;
    while((entry>1)&&(maxy>sides[entry-1].y_top))
    {
        sides[entry]=sides[entry-1];
        entry--;
    }
    sides[entry].y_top=maxy;
    sides[entry].delta_y=abs(y2-y1)+1;
    if(y1>y2)
        sides[entry].x_int=x1;
    else
        sides[entry].x_int=x2_temp;
    sides[entry].x_change_per_scan=x_change_temp;
}

void sort_on_bigger_y(n)
int n;
{
    int k, x1, y1;
    side_count=0;
    y1=y[n];
```

```
    x1=x[n];
    bottomscan=y[n];
    for(k=1;k<n+1;k++)
    {
        if(y1!=y[k]){
            side_count++;
            put_in_sides_list(side_count,x1,y1,x[k],y[k],y[k+1]);
        }
        else{
            move((short)x1,(short)y1);
            line((short)x[k],(short)y1,status);
        }
        if(y[k]<bottomscan) bottomscan=y[k];
        y1=y[k]; x1=x[k];
    }
}

void update_first_and_last(count,scan)
int count,scan;
{
    while((sides[last_s+1].y_top>=scan)&&(last_s<count))
        last_s++;
    while(sides[first_s].delta_y==0) first_s++;
}

void swap(x,y)
EACH_ENTRY x,y;
{
    int i_temp;
    float f_temp;
    i_temp=x.y_top; x.y_top=y.y_top; y.y_top=i_temp;
    f_temp=x.x_int; x.x_int=y.x_int; y.x_int=f_temp;
    i_temp=x.delta_y; x.delta_y=y.delta_y; y.delta_y=i_temp;
    f_temp=x.x_change_per_scan;
    x.x_change_per_scan=y.x_change_per_scan;
    y.x.change_per_scan=f_temp;
}
```

```
void sort_on_x(entry, first_s)
int entry, first_s;
{
    while((entry>first_s)&&(sides[entry].x_int<sides[entry-1].x_int))
    {
        swap(sides[entry], sides[entry-1]);
        entry--;
    }
}

void process_x_intersections(scan, first_s, last_s)
int scan, first_s, last_s;
{
    int k;
    x_int_count=0;
    for(k=first_s;k<last_s+1;k++)
    {
        if(sides[k].delta_y>0){
            x_int_count++;
            sort_on_x(k, first_s);
        }
    }
}

void draw_lines(scan, x_int_count, index)
int scan, x_int_count, index;
{
    int k, x, x1, x2;
    for(k=1;k<(int)(x_int_count/2+1.5);k++)
    {
        while(sides[index].delta_y==0) index++;
        x1=(int)(sides[index].x_int+0.5);
        index++;
        while(sides[index].delta_y==0) index++;
        x2=(int)(sides[index].x_int+0.5);
        move((short)x1, (short)scan);
        line((short)x2, (short)scan, status);
        index++;
```

```
        }
    }

    void update_sides_list()
    {
        int k;
        for(k=first_s;k<last_s+1;k++)
        {
            if(sides[k].delta_y>0)
            {
                sides[k].delta_y--;
                sides[k].x_int-=sides[k].x_change_per_scan;
            }
        }
    }
```

各子程序的功能介绍如下。

① sort_on_bigger_y 子程序的主要功能是按照输入的多边形建立起活性边表。操作步骤：对每条边加以判断，如非水平边，则调用 put_in_sides_list 子程序放入活性边表；如是水平边，则直接画出。

② put_in_sides_list 子程序的主要功能是将一条边存入活性边表。操作步骤：对该边判别是左顶点还是右顶点，将入边之终点删去，按照 y_top 的大小在活性边表中找到该边的合适位置，在该边的位置处填入数据。

③ update_first_and_last 子程序的主要功能是刷新活性边表的 first 和 last 两个指针的所指位置，以保证指针指出的激活边范围的正确性。

④ process_x_intersections 子程序的主要功能是对活性边表中的激活边（即位于 first 和 last 之间且 Δy 不为 0 的边）按照 x_int 的大小排序。操作步骤：从 first 到 last，对每一条 Δy 不为 0 的边，调用 sort_on_x 子程序排入活性边表中合适的位置。

⑤ sort_on_x 子程序的主要功能是将一条边 sides[entry]，在活性边表的 first 到 entry 之间按 x_int 的大小插入合适位置。操作步骤：检查位于 entry 的边的 x_int 是否小于位于 entry-1 的边的 x_int，如果是，调用 swap 子程序交换两条边的彼此位置。

⑥ swap 子程序的主要功能是交换活性边表中两条相邻边的彼此位置。

⑦ draw_lines 子程序的主要功能是将一条扫描线位于多边形内的部分填上指定的色彩。操作步骤：在活性边表的激活边范围内依次取出 Δy 为 0 边两端的 x_int，作为两个端点(x1, scan)和(x2,scan)，画一条水平线。

⑧ update_sides_list 子程序的主要功能是刷新活性边表内激活边的值：$\Delta y=\Delta y-1$，x_int = x_int-x_change_ per_scan。

2.3.3 种子填色算法

种子填色又称边界填色（boundary filling）。它的功能是给出多边形光栅化后的边界位置、边界色代码 boundary_color 以及多边形内一点(x,y)的位置，要求将颜色 fill_color 填满多边形。

通常采用的填法有两种：四邻法（4-connected）和八邻法（8-connected）。四邻法是已知(x,y)（图 2.10（a）的黑色像素）是多边形内的一点，据此向上、下、左、右 4 个方向（图 2.10（a）中打叉的像素）测试、填色、扩散。四邻法的缺点是有时不能通过狭窄区域，因而不能填满多边形。如图 2.10（b）所示，左下角方形中的种子（黑色的像素）不能扩散到右上角的方形中，因为采用四邻法通不过中间的狭窄区域。八邻法是已知(x,y)（图 2.10（c）中黑色的像素）为多边形内的一点，即种子，据此可向周围的 8 个方向（图 2.10（c）中打叉的像素）测试、填色、扩散。八邻法的缺点是有时会超填出多边形的边界，如图 2.10（d）所示的边界，按八邻法就会将色彩涂出多边形。由于填不满往往比涂出更易于补救，因此四邻法比八邻法用得更普遍。

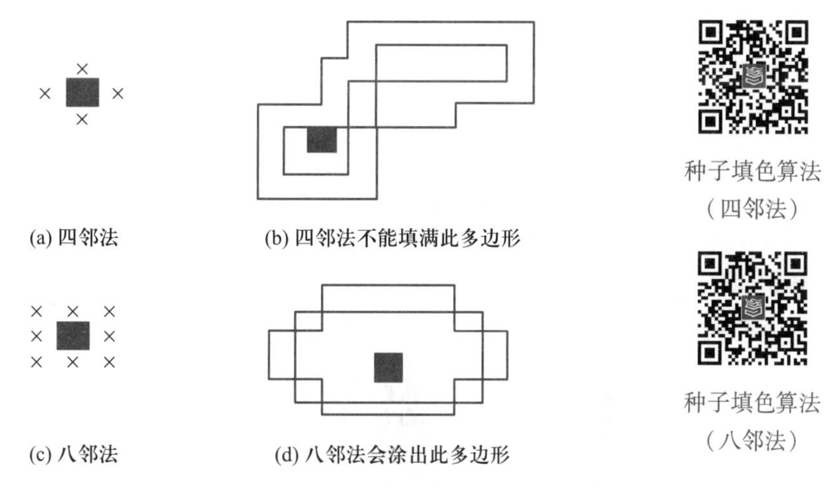

(a) 四邻法　(b) 四邻法不能填满此多边形

(c) 八邻法　(d) 八邻法会涂出此多边形

图 2.10　四邻法和八邻法种子填色

四邻法种子填色的基本程序如下所示。这种程序书写简洁，但运行效率不高，因为它包含多余的判断。在它的基础上可以写出各种改进的算法。

```
void seed_filling(x, y, fill_color, boundary_color)
int x, y, fill_color, boundary_color;
{
    int c;
```

```
        c=inquire_color(x,y);
        if((c<>boundary_color)&&(c<>fill_color))
        {
            set_pixel(x,y,fill_color);
            seed_filling(x+1,y,fill_color,boundary_color);
            seed_filling(x-1,y,fill_color,boundary_color);
            seed_filling(x,y+1,fill_color,boundary_color);
            seed_filling(x,y-1,fill_color,boundary_color);
        }
    }
```

2.4 字符的生成

在计算机图形学中，字符可以用不同的方式表达和生成。字符常用的描述方法有点阵式、矢量式和编码式。

2.4.1 点阵式字符

点阵式字符将字符形状表示为一个矩形点阵，由点阵中点的不同值表达字符的形状。常用的点阵大小有5×7、7×9、8×8、16×16等。图2.11（a）所示的是字母P的点阵式表示例子。在这种8×8网格中的字形比较粗糙，但当点阵规模变大时，字形可以做得非常漂亮。

使用点阵式字符时，需要将字库中的矩形点阵复制到缓冲器指定的单元中。在复制过程中可以施加变换，以获得简单的变化。图2.11（b）~图2.11（d）列出了以字母P为原型的一些变化例子。

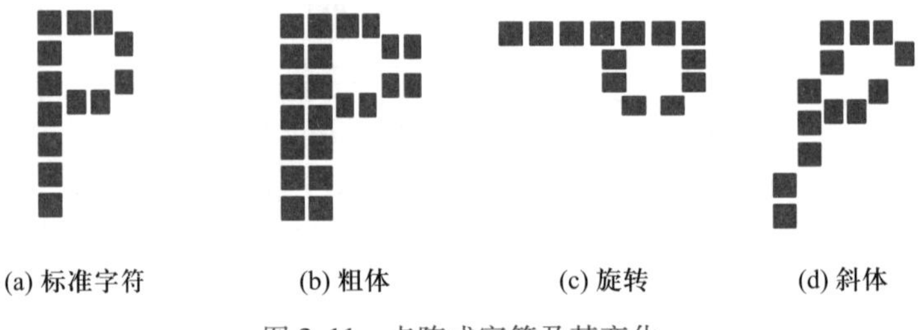

图2.11 点阵式字符及其变化

图2.11（b）表示变成粗体字，算法是：当字符原型中每个像素被写入帧缓冲存储器的指定位置(x_i, y_i)时，同时被写入(x_i+1, y_i)；图2.11（c）表示旋转90°，算法是：把字符原型中每个像素的(x, y)坐标彼此交换，并使y值改变符号后，再写入帧缓冲存储器的指定位置；图2.11（d）表示变成斜体字，算法是：从底到顶逐行复制字符，每隔n行右移一

单元。

此外，还可以对点阵式字符做比例缩放等其他一些简单的变换，但是对点阵式字符做任意角度的旋转等变换是比较困难的操作。

由于光栅扫描显示器的普遍使用，点阵式字符表示已经成为一种字符表示的主要形式。从字库中读出原字符，变换后复制到缓冲器中的操作经常由专门的硬件来完成，这就大大加快了字符生成的速度。

2.4.2　矢量式字符

矢量式字符将字符表达为点坐标的序列，相邻两点表示一条矢量，字符的形状便由矢量序列刻画。图 2.12 所示为用矢量式表示的字符 B。B 是顶点序列 $\{a,b,c,d,e,f,e,g,h,i,j,k,j,f,a,l\}$ 的坐标表达。

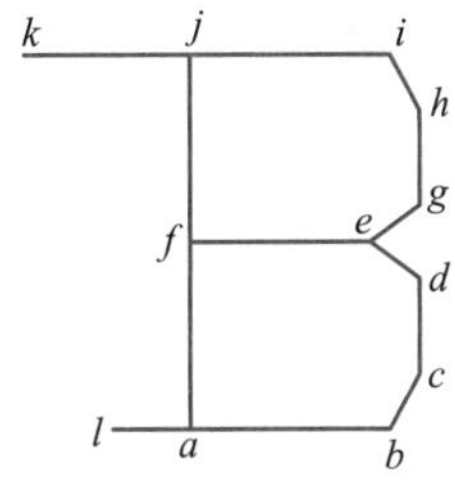

图 2.12　矢量式字符 B

调用矢量式字符的过程相当于输出一个线序列。由于矢量式字符具有和图形相一致的数据结构，因而可以接受任何对于图形的操作，如放大、旋转甚至透视。而且，矢量式字符不仅可用于显示，也可用于绘图机输出。

2.4.3　方向编码式字符

方向编码式字符用有限的若干种方向编码来表达一个字符，常用的如 8 方向编码。图 2.13 所示为 8 个方向的编码 0~7，其中编码为偶数的线段的固定长度为 1，编码为奇数的线段的固定长度为$\sqrt{2}$。一个字符可以表示为一连串方向码。图 2.14（a）所示为字母 B 的方向矢量构成。这样，B 就表示为 8 方向编码{00001234440001234444406666}。方向编码式字符很容易被填入帧缓冲存储器中予以显示，如图 2.14（b）所示。方向编码所占的空间比较小，也能接受一些特定的变换操作，如按比例在 x 和 y 两个方向放大或缩小及以 45°为单位旋转，但难以进行任意角度的旋转。

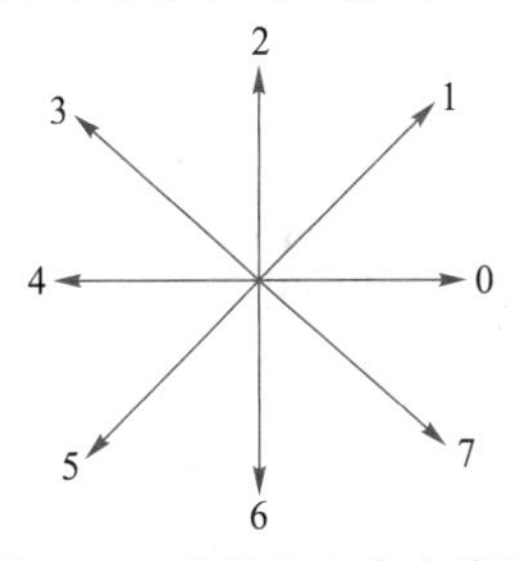

图 2.13　字符的 8 方向编码

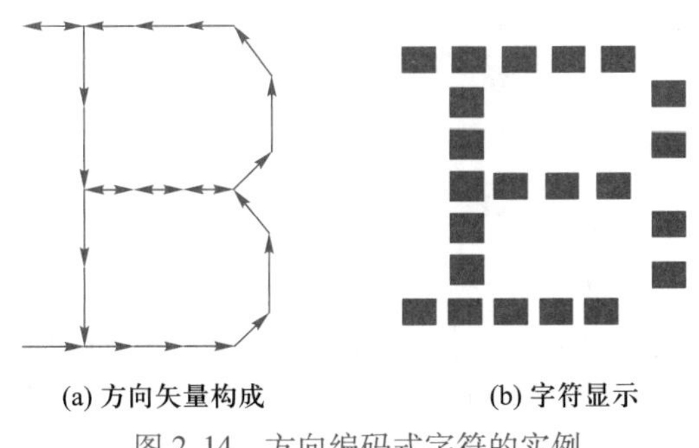
(a) 方向矢量构成　　(b) 字符显示

图 2.14　方向编码式字符的实例

方向编码式字符既可用于字符的显示，也可用于字符的绘图机输出。

2.4.4 轮廓字形技术

当对输出字符的字形要求较高（如排版印刷）时，需要使用高质量的点阵字符。对于GB/T 2312—1980所规定的6 763个基本汉字，假设每个汉字是72×72点阵，那么一个字库就需要72×72×6 763/8≈4.4 MB存储空间。不但如此，在实际使用时往往还需要多种字体（如基本体、宋体、仿宋体、黑体、楷体等），每种字体又需要多种字号。可见，直接使用点阵式字符方法将耗费巨大的存储空间。因此把每种字体、字号的字符都分别存储一个对应的点阵，一般情况下是不可行的。

一般采用压缩技术解决这个问题。将字形数据压缩后再存储，使用时，将压缩的数据还原为字符位图点阵。压缩方法有多种，最简单的一种方法是黑白段压缩法，这种方法简单，还原快，不失真，但压缩质量较差，使用起来也不方便，一般用于低级的文字处理系统中；另一种方法是部件压缩法，这种方法压缩率高，缺点是字形质量不能保证；还有一种轮廓字形法，这种方法压缩率高，且能保证字符质量，是当今国际上最流行的一种方法，基本上也被认为是符合工业标准化的方法。

轮廓字形法采用直线或者二次Bézier曲线、三次Bézier曲线的集合来描述一个字符的轮廓线。轮廓线构成一个或若干个封闭的平面区域。轮廓线定义和一些指示横宽、竖宽、基点、基线等的控制信息就构成了字符的压缩数据。这种控制信息用于保证由于字符变倍而引起的字符笔画原来的横宽、竖宽变大变小时，其宽度在任何点阵情况下永远一致。采用适当的区域填充算法，可以从字符的轮廓线定义产生字符位图点阵。区域填充算法可以用硬件实现，也可以用软件实现。

由美国苹果公司和微软公司联合开发的TrueType字形技术就是一种轮廓字形技术，它已被用于为Windows中文版生成汉字字库。当前，占领我国主要电子印刷市场的北大方正和华光电子印刷系统，使用的字形技术是汉字字形轮廓矢量法。这种方法能够准确地描述字符的信息，保证所还原字符的质量，又对字形数据进行了大量的压缩。调用字符时，可以任意地放大、缩小或进行修饰性变化，基本上能满足电子印刷中对于字形质量的要求。轮廓字形技术有着广泛的应用，到目前为止在印刷行业中使用最多。随着Windows操作系统的大量使用，轮廓字形技术在计算机辅助设计、图形学等领域也将变得越来越重要。

2.5 图形求交

在计算机图形学中常常会遇到求交计算。例如，在进行扫描线区域填充时要求出线段的交点，许多消隐算法需要进行直线和平面多边形的求交，等等。求交计算是比较复杂的，为了减少计算量，在进行真正的求交计算之前，往往先用凸包等辅助结构进行粗略的比较，排除那些显然不相交的情形。求交计算是计算机辅助设计系统的重要组成部分，它的准确性与效率直接影响计算机辅助设计系统的可靠性与实用性。

在数学上两个浮点数可以严格相等，但计算机表示的浮点数有误差，所以当两个浮点数的差的绝对值充分小（例如，小于某个正数）时，就认为它们相等。相应地，求交计算中也要引进容差。当两个点的坐标值充分接近时，即其距离充分近时，就认为是重合的点。直观地说，点可看作半径为 0 的球；线可看作半径为 0 的圆管；面可看作厚度为 2 mm 的薄板。

求交问题可以分为求交点和求交线两类。本节的讨论不涉及自由曲线的求交问题。

2.5.1 求交点算法

求交点可以分两种情况，即求线与线的交点及求线与面的交点。在此，首先讨论线与线的交点的求法。

1. 直线段与直线段的交点

假设两条直线段的端点分别为 P_1、P_2 和 Q_1、Q_2，则直线段可以用矢量形式表示为

$$P(t)=A+Bt,\ 0\leqslant t\leqslant 1$$

$$Q(s)=C+Ds,\ 0\leqslant s\leqslant 1$$

其中，$A=P_1$，$B=P_2-P_1$，$C=Q_1$，$D=Q_2-Q_1$。构造方程为

$$A+Bt=C+Ds \tag{2.9}$$

对三维空间中的直线段来说，上述方程组实际上是一个二元一次方程组，由 3 个方程式组成，可以从其中两个解出 s、t，再用第三个验证解的有效性。若第三个方程成立，则说明找到了解；否则说明两条直线不相交。当所得的解 (t_i,s_i) 是有效解时，可用两个线段方程之一计算交点坐标，例如 $P(t_i)=A+Bt_i$。

根据矢量的基本性质，可直接计算 s 与 t。对式（2.9）两边构造点积，得

$$(C\times D)\cdot(A+Bt)=(C\times D)\cdot(C+Ds)$$

由于 $C\times D$ 同时垂直于 C 和 D，等式右边为 0，故有

$$t=-\frac{(C\times D)\cdot A}{(C\times D)\cdot B}$$

类似地，有

$$s=-\frac{(A\times B)\cdot C}{(A\times B)\cdot D}$$

完整的算法还应判断无解与无穷多解（共线）的情形，以及考虑因数值计算误差而造成的影响。

2. 直线段与二次曲线的交点

不失一般性，考虑平面上一条直线与同平面的一条二次曲线的交点。

假设曲线方程为

$$f(x,y)=0$$

直线段方程为

$$(x,y)=(x_1+t\mathrm{d}x,y_1+t\mathrm{d}y)$$

则在交点处有

$$f(x_1+t\mathrm{d}x,y_1+t\mathrm{d}y)=0$$

当曲线为二次曲线时，上述方程可写为

$$at^2+bt+c=0$$

用二次方程求根公式即可解出 t 值。

3. 圆锥曲线与圆锥曲线的交点

圆锥曲线表示方法有代数法表示、几何法表示与参数法表示。在进行一对圆锥曲线的求交时，把其中一条圆锥曲线用代数法或几何法表示为隐函数形式，另一条表示为参数形式（如二次 NURBS 曲线）。将参数形式代入隐函数形式，可得到关于参数的四次方程，可以使用四次方程的求根公式解出交点参数。得到交点后，可再验证交点是否在有效的圆锥曲线段上。

下面讨论线与面的交点的求法。

1. 直线段与平面的交点

考虑直线段与无界平面的求交问题，如图 2.15 所示。把平面上的点表示为 $P(u,w)=A+uB+wC$，直线段上的点表示为 $Q(t)=D+tE$，二者的交点记为 R。假设线段不平行于平面，则它们交于 $R=P(u,w)=Q(t)$，即

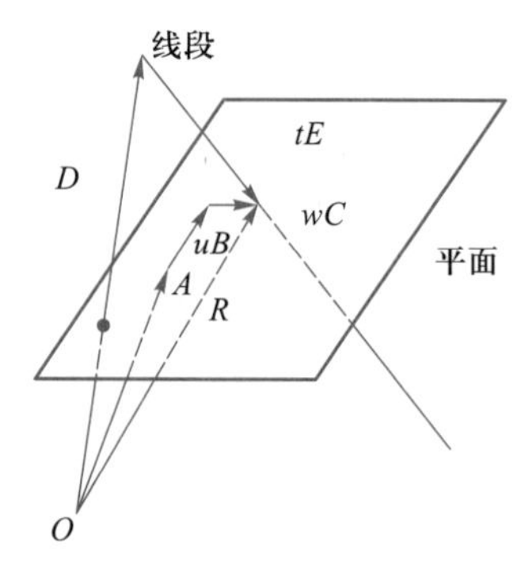

图 2.15　线段与平面求交

$$A+uB+wC=D+tE$$

等式两边点乘$(B\times C)$，得

$$(B\times C)\cdot(A+uB+wC)=(B\times C)\cdot(D+tE)$$

由于 $B\times C$ 既垂直于 B，又垂直于 C，故有

$$(B\times C)\cdot A=(B\times C)\cdot(D+tE)$$

可解出

$$t=\frac{(B\times C)\cdot A-(B\times C)\cdot D}{(B\times C)\cdot E}$$

类似地，求得

$$u=\frac{(C\times E)\cdot D-(C\times E)\cdot A}{(C\times E)\cdot B}$$

$$w=\frac{(B\times E)\cdot D-(B\times E)\cdot A}{(B\times E)\cdot C}$$

如果是直线与平面区域求交点，则要进一步判断交点是否在平面的有效区域中，其算法可参见 2.5.3 节。

2. 圆锥曲线与平面的交点

圆锥曲线与平面求交点时，可以把圆锥曲线表示为参数形式，并把圆锥曲线的参数形式代入平面方程，即可得到参数的二次方程，从而进行求解。

3. 圆锥曲线与二次曲面的交点

圆锥曲线与二次曲面求交点时，可把圆锥曲线的参数形式代入二次曲面的隐式方程，得到参数的四次方程，用四次方程求根公式求解。

2.5.2 求交线算法

求交线显然是指求面与面的交线，下面讨论几种常见的情况。

1. 平面与平面的交线

在计算机辅助设计中，一般使用平面上的有界区域。先考虑最简单的情形。两个平面区域分别由 $P(u,w)$，$Q(s,t)$，u，w，s，$t\in[0,1]$定义。如果它们不共面而且不分离，则必交于一直线段。这条直线必落在 $P(u,w)-Q(s,t)=0$ 所定义的无限直线上。这是个含有 4 个未知数、3 个方程式的方程组，只要分别与 8 条边界线方程：$u=0$，$u=1$，$w=0$，$w=1$，$s=0$，$s=1$，$t=0$，$t=1$ 联立，即可求出线段的两个端点的参数。在上述方程组中，只要找到两组解，就可以不再对剩余其他方程组求解。找到的两组解就是所求的相交线段端点的参数。

当两个一般的多边形（可能是凸的，也可能是凹的，甚至可能带有内孔）相交时，可能有多段交线。可以把两个多边形分别记为 A 和 B，用如下的算法求出它们的交线。

① 把 A 的所有边与 B 求交，求出所有有效交点。

② 把 B 的所有边与 A 求交，求出所有有效交点。

③ 把所有交点先按 y、再按 x 的大小进行排序。

④ 把每对交点所形成线段的中点与 A 和 B 进行包含性检测，若该中点既在 A 中又在 B 中，则这对交点定义了一条交线段。

2. 平面与二次曲面的交线

求平面与二次曲面的交线有两种方法，即代数法和几何法。

用代数法考虑平面与二次曲面求交问题时，可以把二次曲面表示为代数形式

$$Ax^2+By^2+Cz^2+2Dxy+2Eyz+2Fxz+2Gx+2Hy+2Iz+J=0$$

可以通过平移与旋转坐标变换，把平面变为 xOy 平面，对二次曲面进行同样的坐标变换。由于在新坐标系下平面的方程为 $z=0$，所以在新坐标系下的二次曲面方程中，把含 z 项都去掉，即为平面与二次曲面的交线方程。对该交线方程进行一次逆坐标变换，即可获得在原坐标系下的交线方程。在具体实现时，交线可以用二元二次方程的系数表示（代数法表示），辅之以局部坐标系到用户坐标系的变换矩阵。这种方法的缺点是，每当需要使用这些交线时，都要进行坐标变换。例如，判断一个空间点是否在交线上，必须先对该点进行坐标变换，变到 $z=0$ 平面上，再进行检测。需要绘制交线时，也要先在局部坐标系下求出点坐标，再变换为用户坐标系下的坐标。因此，求平面与二次曲面的交线采用另一种方法（几何法）更合理。

几何法存储曲线的类型（椭圆、抛物线或双曲线）和定义参数（中心点、对称轴、半径等）的数值信息，使用局部坐标系到用户坐标系的变换，把局部坐标系下的定义参数变换到用户坐标系直接使用。这种方法使用较少的变换，但需要通过计算来判断曲线的种类，并计算曲线的定义参数。由于浮点运算的不精确性，容易发生判错曲线类型以及定义参数误差过大的问题。

当平面与二次曲面的交线需要精确表示时，往往采用几何法求交。二次曲面采用几何法表示，平面与二次曲面求交时，根据它们的相对位置与角度，直接判断交线类型，其准确性大大优于用代数法表示时计算分类的方法。几何法不需要对面进行变换，只要通过很少的计算就可以得到交线的精确描述。由于存储的信息是具有几何意义的，所以在判断相等性、相对性等问题时，可以确定有几何意义的容差。下面以平面-球求交为例，说明几何法求交算法。

平面用一个记录 p 表示，p 的两个子域 p. b、p. w 分别代表平面上一点、平面法矢量；球面用记录 s 表示，它的两个子域 s. c、s. r 分别代表球面中心和半径。可写出平面与球面相交的算法如下：

```
plane_sphere_intersect(p, s)
plane p;
sphere s;
{
    d=球面中心到平面的有向距离;
    if(abs(d)==s.r)
    {2 个面相交于一(切)点 s.c-d*p.w;}
    else if(abs(d)>s.r)
        {两个面无交;}
        else
        {所求交线是圆。其圆心、半径、圆所在平面法矢量为
            c=s.c-d*p.w;
            r=sqrt(s.r^2-d^2);
            w=p.w;
        }
}
```

一个平面与一个圆柱面可以无交点、交于一条直线（切线）、两条直线、一个椭圆或一个圆，可以用两个面的定义参数求出它们的相对位置关系和相对角度关系，进而判断其交线属于何种情况，并求出交线的定义参数。平面与圆锥的交线也可类似地求出。

3. 平面与参数曲面的交线

求平面与参数曲面的交线，最简单的方法是把表示参数曲面的变量$(x(s,t),y(s,t),z(s,t))$

代入平面方程

$$ax+by+cz+d=0$$

得到用参数曲面的参数 s、t 表示的交线方程

$$ax(s,t)+by(s,t)+cz(s,t)+d=0$$

另一种方法是，用平移和旋转对平面进行坐标变换，使平面成为新坐标系下的 xOy 平面；再将相同的变换应用于参数曲面方程，得到参数曲面在新坐标系下的方程

$$(x*,y*,z*)=(x*(s,t),y*(s,t),z*(s,t))$$

由此得交线在新坐标系下的方程为 $z*(s,t)=0$。

2.5.3 包含判定算法

在进行图形求交时，常常需要判定两个图形间是否有包含关系。如点是否包含在线段、平面区域或三维形体中，线段是否包含在平面区域或三维形体中，等等。许多包含判定问题可转化为点的包含判定问题，如判断线段是否在平面上的问题可以转化为判断线段两端点是否在平面上。因此，下面主要讨论点的包含判定算法。

判断点与线段的包含关系，也就是判断点与线的最短距离是否位于容差范围内。造型中常用的线段有三种，即直线段、圆锥曲线段（主要是圆弧）和参数曲线（主要是 Bézier 曲线、B 样条与 NURBS 曲线）。点与面的包含判定也类似地分为三种情况。下面分别予以讨论。

1. 点与直线段的包含判定

假设点坐标为 $P(x,y,z)$，直线段端点为 $P_1(x_1,y_1,z_1)$、$P_2(x_2,y_2,z_2)$，则点 P 到线段 P_1P_2 的距离的平方为

$$d^2=(x-x_1)^2+(y-y_1)^2+(z-z_1)^2-[(x_2-x_1)(x-x_1)+(y_2-y_1)(y-y_1)+(z_2-z_1)(z-z_1)]^2/[(x_2-x_1)^2+(y_2-y_1)^2+(z_2-z_1)^2]$$

当 $d^2<\varepsilon^2$时，认为点在线段（或其延长线）上，这时还须进一步判断点是否落在直线段的有效区间内。对坐标分量进行比较，假设线段两端点的 x 分量不相等（否则所有分量均相等，那么线段两端点重合，线段退化为一点），那么当 $x-x_1$ 与 $x-x_2$ 异号时，点 P 在线段的有效区间内。

2. 点与圆锥曲线段的包含判定

以圆弧为例，假设点的坐标为(x,y,z)，圆弧的中心为(x_0,y_0,z_0)，半径为 r，起始角为 α_1，终止角为 α_2。这些角度都是相对于局部坐标系的 x 轴而言的。圆弧所在平面为

$$ax+by+cz+d=0$$

先判断点是否在该平面上。若点不在该平面上，则点不可能被圆弧包含；若点在该平面上，则通过坐标变换，把问题转换成二维空间中的问题。

设有中心为(x_0,y_0)、半径为 r、起始角为 α_1、终止角为 α_2的圆弧。对于平面上一点 $P(x,y)$，判断 P 是否在圆弧上，可分两步进行。第一步判断 P 是否在圆心为(x_0,y_0)、半径为 r 的圆的

圆周上，即下式是否成立

$$\left|\sqrt{(x-x_0)^2+(y-y_0)^2}-r\right|<\varepsilon$$

第二步判断 P 是否在有效的圆弧段内。

3. 点与参数曲线的包含判定

设点坐标为 $P(x,y,z)$，参数曲线方程为 $Q(t)=(x(t),y(t),z(t))$。点与参数曲线的求交计算包括以下3个步骤。

① 计算参数 t 的值，使 P 到 $Q(t)$ 的距离最小。

② 判断 t 是否在有效参数区间（通常为 $[0,1]$）内。

③ 判断 $Q(t)$ 与 P 的距离是否小于 ε。

若第②、③步的判断均为“是”，则点在曲线上；否则，点不在曲线上。

第①步应计算参数 t，使得 $|P-Q(t)|$ 最小，即 $R(t)=(P-Q(t))(P-Q(t))=|P-Q(t)|^2$ 最小。根据微积分知识，在该处 $R'(t)=0$，即 $Q'(t)[P-Q(t)]=0$。用数值方法解出 t 值，再代入曲线参数方程，可求出曲线上对应点的坐标。第②、③步的处理方法比较简单，不再赘述。

4. 点与平面区域的包含判定

设点坐标为 $P(x,y,z)$，平面方程为 $ax+by+cz+d=0$，则点到平面的距离为

$$d=\frac{|ax+by+cz+d|}{\sqrt{a^2+b^2+c^2}}$$

若 $d<\varepsilon$，则认为点在平面上；否则，认为点不在平面上。在造型系统中，通常使用平面上的有界区域作为形体的表面。在这种情况下，对落在平面上的点还应进一步判别它是否落在有效区域内。若点落在该区域内，则认为点与形体表面相交；否则不相交。下面以平面区域多边形为例，介绍有关算法。

判断平面上的一个点是否包含在该平面的一个多边形内有多种算法，这里仅介绍常用的三种，即叉积判断法、夹角之和检验法和交点计数检验法。

叉积判断法

假设判断点为 P_0，多边形顶点按顺序排列为 $P_1,P_2,\cdots,P_n$，如图2.16所示。令 $V_i=P_i-P_0$，其中，$i=1,2,\cdots,n$，$\boldsymbol{V}_{n+1}=\boldsymbol{V}_1$。那么，$P_0$ 在多边形内的充要条件是叉积 $\boldsymbol{V}_i\times\boldsymbol{V}_{i+1}(i=1,2,\cdots,n)$ 的方向相同。叉积判断法仅适用于凸多边形。当多边形为凹多边形时，即使点在多边形内也无法满足上述叉积方向都相同的条件。这时可采用后面介绍的两种方法。

夹角之和检验法

假设某平面上有点 P_0 和多边形 $P_1P_2P_3P_4P_5$，如图2.17所示。将点 P_0 分别与 P_i 相连，构成矢量 $\boldsymbol{V}_i=P_i-P_0$，假设 $\angle P_iP_0P_{i+1}=\alpha_i$。如果 $\sum_{i=1}^{5}\alpha_i=0$，则点 P_0 在多边形之外，如图2.17（a）

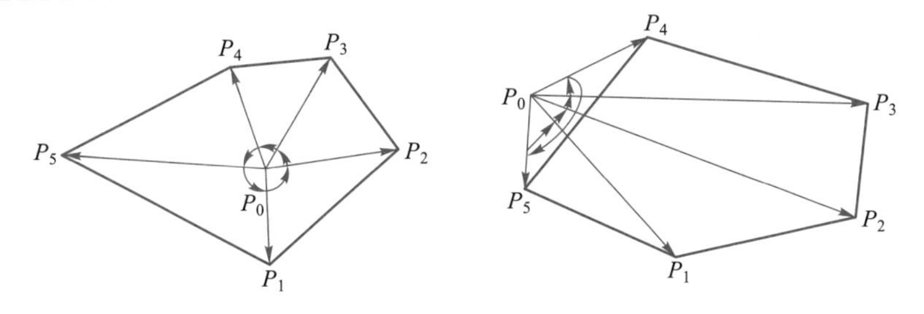

图 2.16 叉积判断法

所示；如果 $\sum_{i=1}^{5}\alpha_i=2\pi$，则点 P_0在多边形之内，如图 2.17（b）所示。α_i可通过公式计算。令 $\boldsymbol{S}_i=(\boldsymbol{V}_i\times\boldsymbol{V}_j)\cdot\boldsymbol{N}$，$\boldsymbol{N}$ 为从平面垂直向外的单位矢量，$\boldsymbol{C}_i=\boldsymbol{V}_i\cdot\boldsymbol{V}_{i+1}$，则 $\tan(\alpha_i)=\boldsymbol{S}_i/\boldsymbol{C}_i$。所以，$\alpha_i=\arctan(\boldsymbol{S}_i/\boldsymbol{C}_i)$，且 α_i的符号即代表角度的方向。

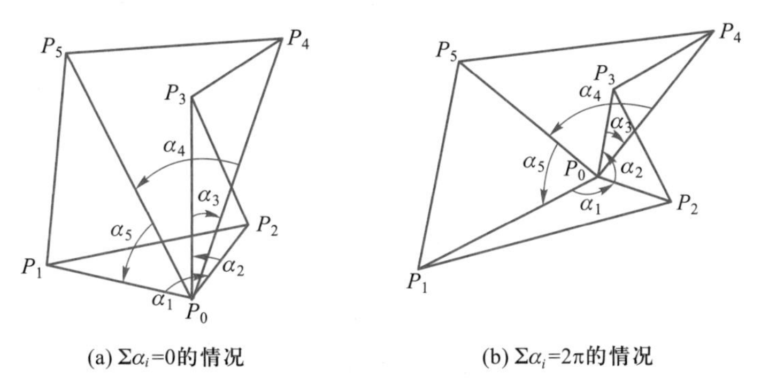

(a) $\Sigma\alpha_i=0$的情况 (b) $\Sigma\alpha_i=2\pi$的情况

图 2.17 夹角之和检验法

在多边形边数不超过 43 的情况下，可以采用下列近似公式计算 α_i：

$$\alpha_i=\frac{\pi}{4}\frac{\boldsymbol{S}_i}{\boldsymbol{C}_i}+d,\quad |\boldsymbol{S}_i|\leqslant|\boldsymbol{C}_i|$$

$$\alpha_i=\frac{\pi}{2}-\frac{\pi}{4}\frac{\boldsymbol{S}_i}{\boldsymbol{C}_i}+d,\quad |\boldsymbol{S}_i|>|\boldsymbol{C}_i|$$

其中，常数 $d=0.035\,557\,3$。当 $\Sigma\alpha_i\geqslant\pi$ 时，可判定 P_0在多边形内；当 $\Sigma\alpha_i<\pi$ 时，可判定 P_0在多边形外。

交点计数检验法

当多边形是凹多边形，甚至还带孔时，可采用交点计数检验法判断点是否在多边形内。具体做法是，从判断点作一射线至无穷远

$$\begin{cases}x=x_0+u(u\geqslant 0)\\y=y_0\end{cases}$$

求射线与多边形边的交点个数。若交点个数为奇数，则点在多边形内；否则，点在多边形外。

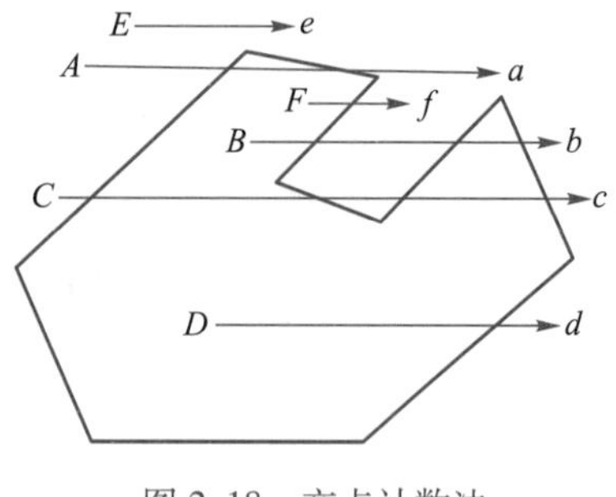

图2.18 交点计数法

如图2.18所示，射线 a、c 与多边形分别交于2个点和4个点，为偶数，故判断点 A、C 在多边形外；而射线 b、d 与多边形分别交于3个点和1个点，为奇数，故点 B、D 在多边形内。

当射线穿过多边形顶点时，必须特殊对待。射线过顶点时，若将交点计数为2，则会错误地判断点在多边形外。但是，若规定射线过顶点时交点计数为1，则又会错误地判断点在多边形内。正确的方法是，若共享顶点的两边在射线的同一侧，则交点计数加2，否则加1。按这种方法，交点计数为偶数时，点在多边形外；交点计数为奇数时，点在多边形内。

5. 点与二次曲面/参数曲面的包含判定

假设点坐标为 $P(x_0,y_0,z_0)$，二次曲面方程为 $Q(x,y,z)=0$，则当 $|Q(x_0,y_0,z_0)|<\varepsilon$ 时，认为点在该二次曲面上。在造型系统中，通常使用裁剪的二次曲面。在这种情况下，还要判断点是否在曲面的有效范围内。裁剪的二次曲面通常用有理Bézier曲线或有理B样条的参数空间上的闭合曲线来定义曲面的有效范围，故要把点在参数空间所对应的参数坐标计算出来，再判断该参数坐标是否在参数空间的有效区域上。

6. 点与三维形体的包含判定

判断点是否被三维形体所包含，可先用前面的方法判断点是否在三维形体的表面上，然后判断点是否在形体内部，其方法因形体不同而异。下面以凸多面体为例说明。

设凸多面体某个面的平面方程为 $ax+by+cz+d=0$，调整方程系数的符号，使当 $ax+by+cz+d<0$ 时，点 (x,y,z) 位于该平面两侧方向包含该凸多面体的一侧。于是要检验一个点是否在凸多面体内部，只要检验它是否对凸多面体的每一个面均满足以上的不等式即可。

2.5.4 重叠判定算法

进行求交计算时，常涉及判断两个几何形体是否重叠。

判断空间一点与另一点是否重叠，只要判断两点之间的距离是否等于0即可。

判断两条线段是否重叠，可先判断它们是否共线，即判断一条线段上的任意两点是否在另一条线段所在的直线上，或是比较两条线段的方向矢量并判断一条线段上的任意一点是否在另一条线段所在的直线上。若两条线段不共线，则它们不可能重叠；否则，可通过比较端点坐标来判断两线段的重叠部分。

判断两个平面的重叠关系有两种方法：一种方法是判断一个平面上不共线的3个点是否在另一个平面上；另一种方法是先比较两个平面的法矢量，再判断一个平面上的某点是否在另一个平面上。

2.5.5 凸包计算

一个图形的凸包就是包含这个图形的一个凸的区域。例如，一个平面图形的凸包可以是一个凸多边形，一个三维物体的凸包可以是一个凸多面体。一个图形的凸包不是唯一的。

在进行图形求交计算时，为了减少计算量，经常要在求交之前先进行凸包计算。如果两个图形的凸包不相交，显然它们不可能相交，就不必再对它们进行求交计算了；否则这两个图形有可能相交，需要进一步计算。

包围盒是一种特殊而又十分常用的凸包。二维包围盒是二维平面上的一个矩形，它的两条边分别与两条坐标轴 x、y 平行，可以表示为两个不等式，即 $x_{min} \leqslant x \leqslant x_{max}$、$y_{min} \leqslant y \leqslant y_{max}$；三维空间中的包围盒是一个长方体，其长、宽、高分别与 3 条坐标轴平行，可表示为 3 个不等式，即 $x_{min} \leqslant x \leqslant x_{max}$、$y_{min} \leqslant y \leqslant y_{max}$、$z_{min} \leqslant z \leqslant z_{max}$。两个包围盒相交的充要条件是它们在每一个坐标轴方向上都相交。由于判定两个包围盒的相交情况比较容易，所以包围盒成为最常用的一种凸包。

求多边形或多面体的包围盒相当简便，只要遍历其所有顶点，就可以找出多边形或多面体在各个坐标轴方向上的最大、最小坐标值，从而确定包围盒边界。对于已近似为多边形或多面体的含有曲线、曲面的几何体，也可以用同样的方法求出包围盒。对于一般的几何形体，则要根据其具体性质来求其包围盒。

对含有曲线、曲面的几何体进行求交时，常常先求它们的一个凸多边形或凸多面体的凸包。由于凸多边形和凸多面体间的求交相对简单，因此可以节省一定的计算量。例如，Bézier 曲线、B 样条和 NURBS 曲线、曲面具有凸包性质，其控制多边形或控制网格是其本身的凸包。在进行此类曲线、曲面的求交计算时，就常先利用其控制多边形或控制网格求交。

一般的凸包求法因具体情况而异，下面举一个求圆弧凸包的例子。设圆弧段的圆方程为 $(x-x_0)^2+(y-y_0)^2=r^2$，圆弧起始角为 α_1，终止角为 α_2。对圆弧计算凸包如图 2.19 所示。先根据起始角 α_1 与终止角 α_2 求出相应的弧端点 P_1、P_2 的坐标，进而求出弧的弦中点 $P_m=(P_1+P_2)/2$。再用下式计算弧中点 P_c：

$$P_c=P_0+r\cdot\frac{P_m-P_0}{|P_m-P_0|}$$

则该弧的包围盒顶点为 P_1、$P_1+(P_c-P_m)$、$P_2+(P_c-P_m)$、P_2。

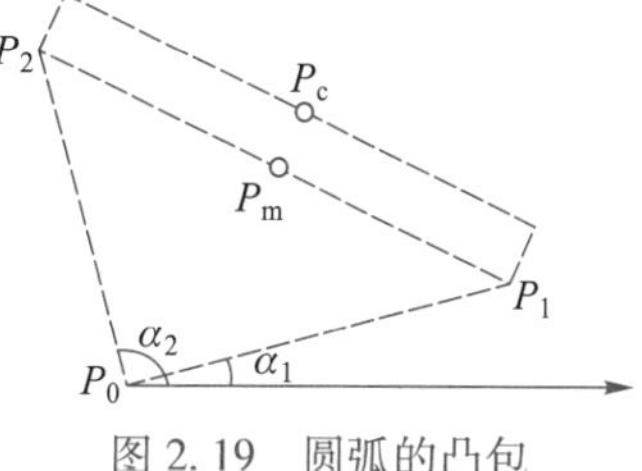

图 2.19 圆弧的凸包

2.6 图形裁剪

本节讨论二维矩形区域的裁剪（clipping），这个矩形区域称为窗口。当窗口确定之后，只有窗口内的物体才能被显示出来，窗口外的物体都是不可见的。因此，窗口外的物体可以不参加标准化转换及随后的显示操作，从而节约处理时间。裁剪是裁去窗口之外物体或物体部分的一种操作。

2.6.1　直线的裁剪

Cohen–Sutherland
直线裁剪算法

直线和窗口的关系可以分为如下三类（图 2.20）。

① 整条直线在窗口内。此时，不需裁剪，显示整条直线。

② 整条直线在窗口外。此时，不需裁剪，不显示整条直线。

③ 部分直线在窗口内，部分直线在窗口外。此时，需要求出直线与窗框的交点，并将窗口外的直线部分裁剪掉，显示窗口内的直线部分。

直线裁剪算法有两个主要步骤：首先将不需裁剪的直线挑出，即删去窗口外的直线；然后，对其余直线，逐条与窗框求交点，并将窗口外的部分删去。下面介绍的直线裁剪算法是由 Cohen 及 Sutherland 提出的。

Cohen–Sutherland 直线裁剪算法以区域编码为基础，将窗口及其周围的 8 个方向以 4 bit 的二进制数进行编码。各编码为分别代表窗外上、下、左、右空间的编码值。如左上区域编码为 1001，右上区域编码为 1010，窗内编码为 0000，如图 2.21 所示。

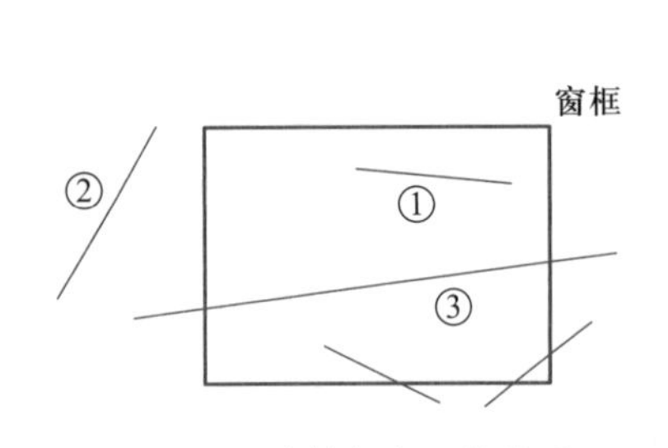

图 2.20　直线与窗口的关系

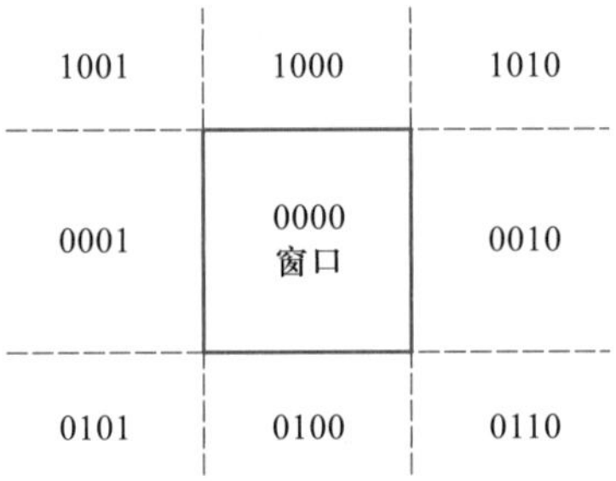

1001　1000　1010
0001　0000 窗口　0010
0101　0100　0110

图 2.21　直线裁剪算法中的区域编码

图 2.21 所示的编码方法将窗口及其邻域分为 5 个区域。

① 内域：区域（0000）。

② 上域：区域（1001，1000，1010）。

③ 下域：区域（0101，0100，0110）。

④ 左域：区域（1001，0001，0101）。

⑤ 右域：区域（1010，0010，0110）。

区域编码方法有以下两个优点。

① 容易将不需裁剪的直线挑出。规则是，如果一条直线的两端在同一区域，则该直线不需裁剪；否则，该直线为可能需要裁剪的直线。

② 对可能裁剪的直线缩小与之求交的边框范围。规则是，如果直线的一个端点在上

（下、左、右）域，则此直线与上（下、左、右）边框求交，然后删去上（下、左、右）边框以外的部分。该规则对直线的另一端点也适用。这样，一条直线至多只需与两条边框求交。

因此，Cohen-Sutherland 的区域编码裁剪算法是一个简明、高效的直线裁剪算法。算法的主要思想是依次对每条直线 P_1P_2 做如下处理。

① 对直线两端点 P_1、P_2 按各自所在的区域编码。P_1 和 P_2 的编码分别记为

$$C_1(P_1)=\{a_1,b_1,c_1,d_1\},\ C_2(P_2)=\{a_2,b_2,c_2,d_2\}$$

其中，a_i、b_i、c_i、d_i 的取值范围为 $\{1,0\}$，$i\in\{1,2\}$。

② 如果 $a_i=b_i=c_i=d_i=0$，则显示整条直线，取出下一条直线，返回步骤①；否则，进入步骤③。

③ 如果 $|a_1-a_2|=1$，则求直线与窗上边 $(y=y_{\text{w-max}})$ 的交点，并删去交点以上部分；如果 $|b_1-b_2|=1$，则求直线与窗下边 $(y=y_{\text{w-min}})$ 的交点，并删去交点以下部分；如果 $|c_1-c_2|=1$，则求直线与窗右边 $(x=x_{\text{w-max}})$ 的交点，并删去交点以右部分；如果 $|d_1-d_2|=1$，则求直线与窗左边 $(x=x_{\text{w-min}})$ 的交点，并删去交点以左部分。

④ 返回步骤①。

上述算法思想由下面的程序实现，其参数与变量的含义介绍如下。

x1，y1，x2，y2：被输入直线的两端点坐标。

code1，code2：两个端点的编码，各 4 bit（在本书例程中，为一整数数组）。

done：是否裁剪完毕的标志，值为 True 时表示裁剪完毕。

display：是否需要显示的标志，值为 True 时表示显示端点为(x1,y1)、(x2,y2)的直线。

m：直线的斜率。

主程序为 clip_a_line。它调用 4 个子程序，功能分别介绍如下。

① encode(x,y,c)：判断点(x,y)所在的区域，赋予 c 以相应的编码。

② accept(c1,c2)：根据两端点的编码 c1、c2，判断直线是否在窗口之内。

③ reject(c1,c2)：根据两端点的编码 c1、c2，判断直线是否在窗口之外。

④ swap_if_needed(x1,y1,x2,y2,c1,c2)：判断(x1,y1)是否在窗口之内，如在窗口之内，则将 x1、y1、c1 值与 x2、y2、c2 值交换。

程序代码如下：

```
clip_a_line(x1, y1, x2, y2, xw_min, xw_max, yw_min, yw_max)
int x1, x2, y1, y2, xw_min, xw_max, yw_min, yw_max;
{
    int i, code1[4], code2[4], done, display;
    float m;
    int x11, x22, y11, y22, mark;
    done=0;
    display=0;
```

```
    while(done==0)
    {
        x11=x1;x22=x2;y11=y1;y22=y2;
        encode(x1, y1, code1, xw_min, xw_max, yw_min, yw_max);
        encode(x2, y2, code2, xw_min, xw_max, yw_min, yw_max);
        if(accept(code1, code2))
        {
            done=1;
            display=1;
            break;
        }
        else if(reject(codel, code2))
            {
                done=1;
                break;
            }
        mark=swap_if_needed(code1, code2);
        if(mark==1)
        {
            x1=x22;
            x2=x11;
            y1=y22;
            y2=y11;
        }
        if(x2==x1) m=-1;
        else m=(float)(y2-y1)/(float)(x2-x1);
        if(codel[0])
        {
            x1+=(yw_min-y1)/m;
            y1=yw_min;
        }
        else if(code1[1])
        {
            x1-=(y1-yw_max)/m;
            y1=yw_max;
        }
        else if(code1[2])
```

```
        {
            y1-=(x1-xw_min)*m;
            x1=xw_min;
        }
        else if(code1[3])
        {
            y1+=(xw_max-x1)*m;
            x1=xw_max;
        }
    }
    if(display==1)line(x1,y1,x2,y2);
}

encode(x,y,code,xw_min,xw_max,yw_min,yw_max)
int x,y,code[4],xw_min,xw_max,yw_min,yw_max;
{
    int i;
    for(i=0;i<4;i++)code[i]=0;
    if(x<xw_min)
        code[2]=1;
    else if(x>xw_max)
        code[3]=1;
    if(y>yw_max)
        code[1]=1;
    else if(y<yw_min)
        code[0]=1;
}

accept(code1,code2)
int code1[4],code2[4];
{
    int i,flag;
    flag=1;
    for(i=0;i<4;i++)
        if((code1[i]==1)||(code2[i]==1))
        {
            flag=0;
```

```
            break;
        }
    return(flag);
}

reject(code1, code2)
int code1[4], code2[4];
{
    int i, flag;
    flag=0;
    for(i=0;i<4;i++)
        if((code1[i]==1)&&(code2[i])==1))
        {
            flag=1;
            break;
        }
    return(flag);
}

swap_if_needed(code1, code2)
int code1[4], code2[4];
{
    int i, flag1, flag2, tmp;
    flag1=1;
    for(i=0;i<4;i++)
        if(code1[i]==1)
        {
            flag1=0;
            break;
        }
    flag2=1;
    for(i=0;i<4;i++)
        if(code2[i]==1)
        {
            flag2=0;
            break;
        }
```

```
    if((flag1==0)&&(flag2==0))return(0);
    if((flag1==1)&&(flag2==0))
    {
        for(i=0;i<4;i++)
        {
            tmp=code1[i];
            code1[i]=code2[i];
            code2[i]=tmp;
        }
        rerurn(1);
    }
    return(0);
}
```

2.6.2 多边形的裁剪

多边形的裁剪比直线裁剪复杂。如果按照直线裁剪算法对多边形的边做裁剪，裁剪后的多边形的边就会成为一组彼此不连贯的折线（图 2.22（b）），从而给填色带来困难。多边形裁剪算法的关键在于，通过裁剪，不仅要保持窗口内多边形的边界部分，而且要将窗框的有关部分按一定次序插入多边形的保留边界之间，从而使裁剪后的多边形的边仍然保持封闭状态（图 2.22（c）），以便填色算法得以正确实现。

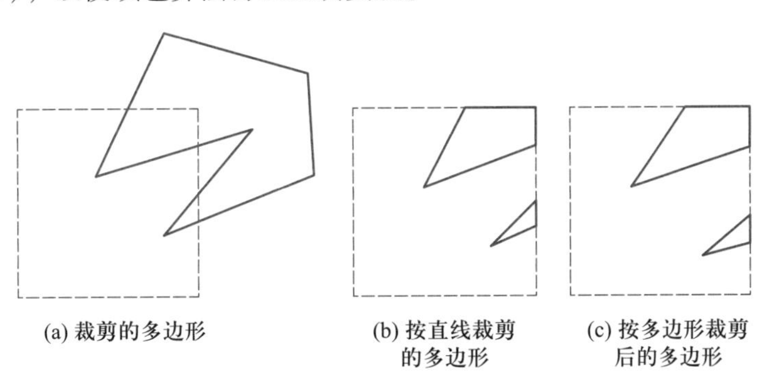

图 2.22 多边形裁剪

下面介绍的多边形裁剪算法是由 Sutherland 和 Hodgman 提出的。

① 令多边形的顶点按边线顺时针走向排序为 P_1、P_2、…、P_n，如图 2.23（a）所示。多边形各边先与上窗框求交。求交后，删去多边形在窗框之上的部分，并插入上窗边及其延长线与多边形的交点之间的部分（图 2.23（b）中的（3，4）），从而形成一个新的多边形。然后，新的多边形按相同方法与右窗框相剪裁。如此重复，直至多边形与各窗框都相剪裁完毕。

图 2.23（c）~图 2.23（e）所示为上述操作生成新多边形的过程。

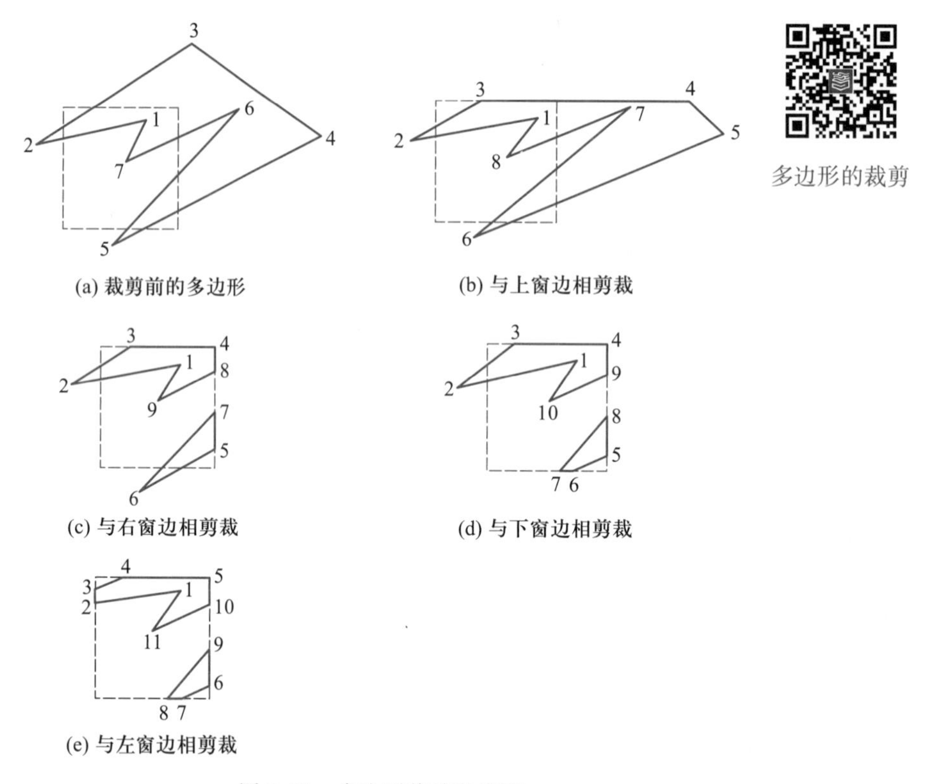

图 2.23　多边形裁剪的步骤

② 多边形与每一条窗框相交、生成新的多边形顶点序列的过程，是一个对多边形各顶点依次处理的过程。设当前处理的顶点为 P，先前已处理的顶点为 S，多边形各顶点的处理规则如下。

a. 如果点 S、P 均在窗框的内侧，则保存点 P。

b. 如果点 S 在窗框内侧，点 P 在窗框外侧，则求出 SP 边与窗框的交点 I，保存点 I，舍去点 P。

c. 如果点 S、P 均在窗框的外侧，则舍去点 P。

d. 如果点 S 在窗框的外侧，点 P 在窗框的内侧，则求出 SP 边与窗框的交点 I，依次保存点 I 和点 P。

上述四种情况在图 2.24（a）~图 2.24（d）中分别示出。基于这四种情况，可以归纳对当前点 P 的处理方法如下。

① P 在窗框内侧，则保存 P；否则不保存 P。

② P 和 S 在窗框的非同侧，则求交点 I，并保存点 I，将它插入 P 之前或 S 之后。

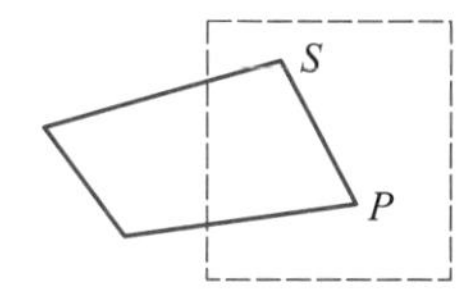

(a) S、P均在窗框内侧

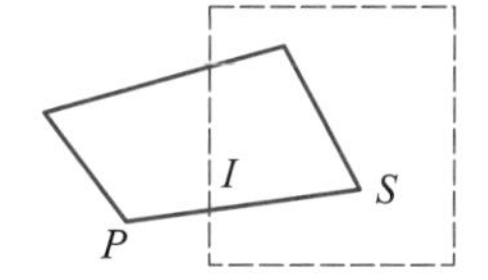

(b) S在窗框内侧，P在窗框外侧

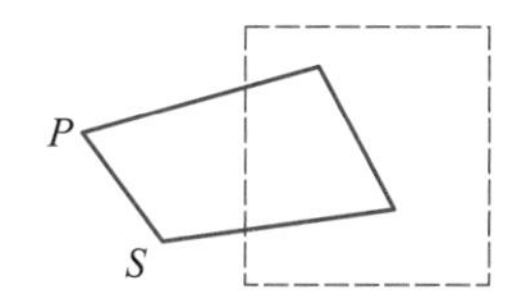

(c) S、P均在窗框外侧

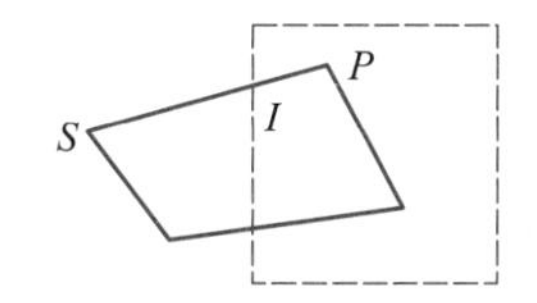

(d) S在窗框外侧，P在窗框内侧

图 2.24　多边形的新顶点序列的生成规则

本节中执行上述算法的主程序 clip_polygon 含有输入参数 x 和 y（两个长度为 n 的数组），用于存放多边形顶点坐标、窗口的边界（Xwmax、Xwmin、Ywmax、Ywmin），含有输出参数裁剪后的多边形（顶点仍放在 x、y 数组中，长度为经过修改的 n）。

主程序 clip_ polygon 调用以下两个子程序。

① clip_single_edge(edge,type,nin,xin,yin,nout,xout,yout)的功能是将多边形与一条窗框 edge 相剪裁，其中，输入参数的含义如下：

a. edge：窗边的值，可以是 Xwmax、Ywmax、Xwmin、Ywmin 四种值之一。

b. type：窗边的类型，可以是 right、left、top、bottom 四种值之一。

c. xin，yin，nin：输入多边形的顶点坐标及顶点个数。

输出参数 xout、yout、nout 是输出多边形的新顶点序列坐标及新顶点个数。

② test_intersect(edge,type,x1,y1,x2,y2,xout,yout,yes,is_in)的功能与参数含义如下：

a. 判断当前点(x2,y2)是否在所裁剪的窗边 edge 的内侧。如是，is_in 的值为 True；否则，is_in 的值为 False。

b. 判断(x2,y2)与先前点(x1,y1)是否分列在 edge 的异侧。如是，yes 的值为 True；否则，yes 的值为 False。

c. 如果 yes 的值为 True，求出顶点为(x1,y1)、(x2,y2)的边与 edge 的交点坐标，存入(xout,yout)。

输出参数为 is_in、yes 和 xout、yout。

程序代码如下：

```
clip_polygon(Xwmax, Xwmin, Ywmax, Ywmin, n, x, y)
int Xwmax, Xwmin, Ywmax, Ywmin, n, *x, *y;
{
```

```
    int *x1, *y1,*n1, *n2;
    /*定义 right=1,bottom=2,left=3,top=4 */
    clip_single_edge(Xwmax, right, n, x, y, n1, &x1, &y1);
    clip_single_edge(Ywmin, bottom,*n1, x1, y1, n2, &x, &y);
    clip_single_edge(Xwmin, left,*n2, x, y, n1, &x1, &y1);
    clip_single_edge(Ywmax, top,*n1, x1, y1, n2, &x, &y);
}

clip_single_edge(edge, type, nin, xin, yin, nout, xout, yout)
int edge, type, nin, *xin, *yin,*nout, *xout, *yout;
{
    int i, k,*yes, *is_in;
    int x, y,*x_intersect, *y_intersect;
    x=xin[nin-1];
    y=yin[nin-1];
    k=0;
    for(i=0;i<nin;i++)
    {
        test_intersect (edge, type, x, y, xin[i], yin[i], x_intersect,
                        y_intersect, yes, is_in);
        /*yes 表示两点是否在 edge 异侧,is_in 表示 xin[i]、yin[i]是否在 edge 内侧*/
        if(*yes)
        {
            xout [k]=x_intersect;
            yout [k]=y_intersect;
            k++;
        }
        if(*is_in)
        {
            xout [k]=xin[i];
            yout [k]=yin[i];
            k++;
        }
        *nout=k;
        x=xin[i];
        y=yin[i];
    }
```

```
}

test_intersect(edge, type, x1, y1, x2, y2, *xout, *yout, *yes, *is_in)
int edge, type, x1, y1, x2, y2, xout, yout, yes, is_in;
{
    float m;
    *is_in=0;  *yes=0;
    m=(y2-y1)/(x2-x1);
    switch(type)
    {
        case right:
            if(x2<=edge){
                *is_in=1;
                if(x1>edge)  *yes=1;
            }
            else if(x1<=edge)  *yes=1;
            break;
        case bottom:
            if(y2>=edge){
                *is_in=1;
                if(y1<edge)  *yes=1;
            }
            else if(y1>=edge)  *yes=1;
            break;
        case left:
            if(x2>=edge){
                *is_in=1;
                if(x1<edge)  *yes=1;
            }
            else if(x1>=edge)  *yes=1;
            break;
        case top:
            if(y2<=edge){
                *is_in=1;
                if(y1>edge)  *yes=1;
            }
            else if(y1<=edge)  *yes=1;
        default: break;
```

```
        }
        if(yes&&((type==right)||(type==left)))
            {*xout=edge;  *yout=y1+m*(*xout-x1);}
        else
            {*yout=edge;  *xout=x1+(*yout-y1)/m;}
    }
```

2.6.3　字符串的裁剪

字符串的裁剪

字符串裁剪有三种可选择的方法。

1. 字符串的有或无裁剪（all-or-none-text）

效果如图2.25所示。其算法思想是，根据字符串所含字符的个数及字符的大小、间隔、轨迹，求出字符串的外包围盒（box）。根据外包围盒的边界极值与窗边极值的比较结果决定字符串的去留。

2. 字符的有或无裁剪（all-or-none-character）

效果如图2.26所示。其算法思想是，将字符串外包围盒与窗边比较，决定字符的全删、全留或部分保留。对部分保留的字符，逐个测量字符的外包围盒与窗边的关系，从而决定字符的去留。

图2.25　字符串的有或无裁剪

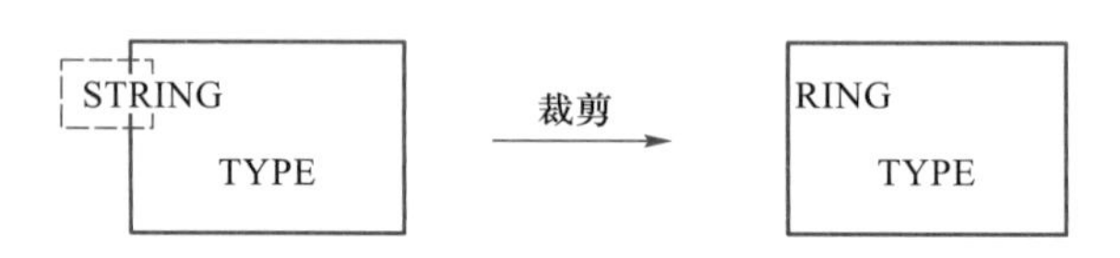

图2.26　字符的有或无裁剪

3. 字符的精密裁剪

效果如图2.27所示。其算法思想是，用字符串外包围盒与窗边相比较，决定字符的全删、全留或部分删除。对部分保留的字符，逐个测量字符的外包围盒与窗边的关系，决定字符的全删、全留或部分删除。对部分保留的字符的每一笔画，用直线裁剪法对窗边进行裁剪。

图2.27　字符的精密裁剪

2.7 OpenGL 中的二维图形显示

本章前面介绍了二维图形的光栅化方法，包括直线的 Bresenham 算法、多边形的扫描线填充算法等，OpenGL 为这些图形的显示提供了统一的函数。OpenGL 中与二维图元显示相关的函数主要有 glBegin、glEnd 和 glVertex。

如下述代码所示，OpenGL 中图元的显示从 glBegin 函数开始，以 glEnd 函数结束，图元的具体信息由 glVertex 函数给出。

图元显示代码：(非完整程序，仅图元相关代码)

```
glBegin(GL_TRIANGLES);
        glVertex3f(-0.5, 0.5, 0);
        glVertex3f(0.5, 0.5, 0);
        glVertex3f(0, -0.5, 0);
glEnd();
```

glBegin 函数只有一个参数，用于指定将要显示图元的类型。无论哪种图元，都由一组顶点构成，这些顶点的坐标由 glVertex 函数指定。根据参数的个数及类型不同，有几种不同的 glVertex 函数，如，glVertex2i 函数接受两个表示顶点 x、y 坐标的整型参数，而 glVertex3f 函数接受三个浮点型参数，分别用于指定 x、y、z 坐标。当绘制二维图元时，可将顶点的 z 坐标都设为 0，也可以使用 glVertex2f 函数或 glVertex2i 函数。

虽然不同图元的顶点坐标都由 glVertex 函数指定，但 glBegin 函数中指定的图元类型不同，则画出的图形也不同。如上述代码将显示一个由 glVertex3f 函数指定顶点坐标的三角形，而如果将其中的第一行改为 glBegin(GL_POINTS)，则将显示出由 glVertex3f 函数指定坐标的三个点。表 2.2 给出了 glBegin 函数中不同图元参数的显示效果。

表 2.2 glBegin 函数中的图元类型

图元类型	描述	显示结果示意
GL_POINTS	显示由 glVertex 函数指定的点	p_1 p_2 p_3
GL_LINES	显示每对 glVertex 函数指定的顶点的连线	p_1 p_2 p_4 p_3

续表

图元类型	描述	显示结果示意
GL_LINE_STRIP	显示由多个 glVertex 函数指定的一串顶点的连线	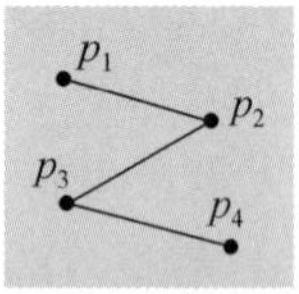
GL_LINE_LOOP	显示由多个 glVertex 函数指定的一串顶点的连线，并将其也用一条线段相连	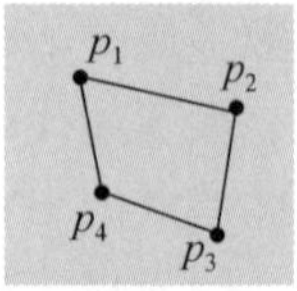
GL_TRIANGLES	显示由每三个 glVertex 函数指定的顶点组成的三角形	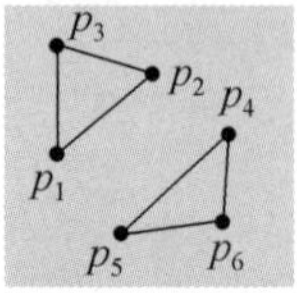
GL_TRIANGLE_STRIP	glVertex 函数指定一串顶点，显示最先的三个顶点形成的三角形，以及后续每个顶点和前面两个顶点形成的三角形	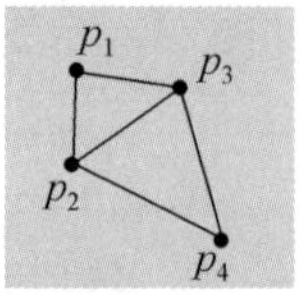
GL_TRIANGLE_FAN	第一个顶点指定一个主顶点，后续的每对顶点都和该主顶点形成一个三角形	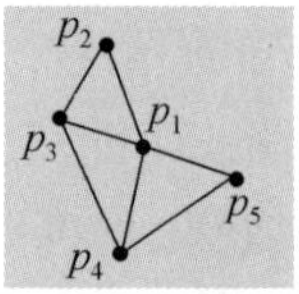
GL_QUADS	显示由每四个 glVertex 函数指定的顶点组成的四边形	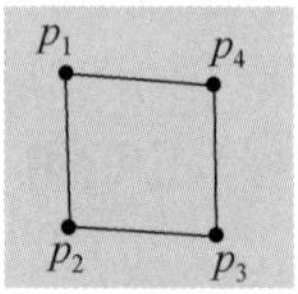
GL_QUAD_STRIP	glVertex 函数指定一串顶点，显示最先的 4 个顶点形成的四边形，以及随后的每对顶点都和前面的一对顶点形成另一个四边形	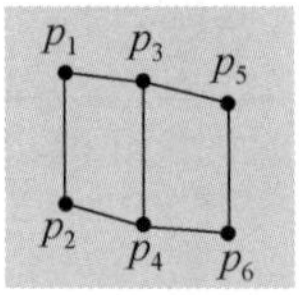
GL_POLYGON	显示由 glVertex 函数指定顶点的一个 N 边形	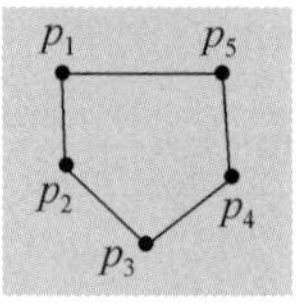

当所有的顶点都被指定后，绘制指定图元时，需要最后调用一次 glEnd 函数。这个函数没有任何参数。

习　题

1. DDA 法生成直线的基本原理是什么?

2. 为什么说 Bresenham 画圆的算法效率较高?

3. 简述二维图形裁剪的基本原理及可选用的裁剪策略。

4. 画直线的算法有哪几种？画圆弧的算法有哪几种？写一个画带线宽的虚线的程序。

5. 写一个画饼分图的程序，用不同的颜色填充各个区域。

6. 写一个显示一串字符的程序。

7. 写出几种线裁剪算法。写出几种多边形裁剪算法。

8. 试写出能获得整数的 Bresenham 画线算法。(提示：假定直线的斜率在 0 和 1 之间，可用任何程序设计语言或伪语言表达。)

9. 利用线段裁剪的 Cohen-Sutherland 算法，对线段 AB 进行裁剪（$CDEF$ 为裁剪框，直线 AB 部分地穿过此框)。简述裁剪的基本过程。

第3章 图形变换与输出

图形变换一般是指将图形的几何信息经过几何变换后产生新的图形。图形变换既可以看作是图形不动而坐标系变动，变动后该图形在新的坐标系下具有新的坐标值；也可以看作是坐标系不动而图形变动，变动后的图形在坐标系中的坐标值发生变化。对于线框图形的变换，通常是以点变换为基础，把图形的一系列顶点做几何变换后连接新的顶点序列，即可产生新的变换后的图形。对于用参数方程描述的图形，可以通过参数方程几何变换实现对图形的变换。

在图形学中，实现图形变换时通常采用齐次坐标来表示坐标值，这样可方便地用变换矩阵实现对图形的变换。所谓齐次坐标表示法，就是用 $n+1$ 维矢量表示一个 n 维矢量，即 n 维空间中的点的位置矢量 $(p_1,p_2,\cdots,p_n)$ 被表示为具有 $n+1$ 个坐标分量的矢量 $(hp_1,hp_2,\cdots,hp_n,h)$。齐次坐标表示法一方面可以表达无穷远点，例如，在 $n+1$ 维矢量中，$h=0$ 的齐次坐标实际上表示了一个 n 维的无穷远点；另一方面，它提供了用矩阵运算把二维、三维甚至高维空间中的一个点集从一个坐标系变换到另一个坐标系的有效方法。除非特别声明，本章所讨论的几何变换均是指在齐次坐标下。

3.1 图形的几何变换

基本的几何变换研究物体坐标在直角坐标系内的平移、旋转和变比的规律。按照坐标的维数不同，基本变换可分为二维几何变换和三维几何变换两大类。但对于可用参数表示的曲线、曲面等图形的变换，基于效率的考虑，一般通过对其参数方程做变换来实现对整个图形的变换，而不是逐点进行变换。下面分别介绍。

3.1.1 二维图形几何变换

图形的几何变换

1. 基本变换

(1) 平移

平移（translation）是将对象从一个位置 (x,y) 移到另一个位置 (x',y') 的变换（图3.1）。$T_x=x'-x$，$T_y=y'-y$ 称为平移距离。平移变换的公式为

$$x'=x+T_x,\ y'=y+T_y \tag{3.1}$$

（2）旋转

旋转（rotation）是以某个参考点为圆心，将对象上的各点(x,y)围绕圆心转动一个逆时针角度θ，变为新的坐标(x',y')的变换（图3.2）。当参考点为$(0,0)$时，旋转的公式为

$$x'=r\cos(\alpha+\theta)=r\cos\alpha\cos\theta-r\sin\alpha\sin\theta$$
$$y'=r\sin(\alpha+\theta)=r\sin\alpha\cos\theta+r\cos\alpha\sin\theta$$

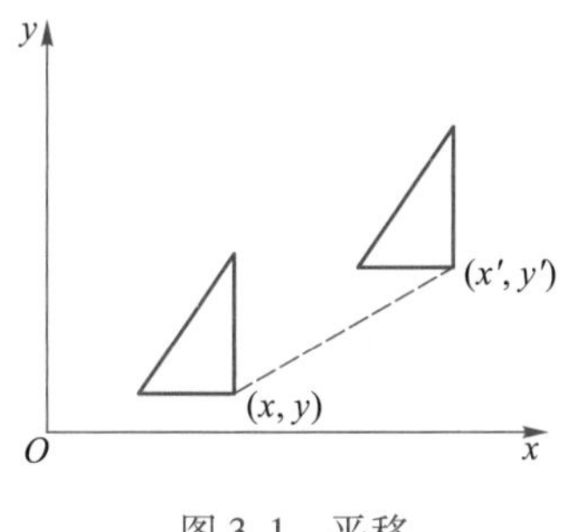

图3.1　平移

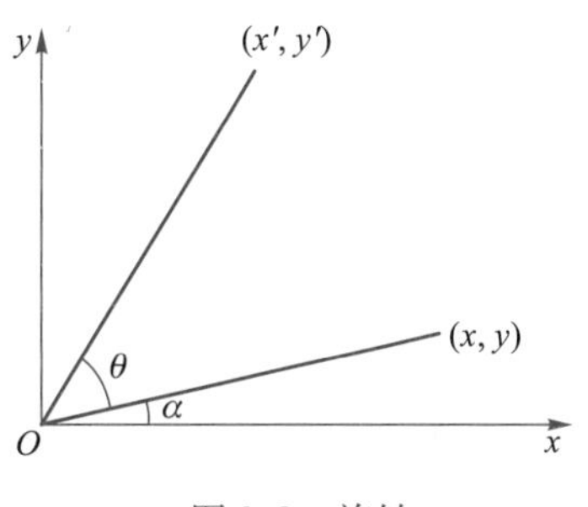

图3.2　旋转

因为$x=r\cos\alpha$，$y=r\sin\alpha$，所以上式可化为

$$\begin{aligned} x'&=x\cos\theta-y\sin\theta \\ y'&=y\cos\theta+x\sin\theta \end{aligned} \tag{3.2}$$

如果参考点不是$(0,0)$，而是任意一点(x_r,y_r)，那么，绕(x_r,y_r)点的旋转由以下3个步骤完成。

① 将对象平移$T_x=-x_r$，$T_y=-y_r$。

② 按式（3.2）做旋转变换。

③ 平移$T_x=x_r$，$T_y=y_r$。

组合这3个步骤的计算公式为

$$x'=x_r+(x-x_r)\cos\theta-(y-y_r)\sin\theta$$
$$y'=y_r+(y-y_r)\cos\theta+(x-x_r)\sin\theta$$

（3）变比

变比（scaling）是使对象按比例因子(S_x,S_y)放大或缩小的变换（图3.3）。变比计算公式为

$$x'=x\cdot S_x,\quad y'=y\cdot S_y \tag{3.3}$$

从图3.3可见，按式（3.3）做变比变换时，不仅对象的大小变化，而且对象离原点的距离也发生了变化。如果只希望变换对象的大小，而不希望改变对象离原点的距离，则可采用固定点变比（scaling relative to a fixed point）。以a为固定点进行变比的方法如下。

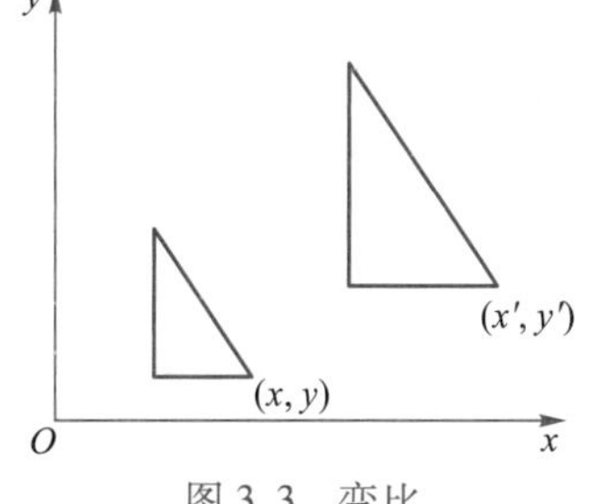

图3.3　变比

① 做平移$T_x=-x_a$，$T_y=-y_a$。

② 按式（3.3）做变比。

③ 做①的逆变换，即做平移 $T_x=x_a$，$T_y=y_a$。

当比例因子 S_x 或 S_y 小于0时，对象不仅变化大小，而且分别按 x 轴或 y 轴被反射。

图3.4（a）表示当 $S_y=-1$，$S_x=1$ 时的变比，此时按 x 轴反射；图3.4（b）表示当 $S_y=1$，$S_x=-1$ 时的变比，此时按 y 轴反射；图3.4（c）表示当 $S_x=-1$，$S_y=-1$ 时按原点(0,0)反射的情况。

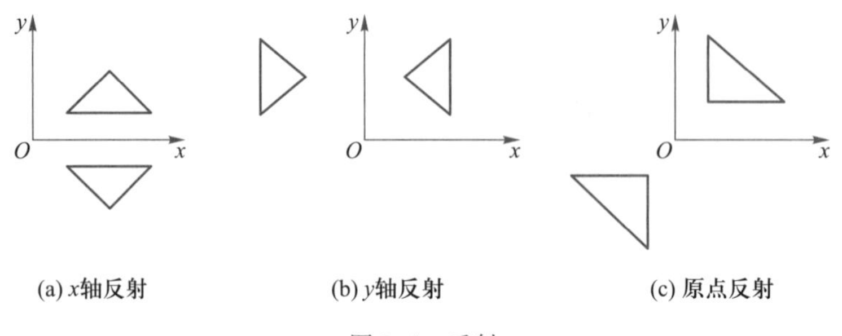

图3.4 反射

2. 变换矩阵

上述三种基本变换公式都可以表示为3×3的变换矩阵和齐次坐标相乘的形式。

（1）平移的矩阵运算表示为

$$[x' \quad y' \quad 1]=[x \quad y \quad 1]\begin{bmatrix}1 & 0 & 0\\0 & 1 & 0\\T_x & T_y & 1\end{bmatrix}$$

简记为 $p'=p\cdot T(T_x,T_y)$。其中，$p'=[x' \quad y' \quad 1]$，$p=[x \quad y \quad 1]$。

$$\boldsymbol{T}(T_x,T_y)=\begin{bmatrix}1 & 0 & 0\\0 & 1 & 0\\T_x & T_y & 1\end{bmatrix}$$

表示平移矩阵。

（2）旋转的矩阵运算表示为

$$[x' \quad y' \quad 1]=[x \quad y \quad 1]\begin{bmatrix}\cos\theta & \sin\theta & 0\\-\sin\theta & \cos\theta & 0\\0 & 0 & 1\end{bmatrix}$$

简记为 $p'=p\cdot R(\theta)$，其中 $R(\theta)$ 表示旋转矩阵。

（3）变比的矩阵运算表示为

$$[x' \quad y' \quad 1]=[x \quad y \quad 1]\begin{bmatrix}S_x & 0 & 0\\0 & S_y & 0\\0 & 0 & 1\end{bmatrix}$$

简记为 $p'=p\cdot S(S_x,S_y)$，其中 $S(S_x,S_y)$ 表示变比矩阵。

3. 级联变换

一个比较复杂的变换需要连续进行若干个基本变换才能完成。例如，围绕任意点(x_r, y_r)的旋转，就要通过3个基本变换$T(-x_r, -y_r)$、$R(\theta)$、$T(x_r, y_r)$才能完成。这些由基本变换构成的连续变换序列称为级联变换（composite transformation）。

变换的矩阵形式使得级联变换的计算工作量大为减少。以绕任意点旋转变换为例，本应进行如下3次变换：

$$p' = p \cdot T(-x_r, -y_r) \tag{3.4}$$

$$p'' = p' \cdot R(\theta) \tag{3.5}$$

$$p''' = p'' \cdot T(x_r, y_r) \tag{3.6}$$

将式（3.4）、式（3.5）代入式（3.6），得

$$p''' = p \cdot T(-x_r, -y_r) \cdot R(\theta) \cdot T(x_r, y_r)$$

令 $T_c = T(-x_r, -y_r) \cdot R(\theta) \cdot T(x_r, y_r)$，则有

$$p''' = p \cdot T_c$$

T_c称为级联变换矩阵。由上面推导可知，在计算级联变换时，首先可将各基本变换矩阵按顺序相乘，形成总的级联变换矩阵T_c；然后，坐标只需与T_c相乘一次，便可同时完成一连串基本变换。因此，采用级联变换矩阵，大大节省了坐标乘法所耗费的运算时间。

3.1.2　三维图形几何变换

三维图形的平移变换可参照二维图形的类似变换完成，在此主要介绍三维图形的旋转和变比。

1. 旋转

旋转分为三种基本旋转，即绕z轴旋转、绕x轴旋转和绕y轴旋转。在下述旋转变换公式中，设旋转的参考点在所绕的轴上，绕轴转θ角，方向是从轴所指处往原点看的逆时针方向（图3.5）。

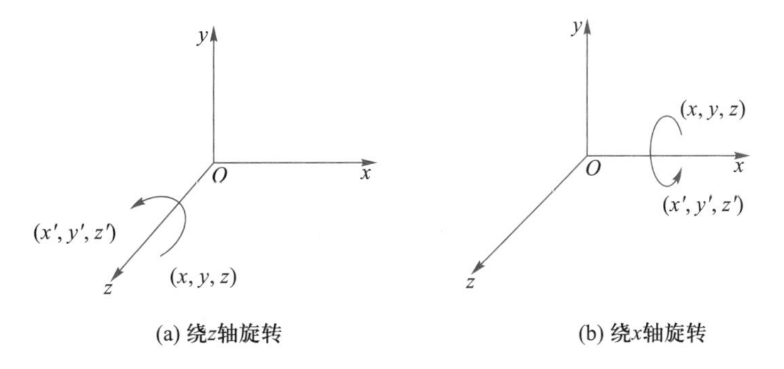

图3.5　三维空间内旋转变换

（1）绕z轴旋转的公式为

$$x' = x\cos\theta - y\sin\theta$$
$$y' = x\sin\theta + y\cos\theta$$
$$z' = z$$

矩阵运算的表达式为

$$[x' \quad y' \quad z' \quad 1] = [x \quad y \quad z \quad 1]\begin{bmatrix} \cos\theta & \sin\theta & 0 & 0 \\ -\sin\theta & \cos\theta & 0 & 0 \\ 0 & 0 & 1 & 0 \\ 0 & 0 & 0 & 1 \end{bmatrix}$$

简记为 $\boldsymbol{R}_z(\theta)$。

（2）绕 x 轴旋转的公式为

$$x' = x$$
$$y' = y\cos\theta - z\sin\theta$$
$$z' = y\sin\theta + z\cos\theta$$

矩阵运算的表达式为

$$[x' \quad y' \quad z' \quad 1] = [x \quad y \quad z \quad 1]\begin{bmatrix} 1 & 0 & 0 & 0 \\ 0 & \cos\theta & \sin\theta & 0 \\ 0 & -\sin\theta & \cos\theta & 0 \\ 0 & 0 & 0 & 1 \end{bmatrix}$$

简记为 $\boldsymbol{R}_x(\theta)$。

（3）绕 y 轴旋转的公式为

$$x' = z\sin\theta + x\cos\theta$$
$$y' = y$$
$$z' = z\cos\theta - x\sin\theta$$

矩阵运算的表达式为

$$[x' \quad y' \quad z' \quad 1] = [x \quad y \quad z \quad 1]\begin{bmatrix} \cos\theta & 0 & -\sin\theta & 0 \\ 0 & 1 & 0 & 0 \\ \sin\theta & 0 & \cos\theta & 0 \\ 0 & 0 & 0 & 1 \end{bmatrix}$$

简记为 $\boldsymbol{R}_y(\theta)$。

如果旋转所绕的轴不是坐标轴，而是一条任意轴，则变换过程显得较复杂。首先，对旋转轴做平移和绕轴旋转变换，使得所绕之轴与某一条标准坐标轴重合；然后，绕该标准坐标轴做所需角度的旋转；最后，通过逆变换使所绕之轴恢复到原来位置。这个过程需由 7 个基本变换的级联才能完成。

设旋转所绕的任意轴为 P_1、P_2两点所定义的矢量，旋转角度为 θ（图 3.6（a）），这 7 个基本变换如下。

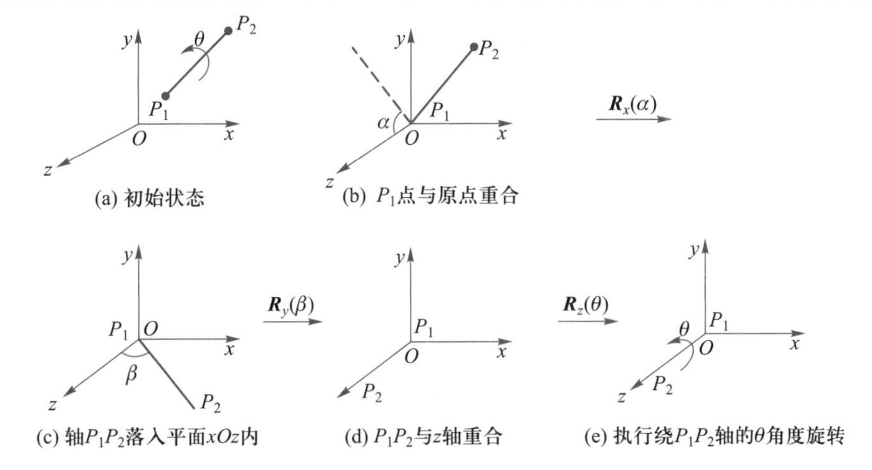

图 3.6 绕任意轴 P_1P_2旋转的前 4 个步骤

① $\boldsymbol{T}(-x_1,-y_1,-z_1)$：使 P_1点与原点重合（图 3.6（b））。

② $\boldsymbol{R}_x(\alpha)$：使得轴 P_1P_2落入平面 xOz 内（图 3.6（c））。

③ $\boldsymbol{R}_y(\beta)$：使 P_1P_2与 z 轴重合（图 3.6（d））。

④ $\boldsymbol{R}_z(\theta)$：执行绕 P_1P_2轴的 θ 角度旋转（图 3.6（e））。

⑤ $\boldsymbol{R}_y(-\beta)$：做变换③的逆变换。

⑥ $\boldsymbol{R}_x(-\alpha)$：做变换②的逆变换。

⑦ $\boldsymbol{T}(x_1,y_1,z_1)$：做变换①的逆变换。

首先，求 $R_x(\alpha)$的参数。转角 α 是旋转轴 u 在 yOz 平面的投影 $u'=(0,b,c)$与 z 轴的夹角（图 3.7（a）），故有

$$\cos\alpha=\frac{c}{d},\ d=\sqrt{b^2+c^2}$$

又因 $u'\times u_z=u_x|u'||u_z|\sin\alpha$，其中 u_x是 u 在 x 轴上的投影，并且用行列式计算矢量积，得

$$u'\times u_z=u_x\cdot b$$

故得

$$\sin\alpha=\frac{b}{|\boldsymbol{u}'||\boldsymbol{u}_z|}=\frac{b}{d}$$

得出 $\boldsymbol{R}_x(\alpha)$为

$$\boldsymbol{R}_x(\alpha)=\begin{bmatrix}1&0&0&0\\0&\frac{c}{d}&\frac{b}{d}&0\\0&-\frac{b}{d}&\frac{c}{d}&0\\0&0&0&1\end{bmatrix}$$

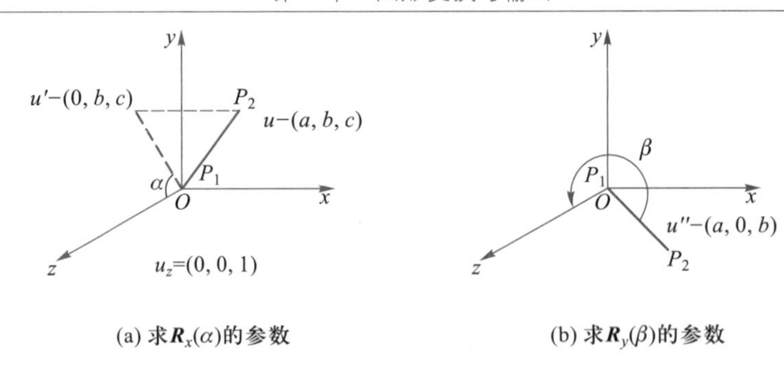

图 3.7 求转角的函数值

其次，求 $\boldsymbol{R}_y(\beta)$ 的参数（图 3.7（b））。经过 $\boldsymbol{R}_x(\alpha)$ 变换，P_2 已落入 xOz 平面，但 P_2 点与 x 轴的距离保持不变。因此，P_1P_2 现在的单位矢量 $\boldsymbol{u}''$ 的 z 方向分量之值即为 $\boldsymbol{u}'$ 之长度，等于 d，β 是 $\boldsymbol{u}''$ 与 $\boldsymbol{u}_z$ 之夹角，故有

$$\cos\beta=\frac{\boldsymbol{u}''\cdot\boldsymbol{u}_z}{|\boldsymbol{u}''||\boldsymbol{u}_z|}=d$$

根据矢量积的定义，有

$$\boldsymbol{u}_z|\boldsymbol{u}''||\boldsymbol{u}_z|\sin\beta=\boldsymbol{u}_z\cdot\ (-a)$$

因为 $|\boldsymbol{u}''|=\sqrt{a^2+d^2}=\sqrt{a^2+b^2+c^2}=1$，并且 $|u_z|=1$，所以

$$\sin\beta=-a$$

因此，得到 $\boldsymbol{R}_y(\beta)$ 为

$$\boldsymbol{R}_y(\beta)=\begin{bmatrix} d & 0 & a & 0 \\ 0 & 1 & 0 & 0 \\ -a & 0 & d & 0 \\ 0 & 0 & 0 & 1 \end{bmatrix}$$

绕任意轴 $(x_1,y_1,z_1)(x_2,y_2,z_2)$ 转动 θ 角的变换 $\boldsymbol{R}(\theta)$ 为如下级联变换：

$$\boldsymbol{R}(\theta)=\boldsymbol{T}(-x_1,-y_1,-z_1)\cdot\boldsymbol{R}_x(\alpha)\cdot\boldsymbol{R}_y(\beta)\cdot\boldsymbol{R}_z(\theta)\cdot\boldsymbol{R}_y(-\beta)\cdot\boldsymbol{R}_x(-\alpha)\cdot\boldsymbol{T}(x_1,y_1,z_1)$$

2. 变比

设 S_x、S_y、S_z 是物体在 3 个坐标轴方向的比例变化量，则有公式

$$x'=x\cdot S_x,\ y'=y\cdot S_y,\ z'=z\cdot S_z$$

矩阵运算的表达式为

$$[x'\ \ y'\ \ z'\ \ 1]=[x\ \ y\ \ z\ \ 1]\begin{bmatrix} S_x & 0 & 0 & 0 \\ 0 & S_y & 0 & 0 \\ 0 & 0 & S_z & 0 \\ 0 & 0 & 0 & 1 \end{bmatrix}$$

变换简记为 $S(S_x,S_y,S_z)$。

相对于某个非原点参数点 (x_f,y_f,z_f) 进行固定点变比变换，是通过如下级联变换实现的：

$$\boldsymbol{T}(-x_f,-y_f,-z_f)\cdot\boldsymbol{S}(S_x,S_y,S_z)\cdot\boldsymbol{T}(x_f,y_f,z_f)$$

3.1.3 曲线的几何变换

前面所介绍的二维、三维图形的几何变换均是基于点的几何变换。对于有解析表达的曲线、曲面图形，若其几何变换仍然基于点，则计算工作量很大。下面介绍对不同曲线直接进行几何变换的算法。

1. 圆锥曲线的几何变换

圆锥曲线的二次方程是 $Ax^2+Bxy+Cy^2+Dx+Ey+F=0$，其相应的矩阵表达式是

$$[x \quad y \quad 1]\begin{bmatrix} A & \frac{B}{2} & \frac{D}{2} \\ \frac{B}{2} & C & \frac{E}{2} \\ \frac{D}{2} & \frac{E}{2} & F \end{bmatrix}\begin{bmatrix} x \\ y \\ 1 \end{bmatrix}=0$$

简记为 $XSX^{\mathrm{T}}=0$。

(1) 平移变换

若对圆锥曲线进行平移变换，平移矩阵是

$$Tr=\begin{bmatrix} 1 & 0 & 0 \\ 0 & 1 & 0 \\ m & n & 1 \end{bmatrix}$$

则平移后的圆锥曲线矩阵方程是 $XTrSTr^{\mathrm{T}}X^{\mathrm{T}}=0$。

(2) 旋转变换

若对圆锥曲线相对坐标原点做旋转变换，旋转变换矩阵是

$$R=\begin{bmatrix} \cos\theta & \sin\theta & 0 \\ -\sin\theta & \cos\theta & 0 \\ 0 & 0 & 1 \end{bmatrix}$$

则旋转后的圆锥曲线矩阵方程是 $XRSR^{\mathrm{T}}X^{\mathrm{T}}=0$。

若对圆锥曲线相对(m,n)点做旋转 θ 角变换，则旋转后的圆锥曲线是上述 Tr、R 变换的复合变换，变换后圆锥曲线的矩阵方程是 $XTrRSR^{\mathrm{T}}Tr^{\mathrm{T}}X^{\mathrm{T}}=0$。

(3) 比例变换

若对圆锥曲线相对(m,n)点进行比例变换，比例变换矩阵为

$$S_{\mathrm{T}}=\begin{bmatrix} S_x & 0 & 0 \\ 0 & S_y & 0 \\ 0 & 0 & 1 \end{bmatrix}$$

则变换后圆锥曲线的矩阵方程是 $XTrS_{\mathrm{T}}SS_{\mathrm{T}}^{\mathrm{T}}Tr^{\mathrm{T}}X^{\mathrm{T}}=0$。

对于二次曲面，也有与上述类似的矩阵表示和几何变换表达式。

2. 参数曲线、曲面的几何变换

Bézier 曲线曲面和 NURBS 曲线曲面是最重要的两种参数曲线、曲面（详见第4章），它们都具有仿射不变性，因此对 Bézier 曲线曲面和 NURBS 曲线曲面的几何变换，只需对它们的控制顶点进行相应变换即可。

3.2 坐标系统及其变换

3.2.1 坐标系统

几何物体具有很多重要的性质，如大小、形状、位置、方向以及相互之间的空间关系等。为了描述、分析、度量这些特性，就需要一个称为坐标系统的参考框架。从本质上来说，坐标系统自身也是一个几何物体。

图形学中采用了很多各具特色的坐标系统。以其维度来看，可分为一维坐标系统、二维坐标系统、三维坐标系统；以其坐标轴之间的空间关系来看，可分为直角坐标系统、圆柱坐标系统、球坐标系统等，其中，直角坐标系统尤为常用。圆柱坐标系统与直角坐标系统的关系为

$$x=r\cos\theta,\ y=r\sin\theta,\ z=z$$

球坐标系统与直角坐标系统的关系为

$$x=r\sin\varphi\cos\theta,\ y=r\sin\varphi\sin\theta,\ z=r\cos\varphi$$

这些坐标系统的定义与空间解析几何中的定义是一致的。

在计算机图形软件中所采用的笛卡儿（Cartesian）直角三维坐标系统，按照 z 轴方向的不同有两种形式。

（1）右手系统

当用右手握住 z 轴时，大拇指指向 z 轴的正方向（图 3.8（a）），其余 4 个手指从 x 轴到 y 轴形成一个弧。

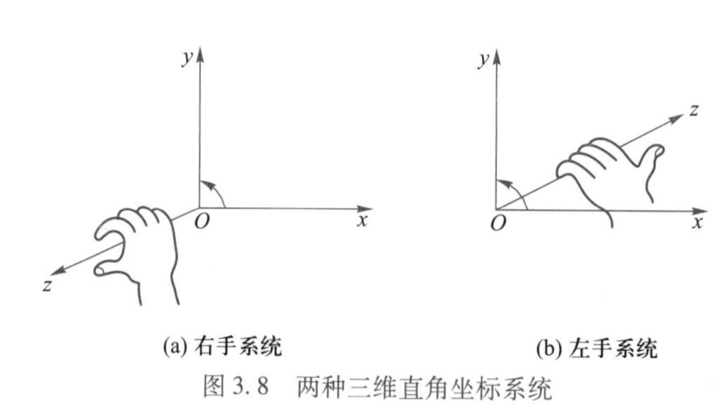

图 3.8 两种三维直角坐标系统

（2）左手系统

当用左手握住 z 轴时，大拇指指向 z 轴的正方向（图 3.8（b）），其余 4 个手指从 x 轴到 y 轴形成一个弧。

另外，在计算机图形学中，为了通过显示设备来考察几何物体的特性，引入了一系列用于显示、输出的坐标系统。

1. 世界坐标系

世界坐标系（world coordinate system）主要用于计算机图形场景中的所有图形对象的空间定位和定义，包括观察者的位置、视线等。计算机图形系统中涉及的其他坐标系统都是参照它进行定义的。世界坐标系一般定义成右手系。

2. 局部坐标系

局部坐标系（local coordinate system）主要为考察物体方便，独立于世界坐标系来定义物体的几何特性。通常在不需要指定物体在世界坐标系中方位的情况下，使用局部坐标系。一旦定义了“局部”物体，通过指定局部坐标系的原点在世界坐标系中的方位，经过几何变换，就可以容易地将“局部”物体放入世界坐标系内，使它的参照系统由局部上升为全局。

3. 观察坐标系

观察坐标系（viewing coordinate system，也称视域坐标系）通常以视点的位置为原点，视线方向（或视线方向的反方向）为 z 轴，通过用户指定的一个向上的观察矢量（view-up vector）来定义 y 轴并通过叉乘完成整个坐标系统的定义。较早的图形系统多定义 z 轴为视线方向，因而观察坐标系为左手坐标系；当前的图形系统多定义 z 轴为视线方向的反方向，从而观察坐标系为右手系，便于后续的处理。观察坐标系主要用于从观察者的角度对整个世界坐标系内的对象进行重新定位和描述，从而简化几何物体在投影面成像的数学推导和计算。

4. 成像面坐标系统

它是一个二维坐标系统，主要用于指定物体在成像面上的所有点。一般通过指定成像面与视点之间的距离来定义成像面，成像面有时也称为投影面，可进一步在投影面上定义名为窗口（windows）的方形区域来实现部分成像。

5. 屏幕坐标系统

屏幕坐标系统也称设备坐标系统，它主要用于某些特殊的计算机图形显示设备（如光栅显示器）表面的点的定义。在多数情况下，对于每一个具体的显示设备，都有一个单独的坐标系统。在定义了成像窗口的情况下，可进一步在屏幕坐标系统中定义名为视图区（view port）的有界区域，视图区中的成像即为实际所能观察到的内容。

总之，为了在三维空间创建并显示一个（或多个）几何物体，必须首先建立世界坐标系；然后，需要指定视点的方位、视线和成像面的方位，定义观察坐标系。为了观察到物体的成像，还必须在各坐标系之间实现变换之后进行投影变换，才能得到物体的成像。

3.2.2　观察变换

要将世界坐标系中的物体在屏幕上显示出来，需要按照视线方向将三维空间中的物体投影到二维平面，然而当视线方向与坐标系的轴不平行时，投影的计算比较烦琐。为此根据投影方向构建观察坐标系，使观察坐标系的 z 轴方向与观察方向相同或相反（从而使后续的投影变换相对简单），并将世界坐标系中的物体在观察坐标系中表示出来。与几何变换不同，这里物体的几何绝对位置并不发生变化，只是因为坐标系统变动引起物体坐标发生变化。这一变换同样可以在齐次坐标下用 4×4 的矩阵表达。下面以右手观察系为例介绍观察变换：设观察坐标系的原点为 $\overrightarrow{\mathrm{Org}}=(\mathrm{org}_x,\mathrm{org}_y,\mathrm{org}_z)$，三个坐标轴分别为 $\vec{u}=(u_x,u_y,u_z)$、$\vec{v}=(v_x,v_y,v_z)$、$\vec{n}=(n_x,n_y,n_z)$，则世界坐标系中的坐标 $(x,y,z,1)$ 在观察坐标系中的坐标 (newx, newy, newz, 1) 可由下列变换计算：

$$(\mathrm{newx},\mathrm{newy},\mathrm{newz},1)=(x,y,z,1)\begin{bmatrix} u_x & v_x & n_x & 0 \\ u_y & v_y & n_y & 0 \\ u_z & v_z & n_z & 0 \\ -\vec{u}\cdot\overrightarrow{\mathrm{Org}} & -\vec{v}\cdot\overrightarrow{\mathrm{Org}} & -\vec{n}\cdot\overrightarrow{\mathrm{Org}} & 1 \end{bmatrix}$$

观察变换矩阵 $\begin{bmatrix} u_x & v_x & n_x & 0 \\ u_y & v_y & n_y & 0 \\ u_z & v_z & n_z & 0 \\ -\vec{u}\cdot\overrightarrow{\mathrm{Org}} & -\vec{v}\cdot\overrightarrow{\mathrm{Org}} & -\vec{n}\cdot\overrightarrow{\mathrm{Org}} & 1 \end{bmatrix}$ 可以通过先平移再进行基变换求取。

上述是采用右手系作为观察坐标系的观察变换，如果观察坐标系是左手系，还须在此基础上再施加一个变比变换 $S(1,1,-1)$。

3.2.3　投影变换

1. 基本概念

在三维坐标系统中，物体上各点都以 3 个分量 (x,y,z) 描述，此物体称为三维物体。若将三维物体描绘在二维平面（如纸面、荧光屏面）上，必须对三维物体进行投影。投影 (project) 是一种使三维对象映射为二维对象的变换。它可描述为

$$\mathrm{project}(\mathrm{object}(x,y,z))\rightarrow\mathrm{object}(x',y')$$

投影在观察坐标系内进行，观察坐标系通常为左手系，因此下面讲述投影时在左手系内介绍。

投影的要素除投影对象、投影面外，还有投影线。按照投影线角度的不同，有两种基本投影方法（图 3.9）。

（1）平行投影

平行投影（parallel projection）使用一组平行投影线将三维对象投影到投影平面中。

（2）透视投影

透视投影（perspective projection）使用一组由投影中心产生的放射投影线将三维对象投影到投影平面中。

平行投影

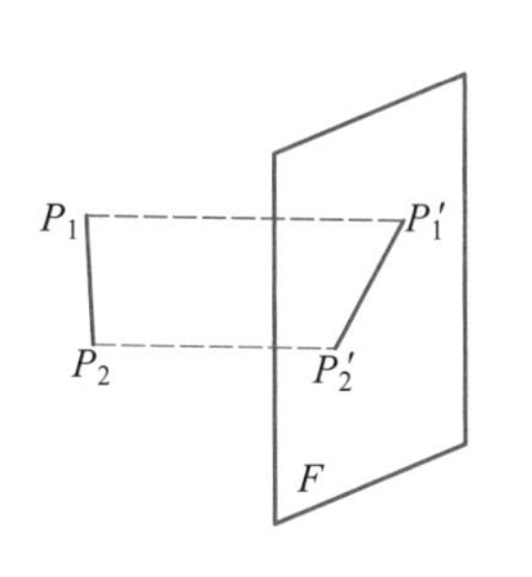

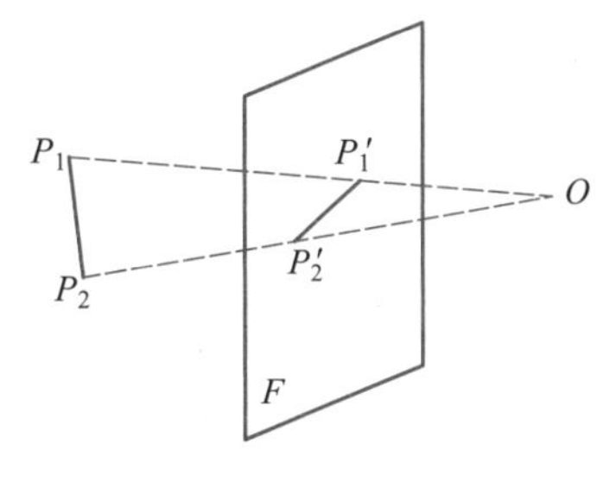

图 3.9 两种基本投影方法

透视投影

在图 3.9 中，F 为投影平面。P_1P_2为三维直线，$P_1'P_2'$是 P_1P_2在 F 上的投影，虚线表示投影线，O 是投影中心。

由平行投影方法表现三维对象的图称为正视图和轴测图。由透视投影方法表现三维对象的图称为透视图。在下面的讨论中，假设投影面与 xOy 面重合，即在投影面上 $z=0$。

2. 平行投影变换

按照标准线与投影面是否垂直，平行投影分为正交平行投影（orthographic paralel projection）和斜交平行投影两类。使用较多的是正交平行投影的投影线与投影平面垂直。由于已经将世界坐标系中的物体经过观察变换变到了观察坐标系中，因此可以假设投影方向与 z 轴平行，正交投影的目的就是将一个三维点(x,y,z)投影到平面 xOy 上，得到一个二维点(x_p,y_p)。投影点(x_p,y_p)的计算非常简单：

$$x_p=x,y_p=y,z_p=0$$

同样地，也可以将三维物体正交平行投影于 xOz 和 yOz 平面上，分别获得平视图与侧视图。设计中常用正交平行投影来产生三视图，称为正视图。它们具有 x、y 方向易于测量的特点，因此作为主要的工程施工图纸。

3. 透视投影变换

在讨论透视投影变换时，假设使用的是右手观察坐标系，如图 3.10 所示，投影中心设在 z 轴的正轴上，到位于投影平面的距离为 d。要求被投影点(x,y,z)在投影面上的投影(x_p,y_p)可采用相似三角形得到它们间的关系：

$$\frac{x}{x_p}=\frac{y}{y_p}=\frac{d-z}{d}$$

由于 x,y,z,d 都已知，即可求出 x_p 和 y_p。

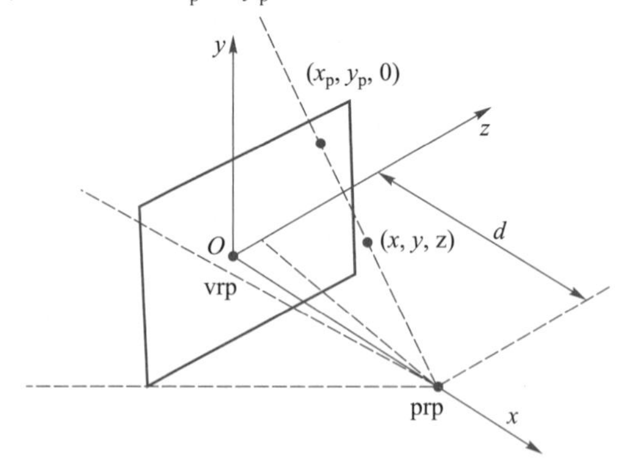

图 3.10 透视投影

如果将点用齐次坐标表示，则透视投影变换可表达为下述公式：

$$(\text{newx}, \text{newy}, \text{newz}, \text{w}) = (x,y,z,1)\begin{bmatrix}1 & 0 & 0 & 0\\0 & 1 & 0 & 0\\0 & 0 & 0 & -1/d\\0 & 0 & 0 & 1\end{bmatrix}$$

3.2.4 窗口视区变换

通过投影变换可以将三维图形变换成投影面上的二维图形。要在显示设备（如计算机屏幕）上显示该图形，还需要将图形变换到设备坐标系。不同的显示设备往往具有不同的分辨率，人们希望显示图形的应用程序能适用于不同的显示设备。由于无法预知用户使用怎样的显示设备，也无法穷尽各种显示设备，因此人们提出了规格化设备坐标系（normalized device coordinate，NDC，也称标准设备坐标系）的概念，规格化设备坐标系定义 x 方向和 y 方向的变化范围均为 0~1。应用程序只需将投影面上的二维图形映射到规格化设备坐标系，而规格化设备坐标系到最终设备坐标系的变换则将由设备供应商提供的设备驱动程序完成。因此下面只需解决投影面上的图形到规格化设备坐标系的变换问题。

由于真正需要显示的图形往往是某一区域内的物体，一般在三维空间中指定一个长方体（正投影时）或四棱台（透视投影时）区域，只显示区域内的图形，这块显示区域投影到投影面上是一个矩形，因此要将投影面上的一个矩形（称为窗口）变换到规格化设备坐标系中的一个矩形（称为视区）。这个从窗口到视区的变换称为窗口视区变换（图 3.11），有时也称为规格化变换（normalization transformation）或标准化变换。

设 X_{w-min}、X_{w-max}、Y_{w-min}、Y_{w-max} 分别为窗口沿 x 方向和 y 方向的最小值和最大值；X_{v-min}、X_{v-max}、Y_{v-min}、Y_{v-max} 分别为视区沿 x 方向和 y 方向的最小值和最大值。

设(x_w,y_w)是窗口中任意一点，(x_v,y_v)是视区中与其对应的一点，则有如下关系成立：

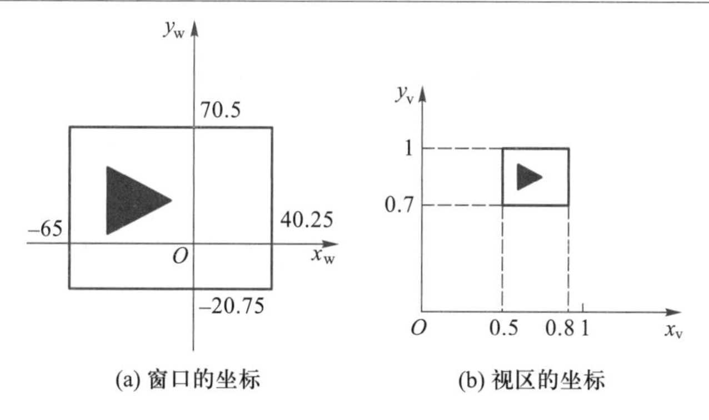

(a) 窗口的坐标　　(b) 视区的坐标

图 3.11　从窗口到视区的变换

$$\frac{x_w - X_{w-min}}{X_{w-max} - X_{w-min}} = \frac{x_v - X_{v-min}}{X_{v-max} - X_{v-min}}$$

$$\frac{y_w - Y_{w-min}}{Y_{w-max} - Y_{w-min}} = \frac{y_v - Y_{v-min}}{Y_{v-max} - Y_{v-min}}$$

将上述两式化简，得

$$x_v = S_x(x_w - X_{w-min}) + X_{v-min}, y_v = S_y(y_w - Y_{w-min}) + Y_{v-min}$$

其中

$$S_x = \frac{X_{v-max} - X_{v-min}}{X_{w-max} - X_{w-min}}$$

$$S_y = \frac{Y_{v-max} - Y_{v-min}}{Y_{w-max} - Y_{w-min}}$$

因此，窗口视区变换可表示为下述平移变比再平移的复合变换。

$$T_n = T(-X_{w-min}, -Y_{w-min}) \cdot S(S_x, S_y) \cdot T(X_{v-min}, Y_{v-min})$$

总结上述过程，要将三维图元输出到图形设备上，必须通过以下步骤。

① 定义一个视域坐标系统 VCS，为此须指定如下数据：

VCS 坐标原点：也称 view reference point。

VCS 的 z 轴方向：也称 view plane normal。

VCS 的 y 轴方向：也称 view up vector。

② 视域变换：将投影物体的世界坐标变换为视域坐标。

在完成前两个步骤之后，投影便可进行。然后，从二维视域坐标转换为规格化坐标，便可在屏幕上显示了。后两个步骤如下。

③ 选择平行投影或透视投影进行投影变换。使得 VCS 的三维对象变为 yOx 平面中的二维对象。

④ 在 VCS 的 yOx 平面中取一个窗口，并定义规格化设备坐标系中相应的视区，进行窗口

视区变换。

上述4步构成三维图元输出的全过程，它是3个坐标系统——世界坐标系、观察坐标系、标准设备坐标系的依次递变过程（图3.12）。

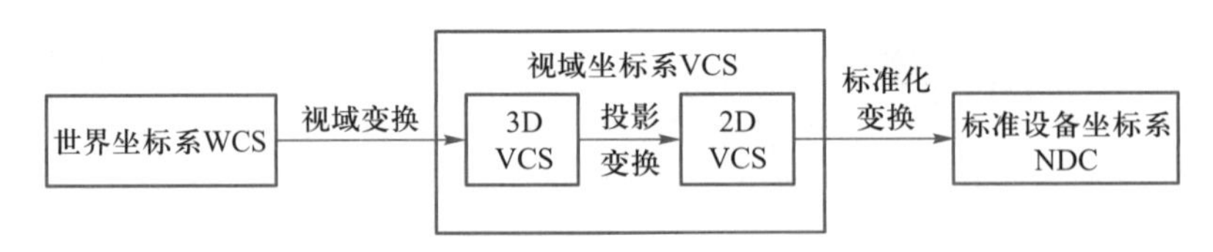

图3.12 三维坐标变换全过程

3.3 OpenGL中的变换

如前所述，引入齐次坐标后，一个三维点可表示为一个四维向量，三维空间中的一个变换可表示为4×4的矩阵。在本书中，一个三维点用行向量(x,y,z,w)表示，几何变换时通过右乘变换矩阵$\boldsymbol{M}$实现。在有些计算机图形学书中，三维点用列向量$(x,y,z,w)^{\mathrm{T}}$表示，则变换后的点为$\boldsymbol{M}^{\mathrm{T}}(x,y,z,w)$。然而在程序中，无论是用数组还是结构来表示三维点，都无法反映出其是列向量还是行向量。因此使用图形API时，首先要弄清其采用的是哪套表达方法。OpenGL采用列向量表示三维点的方式，一个三维变换通过左乘4×4的变换矩阵实现。OpenGL使用一维数组m[ ]表示变换矩阵，矩阵中的4×4共16个分量如下排列：

$$\begin{pmatrix} m[0] & m[4] & m[8] & m[12] \\ m[1] & m[5] & m[9] & m[13] \\ m[2] & m[6] & m[10] & m[14] \\ m[3] & m[7] & m[11] & m[15] \end{pmatrix}$$

为了方便地实现对所做变换历史的管理，OpenGL采用堆栈存储变换矩阵。OpenGL维护了三个堆栈，通过调用glMatrixMode(mode)函数指定后续的矩阵操作针对哪个堆栈。其参数mode=(GL_MODELVIEW | GL_PROJECTION | GL_TEXTURE)分别对应几何与观察变换、投影变换和纹理映射。如glMatrixMode(GL_MODELVIEW)表示后续的矩阵操作都是针对MODELVIEW堆栈进行的。每个堆栈的栈顶矩阵就是当前的变换矩阵。

OpenGL提供了下列函数进行变换矩阵的操作，如表3.1所示。

表3.1 OpenGL中与变换矩阵相关的函数

函数名称	函数功能
glMatrixMode(GL_MODELVIEW)	选中ModelView矩阵为后续矩阵操作对象

续表

函数名称	函数功能
glLoadIdentity()	设置当前栈顶矩阵为单位矩阵
glLoadMatrixf(m)	设置当前栈顶矩阵为 m
glMultMatrixf(m)	用 m 左乘栈顶矩阵，并将该结果替换栈顶矩阵
glTranslatef(x,y,z)	构造一个平移向量为(x,y,z)的平移矩阵 m，并调用 glMultMatrix(m)
glScalef(x,y,z)	构造一个三方向的比例因子分别为 x，y，z 的缩放矩阵 m，并调用 glMultMatrix(m)
glRotatef(angle,vx,vy,vz)	构造一个以(vx,vy,vz)为轴、右手系旋转 angle 角的旋转矩阵 m，并调用 glMultMatrix(m)
glPushMatrix()	复制栈顶矩阵并将复制好的矩阵压入堆栈
glPopMatrix()	弹出栈顶矩阵

上述函数针对的是浮点型的输入参数，对输入参数为整型的，只需按 OpenGL 函数的命名规则将函数最后的 f 改为 d 即可，如 glScaled(x,y,z)。

OpenGL 提供 gluLookAt 函数进行观察坐标系的构建，定义如下：

```
gluLookAt(GLdouble eyex, GLdouble eyey, GLdouble eyez,
    GLdouble centerx, GLdouble centery, GLdouble centerz,
GLdouble upx, GLdouble upy, GLdoubpe upz);
```

参数说明：

eyex、eyey、eyez：观察位置。

centerx、centery、centerz：观察目标的中心点。

upx、upy、upz：观察的向上方向。

(eyex,eyey,eyez)即为观察坐标系的原点位置；(eyex-centerx,eyey-centery,eyez-centerz)单位化后即为观察坐标系的 z 轴方向，记为 $\boldsymbol{n}$；(upx,upy,upz)和 $\boldsymbol{n}$ 的叉乘单位化后即为观察坐标系的 x 轴方向，记为 $\boldsymbol{u}$；$\boldsymbol{v}=\boldsymbol{n}\times\boldsymbol{u}$ 即为观察坐标系的 y 轴方向。

OpenGL 用 glOrtho 函数和 glFrustum 函数（或 gluPerspective 函数）来定义正投影和透视投影。

在定义投影参数前，首先需要调用 glMatrixMode(GL_PROJECTION)函数将矩阵堆栈设置为投影堆栈。

glOrtho(GLdouble left,GLdouble right,GLdouble bottom,GLdouble top,GLdouble near,GLdouble far)定义了正投影的一个长方体区域，通过裁剪保留 $x\in[\text{left},\text{right}]$，$y\in[\text{bottom},\text{top}]$，$z\in[\text{near},\text{far}]$长方形内的图形并将其按 z 方向投影。GLU 库中有一个 gluOrtho2D 函数，它和

glOrtho 函数几乎完全相同，除了不需要指定参数 near 和参数 far。这在创建一个 2D 应用时非常方便。

glFrustum(left,right,bottom,top,near,far)定义了透视投影的裁剪区域，相关参数的含义如图 3.13 所示，图中棱台内的图形将被保留。

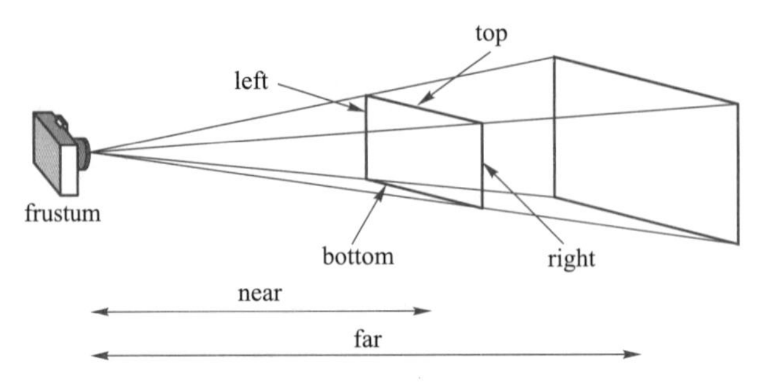

图 3.13 glFrustum 函数定义的透视投影

OpenGL 还提供了另一个更直观地定义透视投影的函数 gluPerspective(GLdouble fovy,GLdouble aspect,GLdouble near,GLdouble far)，如图 3.14 所示。fovy 表示 y 方向的视角，aspect 表示宽度和高度的比，near、far 的含义与 glFrustum 函数中的相同。

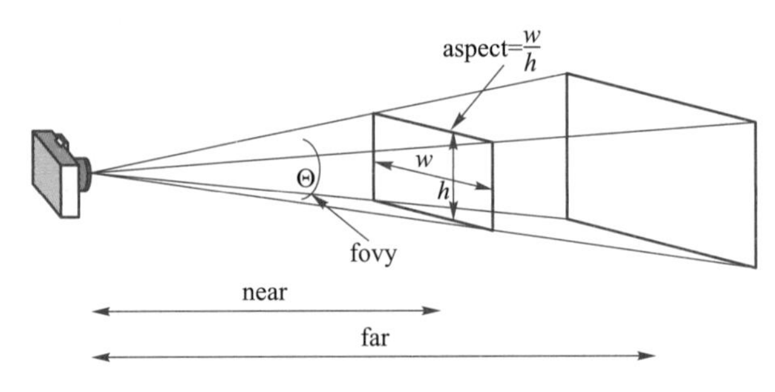

图 3.14 gluPerspective 函数定义的透视投影

OpenGL 提供了 glViewport 函数来定义视区参数。

```
void glViewport(GLint x, GLint y, GLsizei width, GLsizei height)
```

参数说明：

x、y：以像素为单位指定视区的左上角。

width、height：以像素为单位指定视区的高度和宽度。

习　题

1. 试用几种不同顺序的简单几何变换，求出将平面上以 $P_1(x_1, y_1)$、$P_2(x_2, y_2)$ 为端点的直线段变换为 x 轴的变换矩阵，并说明其等效性。

2. 证明二维点相对 x 轴做对称变换，又相对 $y=-x$ 直线做对称变换完全等价于该点相对坐标原点做旋转变换。

3. 分别写出平移、旋转、缩放及其组合的变换矩阵。

4. 如何用几何变换实现坐标系的变换？

5. 写出透视变换矩阵和各种投影（三视图、正轴测和斜投影）变换矩阵。

6. 观察空间有哪些参数？其作用是什么？写出从物体空间坐标系到观察空间坐标系的转换矩阵。

7. 分别写出对于透视投影和平行投影，从裁剪空间到规范化投影空间的转换矩阵。

8. 写出从规范化投影空间到图像空间的转换矩阵。

9. 写出三维图形几何变换矩阵的一般表达形式，并说明其中各个子矩阵的变换功能。

10. 对二维齐次坐标下的线性变换矩阵 $\boldsymbol{M}$，写出平移、旋转（绕原点）、比例（即变比）和错切情况下的变换矩阵形式，并描述将以 $P(x_1, y_1)$、$Q(x_2, y_2)$ 为端点的直线段变换成与 x 轴重合的矩阵变换形式。

第4章 曲线曲面

4.1 曲线和曲面的表示

有一空间点 A，从原点 O 到点 A 的连线 OA 表示一个矢量，此矢量称为位置矢量。

空间一点的位置矢量有3个坐标分量，而空间曲线是空间动点运动的轨迹，也就是空间矢量端点运动形成的矢端曲线，其矢量方程为

$$\boldsymbol{C}=\boldsymbol{C}(u)=[x(u),y(u),z(u)]$$

此式也称为单参数 u 的矢函数。它的参数方程为

$$\begin{cases}x=x(u)\\y=y(u)\\z=z(u)\end{cases}\quad u\in[u_0,u_n]$$

1. 曲线的矢函数求导

与数量函数的求导一样，矢函数也可以求导。设当参数 u 变为 $u+\Delta u$ 时，矢函数 $\boldsymbol{C}(u)$ 对应的位置由 OM 变为 OM_1，线段 MM_1 对应的矢量差为

$$\Delta\boldsymbol{C}(u)=\boldsymbol{C}(u+\Delta u)-\boldsymbol{C}(u)$$

其变化率为

$$\frac{\Delta\boldsymbol{C}(u)}{\Delta u}=\frac{\boldsymbol{C}(u+\Delta u)-\boldsymbol{C}(u)}{\Delta u}$$

当 $\Delta u\to 0$ 时，这个矢量的极限叫作 $\boldsymbol{C}(u)$ 的一阶导矢，记为 $\boldsymbol{C}'(u)$ 或 $\mathrm{d}\boldsymbol{C}(u)/\mathrm{d}u$：

$$\boldsymbol{C}'(u)=\lim_{\Delta u\to 0}\frac{\Delta\boldsymbol{C}(u)}{\Delta u}=\frac{\mathrm{d}\boldsymbol{C}(u)}{\mathrm{d}u}$$

又设 $r(u)=[x(u),y(u),z(u)]$，因为

$$\frac{\boldsymbol{C}(u+\Delta u)-\boldsymbol{C}(u)}{\Delta u}=\left[\frac{x(u+\Delta u)-x(u)}{\Delta u},\frac{y(u+\Delta u)-y(u)}{\Delta u},\frac{z(u+\Delta u)-z(u)}{\Delta u}\right]$$

所以 $\boldsymbol{C}'(u)=[x'(u),y'(u),z'(u)]$ 矢函数的导矢也是一个矢函数，因此也有方向和模。矢量 $[\boldsymbol{C}(u+\Delta u)-\boldsymbol{C}(u)]/\Delta u$ 的方向平行于割线 MM_1；当 $\Delta u\to 0$ 时，$\Delta\boldsymbol{C}(u)/\Delta u$ 就转变为 $M(u)$ 点的切线矢量，故又称导矢为切矢。

2. 曲线的自然参数方程

设在空间曲线 $\boldsymbol{C}(u)$ 上任取一点 $M_0(x_0,y_0,z_0)$ 作为计算弧长的初始点，曲线上其他点 $M(x,y,z)$ 到 M_0 之间的弧长 s 是可以计算的（如用弧长积分公式或累计弦长公式），这样，曲线上每个点的位置与它的弧长之间有一一对应关系。以曲线弧长作为曲线方程的参数，这样的方程称为曲线的自然参数方程，弧长则称为自然参数：

$$\boldsymbol{C}=\boldsymbol{C}(s)=[x(s),y(s),z(s)]$$

弧长微分公式为

$$(\mathrm{d}s)^2=(\mathrm{d}x)^2+(\mathrm{d}y)^2+(\mathrm{d}z)^2$$

引入参数 u，上式可改写为

$$(\mathrm{d}s/\mathrm{d}u)^2=(\mathrm{d}x/\mathrm{d}u)^2+(\mathrm{d}y/\mathrm{d}u)^2+(\mathrm{d}z/\mathrm{d}u)^2$$

鉴于矢量的模一定非负，可得

$$\frac{\mathrm{d}s}{\mathrm{d}u}=|\boldsymbol{C}'(u)|$$

3. 曲线的法矢量

设空间曲线的自然参数方程为 $\boldsymbol{C}=\boldsymbol{C}(s)$，曲线的切矢为单位矢量，记为

$$\boldsymbol{T}(s)=\dot{\boldsymbol{C}}(s)$$

因为$(\boldsymbol{T}(s))^2=1$，对左式求导，得到

$$2\boldsymbol{T}(s)\cdot\dot{\boldsymbol{T}}(s)=0$$

说明 $\boldsymbol{T}(s)$ 与$\dot{\boldsymbol{T}}(s)$垂直，鉴于$\dot{\boldsymbol{T}}(s)$不是单位矢量，可以认为

$$\dot{\boldsymbol{T}}(s)=k(s)\cdot\boldsymbol{N}(s)$$

单位矢量 $\boldsymbol{N}(s)$ 定义为曲线的主法线单位矢量，简称为主法矢。主法矢 $\boldsymbol{N}(s)$ 总是指向曲线凹入的方向。$k(s)$ 是一标量系数，称为曲线的曲率，而矢量$\ddot{\boldsymbol{C}}(s)=\dot{\boldsymbol{T}}(s)$称为曲率矢量，其模就是该曲线的曲率，有

$$|\ddot{\boldsymbol{C}}(s)|=k(s)$$

记 $\rho(s)=1/k(s)$，$\rho(s)$ 称为曲率半径。

令垂直于 T 和 N 的单位矢量为 B，称此矢量为法线单位矢量或副法线单位矢量，有

$$\boldsymbol{B}(s)=\boldsymbol{T}(s)\times\boldsymbol{N}(s)$$

由切线和主法线所确定的平面称为密切平面，由主法线和副法线组成的平面称为法平面，由切线和副法线构成的平面称为从切面。

4. 曲面的切矢和法矢

空间曲面采用双参数表示，即

$$\boldsymbol{S}=\boldsymbol{S}(u,v)=[x(u,v),y(u,v),z(u,v)]$$

当 u 为常数时，上式变成单参数 v 的矢函数，它是曲面上的空间曲线，称为 v 线；当 v 为常数

时，上式变成单参数 u 的矢函数，它是曲面上的空间曲线，称为 u 线。

将矢函数 $\boldsymbol{S}(u,v)$ 对 u 求导，得切矢

$$\frac{\partial \boldsymbol{S}}{\partial u}=\lim_{\Delta u\to 0}\frac{\boldsymbol{S}(u+\Delta u)-\boldsymbol{S}(u)}{\Delta u}=[x_u(u,v),y_u(u,v),z_u(u,v)]$$

切矢的方向指向参数 u 增长的方向。

同样，将矢函数 $\boldsymbol{S}(u,v)$ 对 v 求导，得切矢

$$\frac{\partial \boldsymbol{S}}{\partial v}=\lim_{\Delta v\to 0}\frac{\boldsymbol{S}(v+\Delta v)-\boldsymbol{S}(v)}{\Delta v}=[x_v(u,v),y_v(u,v),z_v(u,v)]$$

切矢的方向指向参数 v 增长的方向。

经过曲面上某一点 $M(u,v)$ 处的切平面的法矢量为

$$\boldsymbol{N}=\boldsymbol{S}_u(u,v)\times\boldsymbol{S}_v(u,v)=\begin{vmatrix} i & j & k \\ x_u & y_u & z_u \\ x_v & y_v & z_v \end{vmatrix}$$

5. 参数表示的优点

参数表示具有以下优点。

① 有更大的自由度来控制曲线曲面的形状。

② 可对参数曲线曲面的方程直接进行几何变换，而不需要对曲线曲面的每个数据点进行几何变换。

③ 可以处理斜率无穷大的情况。

④ 代数、几何相关和无关的变量是完全分离的，变量个数不限，便于将低维空间中的曲线曲面扩展到高维空间中。

⑤ 便于采用规格化的参数变量 $t\in[0,1]$。

例如，区间 $[a,b]$ 可由区间 $[0,1]$ 通过仿射变换得到。

若 $t\in[0,1]$，$u\in[a,b]$，仿射变换关系为

$$t=(u-a)/(b-a)$$

直线上的插值点可以用以下两式表示：

$$x(t)=(1-t)a+tb$$

$$x(u)=\frac{b-u}{b-a}a+\frac{u-a}{b-a}b$$

⑥ 易于用矢量和矩阵表示几何分量，简化计算。

6. 插值、逼近和拟合

型值点　指通过测量或计算得到的曲线或曲面上少量描述其几何形状的数据点。

控制点　指用来控制或调整曲线曲面形状的特殊点，曲线曲面本身不一定通过控制点。

插值和逼近　这是曲线曲面设计中的两种不同方法。插值设计方法要求建立的曲线曲面数学模型严格通过已知的每一个型值点。而逼近设计方法建立的曲线曲面数学模型只是近似地接近已知的型值点。

拟合　指在曲线曲面的设计过程中，用插值或逼近的方法使生成的曲线曲面达到某些设计要求。

7. 曲线段间的连续性定义

连续性的定义如下：

C^0 连续（0 阶参数连续）：前一段曲线的终点与后一段曲线的起点相同。

C^1 连续（一阶参数连续）：两相邻曲线段的连接点处有相同的一阶导数。

C^2 连续（二阶参数连续）：两相邻曲线段的连接点处有相同的一阶导数和二阶导数。

对于参数曲线段 $\boldsymbol{C}_1(u), \boldsymbol{C}_2(u), u \in [0,1]$，有以下结论。

① 若 $\boldsymbol{C}_1(1)=\boldsymbol{C}_2(0)=P$，则 $\boldsymbol{C}_1(u)$、$\boldsymbol{C}_2(u)$ 在 P 处具有 C^0、G^0 连续。

② 若 $\boldsymbol{C}_1(1)$、$\boldsymbol{C}_2(0)$ 在 P 点处重合，且在 P 点处的切矢量方向相同，大小不相等，则 $\boldsymbol{C}_1(u)$、$\boldsymbol{C}_2(u)$ 在 P 点处具有 G^1 连续。

③ 若 $\boldsymbol{C}_1(1)$、$\boldsymbol{C}_2(0)$ 在 P 点处重合，且在 P 点处的切矢量方向相同，大小相等，则 $\boldsymbol{C}_1(u)$、$\boldsymbol{C}_2(u)$ 在 P 点处具有 C^1 连续。

④ 若 $\boldsymbol{C}_1(u)$、$\boldsymbol{C}_2(u)$ 在 P 点处已有 C^0、C^1 连续性，且 $\boldsymbol{C}_1''(1)$、$\boldsymbol{C}_2''(0)$ 的大小和方向均相同，则 $\boldsymbol{C}_1(u)$、$\boldsymbol{C}_2(u)$ 在 P 点处具有 C^2 连续。

⑤ 若 $\boldsymbol{C}_1(u)$、$\boldsymbol{C}_2(u)$ 在 P 点处已有 C^0、C^1 连续性，且 $\boldsymbol{C}_1''(1)$、$\boldsymbol{C}_2''(0)$ 的方向相同，大小不相等，则 $\boldsymbol{C}_1(u)$、$\boldsymbol{C}_2(u)$ 在 P 点处具有 G^2 连续。

4.2　Bézier 曲线曲面

4.2.1　Bézier 曲线

1. Bézier 曲线的定义

给定空间中的 $n+1$ 个点 $P_0, P_1, \cdots, P_n$，称下列参数曲线为 n 次的 Bézier 曲线：

$$\boldsymbol{C}(u) = \sum_{i=0}^{n} P_i B_{i,n}(u) \quad 0 \leqslant u \leqslant 1$$

其中，$B_{i,n}(u)$ 是 Bernstein 基函数，即

$$B_{i,n}(u) = C_n^i u^i (1-u)^{n-i} \quad C_n^i = \frac{n!}{i!(n-i)!}$$

一般称折线 $P_0, P_1, \cdots, P_n$ 为 $\boldsymbol{C}(u)$ 的控制多边形，称 $P_0, P_1, \cdots, P_n$ 各点为 $\boldsymbol{C}(u)$ 的控制顶点。控

制多边形是 $\boldsymbol{C}(u)$ 的大致形状的勾画，$\boldsymbol{C}(u)$ 是对 $P_0,P_1,\cdots,P_n$ 的逼近。

Bézier 曲线如图 4.1 所示。

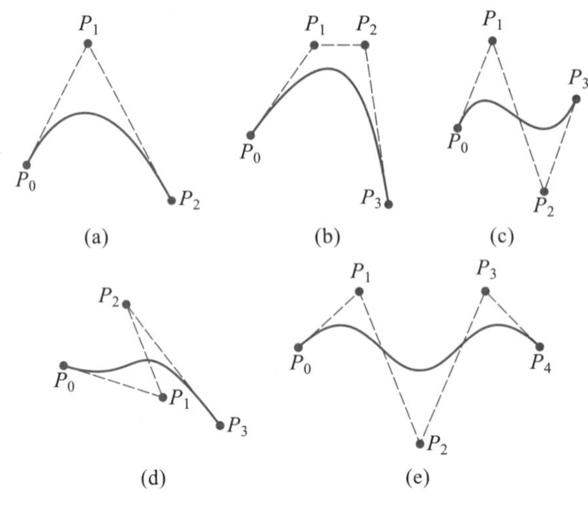

图 4.1 Bézier 曲线

Bernstein 基函数具有下列性质：

(1) 非负性

对于所有的 i，n 以及 $0\leqslant u\leqslant 1$，均有 $B_{i,n}\geqslant 0$ 成立，且

$$B_{i,n}(0)=B_{i,n}(1)=0$$

(2) 规范性

$$\sum_{i=0}^{n} B_{i,n}(u) \equiv 1,\quad 0\leqslant u\leqslant 1$$

(3) 对称性

$$B_{i,n}(u)=B_{n-i,n}(1-u),\quad i=0,1,\cdots,n$$

(4) 递推性

$$B_{i,n}(u)=(1-u)B_{i,n-1}(u)+uB_{i-1,n-1}(u),\quad i=0,1,\cdots,n$$

(5) 端点性

$$B_{i,n}(0)=\begin{cases}1, & i=0\\ 0, & \text{其他}\end{cases}$$

$$B_{i,n}(1)=\begin{cases}1, & i=n\\ 0, & \text{其他}\end{cases}$$

(6) 最大性

$B_{i,n}(u)$ 在 $u=i/n$ 处达到最大值。

(7) 可导性

$$B'_{i,n}(u)=n[B_{i-1,n-1}(u)-B_{i,n-1}(u)],\quad i=0,1,\cdots,n$$

（8）升阶公式

$$(1-u)B_{i,n}(u)=\left(1-\frac{i}{n+1}\right)B_{i,n+1}(u)$$

$$uB_{i,n}(u)=\frac{i+1}{n+1}B_{i+1,n+1}(u)$$

$$B_{i,n}(u)=\left(1-\frac{i}{n+1}\right)B_{i,n+1}(u)+\frac{i+1}{n+1}B_{i+1,n+1}(u)$$

（9）分割性

$$B_{i,n}(cu)=\sum_{j=0}^{n}B_{i,j}(c)B_{j,n}(u)$$

（10）积分性

$$\int_0^1 B_{i,n}(u)\,\mathrm{d}u=\frac{1}{n+1}$$

2. Bézier 曲线的性质

Bézier 曲线 $\boldsymbol{C}(u)$ 具有以下性质。

（1）端点性质

$$\boldsymbol{C}(0)=P_0,\quad \boldsymbol{C}(1)=P_n$$

（2）端点切矢量

$$\boldsymbol{C}'(u)=n\sum_{i=0}^{n-1}B_{i,n-1}(u)(P_{i+1}-P_i)$$

$$\boldsymbol{C}'(0)=n(P_1-P_0),\quad \boldsymbol{C}'(1)=n(P_n-P_{n-1})$$

Bézier 曲线在 P_0 点处与边 P_1P_0 相切，在 P_n 点处与边 $P_{n-1}P_n$ 相切。

（3）端点的曲率 $\boldsymbol{C}(u)$ 在两端点的曲率分别为

$$K(0)=\frac{n-1}{n}\frac{|P_0P_1\times P_1P_2|}{|P_0P_1|^3}$$

$$K(1)=\frac{n-1}{n}\frac{|P_{n-2}P_{n-1}\times P_{n-1}P_n|}{|P_{n-1}P_n|^3}$$

这是因为

$$\boldsymbol{C}''(u)=n(n-1)\sum_{i=0}^{n-2}(P_{i+2}-2P_{i+1}+P_i)B_{i,n-2}(u)$$

$$\boldsymbol{C}''(0)=n(n-1)(P_2-2P_1+P_0)$$

$$\boldsymbol{C}''(1)=n(n-1)(P_n-2P_{n-1}+P_{n-2})$$

（4）对称性

若保持原全部顶点的位置不变，只是把次序颠倒过来，则新的 Bézier 曲线形状不变，但方向相反。

(5) 几何不变性

Bézier 曲线的位置和形状只与特征多边形的顶点位置有关，它不依赖坐标系的选择。移动第 i 个控制顶点 P_i，将对曲线上参数为 $u=i/n$ 的那个点 $\boldsymbol{C}(i/n)$ 产生最大的影响。

(6) 凸包性

因为 $\boldsymbol{C}(u)$ 是多边形各顶点 $P_0,P_1,\cdots,P_n$ 的加权平均，而权因子 $0\leqslant B_{i,n}(u)\leqslant 1$，这反映在几何图形上有以下两重含义。

① Bézier 曲线 $\boldsymbol{C}(u)$ 位于其控制顶点 $P_0,P_1,\cdots,P_n$ 的凸包之内。

② Bézier 曲线 $\boldsymbol{C}(u)$ 随着其控制多边形的变化而变化。

(7) 变差缩减性

对于平面 Bézier 曲线 $\boldsymbol{C}(u)$，平面内任意一条直线与其交点的个数不多于该直线与其控制多边形的交点个数。

3. 常用 Bézier 曲线的矩阵表示

由 Bézier 曲线 $\boldsymbol{C}(u)$ 的定义，可推出常用的一次、二次、三次 Bézier 曲线矩阵表示。

(1) 一次 Bézier 曲线

$$\boldsymbol{C}(u)=(1-u)P_0+uP_1$$

矩阵表示为

$$\boldsymbol{C}(u)=[u,1]\begin{bmatrix}-1 & 1\\ 1 & 0\end{bmatrix}\begin{bmatrix}P_0\\ P_1\end{bmatrix}$$

图 4.2 所示为一条从 P_0 到 P_1 的直线段。

(2) 二次 Bézier 曲线

$$\boldsymbol{C}(u)=(1-u)^2P_0+2u(1-u)P_1+u^2P_2$$

矩阵表示为

$$\boldsymbol{C}(u)=[u^2\quad u\quad 1]\begin{bmatrix}1 & -2 & 1\\ -2 & 2 & 0\\ 1 & 0 & 0\end{bmatrix}\begin{bmatrix}P_0\\ P_1\\ P_2\end{bmatrix}$$

二次 Bézier 曲线如图 4.3 所示。

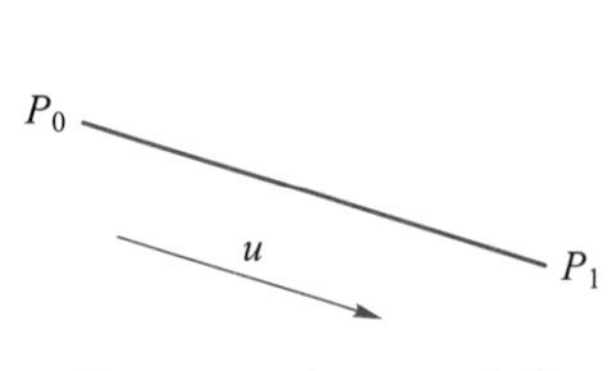

图 4.2 一次 Bézier 曲线

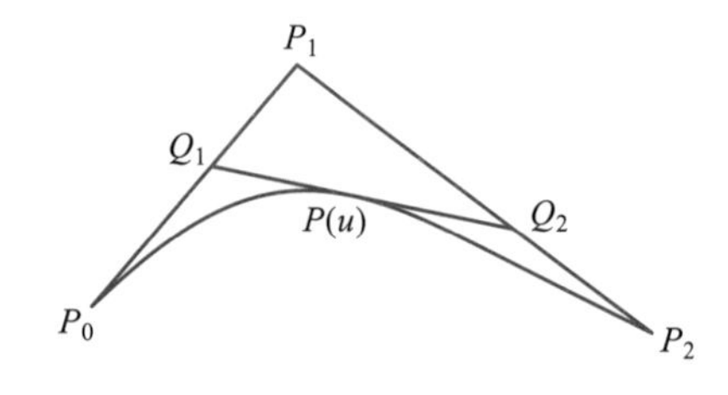

图 4.3 二次 Bézier 曲线

(3) 三次 Bézier 曲线

$$\boldsymbol{C}(u)=(1-u)^3P_0+3u(1-u)^2P_1+3u^2(1-u)P_2+u^3P_3$$

矩阵表示为

$$\boldsymbol{C}(u)=\begin{bmatrix}u^3 & u^2 & u & 1\end{bmatrix}\begin{bmatrix}-1 & 3 & -3 & 1\\ 3 & -6 & 3 & 0\\ -3 & 3 & 0 & 0\\ 1 & 0 & 0 & 0\end{bmatrix}\begin{bmatrix}P_0\\ P_1\\ P_2\\ P_3\end{bmatrix}$$

三次 Bézier 曲线如图 4.4 所示。

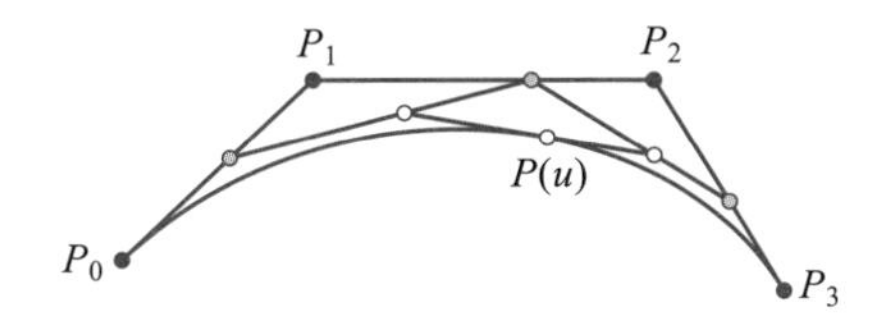

图 4.4　三次 Bézier 曲线

4. Bézier 曲线的 De Casteljau 算法

Bézier 曲线的 De Casteljau 算法

给定三维空间点 $P_0,P_1,\cdots,P_n$ 以及一维标量参数 u，假定

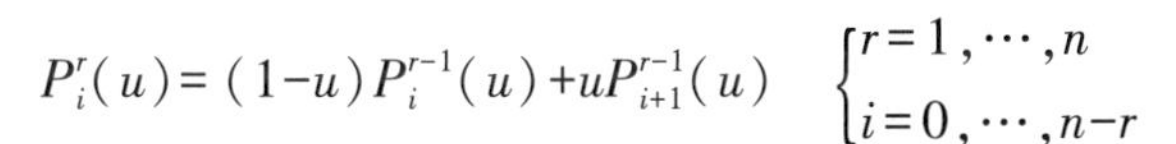

$$P_i^r(u)=(1-u)P_i^{r-1}(u)+uP_{i+1}^{r-1}(u)\qquad \begin{cases}r=1,\cdots,n\\ i=0,\cdots,n-r\end{cases}$$

并且 $P_i^0(u)=P_i$，那么 $P_0^n(u)$ 即为 Bézier 曲线上参数 u 处的点。

De Casteljau 算法如下所示：

```
DeCasteljau (P, n, u, C)
{   /* 利用 DeCasteljau 算法计算 Bézier 曲线上的点 */
    /* Input : P, n, u   */
    /* Output: C (a point)   */
    for(i=0;i<=n;i++)
        Q[i]=P[i];
    for(k=1; k<=n; k++)
        for(i=0; i<=n-k; i++)
            Q[i]=(1.0-u)*Q[i]+u*Q[i+1];
    C=Q[0];
}
```

5. Bézier 曲线的几何作图法

利用 De Casteljau 算法可以以几何方式计算参数值 u 处的曲线点，如图 4.5 所示。步骤如下：

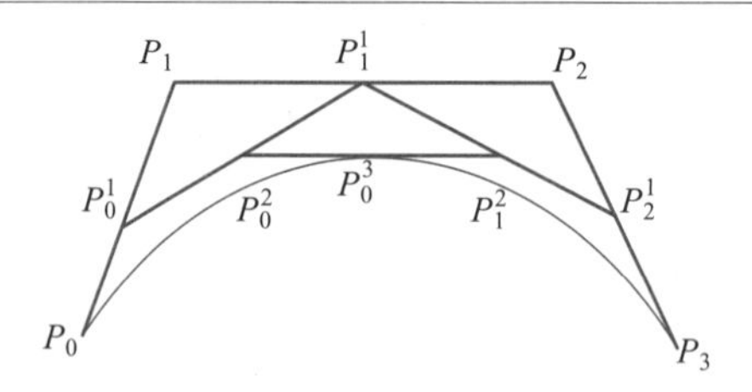

图 4.5 Bézier 曲线的几何作图法

① 根据给定的参数值 u，在控制多边形的每条边上确定某一分割点，使分割后的线段之比为 $u:(1-u)$，由此得分割点为

$$P_i^1=(1-u)P_i+uP_{i+1} \quad i=0,1,2,\cdots,n-1$$

由此组成一个边数为（$n-1$）的新的多边形。

② 用相同的方法对该多边形再次分割，得到分割点 $P_i^2(i=0,1,\cdots,n-2)$，形成另一个新的多边形。

③ 按相同的过程分割 $n-1$ 次后，得到两个顶点 P_0^{n-1}、P_1^{n-1}，再分割得到所求的点 P_0^n 即为所求的 u 处的曲线点。

6. Bézier 曲线的分割

几何作图法中计算得到的 P_0^n 同时也将原 Bézier 曲线分为两个子曲线段，$P_0^0,P_0^1,\cdots,P_0^n$ 就是定义在$[0,u]$上的子曲线段，而 $P_0^n,P_1^{n-1},\cdots,P_n^0$ 是定义在$[u,1]$上的子曲线段。

Bézier 曲线的任意分割是指给定两个参数值 $0\leqslant u_1\leqslant u_2\leqslant 1$，求原 Bézier 曲线 $\boldsymbol{C}(u)(u\in[0,1])$上由两点 $\boldsymbol{C}(u_1)$与 $\boldsymbol{C}(u_2)$所界定的那段子曲线段的控制顶点。步骤如下：

① 先用 $u=u_2$ 对原曲线做一分为二的分割。

② 对 $u\in[0,u_2]$那个子曲线用 $u=u_1/u_2$ 做一分为二的分割，所得子曲线段 $P(u)(u\in[u_1/u_2,1])$就是所求的原 Bézier 曲线的子曲线段 $P(u)(u\in[u_1,u_2])$。

Bézier 曲线的分割如图 4.6 所示。

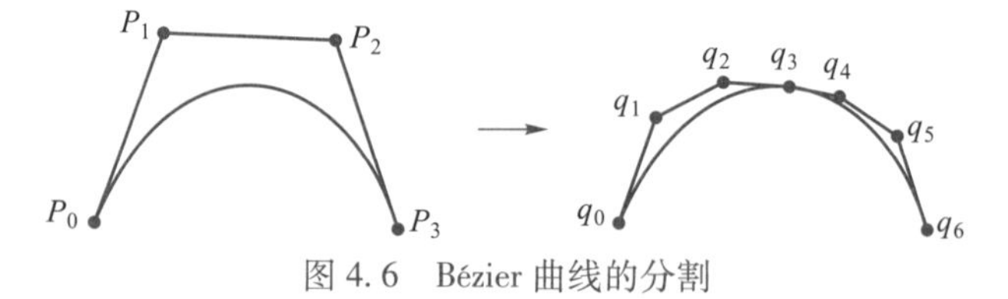

图 4.6 Bézier 曲线的分割

Bézier 曲线的分割

7. Bézier 曲线的升阶

有时为了便于 Bézier 曲线的修改，需要增加控制顶点以提高灵活性，而不改变原来曲线的形状。也就是将 n 次的 Bézier 曲线升级表达为 $n+1$ 次的 Bézier 曲线，即

$$P(u)=\sum_{i=0}^{n}P_iB_{i,n}(u)=\sum_{i=0}^{n+1}P_i'B_{i,n+1}(u)$$

只需将左边乘以$[u+(1-u)]$，然后比较$u^i(1-u)^{n+1-i}$的系数，即可得到

$$P'_i=\frac{i}{n+1}P_{i-1}+\left(1-\frac{i}{n+1}\right)P_i,\quad i=0,1,2,\cdots,n+1$$

Bézier 曲线升阶的几何意义如下。

① 新的控制顶点是对老的特征多边形在参数$i/(n+1)$处进行线性插值的结果。

② 升阶后的新的特征多边形在老的特征多边形的凸包内。

③ 升阶后的新的特征多边形更逼近 Bézier 曲线。

例如，对于二次 Bézier 曲线

$$P(u)=[u^2\quad u\quad 1]\begin{bmatrix}1&-2&1\\-2&2&0\\1&0&0\end{bmatrix}\begin{bmatrix}P_0\\P_1\\P_2\end{bmatrix}$$

升阶后的控制顶点为

$$P'_0=P_0$$

$$P'_1=\frac{1}{3}P_0+\frac{2}{3}P_1$$

$$P'_2=\frac{2}{3}P_1+\frac{1}{3}P_2$$

$$P'_3=P_2$$

Bézier 曲线的升阶

8. Bézier 曲线的顶点反求

已知 Bézier 曲线上给定参数处的位置矢量和参数阶次，利用 Bézier 曲线的定义和端点特性，可列出一组方程，求解方程组，就可得到相应的控制顶点。

例如，已知三次 Bézier 曲线上的 4 个点分别为$Q_0(120,0)$、$Q_1(45,0)$、$Q_2(0,45)$、$Q_3(0,120)$，它们对应的参数分别为 0、1/3、2/3、1，反求三次 Bézier 曲线的控制顶点。由已知条件可得方程组

$$\begin{aligned}Q_0&=P_0 && (u=0)\\Q_1&=(8/27)P_0+(4/9)P_1+(2/9)P_2+(1/27)P_3 && (u=1/3)\\Q_2&=(1/27)P_0+(2/9)P_1+(4/9)P_2+(8/27)P_3 && (u=2/3)\\Q_3&=P_3 && (u=1)\end{aligned}$$

其中，$u=0$ 和 $u=1$ 时的两式是根据 Bézier 曲线的端点性质得到的；其余两式是由三次 Bézier 曲线的展开式

$$\boldsymbol{C}(u)=(1-u)^3P_0+3u(1-u)^2P_1+3u^2(1-u)P_2+u^3P_3$$

得到的。

分别将Q_0、Q_1、Q_2、Q_3的x、y坐标代入方程组求解，可得

$$x_0=120 \quad x_1=35 \quad x_2=-27.5 \quad x_3=0$$
$$y_0=0 \quad y_1=-27.5 \quad y_2=35 \quad y_3=120$$

9. Bézier 曲线的拼接

设有两条 Bézier 曲线 $P(u)$ 和 $Q(w)$，其控制顶点分别为 $P_0,P_1,P_2,\cdots,P_m$ 和 $Q_0,Q_1,Q_2,\cdots,Q_n$，且

$$P(u)=\sum_{i=0}^{m} P_i B_{i,m}(u), u \in [0,1]$$

$$Q(w)=\sum_{j=0}^{n} P_j B_{j,n}(w), w \in [0,1]$$

现考虑两条曲线的拼接，一阶几何连续的条件如下。

根据端矢量条件

$$P'(1)=m(P_m-P_{m-1})$$
$$Q'(0)=n(Q_1-Q_0)$$

其连续条件为

$$P'(1)=\lambda Q'(0)$$

即

$$Q_1=Q_0+\frac{m}{\lambda n}(P_m-P_{m-1})$$

Bézier 曲线的拼接如图 4.7 所示。

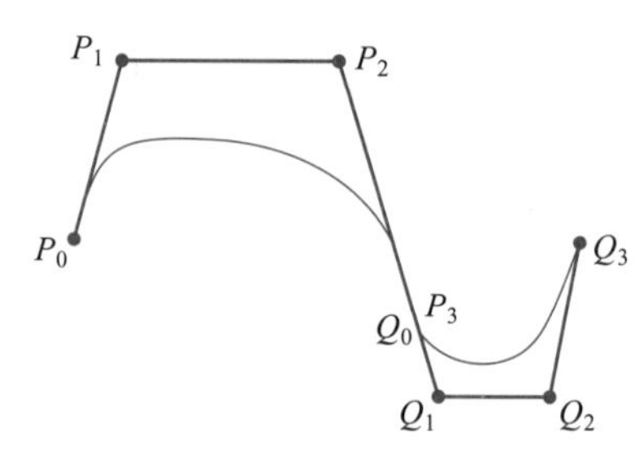

图 4.7 Bézier 曲线的拼接

Bézier 曲线的拼接

10. 有理 Bézier 曲线

有理 Bézier 曲线的定义式为

$$P(u)=\frac{\sum_{i=0}^{n} B_{i,n}(u)\omega_i P_i}{\sum_{i=0}^{n} B_{i,n}(u)\omega_i}=\sum_{i=0}^{n} R_{i,n}(u)P_i$$

与 Bézier 曲线相比，除了可以调节有理 Bézier 曲线的控制顶点外，还可以调节其权因子的大小来改变曲线的形状，因而有理 Bézier 曲线具有更强的造型功能。有理 Bézier 曲线具有如下

性质。

（1）端点性质

$$R(0)=P_0, \quad R(1)=P_n$$

（2）端点切矢量

$$\boldsymbol{R}'(0)=n\frac{\omega_1}{\omega_0}(P_1-P_0), \quad \boldsymbol{R}'(1)=n\frac{\omega_{n-1}}{\omega_n}(P_n-P_{n-1})$$

（3）凸包性质

（4）有理再生性

若控制顶点落在一条直线上，则曲线为直线。

（5）仿射和透视不变性

（6）权因子的作用

当权因子全为零时，曲线与控制顶点无关；当某一权因子增大（减小）时，曲线向相应的控制顶点靠近（远离）；当权因子为无穷大时，该控制顶点即为曲线上的点。

4.2.2 Bézier 曲面

1. 定义

在空间给定$(n+1)\times(m+1)$个点$P_{i,j}(i=0,1,\cdots,n;j=0,1,\cdots,m)$，称下列张量积形式的参数曲面为$n\times m$次的 Bézier 曲面：

$$\boldsymbol{S}(u,v)=\sum_{i=0}^{n}\sum_{j=0}^{m}P_{i,j}B_{i,n}(u)B_{j,m}(v), \quad 0\leqslant u,v\leqslant 1$$

一般称$P_{i,j}$为 Bézier 曲面$\boldsymbol{S}(u,v)$的控制顶点，把由两组多边形$P_{i,0}P_{i,1}\cdots P_{i,m}(i=0,1,\cdots,n)$和$P_{0,j}P_{1,j}\cdots P_{n,j}(j=0,1,2,\cdots,m)$组成的网称为 Bézier 曲面$\boldsymbol{S}(u,v)$的控制网格，记为$\{P_{i,j}\}$。控制网格$\{P_{i,j}\}$是$\boldsymbol{S}(u,v)$的大致形状勾画，$\boldsymbol{S}(u,v)$是对$\{P_{i,j}\}$的逼近。

Bézier 曲面如图 4.8 所示。

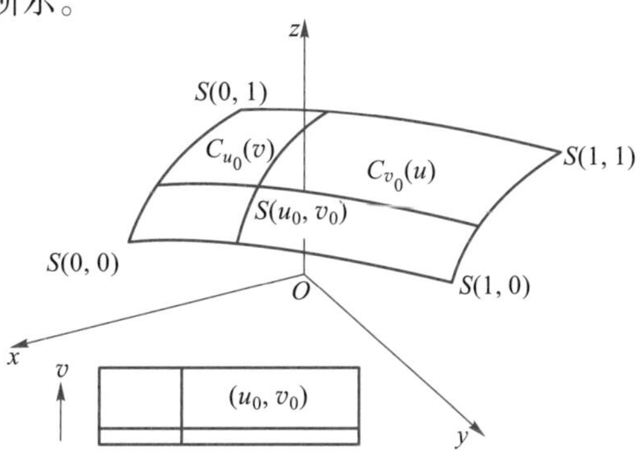

图 4.8　Bézier 曲面

2. 性质

Bézier 曲面 $\boldsymbol{S}(u,v)$ 具有以下性质。

(1) 端点位置

4 个端点分别是 $P_{0,0}$、$P_{0,m}$、$P_{n,0}$、$P_{n,m}$，这是因为

$$P_{0,0}=\boldsymbol{S}(0,0),P_{0,m}=\boldsymbol{S}(0,1)$$

$$P_{n,0}=\boldsymbol{S}(1,0),P_{n,m}=\boldsymbol{S}(1,1)$$

(2) 边界曲线

$\boldsymbol{S}(u,v)$ 的 4 条边界线 $\boldsymbol{S}(0,v)$、$\boldsymbol{S}(u,0)$、$\boldsymbol{S}(1,v)$、$\boldsymbol{S}(u,1)$ 分别是以 $P_{0,0}P_{0,1}P_{0,2}\cdots P_{0,m}$、$P_{0,0}P_{1,0}P_{2,0}\cdots P_{n,0}$、$P_{n,0}P_{n,1}P_{n,2}\cdots P_{n,m}$、$P_{0,m}P_{1,m}P_{2,m}\cdots P_{n,m}$ 为控制多边形的 Bézier 曲线。

(3) 端点的切平面

三角形 $P_{0,0}P_{1,0}P_{0,1}$、$P_{0,m}P_{1,m}P_{0,m-1}$、$P_{n,m}P_{n-1,m}P_{n,m-1}$ 和 $P_{n,0}P_{n-1,0}P_{n,1}$ 所在的平面分别在点 $P_{0,0}$、$P_{0,m}$、$P_{n,m}$、$P_{n,0}$ 处与曲面 $\boldsymbol{S}(u,v)$ 相切。

(4) 端点法线方向

由端点的切平面知 $P_{0,0}P_{0,1}\times P_{0,0}P_{1,0}$ 是 $\boldsymbol{S}(u,v)$ 在点 $P_{0,0}$ 的法线方向；其余各端点 $P_{0,m}$、$P_{n,m}$、$P_{n,0}$ 的法线方向情况与此类似。

(5) 凸包性

曲面 $\boldsymbol{S}(u,v)$ 位于其控制顶点 $P_{i,j}(i=0,1,\cdots,n;j=0,1,\cdots,m)$ 的凸包之内。

(6) 几何不变性

曲面 $\boldsymbol{S}(u,v)$ 的形状和位置与坐标系的选取无关，仅仅与各控制顶点的位置有关。

(7) 变差递减性

对于 Bézier 曲面，空间任意一条直线与其交点的个数不多于该直线与其控制多边形的交点个数。

3. Bézier 曲面的 De Casteljau 算法

假定已知 $(n+1)\times(m+1)$ 个点 $P_{i,j}(i=0,1,\cdots,n;j=0,1,\cdots,m)$ 构成的 Bézier 曲面 $\boldsymbol{S}(u,v)$ 以及参数 (u_0,v_0)，下面的 De Casteljau 算法可计算出相应的曲面上的点坐标。

首先对确定的 j_0 计算 $Q_{j_0}(u_0)=\sum\limits_{i=0}^{n}B_{i,n}(u_0)P_{i,j_0}$，也就是说利用 De Casteljau 算法计算控制顶点的第 j_0 行 $\{P_{i,j_0}\}(i=0,\cdots,n)$，利用 $(m+1)$ 次 De Casteljau 算法计算 $\boldsymbol{C}_{u_0}(v)$，再次对 $\boldsymbol{C}_{u_0}(v)$ 计算 $v=v_0$ 的值得到 $\boldsymbol{C}_{u_0}(v_0)=S(u_0,v_0)$。同样也可以先计算 $\boldsymbol{C}_{v_0}(u)$，然后再计算 $\boldsymbol{C}_{v_0}(u_0)=\boldsymbol{S}(u_0,v_0)$。一般情况下，若 $n>m$，则先计算 $\boldsymbol{C}_{v_0}(u)$，再计算 $\boldsymbol{C}_{v_0}(u_0)$；否则先计算 $\boldsymbol{C}_{u_0}(v)$，再计算 $\boldsymbol{C}_{u_0}(v_0)$。

Bézier 曲面的 De Casteljau 算法如下：

```
DeCasteljauSurf(P, n, m, u, v, S)
{    /* 计算 Bézier 曲面上的点 */
    /* Input:  P, n, m, u, v   */
    /* Output:  S   */
    if(n<=m)
    {
       for(j=0;j<=m;j++)
          DeCasteljau(P[j][], n, u, Q[j]);
       DeCasteljau(Q, m, v, S);
    }
    else {
       for(i=0;i<=n;i++)
          DeCasteljau(P[][i], m, v, Q[i]);
       DeCasteljau(Q, n, u, S);
    }
}
```

4. Bézier 曲面的微分

$n\times m$ 阶 Bézier 曲面 $\boldsymbol{S}(u,v)$ 的偏微分为：

$$\frac{\partial}{\partial u}\boldsymbol{S}(u,v)=\frac{\partial}{\partial u}\sum_{i=0}^{n}\sum_{j=0}^{m}P_{i,j}B_{i,n}(u)B_{j,m}(v)=n\sum_{i=0}^{n-1}\sum_{j=0}^{m}(P_{i+1,j}-P_{i,j})B_{i,n-1}(u)B_{j,m}(v)$$

$$\frac{\partial}{\partial v}\boldsymbol{S}(u,v)=\frac{\partial}{\partial v}\sum_{i=0}^{n}\sum_{j=0}^{m}P_{i,j}B_{i,n}(u)B_{j,m}(v)=m\sum_{i=0}^{n}\sum_{j=0}^{m-1}(P_{i,j+1}-P_{i,j})B_{i,n}(u)B_{j,m-1}(v)$$

5. Bézier 曲面的法矢量

Bézier 曲面的法矢量等于两个偏微分的叉积。

6. Bézier 曲面的升阶

假设将 $n\times m$ 阶的 Bézier 曲面升阶为 $n\times(m+1)$，则

$$\boldsymbol{S}(u,v)=\sum_{i=0}^{n}\sum_{j=0}^{m}P_{i,j}B_{i,n}(u)B_{j,m}(v)=\sum_{i=0}^{n}\sum_{j=0}^{m+1}P_{i,j}^{(0,1)}B_{i,n}(u)B_{j,m+1}(v)$$

采用与 Bézier 曲线升阶类似的处理方法，得到

$$P_{i,j}^{(0,1)}=\left(1-\frac{j}{m+1}\right)P_{i,j}+\frac{j}{m+1}P_{i,j-1},\quad i=0,1,\cdots n,j=0,1,\cdots,m+1$$

若升阶为 $(n+1)\times(m+1)$，则

$$P_{i,j}^{(1,1)}=\begin{bmatrix}\frac{i}{n+1} & 1-\frac{i}{n+1}\end{bmatrix}\begin{bmatrix}P_{i-1,j-1} & P_{i-1,j}\\ P_{i,j-1} & P_{i,j}\end{bmatrix}\begin{bmatrix}\frac{j}{m+1}\\ 1-\frac{j}{m+1}\end{bmatrix},i=0,1,\cdots,n+1,j=0,1,\cdots,m+1$$

7. Bézier 曲面的几种表达形式

（1）双一次 Bézier 曲面

$$S(u,v)=(1-u)(1-v)P_{0,0}+(1-u)vP_{0,1}+u(1-v)P_{1,0}+uvP_{1,1}$$

这是一个双曲抛物面（马鞍面）。

（2）双二次 Bézier 曲面

$$S(u,v)=\sum_{i=0}^{2}\sum_{j=0}^{2}P_{i,j}B_{i,2}(u)B_{j,2}(v)$$

该曲面的 4 条边界是抛物线。

（3）双三次 Bézier 曲面

$$S(u,v)=\sum_{i=0}^{3}\sum_{j=0}^{3}P_{i,j}B_{i,3}(u)B_{j,3}(v)$$

该曲面的 4 条边界都是三次 Bézier 曲线，可通过控制内部的 4 个控制顶点 $P_{1,1}$、$P_{1,2}$、$P_{2,1}$、$P_{2,2}$来控制曲面内部的形状。

8. Bézier 曲面拼接

两块曲面拼接时，若与其公共边界上任一点的切平面重合，则称这两曲面沿其公共边界达到了 C_1连续。

设 $n\times m$ 阶 Bézier 曲面 $S_1(u,v)$和另一块 $l\times m$ 阶曲面 $S_2(u,v)$拼接，有

$$S_1(u,v)=\sum_{i=0}^{n}\sum_{j=0}^{m}P_{i,j}B_{i,n}(u)B_{j,m}(v),\quad 0\leqslant u,v\leqslant 1$$

$$S_2(u,v)=\sum_{i=0}^{l}\sum_{j=0}^{m}P_{i,j}B_{i,l}(u)B_{j,m}(v),\quad 0\leqslant u,v\leqslant 1$$

如果满足下列条件

$$P_{n,j}=Q_{0,j},\quad j=0,1,\cdots,m$$

$$P_{n-1,j}P_{n,j}=kQ_{0,j}Q_{1,j},\quad j=0,1,\cdots,m$$

其中 k 为常数，则 $S_1(u,v)$和 $S_2(u,v)$沿其公共边界 $S_1(1,v)$达到 C^1连续。

Bézier 曲面的拼接如图 4.9 所示。

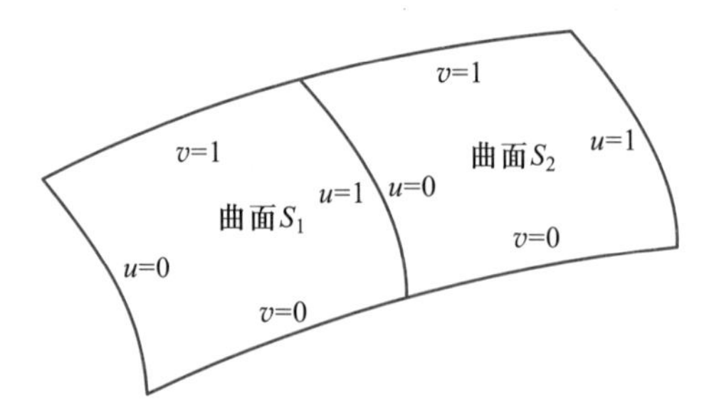

图 4.9 Bézier 曲面的拼接

4.3 B 样条曲线曲面

4.3.1 B 样条曲线

Bézier 曲线有许多优越性，但有两点不足：

① 特征多边形的顶点个数决定了 Bézier 曲线的阶次，并且在阶次较大时，特征多边形对曲线的控制将会减弱。

② Bézier 曲线不能做局部修改，改变一个控制点的位置对整条曲线都有影响，其原因是基函数 Bernstein 的参数 u 在$[0,1]$区间内均不为 0。

1972 年，Gordon、Riesenfeld 等人拓展了 Bézier 曲线，用 B 样条基函数代替 Bernstein 基函数，即形成了 B 样条曲线、曲面。

1. B 样条基函数

给定参数 u 轴上的一个分割 $\boldsymbol{U}=\{u_i\}(u_i \leqslant u_{i+1}),(i=0,1,2,\cdots,m)$，由下列递推关系定义的 $N_{i,p}(u)$称为 $\boldsymbol{U}$ 的 p 次（$p+1$ 阶）B 样条基函数：

$$N_{i,0}(u)=\begin{cases}1, & u_i \leqslant u<u_{i+1} \\ 0, & \text{其他}\end{cases}$$

$$N_{i,p}(u)=\frac{u-u_i}{u_{i+p}-u_i}N_{i,p-1}(u)+\frac{u_{i+p+1}-u}{u_{i+p+1}-u_{i+1}}N_{i+1,p-1}(u)$$

$$\text{规定}\frac{0}{0}=0$$

其中，p 表示 B 样条的次数（即为 $p+1$ 阶），u_i 为节点，$\boldsymbol{U}$ 为节点矢量。该表达式含义如下。

① $N_{i,0}(u)$是一阶跃函数，在 $u \in [u_i,u_{i+1})$区间外均为 0。

② 对于 $p>0$，$N_{i,p}(u)$是两个（$p-1$）次基函数的线性组合。

③ 计算一系列的基函数，需要指定节点矢量 $\boldsymbol{U}$ 和次数 p。

④ $N_{i,p}(u)$是一分段多项式，仅仅在$[u_0,u_m]$区间对其感兴趣。

⑤ $[u_i,u_{i+1})$称为第 i 个节点区段，其长度可以为 0。

⑥ 若 $u_{j-1}<u_j=u_{j+1}=\cdots=u_{j+k-1}<u_{j-k}$，则称上式中除 t_{j-1}、t_{j+k}以外的每一个节点为 $\boldsymbol{U}$ 的 k 重节点。

例如，令 $\boldsymbol{U}=\{u_0=0,u_1=0,u_2=0,u_3=1,u_4=1,u_5=1\}$，$p=2$，计算 0、1、2 次的 B 样条基函数如下：

$$N_{0,0}=N_{1,0}=0 \quad -\infty<u<+\infty$$

$$N_{2,0}=\begin{cases}1, & 0 \leqslant u<1 \\ 0, & \text{其他}\end{cases}$$

$$N_{3,0}=N_{4,0}=0,\quad -\infty<u<+\infty$$

$$N_{0,1}=\frac{u-0}{0-0}N_{0,0}+\frac{0-u}{0-0}N_{1,0}=0,\quad -\infty<u<+\infty$$

$$N_{1,1}=\frac{u-0}{0-0}N_{1,0}+\frac{1-u}{1-0}N_{2,0}=\begin{cases}1-u, & 0\leqslant u<1\\0, & \text{其他}\end{cases}$$

$$N_{2,1}=\frac{u-0}{1-0}N_{2,0}+\frac{1-u}{1-1}N_{3,0}=\begin{cases}u, & 0\leqslant u<1\\0, & \text{其他}\end{cases}$$

$$N_{3,1}=\frac{u-1}{1-1}N_{3,0}+\frac{1-u}{1-1}N_{4,0}=0,\quad -\infty<u<\infty$$

$$N_{0,2}=\frac{u-0}{0-0}N_{0,1}+\frac{1-u}{1-0}N_{1,1}=\begin{cases}(1-u)^2, & 0\leqslant u<1\\0, & \text{其他}\end{cases}$$

$$N_{1,2}=\frac{u-0}{1-0}N_{1,1}+\frac{1-u}{1-0}N_{2,1}=\begin{cases}2u(1-u), & 0\leqslant u<1\\0, & \text{其他}\end{cases}$$

$$N_{2,2}=\frac{u-0}{1-0}N_{2,1}+\frac{1-u}{1-1}N_{3,1}=\begin{cases}u^2, & 0\leqslant u<1\\0, & \text{其他}\end{cases}$$

可以发现，$N_{i,2}$仅仅在$u\in[0,1)$区间内有值且非0，这是二次 Bernstein 多项式。因此，具有如下节点矢量

$$\boldsymbol{U}=\{\underbrace{0,\cdots,0}_{p+1},\underbrace{1,\cdots,1}_{p+1}\}$$

的 B 样条实际上就是 Bézier 表达式。

2. B 样条基函数的性质

（1）局部性

$$N_{i,p}(u)=\begin{cases}>0, & u_i\leqslant u<u_{i+p+1}\\0, & u<u_i \text{ 或 } u\geqslant u_{i+p+1}\end{cases}$$

即 $N_{i,p}(u)$只在区间 $u\in[u_i,u_{i+p+1})$中为正，在其他地方均取0值。

在给定节点区段$[u_j,u_{j+1})$，$N_{i,p}(u)$最多只有 $p+1$ 个值为非0：$N_{j-p,p}(u),\cdots,N_{j,p}(u)$。

（2）非负性

对于所有的 i、p、u，$N_{i,p}(u)\geqslant 0$，这是由下式决定的：

$$N_{i,p}(u)=\frac{u-u_i}{u_{i+p}-u_i}N_{i,p-1}(u)+\frac{u_{i+p+1}-u}{u_{i+p+1}-u_{i+1}}N_{i+1,p-1}(u)$$

（3）规范性

对任意节点区段$[u_i,u_{i+1})$，$u\in[u_i,u_{i+1})$，有

$$\sum_{j=i-p}^{i}N_{j,p}(u)=1$$

（4）分段多项式

$N_{i,p}(u)$在每一长度非 0 的区间$[u_j,u_{j+1})$上都是次数不高于 $p+1$ 次的多项式。

（5）连续性

$N_{i,p}(u)$的求导公式如下：

$$N'_{i,p}(u)=p\left[\frac{N_{i,p-1}(u)}{u_{i+p}-u_i}-\frac{N_{i+1,p-1}(u)}{u_{i+p+1}-u_{i+1}}\right]$$

$N_{i,p}(u)$在 k 重节点处的连续阶不低于 $p-k$，因此增加次数可提高连续性次数，增加重节点数将降低连续性次数。

（6）可微分性

$$N'_{i,p}(u)=\frac{p}{u_{i+p}-u_i}N_{i,p-1}(u)-\frac{p}{u_{i+p+1}-u_{i+1}}N_{i+1,p-1}(u)$$

3. B 样条曲线的定义

设 $P_0,P_1,\cdots,P_n$ 为给定空间的 $n+1$ 个控制顶点，$\boldsymbol{U}=\{u_0,u_1,\cdots,u_m\}$是 $m+1$ 个节点矢量，称下列参数曲线

$$\boldsymbol{C}(u)=\sum_{i=0}^{n}N_{i,p}(u)P_i \quad a \leqslant u \leqslant b$$

为 p 次的 B 样条曲线，折线 $P_0,P_1,\cdots,P_n$ 为 B 样条曲线的控制多边形。

次数 p、控制顶点个数 $n+1$、节点个数 $m+1$ 具有如下关系：

$$m=n+p+1$$

B 样条曲线如图 4.10 所示。

4. B 样条曲线的性质

（1）严格的凸包性

曲线严格位于控制多边形的凸包内。如果 $u\in[u_i,u_{i+1})$，$p\leqslant i<m-p-1$，则 $\boldsymbol{C}(u)$位于控制顶点 $P_{i-p},\cdots,P_i$ 所建立的凸包内。

B 样条曲线的凸包性如图 4.11 所示。

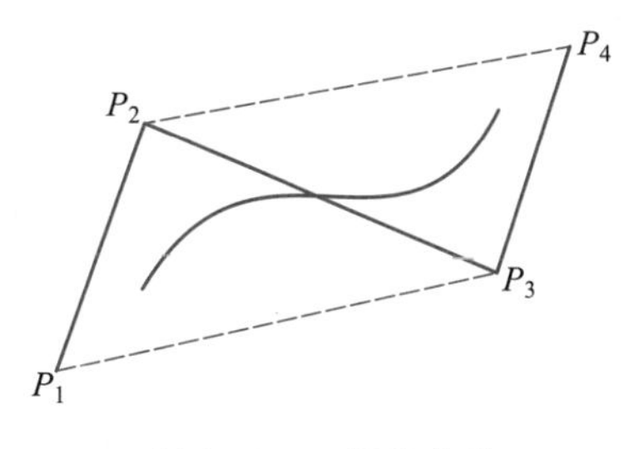

图 4.10　B 样条曲线

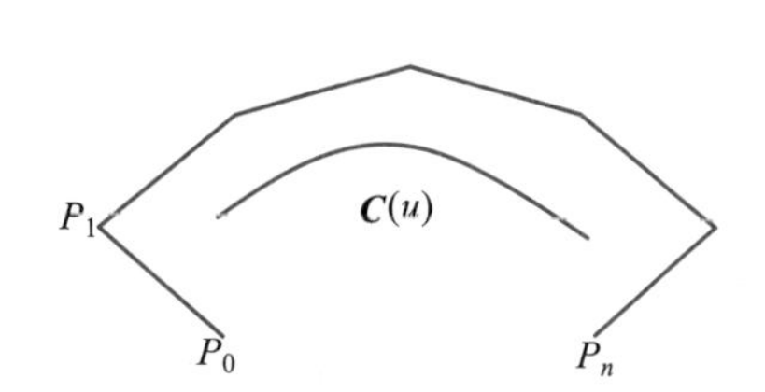

图 4.11　B 样条曲线的凸包性

（2）分段参数多项式

$\boldsymbol{C}(u)$在每一区间 $u\in[u_i,u_{i+1})$上都是次数不高于 p 的多项式。

（3）可微性或连续性

$\boldsymbol{C}(u)$在每一曲线段内部是无限次可微的，在定义域内重复度为 k 的节点处，则 $p-k$ 次可微或具有 $p-k$ 阶参数连续性。

（4）几何不变性

B 样条曲线的形状和位置与坐标系的选取无关。

（5）局部可调性

因为$N_{i,p}(u)$只在区间$[u_i,u_{i+p+1})$中为正，在其他地方均取 0 值，使得 p 次的 B 样条曲线在修改时只被相邻的 $p+1$ 个顶点控制，而与其他顶点无关。当移动其中的一个顶点 P_i 时，只影响到定义在区间$[u_i,u_{i+p+1})$上的那部分曲线，并不对整条曲线产生影响。

（6）近似性

控制多边形是 B 样条曲线的线性近似，若进行节点插入或升阶则会更加近似。次数越低，B 样条曲线越逼近控制顶点。

（7）变差缩减性

设 $P_0,P_1,\cdots,P_n$ 为 B 样条曲线的控制多边形，某平面与 B 样条曲线的交点个数不多于该平面与其控制多边形的交点个数。

B 样条曲线的变差缩减性如图 4. 12 所示。

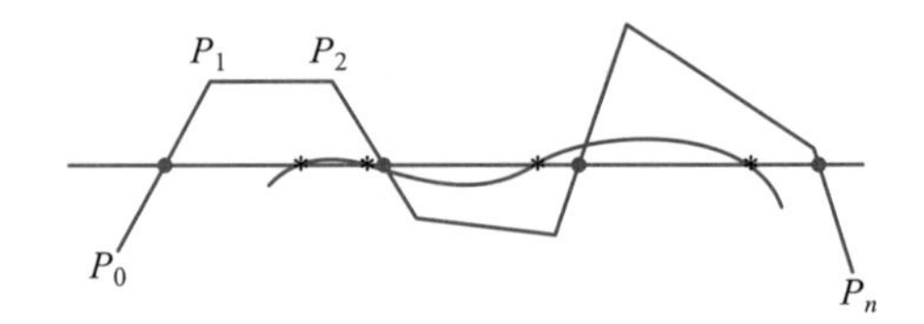

图 4. 12　B 样条曲线的变差缩减性

下面举一个例子。给定控制顶点 $P_i(i=0,\cdots,8)$，定义一条三次 B 样条曲线，这说明 $n=8$，$p=3$，各种关系如下确定。

① 节点矢量 $\boldsymbol{U}=[u_0,u_1,\cdots,u_{n+p+1}]=[u_0,u_1,\cdots,u_{12}]$。

② 曲线定义域 $u\in[u_p,u_{n+1})=[u_3,u_9)$。

③ 当定义域$[u_3,u_9)$内不含重节点时，曲线段数$=n-p+1=6$。

④ 当 $u\in[u_i,u_{i+1})$时，曲线 $\boldsymbol{C}(u)=\sum_{i=0}^{n}P_iN_{i,p}(u)$ 由$[P_{i-p},\cdots,P_i)=[P_3,\cdots,P_6)$ 4 个控制顶点定义，与其他顶点无关。

⑤ 移动 P_3 时，将至多影响到定义在$[u_i,u_{i+p+1})=[u_3,u_7)$区间上的那些曲线段的形状。

⑥ 在$[u_6,u_7)$上的三次 B 样条基及计算定义在$[u_6,u_7)$上，那段三次 B 样条曲线将涉及 $u_{i-p+1}=u_4,\cdots,u_{i+p}=u_9$ 共 6 个节点。

5. 重节点对 B 样条曲线的影响

节点的非均匀或非等距分布包含两层含义：① 节点区间长度不等；② 重节点，即节点区间长度为0。

重节点对B样条曲线有如下影响。

① 重节点的重复度每增加1，曲线段数就减少1，同时样条曲线在该重节点处的可微性或参数连续阶降低1。

② 当定义域端点节点重复度为 p 时，p 次B样条曲线的端点将与相应的控制多边形的顶点重合，并在端点处与控制多边形相切。

③ 当在曲线定义域内有重复度为 p 的节点时，p 次B样条曲线插值于相应的控制多边形顶点。

④ 当端节点重复度为 $p+1$ 时，p 次B样条曲线就具有和 p 次Bézier曲线相同的端点几何性质。

⑤ p 次B样条曲线若在定义域内相邻两节点都具有重复度 p，则可以生成定义在该节点区间上那段B样条曲线的Bézier点。

⑥ 当端节点重复度为 $p+1$ 的 p 次B样条曲线的定义域仅有一个非零节点区间时，则所定义的该 p 次B样条曲线就是 p 次Bézier曲线。

6. 均匀节点B样条曲线

节点矢量中的节点沿参数轴均匀等距分布，所有节点区间长度 $\Delta_i=u_{i+1}-u_i$ 为大于0的常数。可将定义在每个节点区间 $[u_i,u_{i+1})$ 上用整体参数 u 表示的B样条基函数变换成用局部参数 $t\in[0,1)$ 表示，只需做如下参数变换：

$$u=u(t)=(1-t)u_i+tu_{i+1},\quad t\in[0,1],i=p,p+1,\cdots,n$$

则B样条曲线可改写为矩阵形式

$$\boldsymbol{C}_i(t)=\boldsymbol{C}(u(t))=\sum_{j=i-k}^{i}N_{j,p}(u(t))P_j,\quad t\in[0,1],i=p,p+1,\cdots,n$$

将上式改写为矩阵形式

$$\boldsymbol{C}_i(t)=\begin{bmatrix}1 & t & t^2 & \cdots & t^p\end{bmatrix}\boldsymbol{M}_p\begin{bmatrix}P_{i-p}\\P_{i-p+1}\\\vdots\\P_i\end{bmatrix},\quad t\in[0,1],i=p,p+1,\cdots,n$$

其中1~3次系数矩阵 $\boldsymbol{M}_p(p=1,2,3)$ 分别为

$$\boldsymbol{M}_1=\begin{bmatrix}1 & 0\\-1 & 1\end{bmatrix},\quad \boldsymbol{M}_2=\begin{bmatrix}1 & 1 & 0\\-2 & 2 & 0\\1 & -2 & 1\end{bmatrix},\quad \boldsymbol{M}_3=\begin{bmatrix}1 & 4 & 1 & 0\\-3 & 0 & 3 & 0\\3 & -6 & 3 & 0\\-1 & 3 & -3 & 1\end{bmatrix}$$

则可以很容易地写出三次均匀B样条曲线的方程为

$$C_3(t)=\frac{1}{6}\begin{bmatrix}1 & t & t^2 & t^3\end{bmatrix}\begin{bmatrix}1 & 4 & 1 & 0\\ -3 & 0 & 3 & 0\\ 3 & -6 & 3 & 0\\ -1 & 3 & -3 & 1\end{bmatrix}\begin{bmatrix}P_{i-3}\\ P_{i-2}\\ P_{i-1}\\ P_i\end{bmatrix}$$

三次均匀 B 样条曲线段的和式为

$$\boldsymbol{C}(u)=\sum_{j=0}^{3}N_{j,3}(u)P_j$$

其中

$$N_{0,3}(u)=\frac{1}{6}(1-u)^3$$

$$N_{1,3}(u)=\frac{1}{6}(3u^3-6u^2+4)$$

$$N_{2,3}(u)=\frac{1}{6}(-3u^3+3u^2+3u+1)$$

$$N_{3,3}(u)=\frac{1}{6}u^3$$

7. 非均匀节点 B 样条曲线

非均匀 B 样条函数的节点参数沿参数轴的分布是不均匀的，因而不同节点矢量形成的 B 样条函数各不相同，需要单独计算，其计算量较大。在 CAD/CAM 软件中，对于开曲线，包括首末端点位置连续的闭曲线，都建议两端点取重复度 $p+1$（不强制），以使它们具有同次 Bézier 曲线的端点几何性质，便于人们对曲线端点的行为进行控制。且通常将曲线的定义域取为规范参数域，即 $u\in[u_p,u_{n+1}]=[0,1]$，于是有 $u_0=u_1=\cdots=u_p=0$，$u_{n+1}=u_{n+2}=\cdots=u_{n+p+1}=0$，在这种情况下，设 $P_0,P_1,\cdots,P_n$ 为给定空间的 $n+1$ 个点，则非均匀 B 样条曲线可重新描述为

$$\boldsymbol{C}(u)=\sum_{i=0}^{n}P_iN_{i,p}(u),\quad a\leqslant u\leqslant b$$

基函数定义在非均匀节点矢量，有

$$\boldsymbol{U}=\{\underbrace{a,\cdots,a}_{p+1},u_{p+1},\cdots,u_{m-p-1},\underbrace{b,\cdots,b}_{p+1}\}$$

其中 a、b 分别是具有 $p+1$ 重的节点（一般情况下，除非说明，假定 $a=b=1$）。

计算 B 样条上给定参数 u 处的点需要以下 3 步。

① 找出 u 所在的节点区段。

② 计算非零的基函数。

③ 计算非零基函数与相应控制顶点的乘积和。

下面举一个例子。令 $p=2$，$\boldsymbol{U}=\{0,0,0,1,2,3,4,5,5,5\}$，计算 $u=5/2$ 处的 B 样条曲线上的点。

因为 $u\in[u_4,u_5)$，并且 $N_{2,2}(5/2)=1/8$，$N_{3,2}(5/2)=6/8$，$N_{4,2}(5/2)=1/8$，可得

$$\boldsymbol{C}(5/2)=\frac{1}{8}P_2+\frac{6}{8}P_3+\frac{1}{8}P_4$$

除了具有B样条曲线的基本性质外，非均匀B样条曲线还具有如下特殊性。

① 若 $n=p$，且 $\boldsymbol{U}=\{\underbrace{0,\cdots,0}_{p+1},\underbrace{1,\cdots,1}_{p+1}\}$，则 $\boldsymbol{C}(u)$ 是一条Bézier曲线。

② $\boldsymbol{C}(0)=P_0$，$\boldsymbol{C}(1)=P_n$。

③ 沿着曲线由 $u=0$ 到 $u=1$ 移动时，$N_{i,p}(u)$ 如同一开关；当 u 移过一个节点时，$N_{i,p}(u)$ 关闭，下一段打开。

④ 可利用多重节点构造复杂的曲线。如图4.13所示是一条二次曲线，$U=\{0,0,0,1/4,1/2,3/4,1,1,1\}$，$P_2=P_3$，$\boldsymbol{C}(1/2)=P_2=P_3$，$\boldsymbol{C}(1/4)$ 到 $\boldsymbol{C}(1/2)$ 和 $\boldsymbol{C}(1/2)$ 到 $\boldsymbol{C}(3/4)$ 分别是两段直线。

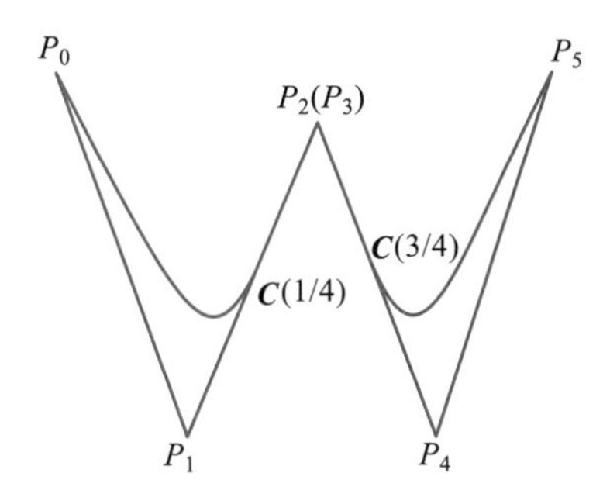

图4.13 复杂B样条曲线

8. 非均匀节点B样条基的计算

假定节点矢量为 $\boldsymbol{U}=\{u_0,\cdots,u_m\}$，次数为 p，$u\in[u_i,u_{i+1})$，只需计算非0的 $p+1$ 个基函数就可以了。代码如下：

```
int FindSpan(n, p, u, U)
    {  /* Determine the knot span index */
    /* Input : n, p, u, U */
    /* Return : the knot span index */
    if(u==U[n+1])
        return n;           /* special case */
    low = p;   high = n+1;/* Do binary search */
    mid = (low + high)/2;
    while(u < U[mid] ||u >= U[mid+1])
    {
        if (u < U[mid])
```

```
            high = mid;
        else
            low = mid;
        mid = (low + high)/2;
    }
    return mid;
}
BasicFuns(i, u, p, U, N)
{  /* compute the nonvanishing basic functions */
   /* Input: i, u, p, U */
   /* Output: N */
   N[0] = 1.0;
   for(j=1; j <= p; j++)
   {
      left[j] = u- U[i+1-j];
      right[j] = U[i+j] - u;
      saved = 0.0;
      for (r = 0; r <j; r++)
      {
         temp = N[r] /(right[r+1] + left[j-r]);
         N[r] = saved + right[r+1] * temp;
         saved = left[j-r] * temp;
      }
      N[j] = saved;
   }
}
```

4.3.2 B 样条曲面

B 样条曲面的定义如下：给定具有$(n+1)\times(m+1)$个控制顶点$P_{i,j}(i=0,1,\cdots,n;j=0,1,\cdots,m)$的阵列，构成一张控制网格；分别给定参数$u$、$v$的次数$p$、$q$，两个节点矢量$\boldsymbol{U}=[u_0,u_1,\cdots,u_{n+p+1}]$，$\boldsymbol{V}=[v_0,v_1,\cdots,v_{n+p+1}]$，就可以定义一张$p\times q$次张量积B样条曲面，其方程为

$$\boldsymbol{S}(u,v)=\sum_{i=0}^{n}\sum_{j=0}^{m}N_{i,p}(u)N_{j,q}(v)P_{i,j}$$

除变差递减性质外，B 样条曲线的其他性质都可以推广到 B 样条曲面。B 样条曲面如图 4.14 所示。

与 B 样条曲线分类一样，B 样条曲面也可以分为均匀 B 样条曲面和非均匀 B 样条曲面，

如图 4.15 所示。

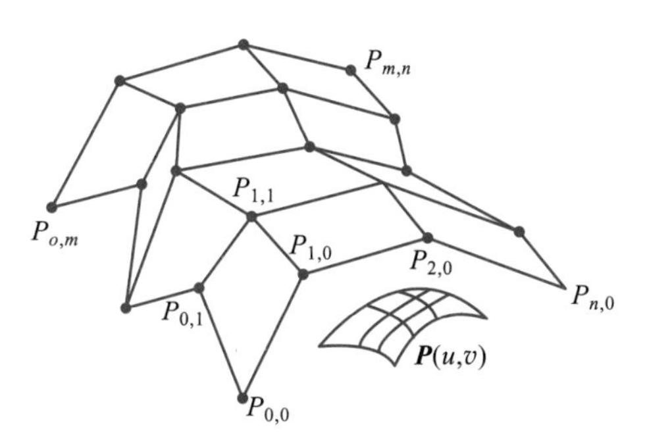

图 4.14　B 样条曲面

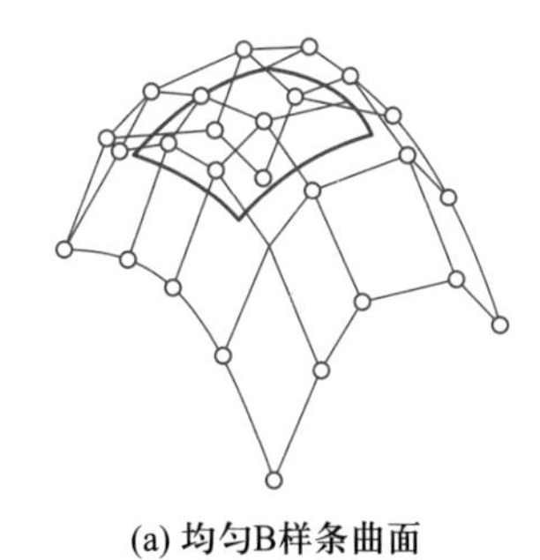
(a) 均匀B样条曲面

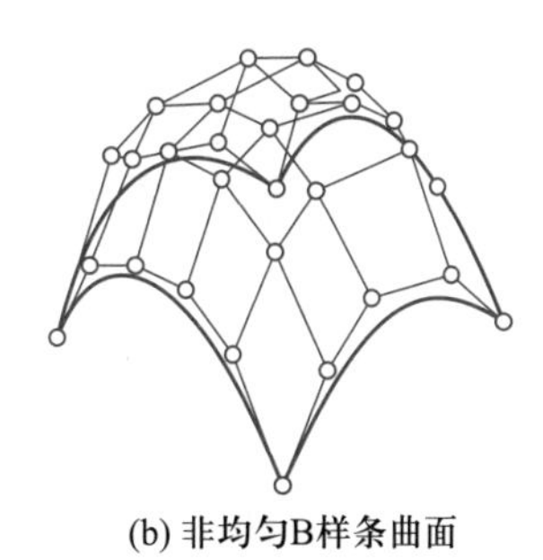
(b) 非均匀B样条曲面

图 4.15　均匀和非均匀 B 样条曲面

例如，均匀双三次 B 样条曲面如下：

$$\boldsymbol{P}(u,v)=\boldsymbol{U}\boldsymbol{M}_B\boldsymbol{P}\boldsymbol{M}_{\mathrm{B}}^{\mathrm{T}}\boldsymbol{V}^{\mathrm{T}}$$

$$\boldsymbol{M}_{\mathrm{B}}=\frac{1}{6}\begin{bmatrix}1 & 3 & -3 & 1\\ 3 & -6 & 3 & 0\\ -3 & 0 & 3 & 0\\ 1 & 4 & 1 & 0\end{bmatrix}\quad \boldsymbol{P}=\begin{bmatrix}P_{0,0} & P_{0,1} & P_{0,2} & P_{0,3}\\ P_{1,0} & P_{1,1} & P_{1,2} & P_{1,3}\\ P_{2,0} & P_{2,1} & P_{2,2} & P_{2,3}\\ P_{3,0} & P_{3,1} & P_{3,2} & P_{3,3}\end{bmatrix}$$

其中，$\boldsymbol{U}=[1 \quad u \quad u^2 \quad u^3]$，$\boldsymbol{V}=[1 \quad v \quad v^2 \quad v^3]$。

下面重点研究非均匀 B 样条曲面，$\boldsymbol{U}=\{\underbrace{0,\cdots,0}_{p+1},u_{p+1},\cdots,u_{r-p-1},\underbrace{1,\cdots,1}_{p+1}\}$，$\boldsymbol{V}=\{\underbrace{0,\cdots,0}_{q+1},v_{q+1},\cdots,u_{s-q-1},\underbrace{1,\cdots,1}_{q+1}\}$，其中 $\boldsymbol{U}$ 有 $r+1$ 个节点，$\boldsymbol{V}$ 有 $s+1$ 个节点，并且具有如下关系式：

$$r=n+p+1;\quad s=m+q+1$$

计算在给定参数值 (u,v) 处 B 样条曲面上点的位置矢量需要如下 5 个步骤。

① 计算 u 所在的节点区间，如 $u\in[u_i,u_{i+1})$。

② 计算非零的基函数 $N_{i-p,p}(u),\cdots,N_{i,p}(u)$。

③ 计算 v 所在的节点区间，如 $v\in[v_j,v_{j+1})$。

④ 计算非零的基函数 $N_{j-q,q}(v),\cdots,N_{j,q}(v)$。

⑤ 计算非零基函数与相应控制顶点的乘积和。

程序代码如下：

```
SurfacePoint(n, p,U,m,q,V,P,u,v,S)
{   /* Compute surface points. */
    /* Input:  n, p, U, m, q, V, P, u, v   */
    /* Output:  S   */
    uspan = FindSpan(n, p, u, U);
```

```
        BasicFuncs(uspan, u, p, U, Nu);
        vspan = FindSpan(m, q, v, V);
        BasicFuncs(vspan, v, q, V, Nv);
        uing = uspan-p;
        S = 0.0;
        for(i=0; i<=q; i++)
        {
            temp = 0.0;
            vind = vspan - q + i;
            for(k=0; k<=p; k++)
                temp = temp +Nu[k] * P[uind+k][vind];
            S = S + Nv[i] * temp;
        }
    }
```

非均匀 B 样条曲面的计算如图 4.16 所示。与 B 样条曲面的性质类似，非均匀 B 样条曲面具有如下性质。

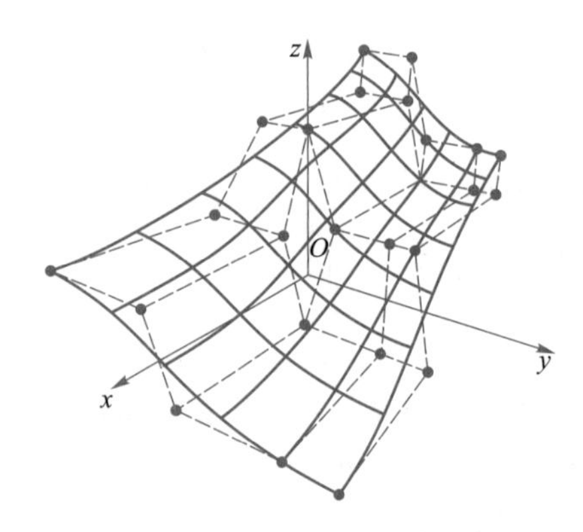

图 4.16 非均匀 B 样条曲面的计算

（1）非负性

$$N_{i,p}(u)N_{j,q}(v) \geqslant 0$$

（2）规范性

$$\sum_{i=0}^{n}\sum_{j=0}^{m} N_{i,p}(u)N_{j,q}(v) = 1, \quad u,v \in [0,1]$$

（3）一般性

若 $n=p$，$m=q$，$\boldsymbol{U}=\{0,\cdots 0,1,\cdots 1\}$，$\boldsymbol{V}=\{0,\cdots 0,1,\cdots 1\}$，$N_{i,p}(u)N_{j,q}(v)=B_{i,n}(u)B_{j,m}(v)$，则 B 样条函数的张量积即为 Bernstein 多项式的张量积，B 样条曲面退化为 Bézier 曲面。

(4) 局部性

若$(u,v)\notin[u_i,u_{i+p+1}]\times[v_j,v_{j+q+1}]$，$N_{i,p}(u)N_{j,q}(v)=0$，则 $P_{i,j}$的移动仅仅影响矩形区域$[u_i,u_{i+p+1}]\times[v_j,v_{j+q+1}]$的形状。

(5) 端点性质

曲面插值于控制顶点的4个角点：$\boldsymbol{S}(0,0)=P_{0,0}$，$\boldsymbol{S}(0,1)=P_{0,m}$，$\boldsymbol{S}(1,0)=P_{n,0}$，$\boldsymbol{S}(1,1)=P_{n,m}$。

(6) 仿射（几何）不变性

曲面的形状仅与控制顶点的位置有关，与坐标系的选取无关。

(7) 凸包性

曲面一定位于控制顶点所构造的凸包内。

(8) 逼近性

若将控制顶点三角化，则所构成的网格是曲面片的分段平面近似。

(9) 连续和可微性

$\boldsymbol{S}(u,v)$在 $\boldsymbol{u}$（或 $\boldsymbol{v}$）方向上具有 $p-k$（或 $q-k$）次微分（可导），其中 k 是节点的重复度。

4.4 NURBS 曲线曲面

4.4.1 NURBS 曲线

非均匀有理 B 样条曲线和曲面（non-uniform rational B-splines）简称为 NURBS。

1. NURBS 曲线定义

p 次 NURBS 曲线定义为

$$\boldsymbol{C}(u)=\frac{\sum_{i=0}^{n}N_{i,p}(u)\omega_i P_i}{\sum_{i=0}^{n}N_{i,p}(u)\omega_i},\quad a\leqslant u\leqslant b$$

其中，P_i为控制顶点（构成控制多边形），ω_i 为权因子，$N_{i,p}(u)$为定义于非均匀控制矢量上的 p 次 B 样条基函数，有

$$\boldsymbol{U}=\{\underbrace{a,\cdots,a}_{p+1},u_{p+1},\cdots,u_{m-p-1},\underbrace{b,\cdots,b}_{p+1}\}$$

若未经说明，一般假定 $a=0,b=1$，$\omega_i>0$。令

$$R_{i,p}(u)=\frac{N_{i,p}(u)\omega_i}{\sum_{j=0}^{n}N_{j,p}(u)\omega_j}$$

上式可写为

$$C(u)=\sum_{i=0}^{n}R_{i,p}(u)P_i$$

其中，$R_{i,p}(u)$称为有理基函数，是$u\in[0,1]$的分段有理函数，具有如下性质。

（1）非负性

对所有的i、p和$u\in[0,1]$，有$R_{i,p}(u)\geqslant 0$。

（2）规范性

$$\sum_{i=0}^{n}R_{i,p}(u)=1,\quad R_{0,p}(0)=R_{n,p}(1)=1$$

（3）局部性

若$u\notin[u_i,u_{i+p+1})$，$R_{i,p}(u)=0$，则在任一给定的节点区间最多有$p+1$个$R_{i,p}(u)$为非0，即在$[u_i,u_{i+1})$内只有$R_{i-p,p}(u),\cdots,R_{i,p}(u)$非0。

（4）可微性

在每一节点区间内具有任意阶导数，在节点处具有$p-k$次连续，k为节点重复度。

（5）权因子特例性

若$\omega_i=1$，则$R_{i,p}(u)=N_{i,p}(u)$。

NURBS 曲线如图4.17所示。

2. NURBS 曲线的性质

（1）端点性质

$$C(0)=P_0,C(1)=P_n$$

（2）仿射不变性

NURBS 曲线仅与控制顶点有关，与坐标系无关，可对其进行坐标变换。

（3）严格的保凸性

$u\in[u_i,u_{i+1})$时，$C(u)$严格位于$P_{i-p},\cdots,P_i$构成的凸包内。

（4）可微性

在每一节点区间内具有任意阶导数，在节点处具有$p-k$次连续，k为节点重复度。

（5）变差递减性

某平面与 NURBS 曲线的交点个数不多于与其控制多边形的交点个数。

（6）局部性

当P_i或ω_i变化时，仅仅影响$u\in[u_i,u_{i+p+1})$区间的一段曲线。

NURBS 曲线的局部性如图4.18所示。

（7）一般性

没有内部节点的 NURBS 曲线是一有理 Bézier 曲线。

下面举一个例子。令$\boldsymbol{U}=\{0,0,0,1,2,3,3,3\}$，$\{\omega_0,\cdots,\omega_4\}=\{1,4,1,1,1\}$，$\{P_0,\cdots,P_4\}=\{(0,0),(1,1),(3,2),(4,1),(5,-1)\}$，计算$u=1$处的 NURBS 曲线点。

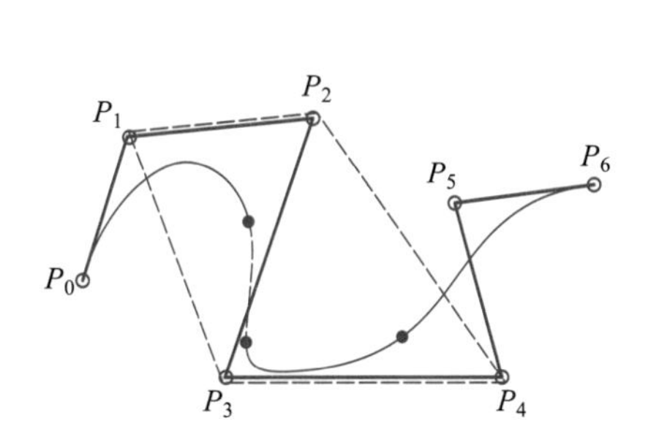

图 4.17 NURBS 曲线

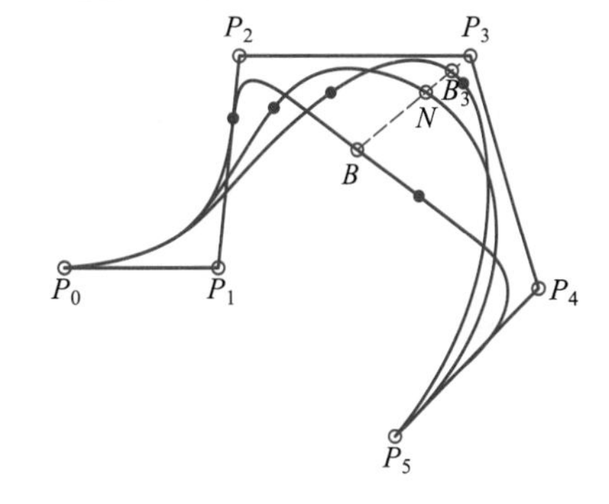

图 4.18 NURBS 曲线的局部性

首先 u 在节点空间$[u_3,u_4)$内，可计算出

$$N_{3,0}(1)=1$$

$$N_{2,1}(1)=\frac{2-1}{2-1}N_{3,0}(1)=1$$

$$N_{3,1}(1)=\frac{1-1}{2-1}N_{3,0}(1)=0$$

$$N_{1,2}(1)=\frac{2-1}{2-0}N_{2,1}(1)=\frac{1}{2}$$

$$N_{2,2}(1)=\frac{1-0}{2-0}N_{2,1}(1)=\frac{1}{2}$$

$$N_{3,2}(1)=0$$

则

$$\boldsymbol{C}^{\omega}(1)=\frac{1}{2}P_1^{\omega}+\frac{1}{2}P_2^{\omega}=\frac{1}{2}(4,4,4)+\frac{1}{2}(3,2,1)=\left(\frac{7}{2},3,\frac{5}{2}\right)$$

所以

$$\boldsymbol{C}(1)=\left(\frac{7}{5},\frac{6}{5}\right)$$

程序代码如下：

```
CurvPoint(n, p, U, Pw, u, C)
{   /* Compute point on rational B-Spline curve */
    /* Input: n, p, U, Pw, u   */
    /* Output: C */
    span = FindSpan(n, p, u, U);
    BasicFuns(span, u, p, U, N);
    Cw = 0.0;
```

```
    for(j=0; j<=p; j++)
        Cw = Cw + N[j] * Pw[span - p + j];
    C = Cw /w;  /* Divide by weight */
}
```

4.4.2　NURBS 曲面

1. NURBS 曲面的定义

在 u 向为 p 次、在 v 向为 q 次的 NURBS 曲面可表示为下列双变量有理多项式函数，即

$$\boldsymbol{S}(u,v)=\frac{\sum_{i=0}^{n}\sum_{j=0}^{m}N_{i,p}(u)N_{j,q}(v)\boldsymbol{\omega}_{i,j}P_{i,j}}{\sum_{i=0}^{n}\sum_{j=0}^{m}N_{i,p}(u)N_{j,q}(v)\boldsymbol{\omega}_{i,j}},\quad 0\leqslant u,v\leqslant 1$$

其中，$P_{i,j}$为控制顶点，$\omega_{i,j}$为权因子。

$N_{i,p}(u)$、$N_{j,q}(v)$分别为基于如下节点矢量的 B 样条基函数，有

$$\boldsymbol{U}=\{\underbrace{0,\cdots,0}_{p+1},u_{p+1},\cdots,u_{r-p-1},\underbrace{1,\cdots,1}_{p+1}\}$$

$$\boldsymbol{V}=\{\underbrace{0,\cdots,0}_{q+1},v_{q+1},\cdots,v_{s-q-1},\underbrace{1,\cdots,1}_{q+1}\}$$

$$r=n+p+1;\quad s=m+q+1$$

引进有理基函数的概念，有

$$R_{i,j}(u,v)=\frac{N_{i,p}(u)N_{j,q}(v)\boldsymbol{\omega}_{i,j}}{\sum_{k=0}^{n}\sum_{l=0}^{m}N_{k,p}(u)N_{l,q}(v)\boldsymbol{\omega}_{k,l}}$$

NURBS 曲面可写为

$$\boldsymbol{S}(u,v)=\sum_{i=0}^{n}\sum_{j=0}^{m}R_{i,j}(u,v)P_{i,j}$$

$R_{i,j}(u,v)$具有如下性质。

（1）非负性

对所有的 i、j、u、v，有 $R_{i,j}(u)\geqslant 0$。

（2）规范性

$$\sum_{i=0}^{n}\sum_{j=0}^{m}R_{i,j}(u,v)=1,\quad (u,v)\in[0,1]\times[0,1]$$

$$R_{0,0}(0,0)=R_{n,0}(1,0)=R_{0,m}(0,1)=R_{n,m}(1,1)=1$$

（3）局部性

若$(u,v)\notin[u_i,u_{i+p+1})\times[v_j,v_{j+q+1})$，则 $R_{i,j}(u,v)=0$。

(4) 可微性

在每一节点区间内具有任意阶导数，在节点处 $u(v)$ 具有 $p-k(q-k)$ 次连续，k 为节点重复度。

(5) 一般性

若 $\omega_{i,j}=a, a\neq 0$，则 $R_{i,j}(u,v)=N_{i,p}(u)N_{j,q}(v)$。

2. NURBS 曲面的性质

(1) 角点性质

$$\boldsymbol{S}(0,0)=P_{0,0}, \boldsymbol{S}(1,0)=P_{n,0}, \boldsymbol{S}(0,1)=P_{0,m}, \boldsymbol{S}(1,1)=P_{n,m}$$

(2) 仿射不变性

NURBS 曲面仅与控制顶点的位置有关，与坐标系无关；对曲面的坐标变换等同于对控制顶点的坐标变换。

(3) 严格的保凸性

因为 $\omega_{i,j}>0$，若 $u,v\in[u_i,u_{i+1})\times[v_j,v_{j+1})$，则 NURBS 曲面在控制顶点 $P_{i',j'}$（其中，$i-p\leqslant i'\leqslant i, j-p\leqslant j'\leqslant j$）构成的凸包内。

(4) 局部性

当 $P_{i,j}$、$\omega_{i,j}$变化时，仅仅影响$[u_i,u_{i+p+1})\times[v_j,v_{j+q+1})$矩形区域所对应的曲面部分。

(5) 一般性

非有理 B 样条和 Bézier、有理 Bézier 曲面是 NURBS 曲面的特殊情况。

(6) 可微分性

$\boldsymbol{S}(u,v)$在节点处 $u(v)$ 具有 $p-k(q-k)$ 次连续，k 为节点重复度。

(7) 不具有变差递减性

NURBS 曲面如图 4.19 所示。

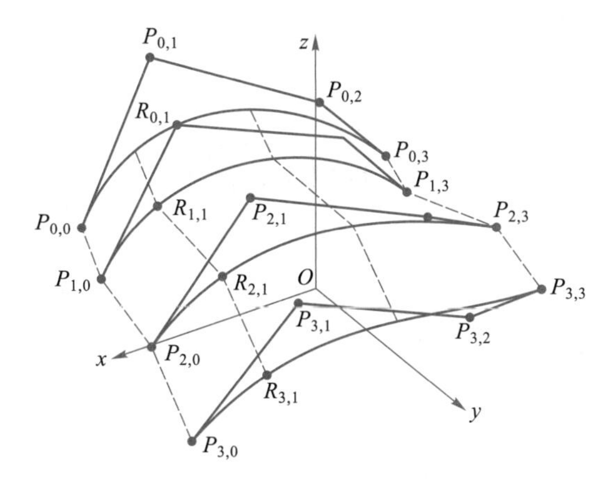

图 4.19 NURBS 曲面

利用齐次坐标可将 NURBS 曲面表示为

$$\boldsymbol{S}^{\omega}(u,v)=\sum_{i=0}^{n}\sum_{j=0}^{m}N_{i,p}(u)N_{j,q}(v)\boldsymbol{P}_{i,j}^{\omega}$$

下面举一个例子。令 $\boldsymbol{S}^{\omega}(u,v)=\sum_{i=0}^{7}\sum_{j=0}^{4}N_{i,2}(u)N_{j,2}(v)\boldsymbol{P}_{i,j}^{\omega}$，并且

$$\boldsymbol{U}=\{0,0,0,1,2,3,4,4,5,5,5\}$$

$$\boldsymbol{V}=\{0,0,0,1,2,3,3,3\}$$

$$\{P_{i,j}^{\omega}\}=\begin{bmatrix}(0,2,4,1) & (0,6,4,2) & (0,2,0,1)\\(4,6,8,2) & (12,24,12,6) & (4,6,0,2)\\(4,2,4,1) & (8,6,4,2) & (4,2,0,1)\end{bmatrix}$$

计算曲面在$(u,v)=(5/2,1)$处的值。

因为 $u\in[u_4,u_5)$，$v\in[v_3,v_4)$，可得

$$N_{2,2}\left(\frac{5}{2}\right)=\frac{1}{8},\quad N_{3,2}\left(\frac{5}{2}\right)=\frac{6}{8},\quad N_{4,2}\left(\frac{5}{2}\right)=\frac{1}{8},$$

$$N_{1,2}(1)=\frac{1}{2},\quad N_{2,2}(1)=\frac{1}{2},\quad N_{3,2}(1)=0$$

则

$$\boldsymbol{S}^{\omega}\left(\frac{5}{2},1\right)=\begin{bmatrix}\frac{1}{8} & \frac{6}{8} & \frac{1}{8}\end{bmatrix}\times\begin{bmatrix}(0,2,4,1) & (0,6,4,2) & (0,2,0,1)\\(4,6,8,2) & (12,24,12,6) & (4,6,0,2)\\(4,2,4,1) & (8,6,4,2) & (4,2,0,1)\end{bmatrix}\begin{bmatrix}\frac{1}{2}\\\frac{1}{2}\\0\end{bmatrix}$$

$$=\left(\frac{54}{8},\frac{98}{8},\frac{68}{8},\frac{27}{8}\right)$$

得到

$$\boldsymbol{S}\left(\frac{5}{2},1\right)=\left(2,\frac{98}{27},\frac{68}{27}\right)$$

程序代码如下：

```
SurfacePoint(n, p, U, m, q, V, Pw, u, v, S)
{   /* Compute point on rational B-spline surface */
    /* Input: n, p, U, m, q, V, Pw, u, v   */
    /* Output: S */
    uspan = FindSpan(n, p, u, U);
    BasicFuns(uspan, u, p, U, Nu);
    vspan = FindSpan(m, q, v, V);
```

```
    BasicFuns(vspan, v, q, V, Nv);
    for(j=0; j<=q; j++)
    {
        temp[j] = 0.0;
        for(k = 0; k<=p; k++)
            temp[j] = temp[j] + Nu[k] * Pw[uspan-p+k][vspan-q+1];
    }
    Sw = 0.0;
    for(j=0; j<=q; j++)
        Sw = Sw + Nv[j] * temp[j];
    S = Sw /w;
}
```

3. NURBS 的优点

NURBS 具有以下优点。

① 对标准的解析形状和自由曲线、曲面提供了统一的数学表示。

② 可通过控制顶点和权因子灵活地改变形状。

③ 对插入节点、修改、分割、几何变换等的处理工具有利。

④ 具有透视投影变换和仿射变换的不变性。

⑤ 非有理 B 样条，有理及非有理 Bézier 曲线、曲面是 NURBS 的特例。

4. NURBS 曲线、曲面的基本算法

（1）NURBS 曲线、曲面的节点插入算法

设 $\boldsymbol{C}^{\omega}(u)=\sum_{i=0}^{n}N_{i,p}(u)P_i^{\omega}$ 为定义在 $\boldsymbol{U}=\{u_0,u_0,\cdots u_m\}$ 上的 NURBS 曲线，令$\bar{u}\in[u_k,u_{k+1})$。现在将$\bar{u}$插入 $\boldsymbol{U}$ 中，构造新的节点矢量

$$\overline{\boldsymbol{U}}=\{\bar{u}_0=u_0,\cdots,\bar{u}_k=u_k,\bar{u}_{k+1}=\bar{u},\bar{u}_{k+2}=u_{k+1},\cdots,\bar{u}_{m+1}=u_m\}$$

其上的 NURBS 曲线为

$$\boldsymbol{C}^{\omega}(u)=\sum_{i=0}^{n+1}\overline{N}_{i,p}(u)Q_i^{\omega}$$

由此可得

$$Q_i^{\omega}=\alpha_i P_i^{\omega}+(1-\alpha_i)P_{i-1}^{\omega}$$

$$\alpha_i=\begin{cases}1, & i\leqslant k-p\\ \dfrac{\bar{u}-u_i}{u_{i+p}-u_i}, & k-p+1\leqslant i\leqslant k\\ 0, & i\geqslant k+1\end{cases}$$

下面举一个例子。令 $p=3$，$\boldsymbol{U}=\{0,0,0,0,1,2,3,4,5,5,5,5\}$，控制顶点为 $P_0,\cdots,P_7$，插

入$\bar{u}=5/2$，由于$\bar{u}\in[u_5,u_6)$，$k=5$，则

$$Q_0=P_0,\cdots,Q_2=P_2,\quad Q_6=P_5,\cdots,Q_8=P_7$$

$$\alpha_3=\frac{\frac{5}{2}-0}{3-0}=\frac{5}{6}\Rightarrow Q_3=\frac{5}{6}P_3+\frac{1}{6}P_2$$

$$\alpha_4=\frac{\frac{5}{2}-1}{4-1}=\frac{1}{2}\Rightarrow Q_4=\frac{1}{2}P_4+\frac{1}{2}P_3$$

$$\alpha_5=\frac{\frac{5}{2}-2}{5-2}=\frac{1}{6}\Rightarrow Q_5=\frac{1}{6}P_5+\frac{5}{6}P_4$$

对于 NURBS 曲面，采用类似的方法处理相应的行或列。

（2）节点修正

有时需要将某些节点连续插入，称为节点修正。节点修正在以下方面具有实用价值。

① 将 NURBS 曲线、曲面分解为其他多项式形式。

② 合并几个节点矢量，获得一系列定义在一共同节点矢量上的曲线。

③ 得到曲线、曲面的多边形近似。

设 $\boldsymbol{C}^{\omega}(u)=\sum_{i=0}^{n}N_{i,p}(u)P_i^{\omega}$ 为定义在 $\boldsymbol{U}=\{u_0,u_1,\cdots,u_m\}$ 上的 NURBS 曲线，令 $\boldsymbol{X}=\{x_0,\cdots,x_r\}$，满足 $x_i\leqslant x_{i+1}$ 以及 $u_0<x_i<u_m$，现在将 $\boldsymbol{X}$ 插入 $\boldsymbol{U}$ 中，新的控制顶点为$\{Q_i^{\omega}\}$$(i=0,\cdots,n+r+1)$需要重新计算，算法如下：

① 计算 a、b，使 $u_a\leqslant x_i<u_b$。

② $P_0^{\omega},\cdots,P_{a-p}^{\omega}$ 以及 $P_{b-1}^{\omega},\cdots,P_n^{\omega}$ 不变，只需计算 $r+p+b-a-1$ 个新控制顶点。

③ 将新的节点矢量记为$\bar{\boldsymbol{U}}$，复制两端未变的节点。

④ 开始循环：

a. 计算新的控制顶点。

b. 将 $\boldsymbol{U}$、$\boldsymbol{X}$ 中的元素融合到$\bar{\boldsymbol{U}}$中。

同样的方法适用于曲面。

（3）节点删除

与此相对应，将内部节点删除称为节点删除。节点删除需要考虑以下内容。

① 确定节点是否可以删除以及删除多少次。

② 计算新的控制顶点。

节点删除在以下方面具有实用价值。

① 将幂基函数表示的曲线、曲面表示为样条形式。

② 在交互造型时，节点插入可以增加可修正的控制顶点数目，一旦移动控制顶点，节点

处的连续性将发生改变，因此需要进行节点删除来获得最严谨的描述。

③ 为了将相邻的曲线或曲面构造成复合形式。

（4）NURBS 曲线、曲面的升阶

设 $C^{\omega}(u)=\sum_{i=0}^{n}N_{i,p}(u)P_i^{\omega}$ 为定义在 $U=\{u_0,u_0,\cdots u_m\}$ 上的 p 次 NURBS 曲线，现在需要将其升阶至 $p+1$，令

$$C^{\omega}(u)=\sum_{i=0}^{n}N_{i,p}(u)P_i^{\omega}=\sum_{i=0}^{\bar{n}}N_{i,p+1}(u)Q_i^{\omega}$$

令 $m_1,m_2,\cdots,m_s$ 表示内部各节点的重复度，有

$$U=\{u_0,\cdots,u_m\}=\{\underbrace{a,\cdots,a}_{p+1},\underbrace{u_1,\cdots,u_1}_{m_1},\cdots,\underbrace{u_s,\cdots,u_s}_{m_s},\underbrace{b,\cdots,b}_{p+1}\}$$

则

$$\bar{n}=n+s+1$$

$$\bar{U}=\{u_0,\cdots,u_{\bar{m}}\}=\{\underbrace{a,\cdots,a}_{p+2},\underbrace{u_1,\cdots,u_1}_{m_1+1},\cdots,\underbrace{u_s,\cdots,u_s}_{m_s+1},\underbrace{b,\cdots,b}_{p+2}\}$$

$$\bar{m}=m+s+2$$

$$Q_i=(1-\alpha_i)P_i+\alpha_iP_{i-1}$$

$$\alpha_i=\frac{i}{P+1},i=0,\cdots,p+1$$

对每一行/列进行升阶，即可实现 NURBS 曲面的升阶。

5. 权因子的几何意义

权因子具有以下几何意义。

① 权因子只影响 $u\in[u_i,u_{i+p+1})$ 区间的形状。

② 随着权因子的增/减，曲线被拉向/拉开相应的控制顶点。

③ 随着权因子的变动，曲线上相应于该参数的点将位于一条直线上。

④ 若权因子趋于无穷大，则曲线趋于控制顶点。

图 4.20 所示为 NURBS 曲线的权因子影响。

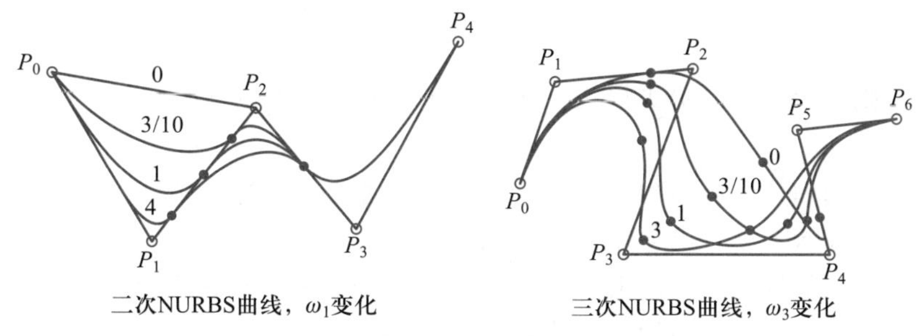

图 4.20 NURBS 曲线的权因子影响

4.5 细分曲线、曲面

通常用参数曲面构造复杂拓扑结构的物体表面时，需要对曲面片进行裁剪或直接在非规则的四边形网格上构造曲面片。无论哪种情况，都要考虑片与片之间的光滑拼接，这是很困难的。细分方法正是在这种情况下迅速发展起来的，它采用更加简便的方法来构造任意拓扑结构曲面，在多分辨率分析、计算机动画、医学图像处理及科学计算可视化等应用领域非常有效。

细分曲面的基本思想是：采用一定的细分规则，在给定的初始网格中渐进地插入新的顶点，从而不断细化出新的网格。重复运用细分规则，在极限时，该网格收敛于一个光滑曲面。细分曲面就是由初始控制网格按照一定的细分规则反复迭代而得到的极限曲面。它具有以下优点：适应任意拓扑结构、仿射不变、算法简洁、通用高效、应用规模可大可小。

4.5.1 细分曲线和曲面基本知识

细分方法有两种典型的拓扑分裂（splitting）方式：基于顶点的拓扑分裂规则称为对偶分裂算子（dual splitting operator）；基于面的拓扑分裂规则称为基本分裂算子（primal splitting operator）。基于顶点的拓扑分裂是在原网格顶点处拓扑分裂后，生成一个新的多边形面；基于面的拓扑分裂是在原始网格的边和面上插入一定数量的新顶点，然后对每个面进行拓扑剖分，从而得到新网格。

细分过程就是网格不断细化的过程，它有两个操作步骤：一是拓扑分裂，对应的方法称为拓扑规则；二是计算所有顶点的新位置，这一过程称为几何位置平均，对应的方法称为几何规则。拓扑规则决定了细分后网格的几何元素的数量呈几何级数增加。几何规则决定了细分后曲线、曲面的极限性质。所以，构成一种细分方法需要满足三个基本要素：拓扑规则、几何规则和控制网格。

根据三个基本要素的不同，细分方法有多种分类。

根据拓扑分裂规则的不同，细分方法可以分为基本型（primal）细分和对偶型（dual）细分。

根据几何规则是否与细分层次相关，细分方法可分为静态（stationary）细分和动态（dynamic）细分。

根据极限细分曲面是否插值初始控制顶点（与几何规则有关），细分方法可以分为插值细分（interpolatory subdivision）和逼近细分（approximating subdivision）。

按照细分所生成的控制网格的形状，细分方法可分为基于三角网格的细分、基于四边形网格的细分、基于三角形和四边形网格的混合细分（hybrid subdivision）等。

4.5.2 细分曲线

1. 割角细分曲线

在三维空间中，给定某个控制多边形，用$\{P_0,P_1,\cdots,P_n\}$表示该控制多边形最初的顶点序列，第k次细分后顶点序列为$\{P_0^k,P_1^k,\cdots,P_n^k\}$)，割角过程可以描述为

$$P_{2j}^k=\frac{3}{4}P_j^{k-1}+\frac{1}{4}P_{j+1}^{k-1}$$

$$P_{2j+1}^k=\frac{1}{4}P_j^{k-1}+\frac{3}{4}P_{j+1}^{k-1}$$

当割角过程继续进行，控制多边形的顶点越来越多时，给定的最初控制多边形就收敛到某条极限曲线。

以图 4.21 所示的控制多边形$\{P_0,P_1,P_2,P_3\}$为例说明细分过程。细分之前的控制多边形如图中虚线所示。细分后的控制多边形为$\{E_0,V_0,E_1,V_1,E_2\}$，其中$\{E_0,E_1,E_2\}$的计算方法如下：

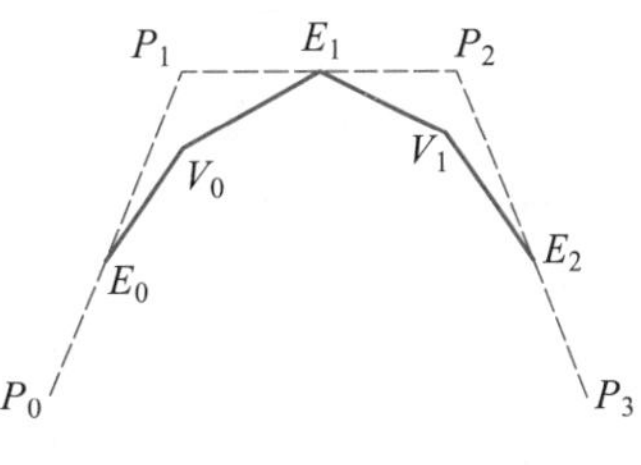

图 4.21 新点的几何解释

$$E_0=\frac{1}{8}(4P_0+4P_1)$$

$$E_1=\frac{1}{8}(4P_1+4P_2)$$

$$E_2=\frac{1}{8}(4P_2+4P_3)$$

称$\{E_0,E_1,E_2\}$为新边点，对应于原来控制多边形的每条边都生成了一个新边点，它位于该边的中点。$\{V_0,V_1\}$的计算方法如下：

$$V_0=\frac{1}{8}(P_0+6P_1+P_2)$$

$$V_1=\frac{1}{8}(P_1+6P_2+P_3)$$

2. 插值细分曲线

前述细分方法属于逼近型细分方法，它们的极限曲线逼近均匀二次 B 样条曲线或均匀三次 B 样条曲线，但是其初始控制网格与极限曲面直观上没有直接联系，因此用户比较难于控制细分曲线的形状。下面讨论插值型细分方法。该细分方法生成的曲线总是经过最初控制网格的顶点，因此该方法生成的曲线容易得到控制。给定控制多边形，原来的控制顶点保持不变，在两个控制顶点之间插入另一个顶点，新插入的顶点是由其各相邻顶点按一定的权重比例得到的，如图 4.22 所示。

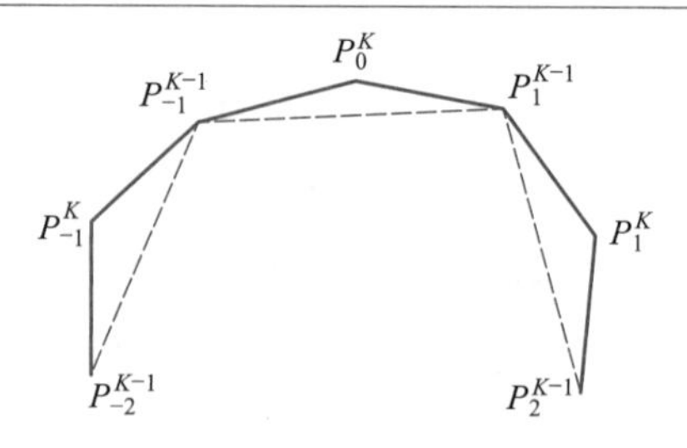

图 4.22 细分插值曲线

4.5.3 细分曲面

1. Doo-Sabin 细分方法及算法实现

Doo-Sabin 细分方法首先由 Doo 和 Sabin 于 1978 年提出。该方法是把二次样条曲线的割角生成方法推广到曲面上。它是一种逼近的点分裂型细分方法。它适用于四边形网格结构，在极限情形得到的曲面即是均匀双二次 B 样条曲面。

以图 4.23 为例说明其细分规则。在图 4.23 中，细分前的四边形网格用虚线表示，其顶点序列为$\{P_{00},P_{01},P_{02},P_{10},P_{11},P_{12},P_{20},P_{21},P_{22}\}$，细分后生成的网格用实线表示，即$\{Q_{00},Q_{01},Q_{02},Q_{10},\cdots\}$。以四边形$\{P_{00},P_{01},P_{10},P_{11}\}$为例说明其细分过程。

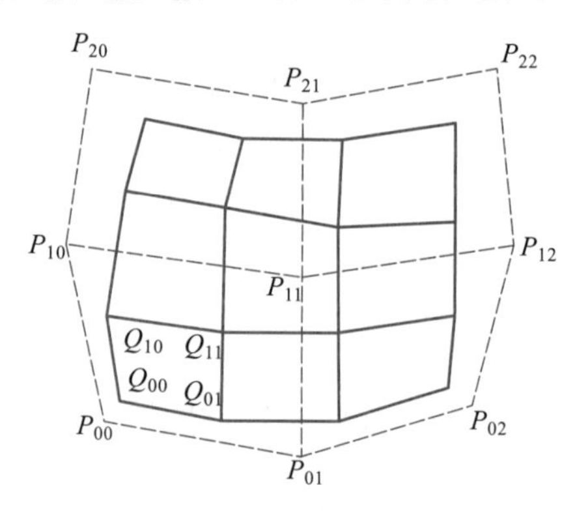

图 4.23 Doo-Sabin 细分过程

对应于每个面上的每个顶点细分生成新的顶点，其计算公式为

$$Q_{00}=\frac{1}{16}(9P_{00}+3P_{01}+3P_{10}+P_{11})$$

$$Q_{01}=\frac{1}{16}(9P_{00}+3P_{01}+3P_{10}+9P_{11})$$

$$Q_{10}=\frac{1}{16}(3P_{00}+3P_{01}+9P_{10}+P_{11})$$

$$Q_{11}=\frac{1}{16}(P_{00}+3P_{01}+9P_{10}+9P_{11})$$

最初，Doo-Sabin 细分方法只适用于正规四边形网格，后来 Doo 和 Sabin 把它推广到任意网格。

Doo-Sabin 细分算法如下。

步骤 1：对每个面的每个顶点计算新顶点的位置，并生成新顶点。

步骤 2：对于每个顶点，生成一个新点面，如果顶点处在边界上，则不需要建立新点面。

步骤 3：对每条边建立一个新边面，如果是边界线，则不需要建立新边面。

步骤 4：对于每个面，建立一个新面面。

步骤 5：重新建立连接信息。

步骤 6：算法结束。

设计中特别需要注意的是步骤 2 和步骤 3，生成的新点面或新边面的顶点次序要按逆时针方向构造，否则该面的正反面方向将与整个网格的正反规定不一致，对象绘制时可能只会显示它的反面，从而出现空洞现象。对于规则的四边形网格，细分后生成的曲面比较光滑，细分效果较好。对于非规则的四边形网格，奇异点位置的光滑度不够好。

2. Catmull-Clark 细分方法及算法实现

1978 年，Catmull 和 Clark 同时提出一种使用任意多边形网格的细分方法，称为 Catmull-Clark 细分方法。该方法最初只适用于规则四边形网格，生成的极限曲面为 C^1 连续，实质上就是双三次 B 样条曲面。后来他们把此方法推广到任意多边形网格，生成的极限曲面在规则点 C^2 连续，而在非规则点附近是 C^1 连续。

Catmull-Clark 细分生成三类新顶点，分别是新面点、新边点和新顶点。

新面点：对应于每个多边形面都生成一个新面点，它是该面所有顶点的平均。

新边点：对应于网格上的每条边（非边界）都生成一个新边点，它是该边的两个端点和与它们相临面的加权平均。

新顶点：对应于网格上的每个顶点（非边界），它是该顶点相邻顶点及相邻面的新面点的平均。

连接每一新面点与周围的新边点，连接每一新顶点与周围的新边点，经过一次 Catmull-Clark 细分后，网格中所有的面均为四边形。

Catmull-Clark 细分算法如下。

步骤 1：求出每个顶点的新顶点，如果顶点处在边界线上，按边界顶点的几何规则进行处理。

步骤 2：对于每个面计算新面点。

步骤 3：对于每条边，计算其新边点；如果是边界线，则按边界上的新边点计算公式进行计算。

步骤 4：连接新面点到对应多边形的各边新边点，连接新顶点到它的各邻接边的新边点；

重新生成连接信息，算法结束。

3. Loop 细分方法及算法实现

Loop 细分方法最早是由 Loop 于 1987 年提出的。它适用于三角形网格，对于其他网格，要先进行三角化处理，再应用 Loop 细分方法。Loop 细分方法属于逼近的面分裂型细分方法。Loop 细分方法可以简单地理解为一分为四，即一个三角形细分为四个三角形。Loop 细分方法生成两类新点：一类为与原顶点对应的新顶点；另一类为每条边上的细分点，称为新边点。

Loop 细分方法中几何点的确定也分三种情况。首先计算边顶点。若内部边有两个顶点 V_0 和 V_1，共享此边的两个三角形为(V_0,V_1,V_2)和(V_0,V_1,V_3)，如图 4.24 所示，则新边点（E-顶点）为

$$V_E=\frac{3}{8}V_0+\frac{3}{8}V_1+\frac{1}{8}V_2+\frac{1}{8}V_3$$

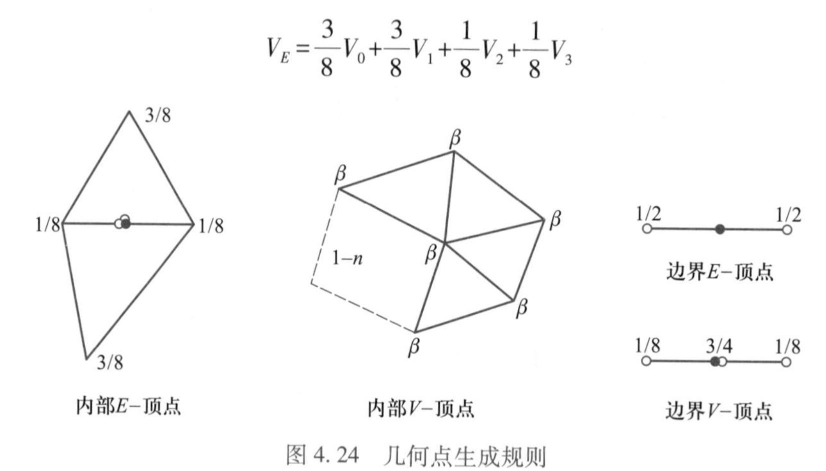

图 4.24 几何点生成规则

然后计算顶点。若内部顶点 V 的 1-邻域顶点为 $V_i(i=0,1,\cdots,n-1)$，则新生成的顶点（V-顶点）为

$$V_V=(1-n\beta)V+\beta\sum_{i=0}^{n-1}V_i$$

其中 $\beta=\frac{1}{n}\left(\frac{5}{8}-\left(\frac{3}{8}+\frac{1}{4}\cos\frac{2\pi}{n}\right)^2\right)$，$n$ 为顶点 V 的价。

若边界边的两个顶点为 V_0 和 V_1，则新边点（E-顶点）

$$V_E=\frac{1}{2}V_0+\frac{1}{2}V_1$$

若边界顶点在边界上的两相邻顶点为 V_0 和 V_1，则新生成的顶点（V-顶点）

$$V_V=\frac{1}{8}V_0+\frac{1}{8}V_1+\frac{3}{4}V_2$$

Loop 细分算法如下。

步骤 1：计算每个顶点的新顶点，如果顶点处在边界线，则按边界线的几何规则进行

计算。

步骤 2：对每条边进行细分，得到新边点；如果边是边界线，则按边界线的几何规则进行计算。

步骤 3：连接新顶点与它的邻接边的新边点，连接新边点与它的相邻边的新边点。

步骤 4：重新生成连接信息，算法结束。

4.6 OpenGL 中的曲面绘制

OpenGL 提供了求值器以实现 Bézier 曲线、曲面的绘制。主要涉及的函数说明如下：

```
glMap1f(type, u_min, u_max, stride, order, pointer_to_array);
```

参数说明：

type：求值的类型，每种类型必须使用 glEnable(type)打开。

u_min、u_max：参数 u 的取值范围。

stride：数据点间的分隔。

order：多项式的次数加 1。

pointer_to_array：指向控制点的指针。

以下为对一段三次 Béizer 曲线在区间[0,1]上进行求值的用法实例。

```
point data[ ]={…}; /* 存放 Bézier 曲线控制点的三维数组 */
glMap1f(GL_MAP_VERTEX_3,0.0,1.0,3,4,data);
```

这里的类型 GL_MAP_VERTEX_3 指明了三维顶点数组；参数项 stride 为 3 说明数据的布局为 x，y，z，x，y，z，…；参数项 order 为 4 表示三次 Bézier 曲线。

在绘制前，还需要使用 glEnable 函数打开该类型，代码如下：

```
glEnable(GL_MAP_VERTEX_3);
```

glEvalCoord1f(u)函数将使用被打开的求值器对指定的参数 u 进行求值，它可以用来替换 glVertex、glNormal、glTexCoord 等函数调用。

例如，对于前面的求值器，对三次 Bézier 曲线在[0,1]区间等间隔地对 100 个点求值并连接可以如下调用：

```
glBegin(GL_LINE_STRIP)
  for(i=0; i<100; i++)
    glEvalCoord1f( (float) i/100.0);
glEnd();
```

Bézier 曲面的绘制方法和 Bézier 曲线类似，但需要从一维的参数求值推广到对于参数 u、v 的二维参数求值器 glMap2f。glMap2f 函数的定义如下：

```
glMap2f(type, u_min, u_max, u_stride, u_order,
        v_min, v_max, v_stride, v_order, pointer_to_array);
```

参数说明：

type：求值的类型，每种类型必须使用 glEnable(type) 打开。

u_min、u_max：参数 u 的取值范围。

u_stride：参数 u 在数据点间的分隔。

u_order：参数 u 多项式的次数加 1。

v_min、v_max：参数 v 的取值范围。

v_stride：参数 v 在数据点间的分隔。

v_order：参数 v 多项式的次数加 1。

pointer_to_array：指向控制网格的指针。

然后使用 glEvalCoord2f 函数进行求值，代码如下：

```
glEvalCoord2f(u,v);
```

下面的代码演示了在[0,1]×[0,1]参数区间上对双三次 Bézier 曲面进行求值的过程：

```
point data[4][4]={…};
glMap2f(GL_MAP_VERTEX_3, 0.0, 1.0, 3, 4,0.0, 1.0, 12, 4, data);
```

这里 v 方向上的控制点间的间距为 12 个浮点数，这是因为在数组 data 中数据按行保存。

下面的代码使用 GL_QUAD_STRIP 模式进行 Bézier 曲面的离散绘制：

```
for(j=0; j<99; j++) {
  glBegin(GL_QUAD_STRIP);
  for(i=0; i<100; i++) {
      glEvalCoord2f ((float) i/100.0,(float) j/100.0);
      glEvalCoord2f ((float)(i+1)/100.0,(float)j/100.0);
   }
   glEnd();
}
```

GLUT 专门为 NURBS 提供了一套绘制函数。

在调用 NURBS 绘制函数前，首先调用如下函数创建一个 NURBS 对象：

```
nurbSurface = gluNewNurbsRenderer();
```

函数返回一个指向 GLUnurbsObj 的指针，该指针将在随后的每个 NURBS 函数中使用。使用这种方式可以创建多个 NURBS 曲面片，并对它们设置各自的属性。

在 OpenGL 中，通过调用 gluNurbsProperty 函数设置 NURBS 对象的属性，函数定义如下：

```
gluNurbsProperty(GLUnurbsObj *nurb, GLenum property, GLfloat value);
```

property 可以为下列值之一：

GLU_SAMPLING_TOLERANCE：以像素为单位指定逼近 NURBS 的折线边的最大长度。该数字越小，绘制的曲线越光滑，绘制时间也将越长。默认值为 50 个像素。

GLU_DISPLAY_MODE：定义 NURBS 的绘制模式，可以是 GLU_FILL、GLU_OUTLINE_POLYGON 或 GLU_OUTLINE_PATCH。

GLU_CULLING：值为一个布尔量，值为 GL_TRUE 意味着如果一条 NURBS 曲线的控制点落在当前视区外，则它将在离散化前被剔除。默认值为 GL_FALSE。

GLU_AUTO_LOAD_MATRIX：值为一个布尔量，值为 GL_TRUE 意味着该 NURBS 代码自动使用当前的投影矩阵、ModelView 矩阵和观察矩阵为绘制的每条曲线计算采样和剔除矩阵；值为 GL_FALSE 则需要用户通过 gluLoadSamplingMatrices 函数来指定这些矩阵。

在下面的演示程序中，将误差设置为 25，并指明 NURBS 对象使用填充模式绘制。代码如下：

```
gluNurbsProperty(nurbSurface, GLU_SAMPLING_TOLERANCE, 25.0);
gluNurbsProperty(nurbSurface, GLU_DISPLAY_MODE, GLU_FILL);
```

OpenGL 使用 gluNurbsSurface 函数绘制 NURBS 曲面，函数定义如下：

```
gluNurbsSurface(GLUnurbsObj *nurb, GLint uKnotCount, GLfloat *uKnot,
                GLint vKnotCount, GLfloat *vKnot, GLint uStride,
                GLint vStride, GLfloat *ctrlArray, GLint uOrder,
                GLint vOrder, GLenum type);
```

参数说明：

nurb：NURBS 对象的指针。

uKnotCount：参数 u 方向上的节点数。

uKnot：一个 u 方向上单调递增的节点数组。

vKnotCount：参数 v 方向上的节点数。

vKnot：一个 v 方向上单调递增的节点数组。

uStride：参数 u 方向上的相邻控制点在数组 ctrlArray 中的位移。

vStride：参数 v 方向上的相邻控制点在数组 ctrlArray 中的位移。

uOrder：NURBS 曲面在 u 方向上的阶。

vOrder：NURBS 曲面在 v 方向上的阶。

type：二维求值器的类型，如 GL_MAP2_VERTEX_3。

调用 gluNurbsSurface 函数绘制 NURBS 曲面的代码必须被包含在 gluBeginSurface 函数和 gluEndSurface 函数之间。例如，下面的代码将绘制一个在 u、v 方向各有 16 个节点和 12 个控制点的 NURBS 曲面：

```
gluBeginSurface(nurbSurface);
gluNurbsSurface(nurbSurface, 16, knots, 16, knots, 12 * 3, 3,
                &points[0][0][0], 4, 4, GL_MAP2_VERTEX_3);
gluEndSurface(nurbSurface);
```

如果希望绘制曲线而不是曲面，可以调用 gluNurbsCurve 函数。该函数除了只有一个 u 方向外，其他与 gluNurbsSurface 函数的参数类似。

习　　题

1. 编写绘制 Bézier 曲线的程序。

2. 已知 Bézier 曲线 $P(t)=\sum_{i=0}^{3}P_iJ_{i,n}(t)$，$P_0=(0,0)$，$P_1=(64,128)$，$P_2=(128,128)$，$P_3=(192,0)$，利用几何作图法（又称 De Casteljau 算法）计算 $t=0.25$ 处 Bézier 曲线上的点。

3. 下列关于 Bézier 曲线的性质，哪个是正确的？

（1）起点和终点处的切线方向与控制多边形第一条边和最后一条边的方向一致。

（2）端点处的 R 阶导数仅与 R 个相邻控制顶点有关。

（3）若保持原全部顶点的位置不变，只是把它们的次序颠倒过来，则新的 Bézier 曲线形状不变，但方向相反。

（4）曲线的形状既与控制顶点的位置有关，又依赖于坐标系的选择。

4. 如何对 NURBS 曲线升阶？

5. 简述 NURBS 曲线的节点插入算法。

6. 试比较几种曲面细分算法的特点，并简述它们分别适用于哪种形式的网格。

第 5 章　基本造型方法

5.1 概　　述

概括地讲，任何一个计算和应用系统都可以被看成一个信息处理系统。这类系统的核心是信息的表达和表达的操作，CAD 系统也不例外。在计算机图形学软件系统中，信息以基元的形式与用户接触。但是，这种以线和多边形为主的图形基元是非常简单的信息单元，用它们来描述、设计对象会令使用者不胜其烦，因此，CAD 系统需要更有力的对象描述方法。

对设计过程而言，一个对象描述方法需要同时满足两方面的要求：一方面是满足设计者思维和观察的要求，每个领域的设计者都有一定的思维和观察习惯，如果 CAD 系统所提供的描述方法与之不符，设计师就会弃之不用；另一方面是满足计算机内表达和操作的有效性的要求，这要求对象的描述方法能够紧凑而占用较小的空间，能够同时适应系统中多种操作的需要，并易于管理与操作，从而耗费较少的机时。

设计对象所含的信息可以分为两部分：非视觉信息和视觉信息。非视觉信息包括对象的非视觉特性，如材料、强度、重量、产地、价格等。视觉信息又可以分为两部分：非形状信息和形状信息。非形状信息包括对象的非形状视觉特征，如色彩、纹理、图案等。形状信息指对象的形状视觉特征，如拓扑关系、形状、大小等。其中非视觉信息常常可以用字符和表格等通用数据结构来描述；非形状信息也可以用字符的像素矩阵等通用数据结构来描述。形状信息比较复杂，需要研究专门的描述方法。设计对象的描述，主要是研究形状信息的描述方法。上述分析如图 5.1 所示。

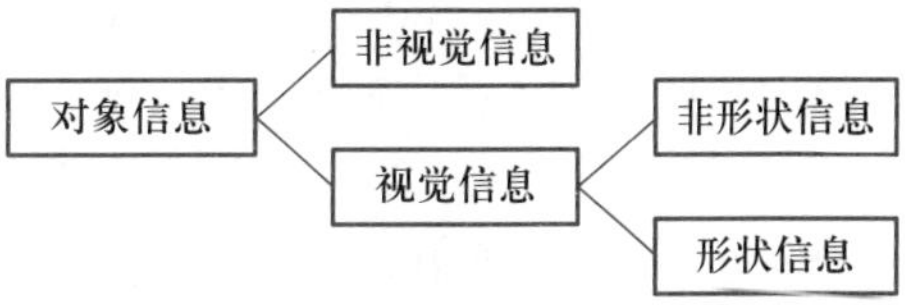

图 5.1　对象的信息

计算机对形状信息的描述方法简称为造型（modeling）技术。造型技术主要由形状表达和形状操作两个部分组成。形状表达的任务是将形状的结构用数据结构模拟出来，这种描述形状的数据结构称为模型（model）。形状操作的任务是实现对模型的生成、修改、综合、分析、计算、显示等操作，以便完成设计过程中的各种造型任务。

造型技术是 CAD 的核心技术之一，目前常用的造型技术有以下几种。

1. 实体造型技术

实体造型技术（solid modeling）将对象分解为一组有限的三维元素的集合以及可施加在

这组集合元素上的一组操作。根据三维元素（如体素、多边形等）及其操作的不同，实体造型技术还可以分为很多类型。

2. 曲面造型技术

曲面造型技术（surface modeling）用数学函数（如B样条、贝塞尔、孔斯等函数）描述曲线和曲面，并提供曲面的修改、连接、求交和显示等操作。

3. 网格造型技术

网格造型技术用网格（mesh）表示物体的几何形状。随着三维扫描仪及视觉重建技术的成熟，从现实世界中采集物体的几何信息并重建其网格表示在造型中所占的比重越来越大。本书第6、7章将介绍这一技术。

4. 非几何形体的造型技术

大多数自然物体，如山石、树木、花草、云霞、水波、火焰等都有不规则的非几何形状。非几何形体的造型技术研究这类对象的表达与操作方法。典型的方法有分数维（fractal）方法、粒子系统（particle system）等。它们都采用递归过程来产生数量很多、表面看似乎是无规则的空间数据，并用参数控制其形状。

工程和制造行业的设计对象主要是三维实体，因此，实体模型是目前CAD系统的主要造型方法。在实体模型中，任意曲面要用一个多边形网格来逼近，这样做有时不符合制造的精度要求，因此，曲面模型常用于弥补实体模型的这一不足。非几何形体造型技术常用于建筑设计的配景、计算机美术、动画设计以及服装设计等视觉表达中，较少用于工程和制造行业的CAD。本章主要介绍实体造型技术。

5.2 结构实体几何模型

结构模型又称结构实体几何（constructive solid geometry，CSG）模型。CSG含有一组简单的几何实体类型，如立方体、球、圆柱、圆锥等，它们称为基元实体类型（primitive solid type）。CSG还含有一组施加于基元实体类型上的操作，这些操作包括几何变换、集合运算以及剖割、局部修改等其他造型操作。这是用二叉树的形式记录一个零件的所有组成体素拼合运算的过程，简称为体素拼合树法。这里所强调的是记录各个体素在进入拼合时的原始状态，而前面的边界表示法则强调记录每次拼合后的离散结果。CSG可以通过操作将基元实体组织成各种复杂的形状，满足设计的需要。例如，将扳手用长方体和圆柱体两种体素进行拼合，可以将整个几何定义语句写成其中每个体素都有的特定定位参数和尺寸参数，如图5.2所示。以上表达式可以写成二叉树的形式，即

结构实体几何模型（CSG）

$$wrench = cylinder1 + cube1 + cube2 + cube3$$

表5.1所示为CSG树节点数据结构的一种组织方式。

图 5.2 体素拼合实例

表 5.1 CSG 节点数据结构

OP_code 操作码				
transform 坐标变换码	primitive 基本体素指针			
left_subtree 左子树	right_subtree 右子树			
OP_code 0	1	2	3	4
基本体素	求并	求差	求交	装配

每一节点由操作码、坐标变换码、基本体素指针、左子树、右子树 5 个域组成。除操作码外，其余域都以指针形式存储。操作码为 0 时表示该节点为基本体素，相应左、右子树指针为 0。对于非终节点，操作码取约定的整数，表示在左子树节点和右子树节点间进行集合运算，这时基本体素域置 0。装配操作是将两个体素并列成为一个整体，每个体素本身仍保留原状。节点的坐标变换码存储该节点所表示的物体在进行新的集合运算前做的坐标变换信息。

CSG 树只定义了它所表示的构造方式，既不反映物体的面、边、顶点等有关边界信息，也不显式说明三维点集与所表示的物体在实际空间中的一一对应关系，因此，这种表示又被称为物体的隐式模型（unevaluated model）或过程模型（procedural model）。

用 CSG 树表示一个复杂形体非常简单。它所产生的物体的有效性是由基本体素的有效性和集合运算的正规性自动保证的。它可以唯一地定义一个物体，并支持对这个物体的一切几何性质计算。

发展 CSG 方法的突出代表是美国罗切斯特（Rochester）大学以沃尔克（Voelcher HB）教授为首的生产自动化课题组及其研制的 PADL（part and assembly description language）系统。PADL 从 1972 年开始研制，主要成员有雷奎卡（Requicha AAG）等。1976 年后对外发布 PADL 1.0 版。系统内使用两种体素，即立方体和圆柱体，其中圆柱体的主轴被限定必须平行于一个坐标轴。体素的操作算子有 6 种，即平移、旋转、并、交、差、装配。由于系统可以提供源程序和全套文档，而且对于美国国内非营利的教育单位只收取极低的磁带复制和资料成本费，所以到 1981 年为止已有 40 多个学校和公司接受了这一系统，其中包括美国的通用汽车公司和英国的利兹（Leeds）大学。1982 年推出的 PADL 2.0 试用版是由美国国家科学基金会、罗切斯特大学和工业界的 10 家公司，如波音民用飞机公司、DEC、Tektronix、Eastman Kodak、McAuto、Calma 等共同投资或提供人员研制的。系统功能有了很大的扩充和完善，例如圆柱体体素允许任意旋转，并且增加了斜线、球、圆锥、圆环等新的体素，可以计算几何类型系，输出消隐的线框图和彩色明暗图，模拟三维坐标铣切加工，产生八叉树和边界表示文件，提供初始图形交换规范（initial graphical exchange specification，IGES）接口等。程序绝大部分用扩展的 FORTRAN 语言 FLECS 编写，经预处理后翻译成 FORTRAN 77，个别部分用 C

语言编写。

PADL 2.0 曾被麦道公司、Calma、Autorol 公司等纳入自己的商品化 CAD 系统中，AutoCAD 12.0 版至今还在使用 PADL 2.0 作为实体造型模块。通用汽车公司利用 PADL 的技术开发了供自己内部使用的 GM Solid 系统。PADL 中创建的集合运算分类方法也为我国自行研制的实体造型系统所采用。1986 年后，PADL 研制组转移到了康奈尔（Cornell）大学。

沃尔克和雷奎卡在研制 PADL 的过程中力求为实体造型技术建立一个严密、完整的理论体系，使得程序的算法可以被形式化描述，并有坚实的理论基础。归纳起来，他们的基本思想如下。

体素拼合是一个集合运算过程。

参与运算的体素必须是正规集。运算必须封闭，即运算产生的结果依然是正规集。图 5.3（a）中一个 L 形形体 A 与长方体 B 进行求交运算后，原来两物体间相互重合部分的边界被保留而形成悬挂面，如图 5.3（b）所示。根据正规集的定义

$$r(A)=k(i(A))$$

必须将悬挂面删去。上式中 A 表示三维点的集合，$i(A)$ 表示所有的内点，k 表示闭包。上式直观的含义是删去依附于三维点集 A 上的所有悬挂面、孤立边和点，这个过程称为正规化处理。

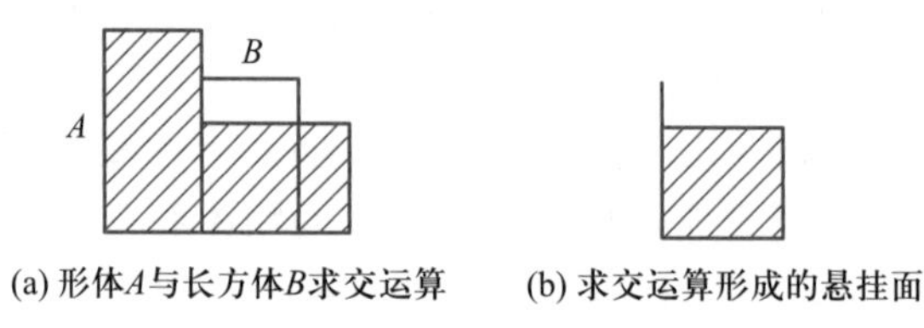

(a) 形体 A 与长方体 B 求交运算　　(b) 求交运算形成的悬挂面

图 5.3　$A\cap B$ 产生的非正规点集

集合运算的基础是对参与运算的元素进行分类。图 5.4 中运算集 X 相对于参考集 S 可以分割成三部分：X 包含在 S 内部的部分 X in S，边界上的部分 X on S 和外面的部分 X out S。元素的分类仍要符合正规集的原则，不允许分类后降低元素的维数。例如，图 5.5 中直线段 X 虽然有一点落在 S 的边界上，X on S 仍取零。这里需要做正规化处理，即 X on $S=k(i(X\cap i(S)))$ 等。

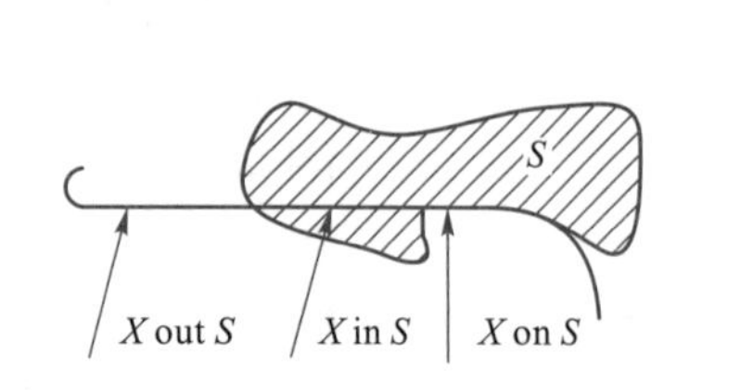

图 5.4　曲线段 X 相对于二维域 S 的分类

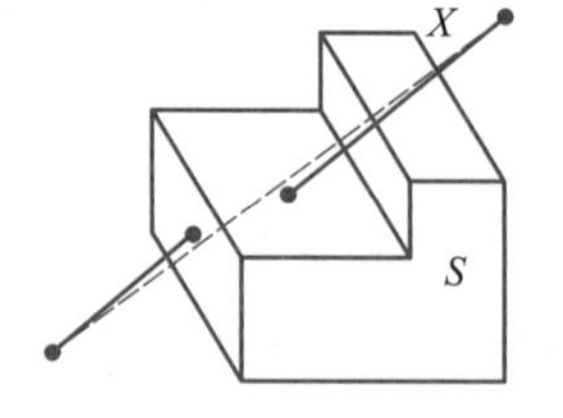

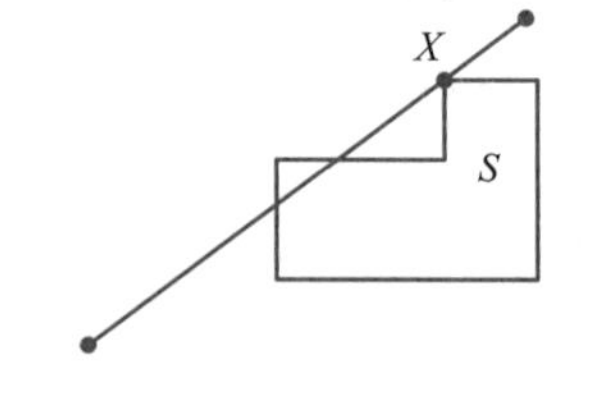

图 5.5　按照正规分类原则，X on S=NULL

体素的拼合是求两组元素的组合。设 S 是体素 A 和 B 的正规运算结果，则拼合算法等价

于从已知的(X in A,X on A,X out A)和(X in B,X on B,X out B)求(X in S,X on S,X out S)，或可以写作

$$\mathrm{SMC}(X,A<op>B)=\mathrm{combine}(\mathrm{SMC}(X,A),\mathrm{SMC}(X,B),<op>)$$

式中 SMC 是集合分类函数（set membership classification），SMC(X,A)=(X in A,X on A,X out A)是正规运算的算子。

组合的规则取决于集合运算的类别。交集的运算规则如表 5.2 所示。

表 5.2 点对于拼合体 $A\cap B$ 的分类

交集运算规则		SMC(P,B)		
		P in B	P on B	P out B
SMC(P,A)	P in A	P in S	P on S	P out S
	P on A	P on S	P on S/P out S	P out S
	P out A	P out S	P out S	P out S

当集合运算的结果有二义性时，利用邻域进行测试。例如表 5.2 中，当点 P 同时位于 A 和 B 的边界时，P 对于拼合体 S 的分类性质可能是 P on S 或 P out S，见图 5.6。这时需要借助于邻域才能做出正确的判断。点 P 相对于实体 S 的邻域是以 P 为圆心、R 为半径所做的小球与 S 的正规化交集，记作 $N(P,S;R)$。对于 A 与 B 的交集 S

$$N(P,S)=N(P,A)\cap N(P,B)$$

图 5.6（a）中 $N(P,S)$既含有 S 中的点，也含有不属于 S 的点，界面清楚，因此点 P 处在 S 的边界上。图 5.6（b）中 $N(P,S)$为空集，P 点在 S 之外。以此类推，当 $N(P,S)$为满集时，P 点在 S 内部。

对于 CSG 应用分治（divide and conquer）算法。所谓分治，就是对于实际应用中遇到的问题，倘若它比较复杂，不能直接求解，就将这个问题分成若干个小问题分别求解，然后再将求得的小问题的解合成整个问题的解。显而易见，这是一种递归的方法：倘若分得的小问题仍不易直接求解，可将小问题再细分下去，一直到可以求解为止。以直线段相对于实体 S 的分类为例，对照图 5.7，可以给出分治算法如下：

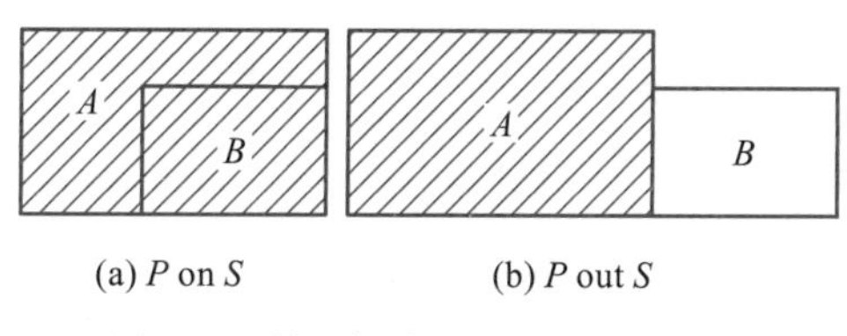

图 5.6 利用邻域判断点的分类性质

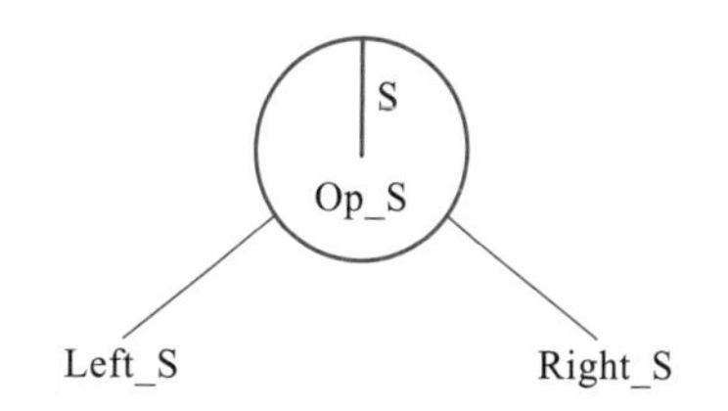

图 5.7 适用于分治算法的 CSG 树节点组织

```
procedure  ClassLine3D(L, S)
    if S is a primitive
        then ClassLine3DWithPrim(L, S)
    else CombineLine3D (ClassLine3D(L, Left_S), ClassLine3D(L, Right_S), Op_S)
```

PADL 2.0 系统共有 500 个子程序，源程序共约 70 000 行。求交运算和集合分类中使用半空间的概念，二次曲面的数学表达式使用代数式。系统以 CSG 方式接受输入，内部处理中应用了边界表示法，并且利用八叉树的单元分割法计算几何特性。当用 PADL 模型生成彩色明暗图和衔接加工编程系统时，需要用 VGraph 模块对边界文件做进一步细化。VGraph 是变量几何图（variational graph）的简称，共有 50 个子程序，12 000 行源程序。

5.3 分解模型

5.3.1 八叉树表达

分解模型使用同一类型的基元实体的空间组合来表达任意复杂的形状。构成分解模型的基元实体可以是长方体、正六面体等多种几何形体，但最常用的是正方体，因为正方体不仅结构最简单，而且在三维方向上的长度都相同。为了提高表达的紧凑性，一个实体在分解模型中被描述为一棵八叉树，称为八叉树表达（octree representation）。

八叉树表达

在八叉树表达中，一个实体是一棵八叉树。树之根是一个包含该实体的正方体。树中每一个非叶节点均有 8 个儿子，每个儿子分别代表一块子正方体。8 个儿子的正方体构成父正方体。每个非叶节点的儿子可取三类值：

黑（black）：表示该儿子的正方体被实体充满。

白（white）：表示该儿子的正方体中实体为空。

灰（grey）：表示该儿子的正方体中部分空间被实体充满。

叶节点则只能取两类值：黑和白。图 5.8 所示为正方体及其 8 个子正方体的位置。图 5.9（a）所示为一个实体的形状，它所对应的八叉树表示如图 5.9（b）所示。

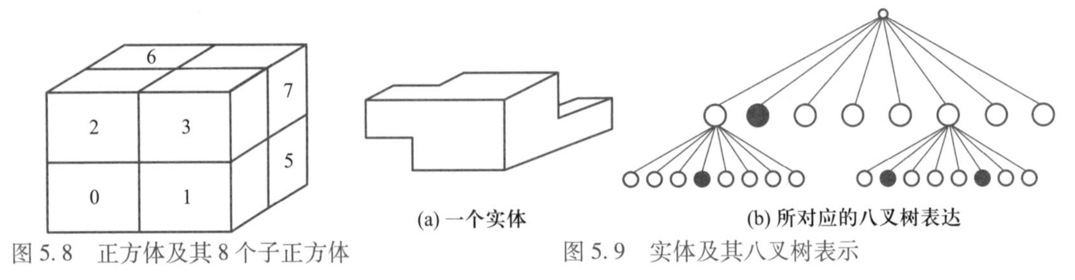

图 5.8 正方体及其 8 个子正方体

图 5.9 实体及其八叉树表示

八叉树的数据结构表示如下。其中 octree 表示树中的一个节点，roothead 是根节点，octreeptr 是指向树中节点的一个指针。它们的数据结构分别如下所示：

```
typedef struct octreetype
{
    classtype class;            /* black, white, grey */
    int depth;                  /* 深度控制值 */
    struct octreetype *octree[8];
} octreetype;
struct
{
    pointtype point[8];         /* 存放正方形 8 个顶点之坐标 */
    octreetype *rootptr;
} roothead;
octreetype *octreeptr;
octreetype octree;
```

5.3.2 八叉树的操作

八叉树的操作主要有生成、集合运算、变换操作、分析计算和图形显示。基于八叉树结构的特殊性，其中部分操作变得比较方便，同时，另一部分操作变得比较复杂。

1. 八叉树的生成

八叉树常由实体基元，如球、六面体、圆柱等转换而来，因此，八叉树生成操作是将一个实体基元转化为一棵八叉树的操作。程序 make-tree 所示为八叉树的生成算法。其中参数的意义如下：

primitive：一个指向实体基元的指针。

tree：指向一棵八叉树的指针。

depth：树的深度。

程序 make-tree 调用两个子程序 classify 和 setson，两个子程序的功能如下：

(1) classtype classify(primitive,tree)

该子程序比较实体基元 primitive 和以 tree 为根的八叉树的相交关系，返回 black、white 和 grey 等 3 个值之一。

(2) setson(tree)

该子程序使得 tree 节点产生 8 个儿子。

make-tree 程序如下：

```
make-tree (primitive, tree, depth)
primitivetype *primitive;
```

```
octreetype *tree;
int depth;
classtype b;
int i;
b = classify (primitive, tree);
switch (b)
{
    case white:tree->class = white;break;
    case black:tree->class = black;break;
    default:if(depth ==0) tree->class = black;
            else
            {
              tree->class=grey;
              setson (tree);
              for (i=0;i<8;i++)
                  make-tree(primitive, tree->octree[i], depth-1);
            }
        /*default 结束 */
    } /* switch 结束*/
```

2. 八叉树的集合运算

八叉树的集合运算是指对两棵八叉树进行并、交、差运算而产生一棵新的八叉树。八叉树的分解性质给有些集合运算带来了简化。例如，考虑两棵八叉树求交的操作，算法思想如下。

设 n_1、n_2 是求交的两棵八叉树中相同位置的对应节点，n_3 是求交后新树中的对应节点。则求交规则如下所述

（1）如果 n_1、n_2 同为叶节点，则有

$$n_3=\begin{cases}\text{black} & (\text{if } n_1=n_2=\text{black})\\ \text{white} & (\text{否则})\end{cases}$$

（2）如果 n_1 是叶节点，n_2 不是，则有

$$n_3=\begin{cases}n_2 & (\text{if } n_1=\text{black})\\ \text{white} & (\text{if } n_1=\text{white})\end{cases}$$

（3）如果 n_1、n_2 同为非叶节点，则 n_1、n_2、n_3 同时分解至儿子层再求交。

3. 变换操作

对一棵八叉树的平移、旋转、比例等变换可以通过对该树的 point 数组中所含坐标的变换而完成，树中其余节点的位置可以通过这些参数推算出来。

4. 计算分析操作

计算分析操作包括实体的体积、重心、面积等性质的计算，由于八叉树表达的严格有序性，这些操作实现起来比较方便。八叉树上的算法往往是通过递归完成的。八叉树表达的实体体积算法 volume(tree,l,v)如下（其中 tree 是树根之指针；1 是根节点所含正方形之边长；* v 是返回的体积）：

```
volume (tree, l, v)
octreetype *tree;
float l, *tree;
{
  float *sv;
  int i;
  switch (tree->class)
  {
     case white:*v = 0;break;
     case black :*v = pow (1, 3);break;
     default:for (i=0;i<8;i++)
                {
                   volume (tree->octree [i], 1/2, sv);
                   *v += *sv;
                }
     }
}
```

5. 图形显示

图形显示包括裁剪、消隐、真实感显示等操作。其中有些算法，如消隐等，可利用八叉树的空间有序性，以从远到近地遍历树的方法实现；而另一些算法，如线框图的轮廓线的提取，则比较麻烦。

5.3.3 线性八叉树

八叉树表达实体须占用较大的空间。据统计，平均工程对象约需 1 MB。为此，常常采用线性八叉树的表达以节约空间。线性八叉树的考虑出发点是删去八叉树中大量的指针，仅保留节点，并将结构和内容分别保存，以达到节约空间的目标。常用的有下列两种方法。

1. 黑叶节点法

黑叶节点法只列出树中的黑色节点。方法是将八叉树中所有节点按层次和次序编号，号的数字位长代表深度，数字大小代表次序，如图 5.10 所示。

将八叉树中所有黑色节点按从左到右的次序列成一张线性表，即代表了一棵八叉树。例

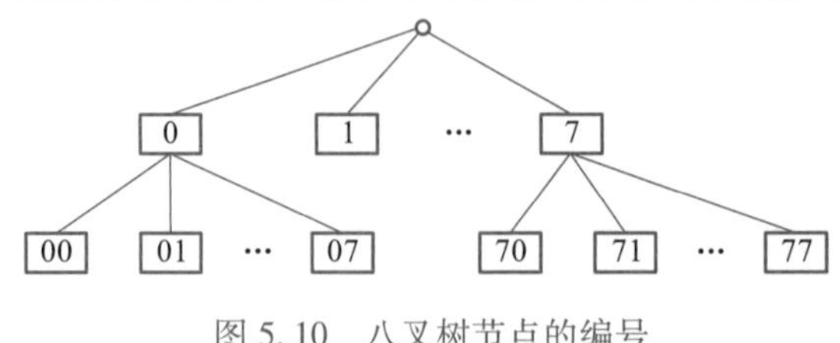

图 5.10 八叉树节点的编号

如，图 5.9 所示的实体及其八叉树可以简单地表示为下列线性表：

{03,1,51,55}

2. 括号叶节点法

括号叶节点法用括号表示层次，按从左到右的次序列出所有的叶节点，并按照黑、白分类。例如，图 5.9 所示的八叉树可以表示为下列线性表：

((WWWBWWWW)BWWW(WBWWWBWW)WW)

这张表虽然长了一些，但每个元素只有三种变化，即只占 2 bit 的存储空间，因此也大大压缩了存储空间。

5.4 边界模型

边界表示法（brep）也称为边界模型（boundary model）。三种物体类型——小面（一个小面可以有几条边界曲线，只要它们定义一个连通的物体）、边和顶点以及与它们有联系的几何信息共同构成了边界表示的基本元素。除了小面、边和顶点坐标等几何信息外，边界表示还必须表示这些小面、边和顶点的相互联系。通常将实体的所有几何信息称作“几何”，而将它们内部的连接信息称作“拓扑”。

边界表示法的数据结构有翼边结构和半边结构。

5.4.1 翼边结构

翼边结构是一种普通的数据结构，首先由 Baumgart 引入。他给出了这种精简化的基于边的边界模型的一个初步例子。更进一步的模型实例可以用边节点的环信息来表示。

作为一个合法的体，每条边 e 精确地出现在两个小面中，所以两条其他的边 e' 和 e'' 就出现在这些小面的 e 之后。并且这些小面的方位一致，e 精确地在它的正方位出现一次，在它的反方位出现一次。

借助于将两个“下一条边”的标识符同一个边节点相联系的方法，翼边结构就能利用边之间的结构特性。按照惯例，这些数据能够用 ncw（下一个顺时针）和 nccw（下一个逆时针）来表示。特别是，ncw 标识了出现在边的正方位小面上的下一条边，而 nccw 标识了另一个小面上的下一条边。

依据这种表示方法，小面仅需包含任意边的一个标识符和表示它的方位的符号。以图 5.11 所示的立方体为例，图 5.12 给出了它的一个翼边结构。符号"+"和"-"表示这条边的方位。

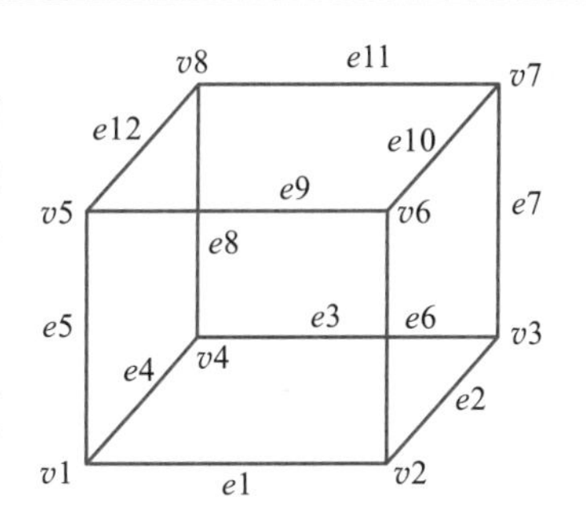

图 5.11 边界表示的对象实例

从直接与一个环相联系的边开始，所有其他边可以按照 ncw 和 nccw 的指针来检索。例如，在图 5.12 的情况下，小面 $f5$ 边界从 $e12$ 开始提取。下一条边由 ncw($e12$) = $e5$ 给出，因为 $e5$ 在它的负方向被遍历（这可以从检查顶点的标识符看出），再下一条边则由 nccw($e5$) = $e4$ 给出。类似地，得到更下一条边 nccw($e4$) = $e8$，它在正方向被遍历。下一条边又是 ncw($e8$) = $e12$，到此为止，所有边都已经提取出来了。

边	起点	终点	ncw	nccw
$e1$	$v1$	$v2$	$e2$	$e5$
$e2$	$v2$	$v3$	$e3$	$e6$
$e3$	$v3$	$v4$	$e4$	$e7$
$e4$	$v4$	$v1$	$e1$	$e8$
$e5$	$v1$	$v5$	$e9$	$e4$
$e6$	$v2$	$v6$	$e10$	$e1$
$e7$	$v3$	$v7$	$e11$	$e2$
$e8$	$v4$	$v8$	$e12$	$e3$
$e9$	$v5$	$v6$	$e6$	$e12$
$e10$	$v6$	$v7$	$e7$	$e9$
$e11$	$v7$	$v8$	$e8$	$e10$
$e12$	$v8$	$v5$	$e5$	$e11$

顶点	坐标	小面	第一个边	符号
$v1$	$x1y1z1$			
$v2$	$x2y2z2$	$f1$	$e1$	+
$v3$	$x3y3z3$	$f2$	$e9$	+
$v4$	$x4y4z4$	$f3$	$e8$	+
$v5$	$x5y5z5$	$f4$	$e7$	+
$v6$	$x6y6z6$	$f5$	$e12$	+
$v7$	$x7y7z7$	$f6$	$e9$	−
$v8$	$x8y8z8$			

图 5.12 翼边结构

在一般的方法中，翼边结构的边节点也包括它的相邻面的标识符 fcw 和 fccw 以及与 ncw 和 nccw 相类似的、这些相邻面上的前驱边的标识符 pcw 和 pccw。这样图 5.12 的方位指示符就变得冗余了。最终"完全的"翼边结构如图 5.13 所示，上部的原理图再一次表示了各种数据项的意义。

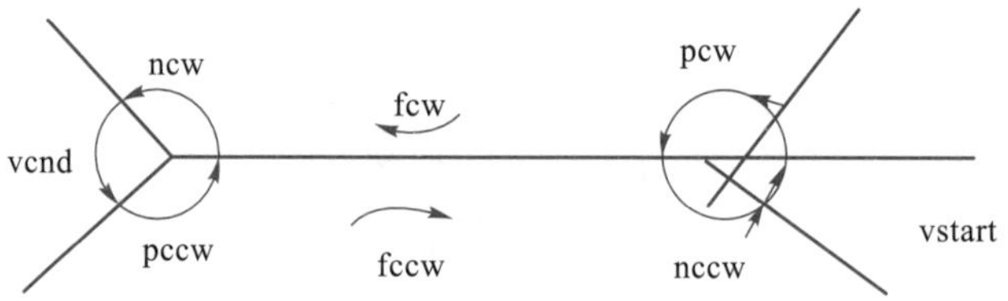

边	起点	终点	fcw	fccw	ncw	pcw	nccw	pccw
$e1$	$v1$	$v2$	$f1$	$f2$	$e2$	$e4$	$e5$	$e6$
$e2$	$v2$	$v3$	$f1$	$f3$	$e3$	$e1$	$e6$	$e7$
$e3$	$v3$	$v4$	$f1$	$f4$	$e4$	$e2$	$e7$	$e8$
$e4$	$v4$	$v1$	$f1$	$f5$	$e1$	$e3$	$e8$	$e5$
$e5$	$v1$	$v5$	$f2$	$f5$	$e9$	$e1$	$e4$	$e12$
$e6$	$v2$	$v6$	$f3$	$f2$	$e10$	$e2$	$e1$	$e9$
$e7$	$v3$	$v7$	$f4$	$f3$	$e11$	$e3$	$e2$	$e10$
$e8$	$v4$	$v8$	$f5$	$f4$	$e12$	$e4$	$e3$	$e11$
$e9$	$v5$	$v6$	$f2$	$f6$	$e6$	$e5$	$e12$	$e10$
$e10$	$v6$	$v7$	$f3$	$f6$	$e7$	$e6$	$e9$	$e11$
$e11$	$v7$	$v8$	$f4$	$f6$	$e8$	$e7$	$e10$	$e12$
$e12$	$v8$	$v5$	$f5$	$f6$	$e5$	$e8$	$e11$	$e9$

顶点	第一个边	坐标
$v1$	$e1$	$x1y1z1$
$v2$	$e2$	$x2y2z2$
$v3$	$e3$	$x3y3z3$
$v4$	$e4$	$x4y4z4$
$v5$	$e9$	$x5y5z5$
$v6$	$e10$	$x6y6z6$
$v7$	$e11$	$x7y7z7$
$v8$	$e12$	$x8y8z8$

小面	第一个边	符号
$f1$	$e1$	+
$f2$	$e9$	+
$f3$	$e8$	+
$f4$	$e7$	+
$f5$	$e12$	+
$f6$	$e9$	−

图 5.13 完整的翼边结构

因为完全的翼边结构包括进入每个顶点节点的一个邻边的标识符，所以在一个顶点相遇的所有边就能够用类似于对环提取的算法来提取。

5.4.2 半边结构

当实体以边界模型存储时，翼边结构较好地描述了点、边、面之间的拓扑关系，但它也存在一些缺陷，因此，人们提出了一种更完善的数据结构——半边数据结构，简称半边结构。

1. 半边数据结构描述

定义一个平面模型，它是顶点 N、边 A 和多边形 R 的一个平面有向图 $\{N,A,R\}$。为了表示 $\{N,A,R\}$，将使用一种五级层次的数据结构，它是由五种节点 Solid、Face、Loop、Half Edge 和 Vertex 组成的。各节点描述如下。

(1) Solid

节点 Solid 构成一个半边结构引用的根节点。在任意时刻，存在几个数据结构的引用，为了存取其中的一个，需要指向其 Solid 节点的指针。通过指向 3 个双向链表的指针，Solid 节点给出对该模型的面、边和顶点的访问。所有实体被链接到一个双向链表中，这个表通过指向该表的后继和前驱实体的指针来实现。

(2) Face

节点 Face 对应用半边结构表示的多面体的一个小平面。在 GS-CAD 中，一个 Face 定义为一个内部连通的平面多边形。将具有多个边界的小面也包括在数据结构中，这样每个小面与一个环表（Loops）相联系，而每个环表示该小面的一条多边形边界曲线。

由于所有小面都表示平面多边形，则一个环（Loop）可指定为“外部”边界，而其他的环则表示小面的“孔”。这可用两个指向 Loop 节点的指针实现，一个指针指向“外部”边界，而另一个指针指向该面的所有环组成的双向链表的首环。通常遵循一个约定，称带孔的环（Hole Loops）为内环（Rings）。

面由一个用 4 个浮点数表示的矢量表示其平面方程。为了实现一个实体所有小面的双向链表，每个小面包含了指向该表前趋面和后继面的指针。最后的小面有一个指向其他实体的指针。

(3) Loop

节点 Loop 描述前面讨论的一个用于连接的边界。它具有一个指向其所属面的指针，一个指向构成边界的半边之一的指针和指向该面的后继 Loop 和前驱 Loop 的指针。

(4) Half Edge

节点 Half Edge 表示一个 Loop 的一条线段。它由一个指向其所属 Loop 的指针，一个指向该线段起始顶点的指针和指向 Half Edge 前驱和后继的指针组成。指向 Half Edge 前驱和后继的指针实现一个 Loop 的半边的双向链表，这样，线段的最后顶点可用作后继半边的起始顶点。

(5) Vertex

节点 Vertex 包含一个由 4 个浮点数表示的矢量，它以齐次坐标形式表示三维空间的一个点。该节点指向后继顶点和前驱顶点。图 5.14 描述了这种层次结构，其中包括某些指针的 C 语言名称。

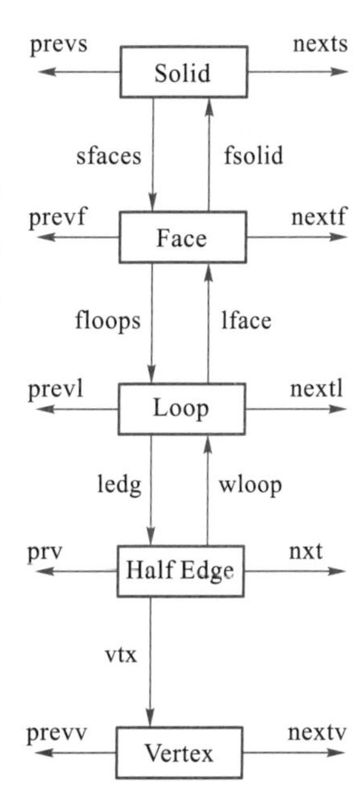

图 5.14 半边数据结构节点间的层次关系

除了几个多边形引用同一个 Vertex 节点外，图 5.14 并没有直接说明各个小面是如何相互联系的。在此将附加一个节点类型来标记面与面的关系，这些关系是用它们的线段标识来表示的。一个有效的平面模型的每一条边是精确地用一条邻边来标识的，因此，每一个半边应精确地与另一个半边相联系，使用附加的节点类型

Edge来记录此信息。正如下面所述，添加几个数据项到层次结构的某些节点上来充分开发标识信息。

① Edge。节点Edge使两个半边相互联系。直观地讲，它将一个全边的两半组合在一起。它由指向“左”半边和“右”半边的指针组成。边的双向链表通过指向后继边和前驱边的指针来实现。

② Half Edge。每个半边包含一个指向其所属边的附加指针。

③ Vertex。每个顶点包含一个附加指针来指向起源于它的某一个半边。为了表示顶点的标识，以某特殊点做角点的所有小面必须（通过环和半边）引用那个点对应的Vertex节点。

从小面边界信息中分离的标识信息构成一个全翼边节点在3个节点处的划分，使各种特殊情况的表示变得十分自然。例如，在一个小面上出现两次的一条边，应表示为引用同一条边的两个半边，即可认为“右”半边具有正向，而“左”半边具有负向。

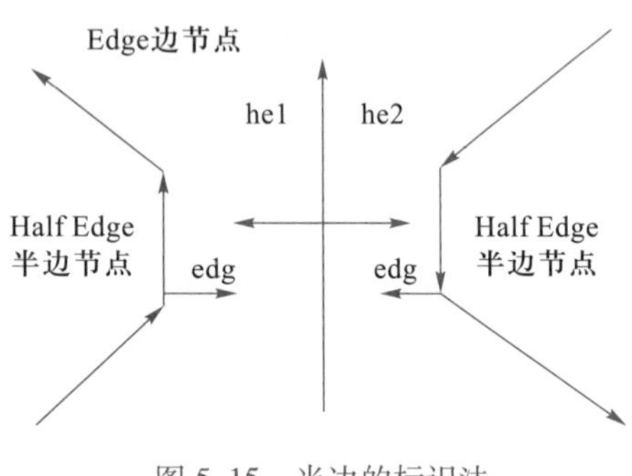

图5.15 半边的标识法

图5.15将标识信息的表示法形象化，其中也给出了某些所需要的指针的C语言标识符。Half Edge、Edge和Vertex 3个节点构成了整个数据结构的最核心部分。

在此允许只带一个顶点而没有边的空环（Empty Loop）的特殊情况。在半边数据结构中，空环用一个半边来表示。该半边的顶点指针指向单个顶点，而该半边的边指针是NULL，指向后继和前驱半边的指针引用该半边本身。这种额外的半边不与线段对应。值得注意的是，空环显然不能用图5.14所示的层次来表示。

2. 半边结构程序描述

下面给出GS-CAD中用C语言描述的半边数据结构。每类数据项被描述为一种结构，它们由联合（union）合在一起，统称为nodes。

```
typedef float                vector[4];
typedef float                matrix[4][4];
typedef short                Id;
typedef struct solid         Solid;
typedef struct face          Face;
typedef struct loop          Loop;
typedef struct halfedge      HalfEdge;
typedef struct vertex        Vertex;
typedef struct edge          Edge;
typedef union nodes          Node;
```

```
struct solid
{
        Id          Solidno;        /* solid identifier */
        Face        *sfaces;        /* pointer to list faces */
        Edge        *sedges;        /* pointer to list of vertices */
        Vertex      *sverts;        /* pointer to list of solid */
        Solid       *nexts;         /* pointer to next solid */
        Solid       *prevs;         /* pointer to previous solid */
};

struct face
{
        Id          faceno;         /* face identifier */
        Solid       *fsolid;        /* back pointer to solid */
        Loop        *flout;         /* pointer to outer loop */
        Loop        *floops;        /* pointer to list of loops */
        vector      feq;            /* face equation */
        Face        *nextf;         /* pointer to next face */
        Face        *prevf;         /* pointer to previous face */
};

struct loop
{
        HalfEdge    *ledg;          /* pointer to ring of halfedges */
        Face        *lface;         /* back pointer to face */
        Loop        *nextl;         /* pointer to next loop */
        Loop        *prevl;         /* pointer to previous face */
};

struct edge
{
        HalfEdge    *he1;           /* pointer to right halfedge */
        HalfEdge    *he2;           /* pointer to left halfedge */
        Edge        *nexte;         /* pointer to next edge */
        Edge        *preve;         /* pointer to previous edge */
};
```

```
struct halfedge
{
        Edge     *edg;      /* pointer to parent edge */
        Vertex   *vex;      /* pointer to starting vertex */
        Loop     *wloop;    /* back pointer to loop */
        HalfEdge *nxt;      /* pointer to next halfedge */
        HalfEdge *prv;      /* pointer to previous halfedge */
};

struct vertex
{
        Id       vertexno;  /* vertex identifier */
        HalfEdge *vedge;    /* pointer to a halfedge */
        vector   vcoord;    /* vertex coordinates */
        Vertex   *nextv;    /* pointer to next vertex */
        Vertex   *prevv;    /* pointer to previous vertex */
};

union nodes
{
        Solid    s;
        Face     f;
        Loop     l;
        HalfEdge h;
        Vertex   v;
        Edge     e;
};

/* return values and misc constants */
#define ERROR    -1
#define SUCCESS  -2
#define PI       3.141592653289793

/* node type parameters for memory allocation routines */
#define SOLID     0
#define FACE      1
#define LOOP      2
```

```
#define HALFEDGE   3
#define EDGE       4
#define VERTEX     5

/* coordinate plane names */
#define X 0
#define Y 1
#define Z 2
/* orientations */
#define PLUS     0
#define MINUS    1

/* macros */
#define mate(he) ((he)==he->edg->he1)?he->edg->he2:he->edg->he1)
#define max(x,y) ((x>y)?x:y)
#define abs(x)   ((x>0.0)?x:(-x))

/* global variables */
Solid           *firsts;  /* head of the list of all solids */
extern Id        maxs;    /* largest solid no. */
extern Id        maxf;    /* largest face no. */
extern Id        maxv;    /* largest vertex no. */
extern double    EPS;     /* tolerance for geometric tests */
extern double    BIGEPS;  /* a more permissive tolerance */
```

3. 半边数据结构的具体算法

半边数据结构是一个相当复杂的对象，其上的处理程序包含十分丰富的C“箭头”（->）符号。本节通过讨论数据结构的导航来寻求对这种复杂性的补救。

（1）层次化存取

许多例程只需要简单地扫描整个数据结构，并在每个节点处执行某种计算即可。按照图5.14中的层次结构，这很容易做到。

通过层次结构，每个顶点能够通过检查其半边指针的方法一次性列出。若指针为空或等于父半边，则列出该顶点；否则不再列出。同样地，每条边也能够通过检查其半边指针的方法一次性列出。作为沿已有路线存取顶点的可选择方法，半边数据结构提供了对顶点和边的一条直接存取路径。

（2）边上的存取

这种半边数据结构的层次化存取足以满足许多算法，如产生图形输出和坐标变换。该数据结构的边（edge）节点包含更多涉及数据结构导航的键字（key）。特别是从一个不表示空环的半边开始，这些边节点允许存取以键字标识的半边。这项工作进行得十分频繁，所以上述程序将它定义为一个宏。

```
#define mate(he) ((he==he->edg->he1)?he->edg->he2:he->edg->he1)
```

换言之，如果半边 he 是其边的“左”半部，mate 半边则为“右”半部，反之亦然。这条简单的宏使许多非平凡的例程能够以一种直观的方式写出来。

（3）半边结构中数据的增删算法

① 增加节点 new 例程。

本节介绍半边结构中各种数据增删算法。当往结构中添加某一数据时，随着数据节点类型的不同，操作也不同。然而由于在节点定义时使用了 union 类型，因此能够用两个统一的程序 new 和 addlist 来执行不同数据的节点增加任务。其中 addlist 是 new 调用的子程序。

下述 new 算法中，what 为生成节点的类型，其值必须是 Solid、Face、Loop、Half Edge、Edge 或 Vertex 中的一个。where 是根指针，指向新节点加入时的父节点。new 算法的功能是生成一个 what 类型的新节点并加入数据结构中，使其成为 where 的子节点，并返回指向该新节点的指针。代码如下：

```
unsigned nodesize[ ]=
{
    sizeof(Solid), sizeof(Face), sizeof(Loop), sizeof(HalfEdge), sizeof(Edge),si-
    zeof(Vertex), 0;
};

Node *new(what,where)
int  what;
Node *where;
{
    Node *node;
    char *malloc( );

    node=(Node *)malloc(nodesize[what]);
    switch(what)
    {
        case SOLID:
            addlist(SOLID,node,NULL);
            node->s.sfaces=(Face *)NULL;
            node->s.sedges=(Edge *)NULL;
```

```
            node->s.sverts = (Vertex * )NULL;
            break;
        case FACE:
            addlist(FACE,node,where);
            node->f.floops = (Loop * )NULL;
            node->f.flout = (Loop * )NULL;
            break;
        case LOOP:
            addlist(LOOP,node,where);
            break;
        case EDGE:
            addlist(EDGE,node,where);
            break;
        case VERTEX:
            addlist(VERTEX,node,where);
            node->v.vedge = (Vertex * )NULL;
            break;
        default:
            break;
    }
    return(node);
}
```

② 链表例程。

下面程序中的例程 addlist 通过将 which 所指的节点加入节点 where 所在的链表中，以实现面、环、边和顶点在其相应链表中的正确插入。作为一个特例，实体只是简单地被连接到所有的实体表中。此时，节点 where 无效。同样，which 的类型用参数 what 来选择，且必须是 Solid、Face、Loop、Edge 或 Vertex 中的一个。

将子链从其父链中断开可采用相应的逆过程 delist(what,which,where)。特别地，类型为 what(Solid、Face、Edge、Loop 或 Vertex) 的节点 which 将从其父节点 where 的各自链表中删除。同样，实体又是一种特例。显然，在实现删除操作时，delist 的用途类似于 addlist 和 new 的关系，这里不再赘述 delist 的实现过程。

```
void addlist(what,which,where)
int  what;
Node * which, * where;
{
    switch(what)
```

```
{
    case SOLID:
        which->s.nexts=first;
        which->s.prevs=(Solid * )NULL;
        if(firsts)
            firsts->prevs=(Solid * )which;
        firsts=(Solid * )which;
        break;
    case FACE:
        which->f.nextf=where->s.sfaces;
        which->f.prevf=(Face * )NULL;
        if(where->s.sfaces)
            where->s.sfaces->prevf=(Faces * )which;
        where->s.sfaces=(Face * )NULL;
        which->f.fsolid=(Solid * )where;
        break;
    case LOOP:
        which->l.nextl=where->f.floops;
        which->l.prevl=(Loop * )NULL;
        if(where->f.floops)
            where->f.floops->prevl=(Loop * )which;
        where->f.floops=(Loop * )which;
        which->l.lface=(Face * )where;
        break;
    case EDGE:
        which->e.nexte=where->s.sedges;
        which->e.preve=(Edge * )NULL;
        if(where->s.sedges)
            where->s.sedges->preve=(Edge * )which;
        where->s.sedges=(Edge * )which;
        break;
    case VERTEX:
        which->v.nextv=where->s.sverts;
        which->v.prevv=(Vertex * )NULL;
        if(where->s.sverts)
            where->s.sverts->prevv=(Vertex * )which;
        where->s.sverts=(Vertex * )which;
```

```
                break;
            }
    }
```

③ 半边例程。

例程 addhe 完成半边和边的初始化。addhe 为一个新半边分配存储单元，将已经存在的半边 where 的前部链入环 l，并相应地设置其余指针。addhe 也可处理空的初始环(where->edg==NULL)或根本不存在的环(where==NULL)等特殊情况。

例程 delhe 是 addhe 的逆例程，完成与 addhe 相反的操作。应注意在 he->edg!=NULL 和 he->nxt==he 的情况下，delhe 如何建立一个“空”环。代码如下

```
    HalfEdge *addhe(e,v,where,sign)
    Edge      *e;
    Vertex    *v;
    HalfEdge *where;
    int       sign;
    {
        HalfEdge *he;
        if(where->edg==NULL)
            he=where;
        else
        {
            he=(HalfEdge *)new(HALFEDGE,NULL);
            where->prv->nxt=he;
            he->prv=where->prv;
            where->prv=he;
            he->nxt=where;
        }
        he->edg=e;
        he->vtx=v;
        he->wloop=where->wloop;
        if(sign==PLUS)
            e->he1=he;
        else
            e->he2=he;
        return(he);
    }
```

```
HalfEdge *delhe(he);
HalfEdge *he;
{
    if(he->edg==NULL)
    {
        del(HALFEDGE,he,NULL);
        return(he);
    }
    else if(he->nxt==he)
    {
        he->edg=NULL;
        return he;
    }
    else
    {
        he->prv->nxt=he->nxt;
        he->nxt->prv=he->prv;
        del(HALFEDGE,he,NULL);
        return(he->prv);
    }
}
```

5.4.3 欧拉操作

已知多面体的欧拉不变性定理，即对于一个顶点数为 v、面数为 f、边数为 e 的多面体，恒有如下性质：

$$v-e+f=2$$

为了适应在数据结构中对各数据项的操作，在欧拉公式中引入另外3个参数：

s：实体的个数；

h：实体所含孔的个数；

r：实体中面所含孔（内环）的个数。

于是，欧拉公式扩展为

$$v-e+f=2(s-h)+r \quad \text{（扩展的欧拉公式）}$$

图5.16（a）中，$v=8$、$e=12$、$f=6$、$s=1$、$h=0$、$r=0$，满足扩展的欧拉公式。图5.16（b）中，$v=14$、$e=21$、$f=9$、$s=1$、$h=1$、$r=2$，也满足扩展的欧拉公式。

1. 基本欧拉操作

欧拉操作（Euler operator）是一组在保证欧拉不变性定理的条件下，对实体数据结构中的

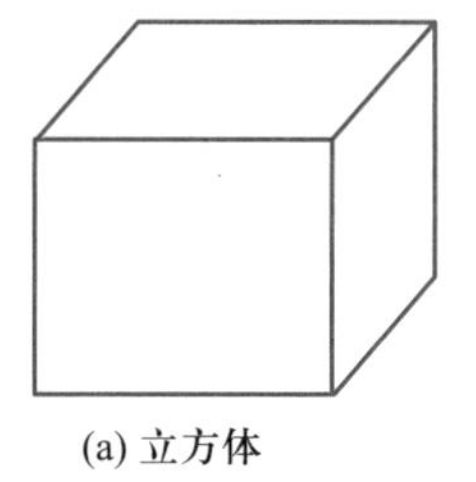
(a) 立方体

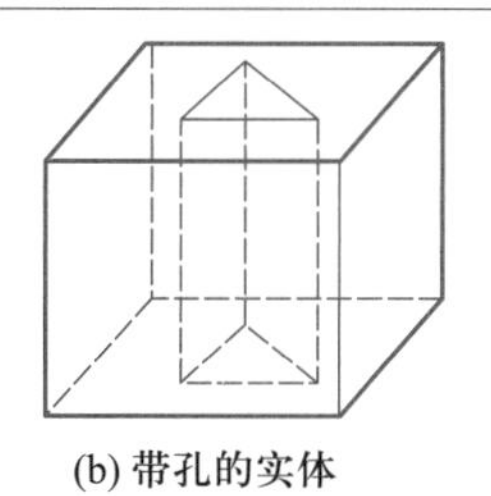
(b) 带孔的实体

图 5.16　两个实体

v、e、f、s、h、r 等进行的实或虚的数据项的增、删、改操作。为了对欧拉操作的类型叙述方便，在以后的讨论中将使用一些符号。这些符号及其含义说明如下：

基本欧拉操作

M(Make)：增加

K(Kill)：删除

V(Vertex)：顶点

E(Edge)：边

F(Face)：面

S(Solid)：实体

H(Hole)：孔

R(Ring)：环

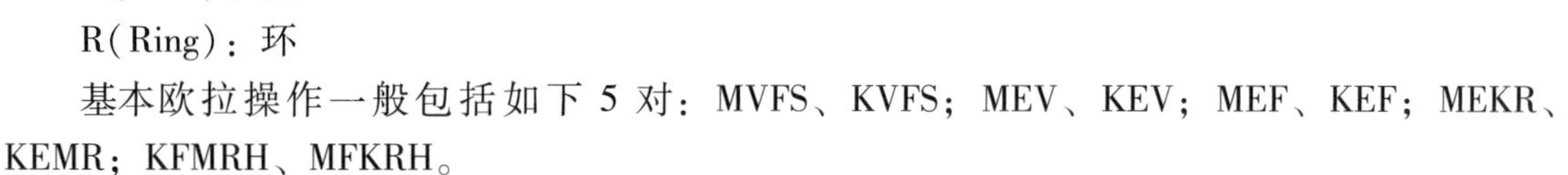
基本欧拉操作一般包括如下 5 对：MVFS、KVFS；MEV、KEV；MEF、KEF；MEKR、KEMR；KFMRH、MFKRH。

每一对包括两个操作，它们彼此是逆操作，例如 KVFS 是 MVFS 的逆操作。每对欧拉操作的含义简述如下。

(1) MVFS、KVFS

MVFS 生成一个实体 s，它只包含一个顶点和一个面，这个面包在顶点的外面且没有环和边。MVFS 是用于创建一个实体的初操作。

KVFS 删去一个顶点、一个面和一个体，它是 MVFS 的逆操作。

(2) MEV、KEV

MEV 在指定的实体 s 上增加一个新的顶点 v 和一条新边 e，新边以 v 为顶点，指向实体 s 中的一个指定的已有顶点。

KEV 删去实体 s 中的一个已有顶点和边，是 MEV 的逆操作。

(3) MEF、KEF

MEF 在指定的 s 中的一个面 face 上增加一条新边 e，e 将 face 分划出一个新的面 f，f 与 face 通过 e 相邻。

KEF 删去实体 s 中的一条边和一个面，是 MEF 的逆操作。

（4） MEKR、KEMR

MEKR 在实体 s 中一个指定面的外环与内环之相应顶点间增加一条新边 e，从而使两个环合成一个外环。

KEMR 删去实体 s 中面所含的一条边，生成一个新的内环，是 MEKR 的逆操作。

（5） KFMRH、MFKRH

KFMRH 将两个面 f_1、f_2 变成一个面。其方法是将 f_2 的外环变成 f_1 的内环，结果是 f_2 消去，f_1 出现一个内孔。KFMRH 用于将两个面粘合成一个面，或将面的内环打穿，形成体的孔。

MFKRH 删去一个内环和一个孔，从而创建一个面，是 KFMRH 的逆操作。

欧拉操作的实现并不困难，关键在于要覆盖所有情况。例如，空环和“环形”（circular）的边。

下述为 MVFS 的算法。程序 mvfs 建立一个 solid 的初始数据结构，该 solid 名为 s。s 含有一个面 f 和一个顶点 v，v 的坐标为 (x,y,z)。

```
Solid  *mvfs(s,f,v,x,y,z)
Id     s,f,v;
float  x,y,z;
{
    Solid      *newsolid;
    Face       *newface;
    Vertex     *newvertex;
    HalfEdge   *newhe;
    Loop       *newloop;

    newsolid=(Solid*)new(SOLID,NULL);
    newface=(Face*)new(FACE,newsolid);
    newloop=(Loop*)new(LOOP,newface);
    newvertex=(Vertex*)new(VERTEX,newsolid);
    newhe=(HALFEDGE*)new(HALFEDGE,NULL);

    newsolid->solidno=s;
    newface->faceno=f;
    newface->flout=newloop;
    newloop->ledg=newhe;
    newhe->wloop=newloop;
    newhe->nxt=newhe->prv=newhe;
    newhe->vtx=newvertex;
    newhe->edg=NULL;
```

```
    newvertex->vertexno=v;
    newvertex->vcoord[0]=x;
    newvertex->vcoord[1]=y;
    newvertex->vcoord[2]=z;
    newvertex->vcoord[3]=1.0;

    return(newsolid);
}
```

2. 低级欧拉算子

欧拉算子通常被分为低级和高级两类。低级欧拉算子通过指针指向半边数据结构中相邻的顶点，且无须对数据结构进行搜索。高级欧拉算子利用面和顶点的标识符进行搜索。这里讨论低级欧拉算子的实现，后面将主要讨论高级欧拉算子。限于篇幅，这里仅举几个例子

(1) LMEV

LMEV 为低级顶点分裂算子（vertex-splitting operator）。回想一下，需要一个算子能够处理如“空”环、“支撑”（struct）边等所有特殊情况。LMEV 可以用相当自然而简捷的形式来实现这些操作。如果该例程的参数 he1 和 he2 不相等，那么 LMEV 将把顶点 he1->vtx 所在的半边循环（cycle of halfedge）分裂成两个循环（cycle），使得 he1 是一个循环的第一个半边，he2 是另一个循环的第一个半边。标识符 v、坐标(x,y,z)和 he1 的起始循环被赋给一个新顶点。一条新边连接 he1->vtx 和这个新顶点。当 he1 等于 he2 时，在一个环中出现两次的“支撑”边将被加到 he1 的前部。

非常凑巧，半边操作的例程对这两种情况无须进行特殊编码处理。它首先分配和初始化新 vertex 和 edge 节点，当从 he1（包含）到 he2（非包含）的半边被赋给一个新的顶点时，while 循环将修改它们的顶点指针。注意这里是如何使用宏 mate 来选择有关循环的下一个半边的。最后，插入新的半边并修改所有顶点的循环指针。此时，新边的方向是由新顶点指向老顶点。

```
void lmev(he1,he2,v,x,y,z)
HalfEdge   *he1,*he2;
Id         v;
float      x,y,z;
{
    HalfEdge   *he;
    Vertex     *newvertex;
    Edge       *newedge;
    newedge=(Edge*)new(EDGE,he1->wloop->lface->fsolid);
    newvertex=(Vertex*)new(VERTEX,he1->wloop->lface->fsolid);
```

```
    newvertex->vertexno=v;
    newvertex->vcoord[0]=x;
    newvertex->vcoord[1]=y;
    newvertex->vcoord[2]=z;
    newvertex->vcoord[3]=1.0;
    he=he1;
    while(he1==he2)
    {
        he->vtx=newvertex;
        he=mate(he)->nxt;
    }
    addhe(newedge,newvertex,he2,PLUS);
    addhe(newedge,he2->vtx,he1,MINUS);

    newvertex->vedge=he2->prv;
    he2->vtx->vedge=he2;
}
```

（2）LMEF

第2个例子是LMEF，即低级面分裂算子（face-splitting operator）。和LMEV相似，如果he1不等于he2，则LMEF将用一条从he1->vtx到he2->vtx的新边把he1和he2的环分为两个环。半边he1仍处于老环中，而he2被移到新环上，该环变成了一个新面的外边界。对于he1等于he2的特殊情况，则建立只带有一条边的环形面。下面给出了实现这一算子的代码，这里主要是以强调MEF和MEV的对偶性而编写的。这段代码照例用先插入两个半边的方法来分裂原始的环，然后交换其尾部。此程序的特点是对于那些新的环形面（即he1等于he2），无须进行特殊的编码。

```
Face      *lmef(he1,he2,f)
HalfEdge *he1,*he2;
Id        f;
{
    Face    *newface;
    Loop    *newloop;
    Edge    *newedge;
    HalfEdge   *he,*nhe1,*nhe2,*temp;
    newface=(Face*)new(FACE,he1->wloop->lface->fsolid);
    newloop=(Loop*)new(LOOP,newface);
```

```
        newedge=(Edge *)new(EDGE,he1->wloop->lface->fsolid);
        newface->faceno=f;
        newface->flout=newloop;
        he=he1;
        while(he1==he2)
        {
            he->wloop=newloop;
            he=he->nxt;
        }
        nhe1=addhe(newedge,he2->vtx,he1,MINUS);
        nhe2=addhe(newedge,he1->vtx,he2,PLUS);
        nhe1->prv->nxt=nhe2;
        nhe2->prv->nxt=nhe1;
        temp=nhe1->prv;
        nhe1->prv=nhe2->prv;
        nhe2->prv=temp;

        newloop->ledg=nhe1;
        he2->wloop->lege=nhe2;

        return(newface);
    }
```

(3) LKEMR

最后一个例程是 LKEMR，即分裂一个环为两部分的低级算子。首先为一个新环的节点分配存储单元，然后对将要删除边的相应的两个半边 h1 和 h2 进行操作，将它们保留在两个不同的部分中，其中与 h2 对应的部分变成新环。这种处理方式的优点是可以直接运用例程 delhe 删除 h1 和 h2，且排除了“空”环等各种特殊情况。

```
    void lkemr(h1,h2)
    HalfEdge *h1,*h2;
    {
        register HalfEdge *h3,*h4;
        Loop *nl;
        Loop *ol;
        Edge *killedge;
        ol=h1->wloop;
        nl=(Loop *)new(LOOP,ol->lface);
```

```
        killedge=h1->edg;
        h3=h1->nxt;
        h1->nxt=h2->nxt;
        h2->nxt=h3;
        h3->prv=h2;
        h4=h2;

        do
        {
            h4->wloop=nl;
        }
        while((h4=h4->nxt)!=h2);

        ol->ledg=h3=delhe(h1);
        nl->ledg=h4=delhe(h2);

        h3->vtx->vedge=(h3->edg)?h3:(HalfEdge *)NULL;
        h4->vtx->vedge=(h4->edg)?h4:(HalfEdge *)NULL;

        del(EDGE,killedge,ol->lface->fsolid);
    }
```

在编写消除边的算子（LMEV、LMEF、LKEMR）时必须特别小心，因为可能会删除引用了一个半边的一些环节点，此时环的ledg指针也必须修改。类似地，h1和h2的顶点可以通过vedge指针向后引用（refer back to）h1和h2。

3. 高级欧拉算子

高级欧拉算子的实现是基于其相应的低级欧拉算子和一些辅助例程，这些辅助例程用来对半边数据结构进行搜索，查找所有需要的指针。高级欧拉操作总是分为以下两步实现：

① 通过搜索，找出相应低级欧拉操作所需的半边节点参数。

② 调用低级欧拉操作实现功能。

在下述算子的实现过程中，均采用顺序扫描法进行搜索。当实体的小面个数超过一定数值（如100）时，则应使用以杂凑法（hashing）为基础的小面直接存取法。

例程getsolid用标识符sn在存有所有实体的表中对实体进行定位，若成功，则返回一个指向该实体的指针；否则返回一个空指针。

类似地，例程fface用标识符fn对实体s的小面f定位，并返回一个指向小面f的指针。根据得到的小面f，例程fhe从vn1和vn2中搜索一个半边，同样地，如果查找不到，则返回NULL。

```
Solid *getsolid(sn)
Id sn;
{
    Solid *s;
    for(s=firsts;s!=NULL;s=s->nexts)
        if(s->solidno==sn)
            return(s);
        else return(NULL);
}

Face *fface(s,fn)
Solid *s;
Id  fn;
{
    Face *f;
    for(f=s->sfaces;f!=NULL;f=f->nextf)
        if(f->faceno==fn)
            return(f);
        else return(NULL);
}

HalfEdge *fhe(f,vn1,vn2)
Face *f;
Id vn1,vn2;
{
    Loop      *l;
    HalfEdge  *h;
    for(l=f->floops;l!=NULL;l=l->nextl)
    {
        h=l->ledg;
        do
        {
            if(h->vtx->vertexno==vn1&&h->nxt->vtx->vertexno==vn2)
                return(h);
        }
        while((h=h->nxt)!=l->ledg);
    }
```

```
    return(NULL);
}
```

利用这些扫描例程，高级欧拉算子的实现是非常直观的。例如，下面程序中的算子 MEV，在搜索到所需的指针后，简单地调用相应的低级算子 LMEV 来完成其操作。实际上，这段程序的大部分代码是用在当实体、面或顶点搜索不到时的出错信息处理上的，它返回一个标识来指明所要求的操作是否成功。良好的编码风格应使所有的高级欧拉算子都具有这种处理能力。

```
int mev(s,f1,f2,v1,v2,v3,v4,x,y,z)
Id s,f1,f2,v1,v2,v3,v4;
float x,y,z;
{
    Solid       *oldsolid;
    Face        *oldface1,*oldface2;
    HalfEdge    *he1,*he2;
    if((oldsolid=getsolid(s))==NULL)
    {
        fprintf(stderr,"mev:solid %d not found\n",s);
        eturn(ERROR);
    }
    if((oldface1=fface(oldsolid,f1))==NULL)
    {
        fprintf(stderr,"mev:face %d not found in solid %d\n",f1,s);
        return(ERROR);
    }
    if((oldface2=fface(oldsolid,f2))==NULL)
    {
        fprintf(stderr,"mev:face %d not found in solid %d\n",f2,s);
        return(ERROR);
    }
    if((he1=fhe(oldface1,v1,v2))==NULL)
    {
        fprintf(stderr,"mev:edge %d-%d not found in face %d\n",v1,v2,f1);
        return(ERROR);
    }
    if((he2=fhe(oldface2,v1,v3))==NULL)
    {
```

```
        fprintf(stderr,"mev:edge %d - %d not found in face %d\n",v1,v3,f2);
        return(ERROR);
    }
    lmev(he1,he2,v4,x,y,z);
    return(SUCCESS);
}
```

5.4.4 基本体元的生成

1. 移动掠扫算法

移动掠扫算法使用一个基本平面 FACE，并指定一个移动方向(dx,dy,dz)，其中 dx、dy、dz 分别表示移动距离的三个分量，通过欧拉操作，自动生成一个多面体的半边数据结构。算法如程序 sweep(fac,dx,dy,dz)所示。该程序在执行过程中，数据结构的逐步生成及各变量的位置变化如图 5.17 所示，其中图 5.17（a）～图 5.17（f）与程序中所标记位置的情况相对应。

移动掠扫算法

```
/*  procedure sweep is a translation sweeping routine. It takes a face fac of a
solid, and sweeps it along a vector [dx, dy, dz ].
*/
void sweep(fac, dx, dy, dz)
Face * fac;
Float dx, dy, dz;
{
    Loop     * l;
    HalfEdge * first, * scan;
    Vertex   * v;

    lgetmaxnames(fac->fsolid);
    l = fac->floops;
    while(l)
    {
        first = l->ledg; /* a */
        scan = first->nxt;
        v =scan->vtx;
        lmev(scan, scan, ++maxv,
             v->vcoord[0]+dx,
             v->vcoord[1]+dy,
```

```
              v->vcoord[2]+dz);     /* b */

       while(scan != first)
       {
          v = scan->nxt->vtx;
          lmev (scan->nxt, scan->nxt, ++maxv,
              v->vcoord[0]+dx,
              v->vcoord[1]+dy,
              v->vcoord[2]+dz);     /* c */
          lmef(scan->prv, scan->nxt->nxt, ++maxf); /* d */
          scan = mate(scan->nxt)->nxt;
       }     /* e */
       lmef(scan->prv, scan->nxt, ++maxf);
       l = l->nextl;
       }
    }
    /*  end of sweep */
```

程序 sweep(fac,dx,dy,dz)所含子程序 lgetmaxnames(fac→fsolid)的功能是：搜索 solid 中 face 和 vertex 中的最大编号（即 Id 名字），并将它们分别赋给变量 maxf 和 maxv。这样，在新顶点和新面生成之时，可以用++maxv 的方法很容易地予以赋名，并保持名字的唯一性。

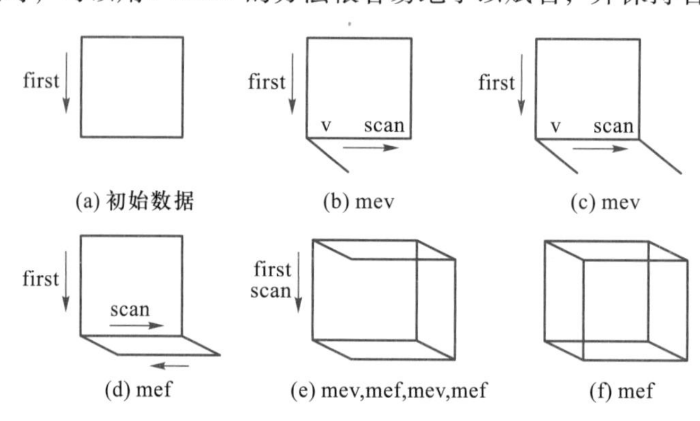

图 5.17 在程序 sweep 执行过程中，数据结构逐步生成的示意

2. 长方体生成算法

长方体生成算法

长方体生成算法如程序 block(sn,dx,dy,dz)所示。函数 block 生成一个名为 sn 及长、宽、高分别为 dx、dy、dz 的直角六面体。

block 的算法思想是：首先生成一个四边形的面，编号为 2；然后将这个面按照(0,0,dz)的方向调用 sweep 程序进行移动掠扫，即生成一个长方体的数据结构。

显然，程序 block 很容易加以修改，成为一个可以对任意多边形、按任意方向进行移动掠扫，而生成一个实体的数据结构的算法。读者不妨一试。

```
/*  procedure block generates a block with length dx, width dy and height dz, and
returns the pointer to the block solid of Id sn.
*/

Solid  *block(sn, dx, dy, dz)
Id     sn;
Float dx, dy, dz;
{
    Solid * s;

    s = mvfs(sn, 1, 1, 0.0, 0.0, 0.0);
    smev(sn, 1, 1, 2, dx, 0.0, 0.0);
    smev(sn, 1, 2, 3, dx, dy, 0.0);
    smev(sn, 1, 3, 4, 0.0, dy, 0.0);
    smef(sn, 1, 1, 4, 2);
    sweep(fface(s, 2), 0.0, 0.0, dz);
    return(s);
}
```

程序 block 中所用的专用欧拉操作 smev 的参数意义如下：

```
smev(s, f1, v1, v4, x, y, z)
```

smev 专用于f_1等于f_2的情况，此时f_2不必再给出，而且区分v_2和v_3也没有意义。各参数的意义如图 5.18 所示。

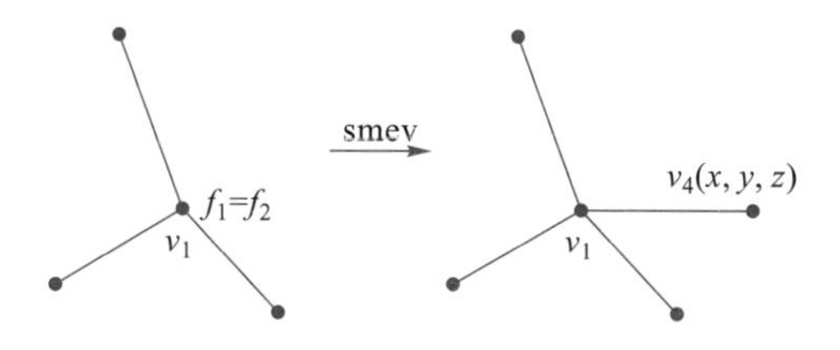

图 5.18 smev 的功能

3. 圆柱生成算法

圆柱生成算法如程序 cylinder(sn, rad, h, nfac) 所示。函数 cylinder 自动生成一个名为 sn、高为 h、底圆半径为 rad 并以一个 n 边多边形逼近的圆柱。函数返

圆柱生成算法

回一个指向该圆柱的指针。其算法思想是：首先调用 circle 函数生成一个半径为 rad 的正 n 边形，然后用 sweep 子程序掠扫 z = h 方向而得到圆柱的数据结构。

```
/*  procedure cylinder(sn, rad, h, nfac) creates a cylinder with solidno=sn, ra-
dius rad, height h, and number of faces in approximation to the curved surface.
*/
Solid *cylinder(sn, rad, h, nfac)
Id  sn;
float rad, h;
int nfac;
{
    Solid *s;
    s = circle(sn, 0.0, 0.0, rad, 0.0, nfac);
    sweep(fface(s, 1), 0.0, 0.0, h);
    return(s);
}
```

程序 circle(sn,cx,cy,rad,h,n)所示为函数 circle 的算法。这个函数自动生成一个名为 sn，圆心位置在 x = cx、y = cy、z = h，半径为 rad 的正 n 边形所逼近的圆的指针。其算法思想是：调用 arc 子程序生成一个半径为 rad 的正 n 边形的 $n-1$ 条边所逼近的圆弧，然后用 SMEF 操作生成最后一条边和一个逼近圆的正 n 边形数据结构。

```
/*  procedure circle generates a closed circle as a solid, the circle is centered
at(cx, cy) on plane z = h, with radius = rad and n edges. The newly generated solid
is assigned identifier sn.
*/
Solid *circle(sn, cx, cy, rad, h, n)
Id   sn;
float cx, cy, rad, h;
int n;
{
    Solid *s, *mvfs();

    s = mvfs(sn, 1, 1, cx, +rad, cy, h);
    arc(sn, 1, 1, cx, cy, rad, h, 0.0, ((n-1) * 360.0 /n), n-1);
    smef(sn, 1, n, 1, 2);
    return(s);
}
/* end of circle */
```

程序 arc(s,f,v,cx,cy,rad,h,phi1,phi2,n)所示为子程序 arc 的算法。这个子程序以实体 s 所含面 f 上的点 v 为起点，以(cx, cy, h)为圆心，rad 为半径，生成一个以 n 条边折线所逼近的圆弧。圆弧的范围从角度 phi1 起，到 phi2 止，并定 x 轴角度为 0，转角以逆时针方向为正。圆弧所在的平面与 z 轴垂直。其算法思想是：依次算出折线的 n 个顶点的坐标值(x,y)，用欧拉操作 SMEV 将它们连成一条弧并构成相应的数据结构。其中常数 PI 为圆周率。

```
/*  routine arc generates an approximation of a circular arc segment with n
edges, centered at (cx, cy)on plane z = h and with radius rad. The arc ranges from
angle phi1 to phi2,measured in degrees, where 0.0 = x_axis /nd angles grow coun-
terclockwise. The arc starts from existing vertex v on face f.
*/

void arc(s, f, v, cx, cy, rad, h, phi1, phi2, n)
Id    s, f, v;
float cx, cy, rad, h, phi1, phi2;
int   n;
{
    float x, y, angle, inc;
    double  sin( ), cos( );
    Id  prev;
    int  i;

    angle = phi1 * PI /180.0;
    inc = (phi2 - phi1) * PI /(180.0 * n);
    prev = v;
    lgetmaxnames(s);
    for(i = 0;i < n; i++)
    {
        angle += inc;
        x = cx + rad * cos(angle);
        y = cy + rad * sin(angle);
        smev(s, f, prev, ++maxv, x, y, h);
        prev = maxv;
    }
}
/* end of arc */
```

4. 以曲线为基的旋转掠扫算法

以曲线为基的旋转掠扫算法

以曲线为基线，通过旋转掠扫可以产生曲面。这是实体基元球、锥等数据结构生成的基本方法。其中曲线总是以折线逼近，而旋转也总是以正 n 边形的边界轨逼近，因此，生成的是一个逼近曲面的多面壳。

程序 rsweep(s,nfaces)所示为以曲线为基的旋转掠扫算法，其中作为基线的折线含在 s 之中。参数 nfaces 指出了逼近旋转的正 n 边形的边数。图 5.19 所示为程序在执行中的数据结构和指针变化情况。现说明如下：

图 5.19（a）相应于程序的第 11~15 句，将指针 first（cfirst）和 last 分别指向以基线两端为终点的两条半边。

图 5.19（b）相应于程序第 21 句之后的情况，此时，执行一次 lmev 而生成一条新边，并将 scan 指向新边的一条半边。

图 5.19（c）相应于程序第 24 句之后的情况，此时，因在 scan 的循环中执行了一次 lmev，故产生第二条新边。

图 5.19（d）相应于程序第 26 句之后的情况，此时，因 lmef 的执行而产生一个新面。scan 的位置与图 5.19（a）中的相应位置类似，即为第二步循环做好了准备。

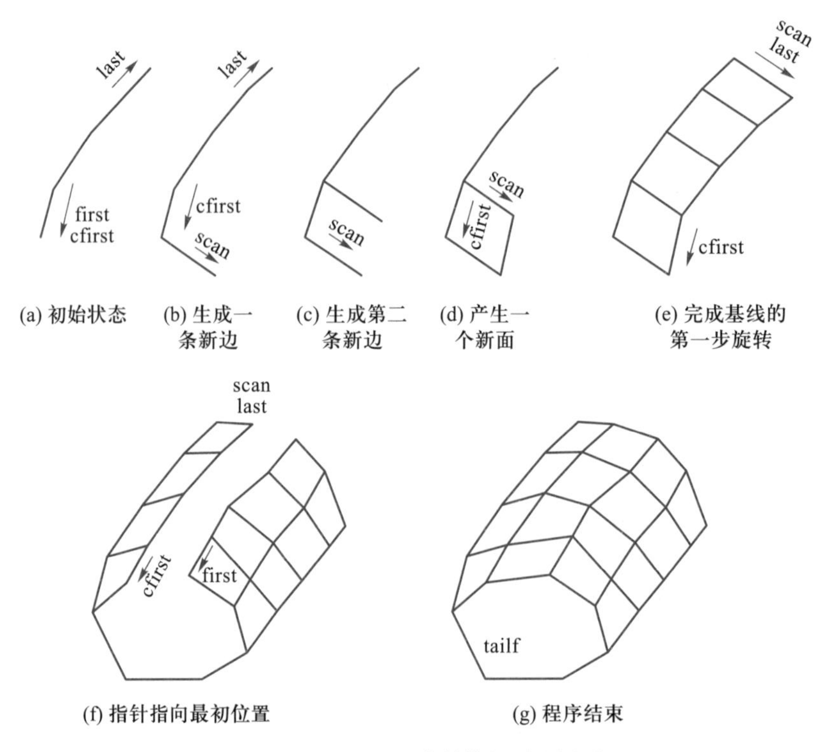

图 5.19　rsweep 程序的执行过程图示

图 5.19（e）相应于程序第 28 句之后的情况，此时，基线的第一步旋转已完成，cfirst 和 last 的位置与图 5.19（a）中的相应位置类似，即为下一轮的循环做好了准备。

图 5.19（f）相应于程序第 29 句后括号外的情况，其中 first 是指针最初的位置。

图 5.19（g）相应于程序结束的情况。

程序中所调用的各子程序的功能如下：

子程序 matident(m)是对变换矩阵 m 初始化。

子程序 matrotate(m, α_1, α_2, α_3)是准备一个分别绕 z 轴、y 轴和 x 轴转动 α_1、α_2、α_3角度的变换矩阵。

子程序 vecmult(v, v_1, m)是做坐标变换 $v = v_1 * m$，此处 m 是前面准备好的变换矩阵。

```
void rsweep(s, nfaces)
Solid *s;
Int nfaces;
{
    HalfEdge *first, *cfirst, *last, *scan;
    Face     *tailf;
    matrix   m;
    vector   v;

    lgetmaxnames(s);
    first = s->sfaces->floops->ledg;
    while(first->edg != first->nxt->edg)  first = first->nxt;
    last = first->nxt;
    while(last->edg!= last->nxt->edg)  last = last->nxt;
    cfirst = first;  /* a */
    matident(m);
    matrotate(m, (-2.0 * PI /nfaces), 0.0, 0.0);
    while(--nfaces)
    {
        vecmult(v, cfirst->nxt->vtx->vcoord, m);
        lmev(cfirst->nxt, cfirst->nxt,++maxv,
             v[0], v[1], v[2]);
        scan = cfirst->nxt; /* b */
        while(scan != last->nxt)
        {
            vecmult(v, scan->prv->vtx->vcoord, m);
            lmev(scan->prv, scan->nxt, ++maxf);
```

```
            scan = mate(scan->nxt->nxt); /* d */
        }
        last = scan;
        cfirst = mate(cfirst->nxt->nxt); /* e */
    }       /* f */
    tailf = lmef(cfirst->nxt, mate(first),++maxf);
    while(cfirst != scan)
    {
        lmef(cfirst, cfirst->nxt->nxt->nxt, ++maxf);
        cfirst = mate(cfirst->prv)->prv;
    }
}    /* g */
/* end of rsweep */
```

5.5　非传统造型技术

传统的几何造型方法是用点、线、面等几何元素经过并、交、差等集合运算构造维数一致的正则形体和维数不一致的非正则形体。随着造型技术的发展，又产生了许多造型方法，如分形（fractal）造型法、粒子系统等算法。这些方法可以极大地扩大传统几何造型方法的覆盖域，提高执行速度。

5.5.1　分形造型

欧氏几何的主要描述工具是直线、平滑的曲线、平面及边界整齐的平滑曲面，这些工具在描述一些抽象图形或人造物体的形态时是非常有力的，但对于一些复杂的自然景象形态就显得无能为力了，诸如山、树、草、火、云、波浪等。这是由于从欧氏几何来看，它们是极端无规则的。为了解决复杂图形生成问题，分形造型应运而生。

1. 基本概念

对复杂现象的探索早在图形学产生之前就已经开始了，可以回溯到1904年。当时Helge Von Koch研究了一种他称为雪花的图形。他将一个等边三角形的三条边都三等分，在中间的那一段再凸起一个小三角形。这样一直下去，理论上可证明这种不断构造成的雪花周长是无穷的，但其面积却是有限的。这和正统的数学直观是不符的，周长和面积都无法刻画出这种雪花的特点，欧氏几何对这种雪花的描述无能为力。20世纪60年代开始，Benoit B. Mandelbrot重新研究了这个问题，并将雪花与自然界的海岸线、山、树等自然景象联系起来，找出了其中的共性，并提出了分形的概念。

Mandelbrot 曾举出了一个海岸线的例子来说明他的理论。假设要测量不列颠的海岸线长度，可以用一个 1 000 m 的尺子，一尺一尺地向前量，同时数出有多少个 1 000 m，这样可以得到一个长度 L_1，然而这样测量会漏掉许多小于 1 000 m 的小湾，因而结果不准确；如果尺子缩到 1 m，那么会得到一个新的结果 L_2，显然 $L_2>L_1$。一般地，如果用长度为 r 的尺子来量，将会得到一个与 r 有关的数值 $L(r)$。与 Koch 的雪花一样，$r\to 0$，$L(r)\to\infty$。也就是说，不列颠的海岸线长度是不确定的，它与测量用的尺子长度有关。

Mandelbrot 注意到 Koch 雪花和海岸线的共同特点：它们都有细节的无穷回归，随着测量尺度的减小都会得到更多的细节。换句话说，就是将其中的一部分放大会得到与原来部分基本一致的形态，这就是 Mandelbrot 发现的复杂现象的自相似性。为了定量地刻画这种自相似性，他引入了分形的概念。

设 N 为每一步细分的数目，S 为细分时的放大（缩小）倍数，则分数维 D 的定义为

$$D=(\log N)/\log(1/S)$$

以 Koch 雪花为例，它的每一步细分线段的个数为 4，而细分时的放大倍数为 1/3，则雪花边线的分数维 $D=1.261\,9$。如果按欧氏几何的方法，将一线段四等分，则 $N=4$，$S=1/4$，$D=1$。如将一正方形 16 等分，此时 $N=16$，线段的放大倍数 $S=1/4$，则 $D=2$。

一般地，二维空间中的一个分数维曲线的维数介于 1 和 2 之间；三维空间中的一个分数维曲线的维数在 2 和 3 之间。分数维的引入为研究复杂形体提供了全新的角度，使人们从无序中重新发现了有序，许多学科，像物理、经济、气象等，都将分形几何学作为解决难题的新工具。计算机图形学也从中受到启发，形成了以模拟自然界复杂景象、物体为目标的分形造型。

2. 分形造型对模型的基本要求

分形造型是利用分形几何学的自相似性，采用各种模拟真实图形的模型，使整个生成的景象呈现出细节的无穷回归性质的方法。所生成的景物中，可以有结构性较强的树，也可以有结构性较弱的火、云、烟，甚至可生成有动态特性的火焰、浪等。生成图形的关键是要有一个合适的模型来描述上述景象。人们已经研究了不少模型，这些模型应尽量满足下列要求。

① 能逼真地“再现”自然景象。所谓逼真是指从视觉效果上逼真，“再现”即不要求完全一致。

② 模型不依赖于观察距离。即距离远时可给出大致轮廓和一般细节，距离近时能给出更丰富的细节。

③ 模型说明应尽量简单，模型应具有数据放大能力。

④ 模型应便于交互地修改。

⑤ 图形生成的效率要高。

⑥ 模型适用范围应尽可能的宽。

3. 分形造型的常用模型

随机插值模型是1982年由Alain Fournier、Don Fussell和Loren Carpenter提出的，它能有效地模拟海岸线和山等自然景象。

为了克服传统模型技术中依赖观察距离的局限性，随机插值模型并不事先决定各种图素和尺度，而是用一个随机过程的采样路径作为构造模型的手段。例如，构造二维海岸线的模型可以选择控制大致形状的若干初始点，然后在相邻两点构成的线段上取其中点，并沿垂直连线方向随机偏移一个距离，再将偏移后的点与该线段两端点分别连成两条线段。这样下去可得到一条曲折的有无穷细节回归的海岸线，其曲折程度由随机偏移量控制，它也决定了分数维的大小，如图5.20所示。在三维情况下可通过类似过程构造山的模型，一般通过多边形（简单的如三角形）细分的方法。可以在一个三角形的3条边上随机各取一点，并沿垂直方向偏移一定距离后得到新的3个点，再连接成4个三角形，如此继续，即可形成褶皱的山峰。山的褶皱程度由分数维控制，如图5.21所示。

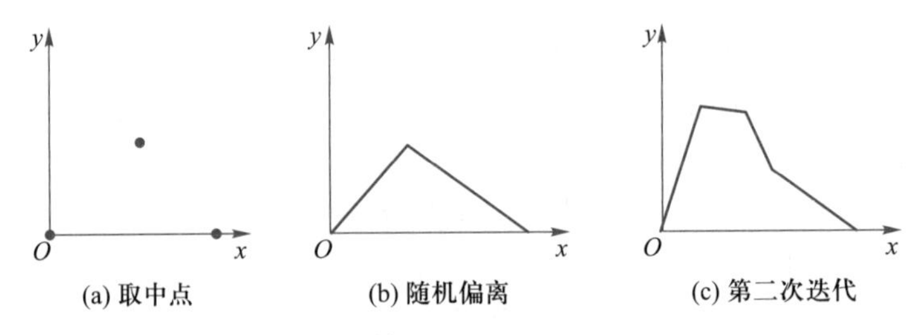

图5.20　用随机模型构造海岸线的例子

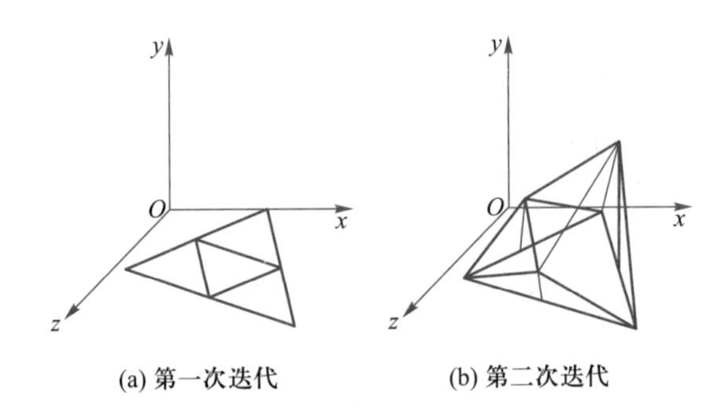

图5.21　用随机模型构造山的例子

5.5.2　粒子系统

W. T. Reeves在1983年提出该随机模型，它用大量的粒子图元来描述景物。粒子可以随时间推移发生位置和形态的变化。每个粒子的位置、取向及动力学性质都是由一组预先定义的随机过程来说明的。

粒子系统是迄今为止被人们认为模拟不规则模糊物体最为成功的一种图形生成算法。由于计算机模拟自然景物的其他算法模型往往是专门针对某一类自然景物而设计的，因而无法用统一的一种模式来生成诸如云、烟、火、结晶体的凝聚等具有变化形状的自然景物。粒子系统采用一种完全不同于以往造型的绘制系统的方法来构造、绘制景物。景物被定义为由成千上万个不规则的随机分布的粒子所组成，每个粒子均有一定的生命周期，它们不断改变形状，不断运动。每个粒子都有一组随机取值的属性，如初始位置、初速度、颜色及大小等。后来又用该模型来模拟草丛、森林等对全景要求高的景象。在粒子系统中，最关键的是景物的总体形态和特征的动态变化，而不是各个粒子本身。粒子系统的这一特征，使得它充分体现了不规则模糊物体的动态性和随机性，能很好地模拟火、云、水、森林和原野等自然景观及材料科学、化学、生物等学科中粒子的动态变化及形态。

粒子系统并不是一个简单的静态系统，而是一个复杂的动态系统，随着时间的推移，系统中已有粒子不断改变形状、不断运动，伴随着新粒子的加入，旧粒子也不断消失。为模拟生长和死亡过程，每个粒子被赋予一定的生命周期，它将经历出生、成长、衰老和死亡的过程。同时为了使粒子系统所表示的景物具有良好的随机性，与粒子有关的每一参数均受到一个随机过程的控制。粒子系统的上述构造方式使得用它来模拟动态自然景物，如流水、云彩飘移等成为可能。生成粒子系统某瞬间画面的基本步骤如下。

① 将产生的新粒子加入系统中。

② 赋予每一粒子以一定的属性。

③ 删除那些已经超过其生命周期的粒子。

④ 根据粒子的动态属性对粒子进行移动和变换。

⑤ 绘制并显示由有生命的粒子组成的图形。

上述步骤中每一步的操作均是过程计算模型，因而它可与任何描述物体运动和特征的模型结合起来。例如，粒子的运动、变换可用偏微分方程来表达。为表达粒子系统的随机性，还可采用一些非常简化的随机过程来控制粒子在系统中的形状、特征及运动。对每一粒子参数均确定其变化范围，然后在该范围内随机地确定它的值，而其变化范围则由给定的平均期望值和最大方差确定，其基本表达式为

$$\text{par} = \text{mp} + \text{rand}(\,) \cdot \text{varpar} \tag{5.1}$$

其中，par 为粒子系统中任一需要确定的参数，rand( )为区间[-1,1]上的均匀随机函数，mp 为该参数的均值，varpar 为其方差。

粒子数目在很大程度上影响模糊物体的密度及其绘制色彩。这可以通过确定每一时刻进入系统的粒子数来控制系统中的总粒子数目，而每一时刻进入系统的粒子数则可由给定粒子的平均数和方差按式（5.1）计算。为了有效控制粒子的层次细节及绘制效率，也可根据单位

屏幕面积上所具有的平均粒子数 mpt 和方差 varpt 来确定进入系统的粒子数 npt，此时式（5.1）可修改为

$$npt = (mpt + rand() \cdot varpt) \cdot screenp \tag{5.2}$$

式中 screenp 为当前模拟景物在屏幕上的投影面积。式（5.2）有效地避免了用大量粒子来模拟在屏幕上投影面积很小的景物，大大提高了算法的绘制效率。

另外，在粒子系统中还可以将上述进入系统的平均粒子数看作时间的函数，从而使粒子系统在光强和颜色上有所变化。还可用式（5.1）确定粒子的初始位置、大小、方向、颜色、透明度、形状及生命周期等基本属性。同时考虑到被模拟的自然景物的复杂性和多变性，在模拟时也可根据需要用多个粒子系统，这时只要通过粒子系统的层次结构来加强对复杂物体的整体控制即可。

习　　题

1. 试述实体造型中三种主要表示方法的优缺点。
2. 试述分形和粒子系统适合表述的对象。
3. 如何对两个八叉树表示的物体进行布尔运算？
4. 写出边界表示的半边数据结构中各对象（Solid、Loop、Edge、Half Edge，Vertex）的数据结构，并对各对象中成员的含义加以解释。
5. 已知 v 为半边数据结构中的一个顶点，检索出与 v 共边的所有其他顶点。
6. 写出用欧拉操作做线性掠扫体的过程。

第 6 章 网格重建与几何处理

三维物体形状的数字化是计算机图形学、计算机视觉、虚拟现实等领域的关键技术，在建筑、医疗、广告、CAD/CAM 和游戏中具有广泛的应用。扫描得到的散乱点云，除了点的三维坐标，通常不包含任何别的信息。这些无组织数据点云数量一般十分庞大，而且包含大量的噪声，因此必须经过筛减处理，重新构造满足要求的三维曲面模型。除了基于点的造型、CAD 中的 NURBS 曲面外，散乱点云曲面重建通常都集中在三角形网格重建。在众多的曲面造型中，三角网格是相当常用的曲面表达形式，各种图形硬件和常用的几何造型软件都能够很好地支持三角形网格显示。图形硬件技术的高速发展和三角形网格技术的深入研究，进一步巩固了三角网格在图形绘制和几何造型中的地位。

要在计算机上对一个对象进行三维动画特技处理，要为游戏、动漫系统提供大量具有极强真实感的三维模型，首先必须获得其三维数字化模型。对于一些简单的物体，可以由计算机特技师利用三维造型软件构造。然而对许多真实而又复杂的物体，如三维特技处理需要的真实演员形象、建筑、文物、雕塑等是很难用构造软件（如 3DS MAX 或者 MAYA 提供的自由曲线造型功能）制作出三维模型的。通过三维扫描技术，能迅速、方便地将演员、道具、模型等的表面空间和颜色数据扫描入计算机中，构成与真实物体完全一致的三维彩色模型。有了这些数字化模型，就可以用三维动画软件对它们做进一步的几何处理，如旋转、拉伸、扭曲、裁剪、拼接、运动等。近年看到的一些影片，如《金刚》《恶灵骑士》《魔戒》《阿凡达》等，其中那些令人震撼、叹为观止的三维特技效果，在制作中都借助了三维扫描点云网格重建技术。在尼古拉斯·凯奇主演的电影《恶灵骑士》中，所有的模型都由 Angel 三维扫描仪软件完成扫描制作。现在世界上影视技术较为发达的国家正在研究用三维彩色扫描仪将演员、动物的立体彩色模型输入三维动画软件，形成数字化的虚拟演员，结合高级的三维动画技术和近年来兴起的表演动画技术，赋予它们不同的表情和动作。这将给影视特技制作带来革命性的变化。

三维扫描点云重建与几何处理技术在工业生产中，特别是在 CAD/CAM/CIMS 中具有重要的应用。三维扫描仪能快速测得零件表面每个点的坐标，将数据送入 CAD 系统和数控加工设备，很快就能得到一模一样的产品。在机械和玩具的设计中，并不是所有的产品都能由 CAD 设计出来，尤其是带有非标准曲面的产品。在某些情况下，设计师直接用胶泥、石膏等做出手工模型，或者需要按工艺品的样品加工。用三维扫描仪对这些样品、模型进行扫描，可以得到其立体尺寸数据，这些数据能直接与各种 CAD/CAM 软件接口对接，在 CAD 系统中可以对数据进行调整、修补，再送至数控加工或快速成型设备制造。三维扫描点云重建技术在服装制作中也开始被逐渐推广应用。

在这个数字化的时代，从古老的机械行业到新兴的计算机三维动画制作业，许多领域都出现了对“实物数字化”技术的强烈需求，而与之相配套的应用技术也发展到相当的水平，三维模型的网格重建与几何处理技术具有广阔的前景。

本章将对主流的网格重建方法以及相关数字几何处理技术展开讨论。叙述中将部分介绍OpenMesh开源编程接口，以便于具体技术的讨论和教学。OpenMesh是一个通用数字几何处理的C++编程开发包，具有很好的跨平台特性，由德国亚琛工业大学计算机图形学与数字媒体实验室开发并维护。读者可在其官方网站下载最新的源代码。在此之上，开发者还可以使用OpenFlipper开发框架做应用层开发。事实上，由于曲面重建的重要性，各发达国家均投入了大量的人力物力进行研究。除OpenMesh之外，还有法国研究者一直积极维护的CGAL开源开发包，以及意大利和以色列研究者合作开发的MeshLab开源软件，它们均能很好地运用于网格曲面重建应用与科研。

6.1 Delaunay 网格重建①

该方法主要应用Voronoi图对散乱点云进行Delaunay三角化，其主要思想是对每个采样点在各个方向探索所有领域，寻找可能的邻近点来计算曲面。1972年，Lawson提出了三角化的最大内角最小化原则，符合这一原则的三角化称为局部均匀的。随后Sibon证明了Delaunay三角化是符合这一原则的唯一形式。紧接着Green and Sibon实现了二维空间的Voronoi图的计算及Delaunay三角化。Bowyer和Watson把结果推广到任意维。随后出现了大量的文献，用各种不同的方法实现Voronoi图和Delaunay三角化。由于Delaunay三角剖分后的结果是一个三角形（二维）或四面体（三维）的凸包，并不表示真正的原物体表面，因此其中包含许多冗余的三角形或四面体。

对平面或者空间中的散乱点进行域分割后，将具有公共域边界的对应点相连形成的三角形网格称为Delaunay三角形网格。如图6.1（a）是二维平面随意分布的散乱点；图6.1（b）是散乱点的Dirichlet域分割，又称Voronoi图；具有相邻公共域的点之间互相连接，形成三角形网格，如图6.1（c）所示。

1998年Amenta等人提出了基于Voronoi图和Delaunay三角化的全新曲面重建算法，称为Crust算法。Amenta等人证明，给定光滑曲面的一个合适采样，Crust重建算法的输出和曲面拓扑相等。当采样浓度增加时，输出收敛至曲面。这种算法的优点在于输出的离散曲面在细节区域具有密集点，而在无特征的区域只有稀疏点。后来使用Power图代替了四面体，利用

① 本节为选学内容。

曲面上的采样点构造网格，逼近物体的中轴变换（medial axis transform，MAT），然后从 MAT 进行逆变换产生曲面表示。Power Crust 的优点就是输出不依赖于采样点的浓度和分布，并且能够表示尖锐特征。

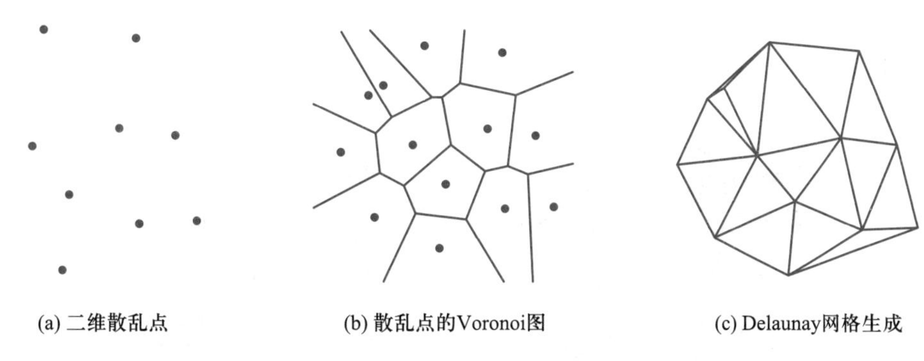
(a) 二维散乱点　(b) 散乱点的Voronoi图　(c) Delaunay网格生成

图 6.1　散乱点云的 Voronoi 图和 Delaunay 三角化

Power Crust 算法的思想是从点云构造中轴变换的离散逼近，并从中轴变换重建曲面。其主要步骤如下所述。

① 对空间中的散乱点集 S 建立 Delaunay 三角剖分，并获得其相应的 Voronoi 图 $V(S)$，见图 6.2（a）。

② 构造极点和 Voronoi 球。$V(S)$ 中符合要求的 Voronoi 顶点称为极点（pole），对极点构造 Voronoi 球（极球），见图 6.2（b），该球穿越距离该极点最近的几个散乱点。Voronoi 球的半径实际上定义了该极点的权值。相邻极球限定的并集（finite union）形成对中轴变换的逼近，见图 6.2（c）。极点的集合为 Q。

③ Delaunay 三角剖分。将 S 与 Q 一起进行三维 Delaunay 三角剖分，得到 $D(S+Q)$。

④ Voronoi 过滤。从 $D(S+Q)$ 中找出顶点均属于 S 的三角形构成集合 $T(P)$。

⑤ 法矢过滤。根据法矢原则，从 $T(S)$ 中找出所需要的曲面拓扑进行重建。

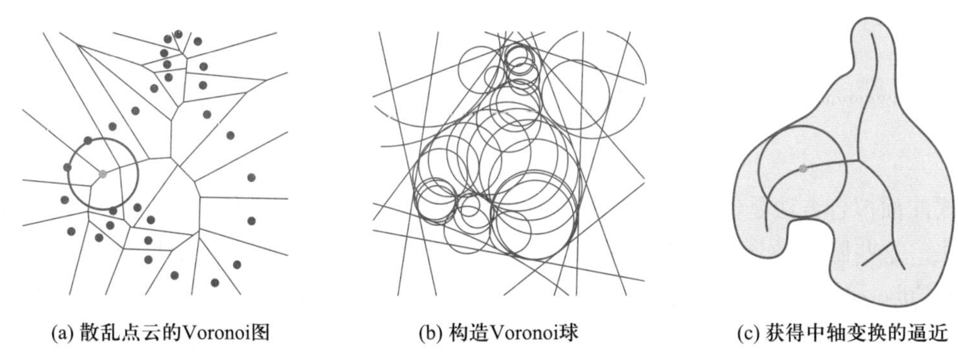
(a) 散乱点云的Voronoi图　(b) 构造Voronoi球　(c) 获得中轴变换的逼近

图 6.2　Power Crust 曲面重建

2002年，Amenta、Choi、Dey 和 Leekha 在 Crust 算法的基础上提出了 Cocone 算法，Cocone 算法节省了计算时间和内存消耗。Tight Cocone 则在 Cocone 算法的基础上，改进了 Cocone 算法引入额外点的不足，并且能够从 Delaunay 三角剖分中寻找三角形填补空洞。图6.3所示是分别使用 Power Crust 和 Tight Cocone 两种方法对 Stanford Dragon 进行重建的比较，其中左边为 Power Crust 方法，右边为 Tight Cocone 方法。

图6.3 分别使用 Power Crust 和 Tight Cocone 算法进行重建

基于 Delaunay 三角化的方法在理论上能够保证重建曲面的质量，即所得曲面网格拓扑正确，且随着采样密度的增大，重建曲面最终收敛于真实的被测曲面，还可克服人为划分散乱数据区域所带来的操作烦琐和低可靠性。但是，这种基于约束 Delaunay 算法的网格重建计算量和内存占用很大，当数据点数量达上百万、数据分布不均匀、采样数据存在噪声、采样点分布较稀疏或具有尖锐特征时，这种方法的局限性就显示出来了。

基于 Delaunay 的算法都属于计算几何方法，通过计算点云的 Delaunay 三角形或对偶 Voronoi 图来定义采样点的拓扑连通性。这些算法的优点就是重建曲面网格的复杂性和输入采样点的复杂性成正比，而且在采样浓度未知的情况下也能够界定重建质量。其主要缺点是计算 Delaunay 三角形需要较大的内存开销和时间，对于大规模的点云，这些方法显得力不从心。

6.2 网格重建的多项式拟合方法

隐式曲面拟合方法是使用隐函数曲面拟合数据点，然后在零等值面上提取三角形网格的一类方法。这些隐函数通常为径向基函数或多项式函数，而提取三角形网格的方法主要以 Marching Cube 和 Bloomenthal 多边形化这两种方法为代表。曲面拟合方法可用一个函数解析表达式完全表达被测表面的曲面方程，该方法广泛应用于计算机视觉、模式识别等领域。但整体逼近的方式致使逼近精度往往不高（否则导致解大规模的线性方程组，如径向基函数拟合法），因此常常需要进行局部细微特征的拟合。

给定一组分布于曲面上的点云 $X=\{x_i\}\subset R^3$，多数隐式曲面拟合技术的主要思想是构造特定的函数 $y=f(x)$。由此，集合 $\Omega=\{x\mid f(x)\geqslant 0,\ x\in R^3\}$ 描述了某个物体的半空间，而集合 $\{x\mid f(x)=0, x\in R^3\}$ 则描述了物体的边界。网格重建的目的就是要找到合适的物体形状边界，使得逼近或者插值点云 X。隐式曲面表示方法可为几何造型和图形学中的许多操作带来极大的方便，因而得到了诸多应用。例如，在判断一个点在曲面上哪一侧及进行曲面求交时，隐式化表示可方便地通过隐函数取值的符号来判断。隐式曲面允许一个复杂的形状通过一个单一的公式处理，并可统一表示曲面和体模型。在这样的隐式模型中，许多复杂的曲面编辑操作变得较为容易，因此隐式曲面拟合散乱点进行重建引起了研究者的极大兴趣。

1. 径向基函数拟合

在隐式曲面构造中使用较多的是径向基函数（radial basis functions，RBF），它是几何数据分析、模式识别、神经网络的标准工具，在各种数学文献中得到了广泛研究，此外二次多项式隐函数也有较多应用。

如果要插值或者逼近给定的一组散乱点云 $X=\{x_i\}_{i=1}^{N}\subset R^3$，定义拟合这组散乱点云 X 的径向基函数为 $s(x_i), i=1,2,\cdots,N, s:R^3\rightarrow R$。对于每个点 $x_i=(x,y,z)\in R^3$，径向基函数拟合采用如下公式表示：

$$s(x)=p(x)+\sum_{i=1}^{N}\lambda_i\phi(|x-x_i|)$$

式中 p 是低维的多项式，ϕ 是基函数，区间分布为 $[0,+\infty)$，这里 x_i 通常被看作径向基函数的中心。该拟合公式表明，径向基函数 s 由基函数 ϕ 的线性组合及一个线性多项式 p 组成。基函数 ϕ 通常有较多选择，比如 thin-plate 样条 $\phi(r)=r^2\log(r)$，高斯函数 $\phi(r)=\exp(-cr^2)$，$\phi(r)=r$ 或 $\phi(r)=r^3$ 等。

令 $\{p_1,\cdots,p_l\}$ 是多项式函数的基，$c=\{c_1,\cdots,c_l\}$ 是给定 p 的函数基的系数，$s(x)$ 可以写成如下的矩阵形式

$$\begin{pmatrix}A & P\\ p^{\mathrm{T}} & 0\end{pmatrix}\begin{pmatrix}\lambda\\ c\end{pmatrix}=B\begin{pmatrix}\lambda\\ c\end{pmatrix}=\begin{pmatrix}f\\ 0\end{pmatrix}$$

这里 $A_{ij}=\phi(|x_i-x_j|), i,j=1,2,\cdots,N, P_{ij}=p_j(x_i), i=1,2,\cdots,N, j=1,2,\cdots,l$。特别地，如果方程 $s(x)$ 中 $p(x)=c_1+c_2x+c_3y+c_4z$，那么 $A_{ij}=|x_i-x_j|, i,j=1,\cdots,N$，$P$ 的第 i 行为 $(1,x_i,y_i,z_i)$，$\lambda=(\lambda_1,\cdots,\lambda_N)^{\mathrm{T}}$，并且 $c=(c_1,c_2,c_3,c_4)^{\mathrm{T}}$。解这个矩阵方程，得到 λ 和 c，得到 $s(x)$，获得隐式曲面的表达式。为了技术演示的目的，三维扫描仪专业厂商 Far Field Technology 提供了径向基函数直接赋值拟合方法的 MATLAB 实现代码，具体内容可通过官方网站访问。

上述提到的基函数是无限支撑（unbounded support），导致径向基函数组成的线性方程组为密集线性系统。虽然对小规模的点云可直接求解，但是随着点数量的增加，解径向基函数方程组就变得困难重重。因此，使用径向基函数来解决散乱点云问题，常用快速多极子（fast multipole）技术或紧支撑径向基函数这两种方法。

为了充分利用全局和局部支撑径向基的好处，一个较有希望的方法就是采用分层的多尺度结构。Muraki 利用块状基函数（bump-like basis functions）来拟合扫描数据，使用了一种多尺度的方法。1996 年，Floater 使用分层结构的紧支撑径向基函数，首先使用 Delaunay 三角剖分计算数据子集的嵌套序列，每层基函数的尺度由来自三角化信息的当前层的点云浓度所决定。这个方法大大降低了传统径向基函数插值/逼近散乱点的时间效率问题。Wendland 提出了单位分解法（partition of unity，PU）结合 RBF 函数插值的思想来解决大规模的散乱点问题。

2. 二次多项式拟合

径向基函数拟合点云产生隐式曲面通常存在着计算量大、降噪能力有限的问题。Ohtake 通过对点云分层建立八叉树，每层构造紧支撑径向基函数来实现对散乱点的插值/逼近。这种由粗至精的方法能够很好地恢复大片的残缺点云数据，而且对点云的疏密不敏感。在单位分解法思想的基础上，Ohtake 提出了 MPU（multi-level partition of unity）方法，为了获取曲面局部的细节特征，使用系数不同的分段二次多项式函数来逼近局部点云，同时用权函数混合这些多项式函数。对于复杂程度不同的局部形状，八叉树相应进行不同程度的细分来充分表示物体表面特征，如表面细节、边和角等尖锐特征。图 6.4 所示为 MPU 方法对 Bunny 扫描模型曲面重建的例子。

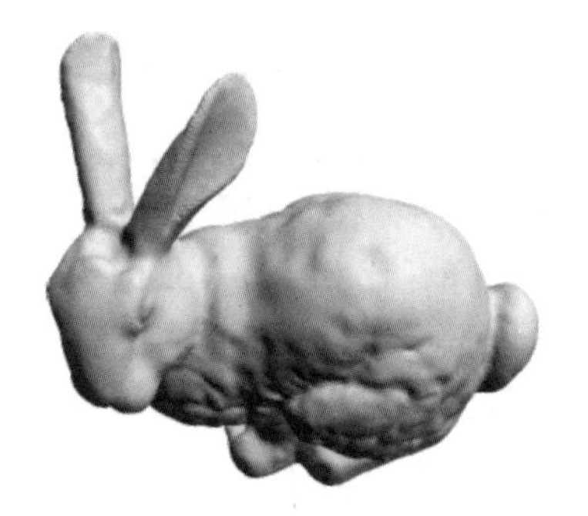
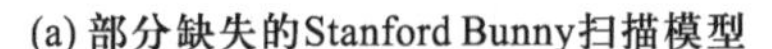

(a) 部分缺失的Stanford Bunny扫描模型　　(b) MPU方法重建

图 6.4　MPU 曲面重建方法

对顶点 $\{p_i\}_{i=1}^{N}$ 建立正方体包围盒，并和全局坐标系轴对齐，对正方体包围盒应用自适应的八叉树细分。在细分过程中，每个小立方体单元的中心标记为 c，主对角线长度为 L。在细分过程中，采用如下类似高斯的权函数：

$$G_R(\delta)=\begin{cases}\exp(-4(\delta/R)^2) & \delta\leqslant R\\ 0 & \delta>R\end{cases}$$

其中包围球 R 的半径为 R，球心为 c，球内的点集标记为 P'。在细分过程中，一个二次多项式函数 $f(u,v,w)$ 逼近小单元内的局部邻域点云，如图 6.5 所示。如果单元内没有顶点，则不需要细分。给定参数 ε，半径 R 的初始值设定为 $R=\varepsilon L$，ε 通常取值为 0.75 左右，这样的

取值使得包围圆球大于立方体单元格，可获得合适的点数量。该二次多项式函数 $f(u,v,w)$ 表示为

$$f(u,v,w)=w-(Au^2+2Buv+Cv^2+Du+Ev+F)$$

其中局部坐标系 (u,v,w) 以点 c 为原点，w 和包围球内所有点的平均法向 $\bar{n}$ 重合。其中的 6 个系数 A、B、C、D、E、F 则通过最小化

$$\sum_i [G_R(p_i - c)f(p_i)]^2$$

求得，使用最小奇异值分解方法解这个最小二乘问题。为了尽量避免出现线性方程组欠定，单元附属的包围球内点的数目 $\rho \geq 6$，实际计算中通常取 $\rho=12$。如果初始值设定的包围球内包含的点数少于 ρ 个，则适当增加球半径 R 直到包含的顶点不少于 ρ 个为止。

如何衡量该逼近误差呢？根据 Taubin 距离计算包围球内顶点和的最大逼近误差 ε，有

$$\varepsilon=\max|f(p_i)|/|\nabla f(p_i)|$$

设定误差阈值 ε_0，如果给定的二次多项式逼近产生的误差 $\varepsilon>\varepsilon_0$，则对小单元进行进一步细分，如图 6.5 所示。MPU 方法的原作者公布了该方法的实现源代码，有兴趣的读者可参看 Ohtake 的个人主页。

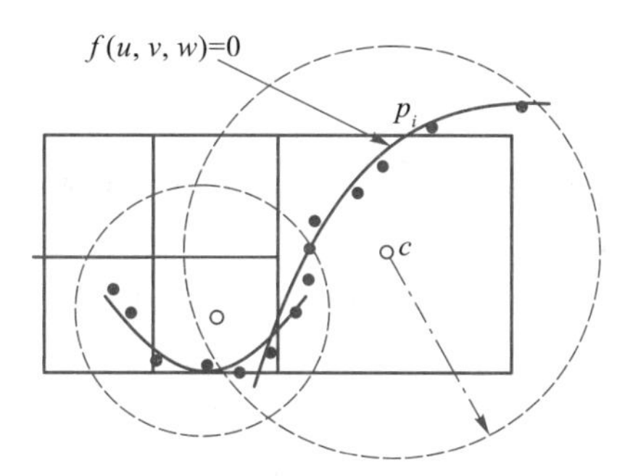

图 6.5　自适应的最小二乘逼近

（1）尖锐特征逼近

当原始网格中存在明显的尖锐特征时，该如何进行特殊处理呢？在进行二次多项式拟合前，不妨先考虑包围球 R 内点云的法向关系。Kobbelt 使用增强的距离场函数来扩展 Marching Cube 方法，使得隐式曲面网格化提取尖锐特征获得较好的效果，这种方法现在已经得到较广的应用。在对点云进行如二次多项式函数 $f(u,v,w)$ 逼近前，先假设曲面存在尖锐特征，并判断包围球内点的法向

$$\theta := \min_{i,j}(n_i \cdot n_j)$$

设定尖锐特征角阈值 γ，通常取 $\gamma=0.7$ 左右。如果 $\theta<\gamma$，则判断为存在尖锐特征。如图 6.6（a）所示，$\theta<\gamma$，明显存在一条显著的边，否则使用函数 $f(u,v,w)$ 逼近。再次检测是否存在尖锐角，在 P' 中，法向夹角最大的两个点法向为 n_1、n_2，令 $n_3=n_1\times n_2$，判定

$$\varphi := \max_k(n_k \cdot n_3)$$

的大小。如果 $\varphi>\gamma$，则判定 P' 中存在尖锐角，见图 6.6（b）。

如果 $\theta<\gamma$，$\varphi\leq\gamma$，则 P' 中存在边，根据法向夹角最大的两个点法向 n_1、n_2，从和 n_1、n_2 的偏差把 P' 分成两部分，分别使用两个系数不同的二次多项式函数 $f(u,v,w)$ 进行逼近。如果 $\theta<\gamma$，$\varphi>\gamma$，则 P' 中存在角，根据点法向和第三个最大偏差法向 n_k 的偏差将 P' 分解成三部分，这三部分的点云分别使用函数 $f(u,v,w)$ 进行二次多项式逼近。

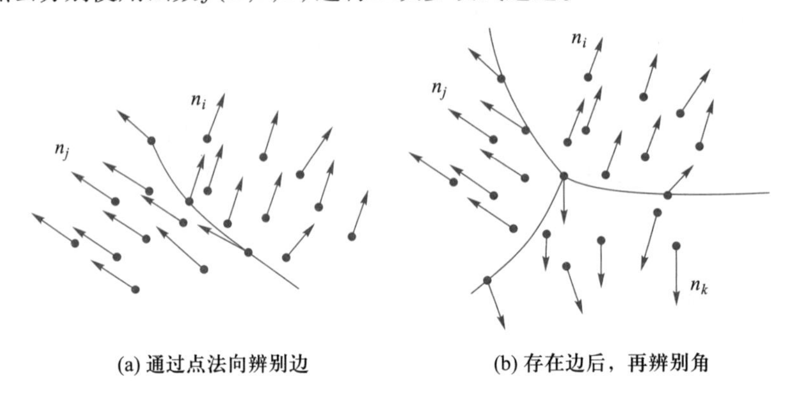

(a) 通过点法向辨别边　　(b) 存在边后，再辨别角

图 6.6　通过法向辨别边和角

（2）隐式曲面网格化

逼近点云的分段二次多项式函数进行分片黏合构成一张隐式曲面，对于给定的一张隐式曲面和相应距离场函数 $f(x_i,y_i,z_i)$，$R^3\to R$，有

$$(x_i,y_i,z_i)\in S\Leftrightarrow f(x_i,y_i,z_i)=0$$

距离场函数的外侧可用下式表示为

$$A=\{(x_i,y_i,z_i):f(x_i,y_i,z_i)\geqslant 0\}$$

显然，在隐式曲面外部 f 的值大于 0。由于采用分段的二次多项式逼近，因此需要在隐式曲面多边形化时定义两个距离场函数的布尔操作，有

$$(x_i,y_i,z_i)\in S_1\cap S_2\Leftrightarrow \max\{f_1(x_i,y_i,z_i),f_2(x_i,y_i,z_i)\}=0$$

$$(x_i,y_i,z_i)\in S_1\cup S_2\Leftrightarrow \min\{f_1(x_i,y_i,z_i),f_2(x_i,y_i,z_i)\}=0$$

$$(x_i,y_i,z_i)\in S_1\setminus S_2\Leftrightarrow \max\{f_1(x_i,y_i,z_i),-f_2(x_i,y_i,z_i)\}=0$$

对整个点云 $\{p_i\}_{i=1}^N$ 的正方体包围盒进行均匀的细分，使用 Kobbelt 的扩展 Marching Cube 算法进行三角形网格的提取。该算法已被包含于 OpenMesh 开发包，称为 IsoEX，读者可通过网络获得进一步的信息。

隐式曲面拟合的方法是目前散乱点云网格重建的主流，具有可自动融合成光滑曲面的重要特性，连续性和变形性好，适于描述具有光滑复杂外形的物体，虽然难以进行实时绘制，但是在降低噪声、过滤离群点、编辑曲面及表示尖锐特征时，具有较大的优越性。

6.3 基于三维微分属性的网格重建

美国学者Kazhdan基于三维微分属性的计算技术提出了一套网格重建方法。其基本思想是使用隐函数拟合法，使用点采样并引入法向信息来定义隐函数，从而提取等值轮廓面。图6.7描述的是一个二维的隐函数拟合的例子，对一个带方向的物体边界采样点云建立隐函数，在物体边界外$f(x,y)<0$，在物体边界处$f(x,y)=0$。

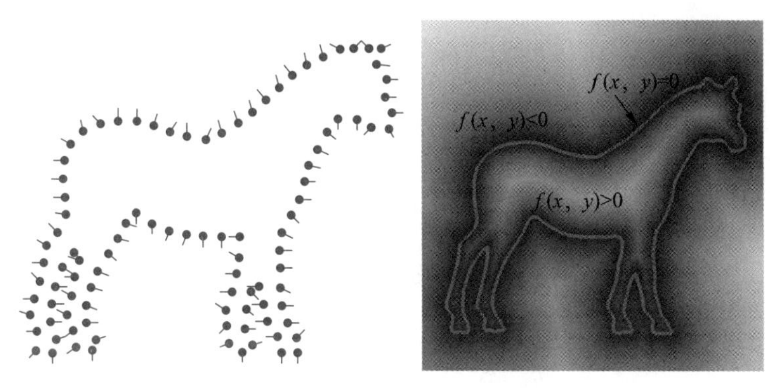

图6.7 对带方向的点建立隐函数

对客观实体M进行采样，得到一组数据点$P=\{p_k\}_{k=1,2,\cdots,N}$，建立实体$M$的特征函数$\chi_M$为

$$\chi_M(x,y,z)=\begin{cases}1, & 若(x,y,z)\in M \\ 0 & 其他\end{cases}$$

对三维空间中的任意一个矢量场$\boldsymbol{F}=(F_x,F_y,F_z)$，高斯公式的散度表示形式为

$$\iiint\limits_M \mathrm{div}\boldsymbol{F}\mathrm{d}V=\iint\limits_S \boldsymbol{F}\cdot\mathrm{d}S$$

其中$\mathrm{div}\boldsymbol{F}=\partial F_x/\partial x+\partial F_y/\partial y+\partial F_z/\partial z$，$S$是场内一个光滑的定侧曲面，为实体$M$的边界。由于扫描传感器得到的是一组离散的数据点，因而高斯公式的散度形式为

$$\iiint\limits_M (\nabla\cdot\boldsymbol{F})(p)\mathrm{d}p=\iint\limits_{\partial M}\langle\boldsymbol{F},\boldsymbol{n}(p)\rangle\mathrm{d}p$$

$\boldsymbol{n}(p)$是曲面∂M处点p的法向。图6.8所示是高斯公式的散度形式示意。如果$\{p_i,n_i\}\subset M$是实体M上的均匀采样点，那么该体积分能够用Mongte-Carlo积分逼近，即

$$\iiint\limits_M (\nabla\cdot\boldsymbol{F})(p)\mathrm{d}p=\frac{|M|}{N}\sum_{i=1}^{N}\langle\boldsymbol{F}(p_i),n_i\rangle$$

只要曲面采样点带有方向，那么体积分可以描述为在一组采样点基础上的和。

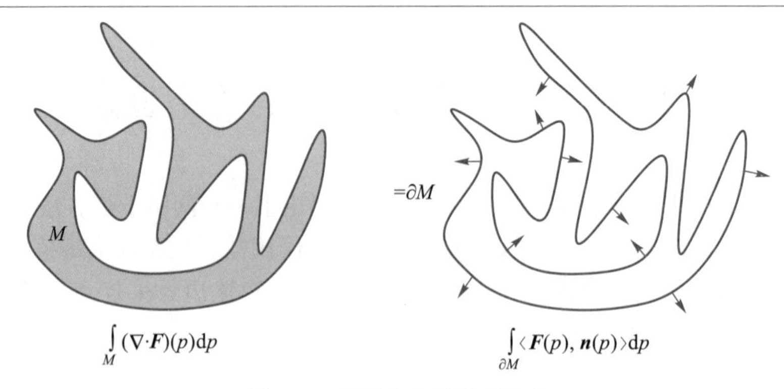

图6.8 高斯公式的散度形式

如何计算傅里叶系数?

特征函数χ_M进行傅里叶展开为

$$\chi_M(x,y,z)=\sum_{l,m,n}\hat{\chi}_M(l,m,n)\mathrm{e}^{i(lx+my+nz)}$$

由于特征函数在实体外部处处为0，从而χ_M的傅里叶系数$\hat{\chi}_M(l,m,n)$为

$$\begin{aligned}\hat{\chi}_M(l,m,n)&=\iiint_{[0,1]^3}\chi_M(x,y,z)\mathrm{e}^{-2\pi i(lx+my+nz)}\mathrm{d}x\mathrm{d}y\mathrm{d}z\\&=\iiint_M \mathrm{e}^{-2\pi i(lx+my+nz)}\mathrm{d}x\mathrm{d}y\mathrm{d}z\end{aligned}$$

如果定义向量场$\boldsymbol{F}$为

$$\boldsymbol{F}_{l,m,n}(x,y,z)=\begin{pmatrix}\dfrac{2\pi il}{l^2+m^2+n^2}\mathrm{e}^{-2\pi i(lx+my+nz)}\\\dfrac{2\pi im}{l^2+m^2+n^2}\mathrm{e}^{-2\pi i(lx+my+nz)}\\\dfrac{2\pi in}{l^2+m^2+n^2}\mathrm{e}^{-2\pi i(lx+my+nz)}\end{pmatrix}$$

那么

$$(\nabla\cdot\boldsymbol{F}_{l,m,n})(x,y,z)=\mathrm{e}^{-2\pi i(lx+my+nz)}$$

根据高斯公式的散度形式，上式可以表示为

$$\iiint_M \mathrm{e}^{-2\pi i(lx+my+nz)}\mathrm{d}x\mathrm{d}y\mathrm{d}z=\iint_{\partial M}\langle\boldsymbol{F}_{lmn}(p),\boldsymbol{n}(p)\rangle\mathrm{d}p$$

从这里可以看出，特征函数χ_M的傅里叶系数$\hat{\chi}_M(l,m,n)$可以通过下式计算，即

$$\hat{\chi}_M(l,m,n)\approx\sum_{i=1}^{N}\langle\boldsymbol{F}_{l,m,n}(p_i),n_i\rangle$$

在实际计算过程中，Kazhdan将点云的正方体包围盒分解成$B\times B\times B$个小立方体，由于采

样点云浓度各处不同，他将点云分散在各个小立方体内，每个小立方体在各个坐标方向上的值和点在小立方体内的位置相关，并且和高斯函数做卷积运算。将前述计算所得值作为一个权值赋值给每个原始点 p_i，其中高斯卷积运算是整个点云重建的一个重要步骤，主要目的是过滤噪声。该算法的主要作者 Kazhdan 在其网站主页上提供了该方法的源代码与可执行程序。读者可通过试用程序及剖析代码来了解进一步的详情。

6.4 网格修补

当物体被各个方向扫描后，得到多张不完整的离散点云采样曲面，经过叠加配准后，形成通常带有缺失数据的数字化点云模型。由于存在缺失数据，容易导致重建后的网格无法形成封闭模型，或者空洞处的网格失去物体原本的特征。

这些空洞不仅使得模型无法正确地实现可视化，也会影响模型的后续处理，如对实物进行有限元网格分析时，空洞的出现会导致分析不准确；在三维 CAD 造型中，CAD 模型通常存在尖锐特征边和角。对这些尖锐特征处数据的缺失，其修补显得尤其重要。网格空洞修补的方法有多种，主要分成两大类：一是直接在空洞处使用三角形填补；二是采用符合特征的网格填补。

1. 直接在空洞处使用三角形填补

这是较为简单直接的修补方法。Davis 等人利用体数据场扩散修补空洞，通过建立描述整个空洞及周围曲面场的函数，最后使用 Marching Cube 算法网格化显示整个模型。Liepa 对空洞多边形的边界直接用三角片进行相连，然后采用细分和网格光顺的方法，使得空洞网格和周围边界网格区域实现光滑连接，但是网格光顺改变了整个网格模型形状。这两种方法都改变了原来完好部分的网格分布及形状。Liepa 方法是网格空洞修补的经典例子。首先检测原始网格模型，如果顶点的一环邻域中的一条边只被一个三角形邻接，则该顶点的一环邻域为边界。通过这个过程获得该空洞所含有的边界顶点。对每两个相邻的边界按照类似 Delaunay 的内角最大化准则构建三角形，从而最终使得空洞封闭，然后对修补的网格进行细分，获得分布均匀的三角形网格。

2. 恢复缺失特征的网格修补

Sharf 等人寻找空洞邻域周围的曲面分布特征，将这些区域和该模型的其他区域进行特征匹配，寻找最相似的区域进行粘连。Chen 等人使用径向基函数逼近缺失网格数据产生三角形，并对尖锐特征处区域进行增强特征处理。

恢复缺失特征的网格修补通常使用 RBF 函数、FFT 拟合或者分段二次多项式拟合方法。获得空洞周围的网格三角形修补面片后，再和原来的网格模型黏合，并进一步按照要求做特征增强处理。

如果希望缺失空洞处的网格模型修补能够恢复物体原来的细节特征，采用分段二次多项式拟合是较好的方法。经过分段多项式拟合后，获得空洞周围的网格面片，标记为Λ，但是该网格面片通常无法直接用来填补原始网格模型，因此必须进行适当的裁剪，使得它正好适合空洞处的大小。利用空洞边界顶点对Λ作为裁剪边界点进行裁剪，获得合适大小的面片Λ_1，如图6.9（b）所示。

(a) 带缺失三角形的原始网格

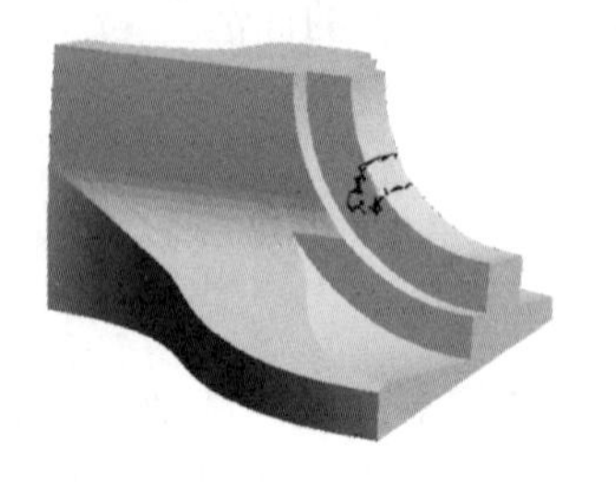

(b) 获得修补面片

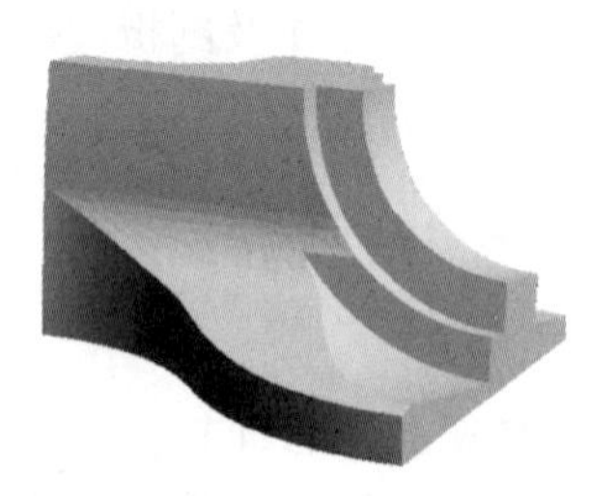

(c) 修补面片和原始网格缝合

图6.9 网格空洞修补过程

对于两个相互没有拓扑连接关系的三角形网格，接下来需要将它们拼接缝合成完整的封闭模型。Liepa的空洞多边形修补算法中，边界直接用三角片相连。

考虑原网格T的边界环绕Γ，其顶点为$P_1,P_2,\cdots,P_j$，裁剪后的网格面片Λ_1，其外边界顶点为$p_1,p_2,\cdots,p_i$。在两个网格拓扑T和Λ_1中，只有这些顶点相邻组成的边为非完备边。从这些边出发，按照既定的规则连接网格，如图6.10所示，从Λ_1的第一条边p_1p_2开始，搜寻边界环绕Γ中的非完备顶点，选择最合适的顶点构造三角形。顶点的选择以满足内角最大化为原则。

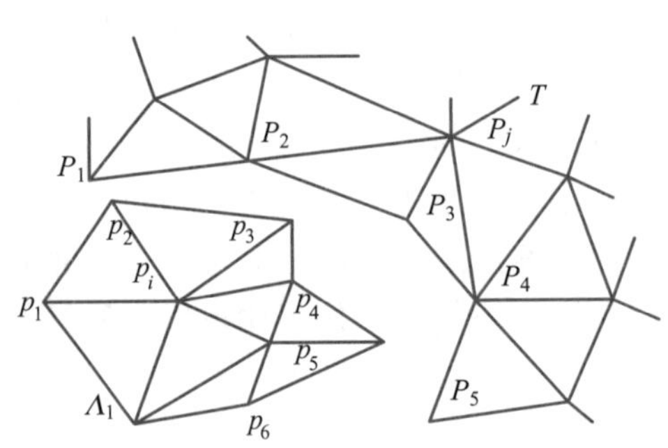

图6.10 网格缝合拓扑

6.5 网格简化

网格模型简化的实质是在尽量保证简化前后模型特征变化最小的情况下，寻求最少数量三角形网格模型的简化表示方法，以达到降低模型交互显示或实时传输开销的目的。按照简化操作的基本过程，网格简化方法又可以分成采样方法、自适应细分方法、删减算法和顶点聚类算法等。其中删减算法是目前算法中采用最多的一种模型简化基本操作。该方法通过重复依次删除对模型特征影响较小的几何元素并重新三角化来达到简化模型的目的。根据删除的几何元素的不同，通常又可以分成顶点删除（vertex removal）法、边折叠（edge collapse）法和三角面片折叠（triangle collapse）法等。

网格模型简化过程通常为：对给定的原始模型 S，根据误差测度的大小，在一定的条件约束下，对 M 进行一系列的简化基本操作，最后得到简化后的网格模型 D。模型简化涉及简化基本操作的实现、简化误差测度的确定和约束条件的控制与实现等主要技术和方法。

1. 增量式网格

增量式网格（progressive mesh）由 Hugues Hoppe 首先提出，是一种边合并操作的网格删减算法。算法首先定义网格的边合并（edge collapse）操作，如图 6.11 所示，边合并操作 $\mathrm{ecol}(\{v_s, v_t\})$ 将点 v_s 和 v_t 合并成一点 v_s，并将面 $\{v_s, v_t, v_l\}$ 和 $\{v_s, v_t, v_r\}$ 从网格中删除，从而达到简化网格的目的。合并之后得到的点 v_s 的位置信息可以与原来点不同。

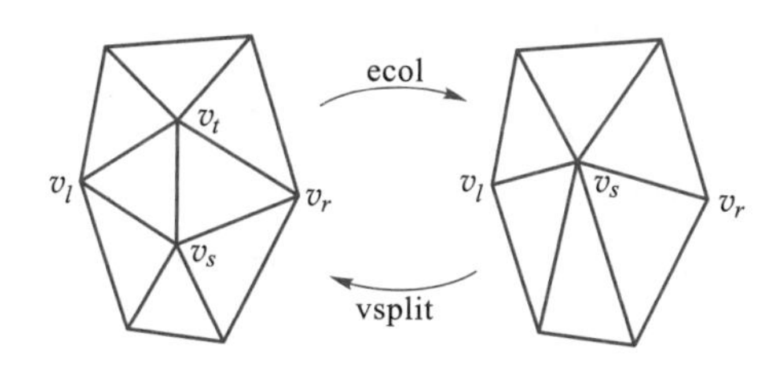

图 6.11 网格缝合拓扑

从理论上说，边合并操作对于网格简化是完备的，即只通过边合并操作就可以对任意三维网格进行简化，因此在 PM 表示法中没有定义其他类型的算子。设原始网格为 $M=M^n$，经过 n 次合并操作后，简化得到原始网格的粗糙表示为 M^0。整个简化过程可用如下公式表示为

$$(M=M^n)\xrightarrow{\mathrm{ecol}_{n-1}}\cdots\xrightarrow{\mathrm{ecol}_1}M^1\xrightarrow{\mathrm{ecol}_0}M^0$$

边合并操作是可逆的，其对应的逆操作为点分裂（vertex split）操作。网格的粗糙表示模型 M^0 经过 n 次点分裂操作，细化得到原始网格 $M=M^n$，即

$$M^0\xrightarrow{\mathrm{vsplit}_0}M^1\xrightarrow{\mathrm{vsplit}_1}\cdots\xrightarrow{\mathrm{vsplit}_{n-1}}(M=M^n)$$

网格 M 的增量式表示为$(M^0, \{\mathrm{vsplit}_0, \cdots, \mathrm{vsplit}_{n-1}\})$，简称为 PM 表示。在构造 PM 时，进行边合并操作的顺序将决定其构造的结果。在安排边合并操作顺序时，需要折中考虑构造的速度和结果的准确性两个因素。一种最快速的方法是随机地选择边进行边合并操作。另外，可以按照某些启发式规则（如点到面的距离）来安排边合并的顺序。在 OpenMesh 开发包中，开发者可通过调用 Decimater 算子完成相关的网格简化操作。

2. Garland 二次误差算法

由于 Garland 基于二次误差测度的边折叠算法速度快，简化质量较高，因此成为一种经典的边折叠算法。

Garland 的边折叠算法通过迭代抽取顶点对$(v_1,v_2)\to\bar{v}$，移动顶点v_1和v_2到新的位置$\bar{v}$，将原来连接v_2顶点的那些边附属到顶点v_1并删除顶点v_2，构建新的三角形，见图 6.12。那这个迭代抽取的原则是什么呢?

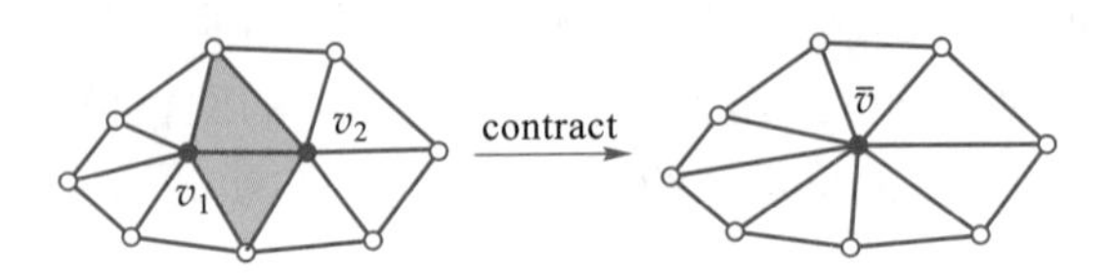

图 6.12　迭代边抽取过程

Garland 每个顶点$\boldsymbol{v}=[v_x\ v_y\ v_z\ 1]^{\mathrm{T}}$的误差定义为$\boldsymbol{v}$与其相关联平面集合 planes($\boldsymbol{v}$)的距离平方和。这个误差测度可以写成二次型形式，即

$$\Delta(\boldsymbol{v})=\sum_{\boldsymbol{p}\in \mathrm{planes}(\boldsymbol{v})}(\boldsymbol{p}^{\mathrm{T}}\boldsymbol{v})^2=\sum_{\boldsymbol{p}\in \mathrm{planes}(\boldsymbol{v})}\boldsymbol{v}^{\mathrm{T}}(\boldsymbol{p}^{\mathrm{T}}\boldsymbol{v})\boldsymbol{v}=\boldsymbol{v}^{\mathrm{T}}\Big(\sum_{\boldsymbol{p}\in \mathrm{planes}(\boldsymbol{v})}\boldsymbol{K}_{\boldsymbol{p}}\Big)\boldsymbol{v}$$

其中，$\boldsymbol{p}$是由方程$ax+by+cz+d=0(a^2+b^2+c^2=1)$定义的与$\boldsymbol{v}$相关联的三角形所在平面，$\boldsymbol{K}_{\boldsymbol{p}}$是平面$\boldsymbol{p}$的基本误差二次型（fundamental error quadric），有

$$\boldsymbol{K}_{\boldsymbol{p}}=\boldsymbol{p}\boldsymbol{p}^{\mathrm{T}}=\begin{bmatrix}a^2 & ab & ac & ad\\ ab & b^2 & bc & bd\\ ac & bc & c^2 & cd\\ ad & bd & cd & d^2\end{bmatrix}$$

令

$$\boldsymbol{Q}_{\boldsymbol{v}}=\sum_{\boldsymbol{p}\in \mathrm{planes}(\boldsymbol{v})}\boldsymbol{K}_{\boldsymbol{p}}$$

为顶点$\boldsymbol{v}$的二次误差测度矩阵。初始化时，由于每个原始顶点都是其相关联三角面片的交点，因此原始顶点$\boldsymbol{v}$的初始误差$\Delta(\boldsymbol{v})=0$。当进行边折叠$(v_i,v_j)\to\bar{\boldsymbol{v}}$时，新顶点$\bar{\boldsymbol{v}}$的最优位置和边折叠代价分别为

$$\bar{\boldsymbol{v}}=\begin{bmatrix}q_{11} & q_{12} & q_{13} & q_{14}\\ q_{12} & q_{22} & q_{23} & q_{24}\\ q_{13} & q_{23} & q_{33} & q_{34}\\ 0 & 0 & 0 & 1\end{bmatrix}^{-1}\begin{bmatrix}0\\0\\0\\1\end{bmatrix}$$

$$\Delta(\bar{\boldsymbol{v}})=\bar{\boldsymbol{v}}^{\mathrm{T}}(\boldsymbol{Q}_i+\boldsymbol{Q}_j)\bar{\boldsymbol{v}}$$

折叠后$\boldsymbol{v}$的二次误差测度矩阵为

$$
\boldsymbol{Q}_{\bar{v}}=\boldsymbol{Q}_i+\boldsymbol{Q}_j=\begin{bmatrix} q_{11} & q_{12} & q_{13} & q_{14} \\ q_{12} & q_{22} & q_{23} & q_{24} \\ q_{13} & q_{23} & q_{33} & q_{34} \\ q_{14} & q_{24} & q_{34} & q_{44} \end{bmatrix}
$$

选取 $\Delta(\bar{v})$ 最小的点对进行抽取融合，迭代进行，直到删减的网格数量满足要求为止。这种方法速度较快，简化后模型表面的误差均值较低。

6.6 网格滤波与光顺

网格滤波算法的目的是去除网格噪声和干扰信息，尽可能恢复物体原本的形状或者满足工业生产需求。与网格光顺算法相比，后者更加注重调节网格至规则形状，使网格密度和分布趋于均匀，如拉普拉斯网格光顺（Laplacian）算法。但是这两种方法经常紧密联系在一起，相互渗透。近年来，网格降噪和滤波算法主要集中在保持细节特征的网格滤波，但是在网格滤波时，由于法向调整和顶点移动会利用拓扑领域的相关信息，从而导致恢复物体的尖锐特征边和角存在皱缩现象和顶点漂移现象。

Laplacian 光顺方法通过一致扩散高频几何噪声达到光顺目的，该算法是简单直接的，是一种典型的各向同性算法。然而随着迭代次数的增加，三维模型的体积快速收缩，并且容易产生过光顺现象，使得模型的特征结构产生较严重的皱缩变形。Taubin 给出了一个滤波器，通过组合非对称邻域的 Laplacian 算子和适当的权值改进了 Laplacian 算法，使得在不同方向上高频信息非均匀扩散，可消除高频信号并保持甚至增强低频信号，但该算法本质上并不是特征保持的算法。Desbrun 等人扩展了 Taubin 的方法，给出了一个健壮的网格模型顶点离散平均曲率的求法。该方法使顶点在法向上以平均曲率值的速度移动，成功地应用于不规则网格的去噪，一定程度上改善了 Taubin 方法所引起的表面皱缩和扭曲现象，获得了比较理想的光顺结果。在上述算法的基础上，还有一些其他的改进算法。以这几种方法为代表的各向同性滤波算法，对网格表面处理时不考虑曲面方向，因此物体表面的细节及尖锐特征较难保留下来，特别是边和角等信息。

双边滤波（bilateral filters）则有效改正了以往这些各向同性算法的确定性，能够保留模型的细节特征，特别是物体的边和角等特征。

1. Laplacian 光顺

Taubin 在 1995 年提出了用信号处理的方法来光顺任意拓扑结构的三角网格模型的方法。通过求取网格模型的 Laplacian 算子，将它们的特征向量作为给定网格的频率，利用该线性算子对网格模型不断进行裁剪以达到光顺模型的目的。

设构建物体模型的三角形网格表示为 M，考虑一个周期为 n 的离散信号，引申到网格，

成为 M 上的 n 个顶点构成的 n 维向量 $\boldsymbol{x}=(x_1,\cdots,x_2)^t$ 信号。该向量的分量 x_i 就是多边形顶点的信号值。$\boldsymbol{x}$ 的 Laplacian 算子被定义为

$$\Delta(x_i)=\frac{1}{2}(x_{i-1}-x_i)+\frac{1}{2}(x_{i+1}-x_i)$$

考虑矩阵形式，重新写成 $\Delta(\boldsymbol{x})=-\boldsymbol{K}\boldsymbol{x}$，其中 $\boldsymbol{K}$ 是一个循环矩阵，即

$$\boldsymbol{K}=\begin{bmatrix} 2 & -1 & & & -1 \\ -1 & 2 & -1 & & \\ & \ddots & \ddots & \ddots & \\ & & -1 & 2 & -1 \\ -1 & & & -1 & 2 \end{bmatrix}$$

可见 $\boldsymbol{K}$ 是对称实矩阵。

在 Taubin 工作的基础上，Kobbelt 等人提出了著名的 Laplacian 伞操作向量，如图 6.13 所示。对网格中的任一顶点 P，定义伞操作为

$$\mu(P)=\frac{1}{\sum_i w_i}\sum_i w_i Q_i - P$$

其中 $\sum$ 表示顶点 P 的所有一环邻域，w_i 是一个正的权值。网格光顺伞操作向量迭代过程为

$$P_{\text{new}}\leftarrow P_{\text{old}}+\lambda\mu(P_{\text{old}})$$

这里 λ 是一个小正数。通过这个过程实现曲面的 Laplacian 光顺操作。

2. 均值曲率光顺算法

Desbrun 等人提出了一种均值曲率流网格光顺算法。该算法在光顺过程中使顶点沿着法向以平均曲率的速度移动，从而达到消除噪声的目的。网格中顶点的离散曲率向量（curvature normal）通过下式求得，即

$$H(P)=\frac{1}{4A}\sum_i(\cot\alpha_i+\cot\beta_i)(Q_i-P)$$

其中 α_i 和 β_i 是相对于边 Q_iP 的两个角度，A 是环绕顶点 P 的所有三角形的面积总和（图 6.14）。均值曲率流的显式逼近为

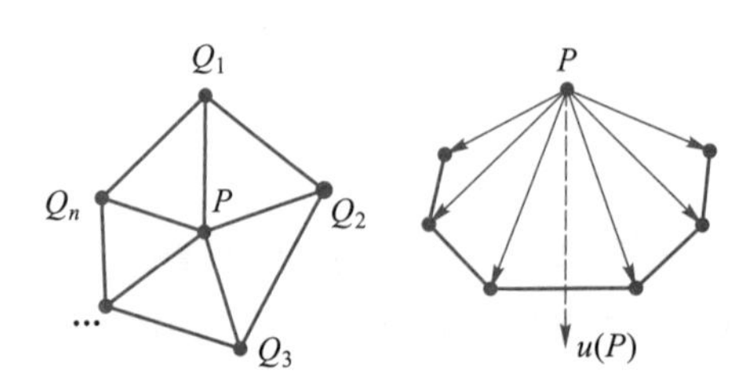

图 6.13 伞操作向量

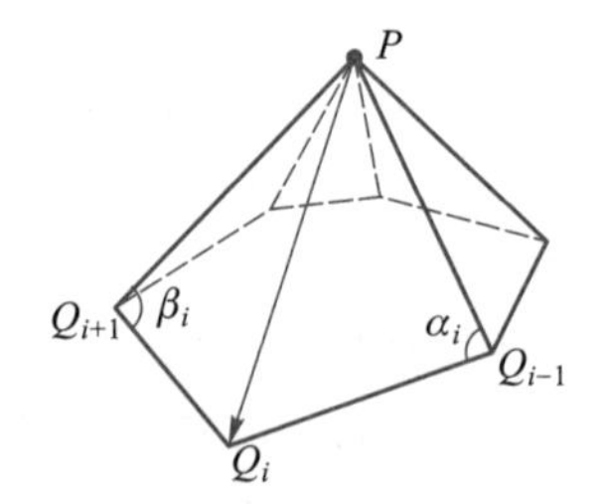

图 6.14 α_i 和 β_i 是相对于边 Q_iP 的两个角度

$$P_{\text{new}} \leftarrow P_{\text{old}} + \lambda H(P_{\text{old}})\boldsymbol{n}(P_{\text{old}})$$

其中 H 是均值曲率流的离散版本，n 是单位法向量。

平均曲率流能够有效去除网格模型中的噪声，并且很好地保持网格模型的体积，由于该算法本身的非凸组合性，在某些情况下顶点不稳定，网格会出现严重畸变。

3. 双边滤波算法

Fleishman 等人受到双边滤波算法在图像去噪中取得良好效果的启发，提出了一种网格模型的双边滤波算法。根据 Tomasi 和 Manduchi 在图像滤波算法中给出的滤波公式，图像 $I(u)$ 在坐标 $u=(x,y)$ 处的双边滤波定义为

$$\hat{I}(u) = \frac{\sum\limits_{p \in N(u)} W_c(\|p-u\|) W_s(|I(u)-I(p)|) I(p)}{\sum\limits_{p \in N(u)} W_c(\|p-u\|) W_s(|I(u)-I(p)|)}$$

其中，$N(u)$ 表示 u 的周围邻域像素。该光顺滤波器是标准高斯滤波器，它拥有参数 σ_c：$W_c = \mathrm{e}^{-x^2/2\sigma_c^2}$，以及一个保持特征的相似度权值，定义为 $W_s = \mathrm{e}^{-x^2/2\sigma_s^2}$，参数 σ_s 用来补偿强度的大幅度变化。图像双边滤波器同时考虑了邻接像素之间的距离，以及邻接像素的颜色和灰度信息，将两者结合作为像素去噪的权值条件。它不同于普通的 Laplacian 滤波和 Gaussian 滤波，这种同时考虑了像素空间位置关系和像素灰度信息的去噪方法被称为图像的双边滤波。

在网格去噪中，Fleishman 将图像双边滤波算法中的邻接像素之间的距离映射为网格中顶点之间的欧氏距离，邻接像素之间颜色和灰度差映射为邻接点到当前点切平面的投影距离。事先设定 S 是无噪声的曲面，M 是一个从曲面 S 采样后带噪声的网格，$v \in M$ 是网格 M 上的顶点，d_0是该顶点到 S 的有距离，n_0是 S 上距离 v 最近点的法向。由于无噪声曲面 S 是未知的，估计网格上顶点法向 n 作为曲面上的法向 n_0，用 d 估计 d_0，使用$\hat{v}=v+d \cdot n$ 迭代升级顶点 v 过滤噪声。令$\{q_i\}$是 v 的邻域顶点，$K=|\{q_i\}|$，$sum=0$，$normalizer=0$，整个滤波迭代算法过程如下：

```
for i := 1 to K
t = ‖v−q_i‖
h = <n, v−q_i>
W_c = exp(−t^2/2σ_c^2)
W_s = exp(−t^2/2σ_s^2)
sum += (w_c · w_s) ·· h
normalizer += w_c · w_s
end
return Vertex v̂ = v+n · (sum/normalizer)
```

近年来，大量的二维图像算法被使用到三维网格上，由于三维几何模型在采样和连续性上都有不规则性，图像去噪声算法是典型的能量非保持算法，能量损失在图像上不是很显著，然而在网格中，由于网格收缩，能量损失非常显著，因此将这种图像算法转移到三维网格时需要更多的仔细斟酌。双边滤波算法是一种各向异性的网格去噪声算法，该算法具有较高的效率并且易于实现，能够快速去除噪声，在一定程度上能够有效保持三维物体的细节特征而不过度光滑。图 6.15 所示是带噪声的 Fandisk 模型降噪的例子。

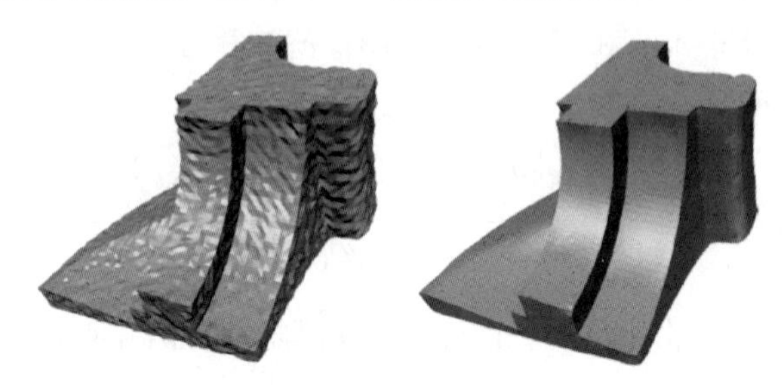

图 6.15 使用双边滤波算法对带噪声的 Fandisk 模型降噪

习 题

1. 编写点云的径向基函数插值程序。

2. 编写点云的二次多项式拟合程序。

3. 使用 FFT 变换构建隐式曲面，当需要表示物体细节特征时，需要对立方体包围盒进行深度细分，导致重建效率降低，能否使用小波变换实现？

4. 试写出对带空洞的网格模型实现最简单的模型封闭的程序。

5. 从网格 Laplacian 光顺、均值曲率光顺算法和双边滤波算法的作者网页下载这三种算法，比较这三种算法的优缺点。

第7章 基于视觉及人工智能的三维重建

第6章讲述了如何从点云通过网格重建、网格优化构建出适合图形处理与显示的几何网格，但对如何获取点云信息未作探讨。而如何采集现实世界中物体表面的点云本身就是计算机图形学和计算机视觉中的核心问题之一。自20世纪90年代末开始，通过三维扫描仪采集物体表面点云成为现实世界物体形状获取的主流方法，其标志性事件为1998年开始的斯坦福大学对大卫像的扫描项目。在三维扫描仪中广泛使用的非接触式扫描从方法上可分为主动式扫描和被动式扫描。主动式扫描主动将额外的光线投射至物体，借由反射光线方向信息来计算物体的三维空间信息；被动式扫描本身并不主动发射任何光线，而是通过测量由待测物表面反射的周围环境光线以达到测距的效果。由于被动式扫描使用普通光学相机即可完成，不需要额外的硬件支持，近年来越来越受到人们的关注，在机器人、无人驾驶等领域有广泛的应用前景。本章将介绍被动式视觉重建中的几种重要方法：立体视觉法、运动恢复结构（structure from motion，SFM）、明暗恢复形状（shape from shading，SFS），以及深度学习对其改进，并介绍基于学习的人体和人脸的重建方法。

7.1 基于双目视觉的三维重建

7.1.1 双目视觉三维重建的基本原理及流程

基于双目视觉的三维重建是目前被动式视觉重建中的主流方法，其基本原理是空间中一点在左右眼的成像存在视差，这一视差与其到视点的距离有关，因此根据左右相机中对应该点的视差可以计算出该点的深度值。双目视觉法根据两个相机安装位置的不同可分为两种：平行式光轴双目视觉系统和汇聚式光轴双目视觉系统。本书将重点介绍更为普遍采用的平行式光轴双目视觉系统。

平行式光轴双目视觉系统要求左右相机的光轴都与相机光心间的连线垂直。如图7.1所示为简化的双目相机的俯视图，O_l和O_r分别为左右相机的光心，f为左右相机的焦距，P_l和P_r分别为空间一点P在左右投影面上的投影点，Z为P到相机平面的距离。根据三角形相似，有

$$\frac{|P_{1}P_{r}|}{|O_{1}O_{r}|}=\frac{Z-f}{Z} \tag{7.1}$$

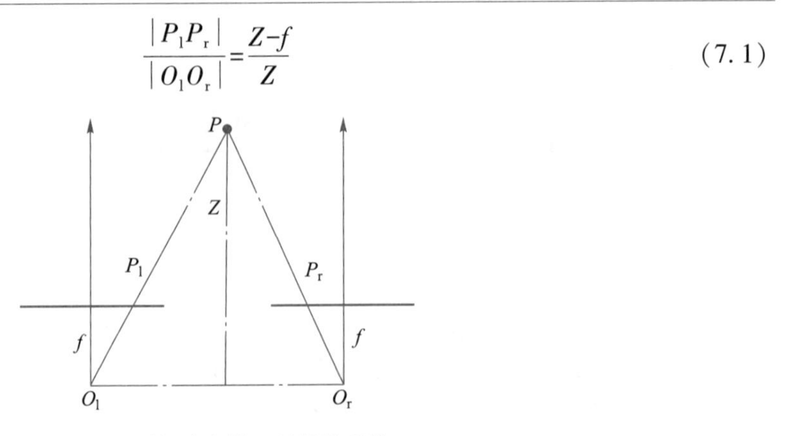

图 7.1 平行式光轴双目视觉系统

设 d_p 为 P 点在左右相机中的视差（即 P_1 和 P_r 在各自相机投影面坐标系下 x 坐标的差），L 为光心间的距离 $|O_1O_r|$，则有 $|P_1P_r|=L-d_p$，代入式（7.1），得

$$Z=\frac{Lf}{d_p} \tag{7.2}$$

因此只要知道相机的焦距和间距，以及空间点 P 在左右相机中投影点的视差，就能求出 P 点的深度。由于相机的参数在理想状态下是已知的，虽然在实际应用中由于相机制造、安装中的误差，存在需要通过相机标定重新计算相机的内外参的情况，但方法并不难，难的是如何求取视差，即求左图中像素点在右图中对应点的位置，称为立体匹配问题。这在场景中对象缺乏纹理或有重复模式时更为困难，使得很多扫描仪采用发射结构光到物体表面的方法，以通过人为地增加特定纹理来实现稳定的匹配，但这也造成了对设备的额外需求，因此自然图像的立体匹配近年来吸引了大量学者的研究关注，在效果上取得了极大提升。

总体上，基于双目视觉的三维重建流程如图 7.2 所示，先通过相机标定获取相机的内外参（目前最常用的是采用棋盘格标定的张正友标定法），并通过优化方法得到相机的畸变参数，再进行图像校正获得理想的左右图像，然后通过立体匹配得到各像素点的视差，最后根据式（7.2）得到各点的深度值，采用第 6 章介绍的方法进行三维重建。

图 7.2 双目视觉三维重建流程

下面重点介绍其中的难点问题——立体匹配。

7.1.2 传统立体匹配方法

立体匹配问题可描述为输入两幅分辨率大小相同的左右眼图像，求左图中各像素点在右图中的对应点。解决这一问题的初始思路非常直观：要查找左图中某一像素点在右图中的匹配时，在该像素周围按一定大小取一窗口区域，然后在右图中以同样大小的窗口通过滑动窗口法搜索与左图窗口最相似的窗口，选其中心作为对应点（早期也曾采用特征提取、特征表达和特征点匹配方法，但因只能实现稀疏匹配，这些方法在双目视觉中的应用越来越少，下一节将介绍这些方法）。如图 7.1 所示，由于 P_l 在右图中的对应点 P_r 必定位于 PO_lO_r 平面与右相机成像平面的交线上（称为极线约束，无论左右相机的光轴是否平行，都存在这一约束），因此只需在右图中进行一维搜索即可，非常快捷。这一思路的问题在于：① 两个窗口的相似度如何定义；② 当场景中存在较大范围的无纹理区域或纹理重复时，右图中会有较多相似度类似的点；③ 这一方法为各像素点找对应点的过程相互独立，无法确保相邻像素视差的一致性。后续的大量工作都是围绕这几个问题展开的，相关方法大体上可以分为三大类：局部方法、全局方法和半全局方法。

局部方法基本上是按初始思路对上述问题各自进行改进，基本包含匹配代价计算（即两个窗口的相似度计算）、代价聚合、视差计算和修正三个步骤。

匹配代价计算常用的有窗口中对应像素差绝对值的和（sum of absolute differences，SAD）、Census 变换等。事实上，这是一个特征表达及特征相似度度量问题，因此梯度特征、纹理特征及其组合都曾尝试用于匹配代价计算。深度学习兴起后，由于卷积神经网络（CNN）提取特征是通过针对性的训练获得的，在大多数问题上都比传统手工特征表现出了压倒性的优势，因此很自然地被引入用于匹配代价计算中的特征提取。

采用深度学习进行特征匹配需要有标注的训练库支持，KITTI 立体数据集是目前常用的训练库。它是一个双目图像集合，通过两个相距约 54 cm 的安装在汽车顶棚的摄像机拍摄，通过安装在左侧摄像机后面的激光扫描仪获取真实深度信息用于机器学习的训练。KITTI2012 包含 194 对 1 240×376 的训练图像，KITTI2015 则包含 200 个训练对。立体匹配中较多使用的结构是 Siamese 结构，如图 7.3 所示。该结构使用两路完全相同的 CNN 对左、右图像窗口提取特征，并计算特征间的相似度，使用 KITTI 训练集训练 CNN 中的权值用于特征提取。

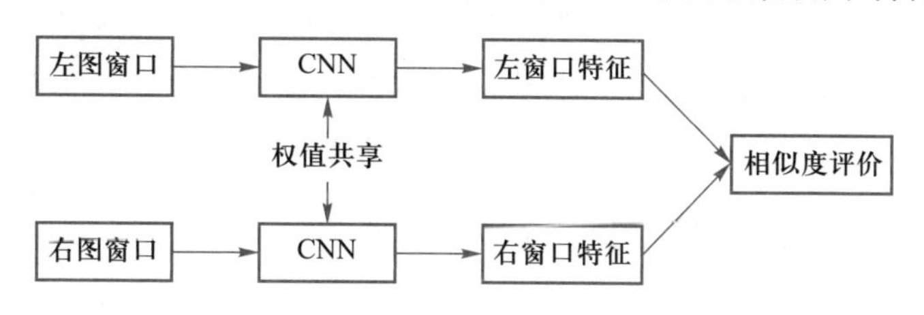

图 7.3 使用 Siamese 网络结构提取图像窗口特征

针对无纹理区域这一问题，一种改进方法是采用自适应大小的窗口的方法，在纹理及边缘丰富的区域采用较小的窗口，而在无纹理区域则采用更大的窗口，以期尽可能应用远处的上下文结构信息进行匹配。

针对相邻像素视差的一致性难以保持这一问题，局部方法通常通过代价聚合加以改善。其基本思想是采用滤波进行平滑，对于图像中的非边缘像素，结合初始匹配代价，利用匹配点周围的信息进行加权平均。

代价聚合能改善视差的一致性，但对某些较大范围的误匹配仍然无法消除。视差修正则通过左右一致性检测等方法查找出误匹配点，结合周围信息进行视差的重新计算。

但由于在滑动窗口进行搜索时未能考虑一致性问题，即使后续进行了代价聚合和视差修正，局部立体匹配的效果仍然难以令人满意。立体匹配的效果通常用式（7.3）的误匹配率进行评价，即

$$P = \frac{1}{M} \sum_{|D_c[i,j] - D_r[i,j]| > \delta} 1 \tag{7.3}$$

其中 $D_c[i,j]$ 为像素 $[i,j]$ 处计算所得视差，$D_r[i,j]$ 为 $[i,j]$ 处真实视差，M 为所有像素点个数，δ 一般取为 1。

各种局部立体匹配方法在 Middlebury、KITTI 等数据集上的测试通常只能达到 5%～9%的误识别率。

为解决局部立体匹配方法在视差一致性方面的缺陷，全局立体匹配方法通过同时求解所有点的视差，使得可以在求解视差时就考虑相邻像素视差的一致性。总体上，全局方法以各像素的视差为变量，构建一个以窗口相似性和视差一致性为目标的能量函数，以优化各点的视差。

目标函数由反映窗口相似性的能量 $\mathrm{E}_{\text{similarity}}$ 和反映视差一致性的能量 $\mathrm{E}_{\text{smooth}}$ 构成，即

$$\min \mathrm{E}(\boldsymbol{D}) = \mathrm{E}_{\text{similarity}}(\boldsymbol{D}) + w\, \mathrm{E}_{\text{smooth}}(\boldsymbol{D}) \tag{7.4}$$

其中 $\boldsymbol{D}$ 为与输入图像同样大小的视差矩阵，其各元素为各像素的视差。$\mathrm{E}_{\text{similarity}}(\boldsymbol{D})$ 为在给定视差 $\boldsymbol{D}$ 下各像素的匹配代价的总和；$\mathrm{E}_{\text{smooth}}(\boldsymbol{D})$ 为非边缘点处视差 $\boldsymbol{D}$ 的连续性。模拟退火法（simulated annealing）、图割法（graphcuts）、置信度传播法（belief propagation）都可用来求解该优化问题。全局立体匹配方法在 Middlebury、KITTI 等数据集上的测试通常能达到 4%～6%的误识别率，但计算量大。为减少计算量，有学者在计算像素点的匹配代价时用自 8 个方向的路径代价将全局立体匹配方法中的二维图像优化问题转化为多条路径的一维优化问题，以增加 1%～2%的误匹配率为代价提高了计算匹配效率，通过 GPU（图形处理单元）或 FPGA（现场可编程门阵列）的加速可基本满足实时应用的需求。

7.1.3 基于深度学习的端到端立体匹配

深度学习方法最初在立体匹配算法中的应用是在传统立体匹配算法框架中用深度学习实现其中的某个步骤，如 7.1.2 节中提到的用 Siamese 网络结构提取窗口特征并计算匹配代价。但人们更希望的是，对于输入的左右图像对，深度学习模型能够一步到位地输出其视差，即所谓的端到端网络模型。2015 年，Alexey Dosovitskiy 等人提出的 FlowNet 被很多学者认为是最早实现的基于深度卷积神经网络的端到端立体匹配。与目前流行的端到端深度卷积神经网络类似，FlowNet 采用 Autoencoder-decoder 模式将输入的图像编码成更低维的特征图，再将特征图解码到与输入图像同分辨率的视差图。他们提出了两种网络结构，一种如图 7.4（a）所示，

称为 FlowNetSimple，将左、右眼图像叠加后输入 CNN 网络，经过卷积、池化等过程提取出特征图，再通过解码网络上的卷积恢复视差。另一种如图 7.4（b）所示，称为 FlowNetCorr，将左、右图像分别输入一个 CNN 提取其特征，假设分别得到了左、右图像的特征图 f_l 和 f_r，为了与匹配目标相一致，作者专门设计了一个相关度计算层（correlation layer）用以计算左图中一个小窗口与右图中一个小窗口的相似度。设 x_0 和 x_1 分别为 f_l 和 f_r 中的两个点，则以 x_0 和 x_1 为中心的边长为 $2k$ 的两个窗口的相关度可以描述为

$$C(x_0,x_1)=\sum_{o\in[-k,k]\times[-k,k]}(f_l(x_0+o),f_r(x_1+o)) \tag{7.5}$$

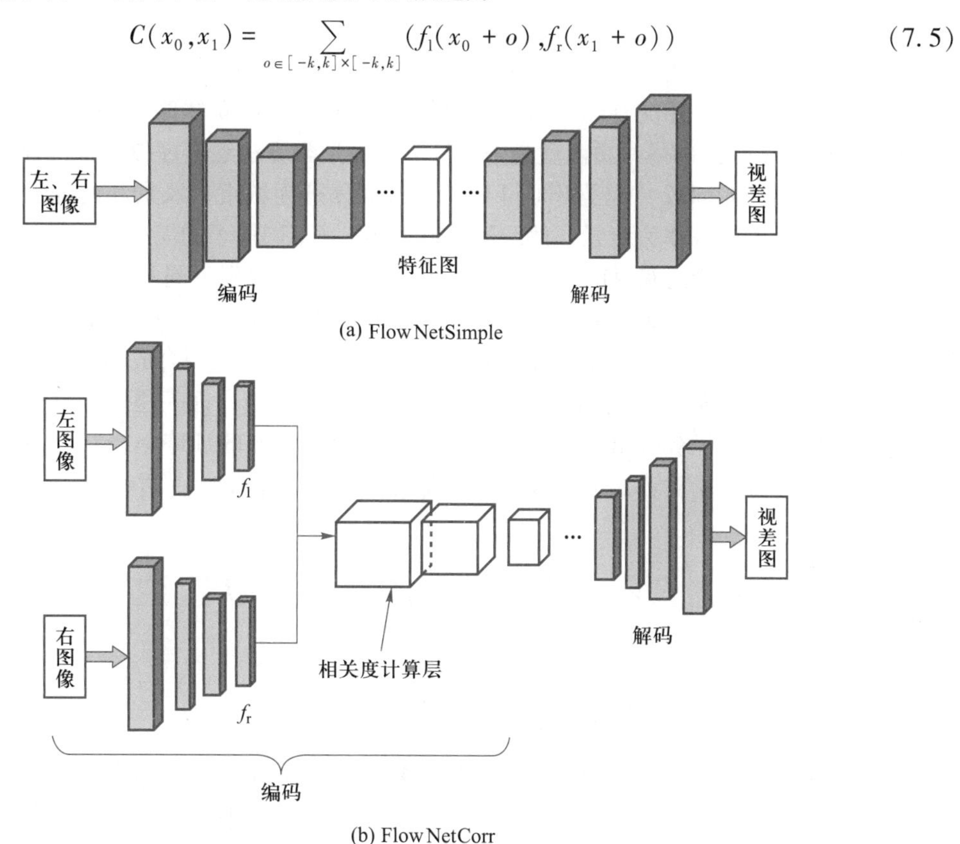

图 7.4 FlowNet 的两种结构

专门设计一个相关度计算层的原因是希望给出类似于局部匹配方法中两个窗口的匹配代价作为特征提供给 CNN。由于视差通常有上限，设上限为 M，则对左图中的一个 x_0，只需计算右图中以 x_0 为中心、M 为边长的窗口中的 M^2 个点，因此若 f_l 和 f_r 的原始大小为 $H\times W$，则经过相关度计算层后得到一个 $H\times W\times M^2$ 的特征图。再将这一融合后的特征图输入 CNN 网络进行视差提取。FlowNetCorr 事实上是将人类对问题的理解和知识融入 CNN 的一种尝试，但效果并不明显。FlowNetCorr 和 FlowNetSimple 在不同测试集上测得的误匹配率互有胜负，且都低于当时效果最好的几个非深度学习方法。究其原因，FlowNet 采用的是最基础的网络，当时对卷

积神经网络的很多好的改进才刚刚提出，并没有应用到 FlowNet 中。在后续的研究中，学者们采用瀑布残差结构将不同层中获得的低层特征和高层特征相叠加，采用三维卷积正则化代价体，特别是 Jia-Ren Chang 等人提出的 Pyramid Stereo Matching Network 采用金字塔池化模块提取不同尺度的特征，很好地利用了全局上下文信息以解决场景中无纹理区域的特征提取，取得了当时最小的误识别率。总体上，改进后的端到端深度学习立体匹配方法获得了比传统立体匹配方法更好的效果，相比于当时最好的几个非深度学习方法，平均误识别率降低了一点几个百分点。

深度学习并非没有代价，它需要大量的标注了 ground truth 的训练数据，而采集了真实深度信息的 KITTI 数据库等仅有的几百张双目图像并不能满足立体匹配深度神经网络的需求。Alexey Dosovitskiy 等人的另一贡献就是采用计算机图形学方法绘制虚拟物体，合成出双目图像用于训练。他们从 Flickr2 中检索出近 1 000 张内容分别为城市、风景和山脉的图像，并将其切分为 512×384 的图像作为背景，然后取了近 1 000 张不同椅子的三维模型，从不同角度、位置进行绘制，得到前景的双目图，最后将绘制出的前景叠加到不同的背景图像上合成出具有真实感的双目图。由于绘制时的虚拟物体和虚拟相机的位置朝向都是已知的，所以能准确地知道生成的双目图像中前景的深度值。Alexey Dosovitskiy 等人采用合成的方法生成了 22 872 对双目图像，与 KITTI 等真实采集的图像一起训练出了 FlowNet。这一通过计算机图形学手段合成训练图像的方法已经被应用于人体重建和虚拟驾驶等领域的训练集构建，使得计算机图形学不仅是深度学习的受益者，也为深度学习提供了除 GPU 外的另一贡献。

7.2　基于运动的三维形状重建

7.2.1　从运动恢复结构的基本概念及流程

上一节讲述的基于双目视觉的三维重建需要标定好的两个相机拍摄的双目图像作为输入，虽然比主动式扫描在设备方面要便捷，但标定对于普通用户来说还是一件复杂的工作。人们更希望用普通相机绕着物品拍摄视频（或拍摄不同角度的一系列照片）即能重建出三维形状，从运动恢复结构（SFM）就是针对这一需求的技术。

在用单个相机拍摄视频的过程中，当外部条件（如光照等）不发生较大变化时，则与双目重建的条件相比，缺少的只是相机的标定。如果能够不借助棋盘格而是直接利用拍摄的视频对相机进行标定（称为相机的自标定），则就能使用前面介绍的方法重建三维形状。但相机自标定在准确性、稳定性等方面的欠缺使得需要在后续增加额外的处理。总体上，SFM 可以分为增量式方法、结构性方法及全局方法。下面介绍使用最为广泛的增量式方法。

最基本的增量式 SFM 的处理流程如图 7.5 所示。输入的图像序列经特征提取、特征匹配、几何验证后，根据匹配的多个特征点进行相机自标定，求出相机参数，根据三角测量法求出各匹配特征点的三维位置，然后将求得的三维点连接成三角网格。作为增量式 SFM，当不断有图像序列输入时，将不断产生新的三维点并加入原有的三角网格中，由于相机自标定往往误差较大，因此需要最后一步的集束调整，通过后续新增图像序列的信息，对之前求得的相机参数及三维点进行优化，使结果更准确。

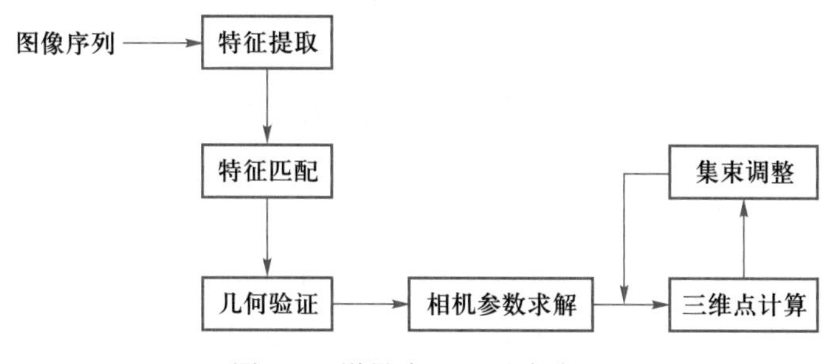

图 7.5　增量式 SFM 基本流程

各步骤主要方法如下。

特征提取包括特征点的检测及描述，目的是检测出角点等具有结构信息的点并给出能够尽可能表达出其特点的特征描述，用于与其他图像中特征点的匹配。Harris 角点检测、高斯差分检测（difference of Gaussian，DOG）等都可以用来进行特征点检测。SIFT 特征由于具有尺度和旋转不变性及对光照不敏感的优点，经常用来作为特征描述。

特征匹配将具有较多重叠区域的两幅图像中提取出的特征点根据其特征描述子进行配对，特征描述子间的距离、归一化互相关性（normalized cross correlation，NCC）等都可以用来判断特征点的相似性。当场景中具有重复结构或对称形状时，会使得某些特征点具有非常相似的特征描述子，从而造成误匹配。

几何验证就是为了消除特征误匹配。由于特征描述子仅仅表达了特征点非常小的邻域内的局部信息，通过特征描述子进行的匹配也就只能根据特征点的局部外观计算相似度。几何验证就是希望通过特征点之间的上下文信息减少和纠正误匹配。最简单的几何验证可通过特征点间的相对位置进行验证和重匹配，也可以根据特征点间的匹配构建两幅图像间的变换，对不符合变换的匹配进行删减和修正。

相机参数求解根据匹配好的特征点对相机进行标定，如果拍摄照片的相机内参未知，则不仅仅要求解相机的外参，而且需要求解整个基本矩阵，这就要求至少有 4 对匹配点。

三维点计算是整个流程中的关键步骤之一。在前几步已经求出了图像中特征点的匹配及相机参数的情况下，根据双目视觉理论，通过三角测量应该很容易求出对应的三维点。但这只是理想状态，正如本节开始时所述，特征点检测、相机自标定的误差使得问题变得复杂：以双目图像为例，设三维点 X 在两幅图像上的投影分别为 x_1 和 x_2，相机光心为 O_1 和 O_2，理想状态下，O_1x_1 和 O_2x_2 应交于 X，但由于 x_1、x_2、O_1、O_2 都存在较大误差，O_1x_1 和 O_2x_2 的交点很可能并不存在。一种解决思路是在三维空间中进行处理的中点法：作 O_1x_1 和 O_2x_2 的公垂线，

选取两个垂足间的中点作为 X。与双目视觉相比，SFM 的一个特点是有多个视图，将双视图的中点法推广到多视图，可以表述为求取空间点 X，使其到各 O_ix_i 距离的平方和最小。设 $\boldsymbol{b}_i$ 为 O_ix_i 的单位方向向量，则 X 到 O_ix_i 的距离为 $\|(I-\boldsymbol{b}_i\boldsymbol{b}_i^{\mathrm{T}})(X-O_i)\|$，$X$ 则可通过求解下述优化问题获得，即

$$\min_X \sum_{i=1}^{N} \|(I - \boldsymbol{b}_i\boldsymbol{b}_i^{\mathrm{T}})(X - O_i)\|^2 \tag{7.6}$$

另一种解决思路是回到投影空间，设通过相机自标定后得到的将三维空间点 X 变换到投影面的变换矩阵为 $\boldsymbol{P}_i$，理想情况下，应有 $x_i=\boldsymbol{P}_iX$，在多视图情况下，X 可通过求解下述优化问题得到，即

$$\min_X \sum_i \|x_i - \boldsymbol{P}_iX\|_p \tag{7.7}$$

其中 $\|x_i-\boldsymbol{P}_iX\|_p$ 为向量的 p 范数。较常使用的是 2 范数和 ∞ 范数，不同的范数须采用不同的优化方法。相对来说，2 范数下采用 Levenberg-Marquardt（LM）方法总体上效果较好，目前被较多采用。

集束调整是增量式 SFM 的另一关键步骤。作为增量式方法，相机的参数由多个视图局部求取，当图像序列不断增加时，相机参数和三维点的计算误差将会积累并失控。为此，当图像序列增加到一定程度时，须根据新增信息对计算好的相机参数和三维点加以调整，以减少误差。调整方法为

$$\min_{O_1,O_2,\cdots,O_N,X_1,X_2,\cdots,X_M} \sum_{i,j} \|\pi(O_i,X_j) - x_{ij}\|^2 \tag{7.8}$$

集束调整可以通过求解式（7.8）的优化问题进行。其中 O_i 为所有已经求出的相机光心，X_j 为所有已经求出的三维点，x_{ij} 为 X_j 在 O_i 所拍图像中对应的特征点。通过求解这一整体的优化问题，实现对 X_j 在 O_i 的优化。

7.2.2 深度学习在运动恢复结构中的应用

从应用角度看，SFM 方法更受欢迎的是边拍摄边重建的增量式 SFM，因此深度学习在 SFM 中的应用基本是在增量式 SFM 的流程中，用深度学习方法替换传统方法实现流程中的某项子任务。如 Nikolay Savinov 等人提出使用 Quad-networks 进行特征检测，Edgar Simo-Serra 等人使用卷积神经网络提取特征表达以代替 SIFT 等传统的手工特征描述子。较有特点的是 Mihai Dusmanu 等人通过巧妙地设计损失函数，给出了一种同时进行特征检测和提取特征表达的方法。这些方法并非专为 SFM 设计，能用在各类需要特征检测和特征描述的应用中。

SFM 的输入可以是视频，也可以是对某个场景从不同角度拍摄的大量离散的照片。对于离散的照片这一输入，需要选择具有较多重叠区域的照片进行重建。为此，Jie Wan 等人提出了一种深度学习结合词袋法的图像匹配度评估方法。他们首先使用 VGG-16 网络对输入图像提取特征，得到与原始图像长、宽相同的特征图，每个像素点对应一个 k 维向量作为该像素的特征表达。然后遍历图像各像素，将其特征表达对照事先给定的由视觉单词$(v_1,\cdots,v_i,\cdots,v_n)$

构成的词典，对最接近的视觉单词计数，形成图像的词袋向量$(w_1,\cdots,w_i,\cdots,w_n)$，$w_i$ 为图像中特征表达最接近 v_i 的像素个数。两幅图像的词袋向量的夹角即作为图像的匹配度，用于SFM 算法图像的选择。

端到端的从视频序列恢复深度的方法近几年才开始出现。T. Zhou 等人提出了一种同时重建深度图及相机参数的无监督方法。如图 7.6 所示，整个网络由两个 CNN 分支构成：DepthCNN 用于从单幅照片重建深度图，采用常见的 encoding、decoding 结构；PoseCNN 输入图像序列，输出相机参数，前几层与 DepthCNN 共享权值。从 DepthCNN 得到了输入图像 I_t 对应的深度图 D_t，从 PoseCNN 得到图像序列各图像 I_s 的相机姿态，将相机参数对应的变换 M_s 作用于 D_t，得到 I_t 中的像素点 P_t 在 I_s 中的位置 P_s，$\sum_s\sum_{p_t}|I_t(p_t)-I_s(p_s)|$ 即可作为损失函数用于网络的训练，其中 p_t 为图像 I_t 中的所有像素点，I_s 为图像序列中 I_t 附近的帧。这一方法实现了端到端地从图像序列生成深度图，而且不需要额外的标签，使用图像序列自身的信息构建损失函数来训练网络。但由于没有针对深度图及相机参数的确定标签数据进行约束，网络训练难度较大，为此可以使用带有深度标签的图像集对 DepthCNN 进行预训练，预训练的结果作为 DepthCNN 的初值用于训练网络。

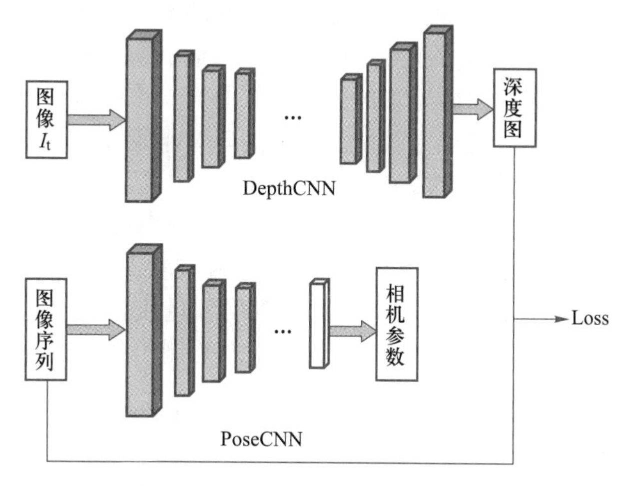

图 7.6　深度与相机参数联系学习示意

7.3　基于明暗的三维形状重建

7.3.1　基于明暗的三维形状重建基本原理及方法

从前两节的介绍可以知道，输入一段视频或双目图像，以三角测量为基本方法可以重建出物体的三维形状，这是当前基于视觉的三维重建的主流方法，但人们仍然希望能够通过单幅图像进行三维重建，因为人看到一张照片时是能够估计照片中物体的形状的。人能估计照片中物体的形状，依据的主要信息是物体的轮廓和表面的明暗变化，因此也就有了从轮廓恢复形状（shape from contour）和从明暗恢复形状（shape from shading，SFS）的基本思路。从轮廓恢复形状仍然需要多视角图像，且仅能针对形状简单的物体，因此这方面的研究重点是 SFS。

SFS 问题的基本描述是利用图像中物体表面的明暗变化来恢复其表面各点的相对高度或表面法向。物体表面的明暗变化主要由镜面反射和漫反射构成，涉及光源、物体表面法向、反射率、视点等多种因素。最早的 SFS 可以追溯到 20 世纪 70 年代。为简化问题，传统的 SFS 方法假设光照模型为漫反射模型，这样减少了物体表面的镜面反射系数、视线与物体表面法向的夹角等大量未知数。即使做了这样的简化，要求解物体表面各点的法向、漫反射系数、光源，而已知条件只有图像中每个点的亮度，少于未知数的个数，因此有无穷多解。为解决这一问题，传统的 SFS 方法对待重建的物体添加了一定的约束，如假设待重建的物体表面是一阶或二阶光滑的，从而构建 SFS 问题的正则化模型。

传统的 SFS 从方法上可以分为优化法、传播法、局部法和线性化方法四类。传播法从某些已知点（如边界点）开始求取其邻接点，逐步求取出整个物体表面；局部法则是将物体表面的某一局部区域用某种形式的曲面（如球面或二次曲面）来拟合，这极大地减少了未知数的个数；线性化方法则通过将反射函数线性化，以实现对非线性的 SFS 问题的近似求解。篇幅所限，这里仅对基于优化的 SFS 方法进行介绍。

优化法通过最小化目标函数来求解物体的表面法向（或高度、梯度）。如式（7.9）所示，(i,j) 为图像中属于待重建物体的所有像素点。$\boldsymbol{n}(i,j)$ 为 (i,j) 处物体的法向，是需要求取的。$R(i,j,\boldsymbol{n}(i,j))$ 为 (i,j) 处根据法向、光源等绘制得到的颜色值，$I(i,j)$ 为输入图像的颜色值，最小化 $(R(i,j,\boldsymbol{n}(i,j))-I(i,j))^2$ 即希望根据求取的法向绘制出的物体与输入图像中的物体外观一致。$\left\|\boldsymbol{n}(i,j)-\frac{1}{m}\sum\boldsymbol{n}_a\right\|^2$ 为正则项，用于约束重建物体的光滑性，其中 $\boldsymbol{n}_a$ 指 (i,j) 周围 m 个邻接像素处的法向，用于约束重建物体表面的光滑性。可以针对梯度、高度等给出各种正则项，如 $\|\nabla z\|^2$。

$$\min_{\boldsymbol{n}}\sum_{i,j}\left((R(i,j,\boldsymbol{n}(i,j))-I(i,j))^2+\lambda\left\|\boldsymbol{n}(i,j)-\frac{1}{m}\sum\boldsymbol{n}_a\right\|^2\right)\tag{7.9}$$

传统 SFS 方法对 $R(i,j,\boldsymbol{n}(i,j))$ 做了各种简化假设，如光源是单个方向的，物体表面各处的反射系数相同等。最简单的 $R(i,j,\boldsymbol{n}(i,j))$ 可以定义为 $R(i,j,\boldsymbol{n}(i,j))=\rho\boldsymbol{L}\cdot\boldsymbol{n}(i,j)$，其中 ρ 为反射系数，$\boldsymbol{L}$ 为光源方向。求解这一最小化问题即可得到物体表面的法向，进而得到表面点的 Z 值。

上述 SFS 方法得到的效果并不很令人满意，研究者们分析认为，造成效果不佳的主要原因是对光源和表面反射系数的粗暴简化：拍摄照片时自然环境下的光源不可能是单个方向的光源，拍摄的物体表面的反射系数也大多不会是单一的。因此，近年来的很多工作主要围绕着更准确地表述绘制函数 $R(i,j,\boldsymbol{n}(i,j))$ 进行。

球谐函数（spherical harmonics，SH）就是用来更准确地描述光照效果的有效工具。类似信号处理中的傅里叶展开，球谐函数是定义在单位球面上的级数展开，有

$$f(\boldsymbol{n}) = \sum_{l=0}^{s} \sum_{m=-l}^{l} c_l^m y_l^m(\boldsymbol{n}) \tag{7.10}$$

$y_l^m(\boldsymbol{n})$ 为 SH 基函数，具有正交性，如下式所示，自变量单位法向 $\boldsymbol{n}$ 可转化为如下的经纬度表达，即

$$y_l^m(\theta,\varphi)=\begin{cases}\sqrt{2}K_l^m\cos(m\varphi)P_l^m(\cos\theta),m>0\\ \sqrt{2}K_l^m\sin(-m\varphi)P_l^{-m}(\cos\theta),m<0\\ K_l^0P_l^0(\cos\theta),m=0\end{cases} \tag{7.11}$$

其中 $K_l^m=\sqrt{\dfrac{(2l+1)}{4\pi}\dfrac{(l-|m|)!}{(l+|m|)!}}$，$p_l^m$ 为如下的缔合勒让德多项式：

$$\begin{gathered}(l-m)P_l^m(x)=x(2l-1)P_{l-1}^m(x)-(l+m-1)P_{l-2}^m(x)\\ P_m^m(x)=(-1)^m(2m-1)!!(l-x^2)^{\frac{m}{2}}\\ P_{m+1}^m(x)=x(2m+1)P_m^m(x)\end{gathered} \tag{7.12}$$

c_l^m 为级数展开的系数，与傅里叶展开类似，当函数值已知时可反求系数，即

$$c_l^m = \int f(s)y_l^m(s)\mathrm{d}s \tag{7.13}$$

这样，$R(i,j,\boldsymbol{n}(i,j))$ 可表示为

$$R(i,j,\boldsymbol{n}(i,j))=\rho(i,j)f(\boldsymbol{n}(i,j)) \tag{7.14}$$

通常在用球谐函数近似光照时，展开到二阶已足够，所以单个颜色通道有 9 个系数，RGB 三色则有 27 个系数。虽然对光照的描述精细了，但 27 个参数加上 $\rho(i,j)$，新添了大量未知数，给求解带来了更大的难度。为此，近年来很多 SFS 的研究都假设已知一个粗糙的初始形状 $\boldsymbol{n}(i,j)$，然后在初始形状 $\boldsymbol{n}(i,j)$ 的基础上迭代优化光源 c_l^m、反射系数 $\rho(i,j)$ 以及更精细的 $\boldsymbol{n}(i,j)$。有一个粗糙的初始形状这一假设在当前是有应用背景的，如几百元一台的 Kinect 就能采集粗糙的深度信息，人脸的三维形状可以通过其他技术进行参数化重建（具体方法将在下一节中介绍），但重建的结果缺少细节。这些都为 SFS 方法提供了初始形状这一有利条件，而其不够精确的缺陷又为 SFS 方法提供了表现的舞台。

下面以 Roy Or-El 等人的 RGBD-Fusion 为例讲解如何利用 SFS 从一个粗糙的初始形状开始重建精细的几何。他们定义的光照与前述略有不同，有

$$R(i,j,\boldsymbol{n}(i,j))=\rho(i,j)f(\boldsymbol{n}(i,j))+\beta(i,j) \tag{7.15}$$

其中，$\rho(i,j)f(\boldsymbol{n}(i,j))$为反射系数乘上球谐函数表示的光照，与之前介绍的相同，不同的是他们添加了一项$\beta(i,j)$用以表示与球谐光照$f(\boldsymbol{n}(i,j))$独立的局部光照，如局部的互反射和镜面效果。

下面介绍 Roy Or-El 等人是如何逐步优化$z(i,j)$的。

输入为$I(i,j)$及粗糙的$z(i,j)$，输出为更精确的$z(i,j)$。

首先根据$z(i,j)$计算初始$\boldsymbol{n}(i,j)$，然后按下述步骤迭代优化。

步骤1：已知初始$\boldsymbol{n}(i,j)$，求光照f。式（7.15）中，固定$\rho(i,j)$和$\beta(i,j)$（初始时设$\rho(i,j)=1$，$\beta(i,j)=0$），有$f(\boldsymbol{n}(i,j))=(I(i,j)-\beta(i,j))/\rho(i,j)$，代入初始的$\boldsymbol{n}(i,j)$，即可求出球谐函数$f$的27个系数。

步骤2：已知$f(\boldsymbol{n}(i,j))$，求$\rho(i,j)$。固定$f(\boldsymbol{n}(i,j))$和$\beta(i,j)$（初始时设$\beta(i,j)=0$），可通过式（7.14）的优化问题求解$\rho(i,j)$，即

$$\min_{\rho}\|\rho(i,j)f(\boldsymbol{n}(i,j))+\beta(i,j)-I(i,j)\|_2^2+\lambda_{\rho}\left\|\sum_{k\in N}w_k^c w_k^d(\rho(i,j)-\rho_k(i,j))\right\|_2^2 \tag{7.16}$$

其中

$$w_k^c=\begin{cases}0, & \|I_k-I\|_2^2>\tau\\ \exp\left(-\dfrac{\|I_k-I(i,j)\|_2^2}{2\sigma_c^2}\right), & \text{其他}\end{cases},\quad w_k^d=\exp\left(-\frac{\|z_k-z(i,j)\|_2^2}{2\sigma_d^2}\right)$$

$\left\|\sum_{k\in N}w_k^c w_k^d(\rho(i,j)-\rho_k(i,j))\right\|_2^2$为正则项，用于约束$\rho(i,j)$具有一定的连续性。若无此约束，则$\rho(i,j)=(I(i,j)-\beta(i,j))/f(\boldsymbol{n}(i,j))$恰为步骤1的形式转换，毫无意义。

步骤3：已知$f(\boldsymbol{n}(i,j))$、$\rho(i,j)$，求$\beta(i,j)$。固定$f(\boldsymbol{n}(i,j))$和$\rho(i,j)$，可通过式（7.17）的优化问题求解$\beta(i,j)$，即

$$\min_{\beta}\|\beta(i,j)-(I(i,j)-\rho(i,j)f(\boldsymbol{n}(i,j)))\|^2+\lambda_{\beta}^1\left\|\sum_{k\in N}w_k^c w_k^d(\beta(i,j)-\beta_k(i,j))\right\|^2+\lambda_{\beta}^2\|\beta\|. \tag{7.17}$$

$\lambda_{\beta}^1\left\|\sum_{k\in N}w_k^c w_k^d(\beta(i,j)-\beta_k(i,j))\right\|_2^2+\lambda_{\beta}^2\|\beta\|$为正则项，用于约束$\beta(i,j)$具有一定的连续性及较小的模长。

步骤4：已知球谐函数f的系数、$\rho(i,j)$、$\beta(i,j)$、$z(i,j)$，求取更好的$z(i,j)$。

首先，曲面法向和梯度之间有关系

$$\boldsymbol{n}=\frac{(z_x,z_y,-1)}{\sqrt{1+\|\nabla z\|^2}}$$

因此关于法向的球谐函数f可转换为关于梯度的函数g，新的z值可通过最小化下述目标函数获得，即

$$h(z) = \|\rho g(\nabla z) - I\|_2^2 + \lambda_z^1 \|z - z_0\|_2^2 + \lambda_z^2 \|\Delta z\|_2^2 \tag{7.18}$$

其中 $\lambda_z^1 \|z-z_0\|_2^2+\lambda_z^2 \|\Delta z\|_2^2$ 为正则项，约束 z 与初始 z 值的偏离程度及光滑程度。

重复执行步骤 1 至步骤 4 直至收敛。

这样通过对各变量的交替优化可得到更好的物体表面深度。

7.3.2 深度学习在明暗重建形状中的应用

近年来，出现了不少将深度学习用于 SFS 的研究工作。大多数研究与其他不同方法相结合或针对某些特殊物体。这里介绍几种有代表性的研究工作。

马里兰大学的 Soumyadip Sengupta 等人提出的 SFSNet 虽然是针对人脸重建的，但方法本身具有一般性，可用于其他物体的重建。

一个理想的端到端 SFS 深度学习网络应该能够输入一幅图像，输出对应的深度图。但要训练这样一个网络，需要大量物体的高质量深度信息和同一视角下该物体的 RGB 图像的数据集。这样的数据集非常少，虽然目前有一些人脸库，其中既有图像又有对应的几何信息，但数量还不足以满足训练要求。另一思路是对虚拟物体进行真实感绘制，得到其相应的图像，这样就能够产生足够多的训练数据对，然而这样产生的数据往往在分布上与真实图像不同，因而训练出的网络在输入真实图像进行测试时效果不佳。

Soumyadip Sengupta 等人提出的 SFSNet 能够综合使用虚拟物体合成的图像与真实图像，发挥各自优势对网络进行训练。SFSNet 结构示意如图 7.7 所示。输入的真实图像通过编码和解码层得到对应的法向图和反射系数图，在特征提取的前几层共享网络系数。在得到法向图、反射系数图和球谐光照的系数后即可调用式（7.14）绘制出相应的图像，绘制的图像和原始输入的真实图像的差作为 cost 优化整个网络的权值。但正如上节所述，从图像分解出几何、反射系数和光照是个病态问题，如果仅凭最后的 cost 对整个网络进行训练而不对法向图、反射系数图和球谐系数进行约束，则无法得到理想的分解。为此，Soumyadip Sengupta 等人通过对虚拟物体施加不同的光照和反射系数得到大量合成图像参与网络训练，由于这部分合成数据的法向和反射系数已知，因此针对这批训练数据可给出针对法向图、反射系数图和光照的 cost，与之前给出的绘制图像和真实图像差别的 cost 一起共同训练网络，既避免了因缺少对法向图的约束而造成网络坍塌，又弥补了仅用合成图像训练时与真实图像分布不同的缺陷，获得了较为理想的效果。

其他与 SFS 相结合的深度学习方法大多在输入照片的同时要求输入一个初始的深度图，然后通过深度学习网络输出更精细的深度图，通过从精细的深度图用 SFS 方法得到的 RGB 图像与输入的原始图像的差别作为 cost 训练深度学习网络，最终用该网络获得优化的深度图。

一个较为独特的方法是 Dawei Yang 等人提出的与形状进化相结合的深度学习方法。方法采用进化算法的基本框架：首先生成基本族群，然后对族群进行择优、重组、变异等生成下一代族群。不断迭代，使得族群中的样本越来越接近目标图像对应的形状。与 SFS 相结合的深度学习用于评价族群中样本的优劣。具体方法如下：

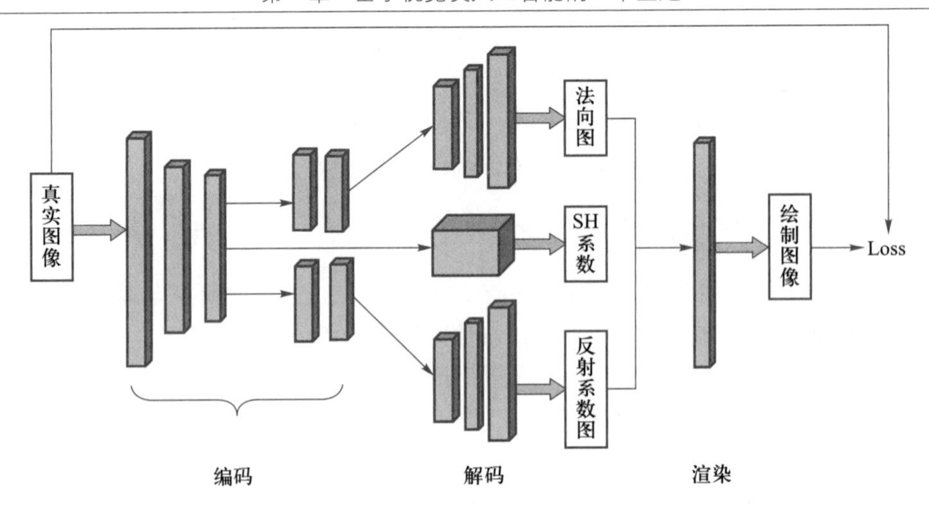

图 7.7　SFSNet 结构示意

物体的形状由隐式曲面 $F(x,y,z)=0$ 表示，曲面内部区域小于 0。初始族群由 4 类简单的形状球、圆柱、圆锥和立方体组成，分别表示为

$$F(x,y,z)=x^2+y^2+z^2-R^2$$

$$F(x,y,z)=\max\left(\frac{x^2+y^2}{R^2},\frac{|z|}{H}\right)-1$$

$$F(x,y,z)=\max(|x|,|y|,|z|)-\frac{L}{2}$$

$$F(x,y,z)=\max\left(\frac{x^2+y^2}{R^2}-\frac{z^2}{H^2},-z,z-H\right)$$

设上一代族群中共有 n 个样本 $\{s_1,s_2,\cdots,s_n\}$，重组运算可通过并、交、差实现：随机选择两个样本（不妨设其分别为 $F_1(x,y,z)=0$ 和 $F_2(x,y,z)=0$），通过并、交、差生成新的样本。

$$F_{\text{union}}(x,y,z)=\min(F_1(x,y,z),F_2(x,y,z))$$

$$F_{\text{intersection}}(x,y,z)=\max(F_1(x,y,z),F_2(x,y,z))$$

$$F_{\text{difference}(1,2)}(x,y,z)=\max(F_1(x,y,z)-F_2(x,y,z))$$

变异则通过变换实现：设 T 为三维空间中的变换，$F(x,y,z)=0$ 经过变换 T 后可表示为 $F(T^{-1}(x,y,z))=0$。

通过重组和变换后产生新一代的样本 $\{\tilde{s}_1,\tilde{s}_2,\cdots,\tilde{s}_m\}$，与上一代族群中的 n 个样本一起择优生成新一代族群。

基于深度学习的 SFS 用于对样本优劣进行评价，从而实现样本的进化。网络输入一幅图像，输出对应的法向图。训练数据通过对当前样本进行绘制得到，因此网络的训练跟样本的进化同步进行。随着迭代的进行，网络的评价越来越准确，样本的进化也越来越逼近最终的结果。

7.4　基于先验知识的三维重建

7.4.1　基于先验知识的几何形状参数化模型

先验知识在三维重建中非常重要。事实上，在前几节的三维重建方法介绍中已经很自然地用上了一些对三维模型通用的先验知识，如在 SFS 求解优化问题时增加的各种正则项，就是利用曲面具有一定光滑性等先验知识施加的约束。相对于这类通用知识，对待重建形状的特定知识则能够建立更多约束，从而降低需求解问题的维数。例如，假设已知待重建物体的形状是球面，则通过球心和半径共 4 个参数即可表达物体的表面，相比于通用三维重建中求取表面各点的深度或法向，这里只需求解 4 个未知数即可，极大地简化了问题的复杂程度。因此对待重建的物体，根据其形状规律建立参数化模型表达，对重建的意义重大。鉴于人脸及人体在计算机图形学和计算机视觉中的重要性，下面将以人脸和人体为例介绍参数化模型及基于参数化模型的三维重建方法。

参数化人脸模型采用一组参数（通常包含身份参数、表情参数等）来表达三维人脸模型，即给定一组参数，就能构建出相对应的三维人脸网格模型。三维形变模型（3D morphable model，3DMM）是一种广泛使用的参数化人脸模型，包含多个变种模型。最初的三维形变人脸模型于 1999 年提出，该方法的思路是在一个三维人脸数据库的基础上构建一个平均人脸的形变模型，将个性化人脸表示为在平均人脸上的变形，再将变形部分分解为某些基的线性组合。作为 3DMM 的一种，双线性人脸形变模型构建了包含身份和表情的两类基函数。个性化人脸的网格向量可表示为

$$S = \bar{S} + \sum \alpha_{\mathrm{id}} A_{\mathrm{id}} + \sum \beta_{\exp} B_{\exp} \tag{7.19}$$

其中 $\bar{S}$ 为平均人脸，设平均人脸的网格共有 n 个顶点，则 $\bar{S}$ 为一 $3n$ 维的向量。A_{id} 为一组 $3n$ 维的形状基，$B_{\exp}$ 为一组 $3n$ 维的表情基。α_{id} 是对应 A_{id} 的一组形状参数，$\beta_{\exp}$ 为对应 $B_{\exp}$ 的一组表情参数。由于人脸模型需要反映人脸的形状规律，所以基函数通过人脸库求取，如 Basel Face Model（BFM）就是用高精度扫描仪得到的 199 个不同人脸的网格模型，通过注册使其具有相同顶点数与拓扑连接，并计算平均人脸，随后对 199 个不同人脸与平均人脸的差使用 PCA 降维，从而得到一组形状基，通常选取前 99 个形状基。要求取表情基，就需要有包含不同表情的人脸库。Face Warehouse 人脸数据库由浙江大学计算机辅助设计与图形学（CAD&CG）国家重点实验室建立。数据库包含 150 个不同身份的人在 20 种不同表情下的人脸网格模型（其中包含一个自然表情）及 Kinect 捕捉的原始 RGBD 数据，类似地可以得到一组表情基。这样，当给定一组人脸参数 α_{id} 和 $\beta_{\exp}$ 时，即可通过式（7.19）得到人脸的网格形状。反过来，如果给定了人脸的几何网格 S，则可以通过求解下述优化问题求得对应该几何形

状 S 的人脸参数 α_{id} 和 β_{exp}，即

$$\min_{\alpha_{id},\beta_{exp}} \left\| S - \bar{S} - \sum \alpha_{id} A_{id} - \sum \beta_{exp} B_{exp} \right\| \tag{7.20}$$

图 7.8（a）的每一列给出了 BFM 前 4 个基在不同系数下的人脸形状（每列只改变某一个基的系数，系数从-5 到 7 发生变化）。图 7.8（b）给出了不同表情系数下的人脸形状（每列只改变某一个基的系数，系数从-5 到 7 发生变化）。

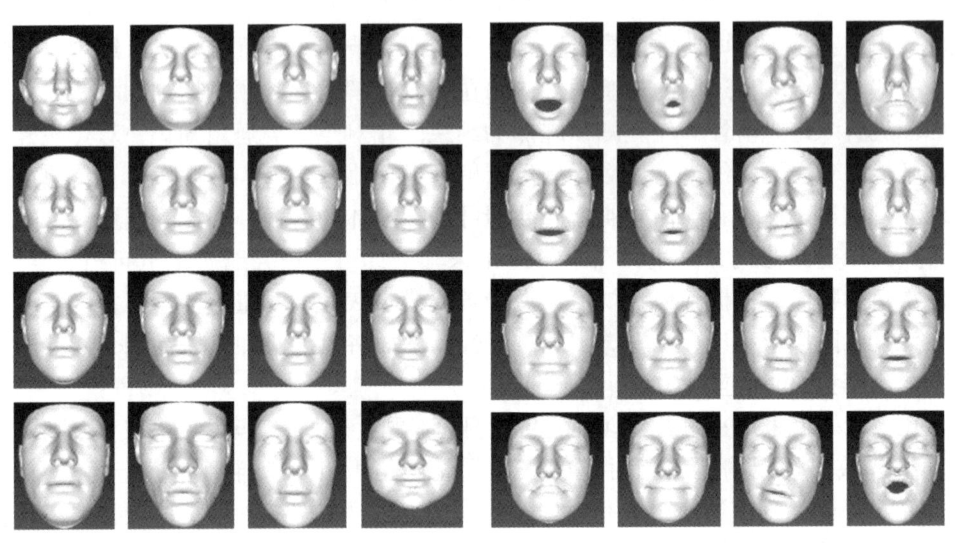

(a) 不同形状系数的人脸　　(b) 不同表情系数的人脸

图 7.8 人脸数据

线性人脸形变模型只能表达基函数张成的线性空间中的人脸，为增加表达能力，近年来开始有人尝试使用非线性人脸模型，这时就无法使用主成分分析（principal component analysis，PCA）方法，而要使用更具一般性的最优化方法求取非线性基，同时也需要有更多样本的人脸库支持。

虽然人体有不同的参数化模型提出，但与人脸参数化模型类似，使用最多的还是基于形变的模型，其中较具代表性的是 SCAPE 模型。

SCAPE 是一种使用身材参数和姿态参数表示人体网格模型的参数化人体模型，其基本思路是通过对模板人体进行变形得到个性化人体网格。设模板人体包含 N 个顶点和 K 个三角面片，如图 7.9 所示，将其划分为 P（通常取为 17）个区域，划分的依据是当人体姿态变化时，同一区域内的三角面片近似遵循同样的刚性变换。令 $l[k]$ 表示三角面片 k 所属的人体区域。当人体的身材和姿态变化时，三角面片 k 的变形可以表示为一个旋转矩阵 $\boldsymbol{R}_{l}[k]$ 和两个仿射变换矩阵 $\boldsymbol{S}_{k}$、$\boldsymbol{Q}_{k}$ 的乘积。其中 $\boldsymbol{R}_{l}[k]$ 表示人体摆出

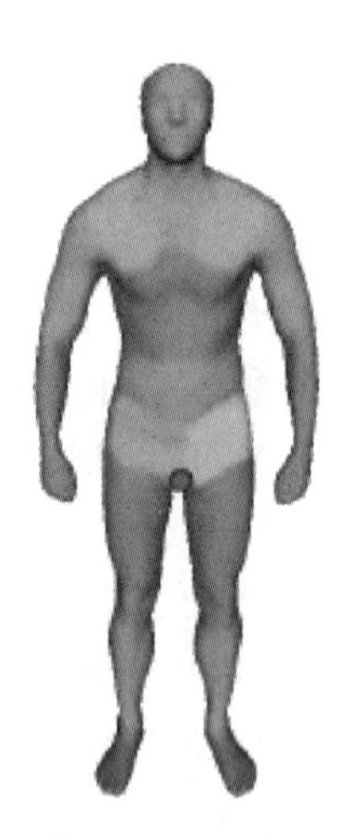

图 7.9 SCAPE 人体模型的分区

特定姿势时，区域 $l[k]$ 中三角面片相对于模板人体相应面片的旋转。一个三维空间中的旋转有 3 个参数，因此如果整个人体分为 17 块区域，则共有 51 个姿态参数，用 θ 表示。当人体姿态变化时，人体表面某些区域会发生局部的隆起，仿射变换矩阵 $\boldsymbol{Q}_k$ 用于表达不同姿态下肌肉隆起和皮肤褶皱所造成的变形，由 θ 唯一确定。仿射变换矩阵 $\boldsymbol{S}_k$ 用于描述身材差异所产生的变形引起的对三角面片 k 的变换，人体的身材差异可以用一个 30 维的身材参数 β 表达，从参数 θ 和 β 计算 $\boldsymbol{Q}_k$ 和 $\boldsymbol{S}_k$ 的细节可参考相关网络资料。当人体的身材参数和姿态参数确定时，人体表面上的顶点可由式（7.21）计算，$\hat{e}_{j,k}$ 为模板人体第 k 个三角形的边，$y_{j,k}$ 为目标人体第 k 个三角形中的顶点。即

$$\arg\min_{y_1,\cdots,y_n}\sum_{k}\sum_{j=2,3}\|\boldsymbol{R}_k(\theta)\boldsymbol{S}_k(\beta)\boldsymbol{Q}_k(\theta)\hat{e}_{j,k}-(y_{j,k}-y_{1,k})\|^2 \tag{7.21}$$

反过来，当已知人体表面顶点时，可通过式（7.22）求解下述优化问题，得到人体的身材和姿态参数。即

$$\arg\min_{\theta,\beta}\sum_{k}\sum_{j=2,3}\|\boldsymbol{R}_k(\theta)\boldsymbol{S}_k(\beta)\boldsymbol{Q}_k(\theta)\hat{e}_{j,k}-(y_{j,k}-y_{1,k})\|^2 \tag{7.22}$$

7.4.2 基于学习的参数化人脸人体重建

如式（7.19）所示，当知道参数化人脸模型的参数时，即可计算出人脸的网格形状，因此重建三维人脸只需重建出其参数即可。典型的 3DMM 单目人脸重建问题可表述为：输入为单张人脸图像，输出为 3DMM 人脸参数。深度学习已经成为当前绝对主流的人脸重建方法，因此这里只介绍通过深度学习回归人脸参数的方法。监督学习需要有事先标注好的输入输出数据对作为训练数据对学习模型中的参数进行训练。由于目标是针对输入的人脸图像回归出其对应的人脸参数，因此通常的监督学习需要用带人脸形状与表情参数标签的人脸图像库进行训练。但是业界开源的人脸数据集中带有准确的 3DMM 系数标签的数据极少。因为式（7.19）明确地给出了三维人脸几何形状与人脸参数的关系，以三维人脸几何信息作为标签的人脸图像也能用来训练人脸参数，然而这样的数据也不多。与此相反，以人脸的关键点（即 landmark）作为标签的人脸图像却数据量丰富，因此人们尝试以人脸关键点与 3DMM 系数标签、三维人脸几何形状共同约束来训练深度网络模型。人脸关键点指眼角、嘴角、鼻尖和人脸轮廓等部位的特征点。常用的人脸关键点如图 7.10 所示，有 68 个（部分算法在此 68 个关键点的基础上增加或者修改关键点）。

要用人脸参数及人脸关键点等标签进行训练，需要对输入人脸做粗略的对齐，将人脸摆正，从而减少后续深度学习网络在尺度不变性及旋转不变性方面的处理。由于人脸关键点中左右眼角、嘴角等特征点能较为稳定地检测到，可以选择 n 个关键点，记为 lm，并给出一个正脸模板人脸的对应关键点的位置，记为 ref。则可用式（7.23）优化公式求解变换矩阵 $\boldsymbol{M}$，用变换矩阵 $\boldsymbol{M}$ 将图像中的人脸摆正后，即可输入人脸重建网络进行人脸参数的求取。

$$\min_{\boldsymbol{M}}\sum_{i=1}^{n}\|\boldsymbol{M}\cdot \mathrm{lm}_i-\mathrm{ref}_i\| \tag{7.23}$$

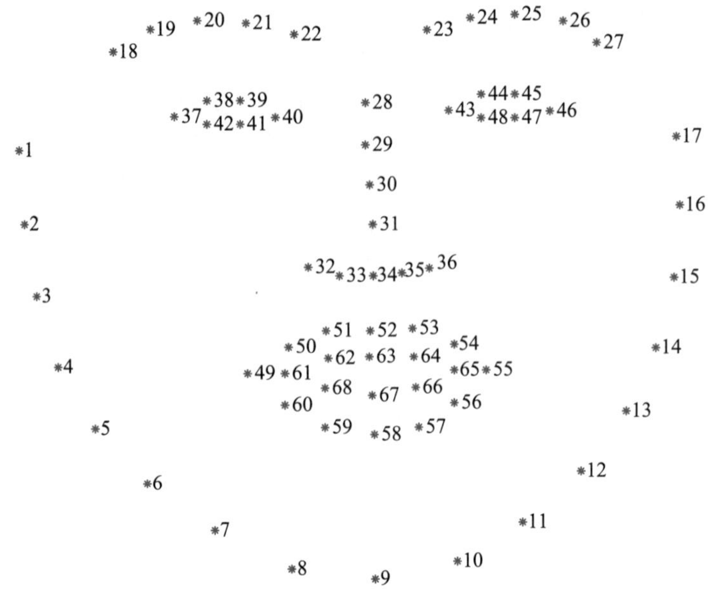

图 7.10 人脸的 68 个关键点

最基本的人脸重建网络如图 7.11 所示，输入的人脸图像经深度卷积神经网络提取特征后，再经全连接层输出人脸的形状参数、表情参数与相机参数。

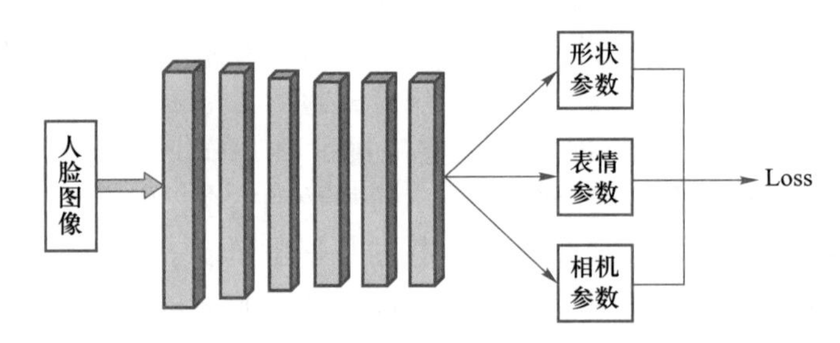

图 7.11 人脸参数回归示意

由于需要将三维人脸网格与输入的人脸图像建立联系，因此除了回归人脸参数外，还需要回归相机参数。相机参数可以用一个表示旋转的四元数（可据此得到旋转矩阵 $\boldsymbol{R}$）、一个正投影 P 加缩放因子 s 及一个二维平移 t 表达，这样重建得到的人脸网格 S 可投影到二维，即

$$S_{2D} = P\left(s\boldsymbol{R}\left(\bar{S} + \sum \alpha_{id}A_{id} + \sum \beta_{exp}B_{exp}\right)\right) + t \tag{7.24}$$

最后的损失函数如式（7.25）所示由四部分组成，即

$$\mathrm{Loss} = L_{landmark} + \lambda_1 L_{3Dmesh} + \lambda_2 L_{para} + \mu L_{reg} \tag{7.25}$$

L_{landmark}由式（7.26）给出，表示 68 个 landmarks 的约束，式中的 lm_i指的是重建得到的网格上与第 i 个 landmark 对应的顶点在平面上的投影坐标，可由式（7.24）计算（由于参数化模型生成的人脸网格的定点数与拓扑是固定的，因此 68 个 landmarks 能直接在网格上找到对应的顶点，不需要额外的在网格上检测 landmarks 的算法）。$gtl_{\text{mi}} \in \mathbb{R}^2$是训练数据中的关键点标签。

$$L_{\text{landmark}} = \frac{1}{68}\sum_{i=1}^{68} \|\text{lm}_i - \text{gtlm}_i\| \tag{7.26}$$

L_{para}为参数损失，由式（7.27）给出，衡量由网络回归出的参数与 ground truth 中的参数的差异，仅对带有人脸参数标签的训练数据起作用，N 和 M 分别为形状和表情参数的个数。

L_{3Dmesh}为三维形状损失，由式（7.28）给出，衡量重建出的三维人脸网格与 ground truth 中的三维人脸形状 gtS 的差异，仅对带有人脸三维信息标签的训练数据起作用。

$$L_{\text{para}} = \frac{1}{N}\sum_{i=1}^{N} (\alpha_{\text{id}}^i - \text{gt}\alpha_{\text{id}}^i)^2 + \frac{1}{M}\sum_{i=1}^{M} (\beta_{\text{exp}}^i - \text{gt}\beta_{\text{exp}}^i)^2 \tag{7.27}$$

$$L_{\text{3Dmesh}} = \left\|\bar{S} + \sum \alpha_{\text{id}} A_{\text{id}} + \sum \beta_{\text{exp}} B_{\text{exp}} - \text{gtS}\right\| \tag{7.28}$$

最后是正则项 L_{reg}，由式（7.29）给出。式中 α_{id}^i和 β_{exp}^i为回归得到的参数，σ_i和 τ_i为 α_{id}^i和 β_{exp}^i的 PCA 基对应的特征值。

$$L_{\text{reg}} = \frac{1}{N}\sum_{i=1}^{N}\left(\frac{\alpha_{\text{id}}^i}{\sigma_i}\right)^2 + \frac{1}{M}\sum_{i=1}^{M}\left(\frac{\beta_{\text{exp}}^i}{\tau_i}\right)^2 \tag{7.29}$$

图 7.12 所示是最基本的人脸重建网络结构，需要有人脸的 landmark 标签、参数标签或三维人脸几何标签。但具有这些标签的人脸数据有限，为此很多学者希望借助 SFS 的思路，用输

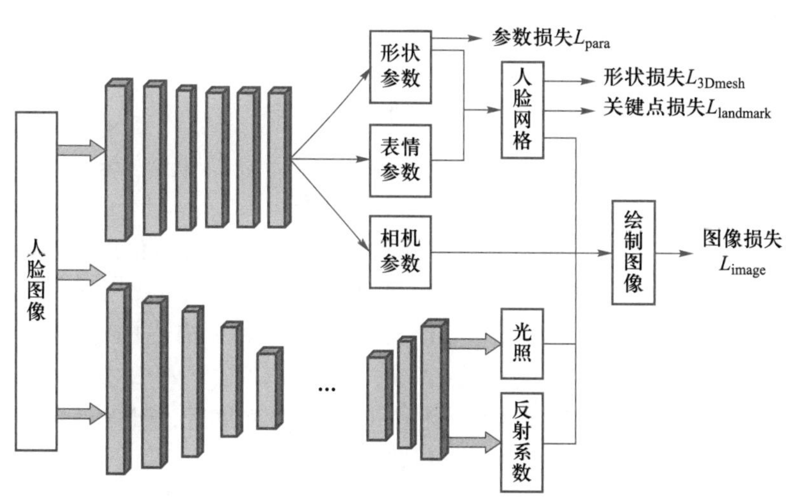

图 7.12　加入了像素损失的人脸参数回归示意

入图像的像素值来约束回归的参数：在图7.11所示基本网络结构的基础上增加回归反射系数及球谐光照系数的分支，用回归出的光照和反射系数对从另一分支得到的人脸网格进行绘制，得到合成的人脸图像，与输入图像的对应像素的差作为图像损失，加到式（7.25）中形成最终的损失函数，这样不仅可以利用带标注的人脸图像进行训练，同时也可以利用输入图像本身的信息对参数进行优化。

人体SCAPE参数化重建方面，最基本的思路是用人体表面三维点的约束来优化SCAPE人体参数，使得用SCAPE参数重建出的人体网格符合输入的三维人体形状。如式（7.27）所示，$S_j(\theta,\boldsymbol{\beta})$为SCAPE模型在$\theta$、$\boldsymbol{\beta}$时生成的人体网格的第$j$个顶点，$p_j$为输入的几何形状的对应点。但这是理想状态，现实中即使获取了人体的几何形状（如Kinect采集的深度图），还是无法知道采集到的深度图中的点与SCAPE生成的模型中的网格顶点的对应，这就需要借助迭代最近点方法（iterative closest points，ICP）搜索两者之间的对应。ICP带来的问题是速度极慢（因为优化SCAPE参数的每次迭代都需要进行最近点搜索）及需要较好的初始值。初始身材可以采用标准身材，而初始姿态可以考虑采用人体骨架估计。但密集的最近点搜索带来的大计算量还须解决。为此，针对虚拟试衣等应用中人体姿态变化不大的特点，Keli Cheng等采用稀疏关键点作为约束从Kinect采集的人体深度图重建SCAPE模型。如图7.13所示，在模板人体网格上选择对重建具有较大约束意义的n个关键点，记录其索引号，由于由SCAPE参数化人体模型生成的人体网络是按式（7.21）由模板网格变形而来的，因此顶点具有同样的索引号。如果从输入的人体深度图中检测出这些关键点的位置，则由式（7.30）可以优化得到相应的SCAPE参数，即

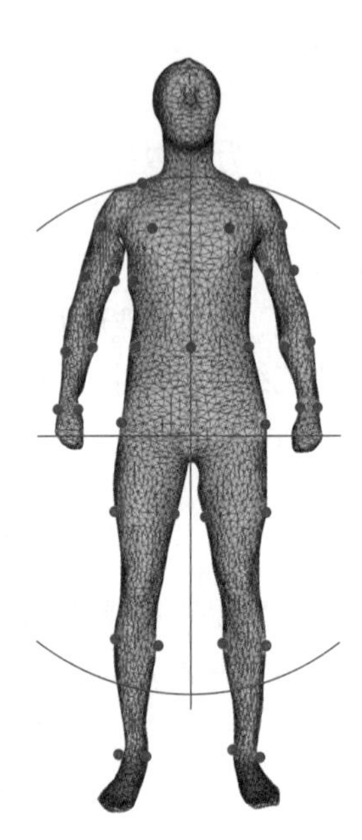

图7.13 人体关键点

$$\min_{\theta,\beta}\sum_{j\in J}\|S_j(\theta,\boldsymbol{\beta})-p_j\| \tag{7.30}$$

其中$S_j(\theta,\boldsymbol{\beta})$为以$\theta$、$\boldsymbol{\beta}$为参数重建出的人体关键点的位置，$p_j$为从输入深度图提取的相应人体关键点。这样问题就转化为求取深度图中关键点的问题。

对θ、$\boldsymbol{\beta}$进行采样，利用式（7.21）可以生成大量带关键点位置信息的人体模型，得到人体模型投影的深度图，即能得到人体深度图及关键点三维位置的数据对，用于训练从深度图回归关键点的模型。Keli Cheng等人采用人工给出关键点的特征描述并使用基于随机蕨的提升树从深度图回归出关键点的位置p_j，然后用式（7.30）重建出SCAPE参数θ、$\boldsymbol{\beta}$。事实上，当构建了由人体深度图及关键点三维位置的数据对构成的训练集后，CNN等各种监督学习方法都可用于从输入的人体深度图回归出关键点位置。

类似地，如果能够构建出带关键点标签的人体照片数据集，则同样可以从人体照片回归出关键点，进而重建出参数化人体模型。Dan Song等人即以此为思路实现了着装图像的人体

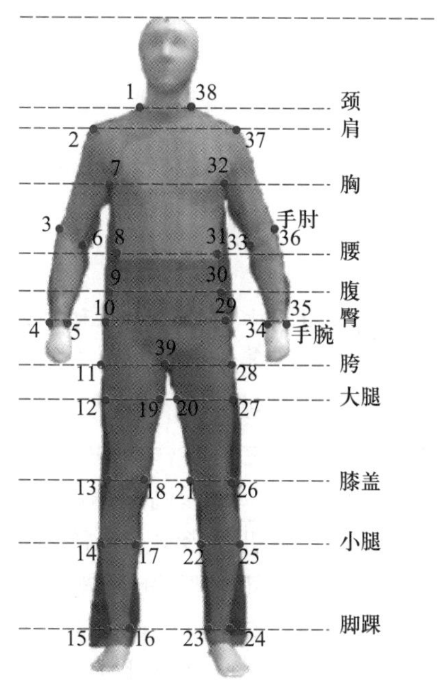

图 7.14　着装图像上的关键点

图像，使得用户可以穿着普通 T 恤拍照进行三维重建，避免了之前需要换紧身衣进行采集的不便。具体的做法是在带有三维关键点标签的三维人体上，通过布料仿真使其穿上 T 恤等衣裤，并对其正面投影，如图 7.14 所示，形成共 5 000 多个带有三维关键点标签的着装人体剪影作为训练数据，据此学习出着装人体剪影到三维关键点的回归模型。当要从人体着装照片（要求照片中的人以与图 7.14 相似的姿势站立，穿着与训练库中样本类似的衣裤）重建 SCAPE 参数化人体模型时，首先将照片中的人体从背景中分割出来，形成人体剪影，然后从人体剪影回归出三维关键点，最后将关键点代入式 (7.30) 求解出人体 SCAPE 参数。

参数化模型的最大优点在于，构建参数化模型时，通过待重建物体的数据总结出物体的形状规律，因此无须采集物体的完整形状，即可通过采集到的局部信息推断出物体的整体形状。如对于人体，只需采集正面的深度信息甚至照片，即可重建出完整的人体。

上述方法虽然是针对人脸和人体重建的，但方法的基本思路对基于变形的参数化模型都有效。

习　　题

1. 简述双目视觉三维重建流程。
2. 编程实现双目图像间的特征匹配。
3. 简述基于运动的三维形状重建的基本流程。
4. 简述基于球谐函数的绘制与基于 Phong 模型的绘制的异同并分析它们的优缺点。
5. 分析参数化模型的优缺点并给出一种参数化人脸模型。

第 8 章 真实感图形显示

在真实世界中，各种物体和场景展现着各种美丽多彩的光影变幻。宝石在灯光的照射下熠熠发光。阳光透过窗户照进室内，在墙上投射出不断变化的阴影和明暗变化。舞台上，模特身上的服装色彩斑斓，随着行进的步伐展现着不同的光泽和质感。泳池中，水在阳光的照射下波光粼粼。之前的章节中学习了如何在计算机中表达这些物体和场景的几何形体。本章将讨论如何从一个计算机表达的三维场景出发，产生出像照片一样具有高度真实感的图像。这一课题是计算机图形学一个核心的研究内容，也是真实感图形显示或真实感绘制（realistic rendering）要研究和解决的问题。

在本章中，首先讨论真实感图形显示所要模拟的光在真实世界传输的物理过程和绘制所要用到的物理概念。之后讨论基于真实感图形显示的基础理论和计算框架——绘制方程。所有的真实感绘制算法都可以抽象成对绘制方程的求解或近似。在这之后，讨论在真实感图形显示中最为重要的一项基础技术——纹理映射。最后讨论两种基础的绘制解决方案与相关的绘制算法——基于几何投影的绘制方法与光线跟踪方法。基于几何投影的绘制方法是对绘制方程的一个近似求解。由于方便并行，这一方案成为目前所有图形硬件绘制流水线所广泛采用的绘制技术。而光线跟踪技术实现了对绘制方程的精确求解。虽然这一技术可以模拟所有的光照现象，生成具有高度真实感的图像，但是所需计算量大，无法实时计算，因而常常被用于高要求的影视制作中。

8.1 真实感图形显示的物理基础

8.1.1 光在场景中的传输

早在计算机和计算机图形学出现之前，物理学家就对真实世界中光的传输和不同光照现象的物理机制进行了详细、充分的研究。在真实感绘制中，主要按照几何光学方式对光在三维场景中的传播进行分析和模拟。在这一过程中，光子（photon）从光源发出后，沿不同方向直线传播，在到达物体表面后，和物体表面及内部的物质发生相互作用。有些光子被物体吸收，有些被物体表面直接反射，有些穿过物体表面折射后从另外的方向射出。最后，到达相机成像平面后生成场景的图像。为模拟光的传输过程，在计算机图形学中，需要对光源、描述物体和光的相互作用的材质模型及光的颜色属性进行建模和表达。下面对这些概念进行一一介绍。

8.1.2 光源的属性和表达

在真实感绘制中，需要对光源所发出光的角度、强度、颜色（即波长）进行建模。

1. 光的色彩

光的色彩一般用红、绿、蓝三种色光的组合来描述。三种色光按不同比例合成便形成光的不同色相。因此，色光可视为坐标空间中由红（R）、绿（G）、蓝（B）三色光构成的一个点，表达为

$$\text{color\_light}=(I_r,I_g,I_b)$$

其中，I_r、I_g、I_b分别是 R、G、B 三色光的强度。

2. 光的强度

光的强弱由 R、G、B 三色光的强弱决定，三色光在总光强中的权值各不相同。总光强 I 为

$$I=0.30I_r+0.59I_g+0.11I_b$$

由此可见，各色光对总光强的贡献权值大小依次为 G、R、B。

3. 光的方向

按照光的方向的不同，可以对光源进行分类。

（1）点光源

点光源（point light source）发射的光线从一点向各方向发射（图 8.1（a））。灯泡是点光源的一个实例。

（2）方向光源

方向光源（directional light source）所发射的光线是从一个面向一个方向发射的平行光线（图 8.1（b））。太阳是方向光源的一个实例。

（3）线光源

线光源（linear light source）从一根线段向周围发射光线，线光源可以认为是由沿一根线段排列的一系列点光源构成的。

（4）漫射光源

漫射光源（ambient light source）所发射的光线是从一个面上的每个点向各方向发射的光线（图 8.1（c））。天空、墙面、地面都可以看作漫射光源。

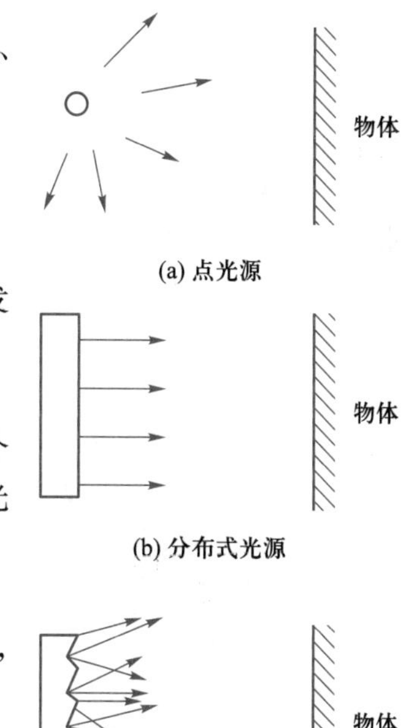

(a) 点光源

(b) 分布式光源

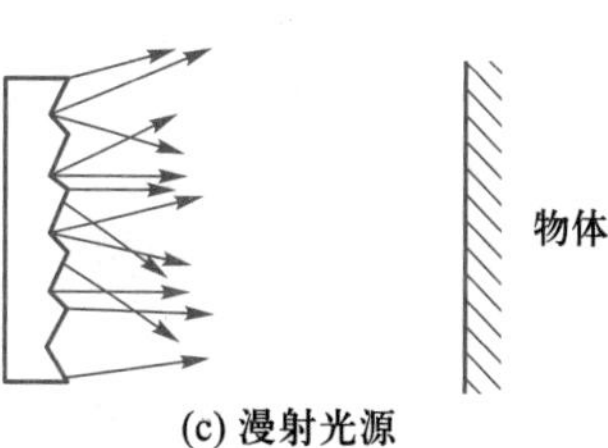

(c) 漫射光源

图 8.1 各种光源

（5）环境光源

环境光源（environmental lighting）发射的光线，从无穷远出发沿所有方向射向物体表面的一个点。

点光源和方向光源合称为直射光源。其他光源都可以用这两种光源进行模拟和近似。

8.1.3 物体表面的反射属性

光照射到物体表面时，一部分光被物体吸收后发射出来决定了物体的颜色，同时一部分光会从物体表面直接反射或者折射出去。光和物体的这一复杂的交互过程不仅决定了物体的颜色，也决定了光在场景中传播的方向和分布。在图形学中，用双向反射分布函数（bidirectional reflection distribution function，BRDF）来描述物体上一个点的反射光照属性。双向反射分布函数一般定义为：$R(\mathrm{i},\mathrm{o})$，其中 $\mathrm{i}(\theta_{\mathrm{i}},\psi_{\mathrm{i}})$ 为入射方向，由水平转角 ψ_{i} 和抬升角 θ_{i} 表示，$\mathrm{o}(\theta_{\mathrm{o}},\psi_{\mathrm{o}})$ 为出射方向。双向反射分布函数是一个四维函数，描述了沿任一入射方向的单位光强在该点沿另一出射方向反射的光强的比率。这一比率小于 1。对实际材质，可以通过采集一点上的双向反射分布函数沿离散方向上的值，得到该点双向反射分布函数的数值采样表达。但是这一表达很难在绘制中使用。为此，依据表面材质反射的物理机制对双向反射分布函数进行分解，并建立参数化表达。

一般地，将每个点的 BRDF 分解为漫反射项和镜面反射项。物体表面的颜色主要由光源的色彩和物体表面的漫反射项来模拟。镜面反射系数主要反映物体表面产生高光的现象。

$$R(\mathrm{i},\ \mathrm{o})=R_{\mathrm{d}}(\mathrm{i},\ \mathrm{o})+R_{\mathrm{s}}(\mathrm{i},\ \mathrm{o})$$

其中，漫反射项 $R_{\mathrm{d}}(\mathrm{i},\ \mathrm{o})$ 主要描述光线到达物体表面被物体吸收后发出的沿各个方向出射均匀的光，这个光反映了材质本身的颜色，和材质表面的粗糙程度无关。最常用的漫反射模型是 Lambert（朗伯）模型，其出射光强与方向无关，和入射光与该点表面的法向 $\boldsymbol{N}$ 的余弦有关，即

$$R_{\mathrm{d}}(\mathrm{i},\ \mathrm{o})=R_{\mathrm{d}}*(\boldsymbol{N}\cdot\mathrm{i})$$

其中 $(\boldsymbol{N}\cdot\mathrm{i})$ 为表面法向和入射方向的点积；R_{d} 为该点的漫反射系数（albedo），可以分解为 $R_{\mathrm{d\text{-}r}}$、$R_{\mathrm{d\text{-}g}}$、$R_{\mathrm{d\text{-}b}}$，分别为物体表面对入射光线中红、绿、蓝三种成分的反射能力。R_{d} 介于 0~1。多面体物体表面上每个多边形的法线表示为 $\boldsymbol{N}=(A,\ B,\ C)$。其中，$A$、$B$、$C$ 是多边形平面方程中 x、y、z 的系数。

$R_{\mathrm{s}}(\mathrm{i},\ \mathrm{o})$ 主要描述光到达表面某点后沿不同反射方向的分布，主要表达某点物体表面沿着镜面方向（与光线入射角度相同、方向相反）反射光线的能力。实验表明，镜面反射光线的色彩基本上是光源的色彩。同时，表面的镜面一般沿镜面方向最强，随着出射方向偏离镜面方向，镜面反射减弱。

在图形学中，镜面反射的模型有基于经验的模型和基于物理的模型。目前大家广泛接受的基于物理的模型为基于微表面的模型，这一模型假设表面点是由很多非常细小的按一定朝向分布进行排列的微镜面。这些镜面的朝向分布和遮挡造成了镜面反射在不同方向的分布。

而基于经验的模型则通过观察，利用函数对镜面反射沿不同方向的分布进行拟合。如图 8.2 所示，这里介绍 Bui-Tuong Phong 的实验提出的 Phong 模型，这是很多绘制程序常用的基于经验的 BRDF 镜面反射模型，即

$$R_s(\mathrm{i},\ \mathrm{o})=W(i)\cos^n s \tag{8.1}$$

其中，i 是 P 点的法矢量 $\boldsymbol{N}$ 与入射光方向 $\boldsymbol{L}$ 的夹角，$W(i)$ 是该点的镜面反射系数（入射角 i 的函数）。图 8.3 所示为金、银、玻璃的 $W(i)$ 与 i 之间的关系。当入射角 $i=90°$时，反射系数为 1，即完全反射。由于 $W(i)$ 的计算比较复杂，实际中常用一个常数 W 代替。s 是视线矢量 $\boldsymbol{V}$ 与反射方向 $\boldsymbol{R}$ 的夹角。当视线 $\boldsymbol{V}$ 与 $\boldsymbol{R}$ 重合时，$\cos s=1$，在这个位置能观察到最大的镜面反射光。n 控制高光的聚散，它和 P 点的材料有关。对于光滑发亮的金属表面，n 值取得大，从而产生会聚的高光点；对于石膏、水泥等无光泽的表面，n 值取得小，高光区就扩散。n 取值一般为 1~10，用以表示该点的质感。图 8.4 所示为 n 与高光范围的关系。

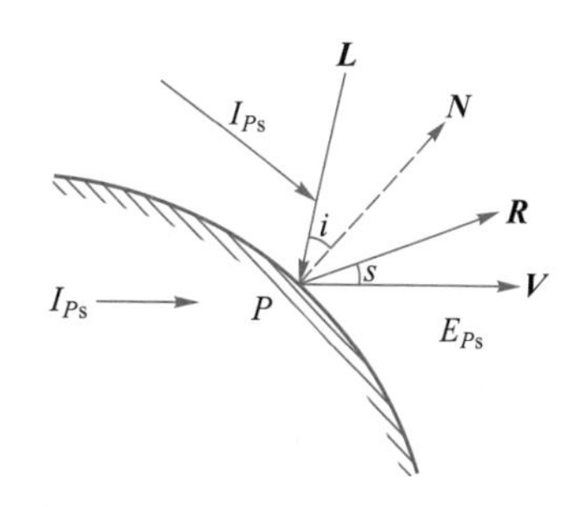

图 8.2 光照模型中各参数的图示

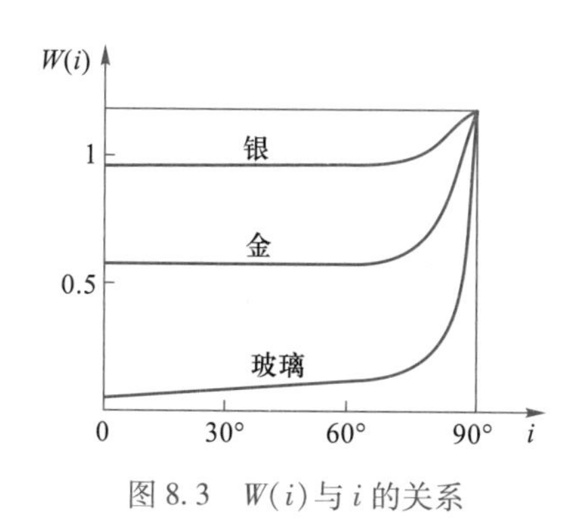

图 8.3 $W(i)$ 与 i 的关系

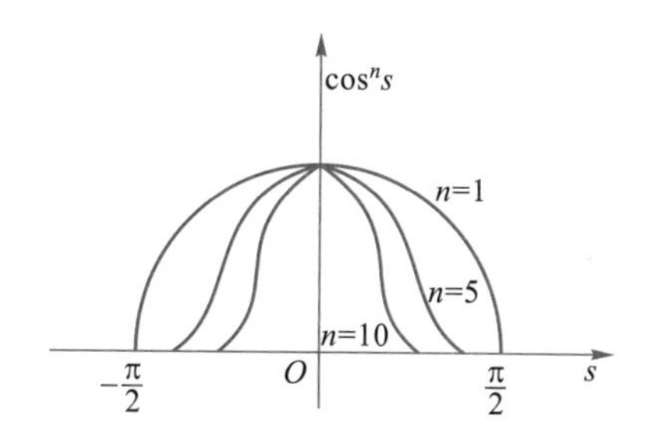

图 8.4 n 与高光范围的关系

8.1.4 颜色空间

要生成具有高度真实感的图形，就必须考虑被显示物体的颜色。对颜色的研究工作非常复杂，涉及物理学、心理学、美学等诸多领域。描述颜色最简单的方法是使用颜色名词，给每种颜色一个固定的名称，并冠以适当的形容词，如大红、血红、铁锈红、浅黄、柠檬黄等。于是，人们可以用颜色名词来交流色知觉信息。但是，这种方式不能定量表示色知觉值。在计算机图形学中，需要对颜色进行定量的讨论。

物体的颜色与物体本身、光源、周围环境的颜色以及观察者的视觉系统都有关系。有些物体（如粉笔、纸张）只反射光线，另外一些物体（如玻璃、水）既反射光又透射光，而且不同的物体反射光和透射光的程度也不同。一个只反射纯红色的物体用纯绿色照明时，呈黑色。类似地，从一块只透射红光的玻璃后面观察一道蓝光，也是呈黑色。正常人可以看到各

种颜色。

按照 1854 年发表的格拉斯曼（Grassmann H.）定律，从视觉的角度看，颜色包含 3 个要素，即色调（hue）、饱和度（saturation）和亮度（brightness）。色调也称为色彩，就是人们通常所说的红、橙、黄、绿、青、蓝、紫等，是使一种颜色区别于另一种颜色的要素。饱和度是颜色的纯度，在某种颜色中添加白色相当于减少该颜色的饱和度。例如，鲜红色的饱和度高，而粉红色的饱和度低。亮度也叫明度，就是光的强度。

这 3 个要素在光学中也有对应的术语，即主波长（dominant wavelength）、纯度（purity）和辉度（luminance）。主波长是被观察光线为肉眼所见颜色光的波长，对应于视觉所感知的色调。光的纯度对应于颜色的饱和度。辉度就是颜色的亮度。一种颜色光的纯度反映了定义该颜色光（主波长）的纯色光与白色光的比例。每种纯色光都是百分之百饱和的，因而不包含白色光。

从物理学知识可以知道，光在本质上是电磁波，波长为 400~700 nm。这些电磁波被人的视觉系统感知为紫、蓝、青、绿、黄、橙、红等颜色。可以用光谱能量分布图来表征光源特性，如图 8.5 所示。横坐标为波长（λ），纵坐标表示各个波长的光在光源中所含的能量值，即能量密度（$P(\lambda)$）。事实上，许多具有不同光谱分布特征的光产生的视觉效果（即颜色）是一样的，也就是说，光谱与颜色的对应是“多对一”的。光谱分布特征不同而看上去相同的两种颜色称为条件等色。可以用主波长、纯度和辉度三元组来简明地描述任何光谱分布的视觉效果。

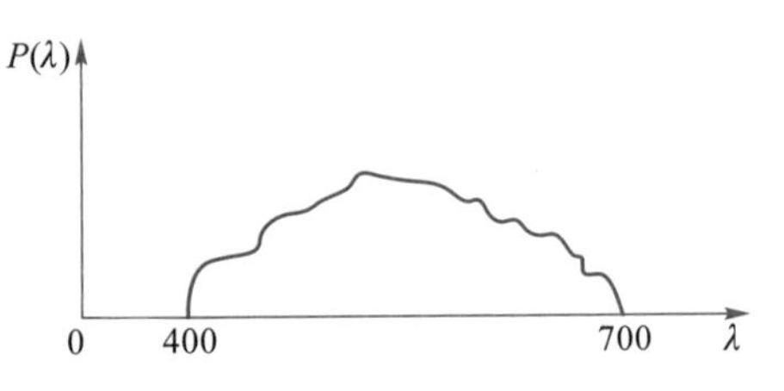

图 8.5 某种颜色光的光谱能量分布

彩色图形显示器上每个像素是由红、绿、蓝三种荧光点组成的，这是以人眼的生理特性为基础设计的。人类眼睛的视网膜中有三种锥状视觉细胞，分别对红、绿、蓝三种光最敏感。实验表明，对蓝色敏感的细胞对波长为 440 nm 左右的光最敏感，对绿色敏感的细胞对波长为 545 nm 左右的光最敏感，对红色敏感的细胞对波长为 580 nm 左右的光最敏感。而且，人的眼睛对蓝光的灵敏程度远远低于对红光和绿光的灵敏程度。实验表明，在三种视觉细胞的共同作用下，人眼对波长为 550 nm 左右的黄绿色光最为敏感。

1. CIE 色度图

一般地，称具有如下性质的三种颜色为原色：用适当比例的这三种颜色混合，可以获得白色，而且这三种颜色中任意两种的组合都不能生成第三种颜色。用户希望用三种原色的混合去匹配，从而定义可见光谱中的每一种颜色。在彩色图形显示器上，通常所采用的红、绿、蓝三种基色就具有以上性质，因而是三种原色。

可以用红、绿、蓝三种颜色来匹配可见光谱中的颜色，光的匹配可表示为

$$c = r\mathrm{R} + g\mathrm{G} + b\mathrm{B}$$

其中，等号表示两端所代表的光看起来完全相同，加号表示光的叠加（当对应项的权值 r、

g 或 b 为正时），c 为光谱中的某色光，R、G、B 为红、绿、蓝三种原色光，权 r、g、b 表示匹配等式两端所需要的 R、G、B 三色光的相对量。若权值为负，则表示不可能依靠叠加红、绿、蓝三原色来匹配给定光，而只能在给定光上叠加负值对应的原色，去匹配另两种原色的混合。如果要用红、绿、蓝三原色来匹配任意可见光，权值中将会出现负值。由于实际中不存在负的光强，人们希望找出另外一组原色替代 R、G、B，使得匹配时的权值都为正。

1931 年，国际照明委员会（简称 CIE）规定了三种标准原色 X、Y、Z 用于颜色匹配。对于可见光谱中的任何主波长的光，都可以用这三个标准原色的叠加（即正权值）来匹配。即对于可见光谱中任意一种颜色 c，可以找到一组正的权值(x,y,z)，使得

$$c=x\mathrm{X}+y\mathrm{Y}+z\mathrm{Z} \tag{8.2}$$

即用 CIE 标准三原色去匹配 c。XYZ 空间中包含所有可见光的部分形成一个锥体，也就是 CIE 颜色空间。由于颜色的权值均为正，整个锥体落在第一象限。若从原点任意引一条射线穿过该锥体，则该射线上任意两点(x,y,z)、(x',y',z')间具有关系

$$(x\ y\ z)=a(x'\ y'\ z'),\quad a>0$$

所以，该射线上任意两点（除原点外）代表的色光具有相同的主波长和纯度，只是辉度不同。如果只考虑颜色的色调和饱和度，那么在每条射线上各取一点，就可以代表所有可见光。习惯上，这一点取射线与平面 $x+y+z=1$ 的交点，把它的坐标值称为色度值。可以把式（8.2）中的权值规格化，即

$$x=\frac{x}{x+y+z},y=\frac{y}{x+y+z},z=\frac{z}{x+y+z}$$

使得 $x+y+z=1$，即获得颜色 c 的色度值$(x,\ y,\ z)$。

所有色度值都落在锥形体与 $x+y+z=1$ 平面的相交区域上。把这个区域投影到 xOy 平面上，所得的马蹄形区域称为 CIE 色度图。如图 8.6 所示，马蹄形区域的边界和内部代表了所有可见光的色度值（当 x、y 确定之后，$z=1-x-y$ 也随之确定）。弯曲部分上的每一点对应光谱中某种纯度为百分之百的色光。线上标明的数字为该位置所对应的色光的主波长。从最右边的红色开始，沿边界逆时针前进，依次是黄、绿、青、蓝、紫等颜色。图中央的一点 C 对应于一种近似太阳光的标准白光。C 点是接近但不等于 $x=y=z=1/3$ 的点。

CIE 色度图的一个重要用途是定义颜色域（color gamut），或称颜色区域（color range），以便显示叠加颜色的效果。如图 8.7 所示，I 和 J 是两种任意的颜色。当二者用不同比例叠加时，可以产生它们之间连线上的任意一种颜色。如果加入第三种颜色 K，则用三种颜色的不同比例可以产生三角形 IJK 中的所有颜色。对于任意一个三角形，如果它的 3 个顶点全部落在马蹄形可见光区域中，则它们混合所产生的颜色不可能覆盖整个马蹄形区域。这就是红、绿、蓝 3 色不能靠叠加来匹配所有可见颜色的原因。

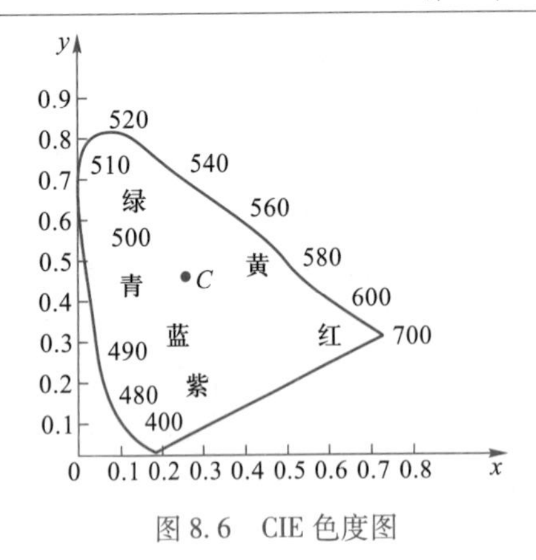

图 8.6 CIE 色度图

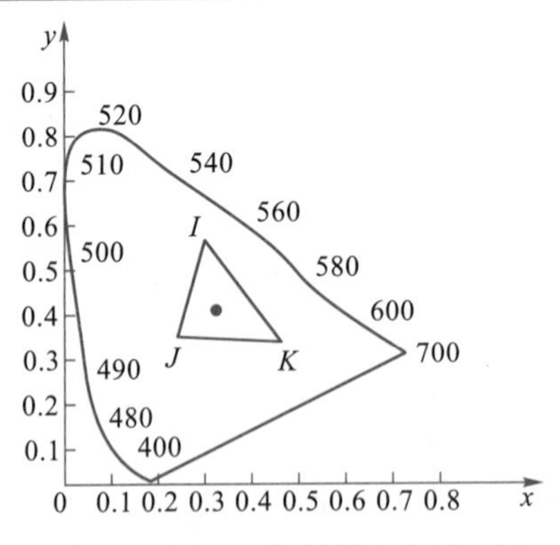

图 8.7 用 CIE 色度图定义颜色域

2. 几种常用的颜色模型

在计算机图形学中，常使用一些通俗易懂的颜色模型。所谓颜色模型，指的是某个三维颜色空间中的一个可见光子集，它包含某个颜色域的所有颜色。例如，RGB 颜色模型是三维直角坐标颜色系统中的一个单位正方体。颜色模型的用途是在某个颜色域内方便地指定颜色。任何一个颜色域都只是可见光的子集，所以，任何一个颜色模型都无法包括所有的可见光。RGB 颜色模型是众所周知的，除此之外，本节中还将讨论 CMY 和 HSV 颜色模型。

红、绿、蓝（RGB）颜色模型通常用于彩色阴极射线管和彩色光栅图形显示器。它采用直角坐标系，红、绿、蓝原色是加性原色。也就是说，各个原色的光能叠加在一起产生复合色，如图 8.8 所示。RGB 颜色模型通常用如图 8.9 所示的单位立方体来表示。在正方体的主对角线上，各原色的量相等，产生由暗到亮的颜色，即灰度。(0,0,0) 为黑，(1,1,1) 为白。正方体的其他 6 个角点分别为红、黄、绿、青、蓝和品红。RGB 模型所覆盖的颜色域取决于显示器荧光点的颜色特性。颜色域随显示器荧光点的不同而不同。如果要把某个显示器颜色域指定的颜色转换到另一个显示器的颜色域中，必须以 CIE 颜色空间为媒介进行转换。

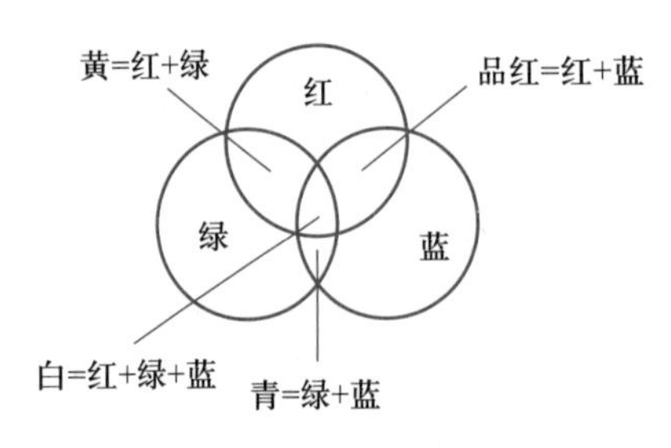

图 8.8 RGB 三原色叠加效果示意

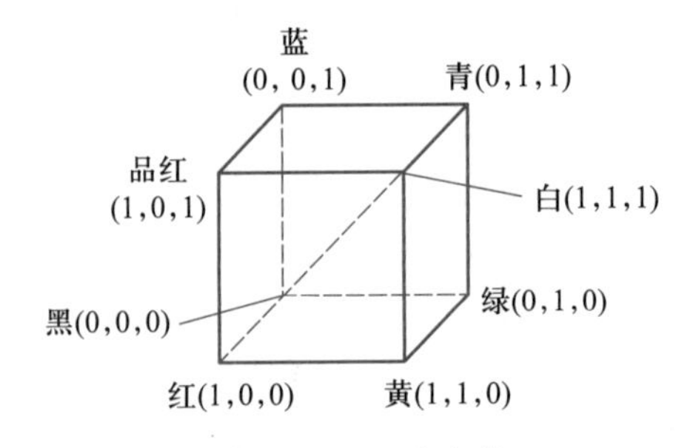

图 8.9 RGB 立方体

与 RGB 颜色模型不同，以红、绿、蓝的补色青（cyan）、品红（magenta）、黄（yellow）为原色构成的 CMY 颜色系统，常用于从白光中滤去某种颜色，故称为减性原色系统。CMY 颜色模型对应的直角坐标系的子空间与 RGB 模型所对应的子空间几乎完全相同，区别仅在于前者的原点为白色，而后者的原点为黑色。前者通过从白色中减去某种颜色来定义一种颜色，而后者则通过向黑色中加入某种颜色来定义一种颜色。

静电或喷墨绘图仪、打印机、复印机等硬复制设备将颜色画在纸张上时，使用的是 CMY 颜色系统。当纸面上涂上青色颜料时，该纸面就不反射红光，因为青色颜料从白光中滤去红光。类似地，品红颜料吸收绿色，黄色颜料吸收蓝色。如果在纸面上涂了黄色和品红色，由于纸面同时吸收蓝光和绿光，则只能反射红光，所以该纸面呈红色。如果在纸面上涂了黄色、品红和青色的混合，则所有的红、绿、蓝光都被吸收，故表面呈黑色。CMY 颜色模型的减色效果如图 8.10 所示。

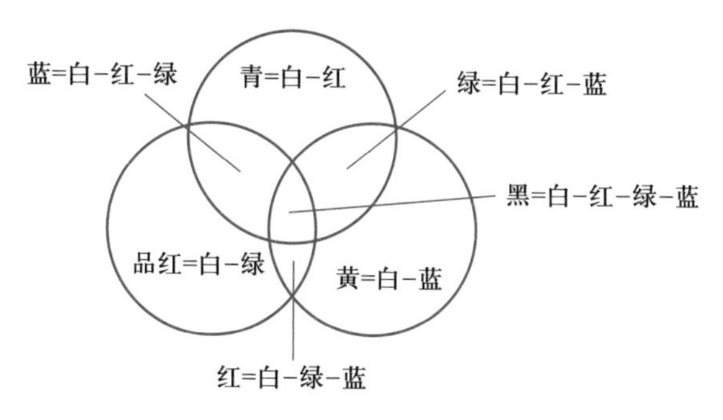

图 8.10 CMY 三原色的减色效果示意

综上所述，RGB 和 CMY 颜色模型是面向硬件的。而下面要介绍的 HSV（hue，saturation，value）颜色模型则是面向用户的。该模型对应于圆柱坐标系中的一个圆锥形子集，如图 8.11 所示。

圆锥的顶面对应于 V=1，它包含 RGB 模型中的 R=1、G=1、B=1 这 3 个面，所代表的颜色较亮。色彩 H 由绕 V 轴的旋转角给定。红色对应于角度 0°，绿色对应于角度 120°，蓝色对应于角度 240°。在 HSV 颜色模型中，每一种颜色和它的补色相差 180°。饱和度 S 的取值范围从 0 到 1，所以圆锥顶面的半径为 1。HSV 颜色模型所代表的颜色域是 CIE 色度图的一个子集，这个模型中饱和度为 100%的颜色，其纯度一般小于 100%。

在圆锥的顶点（即原点）处，V=0，H 和 S 均无定义，代表黑色。圆锥的顶面中心处 S=0、V=1、H 无定义，代表白色。从该点到原点代表亮度渐暗的灰色，即具有不同灰度的灰色。对于这些点，S=0、H 的值无定义。可以说，HSV 模型中的 V 轴对应于 RGB 颜色空间中的主对角线。在圆锥顶面的圆周上的颜色 V=1、S=1，这种颜色是纯色。

HSV 模型对应于画家配色的方法。画家用改变色浓和色深的方法从某种纯色中获得不同色调的颜色。在一种纯色中加入白色以改变色浓，加入黑色以改变色深，同时加入不同比例的白色、黑色便可获得各种不同的色调。图 8.12 所示是具有某个固定色彩的颜色的三角形表示。

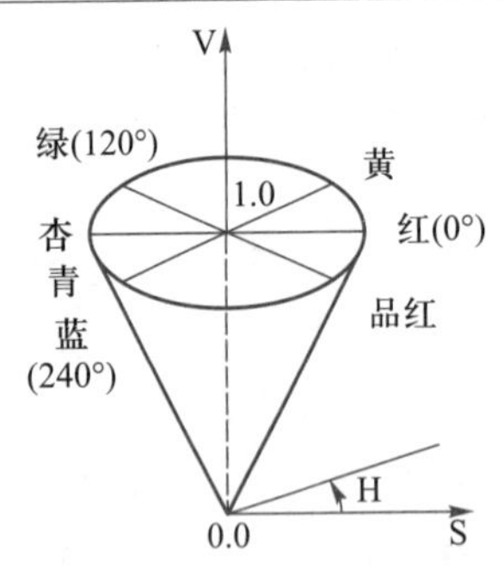

图 8.11 HSV 颜色模型示意

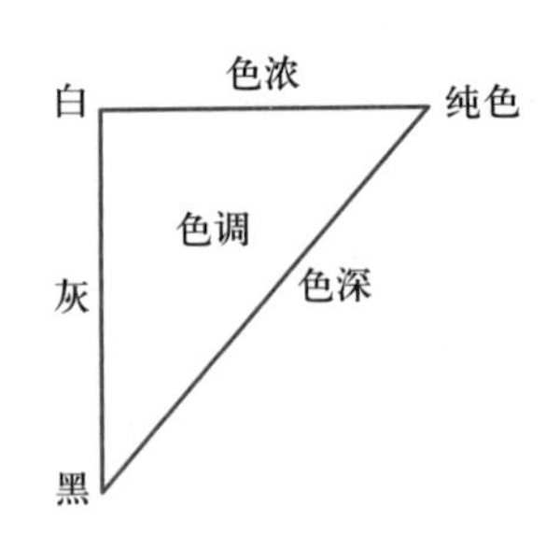

图 8.12 色浓、色深、色调之间的关系

如上所述，纯色颜料对应于 V=1、S=1 的情况。添加白色改变色浓，相当于减小 S，即在圆锥顶面上从圆周向圆心移动。添加黑色改变色深，相当于减小 V 值。同时改变 S、V 值的大小即可获得不同的色调。

许多流行的图像处理软件包（如 Adobe Photoshop 等）提供了对多种颜色模型的支持，并能够将图像在不同颜色模型间转换。当然，由于不同颜色模型的颜色空间存在差异，原颜色模型下的某些颜色在新颜色模型下可能无法表达。此时，转换所得的图像的颜色和原图像的颜色将不会完全相同。

8.2 绘制方程

给定三维场景几何形状以及表面每个点的 BRDF，场景中光线的传输可以用 Jim Kajiya 提出的绘制方程来描述，即

$$E(x,x') = E_e(x,x') + \int R(x',i(x',x''),o(x,x'))G(x',x'')E(x',x'')\mathrm{d}x''$$

其中 $E(x,x')$ 是从 x' 出发到达 x 的总光强。如果 x 是相机的光心，那么 $E(x, x')$ 就是图像上表面点 x' 对应像素的颜色。$E_e(x,x')$ 是从 x' 到达 x 的 x' 自发光的光强。$R(x',i(x',x''),o(x,x'))$ 是 x' 上的 BRDF，x'' 是场景中另外一个表面点，$i(x',x'')$ 是光从 x'' 到 x' 的入射方向，$o(x,x')$ 是光从 x' 到 x 的出射方向，$G(x',x'')$ 是 x' 到 x'' 的几何可见性因子，$E(x',x'')$ 是从 x'' 到 x' 点的光强。积分域为场景表面的所有点。

由于 E 出现在这一方程的两边，所以场景中每个沿特定方向发出的光强也由场景中其他点发出的光强决定，这一方程描述了场景中光线在表面之间多次反射、折射不断传输的过程，是对场景中所有光线传输过程的一个数学描述。对绘制方程的精确求解就可以保证得到对场景光影效果的真实感的绘制结果。

本章后面将着重介绍两种绘制算法。基于几何投影的绘制算法在积分中只计算光源的贡

献，而忽略了场景表面之间光的相互反射和透明物体的折射效果。

$$E(x,x')=\int R(x',i(x',L_i),o(x,x'))G(x',L_i)I(L_i,x')\mathrm{d}L_i$$

其中 L_i 为光源上一个点，$I(L_i,\ x')$为从光源 L_i 到 x'的光强。而光线跟踪从相机的光心逆向跟踪光线的传输过程，实现了对上述绘制方程的精确求解。

8.3 纹理映射

8.3.1 概述

真实世界中物体的几何形状可以非常简单，但是表面却常常包含丰富的颜色、凸凹和反光的变化。为了描述这些材质的细节变化，虽然可以采用非常致密的几何网格，使得所有的变化全部可以用顶点的材质来描述，但是这样会导致巨大的几何处理与绘制的开销。为此，Edwin Catmull 等人在 1974 年发明了纹理映射技术。纹理映射技术将表面的材质细节与几何表达分解开来，将材质的细节存储在一张二维图像中，而物体的三维几何形状仍由几何网格来定义。这样的定义不仅节省了大量的存储空间，也使得几何处理和表面的材质处理分离开来。纹理映射技术则在绘制阶段将纹理图像映射到几何表面的正确位置上，从而完成材质细节的绘制。纹理映射是图形学绘制算法的核心算法，也是 GPU 硬件的一个核心功能。

8.3.2 纹理映射的基本原理

给定纹理图像 T，设其长宽为 L 和 W。为实现纹理映射，需要在三维几何多边形的每个点 $P(x,y,z)$上定义一个二维纹理坐标(u,v)，纹理坐标定义了与 P 点所对应的二维纹理图像上的点的坐标。一般情况下，纹理坐标被归一化到$(0,1)$范围内，所以可以得到 P 点对应的纹理图像位置为$(u\times W,v\times L)$。为求得几何多边形内部每个点的纹理坐标，需要对顶点的纹理坐标进行插值，从而得到物体表面各点(x,y,z)对应的纹理坐标，以及二维纹理图像的对应点。这里以平面凸四边形为例，说明这一插值和计算过程。

设几何凸四边形 S 为 $ABCD$（图 8.13（a）），其顶点的纹理坐标定义了一个纹理图像平面上的凸几何四边形 S'为 $A'B'C'D'$（图 8.13（b））。令 F'为 $A'D'$与 $B'C'$延长线的交点，F 为 AD 与 BC 延长线的交点，E'为 $A'B'$与 $C'D'$延长线的交点，E 为 AB 与 CD 延长线的交点。对于几何四边形 S 内的任一点 P，其与在纹理四边形 S'内的对应点 P'的映射关系为

$$\frac{f_1}{f_2}=\frac{f'_1}{f'_2},\frac{e_1}{e_2}=\frac{e'_1}{e'_2}$$

其中，f_1、f_2是线 PF 与 AB 边交点 P_1分隔 AB 的两部分长度；f'_1、f'_2是线 $P'F'$与 $A'B'$边交点 P'_1

分隔$A'B'$的两部分长度；e_1、e_2是线PE与BC边交点P_2分割BC的两部分长度；e_1'、e_2'是线$P'E'$与$B'C'$边交点P_2'分割$B'C'$的两部分长度。

这样，两个凸四边形S和S'之间的位置映射算法如下：

(1) 求S中的边的交点F、E，以及S'中的边的交点F'、E'的位置。

(2) 对于目的多边形S中的每一个元素P，寻找S'中的对应位置P'。方法如下：

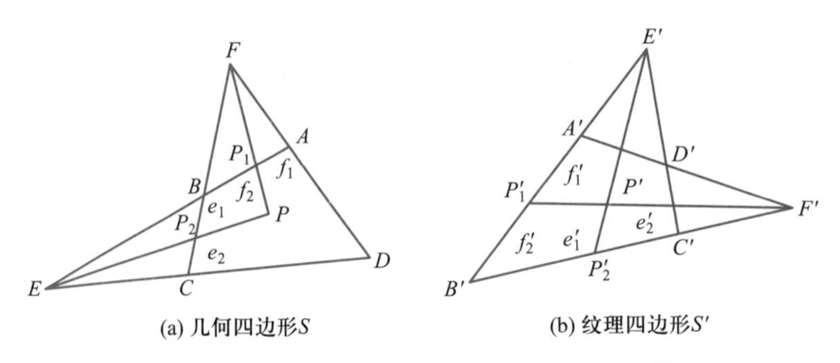

图 8.13 几何四边形与纹理四边形中点的映射

① 求PF与AB的交点P_1，由P_1得f_1/f_2；求PE与BC的交点P_2，由P_2得e_1/e_2。

② 由$f_1'/f_2'=f_1/f_2$得P_1'的位置，由$e_1'/e_2'=e_1/e_2$得P_2'的位置。

③ 求$P_1'F'$与$P_2'E'$的交点，即为点P'的位置。

④ 取P'的色彩，求得P点新的反射系数。

三角形可视为一种特殊形式的四边形。两个三角形之间的位置映射可以直接使用上述算法。对于三角形，每个内部的点都可以用三个顶点的重心坐标来表示，可以直接使用每个三角形内部点的重心坐标对对应三角形顶点的纹理坐标进行插值，从而得到该点对应的纹理坐标。

对于边数大于4的凸多边形或凹多边形，可以用网格剖分的办法将几何多边形S划分为凸四边形和三角形网格（图8.14)，对于网格中的每个四边形施行上述变换。

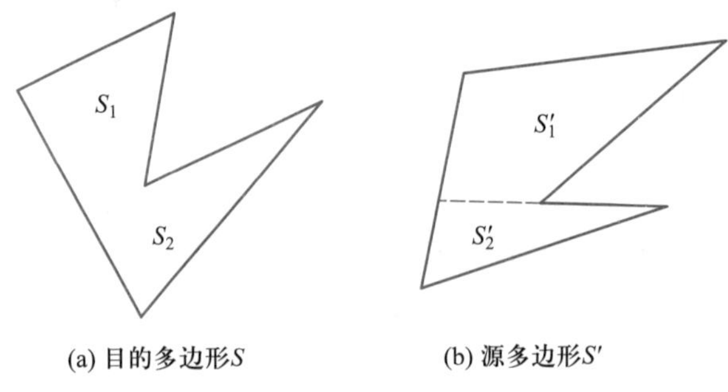

图 8.14 凹多边形划分为多个凸四边形分别进行映射

在真实感绘制中，可以利用上面的算法算出几何表面每个点的纹理坐标，得到对应的纹理图像值。在 GPU 的光栅化流水线中，这一步骤被推迟到几何投影后进行。对于每个三维几何的三角形，先将其顶点投影到屏幕的图像空间，获得屏幕上的投影三角形，这个三角形继承了几何三角形的纹理坐标。光栅化后，每个三角形内的像素都通过插值获得了其纹理坐标，之后通过纹理映射，从纹理图像中取得对应坐标处的纹理值，用于像素的处理。

8.3.3 纹理映射的反走样

在上面的讨论中，计算了几何多边形中一个点到纹理图像一个点的映射。当采用上面所说的光栅化方法进行图像绘制时，可以利用这个方法获取屏幕上每个像素中心的纹理坐标。但是，这个方法会产生一些称为走样（aliasing）的失真。

产生这一问题的原因是每个像素其实是图像上的一个小矩形窗口，它所对应的是多边形上的一个四边形，而不是一个点。同样地，当多边形上这个四边形映射到对应的纹理图像上时，它所对应的是一个四边形，整个纹理四边形内的所有图像内容应该被映射到屏幕的该像素中。换言之，像素上纹理图像的颜色应该为该四边形内纹理图像内容的平均值。当该像素所对应的纹理多边形内的内容包含变化剧烈的细节时，像素中心的纹理坐标采样的值有可能会和该平均值有很大的差异。坐标的微小差异可能会导致像素颜色的剧烈变化。这种失真称为走样。本质上，纹理的走样是由于采样频率小于纹理图像内容的奈奎斯特最小采样率而产生的错误。

为了纠正这一错误，一个精确的计算方法是计算屏幕上每个像素所对应的纹理四边形内纹理图像的平均值。然而，由于每个像素对应的纹理四边形形状、大小不一，计算其所覆盖的像素平均值并不容易，同时计算的开销也会随着像素覆盖面积的不同而不同，使得算法难以并行化并由硬件实现。因此，人们提出了纹理映射常用的反走样算法：MipMap 方法。在 MipMap 方法中，对于给定的纹理图像，首先计算对应的纹理图像金字塔。原始的纹理图像为金字塔的底层图像，之上的每一层图像分辨率是下一层图像分辨率的 $1/4(W/2\times L/2)$。每一层图像的一个像素值是下一层图像对应四个像素的一个平均值或对应的纹理区域的低通滤波值。在这一纹理图像金字塔建立之后，对屏幕中的每个像素求出其相邻像素中心纹理坐标到该像素中心的纹理坐标差，从而可以估计对应的纹理图像上该像素对应的纹理四边形大小。按照这一大小，计算出纹理图像金字塔中纹理像素面积和该四边形大小最接近的两层，然后按照像素中心的纹理坐标对这两层进行采样，之后进行插值，得到该纹理四边形内容平均的一个近似。这一计算和插值过程已经被 GPU 的硬件自动高效地实现。这一算法的缺点是采用计算的正方形的纹理区域的平均值来近似当前像素对应的纹理四边形内纹理内容的平均。当像素对应的纹理四边形长宽比较大，或者和光栅网格成 45°时，这一近似的误差较大。

另外一种常用的纹理映射反走样方法是 Crow 等人在 1984 年提出的面积求和表法（sum of area table，SAT）。理论上，SAT 方法可以更好地近似像素对应的纹理四边形内容的平均，取得更好的反走样效果。但是该方法的缺点是硬件实现并不容易。

8.3.4 纹理映射在绘制中的应用

理论上，纹理图像可以存储物体表面上任何的特性或函数。在最简单的情况下，纹理图像可以存储物体表面有关部分的反射系数或透射系数。

设平面图案中的任意点 $P'(x',y')$ 的色彩为 C'，C' 由 3 个分量组成，即

$$C'(x',y')=(R'(x',y'),G'(x',y'),B'(x',y'))$$

物体表面与 P' 相对应的位置点为 $P(x,y,z)$。P 点的反射系数为 $R(x,y,z)=(R_r(x,y,z),R_g(x,y,z),R_b(x,y,z))$。将图案从 P' 描绘到 P 上去，也就是令 P 的反射系数为 P' 色彩的函数，并通常取之为线性函数。即

$$R_r(x,y,z)=K\cdot R'(x',y'),R_g(x,y,z)=K\cdot G'(x',y'),R_b(x,y,z)=K\cdot B'(x',y') \quad (8.3)$$

其中，K 是协调 R 与 R′、G′、B′之间数值大小的一个系数，它将基色的变化域映射为反射系数的变化域。得到反射系数后，物体表面各点的色彩明暗就可以用光照模型计算出来。

和表面图案不同，表面凸凹纹理（texture）的描绘用于表示细微的凹凸不平的物体表面，如布纹、植物和水果的表皮等。由于将这种细微的表面凹凸表达为数据结构既非常困难，又无必要（因为通常只是为了逼真的视觉效果），因此可以用一种特殊的算法来模拟它，将纹理逼真地显示出来，以满足观察需要。

Blinn 在 1978 年提出用扰动物体表面法线方向的方法来模拟表面凹凸纹理的真实感显示效果。该方法对原表面上的法线方向附加一个扰动函数，此函数使得原来法线方向的光滑、缓慢的变化方式变得剧烈、短促，通过光照形成表面凹凸粗糙的显示效果。

令物体原表面为 $Q(u,v)$，Q_u 和 Q_v 分别是 Q 沿 u、v 方向的偏导量。扰动函数为 $P(u,v)$，扰动后，物体的新表面 $S(u,v)$ 定义为

$$S(u,v)=Q(u,v)+P(u,v)\frac{\boldsymbol{N}}{|\boldsymbol{N}|} \quad (8.4)$$

其中，$\boldsymbol{N}$ 是 $Q(u,v)$ 的法矢量，也是 u、v 的函数。

式（8.4）对 u、v 分别求偏导函数，得

$$S_u=Q_u+P_u\cdot\frac{\boldsymbol{N}}{|\boldsymbol{N}|}+P\cdot\left(\frac{\boldsymbol{N}}{|\boldsymbol{N}|}\right)_u \quad (8.5)$$

$$S_v=Q_v+P_v\cdot\frac{\boldsymbol{N}}{|\boldsymbol{N}|}+P\cdot\left(\frac{\boldsymbol{N}}{|\boldsymbol{N}|}\right)_v \quad (8.6)$$

其中，S_u、S_v、P_u、P_v、$\left(\frac{\boldsymbol{N}}{|\boldsymbol{N}|}\right)_u$、$\left(\frac{\boldsymbol{N}}{|\boldsymbol{N}|}\right)_v$ 分别表示 $S(u,v)$、$P(u,v)$、$\frac{\boldsymbol{N}}{|\boldsymbol{N}|}$ 对 u、v 求偏导函数。由于扰动函数 P 很小，式（8.5）、式（8.6）中的第三项皆可忽略，即得

$$S_u=Q_u+P_u\cdot\frac{\boldsymbol{N}}{|\boldsymbol{N}|} \quad (8.7)$$

$$S_v = Q_v + P_v \cdot \frac{\boldsymbol{N}}{|\boldsymbol{N}|} \tag{8.8}$$

记 $\boldsymbol{N}_S$ 为 $S(u,v)$ 的法矢量。法矢量可以表示为两个偏导矢量 S_u 和 S_v 的叉积，即

$$\boldsymbol{N}_S = S_u \times S_v$$

$$\begin{aligned}\boldsymbol{N}_S &= Q_u \times Q_v + \frac{P_u(\boldsymbol{N} \times Q_v)}{|\boldsymbol{N}|} + \frac{P_v(Q_u \times \boldsymbol{N})}{|\boldsymbol{N}|} \\ &= \boldsymbol{N} + \frac{P_u(\boldsymbol{N} \times Q_v)}{|\boldsymbol{N}|} + \frac{P_v(Q_u \times \boldsymbol{N})}{|\boldsymbol{N}|}\end{aligned} \tag{8.9}$$

式（8.9）右式中的后两项为原表面法矢量 $\boldsymbol{N}$ 的扰动因子。使用 $\boldsymbol{N}_S$ 代替 $\boldsymbol{N}$ 进行光照模型计算，就能在光滑的表面上显示出凹凸不平的纹理。

任何有偏导数的函数都可以用作纹理扰动函数 P。不同的扰动函数控制生成不同的纹理。

8.4 基于几何投影的绘制方法

8.4.1 概述

当场景的几何和光照较为简单时，场景中物体的颜色与外观主要由从光源直接照射到物体表面的光线决定。在这种情况下，可以单独计算物体表面每个点的颜色，而不用考虑光线在不同物体表面之间的传输。基于几何投影的绘制方法将场景的几何形状逐一投影到相机图像表面，然后通过面消隐的算法决定离相机最近的可见面，之后计算每个像素对应的表面点的颜色与明暗。同时，这一方法也需要计算每个表面点对光源的可见性，从而决定物体上的点是否在阴影中。下面首先介绍如何在给定光源下通过给定的表面反射属性模型计算表面点的颜色，然后介绍面消隐算法、表面的明暗处理算法和阴影绘制方法。

8.4.2 表面光照模型的简化计算

这里主要讨论表面光照模型在漫射光线、直线光线情况下颜色的计算。

1. 漫射光线的情况

假设有一个从四面八方均匀照来的漫射光源。在这种情况下，物体表面的色彩明暗与表面的形状无关，仅与表面的反射系数有关。因此，这种漫射光线显示了物体本身的颜色，类似绘画中的平涂效果。光照模型设置漫射光源的目的是为了简化复杂的反光效果计算，使得物体的暗部不至于漆黑不可见。漫射光源照明的模型为

$$E_{P_a} = R_{P_d} I_a \tag{8.10}$$

其中，E_{P_a} 是物体表面 P 点所反射的漫射光线的光强，R_{P_d} 是 P 点的漫反射系数（介于 0 和 1 之间），I_a 是射在 P 点的漫射光线的强度。

E_{P_a}、R_{P_d}、I_a 3个量都分别由R、G、B三原色的分量组成。所以，式（8.10）可以写为

$$E_{P_{a-r}}=R_{P_{d-r}}I_{a-r},E_{P_{a-g}}=R_{P_{d-g}}I_{a-g},E_{P_{a-b}}=R_{P_{d-b}}I_{a-b}$$

在漫射光照下，物体的颜色由E_{P_d}的3个原色分量($E_{P_{a-r}}$，$E_{P_{a-g}}$，$E_{P_{a-b}}$)的大小和比例决定。

2. 直射光线的情况

直射光源发出的光线有确定的方向。在直射光线照射下，物体表面的明暗随表面法矢量和入射光线I_s的夹角I的改变而变化。

此时，物体表面会发生两类反射，即漫反射和镜面反射。它们分别由物体表面的漫反射系数和镜面反射系数控制。这里以Phong模型为例进行说明。获得物体表面P点处所反射光强E_P的计算公式为

$$E_P=E_{P_d}+E_{P_s}=(R_{P_d}\cdot\cos i+W_{P_s}\cos^n s)I_{P_s} \tag{8.11}$$

式（8.11）所示是单一直射光源情况下的光照模型。如果存在多个直射光源，可以将多个直射光源的效果叠加。设存在m个直射光源，则式（8.11）变为

$$E_P=\sum_{j=1}^{m}(R_{P_d}\cdot\cos i_j+W_{P_s}\cos^{np}s_j)I_{P_sj}$$

在计算机中使用式（8.11）所示的光照模型计算P点的光强之前，该式右边的各个参数的值应被获得。其中，视线方向$\boldsymbol{V}$，光照方向$\boldsymbol{L}$，光源强度I_a、I_{P_s}和物体表面特性R_{P_d}、W_{P_s}、n_P及法矢量$\boldsymbol{N}$都应预先被告知。但是，$\cos i$和$\cos s$的值须从上述已知值中推算出来。下面介绍$\cos i$和$\cos s$的求法。

（1）求$\cos i$

$\cos i$是P点的法矢量$\boldsymbol{N}$与入射光线方向$\boldsymbol{L}$的夹角余弦。故有

$$\cos i=\frac{\boldsymbol{N}\cdot\boldsymbol{L}}{|\boldsymbol{N}|\ |\boldsymbol{L}|}=\hat{\boldsymbol{N}}\cdot\hat{\boldsymbol{L}}$$

式中$\hat{\boldsymbol{N}}$和$\hat{\boldsymbol{L}}$分别为P点$\boldsymbol{N}$向和$\boldsymbol{L}$向的单位矢量。

（2）求$\cos s$

$\cos s$是反射方向$\boldsymbol{R}$和视线$\boldsymbol{V}$的夹角余弦。故有

$$\cos s=\frac{\boldsymbol{R}\cdot\boldsymbol{V}}{|\boldsymbol{R}|\ |\boldsymbol{V}|}=\hat{\boldsymbol{R}}\cdot\hat{\boldsymbol{V}}$$

$\hat{\boldsymbol{R}}$和$\hat{\boldsymbol{V}}$分别为反射方向$\boldsymbol{R}$和视线$\boldsymbol{V}$的单位矢量。视线的$\hat{\boldsymbol{V}}$可根据已知视线$\boldsymbol{V}$求得。$\hat{\boldsymbol{R}}$的求法可采用如下两种方法之一：

（1）根据反射定律，入射光、表面法线和反射光必在同一平面上，而且入射角和反射角相等

① 先做变换$\boldsymbol{T}$，使得坐标原点移至物体表面的P点，z轴指向P点的法线方向。

② 在新的坐标系下，入射矢量和反射矢量的z分量相等，x、y分量大小相等、方向相反。所以，$\hat{\boldsymbol{R}}$可以由入射量$\hat{\boldsymbol{L}}$决定。

$$\hat{\boldsymbol{R}}_x=-\hat{\boldsymbol{L}}_x,\ \hat{\boldsymbol{R}}_y=-\hat{\boldsymbol{L}}_y,\ \hat{\boldsymbol{R}}_z=\hat{\boldsymbol{L}}_z$$

③ 做逆变换 $\boldsymbol{T}^{-1}$，即可求出原坐标系中$\hat{\boldsymbol{R}}$的方向。

这个方法运算简单，但物体表面上每点的法线方向随物体形状变化而变化，所以每点都要进行新的变换 $\boldsymbol{T}$。

（2）Phong 的求$\hat{\boldsymbol{R}}$方向的方法

① 做变换 $\boldsymbol{T}$，使得坐标原点移至物体表面的 P 点，z 轴指向光线射入的反方向（图 8.15）。

② 在新坐标系中，由于$\hat{\boldsymbol{R}}$、$\hat{\boldsymbol{N}}$、$\hat{\boldsymbol{L}}$在同一平面内，且$\hat{\boldsymbol{L}}$与 z 轴重合，因此，$\hat{\boldsymbol{N}}$和$\hat{\boldsymbol{R}}$在 xOy 平面上的投影 $\boldsymbol{n}$ 和 $\boldsymbol{r}$ 在同一条直线上（图 8.16）。

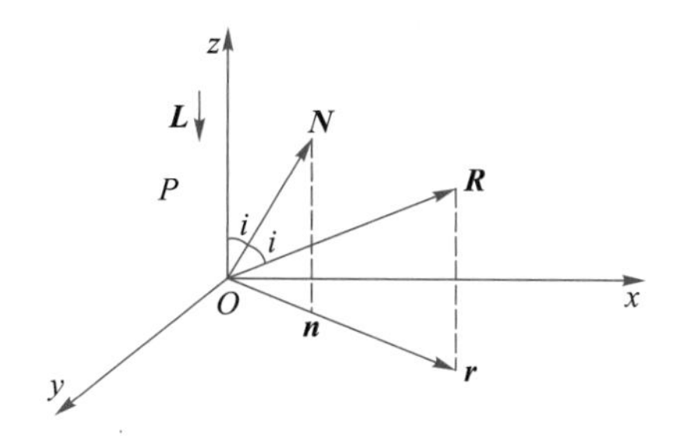

图 8.15 坐标原点移至 P，z 轴指向光线射入的反方向

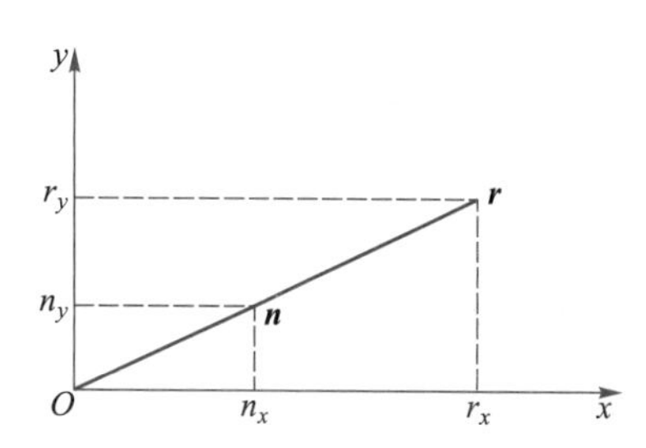

图 8.16 $\hat{\boldsymbol{R}}$和$\hat{\boldsymbol{N}}$在 xOy 平面上的投影

令 n_x、n_y、n_z为法线$\hat{\boldsymbol{N}}$在 x、y、z 方向的分量，r_x、r_y、r_z为反射线$\hat{\boldsymbol{R}}$在 x、y、z 方向的分量。从图 8.16 可见如下比例式成立：

$$\frac{r_x}{r_y}=\frac{n_x}{n_y} \tag{8.12}$$

从图 8.15 可知，$\hat{\boldsymbol{N}}$与 z 轴的夹角为 i，$\hat{\boldsymbol{R}}$与 z 轴的夹角为 $2i$。因此，$\hat{\boldsymbol{N}}$和$\hat{\boldsymbol{R}}$在 z 轴上的投影 n_z和 r_z分别为

$$n_z=\cos\ i$$

$$r_z=\cos\ 2i=2\cos^2 i-1=2n_z^2-1 \tag{8.13}$$

又因为$\hat{\boldsymbol{R}}$和$\hat{\boldsymbol{N}}$都是单位矢量，有如下关系

$$r_x^2+r_y^2+r_z^2=1 \tag{8.14}$$

$$n_x^2+n_y^2+n_z^2=1 \tag{8.15}$$

将式（8.12）化为

$$r_x^2=\frac{n_x^2}{n_y^2}\cdot r_y^2 \tag{8.16}$$

将式（8.13）和式（8.16）共同代入式（8.14），得

$$r_y^2\left(1+\frac{n_x^2}{n_y^2}\right)=1-(2n_z^2-1)^2 \tag{8.17}$$

将式（8.15）代入式（8.17）左端，得

$$\frac{r_y^2}{n_y^2}(1-n_z^2)=4n_z^2(1-n_z^2)$$

于是得

$$r_y=2n_z\cdot n_y \tag{8.18}$$

代入式（8.12），得

$$r_x=2n_x\cdot n_z \tag{8.19}$$

式（8.13）、(8.18)、(8.19) 3个公式给出了反射矢量$\hat{\boldsymbol{R}}$的方向。

③ 做逆变换$\boldsymbol{T}^{-1}$，即可求得原坐标系中的$\hat{\boldsymbol{R}}$方向。

Phong方法的特点是，坐标变换要求z轴与光照方向平行。在分布式平行光线照射下，从物体表面的一点移向另一点时，坐标变换仅需积累平移，不必重新旋转，大大减少了计算量。因此，Phong方法的效率较高。

8.4.3 面消隐

人不能一次看到一个三维物体的全部表面。从某视点观察一个三维物体，必然只能看到该物体表面上的部分点、线、面，而其余部分则被这些可见部分遮挡。如果观察的是若干个三维物体，则物体之间还可能彼此遮挡而部分不可见。因此，如果想要计算机显示的三维物体充满真实感，必须在视点确定之后，将对象表面上不可见的点、线、面消去。执行这种功能的算法称为消隐算法。图8.17所示为消隐算法的功能。

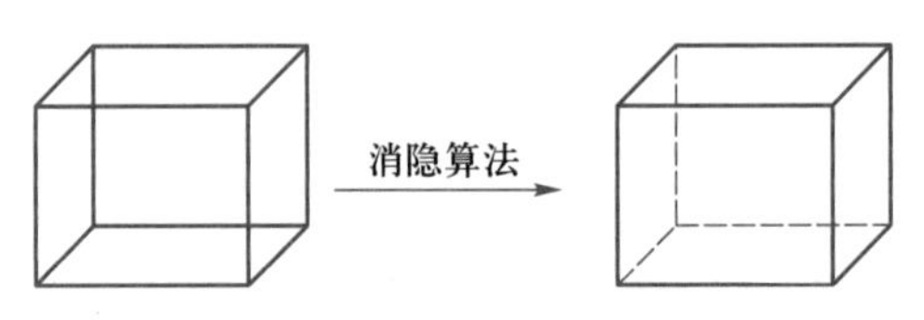

图8.17 消隐算法的功能

图形软件通常将三维物体表达为多面体。消隐算法则将物体的表面分解为一组空间多边形，研究多边形之间的遮挡关系。按照操作对象的不同表达方式，消隐算法可以分为两类，即对象空间方法（object space method）和图像空间方法（image space method）。对象空间是三维空间。对象空间方法通过分析对象的三维特性之间的关系来确定其是否可见。例如，将三维平面作为分析对象，通过比较各平面的参数来确定它们的可见性。图像空间是对象投影后所在的二维空间。图像空间的方法将对象投影后分解为像素，按照一定的规律比较像素之间的z值，从而确定其是否可见。

从理论上说，对于对象空间方法，一个对象必须和画面中其他对象进行比较才能确定其可见性。如果画面中含有 n 个对象，则比较操作的计算量为 n^2 次。对于图像空间方法，每个对象都分解为像素，在像素之间进行比较。如果每个对象投影后含有 N 个像素，则比较计算量为 $N \times n$ 次。N 虽然很大，但像素之间的比较甚为简单，而且可以利用相邻像素之间的性质连贯性（coherence）简化计算。因此，图像空间方法在光栅扫描显示系统中实现有时效率较高。目前，实用的消隐算法经常将对象空间方法和图像空间方法结合起来使用：首先，使用对象空间方法删除对象中一部分不可见的面；然后对剩余面再用图像空间方法加以分析。

从应用的角度看，有两类消隐问题，即线消隐（hidden-line）和面消隐（hidden-surface）。前者用于线框图，后者用于真实感图形绘制。本节主要介绍面消隐算法。

1. 区域排序算法

区域排序算法的基本思想是，在图像空间中，将待显示的所有多边形按深度值从小到大排序，用前面可见多边形切割后面的多边形，最终使得每个多边形或完全可见，或完全不可见。用区域排序算法消隐需要用到多边形裁剪算法，这种裁剪算法不仅能处理凸多边形，而且可以处理凹多边形及内部有空洞的多边形。

当对两个形体相应表面的多边形进行裁剪时，用来裁剪的多边形称为裁剪多边形，另一个多边形称为被裁剪多边形。算法要求多边形的边都是有向的。不妨设多边形的外环总是顺时针方向的，并且沿着边的走向，左侧始终是多边形的外部，右侧是多边形的内部。若两多边形相交，新的多边形可以用“遇到交点后向右转”的规则来生成。于是，被裁剪多边形被分为两个乃至多个多边形，把其中落在裁剪多边形外的多边形称为外部多边形，把落在裁剪多边形内的多边形称为内部多边形。

消隐的步骤如下。

① 进行初步深度排序，如可按各多边形 z 向坐标最小值（或最大值、平均值）排序。

② 选择当前深度最小（离视点最近）的多边形为裁剪多边形。

③ 用裁剪多边形对那些深度值更大的多边形进行裁剪。

④ 比较裁剪多边形与各个内部多边形的深度，检查裁剪多边形是否是离视点最近的多边形。如果裁剪多边形的深度大于某个内部多边形的深度，则恢复被裁剪的各个多边形的原形，选择新的裁剪多边形，回到步骤③执行，否则执行步骤⑤。

⑤ 选择下一个深度最小的多边形作为裁剪多边形，从步骤③开始执行，直到所有多边形都处理完为止。在得到的多边形中，所有内部多边形是不可见的，其余多边形均为可见多边形。

区域排序算法的复杂性与输入多边形的个数密切相关。可以将输入多边形按其在 xOy 平面上的投影分区，这样在每个区中的多边形数量将会减少，然后再对每个区分别消隐。经过这种预处理，可以使算法的计算时间有所减少。

2. Z 缓冲器（Z-buffer）算法

Z 缓冲器（Z-buffer）算法是一种图像空间下的消隐算法，原理简单，也很容易实现。这个算法需要两个数组：一个是深度缓存数组 ZB，也就是所谓的 Z-buffer；另一个是颜色属性数组 CB（color-buffer）。这两个数组的大小与屏幕的分辨率有关，等于横向像素数 m 和纵向像素数 n 的乘积。

Z-buffer 算法的步骤如下。

① 初始化 ZB 和 CB，使得 $ZB(i,j)=Z_{max}$，$CB(i,j)=$ 背景色。其中，$i=1,2,\cdots,m$，$j=1,2,\cdots,n$。

② 对多边形 α，计算它在点 (i,j) 处的深度值 z_{ij}。

③ 若 $z_{ij}<ZB(i,j)$，则 $ZB(i,j)=z_{ij}$，$CB(i,j)=$ 多边形 α 的颜色。

④ 对每个多边形重复②、③两步。最后，在 CB 中存放的就是消隐后的图形。

这个算法的关键在第②步，要尽快判断出哪些点落在一个多边形内，并尽快求出一个点的深度值。这里需要应用多边形中点与点之间的相关性，包括水平相关性和垂直相关性。首先，分析多边形中点与点在水平方向上的相关性。设某个多边形所在的平面方程为

$$ax+by+cz+d=0$$

若 $c\neq 0$，则 $z=(-ax-by-d)/c$。在点 (x_i,y_i) 处有

$$z_i=(-d-ax_i-by_i)/c$$

而在点 (x_{i+1},y_i) 处（用逐点扫描来处理）有

$$z_{i+1}=(-d-ax_{i+1}-by_i)/c$$

因为 $x_{i+1}=x_i+1$，所以 $z_{i+1}=z_i-a/c$。这个递推公式表明了一个平面多边形中点的深度值在水平方向上的增量关系。

类似地，可推出平面多边形内的点在垂直方向上的相互关系。设多边形一条边的方程为 $ax+by+c=0$，将多边形投影到 xOy 平面上。在 $y=y_i$ 点，$x_i=(-c-by_i)/a$；在 y_{i+1} 点，因 $y_{i+1}=y_i+1$，所以 $x_{i+1}=x_i-b/a$。

利用多边形内的点在水平方向和垂直方向上的相关性，可以得到多边形的点及其深度值的算法如下。

① 将多边形的边按其 y 方向的最小值排序，搜索多边形中各顶点的 y 值，找出其中的最小值 y_{min} 和最大值 y_{max}。

② 令扫描线 $y=y_{min}$ 到 $y=y_{max}$ 以增量 1 变化。

③ 找出与当前扫描线相交的所有边，利用垂直相关性求出这些边与扫描线的交点，并将这些交点按坐标值从小到大排序。

④ 在相邻两交点中选一点，判断其是否被多边形包含。如果被多边形包含，则利用多边形上点的水平相关性，求出两交点之间各点的深度值。重复步骤④，直到当前扫描线上所有在多边形内的点的深度都被求出为止。

Z 缓冲器算法的最大缺点是，两个缓存数组占用的存储单元太多。可以将两个帧缓存 ZB、CB 改为行缓存，计算出一条扫描线上的像素值就输出，然后刷新行缓存，再计算下一条扫描线上的像素值。这种方法可以减少缓存占用的存储空间，但它无法利用多边形中点的垂直相

关性，因而会降低效率。随着计算机硬件制造技术的高速发展，Z缓冲器算法已被硬化，成为最常用的一种消隐方法。

3. 扫描线算法

在多边形填充算法中，活性边表的使用取得了节省运行空间的效果。用同样的思想改造Z-buffer算法，就产生了扫描线算法。

扫描线算法的基本步骤如下。

① 对每个多边形，求其顶点中 y 方向的最小值 y_{min} 和最大值 y_{max}，按 y_{min} 的大小进行排序，建立活性多边形表。活性多边形表中包含与当前扫描线相交的多边形。

② 从上到下依次对每条扫描线进行消隐处理。对扫描线上的点置初值，z 值 $z(x)$ 取其中的最大值，颜色 $I(x)$ 取背景色。

③ 对每条扫描线 y，根据活性多边形表找出所有与当前扫描线相交的多边形。对每个活性多边形，求出扫描线在此多边形内的部分。对这些部分中的每个像素 x 计算多边形在此处的 z 值。若 z 值小于 $z(x)$，则置 $z(x)$ 为 z，$I(x)$ 为多边形在此处的颜色值。

④ 当扫描线对活性多边形表中的所有多边形都处理完毕后，所得的 $I(x)$ 即为显示颜色，可进行显示并对下一条扫描线进行处理，即扫描线 $y=y+1$。此时应更新活性多边形表，将已完全处于扫描线下方的多边形（即 $y_{max}<y$ 的多边形）移出活性多边形表，将不在当前活性多边形表中并与新扫描线相交的多边形（即 $y_{min}=y$ 的多边形）加入活性多边形表。

按上述步骤处理屏幕上的所有扫描线，物体的消隐和显示就完成了。在第③步扫描线与多边形求交时，可对多边形建立活性边表以提高效率。当然，在每次处理新的扫描线时要更新活性边表。计算 z 值时，和Z-buffer算法一样，可以利用多边形中点之间的水平相关性和垂直相关性。

8.4.4 明暗的光滑处理

更加逼真地描绘一个三维物体的方法是显示它的色彩以及色彩在光照环境下的明暗变化，这种明暗描绘方法称为shading。在分布式光源、漫射光源照射的情况下，如果一个平面上各点的反射、透射等系数相同，那么它们的亮度也相同。因此，只要用光照模型算出平面上任意一点的亮度，平面上其余点的亮度也就知道了。这种方法能很好地描绘出多面体表面的明暗。但是，在计算机图形学中，曲面体（例如球）通常是用多面体逼近表达的。这时，使用上述明暗处理方法就会在多边形与多边形的交界处产生明暗的不连续变化，影响曲面的显示效果。如果增加多边形个数，减小各个多边形的面积，也能改善显示效果。但是，数据结构将随之迅速膨胀，导致操作的空间与时间代价上升。因此，通常采用插补的方法，使得表面明暗光滑化。最常使用的表面明暗光滑化的方法有两种，称为Gourand方法和Phong方法。

Gourand光滑方法如下。

① 先计算出多面体顶点的法线方向。设与多面体顶点 V 相邻的多边形为 $P_1,P_2,\cdots,P_n$，它们的法矢量分别为 $(a_1,b_1,c_1),(a_2,b_2,c_2),\cdots,(a_n,b_n,c_n)$。则 V 的法线 $\boldsymbol{n}_V$ 取作

$$n_V=(a_1+a_2+\cdots+a_n)\boldsymbol{i}+(b_1+b_2+\cdots+b_n)\boldsymbol{j}+(c_1+c_2+\cdots+c_n)\boldsymbol{k}$$

② 用光照模型求得 V 点的亮度。

③ 由两顶点的亮度插值得出棱上各点的亮度，由棱上各点的亮度插值得出面上各点的亮度。以图 8.18 为例，点 4、点 5、点 6 的亮度求法如下：

$$I_4=I_1\frac{y_4-y_2}{y_1-y_2}+I_2\frac{y_1-y_4}{y_1-y_2}$$

$$I_6=I_3\frac{y_6-y_2}{y_3-y_2}+I_2\frac{y_3-y_6}{y_3-y_2}$$

$$I_5=I_4\frac{x_6-x_5}{x_6-x_4}+I_6\frac{x_5-x_4}{x_6-x_4}$$

如果不希望将某处处理成光滑效果而要保留折痕效果，可以在顶点处对相邻表面分批取法矢量加以平均。如图 8.19 所示，在 4 个多边形 A、B、C、D 的交线中，希望保持 abc 的尖锐性，使其不被光滑化。方法是在顶点 b 设置两条法线，一条法线为 A、B 两面的法线平均值，用于 A、B 两面的明暗插值；另一条法线为 C、D 两面的法线平均值，用于 C、D 两面的明暗插值。结果是，A、B 面之间以及 C、D 面之间都光滑化了，同时棱 abc 的尖锐性也保持了下来。

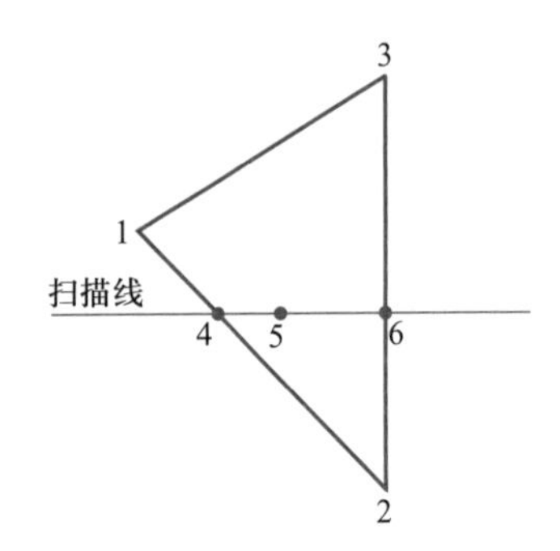

图 8.18　Gourand 光滑化方法的插补

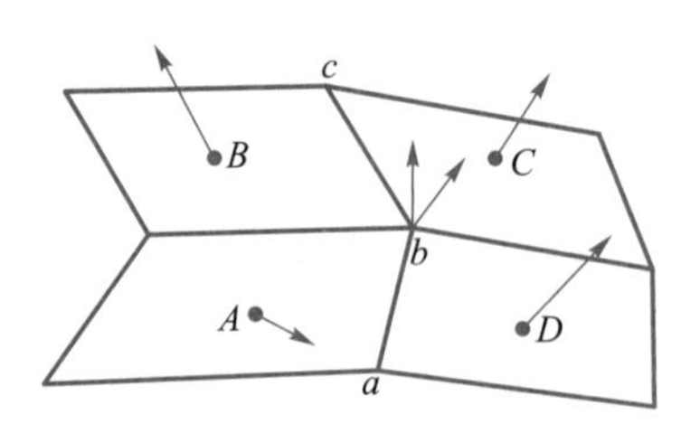

图 8.19　保留 abc 折痕的情况

Gourand 光滑化方法的优点是计算量小，缺点是它使高光部位变得模糊，而且有时会引起不规则的现象。如图 8.20 所示，A、B、C、D 4 个面相交棱处的平均法线 $\boldsymbol{N}_1$、$\boldsymbol{N}_2$、$\boldsymbol{N}_3$的方向相同，实施光滑化会使得 4 个面的明暗成为一个常数。

Phong 光滑化方法不是采用亮度插值，而是采用法线方向插值。按照插值后各点的法线方向，用光照模型求出其亮度。用 Phong 方法可以产生很好的镜面反射高光效果，真实感更强，但与此同时，计算工作量也更大。

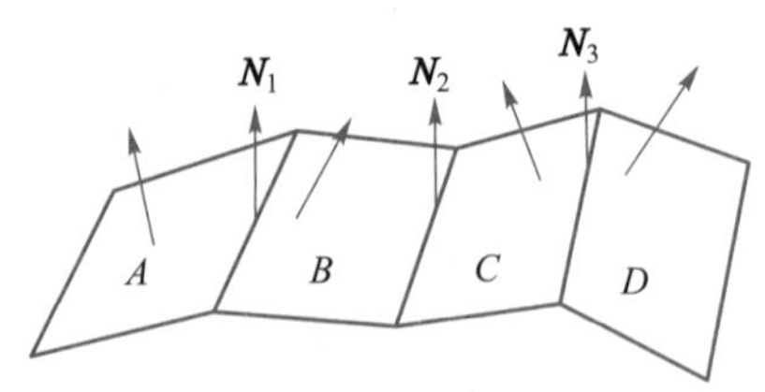

图 8.20　造成明暗变化失常的情况

8.4.5 阴影生成

阴影是指景物中那些没有被光源直接照射到的区域。在计算机生成的真实感图形中，阴影可以反映画面中景物的相对位置，增加图形的立体感和场景的层次感，丰富画面的真实感效果。

阴影可分为本影和半影两种。本影即景物表面上那些没有被光源（景物中所有特定光源的集合）直接照射的部分，而半影指的是景物表面上那些被某些特定光源（或特定光源的一部分）直接照射但并非被所有特定光源直接照射的部分。本影加上在它周围的半影组成“软影”区域（即影子边缘缓慢的过渡）。显然，单个点光源照明只能形成本影，多个点光源或线（面）光源才能形成半影。图 8.21 所示为线光源生成的软影。不难看出，阴影区域的明暗程度和形状与光源有密切的关系。一般来说，半影的计算比本影要复杂得多，这是由于计算半影首先要确定线光源和面光源中对于被照射点未被遮挡的部分，然后再计算光源的有效部分向被照射点辐射的光能。由于半影的计算量较大，因此在许多场合只考虑本影，即假设环境由点光源或平行光源照明。

计算本影从原理上来说非常简单，因为光源在景物表面上产生的本影区域均为它们的隐藏面。若取光源为观察点，那么，在景物空间中实现的任何隐藏面算法都可用于本影的计算。实际应用中须根据阴影计算的特点考虑如何减少时间耗费。下面简单介绍几种典型的本影生成算法。

1. 影域多边形方法

影域示意

对多边形表示的物体，一种计算本影的方便方法是使用影域多边形。由于物体对光源形成遮挡后在它们后面形成一个影域，如图 8.22 所示的三个物体，在光源的照射下，三角形物体在矩形上产生阴影。可以看到，三角形物体投射出的台体和矩形相交，台体内部的部分就是阴影部分。所谓影域（有时也称阴影体），就是物体投射出的台体。确定某点是否落在阴影中，只要判别该点是否位于影域中即可。环境中物体的影域定义为视域多面体和光源入射光在景物空间中被该物体轮廓多边形遮挡的区域的空间布尔交。组成影域的多边形称为影域多边形。

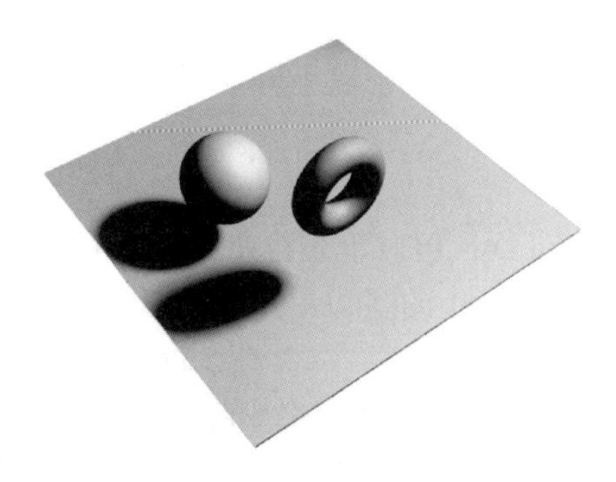

图 8.21 线光源生成的软影

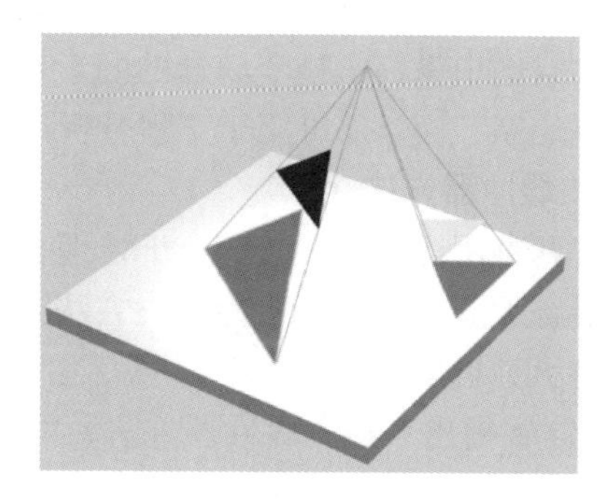

图 8.22 阴影体

为了判别一可见多边形的某部分是否位于影域内，可将影域多边形置入景物多边形表中。位于同一影域多面体两侧面之间的任何面均按阴影填色。注意，影域多边形只是假想面，它们作为景物空间中阴影区域的分界面，故无须着色处理。在使用扫描线算法生成画面时，可通过以下处理进行阴影判断：设 $S_1, S_2, \cdots, S_N$ 为当前扫描线平面和 N 个影域多边形的交线，P 为当前扫描线平面与景物多边形的交线（见图 8.23），若连接视点与 P 上任一点的直线须穿越偶数（包括 0）个同一光源生成的影域多边形 S_i，则该点不在阴影中；否则该点在阴影中。在图 8.23 中，扫描线区间Ⅰ和Ⅲ中的 P 不在阴影中，但在区间Ⅱ内，P 位于阴影区域内。如果规定影域是凸多面体，影域多边形均取外法向，那么可根据 P 前后两侧的影域多边形属于前向面（其法矢量和视线矢量夹角小于 $\pi/2$ 的影域多边形）或后向面（其法矢量和视线矢量夹角大于 $\pi/2$ 的影域多边形）来确定阴影点。若沿视线方向，P 上任一点的后面有一后向面，前面有一前向面，那么该点必在阴影中；否则该点不在阴影中。

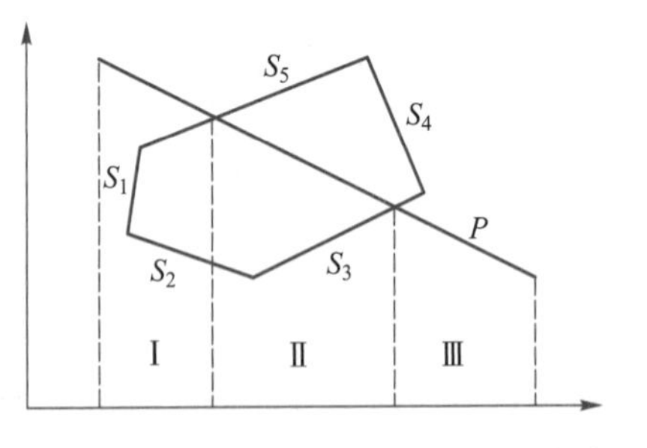

图 8.23 利用影域多边形进行阴影判断

使用影域多边形计算本影的方便之处在于不必专门编制阴影程序，而只需对现有的扫描线消隐算法稍加修改即可。

2. 曲面细节多边形方法

由于阴影是指景物中那些没有被光源直接照射到的区域，以光源为视点进行消隐得到的隐藏面即位于阴影内。曲面细节多边形方法首先取光源方向为视线方向对景物进行第一次消隐，产生相对光源可见的景物多边形（称为曲面细节多边形），并通过标识数将这些多边形与它们覆盖的原始景物多边形联系在一起。位于编号 i 的原始景物多边形上的曲面细节多边形也注以编号 i。接着算法取视线方向对景物进行第二次消隐。注意曲面细节多边形在第二次消隐中无须考虑，但它们影响点的亮度计算。如果多边形某部分相对视点可见，但没有覆盖曲面细节多边形，那么这部分的光亮度按阴影处理。反之，如果某部分可见但为曲面细节多边形所覆盖，则计算这部分点的光亮度时须计入相应光源的局部光照明效果。由于曲面细节多边形在景物空间中保存了整个场景的阴影信息，因此它不仅可用于取不同视线方向时对同一场景的重复绘制，而且还可用于工程分析计算。

3. Z 缓冲器方法

上述两种阴影生成方法适合于处理多边形表示的景物，但对于光滑曲面片上的阴影生成，它们就显得无能为力了。一种解决方法是将曲面片用许多小的多边形去逼近，但阴影生成的计算量将大为增加。

Williams 提出一种 Z 缓冲器方法，可以较方便地在光滑曲面片上生成阴影。这种方法亦采用两步法。第一步，利用 Z 缓冲器消隐算法取光源为视点对景物进行消隐，所有景物均变换到光源坐标系，此时 Z 缓冲器（称为阴影缓冲器）中存储的只是那些离光源最近的景物点的深度值，而并不进行光亮度计算。第二步，仍采用 Z 缓冲器消隐算法按视线方向计算画面，将每一像素可见的曲面采样点变换至光源坐标系，并用光源坐标系中曲面采样点的深度值和存储在阴影缓冲器对应位置处光源可见点的深度值进行比较，若阴影缓冲器中的深度值较小，则说明该曲面采样点从光源方向看不可见，因而位于阴影中。

Z 缓冲器方法的优点是能处理任意复杂的景物，计算耗费小，程序亦简单。它的缺点是阴影缓冲器的存储耗费较大；当光源方向偏离视线方向较远时，在阴影区域附近会产生图像走样。Reeves 等人在 1986 年提出了一种克服图形走样的 Z 缓冲器阴影生成方法，并成功地将它应用于著名的真实感图形绘制系统 REYES 中。

线光源的软阴影

上面的曲面细节多边形方法和 Z 缓冲器方法只适用于点光源的情况。点光源导致的结果是阴影部分和受照射部分的界限过于明显，而真实世界中的光源都是有一定面积的，因而产生的阴影并不是突变的，而是渐变的，如图 8.21 中使用线光源产生的阴影。这种有渐变的阴影称为软阴影，而没有渐变的阴影称为硬阴影。

可以将一个光源用多个点光源来表示，这样，上述两种方法都可以生成软阴影。但是，要达到较好的效果，需要将一个光源用非常多个点光源来表示。如果将一个光源用 8 个点光源来表示，这样阴影有 8 级灰度，但是性能降低为原来的 1/8，不能满足实时处理的需求。

当光源的一边长度明显大于另一边时，如日光灯之类的光源，将光源抽象为线光源是一个很好的选择。然而，线光源同样有采样数目的问题，只有表示线光源的点光源数目非常多，才可能产生平滑的软阴影。

Wolfgang Heidrich 提出了使用阴影贴图为线光源生成软阴影的方法。在这个方法中，只需将线光源用两个点光源表示就可以产生多级灰度，大大提高了绘制速度和阴影的真实度。参考图 8.24，方法如下：

使用阴影贴图法生成软阴影

① 将线光源抽象为两个点光源 A 和 B，分别是线光源的两端。

② 从点 B 处沿观察方向绘制物体，利用生成的深度缓存生成边界多边形，如 PQ。

③ 将边界多边形位于遮挡物上的点颜色设为（0,0,0），位于阴影所在表面上的点颜色设为（1,1,1），背景颜色设为（0.5,0.5,0.5），两个通道组合后，颜色将为（1,1,1），使得这些位置的物体完全被光源照射。从点 A 处沿观察方向绘制边界多边形，可得到图 8.24（a）中下面部分的可见度值，称为 A 点的可见度通道。

④ 使用同样的方法生成 B 点的可见度通道，如图 8.24（b）所示。

⑤ 将两个通道组合，得到线光源的可见度通道，表示线光源产生的阴影变化，如图 8.24（c）所示。

面光源的软阴影

如果光源的形状不满足一边远远长于另一边，仍旧将光源抽象为线光源就不太合适了。获取面光源的边界，将每一条边界表示为一个线光源，就完成了 Heidrich 的线光源方法的扩展。但是，这样扩展出来的阴影在阴影过渡区域是线性变化的，当过渡区域比较大时，线性变化的阴影不够真实。

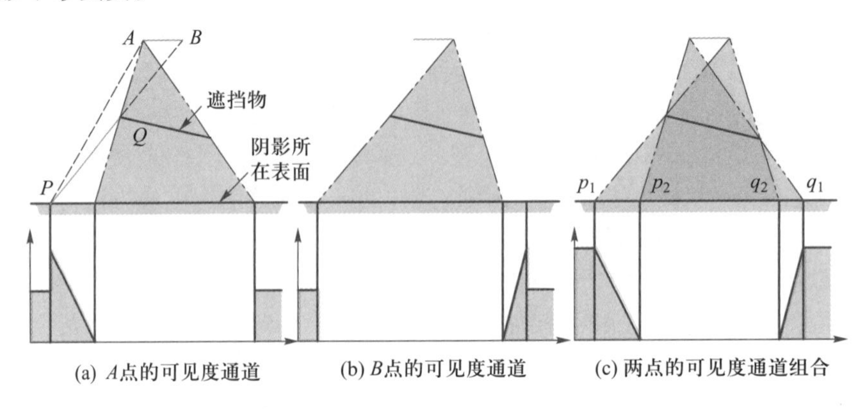

(a) A点的可见度通道　(b) B点的可见度通道　(c) 两点的可见度通道组合

图 8.24　生成可见度通道的二维示意

8.5　光线跟踪

8.5.1　概述

光线跟踪

光线跟踪（raytracing）是一种真实地显示物体的方法，该方法由 Appel 在 1968 年提出。光线跟踪方法沿着到达视点的光线的反方向跟踪，经过屏幕上每一像素，找出与视线所交的物体表面点 P_0，并继续跟踪，找出影响 P_0点光强的所有光源，从而算出 P_0点上精确的光照强度。为达到真实效果，在光线与物体表面的每一交点处都需要沿所有方向发射光线，计算空间中所有周围点对这一物体点的光照的贡献。

用光线跟踪方法显示真实感图形有如下优点。

① 它不仅考虑到光源的光照，而且考虑到场景中各物体之间反射的影响，因此显示效果十分逼真。

② 有消隐功能。采用光线跟踪方法，在显示的同时可自然完成消隐功能。而且，事先消隐的做法也不适用于光线跟踪。因为那些背面和被遮挡的面虽然看不见，但仍能通过反射或透射效果影响看得见的面上的光强。

③ 有影子效果。光线跟踪能完成影子的显示，方法是从 P_0处向光源发射一条阴影探测光线。如果该光线在到达光源之前与场景中任意不透明的面相交，则 P_0处于阴影之中；否则 P_0处于阴影之外。

④ 该算法具有并行性质。每条光线的处理过程相同，结果彼此独立，因此可以在并行处理的硬件上快速实现光线跟踪算法。

光线跟踪算法的缺点是计算量非常大，因此显示速度极慢。下面将介绍一种基于 Whitted 简化模型的光线跟踪算法。这一算法可以很好地模拟镜面的反射和透明物体的折射效果，对漫反射和非镜面的高光则只考虑光源的贡献。下面先介绍简化的 Whitted 光照模型，之后介绍光线跟踪算法的基本原理与实现。

8.5.2 Whitted 光照模型

Whitted 光照模型能很好地模拟光能在光滑物体表面之间的镜面反射和通过理想透明体产生的规则透射，从而表现物体的镜面映射和透明性，并产生非常真实的自然景象。

Whitted 在 Phong 模型中增加了环境镜面反射光亮度 I_s 和环境规则透射光亮度 I_t，以模拟周围环境的光投射在景物表面上产生的理想镜面反射和规则透射现象。Whitted 模型基于下列假设：景物表面向空间某方向 $\boldsymbol{V}$ 辐射的光亮度 I 由三部分组成：一是由光源直接照射引起的反射光亮度 I_c；二是沿 $\boldsymbol{V}$ 的镜面反射方向 $\boldsymbol{r}$ 来的环境光 I_s 投射在光滑表面上产生的镜面反射光；三是沿 $\boldsymbol{V}$ 的规则透射方向 $\boldsymbol{t}$ 来的环境光 I_t 通过透射在透明体表面上产生的规则透射光，I_s 和 I_t 分别表示环境在该物体表面上的镜面映像和透射映像。

Whitted 模型的假设是合理的，因为对于光滑表面和透明体表面，虽然从除 $\boldsymbol{r}$ 和 $\boldsymbol{t}$ 以外的空间各方向来的环境光对景物表面的总光亮度 I 都有贡献，但相对来说都可以忽略不计。Whitted 模型可用以下公式求出，即

$$I=I_c+k_sI_s+k_tI_t \tag{8.20}$$

其中，k_s 和 k_t 为反射系数和透射系数，它们均在 0 与 1 之间取值。

在 Whitted 模型中，I_c 的计算可采用 Phong 模型，因此求解模型的关键是 I_s 和 I_t 的计算。由于 I_s 和 I_t 是来自 $\boldsymbol{V}$ 的镜面反射方向 $\boldsymbol{r}$ 和规则透射方向 $\boldsymbol{t}$ 的环境光亮度，因而首先必须确定 $\boldsymbol{r}$ 和 $\boldsymbol{t}$，为此可应用几何光学中的反射定律和折射定律。设 η_1 是 $\boldsymbol{V}$ 方向空间媒质的折射率，η_2 是物体的折射率，那么矢量 $\boldsymbol{r}$ 和 $\boldsymbol{t}$ 可由下列公式得到（图 8.25），即

$$\boldsymbol{V}'=\frac{|\boldsymbol{N}|^2\boldsymbol{V}}{|(\boldsymbol{N}\cdot\boldsymbol{V})|}$$

$$\boldsymbol{r}=2\boldsymbol{N}-\boldsymbol{V}$$

$$\boldsymbol{t}=k_f(\boldsymbol{N}-\boldsymbol{V}')-\boldsymbol{N}$$

$$k_f=\frac{|\boldsymbol{N}|}{[(\eta_2/\eta_1)^2|\boldsymbol{V}'|^2-|\boldsymbol{N}-\boldsymbol{V}'|^2]^{1/2}}$$

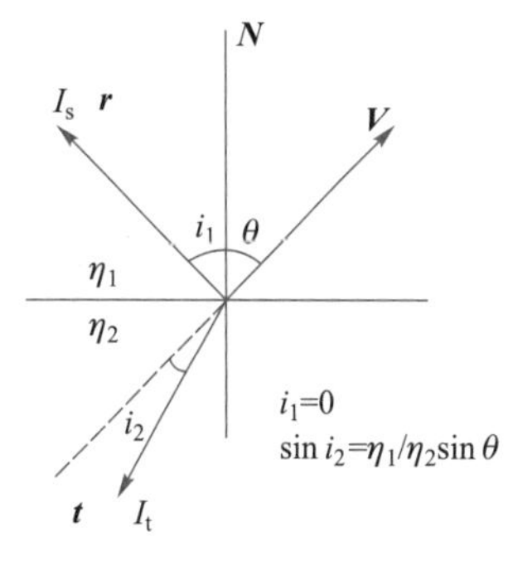

图 8.25 Whitted 模型中反射光线与折射光线方向的确定

确定方向 $\boldsymbol{r}$ 和方向 $\boldsymbol{t}$ 后，下一步即可计算沿这两个方向投射到景物表面上的光亮度。值得注意的是，它们都是其他物体表面朝 P 点方向辐射的光亮度，也是通过式（8.20）计算得到的，因此 Whitted 模型是一种递归的计算模型。为了计算这一模型，可使用下节介绍的光线跟踪技术。

8.5.3　基于 Whitted 模型的光线跟踪算法

图 8.26 所示为一个场景与基于 Whitted 模型的光线跟踪算法的基本原理。连接观察点和屏幕上的一个像素即形成一条视线，因此，视线的数目等于像素的数目。对于每条视线做如下处理。

计算视线 **V** 与各平面的交点，以 z 值最小的交点为可见交点 P_0。视线 **V** 在 P_0处产生反射和透射（图 8.27），所产生的反射线和透射线作为新的视线与各平面求出新的交点 P_1、P_2（图 8.26），并分别产生新的反射线和透射线……这样不断深入，直至所产生的射线射出场景。由此得到视线跟踪轨迹上的一系列交点 $P_0, P_1, P_2, \cdots, P_n$。这个过程可以表示为一棵光线跟踪树。

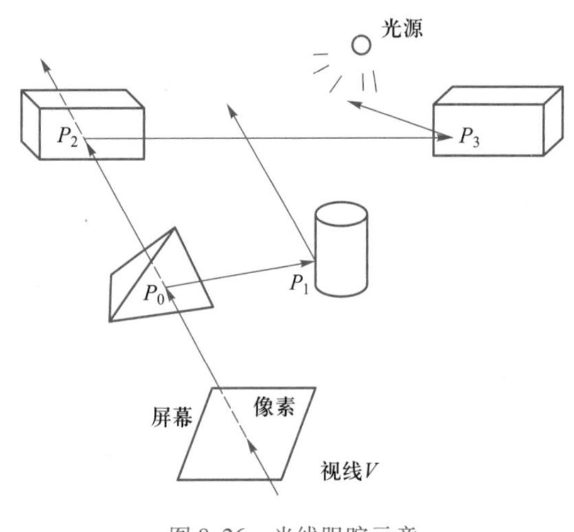

图 8.26　光线跟踪示意

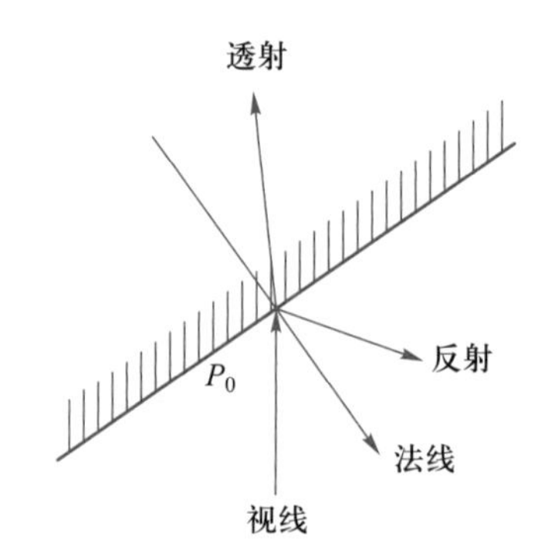

图 8.27　视线在 P_0处的反射和透射

图 8.28 所示为与图 8.26 对应的一棵光线跟踪树。树的节点代表物体表面与跟踪线的交点，节点间的连线代表跟踪线。每个节点的左侧线代表反射产生的跟踪线（$\boldsymbol{r}$），右侧线代表透射产生的跟踪线（$\boldsymbol{t}$）。线末空箭头表示跟踪线射出场景。P_0处的光强是 P_0、P_1、P_2、P_3点光强的合成。光强计算方法是后序遍历这棵光线跟踪树。在每个节点处，递归调用光照模型，算出跟踪射线方向的光强，并按照两个表面交点之间的距离进行衰减后传递给父节点。如此上递，最后得出 P_0点处的光强，即得到屏幕像素处的亮度。

对于树上任意一节点 P_i所受到的光照，除了光照模型中的漫射光源 I_{P_d}、直射光源 I_{P_s}、透射光源 I_{P_b}之外，还有左子节点传来的光强 I_r（反射跟踪线传来的光强）和右子节点传来的光强 I_t（透射跟踪线传来的光强）。设前三种光源（I_{P_d}、I_{P_s}、I_{P_b}）使得 P_i沿着跟踪线射回的光强为 I_G。I_r沿着跟踪线在 P_i点射回的光强主要由 P_i点的镜面反射系数控制，强度为 $W_P \cdot I_r$。这是因为，跟踪线 **V** 正在 I_r的反射线上（图 8.29）。I_t在 P_i处射出的光强为 $T_P \cdot I_t$。综合起

来，P_i处沿视线方向 $\boldsymbol{V}$ 射去的光强 I 为

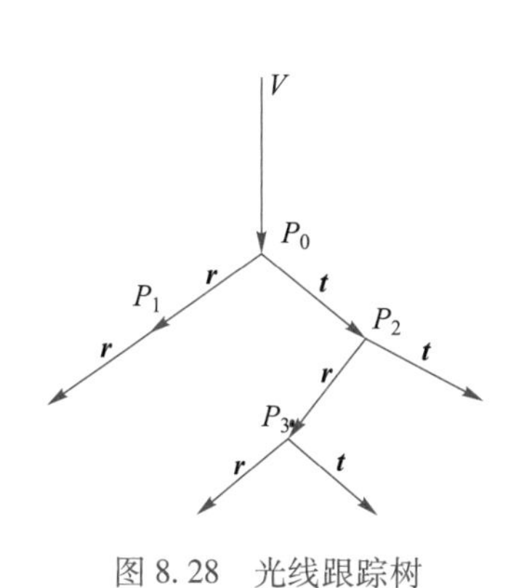

图 8.28 光线跟踪树

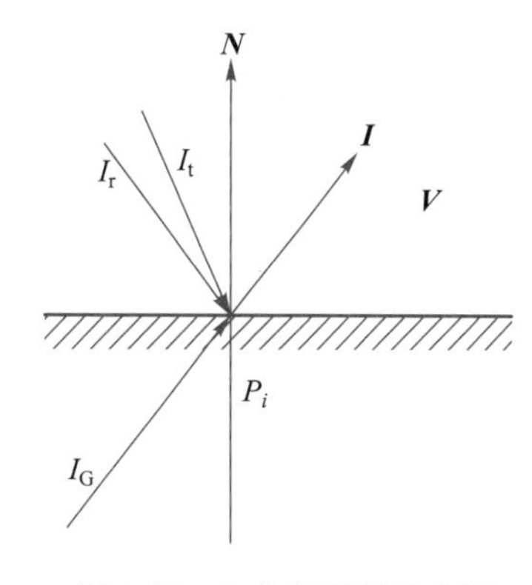

图 8.29 P_i点所受到的光照

$$I=I_G+W_P\cdot I_r+T_P\cdot I_t$$

其中，W_P为 P_i处的镜面反射系数，T_P为 P_i处的透射系数。

I 到达 P_i点的父节点 P_j处的光强 I_d应按照 P_i和 P_j之间的距离 d 进行衰减，即

$$I_d = I/(d\cdot k)$$

其中，k 为衰减系数，经常取 $k=1$。

8.5.4 光线与实体的求交

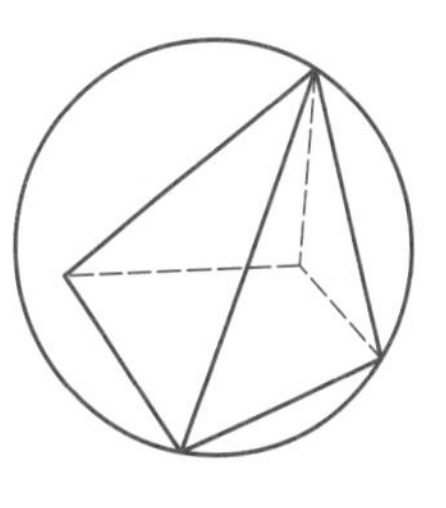
图 8.30 包围球

光线跟踪算法中 75%以上的工作量用于求交计算，因此，线与面求交算法的效率是光线跟踪方法实用的关键。为此，在进行求交运算之前，常用包围球（图 8.30）或包围盒的方法对物体进行是否与光线相交的预测。如果预测可能相交，再执行具体的线与面求交算法。下面具体介绍包围球、包围盒和包含检查算法。

1. 包围球检查算法

（1）包围球的球心求法

设物体顶点坐标所含最大、最小值分别为 $x_{\max}$、$x_{\min}$、$y_{\max}$、$y_{\min}$、$z_{\max}$、$z_{\min}$，则球心坐标为

$$x_0=\frac{1}{2}(x_{\max}+x_{\min}),\ y_0=\frac{1}{2}(y_{\max}+y_{\min}),\ z_0=\frac{1}{2}(z_{\max}+z_{\min})$$

（2）包围球半径的求法

$$r=\frac{1}{2}\sqrt{(x_{\max}-x_{\min})^2+(y_{\max}-y_{\min})^2+(z_{\max}-z_{\min})^2}$$

（3）光线到包围球球心距离的求法

设光线顶点为(x_1,y_1,z_1)、(x_2,y_2,z_2)，包围球球心为(x_0,y_0,z_0)。如果光线上某一点(x,y,z)到(x_0,y_0,z_0)的距离 d 比光线上其他任意一点到球心的距离都小，则称 d 为该光线到

球心的距离，而且 d 所在的直线必与该光线垂直。d 可由下式得出，即

$$d^2=(x-x_0)^2+(y-y_0)^2+(z-z_0)^2$$

其中，(x,y,z) 在光线上，所以服从光线的参数方程，有

$$x=x_1+(x_2-x_1)t=x_1+\Delta x\cdot t$$

$$y=y_1+(y_2-y_1)t=y_1+\Delta y\cdot t$$

$$z=z_1+(z_2-z_1)t=z_1+\Delta z\cdot t$$

又因为球心与 (x,y,z) 的连线垂直于光线，所以 t 值应为

$$t=-\frac{\Delta x(x_1-x_0)+\Delta y(y_1-y_0)+\Delta z(z_1-z_0)}{(\Delta x)^2+(\Delta y)^2+(\Delta z)^2}$$

（4）判断光线是否与包围球相交

如果 $d^2>r^2$，则光线不与包围球相交，也就不会与包围球内的物体相交；否则，就应计算光线与包围球内物体表面的交点。

2. 包围盒检查算法

包围盒（图8.31）检查算法不仅判断光线是否与包围盒相交，而且能判断光线与物体各面的交点坐标。此外，包围盒比包围球更可靠。

包围盒检查算法的主要步骤如下。

（1）确定包围盒

包围盒是一个平行于坐标平面的立方体，参数由物体顶点坐标值中的最大值、最小值确定，即 x_{max}、x_{min}、y_{max}、y_{min}、z_{max}、z_{min} 确定包围盒的6个面。

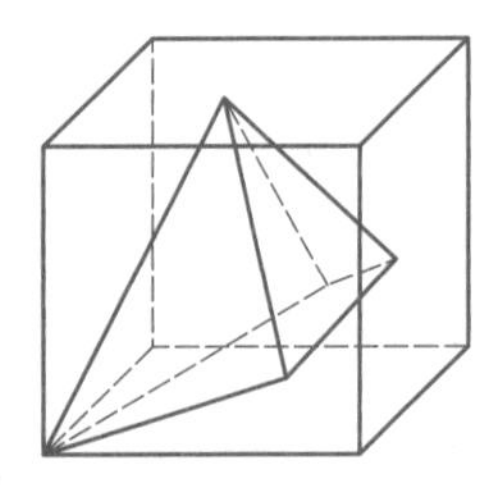

图8.31 包围盒

（2）包围盒与光线求交判断方法

① 通过坐标的平移和旋转，使光线与 z 坐标轴重合。

② 如果包围盒的 x_{max} 与 x_{min} 的符号相同，或者 y_{max} 与 y_{min} 的符号相同，则光线与包围盒无交点，从而与盒内物体也无交点；否则执行步骤（3）。

（3）光线与平面求交点方法

① 设平面方程为 $ax+by+cz+d=0$，由于光线即 z 轴，所以交点应为

$$x=0,y=0,z=-\frac{d}{c}$$

② 对上述交点做平面边界的包含性检查。如果交点包含在平面边界之内，则为光线与物体表面的交点；否则不是。

3. 包含性检查算法

包含性检查是检查 $P(x,y,z)$ 是否在多边形 $V(V_1,V_2,\cdots,V_n)$ 之内。V_i 是多边形的顶点，坐标为 (x_i,y_i,z_i)，$1\leqslant i\leqslant n$。包含性检查的算法思想如下。

① 将 P 与 V 投影于 xOy 坐标平面内，投影为 P' 与 V'，设 V_i' 为所含的一个顶点。则 P'、

V_i'的坐标为

$$P'=(x,y),V_i'=(x_i,y_i)$$

② 由 P'向水平方向作一条射线 S，求 S 与 V'各边的交点的个数。如果交点为奇数个，说明 P'在多边形之内；如果交点为偶数个，说明 P'在多边形之外。图 8.32 中 P'引出的射线与多边形 V'的边相交 6 次，所以判断 P'在 V'之外。

但是和扫描线填色算法一样，这里也会遇到特殊情况。当扫描线遇到某些顶点或者水平边时，就会在奇偶计数上出错。图 8.32 中由 P_1、P_2引出的射线就示出了这些情况。

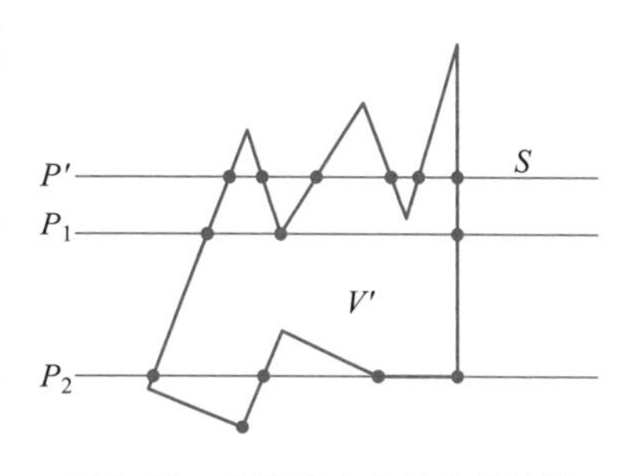

图 8.32 水平线交点的奇偶计数

解决这些特殊情况的办法是，设多边形一条边的两个端点的 y 坐标值分别为 y_1、y_2；如判断点的 y 坐标值为 y，则在下列任一情况下，该边不求交：

① $y<y_1$并且 $y\leqslant y_2$。

② $y=y_1$并且 $y=y_2$。

③ $y<y_2$并且 $y\leqslant y_1$。

使用上述判断，图 8.32 中类似 P_1、P_2的特殊情况均能解决。

8.5.5 光线跟踪算法实现

从原理上说，光线跟踪算法中的每一条光线都要与场景中的各个物体所含的各个面求交。因此，需要对场景、物体、平面进行管理，以保证求交运算的有效进行。对于多面体，常采取链表构成的树形结构对数据进行分层表达与管理。图 8.33 所示为这种数据结构。需要指出的是，光线跟踪方法不要求一定将对象分解为平面，它可以直接作用于体素的明暗显示。因此，光线跟踪方法可以和结构实体几何（CSG）模型联系使用，这是光线跟踪方法的优点。

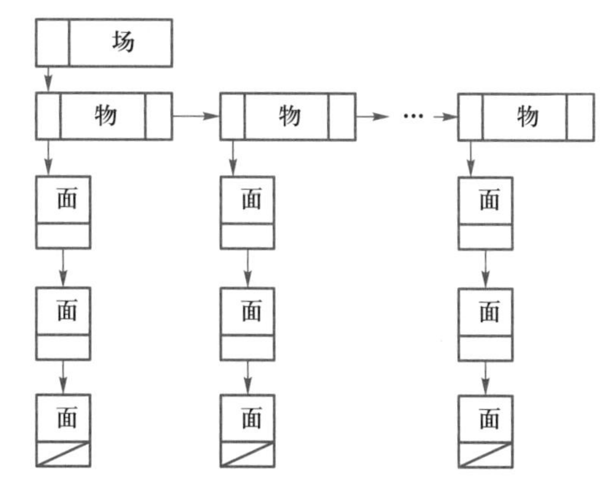

图 8.33 光线跟踪算法中的数据结构

为了计算方便，在图 8.33 的每个节点中设置包围球的参数、包围盒的参数以及计算光照时所需的物体表面特性。具体数据结构如下：

1. 场景节点

```
struct scene {
    int id;
    double r, x0, y0, z0;          /* 包围球 */
    struct object *object;
}SCENE;
```

2. 物体节点

```
struct object {
    int id;
    double r, x0, y0, z0;          /* 包围球 */
    double xmax, xmin, ymax, ymin, zmax, zmin;
    struct face *face;
    struct object *next;
}OBJECT;
```

其中，最大值、最小值的设置是为了计算包围盒时更方便。

3. 面节点

```
struct face {
    int id;
    double a, b, c, d;               /* 多边形所在平面的参数 */
    double xmax, xmin, ymax, ymin, zmax, zmin;
    double Rr, Rg, Rb;               /* 面的漫反射系数 */
    double W;                        /* 面的镜面反射系数 */
    double Tp;                       /* 面的透射系数 */
    struct face *next;
    struct polygon *polygon;         /* 边界坐标 */
}FACE;
```

4. 其他有关的数据结构

```
struct polygon {
    double x[MAXPOINT], y[MAXPOINT], z[MAXPOINT];
    int npoints;
}POLYGON;                       /* 定义面的边界结构 */
struct ray {
```

```
        double x0, y0, z0, x1, y1, z1, t;
        struct object *object;          /*与该跟踪线相交的最近物体*/
    }RAY;                               /*定义跟踪线*/
    struct ltval {
        double r, g, b;
    }LTVAL;                             /*定义光的三原色强度*/
```

光线跟踪算法的主程序如下。其中，maxx 与 minx、maxy 与 miny 定义了屏幕上的像素点个数。在该程序中，每一条跟踪线从屏幕上的一个像素出发，平行发射向场景。场景和光源皆为全局变量。

```
raytrace(minx, miny, maxx, maxy)
int minx, miny, maxx, maxy;
{
    int x, y, l, maxz=0;
    LTVAL *lt;
    RAY *ray;
    for(y=miny;y<maxy;y++)
        for(x=minx;x<maxx;x++){
            ray->x0=x;
            ray->y0=y;
            ray->x1=x;
            ray->y1=y;
            ray->z1=maxz;
            a_raytrace(ray, 1, lt);
            set_pixel(x, y, lt);
        }
}
```

程序的主要功能是，按扫描次序调用每一条光线的跟踪程序 a_raytrace，它的参数 level 表示递归的深度。当光线递归跟踪到一定深度（表示为常量 DEPTH）之后，光强的影响已经非常小，为节约计算时间便不再跟踪。a_raytrace 程序首先求得跟踪线 ray 和景物中某个面（face）的交点，然后求得反射方向（ref）和透射方向（trans），并且按两个方向分别递归。最后，将反射、透射方向返回的光强值 ltr、ltt 用光照模型加以计算。其中，调用的子程序含义分别列举如下。

inter_scene(ray,face)的功能是对 ray 和场景求交，返回所交的平面 face。reflect(ray,ref,face)的功能是根据入射光线 ray 和平面 face 的法线，求得反射方向 ref。transmission(ray,trans,face)的功能是根据入射光线 ray 和平面 face 的法线，求得透射方向 trans。illumination(ray,ref, face,ltr,ltt,lt)的功能是根据平面 face 的性质、视线方向 ray、场景跟踪得到的光强 ltr（反射跟踪所得）和 ltt（透射跟踪所得）、ltr 的反射方向 ref 等输入变量以及全局变量光源 light，求得该像素的光照强度 lt（含 R、G、B 3 个分量）。

```
a_raytrace(ray, level, lt)
RAY *ray;
int level;
LTVAL *lt;
{
    RAY *ref, *trans;
    FACE *face;
    LTVAL *ltr, *ltt;
    inter_scene(ray, face);
    if((level>=DEPTH) || (face==NULL)){
        /* 视线没有与任何面相交,返回值为背景 */
        lt->r=back_r;
        lt->g=back_g;
        lt->b=back_b;
        return;
    }
    lt->r=0; lt->g=0; lt->b=0;
    ltr->r=0; ltr->g=0; ltr->b=0;
    ltt->r=0; ltt->g=0; ltt->b=0;
    reflect(ray, ref, face);                /* 求出反射方向 ref */
    if(face->Tp>T_min){
        transmission(ray, trans, face);     /* 求出透射方向 trans */
    }
    a_raytrace(ref, level+1, ltr);          /* 沿反射方向跟踪,返回光强 ltr */
    illumination(ray, ref, face, ltr, ltt, lt);
}
```

程序 inter_scene 调用以下两个子程序：

balltest(r,xc,yc,zc,ray)的功能是判断跟踪线 ray 是否与球（球心为(xc,yc,zc)、半径为 r）相交。如是，返回 YES；否则，返回 NO。

int_object(ray,object,face)的功能是判断跟踪线 ray 是否与物体 object 相交。如是，返回 YES 和物体上的相交面 face；否则，返回 NO，并设 face=NULL。

程序 int_object 调用子程序 int_face(ray,face)，其功能是判断跟踪线 ray 是否与面 face 相交。如是，返回 YES，并用 ray→t 传递交点位置；否则，返回 NO。其中，t 是跟踪线 ray

的参数方程中的参数。使用 t 可以方便地判断与 ray 相交的众多面中，哪一个面是最近的面。

```
inter_scene(ray, face)
RAY *ray;
FACE *face;
{
    OBJECT *p;
    FACE *face0=NULL;
    double a, b, c, tsave;
    double x0, y0, z0;
    face=NULL;
    tsave=MAX;
    if(balltest(scene->r, scene->x0, scene->y0, scene->z0, ray)==NOTINTER)
        return(NO);
    p=scene->object;
    while(p!=NULL){
        if((int_object(ray, p, face0)==YES)&&(tsave>ray->t)){
            tsave=ray->t; face=face0; ray->object=p;
        }
        p=p->next;
    }
}

int_object(ray, object, face)
RAY *ray;
OBJECT *object;
FACE *face;
{
    FACE *p;
    double a, b, c, tsave;
    double x0, y0, z0;
    face=NULL;
    tsave=MAX;
    if(balltest(object->r, object->x0, object->y0, object->z0, ray)==NOTINTER)
    {  return(NO); object->face=NULL;  }
    p=object->face;
```

```
    while(p!=NULL){
        if((int_face(ray,p)==YES)&&(tsave>ray->t)){
            tsave=ray->t; face=p;
        }
        p=p->next;
    }
    if(face==NULL)
        return(NO);
    else return(YES);
}
```

利用程序 inter_scene 可以求出物体的影子。方法是将以光源为起点、物体表面点（也即与视线的最近交点）为终点的光线作为一条 ray，调用程序 inter_scene 并返回指针 face。如果满足下列条件：(face<>NULL)&&(face->Tp==0)，则光线照不到物体表面该点，即留下影子，所以光源不参与该点的光照模型。在有多个光源的情况下，应设置一个光源数组存放各个光源的性质，以及它对物体表面某点是否有影子的即时信息，供计算该点光强时使用。

8.6 OpenGL 中的真实感绘制

如本章光照模型部分所述，当给定观察点后，一个物体表面在直接光照下的颜色由光源属性、表面法向及物体表面材质的反射系数决定。下面介绍 OpenGL 中光源和表面材质等的设置方法。

OpenGL 只支持点光源。每个光源的属性通过 glLight?（light,property,value）设置，其中?代表参数的类型（例如，i 代表 int，iv 代表 int[ ]，f 代表 float，等等）。

各参数含义如下：

light：OpenGL 常量 GL_LIGHTi，指明给第 i 个光源赋值。i 的取值从 0 到系统给定的最大光源数 GL_MAX_LIGHTS。

property：需要设置的属性。

value：property 的值。

例如，glLightfv（GL_LIGHTi, GL_POSITION, position）指给第 i 个光源设置位置属性，position 为一个浮点数数组（由于调用的是 glLightfv），包含光源位置齐次坐标的 x、y、z、w 值。当 w=0 时，光源为方向光源（位于无穷远点）。

除了位置外，property 还可以是 GL_AMBIENT、GL_DIFFUSE 和 GL_SPECULAR，用以设置环境光、漫反射光和镜面反射光。

例如，glLightfv(GL_LIGHTi,GL_AMBIENT,ambientColor)、glLightfv(GL_LIGHTi,GL_DIFFUSE,diffuseColor)、glLightfv(GL_LIGHTi,GL_SPECULAR,specularColor)分别将环境光、漫反射光和镜面反射光设为 ambientColor、diffuseColor 和 specularColor（都是浮点数数组，放置光源的 rgba 值）。

glLightfv 只是设置光源的属性，要使光源起作用，还需要调用 glEnable(GL_LIGHTi)打开光源。

OpenGL 通过 glNormal? 设置后续图元的法向，如 glNormal3f(x,y,z)将法向(x,y,z)赋给后续图元。

OpenGL 通过 glMaterial?（face,property,value)设置材质的反射属性，其中? 代表参数的类型（例如，i 代表 int，iv 代表 int[ ]，f 代表 float，等等）。

各参数含义如下：

face：OpenGL 常量 GL_FRONT、GL_BACK 或 GL_FRONT_AND_BACK，指明给正面、反面或双面设置材质属性。

property：需要设置的属性。

value：给 property 设置的值。

下列语句分别将正面的环境光反射系数、漫反射系数、镜面反射系数和高光系数设置为 mat_ambient、mat_diffuse、mat_specular 及 shininess（mat_ambient、mat_diffuse、mat_specular 为浮点型数组，shininess 为浮点数）。

```
glMaterialfv(GL_FRONT, GL_AMBIENT, mat_ambient);
glMaterialfv(GL_FRONT, GL_DIFFUSE, mat_diffuse);
glMaterialfv(GL_FRONT, GL_SPECULAR, mat_specular);
glMaterialf(GL_FRONT, GL_SHININESS, shininess);
```

OpenGL 还假设物体可以自发光，因此提供下述函数设置面的自发光值，其含义是在原有光照计算的基础上直接加上 mat_emission 存放的 RGB 值。

```
glMaterialfv(GL_FRONT, GL_EMISSION, mat_emission);
```

假设已经从硬盘读取了图像文件并将其长、宽信息放在 bitmapInfoHeader 中，数据放在 bitmapdata 中，要将其作为纹理贴到图形表面，在 OpenGL 中还须经过如下步骤。

（1）调用 glGenTextures(int num, unsigned int *tex)产生纹理标记符（ID）

glGenTextures 函数可以一次生成多个纹理标识符。下述代码生成了两个纹理标记符，放在数组 texture[ ]中。

```
unsigned int texture[2];
glGenTextures(2, texture);
```

（2）调用 glBindTexture 函数选择要使用的纹理

例如，glBindTexture(GL_TEXTURE_2D,texture[1])指定 texture[1]为当前使用的纹理。

（3）调用 glTexParameteri 函数指定过滤方式

由于绘制的像素点映射到纹理空间后基本不可能正好位于纹理图像的像素点上，因此需要指明如何根据周围像素点进行计算。当纹理被放大时（像素 Pixel 比对应的纹理图像中的像素 texel 小），有 GL_NEAREST（取最近的 texel 值）和 GL_LINEAR（双线性插值）两种选择；当纹理被缩小时（像素 Pixel 比对应的纹理图像中的像素 texel 大），有 GL_NEAREST、GL_LINEAR、GL_NEAREST_MIPMAP_NEAREST（取最接近的 mipmap 上的值）和 GL_LINEAR_MIPMAP_LINEAR（三线性插值）四种选择。

例如：

```
glTexParameteri(GL_TEXTURE_2D, GL_TEXTURE_MAG_FILTER, GL_LINEAR);
//当纹理被放大时,取周围四个 texel 的值进行双线性插值
glTexParameteri(GL_TEXTURE_2D, GL_TEXTURE_MIN_FILTER, GL_NEAREST);
//当纹理被放大时,取最近的 texel 的值
```

（4）调用 glTexImage2D 函数从纹理数据生成一个纹理

glTexImage2D 函数的用法实例及说明如下：

```
glTexImage2D (GL_TEXTURE_2D,
0,                               //mipmap 层次（通常为 0,表示最上层）
GL_RGB,                          //该纹理有红、绿、蓝三色
bitmapInfoHeader.biWidth,        //纹理宽度,必须是 2n,若有边框则加 2
bitmapInfoHeader.biHeight,       //纹理高度,必须是 2n,若有边框则加 2
0,                               //边框（0=无边框,1=有边框）
GL_RGB,                          //bitmap 数据的格式
GL_UNSIGNED_BYTE,                //每个颜色数据的类型
bitmapData);                     //bitmap 数据指针
```

（5）使用 glEnable(GL_TEXTURE_2D)打开纹理映射

（6）绘制场景

使用 glTexCoord2f 函数为使用该纹理的模型顶点指定纹理坐标。OpenGL 中纹理坐标空间定义在[0,1]×[0,1]。下列代码为三维空间中的一个矩形的 4 个顶点设置其在纹理空间中的对应点。

```
glBegin(GL_QUADS);
glNormal3f(0.0f, 0.0f, 1.0f);
glTexCoord2f(0.0f, 0.0f); glVertex3f(-0.5, -0.5, 0.5);
glTexCoord2f(1.0f, 0.0f); glVertex3f(0.5, -0.5, 0.5);
```

```
glTexCoord2f(1.0f,1.0f);glVertex3f(0.5,0.5,0.5);
glTexCoord2f(0.0f,1.0f);glVertex3f(-0.5,0.5,0.5);
glEnd();
```

上述步骤为 OpenGL 中使用纹理的基本流程。OpenGL 还提供了生成 mipmaps 的函数。用于从原始纹理图像生成 mipmaps 的 gluBuild2DMipmaps 函数的用法举例如下。

```
gluBuild2DMipmaps(GL_TEXTURE_2D,//此纹理是一个2D纹理
                  3,              //该纹理颜色成分为RGB,若值是4则为RGBA
                  bitmapInfoHeader.biWidth,   //纹理的宽度
                  bitmapInfoHeader.biHeight,  //纹理的高度
                  GL_RGB,              //图像数据的RGB组成
                  GL_UNSIGNED_BYTE,    //组成图像的数据是无符号字节类型
                  bitmapData);         //bitmap数据指针
```

习　题

1. 物体表面的颜色由哪些因素决定?
2. 简述各个光照模型之间的区别，并写出它们能模拟的光照效果和不能模拟的光照效果。
3. 写出简单光反射模型近似公式，并说明其适用范围及能产生的光照效果。
4. 写出线光源的光强公式及其积分算法。
5. 简述光线跟踪算法。
6. 写出光线与几种常见物体表面的求交算法。
7. 简述消隐算法的分类。
8. 简述 Z 缓冲器算法及其特点。
9. 简述点与多边形之间的包含性检测算法。
10. 描述扫描线算法。

第 9 章　基于 GPU 的实时渲染技术

9.1　GPU 简介与可编程渲染流水线

9.1.1　GPU 简介

近年来，随着 GPU（图形处理器）计算能力的不断提高，交互式图形应用的真实感得到了极大增强。而 GPU 也完成了从简单显卡到高度并行处理器的转变。GPU 计算能力提高的主要动力来自于游戏行业。游戏玩家对于真实感的不断追求，对 GPU 的图形处理能力不断提出更高的要求。为了获取前所未有的真实感，图形处理单元不得不从简单的渲染黑盒子转换为可编程单元，从而使得渲染流水线可以生成如图 9.1 所示的各种渲染特效。

图 9.1　使用 GPU 获得的各种渲染特效

为了利用 GPU 的强大处理能力，开发者需要编写运行于 GPU 的着色器。而进行 GPU 编程的主要难点在于理解流式体系结构的工作原理。图形处理器的强大处理能力主要来自其处理的体素，如顶点或像素，这些都是计算独立的，即图形数据可以并行处理。因此，大量的体素可以作为流数据输送到渲染流水线，从而获得极高的性能。

流数据处理的基本思路在于 SIMD（单指令流多数据流）策略，即对于多个不同的数据执行同样的指令。对于 GPU，渲染流水线中的流数据将被不同的可编程阶段（即着色器，shader）所处理。与传统的串行编程不同，GPU 的流式模型强制要求固定的数据流在不同的阶段流动，即着色器要求处理特定类型的输入和输出数据。对于渲染流水线上的不同处理阶段，目前最常用的可编程着色器有顶点着色器（负责对顶点体素进行变换）、几何着色器（负责从顶点建立几何体）、片段着色器（负责对几何体产生的片段进行着色）。

尽管存在各种限制，但使用着色器进行 GPU 编程依然是实现各种不被固定流水线支持的图形特效的主要手段。通过使用着色器对固定流水线上的特定阶段进行替换，图形应用的开发者在对渲染流程的控制上获得了极大的自由度。对于游戏等实时应用，这种自由度至关重要。GPU 的可编程性已经不再是额外的特性，而是必需的特性。因此，游戏工业一直是持续推动图形硬件计算力和灵活性不断提升的主要动力。

GPU 的可编程性已经超越了图形，可以应用于其他领域，从基因序列对齐到天体物理仿真等。显卡的这类应用被称为通用 GPU（GPGPU），它们如此重要，以至于特定的计算语言已经被设计出来，如 nVIDIA 公司的 CUDA 语言。CUDA 语言使得非计算机图形学领域的研究者也可以充分利用 GPU 的强大计算力解决特定领域的相关问题。

9.1.2 GPU 发展历程

到目前为止，GPU 已经经过了四代的发展，每一代都拥有比前一代更强的性能和更加完善的可编程架构。下面对 GPU 的发展历程进行简单回顾。

GPU 历史上最重大的演进发生在 1999 年。当时，nVIDIA 公司推出了能够对顶点进行变换和光照计算的图形硬件——GeForce 256，这被称为世界上第一块 GPU。在 GeForce 256 刚推出时，使用者还对其可用性存在质疑，但是很快它就被业界广泛接受。以前由软件（或使用昂贵的专业图形硬件）完成的繁重图形处理操作可以由廉价的 GeForce 图形芯片完成。

随后推出的 GeForce 2 和 ATI 公司的 Radeon 7500 被称为第 2 代 GPU，它们可以完成更加强大的特效，如多纹理绘制。然而，这时的图形硬件仅被设计用来提高性能，绘制流程依赖于内置的固定功能，即图形芯片设定的硬件实现。用硬件替代软件实现渲染的主要缺陷在于为了性能损失了实现的自由度，并限制了可以得到的绘制效果。

2001 年，这个缺陷随着第一块可编程显卡 GeForce 3 的出现而逐渐克服。GeForce 3 引入了支持顶点计算的可编程处理器。小段的汇编代码可以转载到图形硬件上替换固定功能，它们被称为顶点着色器和第 3 代 GPU。

在接下来的两年中，针对片段计算的可编程处理器也被引入。新的替换固定片段操作的着色器允许使用更好的照明效果和纹理技术。需要指出的是，尽管片段操作会影响像素的颜色，但最终的像素合成依然是 GPU 的固定功能。片段着色器也被称为像素着色器，本书统一使用前者。第4代GPU不仅引入了片段着色器，每个着色器允许的最大指令数也得到了提高。GPU演进的标志是2004年GeForce 6的推出和Shader Model 3.0的提出。伴随着这个着色器模型，许多不同的高级着色语言，如OpenGL的GLSL、nVIDIA公司的Cg和微软公司的HLSL等相继被提出。Shader Model 3.0允许更长的着色器，具有较好的流程控制，可在顶点着色器中访问纹理，同时进行了其他许多改进。

2006年，Shader Model 4.0（也被称为统一着色器模型）推出。它引入了强大的GPU编程和体系结构概念。首先，一个新的绘制流水线阶段——几何着色器被引入，这是目前图形硬件上重要的可编程着色器。几何着色器允许在图形硬件上直接操纵和创建新的图形体素，如点、线条或三角形。其次，三种着色器被统一为单一指令级，从而创造出新的GPU体系结构——统一着色器体系结构。这种最初由GeForce 8和ATI的Radeon R600提出的体系结构允许更加灵活地使用图形流水线，即针对任务性质决定流水线上特定处理阶段的处理器个数，并为计算需求较高的着色器分配更多的资源。

如今，显卡已经被视为CPU的一个大规模并行协处理器，其应用不再局限于图形，而已经推广到其他通用应用。从2002年开始，非图形行业人员已经在GPGPU的概念下使用GPU，而新的体系架构允许设计非图形计算语言，如CUDA和OpenGL，以充分利用现代GPU高度并行和灵活的计算力。

GPU的发展历程指明了其未来发展方向：完全的可编程性，即不再限制着色器的可编程性和资源使用。伴随着Shader Model 5.0的发布，两种新的着色器（Hull着色器和Domain着色器）被提出并被硬件实现。它们可用于更好地控制网格镶嵌的过程。本书不会对这两种着色器进行讨论，而将聚焦于前三种着色器。

9.1.3 着色语言

既然当前的图形处理器都是可编程的，那么就需要用一种着色语言，或者说一种编程语言来编写可在图形处理器上运行的程序。早期，程序员只能使用汇编语言来开发图形处理器程序。理论上，汇编语言提供了最强大的功能和最高程度的灵活性，但由于它是一种低级语言，非常不利于大规模的程序编写和阅读。

最近，高级渲染语言迅速发展，主要有Direct3D的HLSL、nVIDIA公司的Cg语言和OpenGL的GLSL。相比于以前的汇编语言，高级渲染语言提供了更高的生产力、较少的出错率和潜在的高效性（依赖于编译器的质量）。

高级渲染语言比低级汇编语言有以下几个优势。

① 高级语言可以加快着色器的开发周期。

② 编译器可以自动优化代码并执行底层任务，例如注册地址分配，这是很容易出错并且乏味的操作。

③ 着色代码用高级语言编写更容易被阅读和理解。这样也允许通过修改以前编写的着色器，从而轻松地创建新的着色器。

④ 用高级语言编写的着色器能够适用于更广泛的平台。

本书选择 Cg（C for graphics）作为渲染语言。Cg 语言基于 C 语言，它的语法和基本原理与 C 语言类似。实践证明，C 语言是一种非常成熟和成功的编程语言，因此 Cg 语言就有了坚实的基础。而且 Cg 语言是专门为图形处理器设计的，它在 C 语言的基础上经过增强和调整，可以轻松地编程并被编译成为高度优化的 GPU 代码。

Cg 与 HLSL 相比有一个重要的优点，即开发者用 Cg 语言编写的程序在 OpenGL 和 Direct3D 编程接口上都可以运行，而用 HLSL 开发的程序只能在 Direct3D 编程接口上运行。

本章将聚焦于在显卡端产生图像的过程，即渲染流水线、GPU 流式编程模型和三类不同的着色器。下面将结合标准图形库 OpenGL 和它的着色语言 GLSL 进行讲解，因为它们具有跨平台特性，并被不同的操作系统所支持。

9.1.4 渲染流水线

在对 GPU 编程进行深入介绍之前，需要对渲染流水线有所了解。渲染流水线的主要功能是渲染，即绘制出下一帧需要显示的图像。为了达到这个目的，几何体素被输送到渲染流水线上，经处理后使用像素进行填充（这个过程称为光栅化），最后形成最终的图像。渲染流水线的每个阶段负责该流程的部分功能，而可编程阶段则使得开发者可以使用不同于标准图形 API（应用程序接口）提供的功能。同时，了解渲染流水线并行策略对于开发高效 GPU 应用至关重要。

渲染流水线负责将几何体素转化为光栅图形。这些体素通常是描述三维模型的多边形，如三角形网格等。而光栅图形则是像素矩阵。图 9.2 描述了渲染流水线的工作流程。首先，模型体素（通常是具有共享顶点的三角形集合）被输出到渲染流水线。而进入流水线的顶点将被变换，完成从世界坐标系到相机坐标系的映射。当场景中存在光源时，这个阶段的顶点将使用一个简单的光照模型完成着色。为了加速后续的渲染处理，裁剪落在视线体外的体素，即它们对于当前视点不可见。顶点处理阶段负责这些变换、裁剪和照明工作。

变换后的顶点将根据其连通性进行装配，即将它们组合为体素。而每个体素将被光栅化，即计算出屏幕上哪些像素将被它覆盖，并为每个像素产生一个片段。每个片段中包含插值后的属性，该属性由体素的顶点获得，如颜色、纹理坐标等。片段中还没有定义最终输出的像素颜色。在流水线的最后阶段，落在屏幕像素上的所有片段才被合成计算出输出颜色。这里的合成过程包含使用深度缓存挑选出最前面的片段并剔除其他片段，或基于模型权值对这些片段进行混合。

需要指出的是，类似于其他任何的流水线，渲染流水线中的各个阶段彼此独立。即顶点可以在显示的同时进行处理。通过这种方式，渲染性能（以帧每秒 FPS 测量）得以大幅度提升。当前帧的最终像素被处理的同时，下一帧的输入顶点已经被顶点处理器所处理。除了各阶段的独立性外，一个阶段内也存在着大量的处理独立性，即不同的顶点可以同时被不同的处理器所变换，因为它们的计算彼此无关。

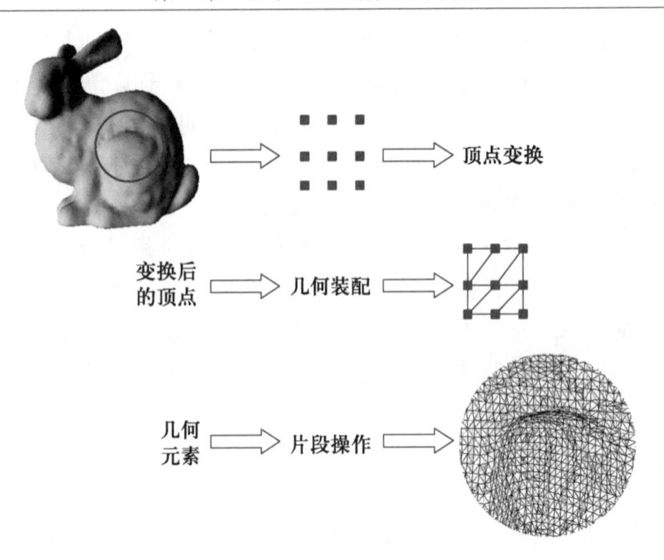

图9.2 渲染流水线

图9.3给出了渲染流水线中的三个可编程阶段，它们代表了可编程处理的流程，与之对照的为固定处理流程。这三个可编程阶段（白色盒子）可以读取显存，而固定流水线（灰色盒子）可以进行显存的读写操作。

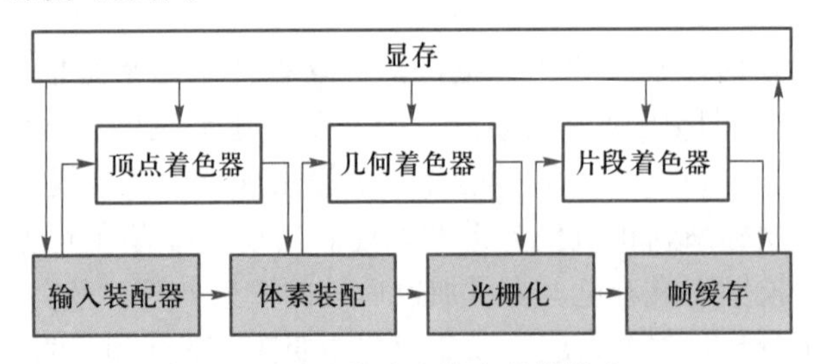

图9.3 渲染流水线中的数据流

顶点着色器的工作流程见图9.4。作为流水线的第一阶段，这里使用了一种严格的输入输出方案，只对顶点元素进行处理，输入一个顶点并输出一个顶点。这个处理过程严格独立完成，即没有顶点可以获得流水线中其他顶点的信息，因此大量的顶点得以批量并行处理。

下一个阶段（图9.5），几何着色器对由顶点连接而成的体素进行处理，如线条或三角形。这个阶段中可以访问被处理体素的所有顶点信息。几何着色器可以接受与其输出不同的体素，但是输入输出类型的信息和输出顶点的最大个数 N 等信息必须由用户预先定义。每个输入的体素可以产生 $0\sim N$ 个输出顶点。

流水线的最后阶段是片段着色器（图9.6）。它对于每个体素产生的每个片段分别运行。片段着色器无法获得片段所属体素的信息，但是它能获得从体素顶点插值得到的所有属性信息。该着色器的主要任务是为每个片段计算其颜色值或剔除它。

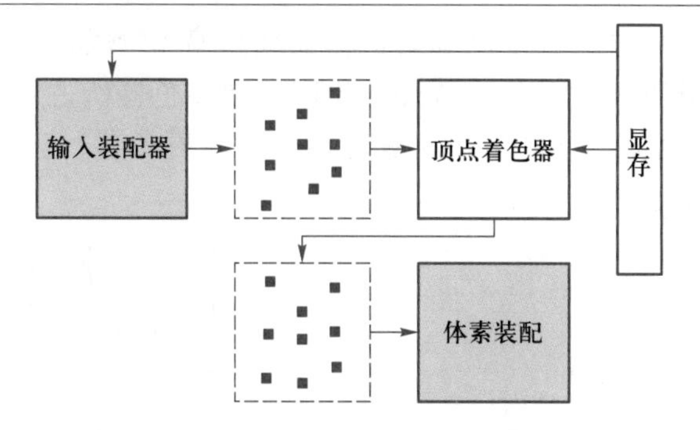

图 9.4 顶点着色器的工作流程

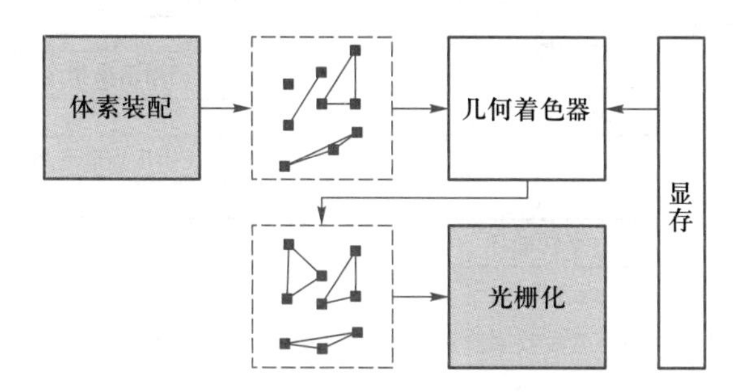

图 9.5 几何着色器的工作流程

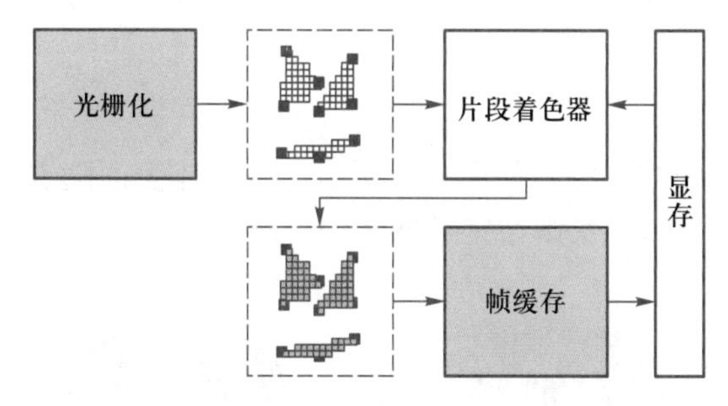

图 9.6 片段着色器的工作流程

9.2 基于顶点着色器的实时几何变形

下面通过一个简单的几何变形应用来演示顶点着色器的使用。

9.2.1 使用流程

图 9.7 所示对常规绘制流程与使用顶点着色器的绘制流程进行了对比。可以看出，通过

使用与特定着色器相关的API，需要增加着色器加载和编译阶段，并在进行绘制前打开着色器，在绘制完成后关闭着色器，最后在程序退出时释放着色器所占用的资源。图9.7中的流程虽然针对的是顶点着色器，但对于几何着色器和片段着色器，它们的使用方法几乎是一致的。

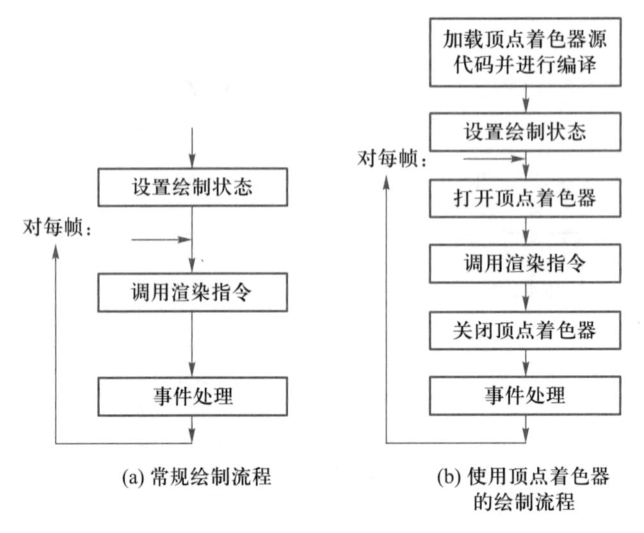

图9.7 常规绘制流程与使用顶点着色器的绘制流程

9.2.2 绘制效果

使用顶点着色器获得的渲染特效如图9.8所示，几何体表面随着时间随机出现上下波动。这里突起出现的模式符合Perlin噪声在三维球体的分布。

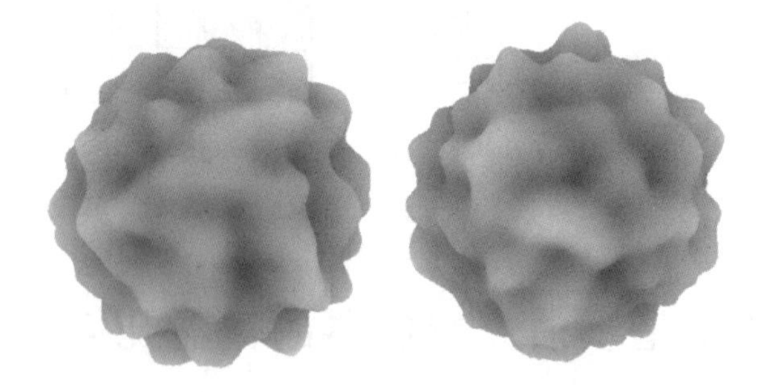

图9.8 实时几何变形的特效

噪声是一种生成纹理的基本方法，利用它能够生成类似大自然的许多纹理。将噪声与各种数据表达式结合起来就能够产生过程式纹理。过程式纹理相比传统纹理映射方法的优势在于：一方面，过程纹理无须源纹理图像，因此不需要传输或存储纹理图像；另一方面，过程纹理能够直接映射到3D模型上，从而避免了走样问题。

Perlin噪声是能够在空间中产生连续噪声的函数。所谓“连续噪声”是指，对于噪声空间中的任意两个点，当从一个点移动到另一个点时，噪声的值是平滑变化的。图9.9分别给出了使用不连续噪声函数和Perlin噪声函数生成的图像。Perlin噪声函数生成的图像看上去是随机的，但实际上这些值并不是随机的，即每次用同样的值调用Perlin噪声函数得到的结果都相同。Perlin噪声的实质是将输入的n维实数坐标点从R^n映射到R，其返回值为一个实数值。在几何变形的应用中，使用$n=3$的Perlin噪声。

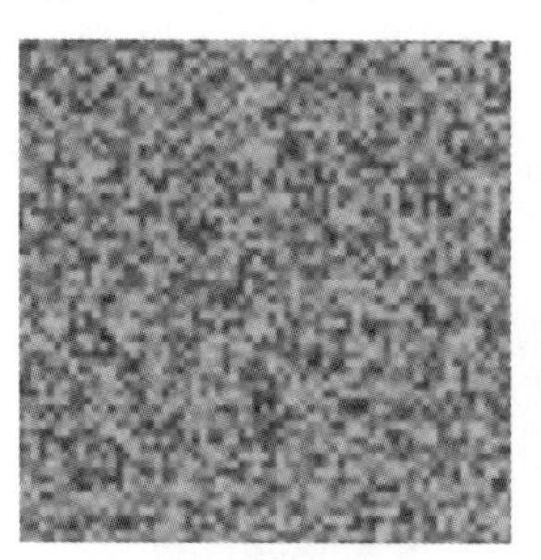

(a) 使用不连续噪声函数生成的图像

(b) 使用Perlin噪声函数生成的图像

图9.9 使用不连续噪声函数和Perlin噪声函数生成的图像

9.2.3 绘制代码

1. 载入/编译着色器

```
string filename = media.get_file("glsl_vnoise/vnoise.glsl");
if (filename == "")
{
    cout << "Unable to load vnoise.glsl, exiting..." << endl;
    quitapp(-1);
}

programObject = glCreateProgramObjectARB();

GLcharARB *shaderData = read_text_file(filename.c_str());
addShader(programObject, shaderData, GL_VERTEX_SHADER_ARB);

glLinkProgramARB(programObject);
glUseProgramObjectARB(programObject);
```

2. 打开着色器

```
glUseProgramObjectARB(programObject);
```

3. 关闭着色器

```
glUseProgramObjectARB(0);
```

4. 绘制物体

绘制时，使用 glut 函数绘制一个分辨率为 100×100 的球体（半径为 1），代码如下：

```
if (dlist)
    glCallList(dlist);
else
{
    dlist = glGenLists(1);
    glNewList(dlist, GL_COMPILE);
    glutSolidSphere(1.0, 100, 100);
    glEndList();
}
```

9.2.4　着色器代码

顶点着色器的入口函数如下：

```
uniform float Displacement;
uniform vec4 pg[B2];             //permutation/gradient table

void main()
{
    vec4 noisePos = gl_TextureMatrix[0] * gl_Vertex;

    float i = (noise(noisePos.xyz, pg) + 1.0) * 0.5;
    gl_FrontColor = vec4(i, i, i, 1.0);

    //displacement along normal
    vec4 position = gl_Vertex + (vec4(gl_Normal, 1.0) * i * Displacement);
    position.w = 1.0;

    gl_Position = gl_ModelViewProjectionMatrix * position;
}
```

这里，gl_Vertex 为输入的顶点坐标，gl_Position 为输出的顶点坐标，它由原坐标按照其法线方向进行波动：

```
vec4 position = gl_Vertex + (vec4(gl_Normal, 1.0) * i * Displacement);
```

然后进行模型观察和投影变换后得到：

```
gl_Position = gl_ModelViewProjectionMatrix * position;
```

9.2.5 效果对比

为了更好地说明顶点着色器的功能，图 9.10 分别给出了打开/关闭顶点着色器的绘制效果。运行结果表明，通过使用顶点着色器，原来的标准球体可以实时地进行几何变形。

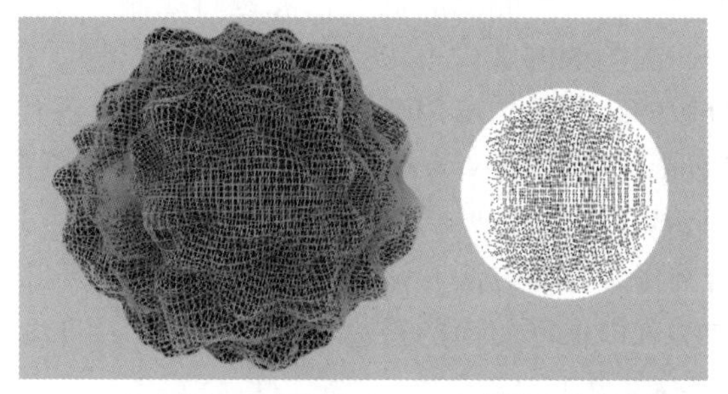

(a) 打开顶点着色器　　(b) 关闭顶点着色器

图 9.10　打开和关闭顶点着色器的绘制效果

9.3 基于顶点着色器的实时曲面细分

下面介绍顶点着色器的另一个应用：实时曲面细分。细分曲面是在计算机图形学和动画领域被广泛采用的一种建模方法。它通过对初始的控制顶点网格重复应用一组细分方案逐渐细化，在多次细分后逐渐逼近其极限曲面。它兼具面片模型的简单性和 NURBS 曲面模型的光滑性，可以应用于任意拓扑结构的控制网格，并具有内在的层次细节特性（LOD）。

由于细分曲面的上述优点，有很多研究者尝试将细分曲面作为一种造型体素集成到已有的图形系统中。通常的方法是将细分曲面用控制网格进行定义，通过修改控制网格对它进行调整，在绘制阶段通过 CPU 将控制网格细化到指定的层次，细化后的面片被传送到 GPU 上进行显示。由于细分后的面片有大量的几何属性（顶点位置、顶点法线量、纹理坐标等）需要从 CPU 传输到 GPU，这对于目前的 AGP 总线或 PCI-E 总线来说都是瓶颈之一。

很多研究者对细分曲面的快速细分和显示进行了研究。Bischoff 等人最早讨论了利用向前差分的方法对 Loop 细分快速求值。Stem 给出了直接根据给定的参数值对 Catmull-Clark 细分和

Loop细分进行求值的算法，并用于Alias软件中细分曲面的处理。Zorin给出了对于有界细分曲面的求值方法，并讨论了尖点、褶皱等情况。Pulli和Segal通过组织三角形串来减少顶点的重复传输。Bolz利用Intel CPU的SIMD指令对细分过程进行加速，并讨论了利用图形硬件进行加速的方法，但由于受到当时显卡不支持在GPU上从处理后的Pixel数据产生用于显示的Vertex Array特性，它采用从GPU读回到CPU上进行组织的方法，因此效率较低。

近年来，图形硬件的发展取得了巨大突破，其计算能力已经超过了CPU，并且图形硬件具有多达16条渲染处理流水线，并行处理能力十分强大。随着Cg、HLSL、OpenGL Shading Language等高级着色语言的出现，其可编程性也得到增强。

利用图形硬件对细分曲面的细分和绘制进行加速已经成为研究热点。Bunnell和Shiue等人的方法都可以总结为首先将控制网格编码到GPU可以访问的纹理中，然后利用片段着色器进行处理，最后从处理的结果直接产生顶点数组信息进行绘制。以Catmull-Clark细分方案为例，每次细分过程类同于一次图像的2×2倍放大过程（图9.11）。但这类方法都涉及一个数据读回的过程，即将细分后的结果重构出用于显示的顶点数据。现代GPU已经支持直接从纹理数据构造顶点数组（Render-to-VertexArray），但这依然会造成效率惩罚，并且需要有较新显卡的支持（NVIDIA Geforce FX系列或ATI Radeon 9000系列以上）。Boubekeur等人给出了一种利用顶点处理器进行网格细化的方法，该方法利用了网格的局部顶点信息，可用于PN曲面的跨硬件实现，但该方法难以保证曲面的跨边界的连续性，并且没有考虑自适应细分。

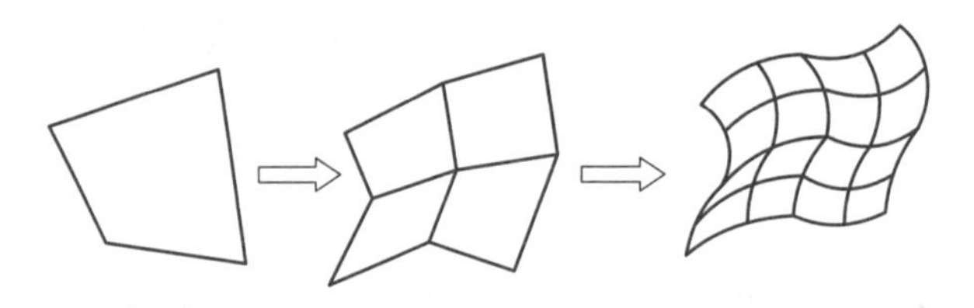

图9.11　Catmull-Clark细分类同于图像的2×2倍放大

在众多的细分方案中，Catmull-Clark细分和Loop细分可能是研究最为深入的两种，本节将主要介绍以它们为目标的改进方法。但需要指出的是，该方法也可以很方便地推广到其他的细分方案，如Modified Butterfly细分、Doo-Sabin细分、中点细分等。下面首先给出算法的主要流程，然后介绍其中的细分和渲染部分，自适应细分的算法，Watertight划分算法，本节方法与传统CPU方法、基于片段处理器方法的效率对比，最后给出一些实例。

9.3.1　GPU细分算法

1. 算法流程

算法流程见图9.12。首先，对输入的控制网格进行预处理，将其划分为多个块（Patch），然后对每个Patch进行绘制。根据当前视点信息、Patch与极限曲面的逼近程度，先确定其需要进行细分的层次，然后根据该层次挑选绘制相应的细分模板SP，并通过带裙边的SP来解决可能出现的裂缝问题。对于每个 Patch 的绘制，从 CPU 传输到 GPU 的数据为该 Patch 相关的控制顶点数据。

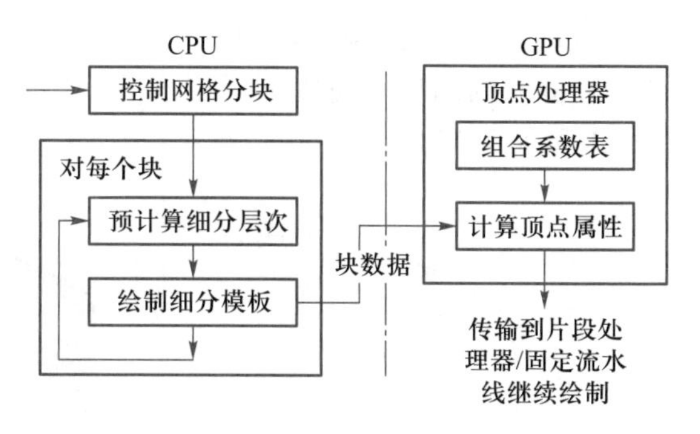

图 9.12 算法流程

Patch 的细分和绘制过程都在 GPU 上的顶点处理器中进行。首先将 SP 的数据存放在 GPU 上，然后在顶点着色程序中访问顶点组合系数表，计算 SP 上每个顶点的新位置，最后交给后续的片段处理器或固定流水线进一步处理。

2. 控制网格的划分

首先在 CPU 上对需要绘制的对象的控制网格数据进行分块，将其划分为相对独立的多个 Patch。图 9.13 显示了 Valence=N 的 Catmull-Clark 细分和 Loop 细分的 Patch 数据，它包含一个四边形或三角形及其外围一周的控制顶点信息。对于 Catmull-Clark 细分，正则情况下 Valence=4，则 Patch 需要存放 16 个控制顶点。而对于 Loop 细分，正则情况下 Valence=3，则 Patch 需要存放 12 个控制顶点。目前的方法是对控制网格的每个面片都产生一个 Patch，可以看出这会造成一些控制顶点的重复，在可能的情况下将 Patch 合并将会减少数据量。

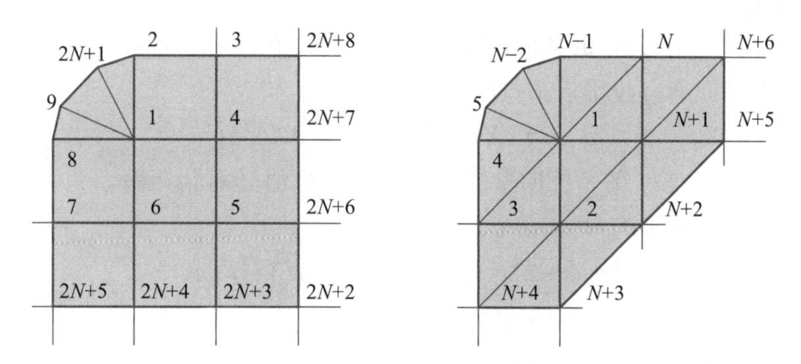

图 9.13 Valence=N 的 Catmull-Clark 细分和 Loop 细分的 Patch 数据

3. 细分模板

下面使用细分模板 SP（subdivision pattern）进行细分。对于不同的细分方案，定义其相应不同层次的 SP。SP 在单位空间中定义，每个顶点并不存放空间位置信息，而是保存参数信息及该参数对应的控制顶点组合参数表。以 Loop 细分的 SP 为例，每个顶点都有相应的三角坐标（u，v，w），满足 $0 \leqslant u \leqslant 1.0$，$0 \leqslant v \leqslant 1.0$，$0 \leqslant w \leqslant 1.0$，且 $u+v+w=1.0$。Catmull-Clark 细分的模板更加简单，顶点坐标（u，v）满足 $0 \leqslant u \leqslant 1.0$，$0 \leqslant v \leqslant 1.0$。对不同的细分层次，采用相应的 SP 可以得到不同近似程度的网格。使用不同层次的 SP 进行 Catmull-Clark 细分和 Loop 细分的结果分别如图 9.14 和图 9.15 所示。

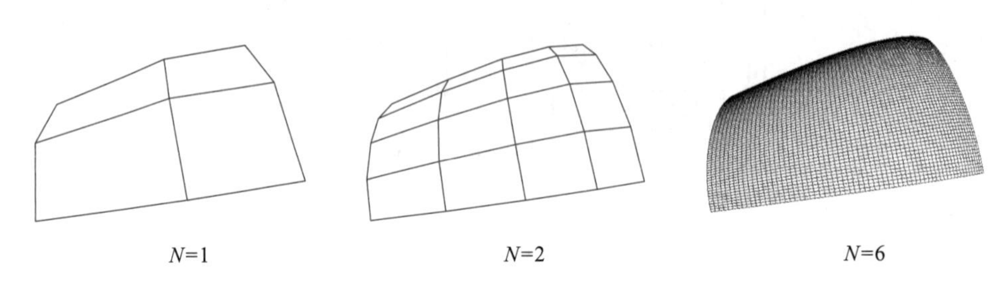

图 9.14 由多层次 SP 产生的 Catmull-Clark 细分网格（N 为细分层次）

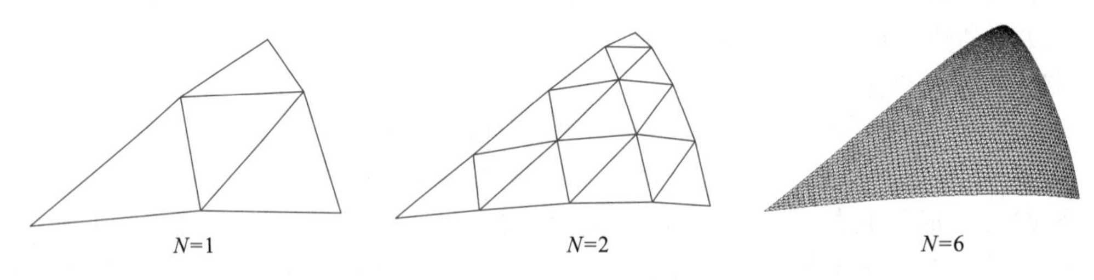

图 9.15 由多层次 SP 产生的 Loop 细分网格（N 为细分层次）

4. 顶点属性的计算

顶点属性的计算采用 Catmull-Clark 细分曲面参数求值方法。通过将控制顶点投影到特征空间上，极限顶点可以通过投影后顶点的加权计算，即

$$S_{k,n}(u,v)=(\boldsymbol{X}^{-1}C_0)^{\mathrm{T}}\boldsymbol{\Lambda}^{n-1}(P_k\overline{\boldsymbol{A}}\boldsymbol{X})^{\mathrm{T}}b(u,v)$$

其中 $\boldsymbol{A}$ 是细分矩阵，$\boldsymbol{X}$ 是 $\boldsymbol{A}$ 的特征向量矩阵，$\boldsymbol{\Lambda}$ 是特征值的对角矩阵。为了加速计算，将与控制顶点无关的项合并为 $Weight(u,v)$，于是有

$$Weight(u,v)=(\boldsymbol{X}^{-1})^{\mathrm{T}}\boldsymbol{\Lambda}^{n-1}(P_k\overline{\boldsymbol{A}}\boldsymbol{X})^{\mathrm{T}}b(u,v)$$

$$S_{k,n}(u,v)=C_0^{\mathrm{T}}Weight(u,v)$$

其中 $Weight(u,v)$ 为 SP 顶点上的参数值。

5. CPU 与 GPU 的数据通信

算法中 CPU 向 GPU 传送的数据包括多个 Patch 的数据，但它们被依次处理，不用保留；还有对应于不同细分层次的 SP，它在 CPU 上预计算，然后通过 OpenGL 的 VBO 扩展（GL_ARB_vertex_buffer）驻留在 GPU 端。同一个 SP 可以应用于相同细分层次的多个 Patch。如果将需要绘制的 Patch 根据其细分层次排序后进行绘制，则只需要保留一个 SP。经过顶点处理器处理后产生的数据将被传送到后续的片段处理器或固定流水线在 GPU 上做进一步处理，不需要再读回到 CPU。

9.3.2 自适应细分

Bunnell 宣称在 GPU 上实现了自适应细分，该方法在 GPU 上进行了平坦测试，但仍须在 CPU 上做出决定是否需要进一步细分，而且细分单位是预划分的 Patch，无法真正实现动态细分。而 Shiue 等人则完全没有讨论这个问题。Boubekeur 等人的方法虽然可以支持细节层次 LOD，但也没有处理不同细化层次的细化模板。

本节的自适应细分算法采用了 CPU 与 GPU 合作的策略，即首先在 CPU 上根据 Patch 的顶点数据决定细分层次，然后在 GPU 上采用相应的细化模板动态细分。该方法可以有效地利用 CPU 和 GPU 各自的优势，达到实时交互的速度。

1. 细分层次的决定

对于 Catmull-Clark 细分曲面，为了使细分网格与极限曲面的误差小于给定的几何误差 ε，可以如下计算细分层次 i，即

$$i \geqslant \log_4\left(\frac{M}{3\varepsilon}\right),\ M=\max_{k,l}\{\ \|2P_{k,l}-P_{k-1,l}-P_{k+1,l}\|,\ \|2P_{k,l}-P_{k,l-1}-P_{k,l+1}\|\ \}$$

其中 $P_{k,l}$ 为控制网格上的顶点位置。对于 Loop 细分也存在类似的计算方法。

2. GPU 上的自适应细分

通过选用对应不同细分层次的 SP 进行细化可以产生自适应细分，但这不可避免地将会造成裂缝问题。可以看到，图 9.16（b）右上角出现了裂缝，这就需要使用 Watertight 划分算法进行克服。

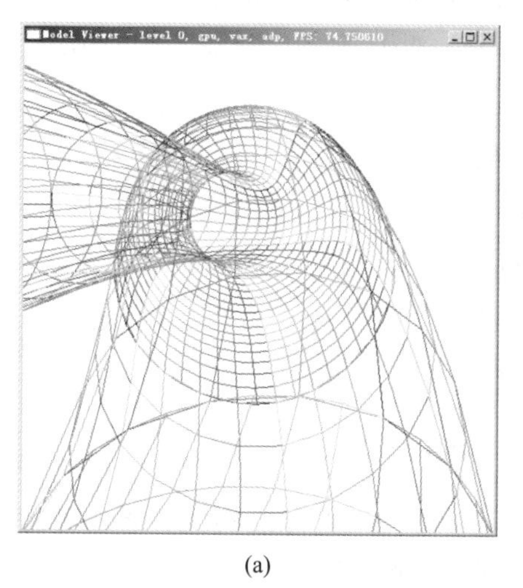

(a)

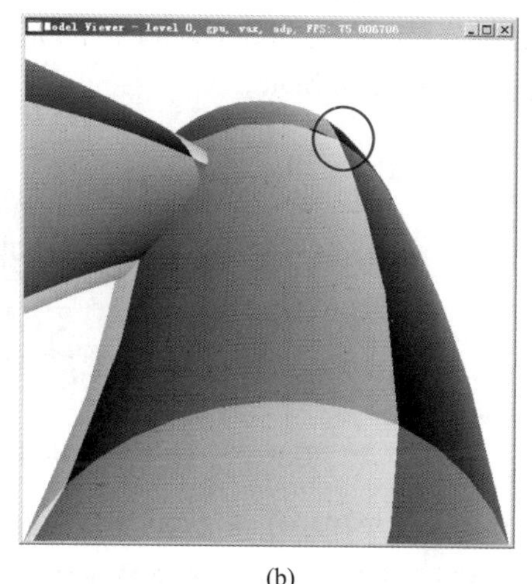

(b)

图 9.16 采用不同层次的 SP 实现自适应细分

9.3.3　Watertight 划分

算法希望在解决裂缝问题的同时减少对效率的影响，因此对于 SP 进行了扩展，提出了带裙边的 SP，如图 9.17 所示。新 SP 和原 SP 在顶点上没有变化，只需要改变绘制的索引，增加边界三角形。它能够有效克服相邻 Patch 间由于层次不同而产生的裂缝问题，并且几乎没有效率上的损失。

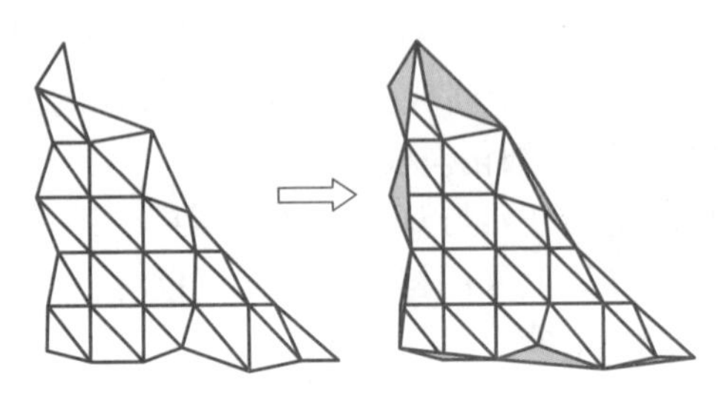

(a) 带裙边的Loop细分SP由原SP和三条边界三角形链组成

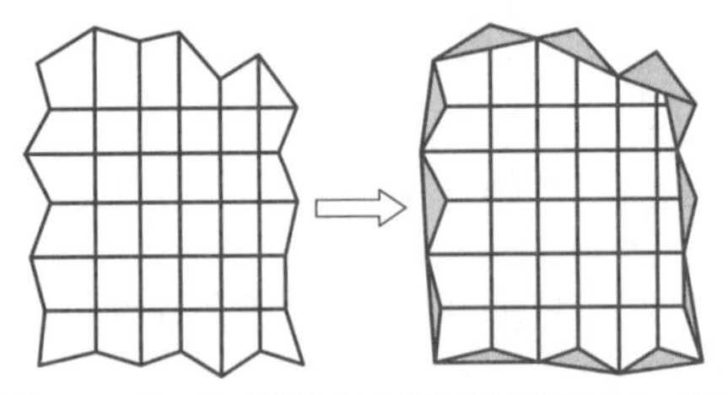

(b) 带裙边的Catmull-Clark细分SP由原SP和四条边界三角形链组成

图 9.17　带裙边的扩展 SP

由于相邻 Patch 的控制顶点仅相差一行/一列，其细分层次通常仅相差一层，在绘制 Patch 时，比较其细分层次 N 与相邻 Patch 的细分层次 N'，如果 $N>N'$ 则绘制相应的裙边，否则不需要绘制裙边，如图 9.18 所示。

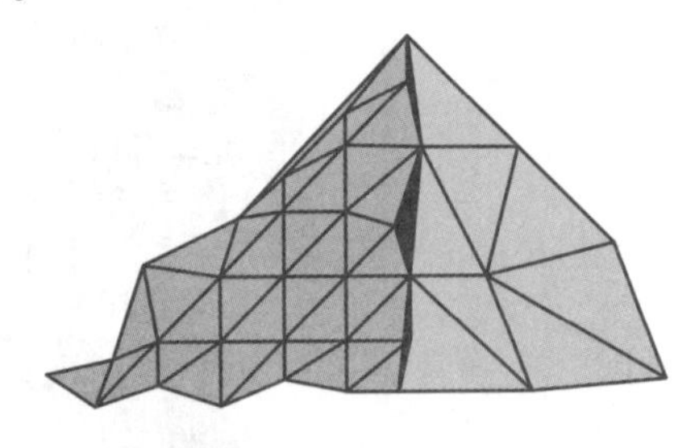

图 9.18　通过裙边的绘制来填补相邻 Patch 间的缝隙

图 9.19 所示为采用带裙边的 SP 来克服相邻 Patch 间的缝隙的实例。通过对比可以看到，原来的裂缝得到了很好的填补。在实现上需要保留 Patch 细分层次的表，以供绘制时获取相邻 Patch 的细分层次信息。此外，绘制时由于不需要计算新的顶点，只需要更新索引，因此效率

几乎没有下降。

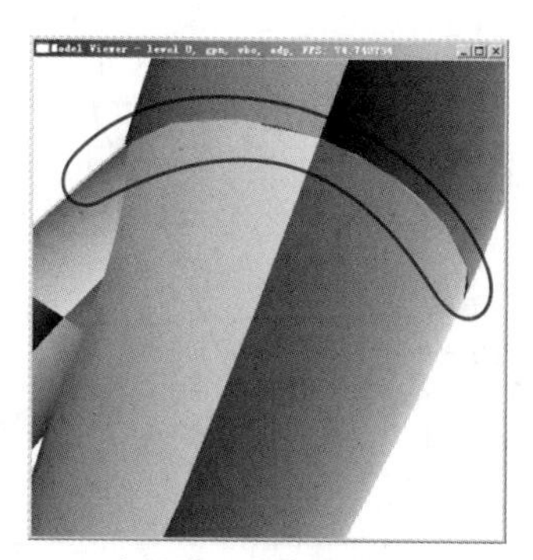

(a) 在接缝处存在明显的裂纹

(b) 采用带裙边的SP的填补效果

图 9.19 采用带裙边的 SP 克服相邻 Patch 间的缝隙的实例

9.4 基于几何着色器的实时几何生成

几何着色器可以在 GPU 上动态创建几何体素，因此可以实现强大的渲染特效。图 9.20 所示为使用几何着色器获得的一系列特效。对于图 9.20（a）中的三维模型，使用几何着色器可以实时绘制轮廓线（图 9.20（b））、镂空（图 9.20（c））、毛皮（图 9.20（d））等效果。本节将以镂空和轮廓线为例，详细讲解如何使用几何着色器。

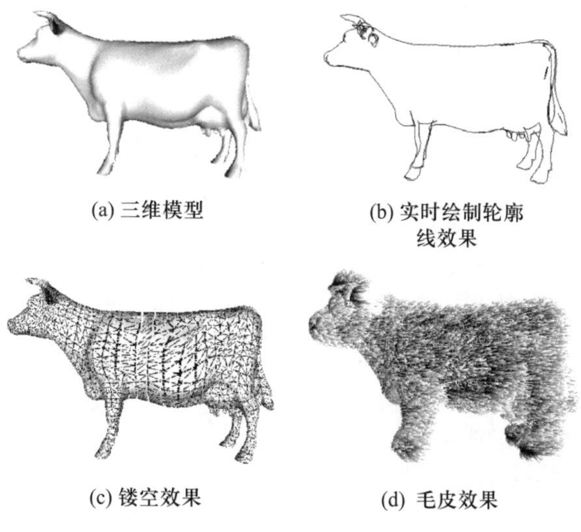

(a) 三维模型　(b) 实时绘制轮廓线效果

(c) 镂空效果　(d) 毛皮效果

图 9.20 使用几何着色器产生的各种绘制特效

9.4.1 镂空特效

镂空特效将每个三角形的三个顶点朝向中心收缩指定的比例，并为每个三角形产生三个新顶点，效果如图9.21所示。

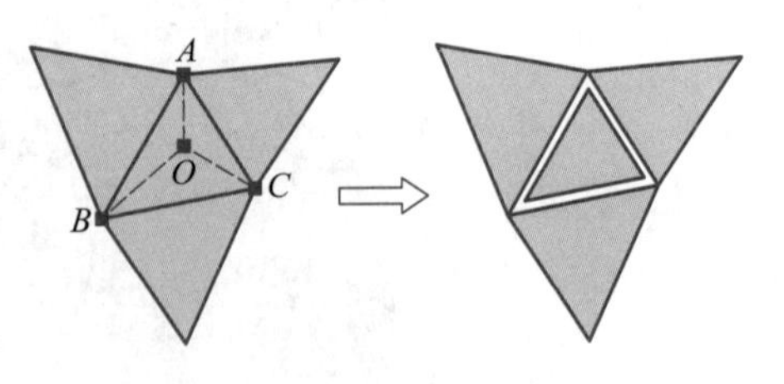

图9.21 镂空特效的原理

与顶点着色器不同，在镂空特效中，不仅需要调整顶点的位置，还需要为每个三角形分别创建三个新顶点，这只有使用几何着色器才能实现。几何着色器的源代码如下：

```
#version 120
#extension GL_EXT_geometry_shader4: enable

uniform float Shrink;
varying in vec3 Normal[3];
varying out float LightIntensity;
const vec3 LightPos = vec3(0., 10., 0.);
vec3 V[3];
vec3 CG;

void ProduceVertex(int v)
{
    LightIntensity = dot(normalize(LightPos - V[v]), Normal[v]);
    LightIntensity = abs(LightIntensity);
    LightIntensity *= 1.5;

    gl_Position = gl_ModelViewProjectionMatrix *
                vec4(CG + Shrink * ( V[v] - CG ), 1.);
    EmitVertex();
}

void main()
{
    V[0] = gl_PositionIn[0].xyz;
    V[1] = gl_PositionIn[1].xyz;
    V[2] = gl_PositionIn[2].xyz;
    CG = (V[0] + V[1] + V[2])/3.;
```

```
    ProduceVertex(0);
    ProduceVertex(1);
    ProduceVertex(2);
}
```

下面的代码片段用于计算三角形的中心：

```
V[0] = gl_PositionIn[0].xyz;
V[1] = gl_PositionIn[1].xyz;
V[2] = gl_PositionIn[2].xyz;
CG = (V[0] + V[1] + V[2])/3.;
```

下面的代码片段创建出向中心点收缩后的新顶点：

```
gl_Position = gl_ModelViewProjectionMatrix *
           vec4(CG + Shrink * ( V[v] - CG ), 1.);
EmitVertex();
```

下面的代码片段分别调用三个顶点，创建出三个新顶点：

```
ProduceVertex(0);
ProduceVertex(1);
ProduceVertex(2);
```

使用该几何着色器的最终绘制效果如图 9.20（c）所示。

9.4.2 轮廓线特效

轮廓线是指三维模型表面相对于特定观察点或观察方向可见面和不可见面的分界线。如图 9.22 所示，如果一条边被两个相邻三角形共享，一个三角形可见，而另一个三角形不可见，则该边被识别为轮廓线的一部分。轮廓线是三维物体的形状特征，在图形学中被用于卡通渲染、阴影体算法、艺术绘制等。特别需要指出的是，轮廓线依赖于观察点，因此对于改变视点的实时系统，轮廓线需要被动态更新。

绘制轮廓线的通常方法是首先在 CPU 上对三维物体的所有边进行扫描，识别出轮廓线后传送到 GPU 上进行绘制。这种方法加重了 CPU 的计算负载，特别是当模型规模庞大时。下面将给出一种使用几何着色器进行轮廓线绘制的方法，该方法完全在 GPU 上运行，可以根据视点信息实时绘制出轮廓线。

在 CPU 端，需要分析三维模型表面的连接信息，将每个三角形组织为如图 9.23 所示的包含连接信息的三角形，即三角形除了包含其三个顶点的信息外（顶点 0、2、4），还包含其每条边相邻三角形的对应顶点信息（顶点 1、3、5）。

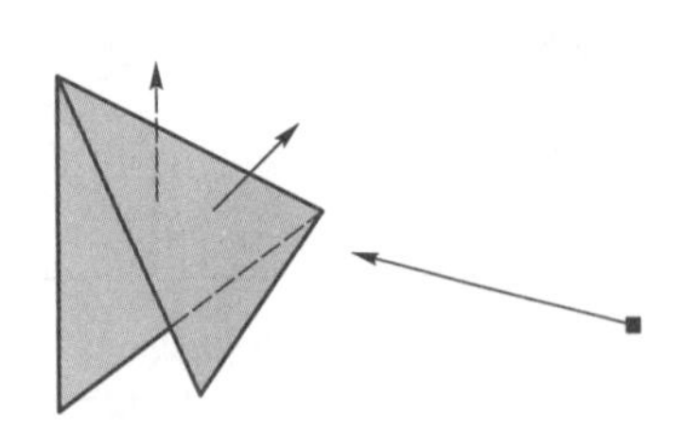

图9.22 轮廓线的识别

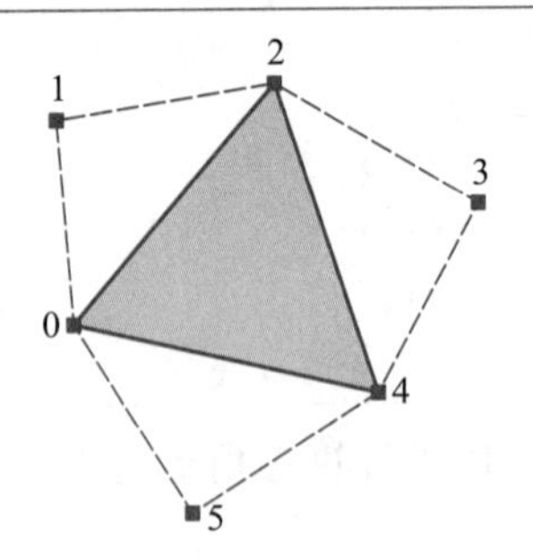

图9.23 使用GL_TRIANGLES_ADJACENCY_EXT模式绘制三角形

使用OpenGL 3.2中提供的GL_TRIANGLES_ADJACENCY_EXT模式绘制三角形，代码如下：

```
glDrawElements(GL_TRIANGLES_ADJACENCY_EXT, …);
```

使用的顶点着色器如下所示：

```
void main()
{
    gl_Position = gl_ModelViewMatrix * gl_Vertex;
}
```

使用的片段着色器如下所示：

```
uniform vec4 Color;
void main()
{
    gl_FragColor = vec4( Color.rgb, 1. );
}
```

几何着色器的源代码如下所示：

```
#version 120
#extension GL_EXT_geometry_shader4: enable

void main()
{
    vec3 V0 = gl PositionIn[0].xyz;
    vec3 V1 = gl_PositionIn[1].xyz;
    vec3 V2 = gl_PositionIn[2].xyz;
    vec3 V3 = gl_PositionIn[3].xyz;
    vec3 V4 = gl_PositionIn[4].xyz;
    vec3 V5 = gl_PositionIn[5].xyz;
```

```
vec3 N042 = cross(V4-V0, V2-V0);
vec3 N021 = cross(V2-V0, V1-V0);
vec3 N243 = cross(V4-V2, V3-V2);
vec3 N405 = cross(V0-V4, V5-V4);

if(dot(N042, N021) < 0.)
    N021 = vec3(0.,0.,0.) - N021;

if(dot(N042, N243) < 0.)
    N243 = vec3(0.,0.,0.) - N243;

if(dot(N042, N405) < 0.)
    N405 = vec3(0.,0.,0.) - N405;

if(N042.z * N021.z < 0.)
{
    gl_Position = gl_ProjectionMatrix * vec4(V0, 1.);
    EmitVertex();
    gl_Position = gl_ProjectionMatrix * vec4(V2, 1.);
    EmitVertex();
    EndPrimitive();
}

if(N042.z * N243.z < 0.)
{
    gl_Position = gl_ProjectionMatrix * vec4(V2, 1.);
    EmitVertex();
    gl_Position = gl_ProjectionMatrix * vec4(V4, 1.);
    EmitVertex();
    EndPrimitive();
}

if(N042.z * N405.z < 0.)
{
    gl_Position = gl_ProjectionMatrix * vec4(V4, 1.);
    EmitVertex();
    gl_Position = gl_ProjectionMatrix * vec4(V0, 1.);
```

```
        EmitVertex();
        EndPrimitive();
    }
}
```

在调用该几何着色器前，需要指明输入类型为GL_TRIANGLES_ADJACENCY_EXT，输出类型为GL_LINES。每次识别出一段轮廓线时，首先计算出每条边相邻三角形的法向量：

```
vec3 N042 = cross(V4-V0, V2-V0);
vec3 N021 = cross(V2-V0, V1-V0);

if(dot(N042, N021) < 0.)
    N021 = vec3(0.,0.,0.) - N021;
```

如果识别为轮廓线，则几何着色器输出其两个端点：

```
if(N042.z * N021.z < 0.)
{
    gl_Position = gl_ProjectionMatrix * vec4(V0, 1.);
    EmitVertex();
    gl_Position = gl_ProjectionMatrix * vec4(V2, 1.);
    EmitVertex();
    EndPrimitive();
}
```

使用该几何着色器的最终绘制效果如图9.20（b）所示。

9.5 基于片段着色器的非侵入式风格化绘制

近年来，实时图形学取得了巨大进步。如今微机主流显卡的运算能力已经超过了数十年前需要上百万美元的图形工作站，并且现代的图形处理器（GPU）已经广泛支持可编程性，从而允许创造无数新的渲染算法和特效。但是已有的图形应用必须进行修改甚至彻底重构，才能充分利用GPU的潜能。

用非侵入式的方法来修改图形应用，可以在不修改原有应用的基础上扩展图形功能。这里的非侵入式是指在不改动原应用程序本身的基础上，达到改变程序输出的目的。算法目标是利用GPU的可编程性对已有的图形应用探索多种视觉风格的改造。算法将采用只截获一个API函数的方法修改OpenGL的渲染流程，并使用OpenGL渲染语言（GLSL）在GPU上对颜色缓存和深度缓存进行处理，以高效地实现各种风格化渲染。风格化渲染是指除了真实感渲染以外的其他渲染方式，也可以称为非真实感渲染（NPR）。GLSL 是在 OpenGL 2.0 规范中被定义的高级渲染语言。由于该方法是一种纯硬件加速的方法，因此可以很好地在渲染流程中与其他基于 GPU 的算法（置换式贴图、矩阵调色盘变形等）结合工作。

下面首先介绍截获 OpenGL 图形库的机制和提供自定义渲染器插件的方法；然后描述对三维场景渲染后的颜色缓存和深度缓存进行实时后处理的算法，并演示算法设计的一系列有趣的风格化渲染器，它们都非侵入式地影响渲染结果；最后指出该方法的优势与不足。

9.5.1 非侵入式风格化绘制

如今市场上的主流显卡提供了强大的计算能力，其中最重要的是可编程性。图形 API 也为开发者提供了可编程接口，例如 Direct3D 的 HLSL、NVIDIA 公司的 Cg 语言、OpenGL 的 GLSL。HLSL、Cg 和 GLSL 都是高级渲染语言，相比于以前的类汇编底层语言，如 Direct3D 中的 vs2.0 和 ps2.0，OpenGL 中的 GL_ARB_fragment_program、GL_ARB_vertex_program 等，高级渲染语言提供了更高的生产力、较低的出错率和潜在的高效性（依赖于编译器的质量）。由于它在渲染流程中的核心地位，GLSL 无疑是 OpenGL 2.0 规范中最令人感兴趣的部分。GLSL 实际上由两种紧密相关的语言组成，这些语言用于为 OpenGL 渲染流水线中的可编程处理器、顶点处理器和碎片处理器编制渲染程序 Shader。所有的主流硬件厂商，如 ATI、NVIDIA、3DLabs 等，都已经在它们的最新驱动程序中提供了对 GLSL 的支持。

离屏缓存（off-screen buffers）使得程序员可以在显存中创建复杂的过程图像，然后绑定到纹理甚至读回到内存，而不影响帧存的内容。它允许开发者充分利用硬件加速技术产生动态纹理，并应用于实时特效，如反射、折射、光晕、图像处理等。在 OpenGL 中，离屏缓存可以通过像素缓存来实现，简称为 pbuffer。在 Windows 平台中，pbuffer 可以通过 WGL_ARB_pbuffer 扩展访问。

9.5.2 OpenGL 截获算法

本节采用了截获 OpenGL API 调用的方法，即用自己创建的动态链接库来替换系统的 OpenGL 库（opengl32.dll）。算法并没有替换所有的图形调用，而只是重载了 OpenGL API 中的一个函数，对于其他的函数，只是简单地传递参数并调用系统库中的相应函数。

图 9.24 所示为常规渲染和动画应用中的渲染流程。首先，系统设置一些绘制状态，如光源、材料、多边形模式、填充模式等；然后对于每一帧调用绘制函数；最后调用函数 SwapBuffer 将图形输出刷新到帧存。

截获方法如图 9.25 所示。在设置绘制状态后，对每一帧，渲染目标从帧存变为 pbuffer。调用绘制函数后，可以从 pbuffer 中访问当前场景的颜色缓存和深度缓存，并在 GPU 中对它们进行后处理，最后将生成的数据输出到帧存。

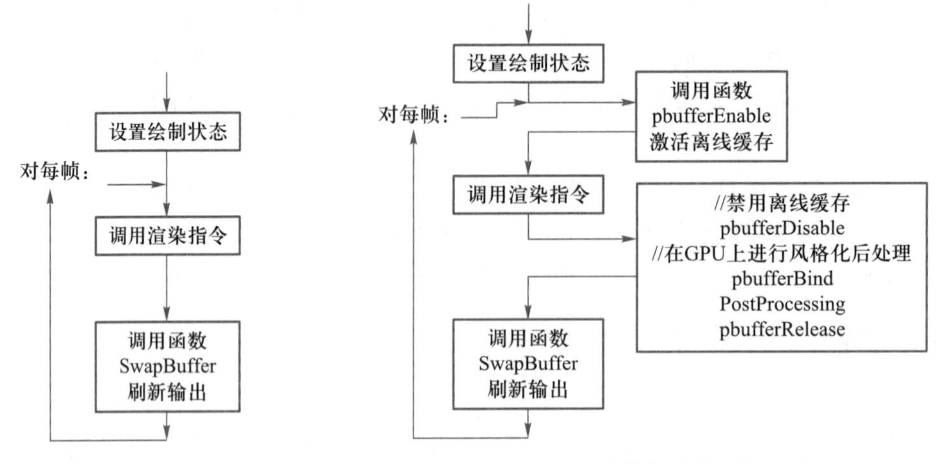

图9.24　常规渲染流程　　　　图9.25　被截获后的渲染流程

为了按照最新技术对系统库进行修改，图9.25中的流程可以进一步调整为图9.26所示的流程。其中，唯一需要截获的函数为SwapBuffer。对于pbuffer的操作，后处理操作和SwapBuffer函数可以封装为MySwapBuffer模块。

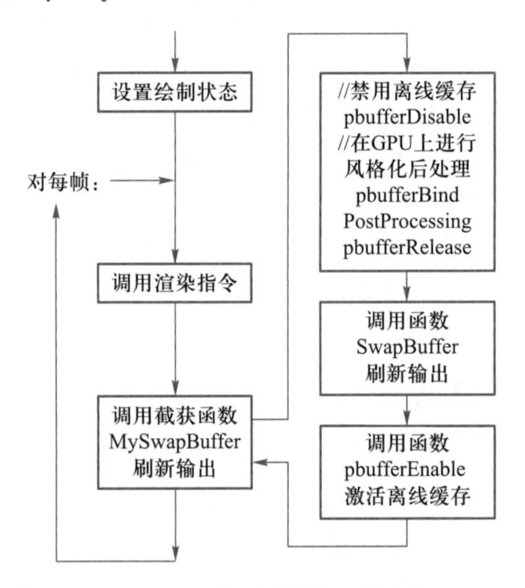

图9.26　调整后的截获渲染流程

这种截获方法的优势是明显的，一方面图形系统的效率得以保留，另一方面对于特定API函数的依赖也被降低。需要指出的是，尽管算法实现是基于OpenGL的，但该算法也可以很容易地移植到Direct3D应用。如表9.1所示，用到的所有OpenGL特征都很容易在Direct3D中找到对应项。

表 9.1 OpenGL 与 Direct3D 的特征对应

	OpenGL	Direct3D
高级渲染语言	GLSL	HLSL
离屏缓存	pbuffer	render target
帧存刷新函数	SwapBuffer(…)	Present(…)

9.5.3 风格化渲染技术

风格化渲染是计算机图形学中一个快速发展的领域。风格化渲染技术最终可以归结为三类：基于几何描述的三维绘制、基于二维图像的图像后处理方法和增强用户输入的交互式方法。对于已有图形应用的风格化转变，第三类显然是不合适的。本节介绍采用运行于 GPU 上的 fragment shader 对截获的颜色缓存和深度缓存数据进行图像后处理的方法。

9.5.4 颜色缓存和深度缓存上的实时三维场景的后处理

通过在 fragment shader 中采用不同的算法，GPU 可以实时产生各种真实感和非真实感的效果，如高动态范围渲染、景深、半色调、多色调和轮廓勾勒等。本节对不同的风格使用了不同的 GLSL fragment shader，它们也可以组合起来产生更加复杂的风格。

通过使用前面介绍的截获方法，可以在 pbuffer 中访问当前场景的深度缓存和颜色缓存。深度缓存中的数据描述了模型的几何细节，它可以看作某种 G-buffer。图 9.27 所示为一个外星战士①模型渲染后的深度缓存和使用拉普拉斯卷积获得的轮廓线。

图 9.27 外星战士模型渲染后的深度缓存和使用拉普拉斯卷积获得的轮廓线

该 fragment shader 的 GLSL 代码如下所示：

```
1.  uniform sampler2D myTexture; //input image
2.  uniform float offset; //offset for one pixel
```

① 该模型从 OpenGL 教程中获得。

```
3.
4.  void main(void)
5.  {
6.      vec4 f0 =texture2D(myTexture, vec2(gl_TexCoord[0]));
7.
8.      vec4 fx_s1 = texture2D(myTexture, vec2(gl_TexCoord[0]) + vec2(-off, 0));
9.      vec4 fx_a1 = texture2D(myTexture, vec2(gl_TexCoord[0]) + vec2(off, 0));
10.     vec4 fy_s1 = texture2D(myTexture, vec2(gl_TexCoord[0]) + vec2(0, -off));
11.     vec4 fy_a1 = texture2D(myTexture, vec2(gl_TexCoord[0]) + vec2(0, off));
12.
13.     vec4 fxy_ss = texture2D(myTexture, vec2(gl_TexCoord[0]) + vec2(-off,
                    -off));
14.     vec4 fxy_aa = texture2D(myTexture, vec2(gl_TexCoord[0]) + vec2(off,
                    off));
15.     vec4 fxy_sa = texture2D(myTexture, vec2(gl_TexCoord[0]) + vec2(-off,
                    off));
16.     vec4 fxy_as = texture2D(myTexture, vec2(gl_TexCoord[0]) + vec2(off,
                    -off));
17.
18.     vec4 Laplace = 8.0 * f0-(fx_a1+fx_s1+fy_a1+fy_s1+fxy_ss+fxy_aa+fxy_as+
                    fxy_sa);
19.
20.     if (Laplace.x > 0.01)
21.        gl_FragColor = vec4(1.0, 1.0, 1.0, 1.0);
22.     else
23.        gl_FragColor = vec4(0.0, 0.0, 0.0, 1.0);
24. }
```

下面简要介绍该GLSL代码的意义。

第1、2行声明了uniform变量myTexture和offset，它们由外部程序传递获得，分别代表输入的图像和图像上一个像素对应的纹理坐标的偏移值。

第4行定义了该fragment shader的入口函数main。

第6行为用当前fragment的纹理坐标值gl_TexCoord[0]从输入的图像myTexture上获得当前位置的颜色值，该颜色用一个4维的向量vec4表示，分量分别为{r, g, b, a}。

第8~11行与第6行类似，用一个像素对应的纹理坐标的偏移值获得该fragment左、右、下、上位置的颜色值。

第13~16行获得该fragment左下、右上、左上、右下位置的颜色值。

第18行根据获得的9个位置的颜色值计算拉普拉斯卷积。

第 20~23 行根据拉普拉斯卷积确定该位置是否落在轮廓线上，若在则为黑色，否则为白色。

在图形应用中，许多场景细节也用纹理来描述，如人行道上的石头、墙上的裂纹、屋顶上的瓦片等。为了获得这些信息，必须访问颜色缓存。图 9.28 所示为行道上的石头纹理通过颜色饱和渲染器、边缘增强渲染器和其他渲染器对颜色缓存处理后的效果。

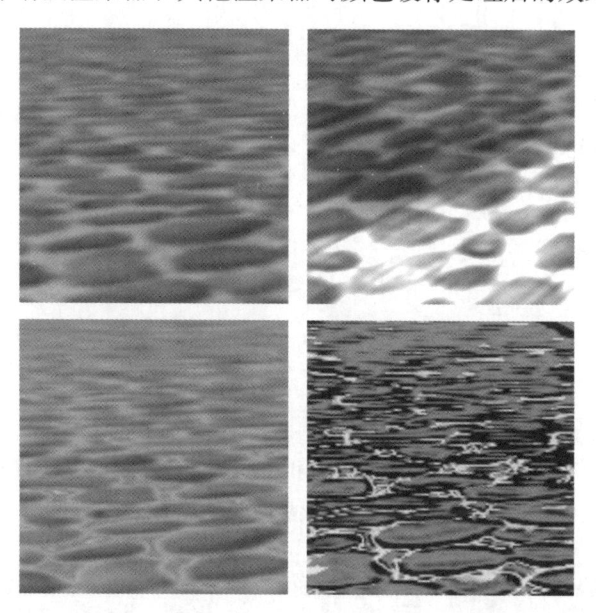

图 9.28 对颜色缓存进行处理的渲染器实例

9.5.5 算法实现和风格化渲染器

本节介绍的算法已经在 Windows 2000/XP 平台上用 Visual C++实现了，使用的图形显示卡为一块 ATI Radeon 9800XT 和一块 nVIDIA GeForce FX5600。下面详细介绍算法实例和它们采用的风格化渲染器。

1. 边缘增强渲染器

边缘增强通过对比给定像素和邻接其他像素的亮度值实现。如果颜色梯度达到了指定的阈值，就将它标记为边缘像素。边缘增强渲染器的代码如下所示：

```
uniform sampler2D myTexture; //input image

void main (void)
{
    const float off = 1.0/512.0;
    vec4 c0 = vec4(0.3, 0.59, 0.11, 0);
```

```
    vec4 t0 = texture2D(myTexture, vec2(gl_TexCoord[0]));
    vec4 t1 = texture2D(myTexture, vec2(gl_TexCoord[0]) + vec2(-off, -off));
    vec4 t2 = texture2D(myTexture, vec2(gl_TexCoord[0]) + vec2(off, off));

    vec4 r0 = vec4(dot(t1, c0));
    vec4 r1 = vec4(dot(t2, c0));

    r0.a = length(r0-r1) * 4.0;
    r0.a = clamp(r0.a * r0.a * 4.0, 0.0, 1.0);

    r0.rgb = t0.rgb * (1.0-r0.a);

    gl_FragColor = vec4(r0.rgb, t0.a);
}
```

2. 颜色饱和渲染器

图 9.29 中居中的图片展示了场景颜色饱和处理后的效果。它使得较亮的像素更加强烈，而细微的色调转化为灰度。颜色饱和渲染器的代码如下所示：

图 9.29　颜色饱和渲染器（中）和边缘增强渲染器（右）的示例

```
uniform sampler2D myTexture; //input image

void main (void)
{
    vec4 var_c0 = vec4(1.0, 1.0, 1.0, 1.0);
    vec4 var_c1 = vec4(0.3, 0.59, 0.11, 0.5);
    vec4 b =texture2D(myTexture, vec2(gl_TexCoord[0]));
```

```
    vec3 c = (b-0.5).rgb * 2.0;

    c = clamp(c+c+c+c, 0.0, 1.0);

    float bright = clamp(dot(c, var_c0.rgb), 0.0, 1.0);
    vec3 gray = vec3(dot(b.rgb, var_c1.rgb));

    //save the resulting pixel color
    c = mix(gray, c, bright);

    gl_FragColor = vec4(c, b.a);
}
```

3. 灰度化渲染器

图 9.30 所示的场景使用下面的公式进行灰度化，即

$$gray = red \times 0.3 + green \times 0.59 + blue \times 0.11$$

图 9.30 中居中图片的效果通过组合边缘增强的效果获得。

图 9.30 灰度化渲染器的示例

4. 卡通风格渲染器

图 9.31 展示了一个卡通风格的渲染器，它和边缘增强渲染器组合使用。灰度图像中的平滑梯度被映射到突然跳跃的离散等级。

5. 月色风格渲染器

图 9.32 展示了一个月色风格的渲染器。它是颜色饱和渲染器的一个变种，用于模拟场景在月色下的效果。可以观察到场景的氛围感也被改变。

6. 素描风格渲染器

图 9.33 展示了一个实时的素描风格渲染器。对于实时素描，针对不同的色调和不同的微缩图等级，笔画纹理可以被预计算，然后在运行时刻根据特定的色调值进行融合。左图是未经处理的场景，中图是融合了原色彩的素描效果，右图是黑白色调的素描效果。

图9.31 卡通风格渲染器的示例

图9.32 月色风格渲染器的示例

图9.33 素描风格渲染器的示例

7. 其他风格渲染器

图9.34演示了实验中产生的其他有趣的风格渲染器。左图是颜色饱和和边缘增强效果的组合，中图是一种夸张的颜色饱和风格，右图是加入了细节的素描风格。

由上面的实例可知，通过在GPU中对截获的三维场景的颜色缓存和深度缓存进行处理，可以得到许多生动的风格化绘制效果，甚至达到修改当前场景的时空感和氛围感的目的。通过充分利用现代GPU的强大能力，算法可以得到极大的加速。以素描风格渲染器为例，当用户进行交互式场景漫游时，在ATI Radeon 9800XT上可以达到平均60帧/秒的刷新率，在nVIDIA GeForce FX5600上也可以达到20帧/秒的刷新率。但是由于只能获取当前场景的信息，而没有全局的几何信息，仍然有一些风格难以实现，如艺术轮廓线等。

图 9.34 其他风格化渲染器的示例

9.6 基于 GPU 的实时光线跟踪

虽然基于光栅化的 GPU 绘制流水线在过去的多年中得到了长足的发展，并扩展出丰富的绘制效果，但是这一实时流水线始终无法真正实现对光线传播物理过程的真实模拟计算，从而很难实现多次光反射等效果，如图 9.35（a）所示。近年来，随着硬件的发展和实时光线跟踪算法研究的进展，GPU 的体系结构也发生了变化，在传统的基于光栅化的绘制流水线外，开始加入了新的光线跟踪功能。2018 年，英伟达（NVIDIA）公司在新一代的“图灵”GPU 架构中率先引入了光线跟踪硬件计算核心（RT core），首次支持基于 GPU 的实时光线跟踪。在软件层面，微软公司的游戏图形开发软件包 DirectX、新一代 OpenGL 的替代品 API Vulkan 以及英伟达公司推出的 OptiX 都开发了对应的程序接口，方便用户实现基于 GPU 的硬件实时光线跟踪功能。图 9.35（b）展示了实时光线跟踪所生成的图像。

(a) 基于光栅化绘制流水线的绘制效果

(b) 基于光线跟踪绘制流水线的绘制效果

图 9.35 基于光栅化绘制流水线和基于光线跟踪绘制流水线的绘制效果对比

9.6.1 基于 GPU 的光线跟踪流水线

图 9.36 所示为 GPU 内新的光线跟踪流水线。与传统基于光栅化的绘制流水线不同，光线跟踪流水线首先由程序通过光线发射单元创建需要跟踪的光线集合，这些光线通常情况下是从相机的每个像素发射的光线。这些光线交由光线的遍历求交处理单元处理，通过遍历场景几何确定每根光线是否和场景的某个三角形相交。如果相交，处理单元返回交点处的相关信息；否则返回不相交的标识。之后，不相交光线的处理以及相交点处光线的处理（如产生进一步的反射光线）和颜色的计算由最后的着色器单元完成。着色器新生成的光线会重新送回光线遍历求交处理单元继续进行上述流程。在这一过程中，光线遍历求交和着色器可编程控制由 GPU 的硬件单元完成且可高度并行化。每个步骤之间数据的传输和下一步执行单元的调度由 GPU 的固定单元完成。在英伟达公司“图灵”架构的 GPU 上，光线遍历和求交处理器由新的光线跟踪硬件计算核心完成，而着色处理器功能仍由传统光栅绘制流水线上的着色器计算单元完成。

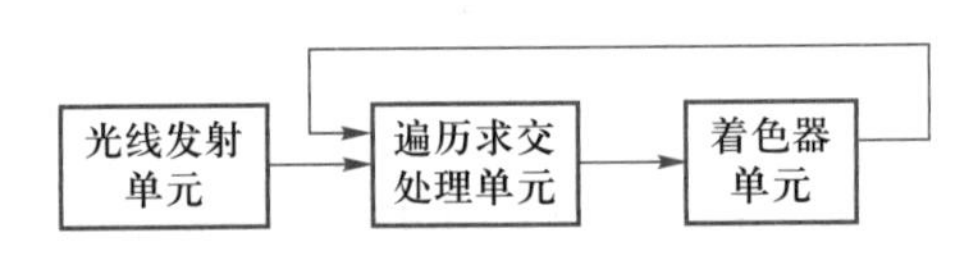

图 9.36 GPU 的实时光线跟踪流水线

目前，GPU 的光线跟踪流水线和基于光栅化的绘制流水线共享着色处理器单元，在 GPU 上并行运行。由于光线跟踪的计算量非常大，为达到实时性能，目前的 GPU 硬件仅能支持每个像素发射有限数目的光线。为实现高质量的绘制效果，用户往往需要采用混合绘制的方式，采用光栅化的绘制流水线来绘制场景中的直接光照效果，而采用光线追踪流水线来处理场景中的反射、折射、阴影等效果，从而实现绘制质量与速度的折中。同时，由于每个像素发出的光线有限，光线跟踪得到的结果具有很大的噪声，用户需要编写屏幕空间降噪算法对结果进行平滑，以得到高质量的结果。为此，英伟达公司和其他研究人员合作开发了基于深度神经网络的去噪算法，可以进一步利用新一代 GPU 中的高速神经网络计算单元实现光线跟踪结果的高质量实时去噪。

为加速光线遍历与求交，绘制前，场景通过调用图形 API 和 GPU 驱动程序的命令接口，预先组织 GPU 专用的层次包围盒结构，用于光线和场景求交的硬件实现。绘制中，场景中动态部分的包围盒结构也可以通过调用专用的函数进行更新。

9.6.2 基于 GPU 的光线追踪程序实现

本节简要描述如何通过软件接口实现 GPU 上的实时光线跟踪。这里仅以 DirectX 的 API 调用为例。因为 DirectX 和 Vulkan 的接口与前面介绍的 OpenGL 有较大不同，这里着重强调基本的步骤和每一步所完成的算法。具体的程序实例见 GitHub 网站中的 DirectX-Graphics-Samples。

步骤 1：创建场景的光线跟踪加速结构。

绘制前，首先需要对给定的场景生成 GPU 专用的光线跟踪加速结构。GPU 支持两层加速结构，底层为场景中的单个基本几何单元，如三角形；上层为用户程序指定的由若干个三角形构成的几何实例。底层和上层加速结构的构建都通过 BuildRaytracingAccelerationStructure 函数完成。构建后的加速结构对用户不可见。

步骤 2：编写光线发射着色器、求交着色器和交点处理着色器。

光线发射着色器用于定义初始的光线，着色器会被光线发射单元调用，从而产生初始的从相机发射的射线。光线由数据结构 RayDesc 定义，包含光线的源点、方向以及沿着方向上最近和最远的求交距离等成员变量。在光线发射着色器中，需要调用系统标准的 TraceRay 函数开始光线跟踪。

GPU 提供了对固定的三角形和光线求交的着色器。当场景的基本几何元素不是三角形时，用户需要编写求交着色器用于定义基本几何元素与一根光线的求交计算方法，以被 GPU 调用。

同时，针对光线与场景求交的结果，用户需要分别编写无交点着色器（miss shader）与交点着色器（any hit shader）。针对相机光线与场景的第一个交点即相机可见点，绘制程序往往需要由此计算像素的颜色，为此，用户需要编写最近交点着色器（closest hit shader）。在每个交点着色器中，用户可以根据交点处的反射属性决定光线的反射或者折射方向，并调用 TraceRay 函数实现反射或折射光线的递归追踪过程。

步骤 3：开始光线跟踪。

用户程序调用 DispatchRays 函数开始光线跟踪过程。当着色器调用 TraceRay 函数时，系统对给定的光线和场景求交，如果找到交点且为光线上最近的交点，则调用最近交点着色器后返回；否则，继续遍历整个场景并寻找交点，如果没有交点，则调用无交点着色器完成这根光线的跟踪过程。整个过程由 GPU 调度完成。

习　题

1. 对市场最新的 GPU 产品进行调研，统计它的顶点处理器和片段处理器的个数。
2. 当使用顶点着色器和片段着色器时，原固定绘制流水线中的哪些功能将被替代?
3. 顶点着色器和片段着色器的开发工具有哪些? 说明它们各自适用的开发领域。
4. 如何使用几何着色器实现阴影绘制?

第 10 章　虚拟现实与增强现实

虚拟现实（virtual reality，VR）通过计算机图形学、计算机视觉、人工智能、声学、光学以及认知科学等学科知识与技术，构建出逼真的虚拟世界，并利用多种传感器获取用户的体态、手势等自然交互方式，呈现给用户视觉、听觉、触觉等一体化，身临其境的感受。虚拟现实的典型特点包括虚拟的数字化环境建模、沉浸式体验、感知反馈以及互动性。随着环境感知和人机交互技术的不断进步，虚拟现实逐渐开始和真实环境相融合，形成了增强现实（augmented reality，AR）。增强现实以真实环境为基础，将图像、视音频、触感等信息和其他数字信息合成投射到真实环境中，构建虚实融合的环境世界，增强用户对真实环境世界的感知、理解和体验。

虚拟现实和增强现实技术发展迅速，逐渐形成了相对独立的学科领域，并在游戏娱乐、在线教育、医学、军事、艺术设计等领域得到广泛应用，与虚拟现实和增强现实相关的硬件装置和软件应用开发也出现了爆发式增长。在民用消费市场，光学投影和三维显示等技术有力支持了头盔显示器、三维眼镜、全息投影等装置的研发与应用，推动着相关产业的换代升级和交互体验的不断丰富。

本章首先介绍虚拟现实和增强现实的基本概念、发展历史、基本原理等，然后结合应用实例来讲解虚拟现实和增强现实的关键技术、前沿应用等。

10.1　虚拟现实与增强现实概述

10.1.1　虚拟现实

虚拟现实可以看作一种比文字、图片和视频更加高级的新媒介，提供了视觉、听觉、触觉等多感官融合的沉浸式体验载体。所谓“虚拟”，是指这种体验存在于感知层面而非事实中，也说明了用户所感知到的周围世界是人工构建的，存在于数字平台之上。所谓“现实”，指的是这种体验感知的真实性，用户进入一个计算机模拟的虚拟世界，并通过自然的交互方式真实地感知到虚拟场景中的多通道信息，感受到虚拟场景的存在。“虚拟”与“现实”合并、叠加而成的“虚拟现实”，本质上是一种全方位的沉浸式环境，为用户提供身临其境的体验。

从上述概念来看，远古人类在山洞中描述的岩画就可以看作一种供人们体验狩猎和祭祀等故事场景的环境。虚拟现实的概念萌芽于20世纪中期，在一些科幻小说中开始出现想象的虚拟现实设备。例如，1932年Aldous Huxley的长篇小说《美丽新世界》中就提到，一台“头戴式设备可以为观众提供图像、气味、声音等一系列的感官体验，以便让观众能够更好地沉浸在电影的世界中”。1935年，Stanley Weilaum发表了名为《皮格马利翁的奇观》（*Pygmalion's Spectacles*）的科幻小说，其中提到在未来世界中让人完全沉溺于虚幻之中，产生身临其境的真实感的虚拟现实技术。1955年，知名摄影师Morton Heilig根据该小说描述的形态和功能，设计了虚拟现实原型图（图10.1）。1963年，科幻作家Hugo Gernsback在杂志*Life*中对虚拟现实设备进行了想象，并取名为Teleyeglasses（图10.2）。这时的虚拟现实设备已经基本确定为头戴式设备，只是在技术实现上采用了当时主流的通过眼镜观看放置在眼睛近处的电视的方式来实现虚拟现实内容的呈现，但交互的方法比较有限。1968年，计算机科学研究学者Ivan Sutherland开发了“达摩克利斯之剑”显示器（图10.3）。这款显示器与今天的虚拟现实眼镜已经非常接近，但是受限于当时的计算机技术水平，整个设备的尺寸和重量都非常大，以至于需要固定在天花板上来减轻用户佩戴时的负荷。

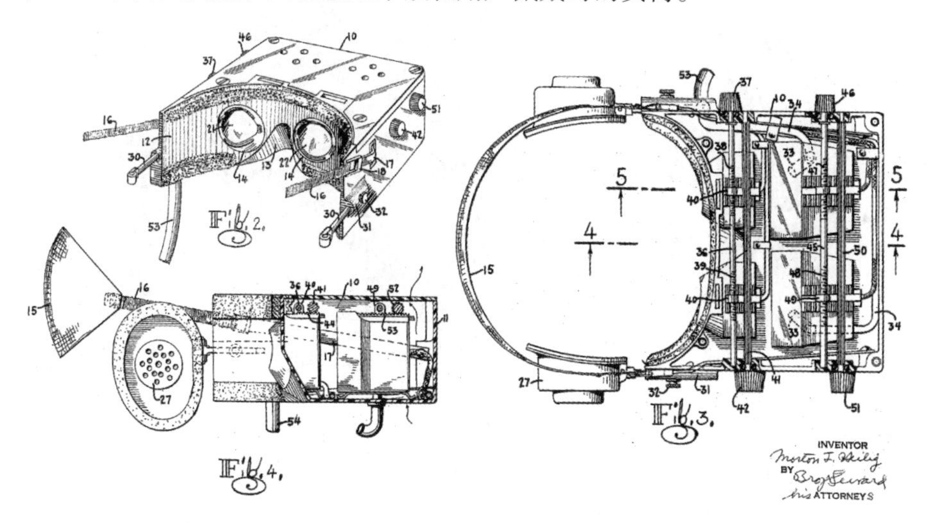

图10.1 根据科幻小说复原的虚拟现实眼镜设计稿

20世纪末，美国科学家Jaron Lanier正式提出了虚拟现实一词，它专指通过人工建模形成数字化的虚拟世界，结合交互技术，使用户获得身临其境的沉浸式体验的技术和装置。虚拟现实设备正在往轻量化、高精度以及多模态融合交互的方向发展，并形成了一系列独特的特征。

首先，虚拟现实作为一种新型媒介，它的主要内容是人工构建的虚拟环境，包括虚拟的空间和一系列可与用户交互的虚拟物品和图形界面。

其次，虚拟现实具有沉浸感，这主要是指用户在虚拟世界中体会到的身临其境的感受，当用户全身心地投入计算机创建的虚拟三维环境中，并与其中的物体进行互动交流时，甚至忘却了真实世界的存在。要实现沉浸感，需要满足以下三个关键要求。

图 10.2 Hugo Gernsback 小说中构思的虚拟现实系统

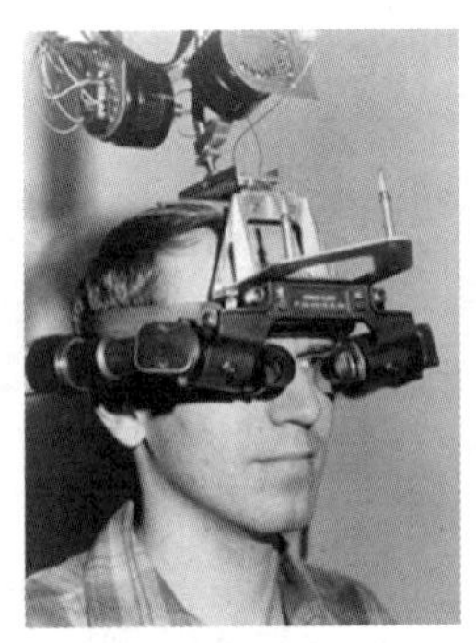

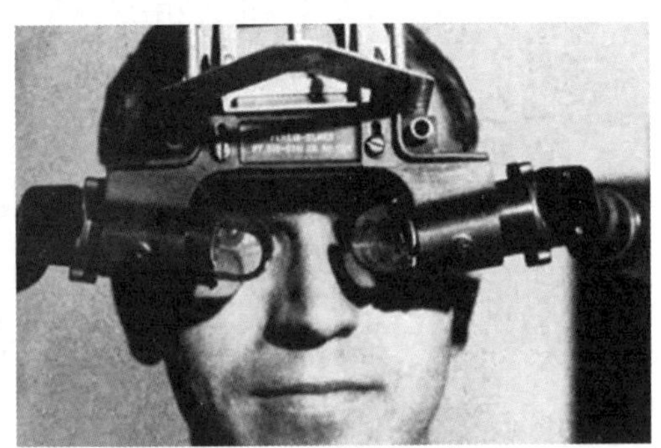

图 10.3 “达摩克利斯之剑”显示器设计

① 多感官融合。人在真实的物理世界中拥有视觉、听觉、嗅觉、味觉和触觉（含力觉），能综合感知物体的形状、声音、气味、纹理、硬度等。理想的虚拟现实环境能够支持上述多感官融合的互动，从而模拟真实物理世界所具有的关键感知信息。在人的多通道感知中，视觉是最主要的信息感知通道，听觉次之。视觉和听觉通道的感知在目前虚拟现实系统中是最成熟的，力触觉的仿真还相对粗糙，难以准确还原高逼真度的力触觉反馈，也较难仿真人体受到加速度时的感觉等。在嗅觉、味觉、温度感知等方面，虽然目前在国内外前沿研究中已有各种仿真原型和算法系统，但是离真实的感知效果还有不少差距。

② 实时的交互。在真实物理世界中，用户的交互行为得到的反馈都是即时的，这就要求虚拟现实环境在仿真效率和交互反馈方面也必须是实时的。人机交互领域通常要求视觉计算绘制的帧率达到 30 帧/秒以上，力触觉计算和反馈的帧率达到 1 000 帧/秒以上。低于这个数值，用户就会感到画面不够流畅以及系统反应卡顿，破坏沉浸式的体验。因此在实现沉浸式

体验方面，实时的渲染和反馈甚至比画面真实感呈现更加重要。

③ 真实的虚拟场景和交互。具有真实感的虚拟现实场景呈现和交互需要充分满足用户基于物理世界的心理模型，快速获得用户对于虚拟现实场景物体和交互对象的认同感。

再次，虚拟现实依赖感知反馈。不同于传统的视频等媒介，虚拟现实允许用户选择自身所处的虚拟环境，这让用户感受到与物理世界中选择和调整站立位置及姿态的相似性。感知反馈是虚拟现实环境中必不可少的特征之一。

最后，虚拟现实突出交互性。从虚拟现实定义来看，虚拟现实系统可以看作是一种多感官通道综合的自然人机交互系统。交互性不仅指用户能够在虚拟现实环境中完成输入和获得反馈等基本交互活动，还包括用户对虚拟环境及物体的可操作性、用户视点的实时追踪以及对多感官通道活动的实时反馈。自然的可交互性是虚拟现实的重要特征之一，也是其区别于三维立体电影等虚拟空间交互应用的典型标志。

从交互设备的角度来看，消费级市场上已经有了针对虚拟现实环境的头盔、手柄、音响、数据手套和力触觉穿戴设备等，但是这些设备对用户具有一定的侵入性，对沉浸感会产生不同的破坏效果。由于虚拟现实环境的构建主要基于真实物理世界，为了充分利用用户在真实世界中培养形成的认知模型和心理模型，在虚拟试验、危险任务训练、重大决策等虚拟现实应用中，对应的虚拟物体几何关系和物理规则都需要与真实物理世界中一致，以确保虚拟现实系统仿真的准确性。但是虚拟现实世界的运行原理和现实世界存在不可弥合的差别，这给自然交互设备的研制带来诸多挑战。例如，在虚拟现实任务中，虚拟世界的运行规则在环境光照渲染、空间尺度、生理限制甚至时间感知等方面都存在不同。虚拟现实中的光照着色计算不仅可以渲染逼真的类似物理世界的空间场景，还能够改变光照条件来突出关键信息或用户感兴趣的个性化信息。虚拟现实中的空间尺度也可以随着应用交互的需要实时动态地调整，从而更好地适配人体生理结构的特点（人眼的最大分辨率等）。在宏观或者微观层级研究和探索，虚拟现实中的多感官交互还能够很大程度上影响用户对于时间等对象的感知，因此可以通过协调多种交互设备和工具，缩短或者延长特定的虚拟现实交互过程，为交互任务提供合适的时间长度。此外，由于虚拟现实世界的可构造性，用户可以通过构建玄幻式的游戏空间，创建属于自己的虚拟世界，同时达成交互环境和交互内容的个性化，并获得一种虚拟世界造物主的感受。因此，通过设计开发合适的交互设备，理论上用户可以在虚拟现实世界中开天辟地，构造超前的智能物体，改变物理规律和运行法则，改变时空尺度，干预事件发展，改变物体属性甚至人物属性，得到远超现实物理世界的体验。

面向虚拟现实的交互设备已经在上述方面进行了大胆尝试，在交互方法、虚拟世界尺度、交互行为识别等方面取得了快速进展。下面是部分具有代表性的虚拟现实系统和交互设备。

1957 年，虚拟现实先驱 Morton Heilig 最早研究出了接近今天的虚拟现实设备的原型系统 Sensorama（图 10.4），虽然其商业化最后以失败告终，但这个原型实现了多方位的虚拟体验。例如，头部环绕了多个显示屏幕，座椅结合了晃动功能，观看区域能够吹风和散发模拟的气味。

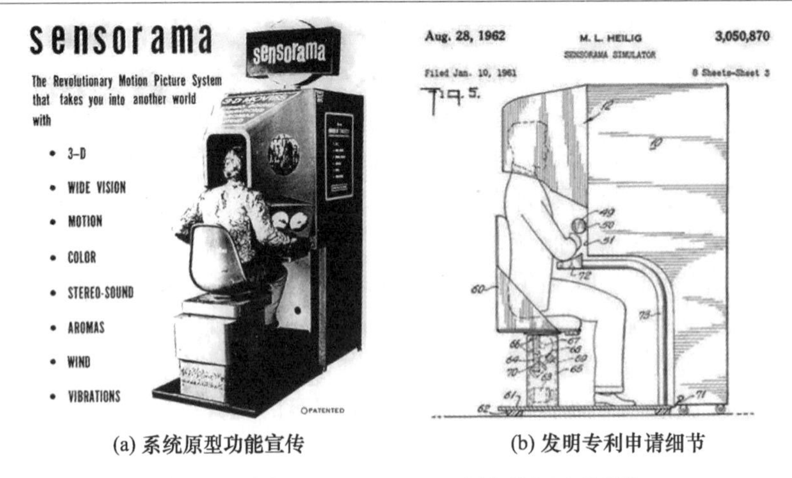

(a) 系统原型功能宣传　　(b) 发明专利申请细节

图 10.4　Sensorama 虚拟现实原型系统

1992 年，研究人员开发了大型沉浸式虚拟现实系统 CAVE（cave automatic virtual environment）（图 10.5），通过向 3 个以上的墙面投影互相关联的内容，组成了高度沉浸的虚拟现实环境。并且由于在投影尺度上突破了头戴式虚拟现实眼镜的局限，多个投影面拼接后完整覆盖用户视野，让用户感觉到沉浸在一个被立体显示画面包围的虚拟环境中。这为研究用户在虚拟现实中的大幅度肢体和手部动作等提供了充分条件。1993 年，学术界开始举办专门的虚拟现实领域的国际会议，在虚拟现实场景渲染和交互设备等方面取得快速进展。进入 21 世纪，虚拟现实技术与设备的研发日趋成熟，实验室中的技术和原型搭上了产业发展升级的快车，CAVE 之类的示范应用开始从实验研究设备转变为基于头戴式虚拟现实眼镜的桌面级虚拟现实产品（图 10.6）。例如，SEGA 公司在 1993 年推出了头戴式虚拟现实设备 SEGA VR，还为该款设备专门开发设计了 4 款游戏，率先叩响了虚拟现实产业化的大门。另外，在游戏领域深耕多年的任天堂公司也在同一时期推出了虚拟现实游戏设备 Virtual Boy。

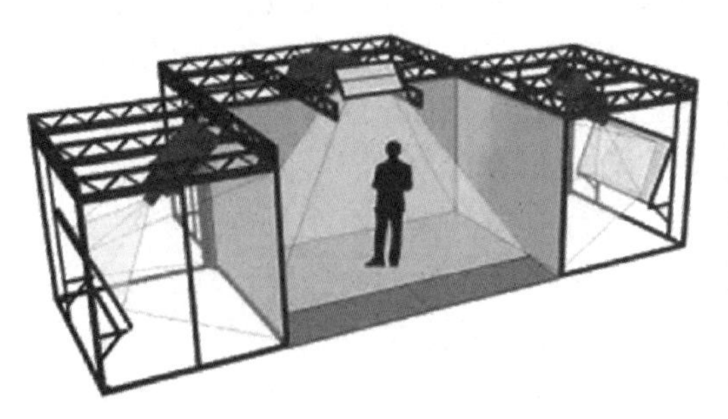

图 10.5　CAVE 大型投影虚拟现实环境

随着产业化的不断推进，虚拟现实设备和应用的厂商开始逐渐集中到几个重要公司。目前市场上的虚拟现实平台提供商主要有 Oculus Rift、HTC Vive、Playstation4 VR 等。这些厂商的虚拟现实设备和应用逐渐发展出了各自的特点，例如，HTC Vive 主要基于 Steam VR 技术，具有 Steam 游戏开发商的平台支撑，而且还整合了房间追踪系统这一独特的优势。Oculus Rift 作为最早进入虚拟现实市场的创新企业，有着庞大的虚拟现实设备和应用研发团队，并且不断地在手势交互等自然交互技术上取得进展，建立了用户友好的开发环境和工具，并且也是少数兼容 PC 和游戏主机的虚拟现实设备之一。Playstation4 VR 只适用于 PS4 游戏主机，但也具有针对单一主机平台的独特优越性，性价比比其他综合性的虚拟现实设备要高很多。

图 10.6　桌面级虚拟现实应用系统与交互设备

10.1.2　增强现实

增强现实是一种把计算机产生的虚拟对象实时准确地投射到真实物理世界，使虚拟物体和真实世界共享同一空间环境，形成虚实融合的环境世界的技术。它与虚拟现实的典型区别在于，增强现实的基础环境是真实的物理世界，并通过人工生成的虚拟物体信息来进一步增强物理世界，而虚拟现实则是完全与物理世界隔离的虚拟仿真世界。由于物理世界和虚拟对象同时存在，因此既可以将虚拟物体作为交互的主体，真实物理场景作为情境支撑，实现在虚拟三维场景中融合真实场景；也可以将真实物理世界作为交互主体，虚拟物体和场景作为辅助，在物理场景中投射和叠加虚拟对象，从而增强物理世界。

增强现实与虚拟现实的相同点是：两者都使用多种数据来源，通过视觉、听觉等多感官通道的输入模仿产生特定的体验。不同点是媒介内容不同，虚拟现实基于完全人工的数字环境，用户进入虚拟现实环境意味着隔离真实物理世界，且需要特定的显示和交互设备（头戴式虚拟现实眼镜、立体眼镜、数据手套、手柄等）实现用户与虚拟现实环境物体之间的交互，从而确保用户获得完全沉浸在虚拟世界中的体验；增强现实的最大特点是呈现给用户的场景中包含真实物理环境，用户能感知所处的物理世界中包含虚拟物体信息，这些虚拟物体信息是对真实物理世界的补充。例如，物理世界中无法直观地看到物体的气味，但可以通过增强现实技术结合视觉、听觉等表现出来。这种呈现仍然保持了时空的一致性，只是通过虚拟物体信息的准确投射、叠加，使得用户在感觉和认知层面上增强了感官体验，可以更好地理解物理世界及其相关的信息。

增强现实技术在 20 世纪末正式提出。美国波音公司针对大型客机设计与制造开发的试验性增强现实系统是早期的代表，它深刻影响了后来的增强现实技术发展。在波音公司的增强现实系统中，工人可以在需要铺设电缆的位置上看到叠加显示的增强信息，从而能够在组装线路时获得准确、高效的技术辅助。1996 年，NaviCam 增强现实系统原型实现了摄像机 6 自由度跟踪，拓展了增强现实与环境动态融合的交互能力。1998 年以后，增强现实领域的国际学术会议开始持续关注该技术的产业化能力和影响。1999 年，TotalImmersion 公司成立，并作为首家增强现实解决方案供应商进入市场。此后，基于手机端和桌面端的增强现实开发工具和平台大量出现，包括 ARToolKit 开源工具包、可穿戴的增强现实系统、面向智能移动终端的增强现实开发框架（ARCore、ARKit 等）以及增强现实浏览器等。2012 年，谷歌公司开发、发布的 Google Glass 增强现实眼镜是一款具有代表性的产品（图 10.7）。这款产品在真实物理世界上叠加融合了拍照、通话、导航和电子邮件等功能，标志着融合了自然人机交互技术的增强现实产品开始走向开发者和大众。2015 年，微软公司设计开发了具有虚拟现实和增强现实融合功能的混合现实眼镜 HoloLens（一般也被认为是一款增强现实眼镜，图 10.8）。这款产品与前期的增强现实产品在功能上存在显著差异，提示了增强现实技术应用趋势的变化。例如，HoloLens 并不追求完全的沉浸感，而是通过将虚拟对象（二维或三维物体、图形界面等）投射到真实物理世界中，促进用户与真实世界的互动。同一时期出现的还有 Meta 2 增强现实眼镜，它在可视角度和显示分辨率上比微软公司的 HoloLens 更优秀，但需要连接主机以支持增强现实内容的显示。

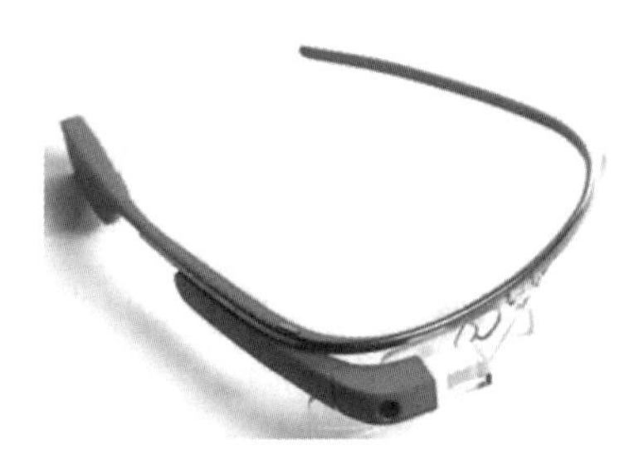

图 10.7　谷歌公司的增强现实眼镜

图 10.8　微软公司设计开发的增强现实眼镜 Hololens

除了内容显示技术方面，增强现实设备在自然交互设备和工具方面也取得了快速进展。2016 年，MetaGlass 推出增强现实眼镜，它更加注重通过自然的手势交互来控制数字内容，而非简单的内容显示和投射。Magic Leap 作为一家基于微型光纤投影仪的增强现实装置研发创新企业，获得了谷歌、阿里巴巴等公司的巨额投资。此外，谷歌、Facebook、微软等科技巨头在增强现实领域进行了密集的产业布局，并投入了巨额资金进行技术研发。目前，微软公司的 HoloLens 增强现实设备已经被美国国防部采购，用于进一步提升士兵在战场复杂环境下的态势感知和信息交互优势。

面向大众的低成本、高可用增强现实设备和工具也已经成为各大科技公司创新的重点方向。例如，苹果公司开发了 ARKit 开发工具包，支持 iOS 平台的增强现实应用开发。它能通过苹果公司的手机、平板等智能终端，实现逼真的增强现实交互。谷歌公司开发了 ARCore 增强现实开发平台，用于支持安卓平台的智能终端设备的增强现实应用开发。在硬件方面，位于美国硅谷的 Amber Garage 工作室设计开发了 HoloKit 纸盒增强现实框架，通过叠加智能手机显示增强现实内容，形成低成本的移动增强现实解决方案（图 10.9）。

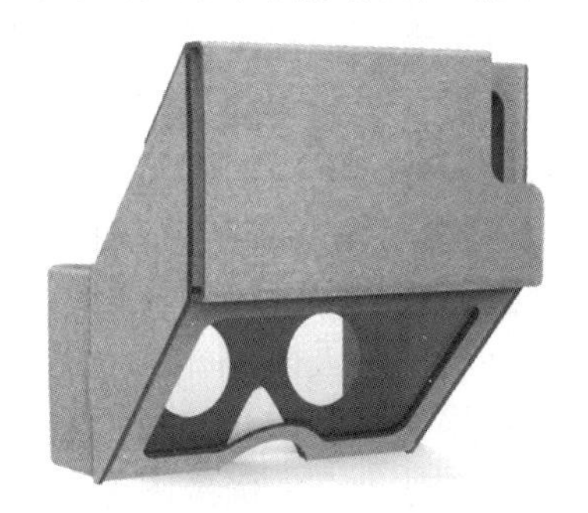

图 10.9　HoloKit 纸盒增强现实解决方案

10.2　三维显示技术

10.2.1　深度感知

视觉是人类感知世界的最主要通道之一，绝大部分信息感知都是通过视觉完成的。在虚拟现实和增强现实中，视觉也是最重要的感知通道，与用户的交互体验效果密切相关。对于虚拟现实和增强现实而言，由于虚拟世界和增强物体的大部分内容均需要通过视觉渲染的形式呈现，支持和实现准确的深度感知是获得逼真视觉体验的重要技术基础之一。

生理学和视觉认知学的研究表明，人类的视觉系统对于运动、颜色和深度高度敏感。在感知真实物理世界的三维环境和物体方面，人眼视觉的深度感知是关键之一。经过长久的进化，人眼视觉能够感知并识别的深度提示信息包括静态图像提供的深度信息、运动视差提供的深度信息、双目视差提供的深度信息，以及人的生理调节形成的深度信息等。一种或者多种深度信息相互补充和共同作用，形成了人眼视觉系统对环境和物体深度的三维感知。例如，在看一个长方体时，人类的视觉认知首先获得一种生理上的深度信息，这主要是由人眼的聚焦调节和双目视差提供的深度感知，在此基础上，结合物体的尺寸、颜色等信息获得心理上的深度信息。在传统平面显示器上形成的三维物体则是典型的心理上的深度信息的暗示，物体本身并不具有真实的三维空间尺度，而是依赖单目深度感知，通过模拟真实物理世界中的物体大小、透视关系、纹理和光照以及环境氛围等要素综合而成的。因此，虚拟现实中的三维现实技术除了需要能够反映视觉系统的上述特点，还需要能够辅助人类用户获得生理上的深度信息感知。

10.2.2 三维显示

虚拟现实和增强现实眼镜通常采用双眼透视结构，其背后的三维显示技术是视差型三维显示。用户两只眼睛分别透过两个镜头看到两幅图像，而且眼睛会根据显示的图像自动调节瞳孔大小和聚焦点，结合心理提示，每只眼睛都会通过大脑重构一幅二维图像，并将左、右眼看到的两幅不同的图像融合起来，形成三维空间感知。这个感知融合的过程主要包括从单只眼睛的图像中获取物体的长度和宽度以及物体之间的前后遮挡关系，然后通过平均相距60 mm 左右的两只眼睛输入大脑，结合先验知识从双目视差中获得深度信息的表征（图 10.10）。当前的虚拟现实和增强现实眼镜正是利用了人眼感知深度的这一特点，分别为左、右眼显示稍有不同的图像，提供给大脑合成物体的深度信息。根据是否需要佩戴辅助的左、右眼图像分离设备，可以将视差型三维显示设备分为需要佩戴图像分离设备和无须佩戴图像分离设备的方式。其中，需要佩戴图像分离设备的方式是目前视差型三维显示的主要方式，无须佩戴的方式需要采用其他光学方法来分别显示左、右眼图像，例如目前仍处在实验室研究测试阶段的全景视场三维显示系统。

为了给左、右眼分别提供不同的图像以便让大脑合成物体深度信息，可实现的途径包括时间平行（time-parallel）和时间多路复用（time-multiplexed）。前者的主要特点是将不同的图像显示给不同的眼睛，左、右眼能够同时看到图像。具体的实现技术包括利用采用互补色方式或者偏振方式的立体眼镜，使用户左、右眼看到不同的图像（图 10.11）；使用特制的左、右眼分开显示的头盔设备。实现时间多路复用的技术方案主要是时序方式（图 10.12），即采用辅助眼镜的快门系统使显示在二维平面上的左、右眼视图能快速分时地被左、右眼分别看到。因此，时序方式要求很高的二维显示平面的图像更新频率，通常需要达到 120 Hz 以上。

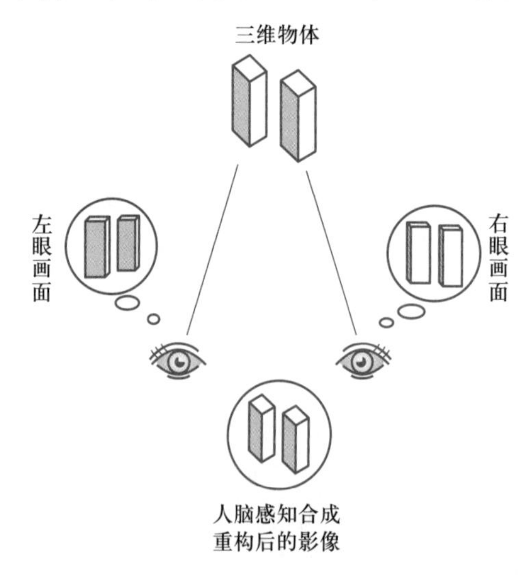

图 10.10 人类视觉系统立体感知示意

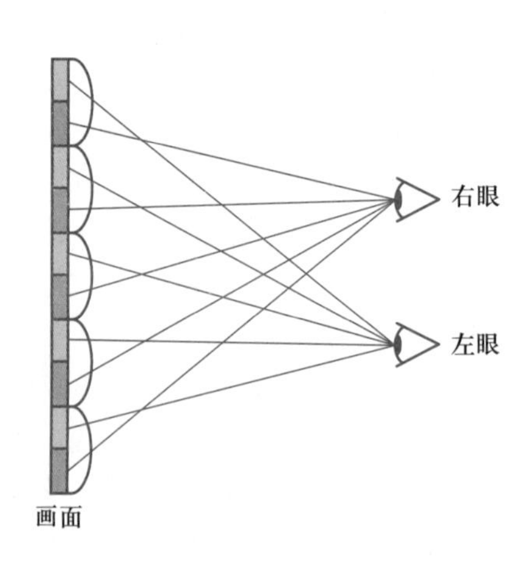

图 10.11 时间平行视差显示方式示意

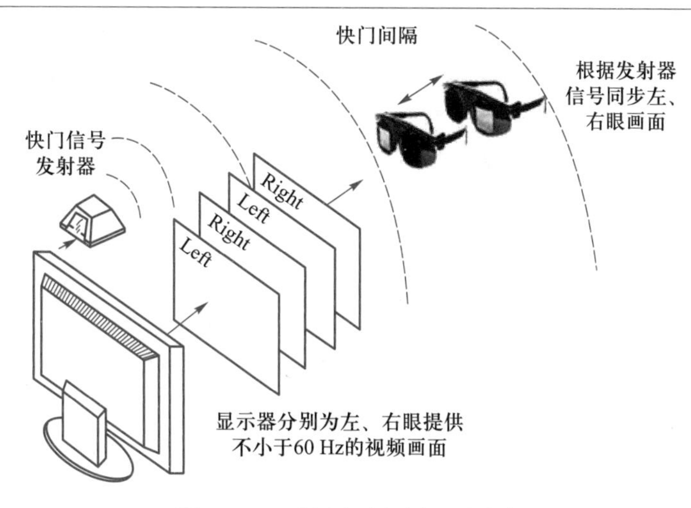

图 10.12 时间多路复用显示示意

影响人眼视觉系统对环境和物体的深度感知的因素还包括运动视差、眼睛主动调焦、用户先验知识和心理状态等。其中运动视差是由于用户和待观察的目标物体发生相对运动所产生的。由于运动过程中存在景物相对移动，使得用户感知到的景物尺寸和位置在其视网膜上的投影发生变化，并产生一定的深度变化感受。眼睛通过晶状体肌肉的收缩和舒张主动调节焦距，可以让人们看清楚不同远近的景物，这种肌肉的运动信息反馈给大脑也能协助形成立体感受，从而增进深度信息感知。另外，通过人的先验知识和心理暗示，例如近大远小、对比度差异、阴影和纹理、显示尺寸以及大气环境等，都可以辅助大脑接受空间暗示，形成深度信息感知。

基于立体眼镜的三维显示通常被应用于大型公共空间的虚拟现实环境中，其深度感知主要通过立体眼镜来实现，技术原理类似于观看电影院中的三维立体电影。这种方式不用考虑多个投影显示面之间的内容关联，只需要用单一的显示器或者投影画面，配合立体三维眼镜，就能够获得完整的三维场景立体显示效果。这种方法相对廉价且易于推广、维护和使用，已经在影院、科普场馆等得到广泛应用。但是长期使用会产生一定的副作用，而且显示器和投影画面的边框也会对沉浸感造成负面影响。

根据时间平行和时间多路复用两种左、右眼图像分离原理，立体眼镜可以分为被动立体显示和主动立体显示两种。前者被大量应用于影院等场所中，结合双投影仪，在影院幕布上投射不同物理性质的偏振光，通过左、右眼佩戴的具有不同光学过滤效果的镜片过滤，保留与预设偏振角度匹配的画面。后者则采用同步快门开关，结合高分辨率和刷新率的投影仪或显示器，通过分时方式过滤左、右眼的视图画面。这种主动式立体显示方式需要依靠游戏开发人员编程实现立体显示的控制和效果。例如，英伟达公司开发的 NVIDIA 3D Vision glasses 主动式立体眼镜需要配备不小于 120 Hz 的显示器硬件环境，才能进行三维显示的编程。基于 NVIDIA 3D Vision glasses 硬件及其驱动程序，需要将显卡模式设置为立体显示模式，将显示器帧率调整为 120 Hz，才能完整实现左、右眼的立体显示效果。

左、右眼三维立体显示技术的关键在于正确分离显示在同一屏幕上的立体图像，给左、右眼分别提供相对应的图像，以便让大脑合成物体深度信息。

时间平行方式中常根据左、右眼图像的光谱、极化等其他特性的差异来分离图像。在使用光谱分离图像的方法中，可以使用接近互补的颜色，例如红色和绿色、红色和青色来过滤左眼图像和右眼图像，左、右眼镜片分别使用相对应的滤色镜。眼睛对红色、绿色和蓝色三种原色敏感。使用滤光片后，只有红色通过红色滤光片，蓝色和绿色通过青色滤光片。将一只眼睛视图的红色部分和另一只眼睛视图的绿色和蓝色部分结合在一起，可以得到一些有限的颜色再现。这种方法的缺点是有色彩竞争现象和令人不快的后效应，这限制了该方法的使用。

视差立体图由 Ives 于 1902 年首次提出。视差栅栏显示器在光栅显示器的前面使用了一个光圈遮罩，以遮盖从某个特定查看区域看不到的各个屏幕部分。将屏障放置在显示屏前面的适当距离 p_b 处，可以实现视差相关的遮罩效果。在 HPO 设计中，所有遮罩都是垂直网格。水平排列的眼睛感知不同的垂直屏幕列。显示内容每隔一列被遮盖，仅另一只眼睛可见。需要适当地选择所述视差屏障的设计参数。通常，屏幕的间隔距离 p_e 和像素间距 p 由硬件和观看条件预先确定。e 是眼睛分开距离的一半。基于相似的三角形几何形状，可以使用 $p_b=\frac{(p\times p_e)}{(e+p)}$，$b=\frac{2\times p(p_e-p_b)}{p_e}$来计算适当的势垒间距 b 和掩模距离 p_b。可以动态调整屏障遮罩以适合观看者的位置，透明的 LCD 面板可动态渲染遮罩缝隙。

偏振分离三维显示技术常用于视频投影。在使用具有原色单独光学系统的投影仪时，左视图色光束和右视图色光束以相同的顺序排列，避免竞争。液晶投影仪中的光束被光阀偏振，可以通过半波相位差片扭转原始的偏振方向以形成 V 形，从而使商用液晶投影仪实现三维显示。

人类视觉系统能够在长达 50 ms 的时间间隔内合并立体对的组成部分。时间多路复用方式利用了这种记忆效应。左眼视图和右眼视图以快速交替的方式显示，并与活动的 LC 快门同步，后者交替遮挡左、右眼，使同一时刻只有一只眼睛能够看到图像。快门系统通常集成在一副眼镜中，并通过红外线链接进行控制。当观察者离开屏幕时，两个快门都切换为透明。时分复用显示器完全兼容 2D 演示。两个组成图像均由单个监视器或投影仪以完整的空间分辨率进行复制，从而避免了几何和颜色差异。监视器类型的系统已经成为 3D 工作站的标准技术。Peter Wimmer 等人设计的 Stereoscopic Multiplexer2 是一种在与 WDM 捕获驱动程序兼容的应用程序中捕获立体内容的解决方案。它从两个“真实”捕获设备获取帧，将它们同步，然后将生成的立体声对传递给应用程序。如果摄像机支持参数的数字控制，则立体多路复用器也会同步这些参数。立体多路复用器已支持在设置或同步参数时使用校正功能，并且使用了一种更为通用的参数同步算法，可以为每个参数指定一个分段线性连续增加的函数。只要在右摄像机上设置参数，就会首先应用校正功能。如果右摄像机的参数已更改，则可通过应用反函数将其复制到左摄像机。已知当前的 VGA 时序，显示水平刷新率f_{Horiz}和垂直刷新率f_{Vert}，左右图像之间的竖线之差 d，可以通过以下公式计算出误同步t_{Offset}：

$$t_{\text{Offset}}=\frac{z_2-z_1}{f_{\text{Horiz}}}+\frac{d}{f_{\text{Vert}}} \tag{10.1}$$

该解决方案录制剪辑的误同步平均偏移为10ms。录制快速移动的对象时，10ms的偏移量已经是个问题，但是对于低速运动的场景（例如视频会议应用程序）来说，这是可以接受的。

10.3 三维配准技术

增强现实要把虚拟物体或对象融合到现实物理世界中，需要建立与现实物理世界关联的空间坐标系，而三维配准就是建立这种关联的空间坐标系的关键技术之一。三维配准对于增强现实中周围真实物理环境的感知、光照计算和遮挡处理，以及投射准确的画面都有着重要作用。它通过对现实场景中的物体进行跟踪定位，将虚拟物体按照正确的空间透视关系和光照规律叠加或嵌入真实物理场景中。

增强现实中的三维配准主要涉及对用户的空间定位跟踪和虚拟物体在真实空间中的定位两个方面。其中，将虚拟场景准确定位到真实物理环境中的过程称为“注册”；而系统在真实场景中根据目标位置的变化实时获取传感器位置姿态，根据用户的视角重新建立空间坐标系的关联关系，并在此基础上将虚拟场景渲染显示到真实环境中的准确位置的过程称为“跟踪”。

增强现实中的三维配准技术主要分为三种，分别是基于计算机视觉的配准技术、基于硬件传感器的配准技术和混合配准技术。基于计算机视觉的配准包括基于特定参考标志物和不需要参考标志物两类，其中后者还可以分为基于自然特征、基于模型（包括基准标志、点云模型、CAD模型等）和基于SLAM（simultaneous localization and mapping）、在线SFM（structure from motion）等三维跟踪重建方法的三维配准。基于硬件传感器的三维配准包括基于机械式传感器、基于全球定位系统、基于超声波跟踪系统、基于惯性传感器和基于电磁式传感器的三维配准等。混合式三维配准主要包含互补式融合、竞争式融合及协作式融合等混合配准机制。

基于硬件传感器的三维配准方法通常需要一些专业的测量仪器或者设备，而且这些设备和传感器需要用户穿戴在身上或者在进行增强现实交互的过程中佩戴，会给用户的运动带来一些限制。例如，机械跟踪器通过一个机械结构测量用户头部的位置和方向，在使用一个连杆机构的基础上，在关节处安装额外的光电编码器并在末端安装头盔显示器，通过记录所有光电编码器输出值，计算得到用户头部的位置。电磁跟踪传感器包括发射器和接收器两部分，其中发射器利用三轴线圈向空间中发射低频磁场，接收器通过感应到的低频磁场强度和方向，计算用户头部的位置和方向；其不足是跟踪的范围有限，而且因为电磁场强度与发射器和接收器之间距离的平方成反比，所以随着发射器和接收器的距离增大，系统配准精度下降较快。Fast Track 和 Flock of Birds 是这类传感器的典型代表。超声波跟踪器采用多个超声波发射器作为信号发射源，根据测量到的超声波信号到达超声波接收器的时间差、相位差和声压差等信号变化，可以实现三维位置跟踪和配准。Logitech 公司开发的 Red Baron 超声波跟踪器是这类设备的典型代表。惯性跟踪器采用陀螺仪测量运动物体的三维角速度，分析一段时间内的结果并进行积分得到目标方向，通过搭配加速度计获得运动物体在某个方向上的加速度，并对加速度的输出信号进行二次积分，从而得到物体的当前位置。这类传感器具有体积小、使用轻便的优点，但是在长期的使用中会产生累积误差，导致检测精度下降，使用一段时间之后需要重新进行校验。GPS 跟踪器受到信号强度的限制，主要用于户外环境增强现实系统中的配准，可以通过计算接收到的各卫星时间差来计算用户的当前位置。但是民用 GPS 信号精度不高，通过差分可以达到 1 m 以内，无法满足较精密的增强现实应用，因此通常在 GPS 粗略位置估算的基础上再结合其他算法和设备来实现精确三维配准。总的来看，目前基于硬件的三维配准方法较多，但是这些方法对硬件设备的要求很高，且高精度定位和跟踪技术与设备目前仍然面临不少局限。

基于计算机视觉的三维配准方法是目前增强现实领域应用最广泛的方法之一。通过使用标定后的摄像机获取真实场景的图像，然后利用计算机视觉相关算法检测其中的自然特征和人工特征，并根据这些特征在图像中的位置计算摄像机在环境中的方位，从而实现对配准摄像机反向空间位置的重构以及定位跟踪。这类方法硬件成本低，并且可经过算法优化达到较高精度，是目前增强现实领域三维配准研究的热点方向之一。根据是否需要构建预设的场景模型和场景模型的表达方式，计算机视觉三维配准可以分为基于模型的三维跟踪和三维跟踪重建两类。前者基于已知场景的模型（一般是事先人工设定或者标定的基准标志、利用 SFM 恢复的三维点云或通过建模软件建立的 CAD 模型等），后者在跟踪过程中同时获取场景的三维信息。

为了使读者更好地了解基准标志三维配准的优势与不足，这里首先介绍其工作原理和方法流程。基于基准标志的三维配准原理可以归纳为从屏幕投影坐标系到标识空间坐标系的一个变换。假设标识空间坐标系的一点为$(X_w,Y_w,Z_w)^{\mathrm{T}}$，它的对应点在屏幕投影坐标系的坐标为$(u,v)^{\mathrm{T}}$，根据计算机视觉原理进行推导有

$$\boldsymbol{Z}_{c}\begin{bmatrix}u\\v\\1\end{bmatrix}=\begin{bmatrix}\frac{1}{\mathrm{d}x} & 0 & u_0\\0 & \frac{1}{\mathrm{d}y} & v_0\\0 & 0 & 1\end{bmatrix}\begin{bmatrix}f & 0 & 0\\0 & f & 0\\0 & 0 & 1\end{bmatrix}[\boldsymbol{R}\quad \boldsymbol{T}]\boldsymbol{N}\begin{bmatrix}X_w\\Y_w\\Z_w\\1\end{bmatrix}=\boldsymbol{M}[\boldsymbol{R}\quad \boldsymbol{T}]\boldsymbol{N}\begin{bmatrix}X_w\\Y_w\\Z_w\\1\end{bmatrix}=\boldsymbol{MKN}\begin{bmatrix}X_w\\Y_w\\Z_w\\1\end{bmatrix}\tag{10.2}$$

其中，$\boldsymbol{M}$ 是摄像机的内参矩阵，$\mathrm{d}x$ 和 $\mathrm{d}y$ 为每个像素点在图像坐标系的 x 轴、y 轴方向上的物理尺寸，f 为摄像机焦距；$\boldsymbol{K}$ 是摄像机的外参矩阵，由旋转矩阵 $\boldsymbol{R}$ 和三维平移向量 $\boldsymbol{T}$ 组成；$\boldsymbol{N}$ 是世界空间到虚拟空间的变换矩阵，由一系列平移、旋转、缩放组成。

基于基准标志的三维配准方法的工作流程（图 10.13）主要由以下 6 个步骤组成。

① 摄像机初始化：获取摄像机内参数和标准模板库。

② 标识物识别：使用图像分割技术将标识物从背景中识别出来。

③ 标识物与模板匹配：对获取的标志物进行处理，使其形状（通常为四边形）、像素个数以及通道数等与标准模板库中的模式文件格式相同，然后计算匹配相似度，相似度超过设定的阈值即判定匹配成功。

④ 计算变换矩阵并正确叠加虚拟场景：通过标识物四边之间的关系求解摄像机外参数，并解算当前帧对应的相机位姿以完成虚拟场景在真实场景中的叠加配准。

⑤ 合成视频输出。

⑥ 关闭摄像机并退出。

其中①和⑥只在开始和结束时执行，其他步骤在程序运行时循环执行。

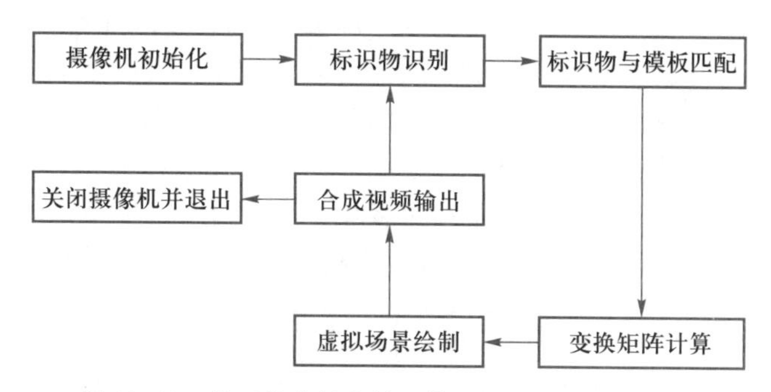

图 10.13　基于基准标志的三维配准方法的工作流程

基于基准标志的三维配准在缺少显著特征的环境中进行三维跟踪的效果较好。基准标志经过特殊设计成圆形或者方形，更加容易跟踪和识别，标志在环境中可以通过计算机视觉方法进行快速检测和识别。Kato 等研制开发的 ARToolKit 是较为常见的基于标志的增强现实应用（图 10.14），该系统利用方形标志实现了画图板、虚拟替身等应用。Cho 等研究人员利用不同数目、大小和颜色的圆环包围点来有效区分不同的标志。Naimarkhe 和 Foxlin 等研究人员提出直接将条码编码在黑色圆形内，以便容纳更多的标志。相比于方形的四个角点作为明确的特征，圆形标志由于自身形状的局限只能提供一个特征点。作为 ARToolKit 的扩展，ARTag 采用更加准确的边缘提取算法检测方形标志，并且通过将标志的编码内嵌在标志图像中，减少了预处理所需的时间并同时确保识别的准确率。Tenmoku 在标志的设计上考虑了颜色和形状的结合。Tateno 在大标志中嵌套小标志，使得在不同距离上都能有效地检测到标志，从而扩大了摄像机的活动范围。

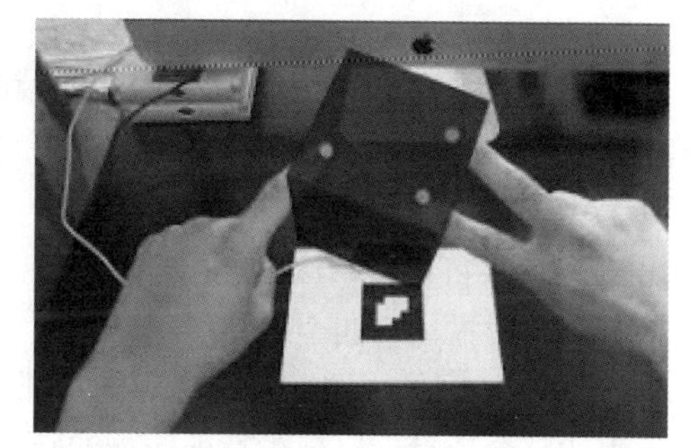

图 10.14　基于标志的增强现实应用 ARToolKit

利用基准标志进行跟踪配准具有很好的操作性和可控性，但这种方法过度依赖标志物检测的效果，在遇到遮挡时会出现检测失败的情况。例如，由于标志的检测通常基于全局设定的阈值来进行图像的二值化和特征匹配度检测，因此如果检测过程中突然出现光照剧烈变化等情况，会导致立刻出现特征跟踪丢失和匹配错误。

这里可以使用不用添加标志物的基于点云模型的三维配准方法（图 10.15）。点云指的是图像包含的自然特征的集合，如点、边、纹理等具备尺寸、旋转、反射不变特征的局部自然特征集合。在标志检测失败或者不可用的情况下，从捕获的图像中检测特征，并从连续的图像序列中恢复场景三维点云模型，可以提取对应的特征信息来支持三维配准。例如，Chia 等研究人员通过预先恢复两帧参考图像的 Harris 特征点和摄像机参数，将输入图像与之匹配后，结合双视图几何原理重建输入图像的参数，在特征点匹配时根据前一帧的参数计算当前图像与参考图像之间的近似单元矩阵，最后将输入图像的特征点映射到参考图像后在相邻区域内搜索匹配点。该方法提出了一种有效的基于图像序列的自然特征点检测算法，但对摄像机的位置和运动要求较高，需要保持前后帧图像之间没有太大的差异。利用该类方法进行增强现实三维配准具有较好的场景适应性，但是在初始帧的选择上要求较高，对摄像机拍摄图像序列偏差的容忍度较低，而且由于在三维跟踪过程中经常采用全局匹配，因此对小场景的初始化和特征识别效果较好，但是对于大场景则效率较低且精度不足。

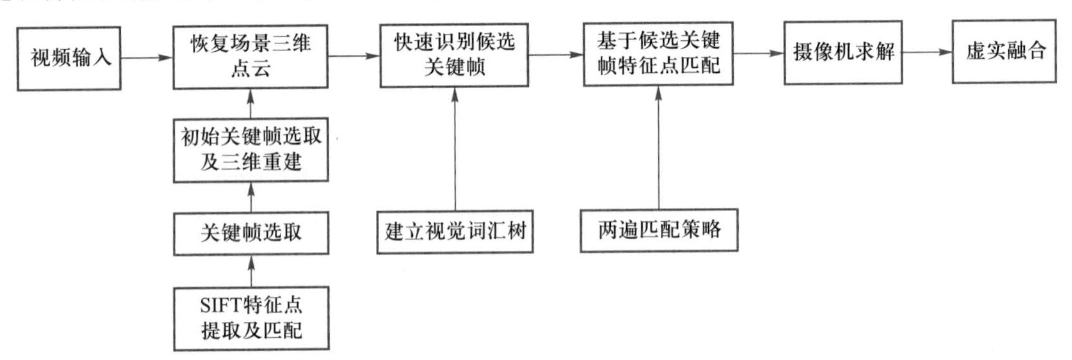

图 10.15 点云模型的三维配准流程

从局部特征领域发展层面看，对于连续跟踪和匹配跟踪这两种较为稳定的方法：匹配跟踪通过与全局参考如关键帧、点云等进行特征匹配来跟踪特征点信息，计算量较大，对快速运动不敏感；连续跟踪常用于在连续图像帧间限定搜索范围进行快速特征匹配，相对前者效率高，但一旦跟踪失败则难以自动恢复。因而把二者相结合可以得到较好的效果。具体的算法步骤如下。

① 特征点的提取与匹配：特征点指的是图像的局部特征，可以采用 SIFT、SURF、FAST、ORB 等算法进行提取。以 SIFT 为例子，一般有尺度空间极值检测、特征点位置定位、局部窗口计算和生成描述符四个步骤。

② 在多帧图像中跟踪稳定出现的特征点并确定关键帧：这里的关键帧是指以序列图像的子集表达整个场景，以减少特征匹配的歧义并提高效率。

③ 选择合适的三个初始关键帧进行射影重建，并转换到度量空间重建。

④ 选择每帧输入图像对应的候选关键帧并进行特征点匹配。

⑤ 求解所有帧的摄像机参数。

⑥ 对整个序列的结构和相机参数进行全局集束调整优化。

基于 CAD 模型的三维配准主要针对目标物体的几何形态不是特别复杂的情况，可以利用模型的采样点和清晰的边界信息进行三维跟踪。例如，利用 CAD 模型在前期处理过程中建立多个目标物体的关键帧，对关键帧重建摄像机参数，然后通过部分已获得的物体关键帧，将 CAD 模型和目标物体图像进行配准以确定关键帧对应的摄像机参数，最后在每个关键帧上进行 Harris 特征点检测并反向投射到 CAD 模型上获得特征点的三维位置。同时，研究人员也试图用带纹理的 CAD 模型改进单纯的边界跟踪算法，通过搜索关键帧并提取 FAST 特征点，在跟踪丢失时能够通过这些关键帧快速恢复跟踪。此外，还可以利用卡尔曼滤波融合摄像机和陀螺仪的输入信号，进一步提升检测的稳定性并适用于室外环境的增强现实应用。如上所述，基于 CAD 模型的三维配准方法仍然面临较多局限，适合于场景简单并且目标物体几何形态不太复杂的情况。

除了以上基于模型的方法外，还有一类基于三维跟踪重建的方法。基于无标识的摄像机追踪一般都采用同时定位和构建环境地图 SLAM 技术，其中将摄像机作为感知环境的主要传感器时称为视觉 SLAM，这里主要讨论视觉 SLAM。

SLAM 是一种基于并行重建的跟踪注册方法，不需要场景的先验知识，可以在待注册定位的未知场景中进行跟踪的同时重建其三维结构。早期的视觉 SLAM 基于滤波理论，由于其对计算量需求非常大，而常搭载 AR 应用的移动端无法提供相应的计算能力和资源，因而受到很大限制。近年来，随着具有稀疏性的非线性优化理论（bundle adjustment）的提出和相机技术、计算性能的进步，实时运行的视觉 SLAM 已经不再是梦想。

视觉 SLAM 算法（图 10.16）的主要步骤如下。

① 传感器数据（相机图像）采集和预处理。

② 前端视觉里程计：主要任务是估算相邻图像集间的相机姿态来进行跟踪，以及建立局部地图。

③ 后端非线性优化：后端接受不同时刻视觉里程计测量的相机位姿以及回环检测的信息，得到全局一致的轨迹和地图。另外，传感器检测到回环后会把信息提供给后端进行全局优化处理。

④ 完成全局地图的构建。

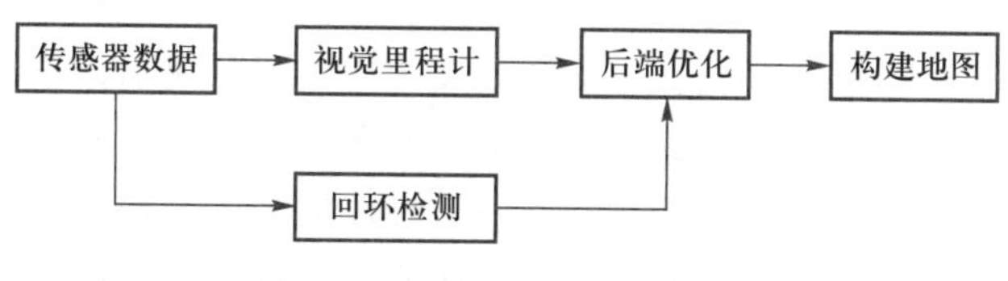

图 10.16 视觉 SLAM 算法流程

考虑到系统的不精确性和环境的不可靠性，基于计算机视觉的三维配准方法和基于硬件的配准方法在实际的增强现实应用中存在各自的缺点。因此，国内外研究人员试图采用混合跟踪的方法来进行三维配准，通过融合不同种类的跟踪设备以及不同计算机视觉的跟踪算法共同进行特征检测、跟踪和配准。例如，美国南加利福尼亚大学 Suya You 研究小组结合了惯性跟踪器与视觉检测方法进行三维配准，得到精度更高的增强现实系统。

10.4 三维交互技术

与虚拟现实环境和增强现实环境之间的互动是确保其应用体验的关键组成部分。良好的人机交互需要考虑在虚拟现实和增强现实中如何设计和呈现直观易懂的用户界面，理解并反馈用户需求，以及采用何种交互方法支持用户与虚拟现实世界和增强现实对象进行互动。例如，虚拟现实环境对于用户身体移动和手部动作不做出及时的反馈，就无法让用户沉浸到虚拟世界中。

10.4.1 用户界面隐喻

用户界面隐喻是虚拟现实和增强现实用户界面面临的重要挑战之一。界面隐喻能够在交互中为用户提供一种重要的背景参考，例如桌面隐喻能够有效地帮助用户理解放置在计算机屏幕上的文件及其组织方式。好的界面隐喻能够帮助用户快速学习和掌握交互的逻辑和关系，通过用户熟悉的事物来呈现用户界面能够显著地降低训练和犯错成本，并充分调动用户的先验知识，使抽象的用户界面及其模型变得具体和容易理解。例如，用户如果对于播放器的停止、播放、快进、快退以及下一首和上一首等功能非常熟悉，那么就可以在虚拟现实中设计对应的虚拟按键，确保用户能够快速掌握如何操作并获得充分的虚拟现实操控体验。

用户界面隐喻的使用也存在一些潜在的风险。例如，如果将一类事物错误地投射到用户界面设计中，会造成严重的用户认知混乱和体验破坏；此外，如果开发者和用户对用户界面如何根据隐喻实现反馈有着不同的认知和期待，这也会给用户的交互任务带来严重挫折，或者导致用户只是片面地理解部分隐喻关系，导致无法注意到和使用其他的用户界面功能。例如，桌面隐喻带来的一个典型的认知匹配错误是，早期用户经常会按照现实桌面文件夹的理解逐个地查看文件夹以寻找某个特定文件，但忽视了桌面提供了直接的文件搜索接口。在虚拟现实中，人工搭建的数字世界给予了开发者更大的自由度和灵活性来设计各种基于物理世界隐喻的用户界面，这势必会带来更多的人机交互问题。例如，在真实物理世界中移动一个物体包括触摸、抓握、拿起以及放到新的位置等过程，但是在虚拟现实中由于不存在物理规律的限制，因此这里的界面隐喻就需要进行针对性的调整，如允许用户直接拿起物体并移动到任意距离外的另外一处，以及并不需要其他人帮助而移动一个大文件。类似的隐喻给用户提供了熟悉的认知方式，可以作为目前为虚拟现实和增强现实设计用户界面的参考，便于后期逐渐提高界面的效率和自然性。

10.4.2　自然人机交互方法

构造面向虚拟现实环境和增强现实环境的自然人机交互，需要考虑操控、导航和交流三种主要类型。操控是与虚拟世界和增强环境进行互动的途径，它允许改变所呈现的环境及其物体。导航允许用户在虚拟世界和增强环境中漫游，在某些虚拟现实场景中，导航是最本质的交互形式。交流是用户之间或者用户与虚拟化身之间的桥梁。

真实世界中的操控通常是把“力”应用在物体上，虚拟现实世界和增强现实环境中的操控更加灵活。在虚拟现实中的操控分为两个步骤，首先选取一个物体，然后执行特定的操作。当选择物体作为操作的一部分时，这两个步骤也可以合并完成。与真实世界不同的是，虚拟现实提供了更多的虚拟物体操控方法。1995 年，Mark Mine 等研究人员就提出了面向虚拟现实的四种操控方法，分别说明如下。

① 直接用户控制：模拟真实世界中的交互。这类交互提供了和真实物理世界一致的交互效果，例如，握紧拳头在真实世界中表示抓住物体，在虚拟世界中同样可以用于抓取虚拟物体，之后让该物体跟随拳头移动直到被释放。这类交互方法大多集中于身体和手部姿态、眼动等类型。

② 物理控制：利用真实物理设备进行的交互。这类交互通过真实设备输出交互命令（例如按按键）并获得交互状态的提醒（例如手柄振动）。这类设备类型众多，包括按钮、多位开关、滑块和拨盘、2 自由度的操作杆和追踪球、6 自由度的控制球等。当将物理控制设备整合到虚拟世界中并且与虚拟任务融合为一体的条件下，物理设备也会成为虚拟世界体验的一部分。例如，用户使用真实方向盘控制虚拟车辆，宇航员在悬浮椅子上训练使用机械臂抓取漂浮物体等。

③ 虚拟控制：利用虚拟控制设备进行交互。很多虚拟控制设备都是仿照真实设备进行人工建模的物体，类型涉及所有物理控制设备。使用虚拟控制设备的优点包括允许虚拟现实应用被设计得与真实世界更加相似，减少不必要的物理设备的数量，以及更容易设计和改变的样式等。

④ 代理控制：通过虚拟世界中的代理实体进行交互。虚拟世界中的代理实体可以使用语音、手势等各种操控方式输出指令控制实体行为，完成特定任务。虚拟实体可以模拟真实世界中的各种沟通策略，例如给机组人员发布指令以控制飞行器。

此外，这些操控方法都具有一系列与操作对象相关的共同属性，包括反馈、渐进、滞后、约束、距离、指点范围、控制顺序位置和可见性等。不同属性对于虚拟现实世界中的交互有着不同的影响，特别是在虚拟化的交互任务中，例如把一个物体抓在手中移动很长距离。反馈是虚拟世界和增强环境中的必要属性之一。不同于真实世界中按键弹起等能够给用户提供有效的反馈，虚拟环境中必须依赖非常清楚的反馈形式来提示交互进度。但是，通过哪种通道提供反馈信息仍然需要考虑合理性，例如，给出警告时是采用振动还是声音或闪光。渐进是指重复输入动作直到达成明确效果的过程，例如鼠标持续移动直到碰到图标。虚拟现实中的使用身体和手部姿态、移动位置以及眼动注视点扫描等均包含渐进方法。约束被用于抵消虚拟现实中灵活的三维身体姿态动作等带来的不可靠性，确保交互动作被有效识别。例如，按键点击被限定在按键区域内，并且限制保持按下状态的时间。

虚拟环境交互中的其他约束还包括使用平面约束和空间位置约束等。前者将操作限制在特定的平面内，例如，用户在操作界面的过程中只允许在界面所在平面上移动。后者将操作保持在特定空间区域和方向上，辅助用户更高效地进行操控。滞后则是一种介于操作和撤销之间的动作，它允许用户保持抓取物体一段时间而暂时不完成操作。这允许对虚拟三维空间中的物体选择等操作进行位置补偿，提高物体追踪的稳定性，并给予用户更多的时间以决定是否继续完成任务。距离主要影响用户是否能够在超越物理可触及范围外与虚拟物体进行交互，这类“距离”通常被看作操作距离。在虚拟现实的三维空间距离条件下，距离需要更多的反馈来辅助提醒用户当前的指点位置以及是否触及目标对象。指点范围主要针对虚拟现实中使用指点射线的交互方式。指点射线从用户一端往外延伸，末端可以是扩张、缩小或者平行的束状物体，例如激光射线和聚光灯射线。指点射线的优势在于能够操作较远距离的物体，这些物体通常由于距离较远而形状变小，难以准确选择和操作。控制顺序、位置和可见性是虚拟世界和增强环境中确保沉浸感的重要方法之一。在虚拟环境中设置物体不需要考虑物理世界的资源和空间局限，因此可以布置大量虚拟物体。这些物体同时显示在虚拟空间中会造成过度聚集，影响用户高效地探索虚拟世界。通常的解决方案是隐藏一部分物体，在需要它们时通过语音、手势或者指点物体显示出来。

导航指的是从一处移动到另一处的过程。在真实世界中，导航需要借助步行或者其他交通工具。但是在虚拟世界中，存在更多的交互方法来实现空间导航。导航主要包括漫游和循迹两个部分，前者指的是用户在空间中移动位置，后者指的是用户知道当前位置和目的地。漫游是用户探索虚拟世界和增强环境的关键方式之一。当用户局限于小范围的虚拟世界并只能操作当前视野之内的虚拟和增强现实物体时，就不足以支持用户漫游，这会减弱虚拟世界的沉浸感。结合物理设备的交互能够提供自然的虚拟世界漫游体验，例如使用冲浪板（图10.17）可以控制前进的方向和速度并得到实时的碰撞振动反馈。游戏操纵杆、电动轮椅等也被用于虚拟世界中的自由漫游。但是面对不同的用户，虚拟现实漫游界面的设计仍然需要考虑个体差异带来的不同影响。例如，飞行员习惯于将控制杆往前推表示向上起飞，其他人则可能认为往前推的控制杆表示下降。因此，虚拟世界中的漫游具有一些独

图10.17 基于冲浪板的虚拟世界漫游

特的操控属性，包括控制方法、限制、视域以及移动顺序等。最适合虚拟世界漫游的交互形式是物理操控和虚拟操控。

循迹帮助用户了解当前位置以及与目的地的关系，从而辅助规划路径。这需要设计匹配的认知地图和心理模型。例如，构建一个针对虚拟环境的认知地图可以采用切分填充策略，将一个大区域切分为子区域，用户学习每个子区域后再寻找跨区域路径。

沟通指的是用户与其他用户进行互动交流，从而共享虚拟世界和增强环境中的交互体验。它涉及协作式体验，包括管理协作交互的方法、交互体验的并发分享、协作的控制权以及多用户间的协同交互方法等。除了与用户或者虚拟代理进行交互，用户还会与系统以及模拟的信息进行沟通，例如直接给承载虚拟世界的系统发送指令（例如 NCSA 的虚拟主管应用），以及加载一个科学数据库供可视化展现交互等。

10.4.3 交互与沉浸体验

沉浸式体验是虚拟现实和增强现实环境提供的独特效果之一。它分为物理沉浸和心理沉浸，前者主要指感知上获得接近真实世界的体验，是虚拟现实区别于其他媒介的重要特征之一；后者主要反映达到特定沉浸体验的程度，例如虚拟现实游戏是否让用户感觉还想玩并愿意推荐给朋友。在大多数的虚拟现实应用中，物理沉浸体验是必需的，但心理沉浸则并非如此。例如，一个在检查蛋白质分子结构的生物学家并不会相信他正站在一个真实的分子前面；但如果一个用户正在体验过山车，那么他很可能会忘记正站在真实世界的一块固定的地板上。虚拟世界的真实性和沉浸体验有着密切关系。虚拟环境中逼真的光线、声音以及触感等很大程度上能够影响用户的心理沉浸状态。目前，沉浸体验是虚拟现实和增强现实领域争论的焦点，一种观点认为虚拟场景的体验应当尽可能地逼近真实世界，并排除任何类似飞行、隐身等魔法式的交互方式；另一种观点认为应当添加魔法式的元素和交互方式，呈现卡通等不同风格的物体，鼓励用户进入梦境一样的环境。

影响虚拟现实沉浸体验的相关因素众多，一系列因素聚集在一起能够形成很强的沉浸感染力。例如，一个有意义的虚拟环境拥有的主题和风格能够快速地唤起用户的情感共鸣和交互投入感。交互性能够进一步增强或减弱沉浸感，例如虚拟世界中的过山车，用户通过转动头部观察虚拟三维空间，能够获得更加强烈的沉浸体验（图 10.18）。虚拟现实的显示分辨率也会影响沉浸感。空间分辨率指有多少信息呈现在单个画面上，可以用每英寸显示面积所拥有的像素来衡量。时间分辨率指显示屏幕能够以多高的效率改变帧率、采样率等属性。理想的分辨率需要满足人类大脑处理连续信号的输入要求而非稀疏的感知信号。感知覆盖也对沉浸感体验有显著影响，它主要指有多少感官信息能被呈现以及覆盖了多少人的感知能力。此外，对沉浸感影响最大的是虚拟世界的反馈速度（或者称延迟）。虚拟现实中众多传感器的延迟累积后会形成明显可感知的反应迟滞，典型的消极反应是恶心眩晕，同时这也会影响依靠身体姿态与虚拟设备等进行交互的效率。

对于大多数虚拟现实和增强现实系统和应用而言，完全沉浸感并非唯一目的。例如，科学家分析蛋白质分子模型并不会认为他正站在真实的分子前面，而是关注于虚拟世界中的数据呈现能否帮助获得更深层的洞察结果。虽然目前仍没有统一的沉浸体验划分框架，但参考现有研究工作，可以将虚拟现实和增强现实中的沉浸式体验大致分为以下几种：全无沉浸，即用户仅感受到连接着主机；稍有沉浸，即用户在环境的某些方面深刻投入，例如感受到虚拟物体在空间中漂浮，但对于完整的虚拟世界没有沉浸；基本沉浸，即用户感觉不再是真实世界，而专注于虚拟世界中的交互，但仍能区分出真实世界与虚拟世界的边界；完全沉浸，即用户完全投入虚拟环境中，忘却真实世界及其物体以及计算机硬件的拘束，并在脱离虚拟世界时感到惊讶。

图 10.18 虚拟现实中的过山车体验

10.4.4 三维交互开发平台

三维交互技术让人们能够在虚拟空间中凭借自身直觉更为自然地与计算机进行交互，显著缩短了心理模型与实现模型之间的差距。基于一些体感交互设备和平台可实现个性化地三维交互开发，如任天堂公司的 Wii 和微软公司的 Xbox 360 Kinect 两大主流开发平台。手机、平板计算机等智能设备也有大量体感交互应用，此外还涌现了一些通用体感外设，如 Leap Motion 等。

图 10.19 展现了一系列基于 Wii 的三维交互游戏场景。Wii 是较早推出的体感游戏机，它的关键在于配备了具有运动感知能力的游戏手柄——Wiimote。Wiimote 内置了三轴运动传感器和 CMOS 红外摄像头，不但可以感知用户自身的运动和倾斜度，还可以通过拍摄外部辅助红外 LED 的方式测量出所指屏幕的平面位置。图 10.20 中圈出的为 Wiimote 中的三轴加速度传感器。

Wii 主机通过一个内部协议与 Wiimote 进行通信，可以控制其工作模式、LED、扬声器、振动马达等，还能读取加速度数据、按钮状态、红外摄像头数据，或对 Wiimote 内部的 EEP-ROM（电擦除可编程只读存储器）进行读写。对于三维交互而言，最重要的就是获取三轴加速度数据，从而用于动作识别或得到倾斜状态等。图 10.21 所示为 Wiimote 三轴方向标示。

图 10.19 基于 Wii 的三维交互游戏场景（图片来源于相关公司）

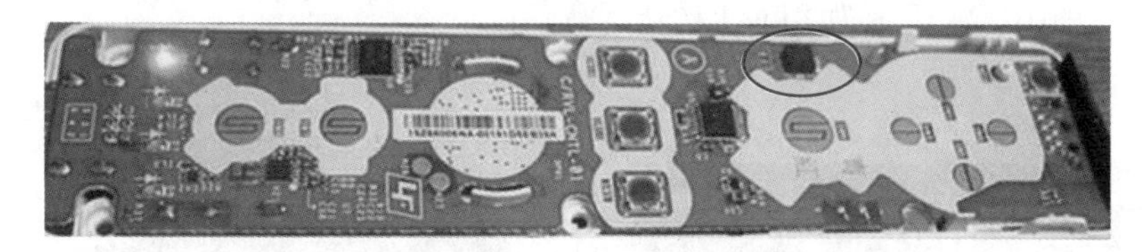

图 10.20 Wiimote 中的三轴加速度传感器

在体感游戏交互过程中，当游戏者移动 Wiimote 时，内置的加速度传感器会输出三维空间中每一个轴向的加速度值，这些值通过处理就可以用于控制游戏。基于 Wiimote 获取运动传感数据的总体步骤分为两步：一是初始化 Wiimote；二是基于消息处理来获取运动传感数据。

移动平台广泛支持的加速度传感器为移动体感类游戏开发创造了良好的条件，在 iOS 平台和 Android 平台上涌现了大量优秀的体感游戏，如《狂野飙车》（*Asphalt*）（图 10.22）、《神庙逃亡》（*Temple Run*）、《重力存亡》（*Tilt to Live*）等。

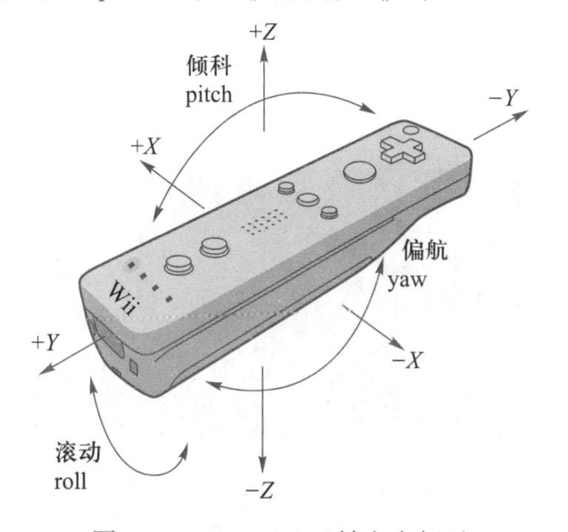

图 10.21 Wiimote 三轴方向标示

图 10.22 《狂野飙车》游戏画面

移动平台的体感交互原理与 Wii 基本一致，都是通过 MEMS 运动传感器获取加速度、朝向等信息，区别主要在于 Wii 将加速度传感器内置于手柄中，而移动平台（如手机）中的加速度传感器（图10.23）内嵌在设备本体中。

相对于Wii体感交互而言，移动平台的体感交互手段相对单一。Wii游戏充分利用了加速度传感器获取的重力朝向和加速度数据，能够控制游戏对象的移动速度；而手机游戏一般只利用重力朝向信息，利用手机的姿态控制游戏对象的移动。手机游戏常用的开发环境对加速度传感器几乎都有支持，包括iOS和Android的底层支持、Cocos2D、Unity、HTML5等。

Kinect是一个基于光学的传感器，它不需要用户握住任何东西，也不需要按下任何按键，而仅仅通过身体动作就能控制虚拟应用，大大提升了用户体验。Kinect中装有三部摄像传感器，可以快速、准确地在深度成像的基础上推测出人体关节的三维空间位置，然后在屏幕上再现动作。此外，Kinect中的传声器阵列可以拾取语音命令供系统分析识别，帮助玩家在更大的范围内运动。图10.24所示为Kinect构造示意。

图10.23　手机中的加速度传感器

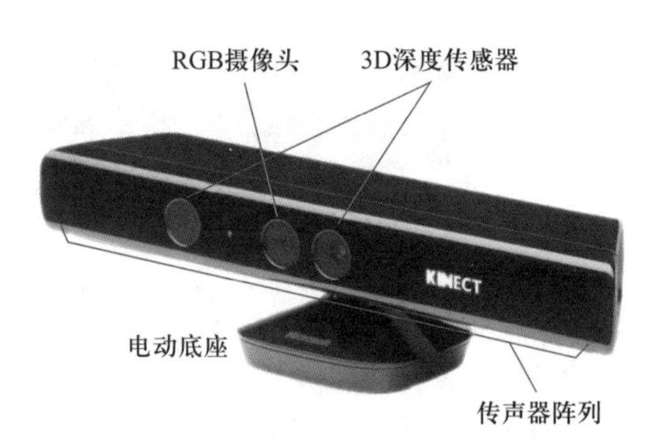

图10.24　Kinect构造示意

Kinect在成像时首先发射红外光斑（图10.25），通过红外摄像头拍摄后，经过计算获得一个深度图像（图10.26），然后计算机对深度图像进行分割识别，判断人体的各个关节位置，最终重建骨骼数据（图10.27）。

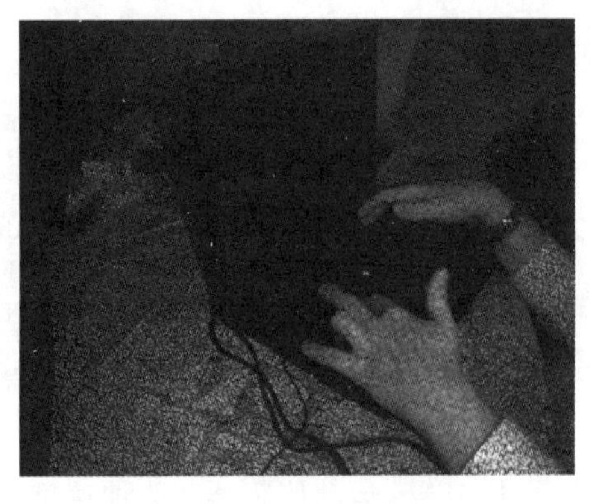

图10.25　Kinect发射的红外光斑

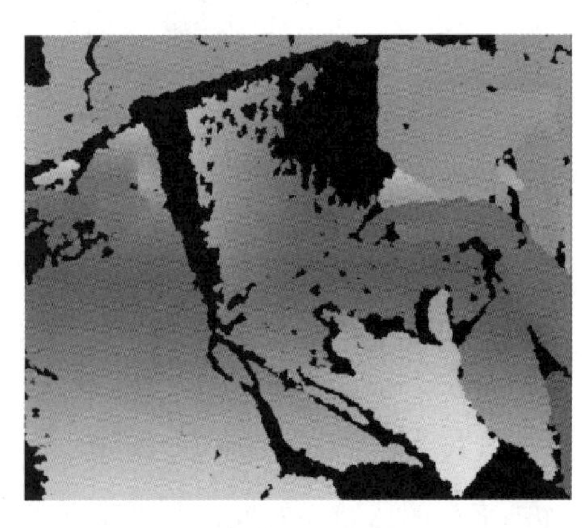

图10.26　通过Kinect获取的深度图像和彩色图像

Kinect 的开发一般有两种方式：基于官方的 Kinect SDK（软件开发工具包）或基于非官方的 OpenNI/NITE。OpenNI 的最大优势是允许商业应用以及跨平台多设备应用，但 Kinect SDK 的原始数据的采集和预处理技术更为可靠，而且还提供了成熟的骨骼和语音支持。OpenNI/NITE 提供了手势识别和跟踪，而 Kinect SDK 没有提供身体局部的识别和跟踪，需要开发者自行实现。

Kinect 擅长人体结构的探测以及人脸识别，但对更近距离以及更高精度的要求无能为力。Leap Motion 填补了这个领域，它能够较为精确地识别手势。Kinect 识别人体骨架、动作主要依靠硬件特性，Leap Motion 则主要依靠算法。图 10.28 所示为 Leap Motion 的外观。简单地说，Leap Motion 是通过两个摄像头捕捉经红外线 LED 照亮的手部影像，经三角测量算出手在空间中的相对位置。图 10.29 所示为 Leap Motion 游戏演示场景。

图 10.27　深度图像经过处理后得到骨骼数据

图 10.28　Leap Motion 的外观

Leap Motion 是一个标准的 USB 设备，只要插入计算机的 USB 接口并安装相关驱动程度就可以工作。厂商提供了相应的 SDK 和文档，支持 Windows 和 OS X 系统平台下的使用和开发。在进行 Leap Motion 应用开发之前，首先需要对 Leap Motion 的工作原理和输出的数据有一定的了解。图 10.30 所示为 Leap Motion 的内部构造。

图 10.29　Leap Motion 游戏演示场景

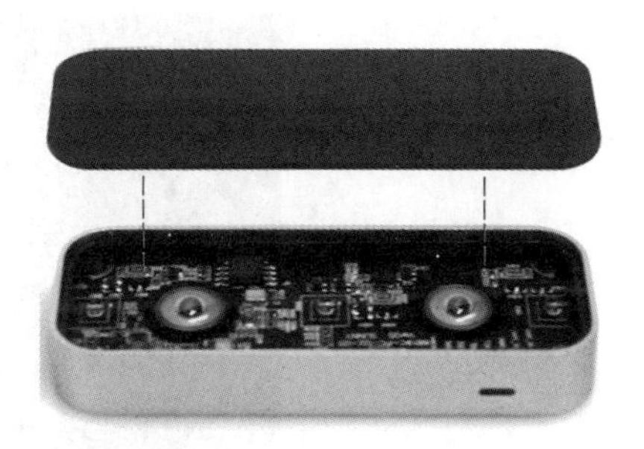
图 10.30　Leap Motion 的内部构造

10.5 虚拟现实和增强现实典型应用

10.5.1 虚拟现实典型应用

1. VR+房地产

VR技术可以为用户提供360°无死角的购房体验（图10.31），让购房者无须预约、上门、交流，大幅度提高购房者的看房效率。除此之外，VR还可以让房主身临其境地体验不同的装修风格，更加直观地对装修方案提出更具体、更合理的意见，并且能够让房主自主随意地更换家具和家居风格，提高设计师的生产效率。

图10.31 VR+房地产

2. VR+医疗

在医疗领域中，虚拟外科手术培训（图10.32）、身体特征记录、远程外科手术等方面的需求日益增长。其中，虚拟外科手术培训是VR在医疗领域中的主要应用。由于用于培训的标本稀缺，传统的外科手术培训常常会出现十几个人对同一标本练习外科手术的情况，而虚拟外科手术培训不仅提供了仿真3D模型，还具备便携性、随时随地可用性和可不断重复训练的特点。

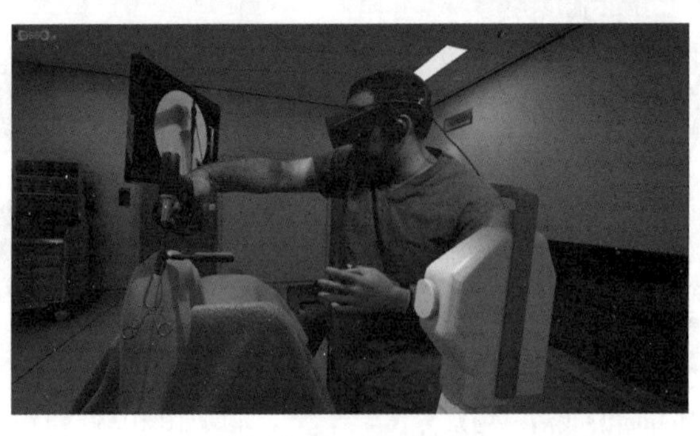

图10.32 VR+医疗

3. VR+游戏

VR 游戏与一般的游戏不同，能够提供强烈的临场感，并且玩家能够在游戏中做出和现实中一致的姿态。目前已经有不少公司推出了各类虚拟现实游戏设备，如 Oculus Rift、HTC Vive、PlayStation VR 等。《节奏光剑》是一款由捷克独立游戏开发商 Beat Games 开发的音乐节奏 VR 游戏。玩家通过挥动手柄（在游戏中以光剑的形式存在），在虚拟现实场景中根据音乐的节拍砍断迎面而来的方块。图 10.33 所示是一位玩家正在体验《节奏光剑》游戏的画面。

图 10.33 VR+游戏

10.5.2 增强现实典型应用

1. AR+购物

2017 年年末，宜家公司推出了一款名为 IKEA Place 的手机应用（图 10.34），该手机应用提供了包含 2 000 多种产品的目录，可以让用户在家中通过 AR 选购家具（3D 模型）。通过这一应用，用户足不出户就可以更加清楚地了解家具的尺寸、纹理和风格等特征。

图 10.34 AR+购物

2. AR+医疗

近年来，苹果公司大力推广其 AR 平台和 ARKit，鼓励开发者使用 ARKit 开发各式增强现实类 iOS 应用。如 Apple Store（苹果应用商店）中的 Complete Anatomy 应用（图 10.35）可以借助于 iPad Pro 的激光雷达扫描仪帮助用户了解身体的各个部位，其具备的动作捕捉功能可以让医生和病人快速获取肌体活动能力的康复情况。

3. AR+游戏

AR 游戏设计的难点在于，如何使虚拟对象与现实世界中的逻辑有机融合为一体并得到玩家的认可。AR 游戏的设计与策划人员需要尽力避免物件出现在不该出现的地方，物件的视觉风格与现实脱节严重，以及有违常理的交互规则等情况。目前，多种平台都已经开发和运营了AR游戏。一些具有代表性的AR游戏如下所述。

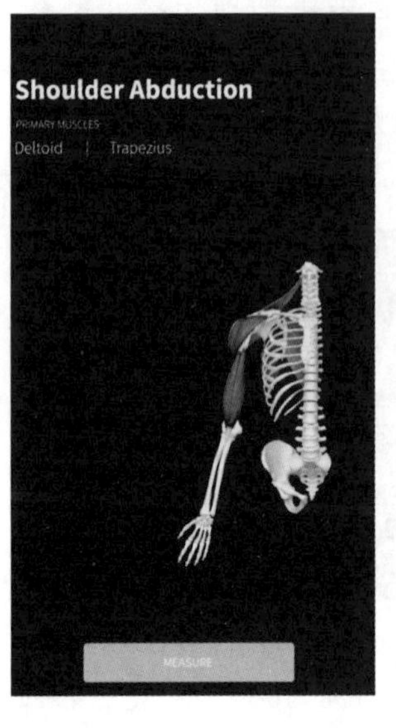

图10.35 AR+医疗

（1）Ingress

Ingress是一款由Niantic公司开发与运营的AR手机游戏（图10.36），其核心技术是基于位置的服务。用户首先需要选择阵营，扮演蓝军（反抗军）或绿军（启示军）的特工，通过在真实世界中移动来获取名为XM（exotic matter）的虚拟物质，并在真实世界中的地标建筑（portal）周围展开攻防战。在玩家越密集的地方，争夺虚拟物质的战斗也就越激烈。

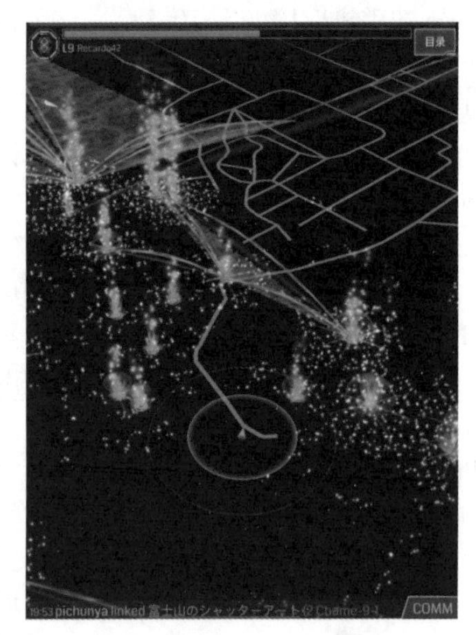

图10.36 Ingress游戏画面

在传统的冒险类游戏中，玩家在地图中可以通过各式各样的商店、仓库、农场、森林等据点来收集物资、跟进任务。但是在进行了几个游戏周期之后，难免会有对重复的据点模式感到厌倦的状况，而不断开发新的据点类型对开发者来说又是不现实的。采用现实据点的Ingress则不同，现实生活中的雕塑、壁画、喷泉、艺术涂鸦、图书馆、水塔、邮局、纪念馆、变电箱，醒目的建筑和独特的当地企业，国家公园、露营地、主题公园的入口等都可以是Ingress的据点。探索新据点就是在探索周边社区未曾涉足的角落或记录下旅游时的完美体验。紧密贴合当地文化传统的各类任务以及实景玩家互动，使 Ingress 这个没有明显采用增强现实技术的游戏成为目前最“增强”现实的应用之一。

（2）Pokémon Go

Pokémon Go 同样是由 Niantic 公司开发的基于位置服务的 AR 手机游戏（图 10.37）。该游戏允许玩家以现实世界为平台捕捉、训练和交易虚拟怪兽。游戏世界的基础数据来自上面介绍的 Ingress 游戏。

该游戏在全球范围内获得了极高的关注度，并且在商业方面获得了极大的成功。在 Pokémon Go 原作的基础上加上新奇的玩法，既可健身又可娱乐，可玩性相对较高。

图 10.37　Pokémon Go 游戏画面

（3）AR Defender 2

该游戏是一款基于标识物的基础塔防类 AR 游戏（图 10.38），可通过智能手机或平板计算机进行游戏。游戏中依靠现实场景（如桌面、路面等）创造实际的游戏场景。玩家可以建造防御建筑也可以使用技能，主要任务是在固定时间内消灭来袭敌人，保护基地。

图 10.38　AR Defender 2 游戏画面

该游戏的可玩性较高，与一般塔防类游戏相比，没有规定敌人的路线，可以加速敌人涌现的速度，从而缩短过关时间来增加分数。但是建筑数量的限定使得建筑的多样性降低，每一个关卡只能选择四个建筑，但每一关时间较短，玩家可以多次尝试。游戏机制的不足之处在于平衡性较差，使得游戏关卡前期的可玩性较低。

（4）RoboRaid

RoboRaid 是一款基于 HoloLens 设备的第一人称 AR 射击游戏（图 10.39）。游戏开始时会对玩家所处的现实环境进行识别，获得深度信息，并识别出主要的墙体平面和一些障碍物，建立一个基于该场景识别结果的坐标系。游戏模式非常简单，墙体上会浮现一些机械通道，通道中会涌现各种各样的机器人。玩家需要通过点击手势发射激光，射击并摧毁这些机器人，同时躲避机器人的攻击。

图 10.39　RoboRaid 游戏效果

(5) The Playroom

The Playroom 是 PS4 平台上的一款 AR 游戏（图 10.40）。游戏包含三种模式，分别为 AR Bots、Meet ASOBI 和 AR Hockey。前两种模式主要为人机互动，最后一种为双人对战模式。游戏通过摄像头拍摄玩家及其周围的环境，然后以手柄为标记物，叠加极具科幻感的游戏画面。

图 10.40　The Playroom 游戏效果

在 AR Bots 模式中，向前滑动触摸板可以将住在手柄中的小机器人从手柄中弹到现实世界中。玩家能够通过体感操作与小机器人进行互动，包括挥手、踢打等。Meet ASOBI 模式类似于桌面宠物，在触摸板上来回摩擦可将机器人 ASOBI 召唤到现实空间，机器人会通过扫描识别人脸来区分主人。该模式侧重于对机器人感情的刻画，对于玩家的各种不同动作，ASOBI 都会做出不同的回应。AR Hockey 模式类似于桌面曲棍球，不同的是通过移动手柄能够改变曲棍球场地的扭曲方式，从而妨碍对方的进攻。

10.6 小　　结

本章介绍了虚拟现实和增强现实技术的基本概念、虚拟现实系统和增强现实系统的构成以及对应的关键技术。围绕虚拟现实和增强现实的模拟场景显示，介绍了虚拟现实系统中的三维显示技术、多层次细节建模技术与典型算法和适用情景。另外，针对虚拟现实和增强现实系统，介绍了三维配准技术的基本概念和常用方法，并围绕人机交互介绍了用户对沉浸感的需求以及常见的人机交互方法。

对于非专业的研究人员和开发设计人员而言，虚拟现实和增强现实行业的发展变化给人一种仅仅为了满足好奇心而探索的印象，不会带来长远的技术或者产业方面的利益。但是目前已经有越来越多的案例证明，虚拟现实和增强现实在各行业中的实际应用正在快速增加。同时，结合5G通信技术和物联网技术（internet of things）的发展趋势，虚拟现实和增强现实技术研究及产业开发和应用有着光明的未来。

虚拟现实和增强现实作为新兴产业正在快速成熟。越来越多的创新公司开始从早期聚焦于开发与虚拟现实和增强现实相关的计算机图形、人机交互等技术，转移到开发基于虚拟现实和增强现实的系统和应用，以支持不同场景对沉浸式体验和虚实融合环境下信息交互的需求。此外，从国内外大学开设相关的课程数量不断增多的情况来看，虚拟现实和增强现实逐渐脱离计算机图形学成为独立的学科领域，并在硬件开发、应用部署等方面融合其他学科，形成跨学科的交叉特性。学生也从纯粹地学习虚拟现实和增强现实技术本身，转而更加重视利用这些技术解决实际应用问题。此外，当前与虚拟现实和增强现实相关的人因工程和可用性评估方面的国内外研究也在快速增长，进一步验证了从技术到应用的发展趋势。

“更快、更好、更便宜”这句话也适用于概括虚拟现实和增强现实技术的发展趋势，具体包括更强可用性的系统设备、更多增强现实应用、更多家庭虚拟现实应用、更高的感知逼真度以及更多整合虚拟现实的系统。更强可用性的系统设备指的是硬件的重量下降，易用性快速提升，预计未来佩戴一个虚拟现实和增强现实设备会跟佩戴眼镜一样简单。更多增强现实应用是指随着追踪技术和其他输入技术的进步，增强现实会更多地用于呈现原来不可见的信息并支持用户交互。更多家庭虚拟现实应用是指随着成本降低、计算能力不断增强以及系统软件和内容更加丰富，虚拟现实会走入家庭场景，在游戏、教育、社交等方面形成新的产业生态。更高的感知逼真度是指与虚拟现实和增强现实相关的传感器技术进步，会提供更加稳定、高效和自然的交互方法，并输出更加细腻、自然的物理反馈。最后，更多整合虚拟现实的系统是指越来越多的系统设备将兼容虚拟现实和增强现实的内容。从纯粹的技术角度来看，虚拟现实和增强现实未来的发展趋势还包括需要应对显示技术、音频技术、气味生成和控制技术、触觉反馈和感知技术等方面的挑战。在硬件方面，更可用、更直接的新型输入技术和设备将持续成为研究重点。在软件方面，更自然的硬件设备接口、应用开发工具平台以及跨设备的交互方法和跨媒体智能等将成为未来发展的重点方向。

习　题

1. 调研当前主流的虚拟实现和增强现实设备。

2. 思考生活中哪些地方应用了增强现实技术。设想一下增强现实技术未来的应用场景。

3. 掌握三维显示和三维配准技术的经典算法。

4. 学习体感交互平台开发技术，掌握平台开发 API。

5. 尝试编写一个获取 Wiimote 运动传感数据的程序，并实现一个基于 Wiimote 的游戏人物的动作控制系统。

6. 基于虚拟现实环境，编程实现一个基于 Kinect 的体感交互游戏原型。

7. 基于虚拟现实环境，编程实现一个基于 Leap Motion 的体感交互游戏原型。

第11章 计算机动画与游戏

计算机动画是伴随着计算机图形学而发展起来的一种新型媒体形式，它主要是通过计算机建模、绘制以及赋予动作后形成的连续、动态画面序列。由于其表现形式新颖、传播内容丰富、风格类型多样化，因而广为大众接受。计算机游戏来源于人与人之间进行的竞技娱乐活动，集娱乐性、竞技性、科技性等要素于一体，它不仅包含文字、音频、动画等，还包含高度互动性的游戏机制，已经成为大众喜闻乐见的互动娱乐形式之一。

本章将首先介绍计算机动画的概念、分类和基本制作流程，以及计算机动画几种主要的运动控制技术；然后介绍计算机游戏的概念和发展现状，以及游戏场景管理、游戏特效绘制、碰撞检测与物理模拟等游戏开发的关键技术。

11.1 计算机动画概述

11.1.1 计算机动画的概念

计算机动画（computer animation）是指通过计算机技术制作的动画。相较于传统靠手工绘制的画面串联而成的动画，计算机动画充分利用计算机图形设计和渲染工具来自动生成和输出动画画面，并配合音频等多媒体效果，能够呈现活灵活现的运动效果。作为计算机图形学和动画领域的重要组成部分，计算机动画近年来越来越多地使用计算机图形学中的三维建模和绘制等技术，形成了三维计算机动画。从本质上看，计算机动画仍然是逐帧动画，其每一帧的图像都必须与其他帧的图像进行有机结合和无缝集成，才能形成连续、平滑的运动效果，只是在制作手段上，通过数字化建模与绘制等技术进行自动的画面生成和呈现。例如，在人物动画创建中结合了虚拟骨架运动和姿态控制等，从而形成自然生动的角色形象画面。

11.1.2 计算机动画的分类

从呈现风格来看，计算机动画可以分为计算机二维动画和计算机三维动画。前者的画面背景及其元素主要基于二维画面，图形以及处理和表现形式的二维风格是这类动画的典型特征，例如常见的精灵动画和变形动画等（图 11.1）。后者的画面场景、角色形象和动作等都采用三维建模（或真实三维模型）、骨骼绑定、动作建模以及三维绘制等技术，结合多媒体特效形成带有可调整三维空间视点的画面，例如常见的空间漫游动画等（图11.2）。其中，建模是为了生成和描述动画场景中的元素，并将它们以合适的几何形态在特定的时刻放置在指定的空间位置上。角色形象的骨骼绑定、动作建模的目的是生成和表征动画角色与物体在三维场景中运动时的空间关系和时间关系。三维绘制则是通过选定的三维视角将空间场景和物体转化为统一规格的图像序列，形成连续的运动效果。

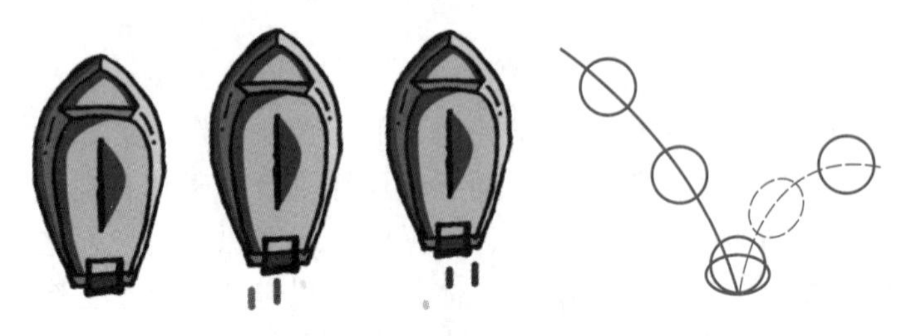

图11.1　精灵动画和变形动画

图11.2　三维空间漫游动画

从建模技术和方式来看，计算机三维动画可以进一步细分为三类：基于骨骼关节的人物角色动画、基于粒子系统的动画和基于物体变形的动画。其中，基于骨骼关节的人物角色动画是常见的三维动画类型之一，涉及人体和多足动物等的动画均需要骨骼关节链接。例如，在一组或者多组人体模型中，模型各个组成部分之间通过骨骼的关节点连接，并根据关节点连接的结构属性和运动时的时空关系，组成树状的骨骼关节点层次关系结构，这样父级关节的运动将带动子级关节的运动，从而保证这些物体在三维空间中具有动作一致性和真实性(图11.3)。基于粒子系统的动画是指通过一系列点的集合，以及特定几何形状和运动规则共同形成集群动画效果，例如烟花爆炸时的粒子、飞溅的水花和大量动物的群体运动等。基于物体变形的动画是指通过改变目标物体的几何形状实现的动画效果，也被称为基于形状变化的动画。这类动画主要用于表现形状随时间变化没有明确几何定义的物体。这类物体较多，有一定的结构复杂度，且容易受外部其他物体运动的影响，无法简单地采用粒子模型进行表征和处理。这类物体的变形方式包括弹性质点网格、体素模型和表面模型等，常见的例子包括人和动物的毛发、各种液体以及具有柔软质地的动物组织、服装等。上述建模技术和方式并不是相互独立的，在动画创作时，设计师和开发者通常会综合使用这些方法。例如创作一个海洋馆场景动画，需要综合上述方法来构建水池、海狮以及能够蛇形游动的各种软体鱼类等。

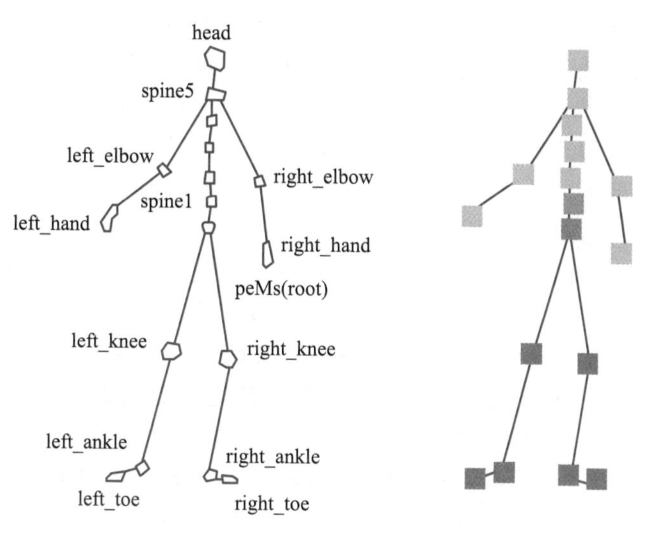

图 11.3 人体骨架结构的关节连接

11.1.3 计算机动画制作的流程

计算机动画制作过程包含前期、中期和后期三个主要阶段。在动画前期制作中，包含策划、脚本和分镜、资料收集、风格设计、角色造型设计、场景设计、分镜头台本等环节。在动画中期制作中，包含背景场景绘制、原画绘制、动画制作、动作设计和匹配等环节。在动画后期制作中，包含摄影与特效、剪辑与后期以及宣传与推广等环节。具体的流程如图 11.4 所示。

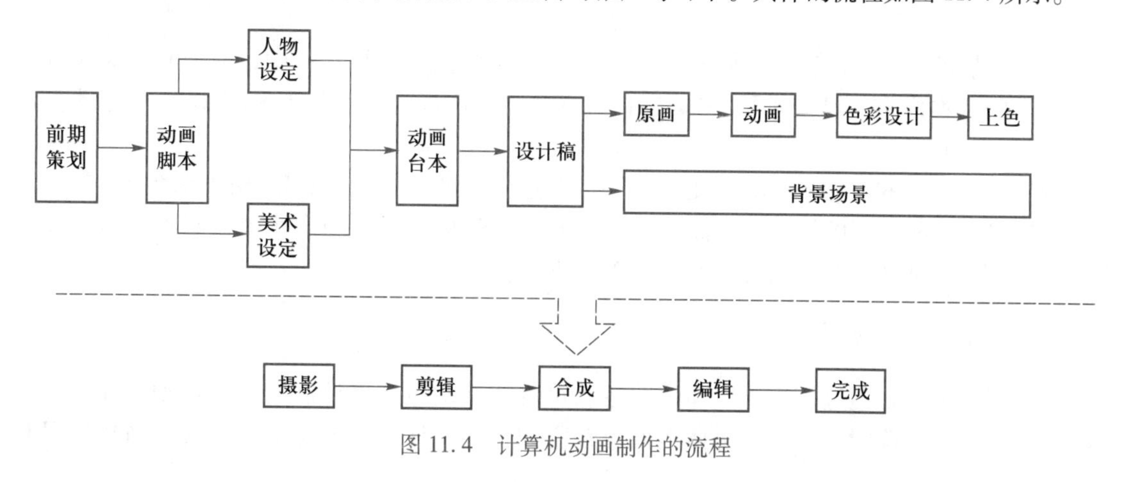

图 11.4 计算机动画制作的流程

前期策划是计算机动画正式开始制作前的必要环节，主要任务是构思动画的主题和故事梗概，明确动画的类型和风格，并大致估算动画制作需要的投入。

脚本和分镜是在前期策划被确认之后，对动画故事的剧情、场景、人物、道具、美术风格、配音等内容的细化。其中，分镜师会根据动画故事脚本设置画面的分镜，并与原画师和动画师合作，将人物视觉形象、场景布景、道具样式等通过视觉原画的形式明确下来，以便后续动画师等制作人员可以对关键剧情有更好的把握，从而将角色的动作连贯起来。分镜将故事剧情切分开来，并将文字以图像的形式表现，配以明确的时间、摄影要求以及动作要求等。以暴雪公司的三维动画制作过程为例，他们首先在前期策划阶段拟定故事大纲，然后在脚本和分镜阶段画出草图，并且让情节设计专家与动画设计师合作，将分镜头的二维画面转换为三维画面，验证画面的视觉效果。

人物与背景、色彩与构图、画面合成与特效制作这三个部分是动画制作的主要内容。美术设计师会绘制故事场景，呈现符合主题的背景氛围，然后结合剧情设计人物角色及其表情特征和携带的武器道具等。动画设计师从草图设计开始，与建模师合作完成场景的三维模型。人物角色形象的设计也采用类似的步骤，从草图设计逐步形成完善的三维人物模型。当然，这些步骤并非一次完成，通常都需要反复评审、优化迭代后才能最终确定。

后期剪辑、特效以及配音等是动画制作完成前的关键环节。根据前期策划，可能需要将制作的动画分集，或者根据导演的意图调整内容和镜头的前后顺序。这个环节的产出是动画的样片，它是动画制作完成后的第一版，通常需要动画师和其他人员重复检查镜头画面的效果。如果发现问题，就需要返回前一环节进行修改。动画中还有一个重要部分是配音。配音通常需要专业的配音人员根据脚本对话或者导演要求，完成对应声音的录制。配音部分也和镜头画面制作一样，需要按照分镜录音并对应地匹配。

11.2　计算机动画中的运动控制技术

在计算机动画制作的三个步骤（造型、变动规律的控制和绘制）中，造型和绘制是计算机图形学的基本内容，已在前面章节做了详细介绍，这里将介绍计算机动画中的运动控制方法。

由于动画描述的是物体的动态变化过程，要达到好的动画效果，物体的运动控制就非常重要，它是计算机动画的核心。下面首先介绍通过数学模型或物理定律来控制物体运动的三种典型模型：运动学模型、动力学模型和逆向动力学模型。

11.2.1　运动学模型

运动学模型就是通过直接给出物体的运动速度或运动轨迹来控制物体的运动规律。最简单的方法可以通过确定每一时刻物体上的点在空间世界坐标系中的位置来实现。当物体只有

运动而没有变形（即刚体运动）时，物体上的点的相对位置保持不变，它的运动可以用一个统一的函数来表示，即

$$\begin{cases}X=X(t)\\Y=Y(t)\\Z=Z(t)\end{cases}\tag{11.1}$$

采用这一方法，当物体存在变形时，需要给出物体上每一个点随时间变化的函数。通过人工方式给出这一函数既不可能达到真实的效果也不现实，因此就需要总结其物理规律，通过另外的形式来控制物体的运动和变形，如给出物体运动的微分方程，通过解方程得到某一时刻物体上的点的位置，或给出物体上的点的速度、加速度等。下面先考虑最简单的情况——刚体运动。

刚体运动由平移和旋转组成。如果在物体上建立一个固连的局部坐标系，那么确定物体的刚体运动就是确定物体局部坐标系和世界坐标系之间的关系，如平移变换、旋转变换。计算机就是用这些变换来控制物体在画面中的位置的。

物体的刚体运动可以用下式表示为

$$\begin{bmatrix}X(t)\\Y(t)\\Z(t)\end{bmatrix}=\begin{bmatrix}l_{11}(t) & l_{12}(t) & l_{13}(t)\\l_{21}(t) & l_{22}(t) & l_{23}(t)\\l_{31}(t) & l_{32}(t) & l_{33}(t)\end{bmatrix}\begin{bmatrix}X\\Y\\Z\end{bmatrix}+\begin{bmatrix}x_m(t)\\y_m(t)\\z_m(t)\end{bmatrix}\tag{11.2}$$

其中，矩阵 $[l_{ij}]$ 是局部坐标系相对于世界坐标系的旋转矩阵，它决定了物体在时刻 t 的方向；矢量 $|x_m(t),y_m(t),z_m(t)|$ 是时刻 t 局部坐标系的原点相对于世界坐标系的坐标，即相对平移量。

旋转矩阵可以用欧拉角方法设计，即用绕 3 根固定轴的旋转序列来确定方向。因为旋转是可交换的，绕轴旋转某一角度必须按给定的顺序进行，这个顺序常常是一个轴向的集合，如 X-Y-Z，转动角度分别为 α、β、γ，则相应的旋转矩阵为

$$\begin{aligned}[l_{ij}]&=L_\gamma^Z\times L_\beta^Y\times L_\alpha^X\\&=\begin{bmatrix}\cos\gamma & -\sin\gamma & 0\\\sin\gamma & \cos\gamma & 0\\0 & 0 & 1\end{bmatrix}\begin{bmatrix}\cos\beta & 0 & \sin\beta\\0 & 1 & 0\\-\sin\beta & 0 & \cos\beta\end{bmatrix}\begin{bmatrix}1 & 0 & 0\\0 & \cos\alpha & -\sin\alpha\\0 & \sin\alpha & \cos\alpha\end{bmatrix}\end{aligned}\tag{11.3}$$

如果换一个旋转次序，那么所产生的旋转矩阵将发生变化。其实这一复合运动可以看作绕某一根轴的旋转，有很多方法可以确定这一旋转轴。其中四元数方法是一种在动画中具有广泛应用价值的方法。

自从 B. P. Hamolton 在 1843 年创立四元数理论后，就有人将它与旋转矩阵联系起来，而且四元数在物体的定向和控制方面具有独特的优越性。在欧拉角坐标系中，由于可以选择不同的初始坐标轴，因此很难把两次旋转结合起来，而且旋转矩阵和旋转角度之间的转换也需

要很大的计算量，其中包括三角函数运算等。用欧拉角方法，物体运动过程中要同时绕 3 根轴旋转，这种角度插值把 3 个旋转角作为三维矢量独立地插值，定向的几何意义被扭曲，除非绕某个选定的固定轴转，否则它不可能做简单的旋转。用四元数方法可以克服上述缺点，它可以自由地调整旋转轴，在四元数单位球面上插值以产生中间方向，并可以很容易地形成四元数的多次连续转动和转换，实现沿最短路线的最佳转动；所产生的运动也将不依赖于坐标轴的选取，而且能产生光滑自然的运动。

利用四元数来表示物体定向，并产生每一时刻物体转动的旋转矩阵的方法可通过以下几个步骤完成。

① 根据运动要求给出一列物体定向序列。与每个物体定向相对应，存在一个四维空间单元球面上的点（即四元数）$q_i=(q_0^{(i)},q_1^{(i)},q_2^{(i)},q_3^{(i)})$。四元数具有一定的几何意义：$V=(q_1,q_2,q_3)$是三维空间中物体的瞬时转动轴，$q_0$ 决定瞬时转动轴转过的角度。产生对应四元数的方法可通过物体定向对应于某一特定坐标系的旋转矩阵算得，也可利用欧拉角计算。

② 构造四维球面上的分段曲线 $q(t)$，使得 $q(t_i)=q_i$，$i=1,2,\cdots,n$。这其实是一个球面插值问题，可以推广空间曲线的插值方法，采用球面 Bézier 曲线或球面 B 样条曲线来构造产生。这条分段曲线 $q(t)$上的每一点确定了时刻 t 物体的定向。用四元数球面插值方法产生的 $q(t)$ 将形成一个光滑连续的转动。

③ 将四元数转换成旋转矩阵 $\boldsymbol{R}=\boldsymbol{R}(q(t))$，它具有所要求的插值性质：$\boldsymbol{R}(t_i)=\boldsymbol{R}(q(t_i))=\boldsymbol{R}(q_i)$，$i=1,2,\cdots,n$，即能够满足所给出的物体定向的要求，且产生光滑的旋转。

用上述方法找到所给物体定向的中间方向来光滑地把物体从一个方向运动到另一个方向所产生的旋转矩阵，能很好地控制物体的定向，表现物体的转动，产生真实、自然的运动。

物体的运动轨迹在计算机动画中常用参数曲线来定义：通过选定不同的参数值，计算曲线上相应的点，从而确定每一时刻物体在空间中的位置，由此产生物体沿某一曲线的运动。对一条参数曲线，有

$$(x,y,z)=(x(t),y(t),z(t)) \tag{11.4}$$

如果将其重新参数化，令 $t=t(s)$，则生成的新的参数曲线$(x,y,z)=(X(t),Y(t),Z(t))$的轨迹与式（11.4）的轨迹是相同的，但轨迹线上位置相同的某一点所对应的参数值不同，相应地，在物体的运动中表现为要达到某一点所花的时间也不同。为了真实地模拟物体的运动，这条空间曲线不仅应含有物体运动轨迹的几何意义，还应具有一定的物理意义，即它的参数值应与时间 t 相联系：在相应的时刻，物体应处在曲线上相应于参数 t 的位置，所以运动曲线的设计应与物体的速度、加速度相联系。如果运动轨迹是通过插值一些输入点来产生的，且物体经过这些点的时间参数也同时给出，那么只需在插值拟合过程中使用非均匀 B 样条曲线，通过调整 B 样条曲线的节点，使曲线参数与时间参数相联系即可；若运动曲线是自行设计的，或者物体经过给定离散点的时间并不确定，那么在设计运动控制曲线时要尽量做到曲线弧长参数化。在控制物体运动时，通过给出曲线参数与时间 t 之间的关系来控制物体运动的快慢，如令弧长参数为时间 t 的线性增长函数，即对应了物体的等速运动等。在对

物体朝向的控制中，旋转矩阵的参数按照前述的四元数方法进行插值时，参数可以直接取为时间 t，但更一般的方法是给出另一插值参数 s，并给出 s 与时间 t 的关系，以此来控制物体旋转的快慢。

有时，人们把造型和运动控制结合在一起。在物体造型时，把时间 t 作为一个参数，不同的 t 值对应着不同时刻物体的形状和位置，但更多的是先造好物体在某一时刻 t_0 时的形状，然后控制其运动。对于简单的刚体运动，可以按照前述方法进行；对于复杂情况，人们往往通过给出物体上各点在各时刻的速度或加速度来控制物体的运动。如设物体在 t_i 时刻的位置为 P_i，速度为 V_i，给出物体在 t_i 时刻的加速度 a_i，则 t_{i+1}时刻物体的速度和位置为

$$\begin{cases} V_{i+1}=V_i+a_i\Delta t \\ P_{i+1}=P_i+V_i\Delta t+\dfrac{1}{2}a_i\Delta t^2 \end{cases} \tag{11.5}$$

这样，通过离散的方法得到各时刻物体的位置，从而控制物体的运动。这里，物体速度、加速度的选取非常重要，要综合考虑各种因素。要获得更真实的效果，则要对物体进行受力分析，这时可以采用动力学模型。

11.2.2 动力学模型

动力学模型即根据物体的物理属性及其所受外力情况对物体各部分进行受力分析，再由牛顿第二定律或相应的物理定律得出物体各部分的加速度，以控制物体的运动。与此相对应，物体的造型必须采用基于物理模型的造型方法。

考察一个球在空中的运动，如果采用运动学方法，则可以规定一条运动轨迹，用参数曲线表示轨迹，通过曲线参数与时间 t 的关系控制球运动的快慢，但如果要真实地模拟球在空中的运动，则必须采用动力学方法，即造型时不仅要给出球的大小、位置等几何信息，还必须给出球的质量 m。在控制球的运动时，首先给出球在各个时刻 t_i 所受的外力 F_i。设球在 t_0 时刻的初始速度为 V_0，由牛顿第二定律知

$$F_i=ma_i \tag{11.6}$$

计算出球的加速度 a_i 后，即可采用式（11.5）得出球在各时刻的位置与速度。球所受的外力根据场景或运动效果的需要设置；当所受外力简单时，如只受重力作用，可先计算出其运动轨迹（抛物线）；当所受外力复杂时，则基本只能采用上述离散方法。

上述例子中只考虑了物体的平移运动，一般地，物体在运动过程中往往是平移和旋转运动相结合。在模拟这类物体的运动时，可将物体的运动看成是平移和旋转运动的复合，即绕物体上某一点的旋转和这一点在世界坐标系中的平移。对于平移运动，仍然可采用式（11.6）；对于旋转运动，与式（11.6）相类似的有

$$M_i=Iw_i \tag{11.7}$$

其中，M_i 为物体在 t_i 时刻所受的力矩，I 为物体的转动惯量，ω_i 为物体在 t_i 时刻的角加速度。

同样地，可由下式计算出物体在 t_{i+1} 时刻的角加速度 ω_{i+1} 和转角 θ_{i+1}，即

$$\begin{cases}\omega_{i+1}=\omega_i+\omega_i\Delta t\\ \theta_{i+1}=\theta_i+\omega_i\Delta t+\dfrac{1}{2}\omega_i\Delta t^2\end{cases}\tag{11.8}$$

当物体为弹性体时，情况就变得非常复杂。由于弹性体受力时物体发生变形，物体上各点之间的相对位置发生变化，这样就不能将物体当作一个整体来考虑，而需要对物体上的每一个点都给出其运动规律，或者采用变通的方法将物体分割成一些小物体，控制这些小物体的运动。

弹性体模型中较为经典的是 Terzopoulos 于 1987 年提出的根据物体的变形产生的应力来控制物体运动的模型。与所有动力学模型一样，采用这一模型不能仅仅造出物体瞬时的几何信息，还需要在物体的模型中考虑与受力运动有关的各种因素。

物体记为 Ω，$\boldsymbol{a}$ 为物体上的点在模型中的内在坐标（可理解为参数坐标，如对体来说，$\boldsymbol{a}=|a_1,a_2,a_3|$；若 Ω 为面，则 $\boldsymbol{a}=|a_1,a_2|$；若 Ω 为线，则 $\boldsymbol{a}=|a_1|$）。$\boldsymbol{a}$ 对应物体上的点在三维欧氏空间中的坐标记为

$$\boldsymbol{r}(\boldsymbol{a},t)=[r_1(\boldsymbol{a},t),r_2(\boldsymbol{a},t),r_3(\boldsymbol{a},t)]\tag{11.9}$$

这一点在 t_0 时刻的初始位置记为

$$\boldsymbol{r}^0(\boldsymbol{a})=[r_1^0(\boldsymbol{a}),r_2^0(\boldsymbol{a}),r_3^0(\boldsymbol{a})]\tag{11.10}$$

控制物体运动的方程为

$$\frac{\partial}{\partial t}\left(\mu\frac{\partial \boldsymbol{r}}{\partial t}\right)+\gamma\frac{\partial \boldsymbol{r}}{\partial t}+\frac{\delta\varepsilon(\boldsymbol{r})}{\delta \boldsymbol{r}}=f(\boldsymbol{r},t)\tag{11.11}$$

其中，$\boldsymbol{r}(\boldsymbol{a},t)$ 是 $\boldsymbol{a}$ 点对应的 t 时刻的位置，$\mu(\boldsymbol{a})$ 是 $\boldsymbol{a}$ 点处的密度，$\gamma(\boldsymbol{a})$ 为阻尼系数，$f(\boldsymbol{r},t)$ 为所受外力，$\varepsilon(\boldsymbol{r})$ 是描述弹性体瞬时势能的一个泛函。

式（11.11）的含义是使物体上的 $\boldsymbol{a}$ 点处所受的力达到平衡：其中左边第一项为质点的惯性力，第二项为阻尼力，第三项为从自然位置变形后产生的弹性内力，它通过形变产生的势能的变分来计算。

要计算形变产生的力，首先必须对物体的形变给出一个度量。Terzopoulos 用微分几何中的概念来定义物体的形变：一个物体的形状由附近的两个点的欧氏距离决定，当物体变形时，两点的相对位置发生变化，设 a、$a+\mathrm{d}a$ 是物体内相邻两点的内部坐标，这两点在三维欧氏空间中的距离可表示为

$$\mathrm{d}\boldsymbol{l}^2=\sum_{i,j}\boldsymbol{G}_{ij}\mathrm{d}a_i\mathrm{d}a_j\tag{11.12}$$

其中 $\boldsymbol{G}_{ij}(\boldsymbol{r}(\boldsymbol{a}))=\dfrac{\partial \boldsymbol{r}}{\partial a_i}\cdot\dfrac{\partial \boldsymbol{r}}{\partial a_j}$ 是度量张量，将 $\mathrm{d}\boldsymbol{l}^2$ 写成矢量形式，即

$$\mathrm{d}\boldsymbol{l}^2=(\mathrm{d}a_1 \quad \mathrm{d}a_2\cdots\mathrm{d}a_n)\begin{pmatrix}\frac{\partial \boldsymbol{r}}{\partial a_1}\cdot\frac{\partial \boldsymbol{r}}{\partial a_1} & \frac{\partial \boldsymbol{r}}{\partial a_1}\cdot\frac{\partial \boldsymbol{r}}{\partial a_2} & \cdots & \frac{\partial \boldsymbol{r}}{\partial a_1}\cdot\frac{\partial \boldsymbol{r}}{\partial a_n}\\ \frac{\partial \boldsymbol{r}}{\partial a_2}\cdot\frac{\partial \boldsymbol{r}}{\partial a_1} & \frac{\partial \boldsymbol{r}}{\partial a_2}\cdot\frac{\partial \boldsymbol{r}}{\partial a_2} & \cdots & \frac{\partial \boldsymbol{r}}{\partial a_2}\cdot\frac{\partial \boldsymbol{r}}{\partial a_n}\\ \vdots & \vdots & \ddots & \vdots\\ \frac{\partial \boldsymbol{r}}{\partial a_n}\cdot\frac{\partial \boldsymbol{r}}{\partial a_1} & \frac{\partial \boldsymbol{r}}{\partial a_n}\cdot\frac{\partial \boldsymbol{r}}{\partial a_2} & \cdots & \frac{\partial \boldsymbol{r}}{\partial a_n}\cdot\frac{\partial \boldsymbol{r}}{\partial a_n}\end{pmatrix}\begin{pmatrix}\mathrm{d}a_i\\ \mathrm{d}a_2\\ \vdots\\ \mathrm{d}a_n\end{pmatrix} \tag{11.13}$$

对三维实体，若各 $\mathrm{d}\boldsymbol{l}^2$ 保持不变，则三维实体的形状保持不变；但对于曲面，当邻近点的距离不变时，曲率可能发生改变。由曲面的基础理论可知，当它的度量张量 $\boldsymbol{G}$ 和曲率张量 $\boldsymbol{B}$ 是 $\boldsymbol{a}=\{a_1,a_2\}$ 的确定函数时，曲面唯一确定，$\boldsymbol{G}$ 和 $\boldsymbol{B}$ 是曲面的第一和第二基本形式，即

$$\boldsymbol{B}_{ij}(\boldsymbol{r}(\boldsymbol{a}))=\boldsymbol{n}\cdot\frac{\partial^2 \boldsymbol{r}}{\partial a_i\,\partial a_j} \tag{11.14}$$

其中，$\boldsymbol{n}=(n_1,n_2,n_3)$ 是曲面的单位法向。类似地，对空间曲线，它由弧长 s、曲率 k 和挠率 r 完全确定。

有了上述控制物体形状的各微分量后，即可由此定义物体的形变能量。这个能量可将物体恢复到自然的形状，这样可定义自然形状时的势能为零，形变越厉害，势能越大。一个合理的模型是根据形变后物体与自然态时的形状差异得出形变能量，在后面的叙述中，自然态物体的基本形式将加上上标 0，如

$$\boldsymbol{G}^0_{ij}(\boldsymbol{r}(\boldsymbol{a}))=\frac{\partial \boldsymbol{r}^0}{\partial a_i}\cdot\frac{\partial \boldsymbol{r}^0}{\partial a_j}$$

这样，曲线的形变能量可表示为

$$\varepsilon(r)=\int_n \alpha(s-s^0)+\beta(\kappa-\kappa^0)+\zeta(\tau-\tau^0)\,\mathrm{d}a \tag{11.15}$$

其中 α、β、ζ 分别是与拉伸、弯曲、绕转相关的系数。

曲面的形变能量可表示为

$$\varepsilon(r)=\int_\Omega \|G-G^0\|_m^2+\|B-B^0\|_E^2\mathrm{d}a_1\mathrm{d}a_2 \tag{11.16}$$

体的形变能量可表示为

$$\varepsilon(r)=\int_\Omega \|G-G^0\|_m^2\mathrm{d}a_1\mathrm{d}a_2\mathrm{d}a_3 \tag{11.17}$$

其中度量 $\|\ \|_a^2$ 可根据实际情况给出。

以曲面为例，可将能量简化为

$$\varepsilon(r)=\int_\Omega \sum_{i,j-1}^{2}(\eta_{ij}(G_{ij}-G^0_{ij})^2+\xi_{ij}(B_{ij}-B^0_{ij})^2)\mathrm{d}a_1\mathrm{d}a_2 \tag{11.18}$$

其中 $\eta_{ij}(a)$ 和 $\xi_{ij}(a)$ 为权函数，变分$\frac{\partial\varepsilon(r)}{\partial r}$可由下式逼近，即

$$\varepsilon(r)=\sum_{i,j=1}^{2}-\frac{\partial}{\partial a_i}\left(\alpha_{ij}\frac{\partial r}{\partial a_j}\right)+\frac{\partial}{\partial a_i\ \partial a_j}\left(\beta_{ij}\frac{\partial^2 r}{\partial a_i\ \partial a_j}\right) \tag{11.19}$$

其中

$$\alpha_{ij}=\eta_{ij}(a)(G_{ij}-G_{ij}^0) \tag{11.20}$$

$$\beta_{ij}=\xi_{ij}(a)(B_{ij}-B_{ij}^0) \tag{11.21}$$

各系数都有一定的物理意义，如 η_{11}、η_{22} 增大时，表明拒绝在方向 a_1、a_2 上拉伸；η_{12}、η_{21} 增大时，表明拒绝在 a_1、a_2 两个方向上叉开；ε_{11}、ε_{22} 阻止在 a_1、a_2 方向弯曲，ε_{12}、ε_{21} 阻止在 a_1、a_2 方向扭转。再如，要模拟能拉伸的橡皮片，可置 η_{ij} 相当小，$\varepsilon_{ij}=0$；要模拟很难拉伸的布片，可增大 η_{ij}；等等。

将式（11.19）~式（11.21）代入式（11.11），即得到一个点的世界坐标 $\boldsymbol{r}$ 关于其内在坐标 $\boldsymbol{a}$ 及时间 t 的偏微分方程，可用差分法对其求解，得出各时刻点的位置。

上述弹性体模型实施起来较为烦琐，且模型中各参量与实际物体的物理量之间没有定量的联系，但作为较早的一个弹性物体动力学模型，其在计算机图形学中具有一定的地位。在动力学模型中较有影响的还有 Miller 的 Snake Motion。该模型在模拟蛇及蠕虫这类生物的运动时，将其分为许多小段，每一段用一个立方体表示，并假设立方体的每条边和每个面上的对角线都由橡皮筋相连，在每一时间间隔，通过橡皮筋的长度及速度计算其施加于立方体的力，再由合力计算出立方体的加速度，以控制物体的运动。在布料动画方面，1990 年 Aono 通过假设布料是各向同性的，利用广义虎克定律控制布料的运动。上述几种方法都是基于弹性力学的动力学模型中较有代表性的，但与刚体的运动控制相比，弹性体模型仍处于探索性阶段，目前还没有一种适用范围较广而效果又较好的模型。

无论是刚体还是弹性体，在对其进行动力学模拟时，都涉及碰撞检测问题。当物体在运动过程中遇到场景中的另一物体时，物体的运动状态会发生变化，因此，要真实地模拟物体的运动，必须知道物体在何时何处发生碰撞。物体的碰撞检测就是判断物体之间是否有交，其特殊之处在于在物体运动过程中，物体的位置具有一定的连续性，这就意味着当两个物体在某一时刻有交时，下一时刻物体之间如果仍有交，则其交点应在上一时刻交点的附近。利用这一特性，在碰撞检测时可以在很大程度上减少求交的范围，从而加快计算速度，而计算速度在计算机动画中是一个非常重要的因素。物体间的求交方法与物体的造型关系密切，不同的造型方法有不同的求交方法，这里就不赘述了。

11.2.3　逆向动力学模型

前面介绍了控制物体运动和变形的运动学方法和动力学方法，它们有着各自的优越性，但也存在着各自的不足。

运动学方法计算速度快、人工控制能力较强，但要找出能反映物体真实运动方式的规律较难，因而在物体运动的真实性方面有所欠缺。

动力学方法由于是通过物体的受力分析得出物体的运动规律，因而在反映物体运动和变形的真实性方面有了一定的保障，但动力学方法往往只能针对一些简单物体，当物体复杂时，建模比较困难，计算量也大。单纯的动力学方法最大的缺陷是人工控制能力差，而在计算机动画中，单个物体的运动规律或者在运动过程中多个物体之间往往有着一定的约束关系，而满足这些约束的力很难显式地给出，这就需要采用逆向模型（运用较多的是逆向动力学模型）。

逆向动力学模型就是根据对物体运动规律的约束或者运动过程中物体之间的相互约束计算出物体所受的力，物体在这些力的作用下产生的运动将满足前面所给定的约束，这样既能使物体的运动有着较强的真实性，同时又能使其满足约束条件。

逆向动力学运用较多的是由多个刚体组成的集合，集合的各元素间存在一定的约束。例如，A、B 两根棍子的两端由插销连接在一起，在插销处可以发生转动，如图 11.5 所示。A 的一端 a_2 和 B 的一端 b_1 由插销相连，这时，若将 A、B 作为一个物体考虑，则这一物体不是刚体，无法运用式（11.6）、式（11.7）得出其运动规律；若将 A、B 分开考虑，则 A、B 间的作用力无法确定，这就需要采用逆向方法。

在图 11.5 中，已知 A 受到的合外力为 F_a，合力矩为 M_a（不包括 B 对 A 的作用）；B 受到的合外力为 F_b，合力矩为 M_b（不包括 A 对 B 的作用）。设 B 对 A 的作用力为 f_1，A 对 B 的作用力为 f_2，这样由式（11.6）、式（11.7）就可以得出 A 和 B 的运动规律。现在的关键问题是如何确定 f_1 和 f_2。首先，根据作用力与反作用力的关系，有 $f_1=-f_2$，这样，待定的系数只有 f_1；其次，在物体运动过程中，a_2 与 b_1 应始终处于同一位置，这就要求由式（11.6）、式（11.7）得出的 A、B 的加速度和角加速度在 a_2 处的值与 b_1 处的值应相等，而通过这一条件正好可以解出 f_1。

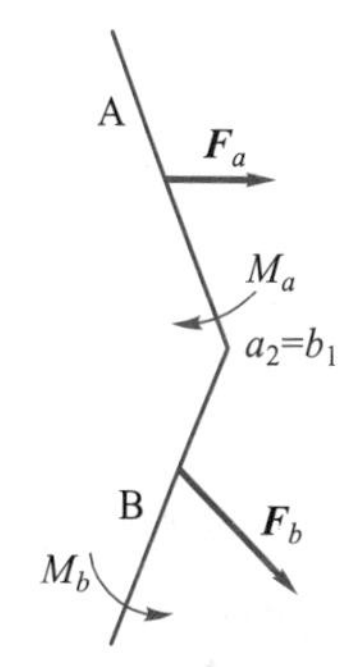

图 11.5　由插销连接的 A、B 两根棍子

上述例子仅仅是逆向动力学模型中一种很简单的情况，主要表现在相关物体少，物体间的几何约束类型单一，当模型中的物体和约束条件增多时，情况将变得非常复杂。美国的 Barzel 和 Barr 等人曾考虑多种类型的约束，研制了一个逆向动力学的系统。系统包括以下 3 个库。

① 体元库。各种刚体的集合，如球、柱、环以及一些形状更复杂的体元，它们作为物体的基本组成单元。造型时除了给出它们的半径、长度等集合参数外，还须给出物体的密度以及动力学方法所需的各物理量，如转动惯量等。

② 外力库。各种类型的外力，如重力、弹力、摩擦力等。在给物体施加外力时，可对各外力指定相应的参数，如摩擦系数、弹性系数等。

③ 约束库。各种类型的几何约束，如方向约束、定点约束等。

这里主要介绍其约束类型及处理约束的方法。约束类型基本分为以下几种。

① 定点约束。将物体上的一点固定于用户指定的空间某点（这个空间点固定不动），物体可以绕着这一点转动，如图 11.6 所示。

② 点点约束。两物体于某点处相连，两个物体在运动过程中，将始终保持该处相连，如

图 11.7 所示。

③ 点线约束。在运动过程中，物体上某点沿某一用户指定的路径运动，类似于运动学方法中的运动控制，如图 11.8 所示。

④ 方向约束。使物体在运动过程中的方向满足某一条件，如图 11.9 所示。

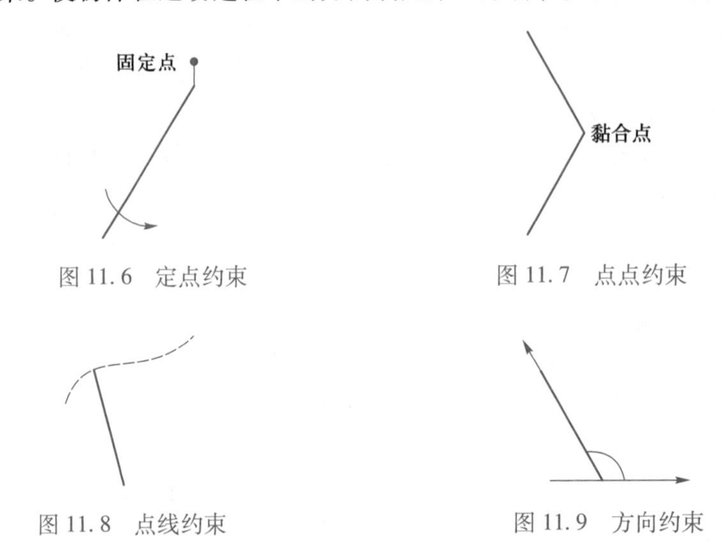

图 11.6 定点约束

图 11.7 点点约束

图 11.8 点线约束

图 11.9 方向约束

系统中控制物体运动的基本思想是首先假定在各约束处存在约束力，物体在外力和约束力的合力作用下运动，根据牛顿运动定律等可以得到各运动要素，如加速度、角加速度与各约束力之间的关系，再根据约束条件得到约束力应满足的方程，解这些方程即可得到各约束力的值。具体步骤如下。

① 定义约束相应的数学量。

② 建立约束-力方程。物体在从这些约束-力方程中解出的力作用下运动时，运动必将满足约束。

③ 将针对各约束建立的约束-力方程组合成一个多维的约束-力方程组。

④ 解这一方程组得到待定的约束力。

逆向动力学方法的关键在于约束-力方程的建立及约束-力方程组的求解。

约束-力方程的建立必须针对各种不同的约束，如在定点约束中，约束力必须通过固定点，且约束力和外力产生的合力使物体绕固定点转动。在 Barzel 等人的系统中，除了给定的约束外，用户还可自行增加不同类型的约束，但对这些增加的约束，用户必须给出其约束-力方程。

约束-力方程组的求解存在以下三种情况。

① 当方程组中的方程个数与未知数个数相同且约束设置合理时，方程具有唯一解，此时只需简单地求解即可。

② 当方程组中的方程个数比未知数个数多时，方程组无解，此时必须根据实际情况减少

约束个数，或者采用类似于最小二乘法的方法求解（采用这一方法求解，必须是方程组中所有约束都无须精确满足）。

③ 当方程组中的方程个数比未知数个数少时，有无数个解可以满足方程组，这时较好的方法是给出一优化原则以求出其最优解。

与单纯的运动学方法或动力学方法相比，逆向动力学模型由于既能保证物体运动的真实性，又可通过由用户增加约束的方法使物体的运动满足某些用户指定的要求，因此较受欢迎。这一方法的主要缺点是模型复杂，计算量大，且用户对系统中待定的约束力和约束方程需要有较多的专业知识。

11.2.4 物体的同步运动

物体的同步运动

计算机动画制作中最困难的问题之一是对运动的同步和并发的规定。这里，“运动”不单是指物体位置和形状的变化，它还表示引起画面改变的各种事件，例如：

① 旋转、平移等刚体运动。

② 物体的变形，如形状、大小发生变化。

③ 物体材料属性的改变，如对光的反射系数、材料的粗糙度、材料的弹性系数等。

④ 系统环境量的改变，如光源的位置、光强的变化。

⑤ 视点的改变。

上述各事件中，物体旋转、平移方面的同步基本上可以通过逆向动力学模型解决，如图 11.10 所示，物体 A 和 B 在 t_1 时刻分别位于 P_a 和 P_b，假设 A 做匀速直线运动，同时，B 做自由落体运动，要求在 t_2 时刻，A 到达 P_2 点，而此刻 B 也正好落在 A 上。要获得这一效果，可采用逆向运动学方法计算出 A、B 在 t_1 时刻的速度 V_a 和 V_b，即

$$\begin{cases} V_a = \dfrac{d_1}{t_2 - t_1} \\ V_b^x = -\dfrac{d_2}{t_2 - t_1} \\ V_b^y = \dfrac{h - \dfrac{1}{2}g(t_2 - t_1)^2}{t_2 - t_1} \end{cases} \tag{11.22}$$

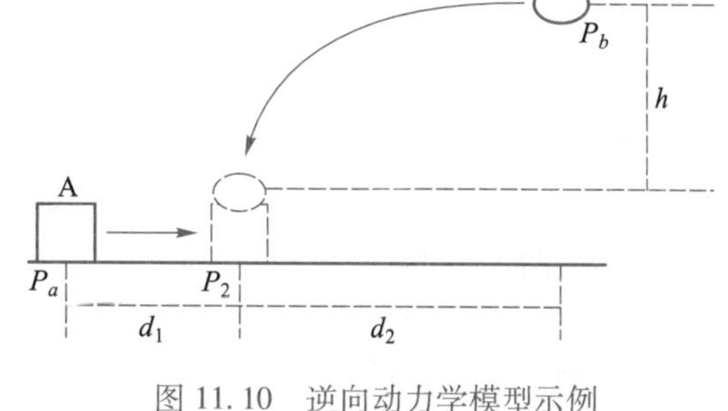

图 11.10 逆向动力学模型示例

这样，A、B 在 t_1 时刻以初速度 V_a 和 V_b 开始运动，即可达到用户的要求。同步问题中较常引用的汽车运动时车轮与车身的同步问题也可采用相同的方法解决。

与几何上的运动相比，较难的还是对物体材料、环境量的改变等控制。目前，基本只能采用将改变量定义为时间 t 的函数，通过对函数形式的选取控制各参量变化的快慢。在动画系统中，在运动同步问题上还须考虑如何给用户提供方便的手段来控制各改变量之间的关系。

11.3 三维动画的创作方法

在三维动画创作中，涉及几何建模、光照绘制以及运动指定等要素。从绘制流水线的角度看，在某个瞬间（某一帧），只要知道此时的物体和场景的几何信息与空间位置，就可以根据光照计算模型绘制出相应的画面。因此，在三维动画的创作中，运动指定是其核心要素之一。在经典的三维动画创作中，运动指定的方法通常包括关键帧、物理模拟和运动捕获等三种方法。近年来，随着人工智能技术的兴起以及动作捕捉技术的普及，诞生了采用机器学习，从大量的运动样例数据中“训练”出运动模型的方法，智能化生成三维动画创作中所需要的运动数据。下面就对这四种方法分别予以介绍。

11.3.1 基于关键帧的动画生成

关键帧动画（keyframe animation）是指通过给定前后两个或者多个表示不同关键状态的帧画面，配合中间帧过渡和插值生成技术，自动完成画面生成的动画制作方式。关键帧动画最重要的特点之一是随时间变化的物体状态和属性。例如，一个三角形在1s内往右移动10个像素，其中在0s设置一个关键帧包含该三角形的初始位置，在1s设置另一个关键帧包含该三角形移动后的位置，中间25帧的过渡画面可以通过计算机技术自动生成补充。因此，关键帧动画是一个或者多个物体随着时间变化而不断改变状态属性的过程。其中所有帧画面的集合称为帧序列，每一帧画面则表示物体在特定时间的状态属性值。考虑到手工完成每一帧画面需要的巨大工作量，关键帧动画革命性地解决了动画制作的效率问题。通过选择重要场景以及明显转折等场景下的关键帧，可以形成复杂的连续动画，并允许动画创作者补充和删减关键帧来优化动画效果。

二维图形的关键帧方法

三维图形的关键帧方法

选择合理的关键帧是关键帧动画制作的重要环节。增加关键帧的数量不一定能提高动画的质量，但缺少合理的关键帧必然会影响动画质量。例如，在平滑过渡的环节选择设置关键帧并不能创建额外的高质量动作，但是在一些重要的转折和突变场景设置关键帧则必不可少，不然这些场景中的动画过渡就会显得生硬。以人体骨架为例，如果对一个简化的人体模型设计关键帧动画，使其跑起来，需要对各个时间点上对应的手部、足部及头部、身体躯干等部位的位置、朝向和移动幅度等设置关键帧，循环往复就可以形成连续的正在跑步的人体关键帧动画。

除了通过人工手动指定每个关键帧中人体骨骼各部分的位置和朝向外，还可以通过动力学模型计算各个部位的姿态。基于关键帧的角色动画中的骨骼运动通常遵守特定的动力学原理，例如人体骨骼中是上臂带动前臂，前臂带动手部，手指的运动则基于手部的位置，而且各个部位的伸长距离和旋转角度都有生理模型约束（图11.11）。

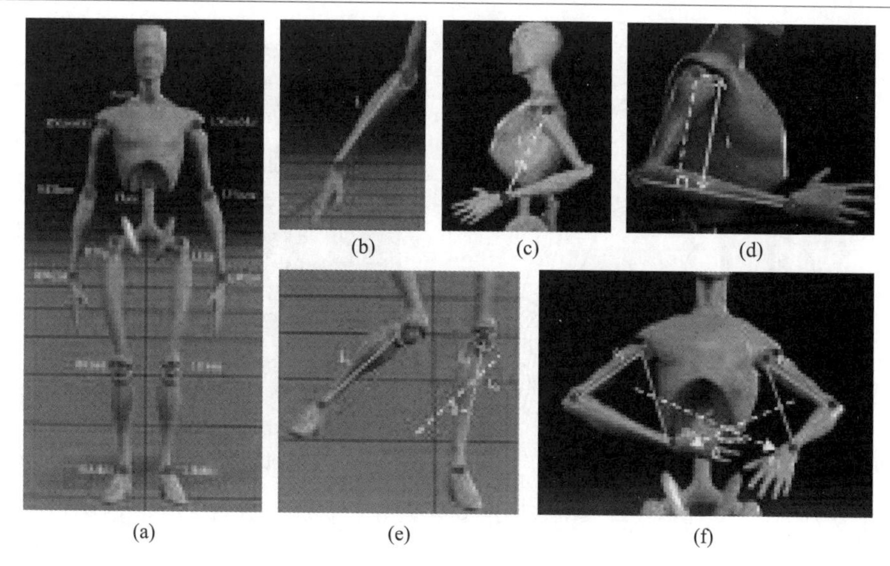

图 11.11　人体骨骼的动力学模型

针对这种情况，在定位和动画骨骼的关键帧设置中，有前向动力学（forward kinematics）和逆向动力学（inverse kinematics）两种方法来规范生成的骨骼动画。前向动力学方法比较简单，用户指定骨架的每个骨骼和关节的旋转角度、位置等，系统可以计算出动画人物在这一关键帧的姿势。例如，在图 11.11（a）中，用户指定关节的夹角 α、β，系统很容易通过旋转变换计算出相关的每个关节点的位置，这就是前向动力学。

关键帧指定的另一个重要方法就是逆向动力学。它可以让用户指定一些子关节点的位置、角度，然后系统自动计算出骨架的形态。在逆向动力学中，系统需要考虑运动平衡的维持、关节点的角度限制、身体和四肢之间的碰撞等。图 11.12 所示是一个逆向动力学的例子，用户指定位置 A，关节的夹角 α、β 由系统自动计算。

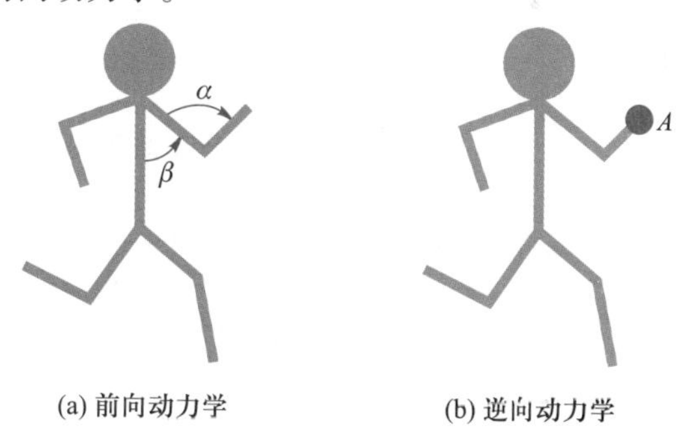

图 11.12　关键帧指定的两种基本方法

可以通过机械臂的运动控制来直观地理解这两种动力学模型。例如，对图 11.13（a）所示的拥有三个自由度的机械臂进行控制，可以直接对每个自由度进行控制，通过控制相应关节的转动来改变钳子的位置，这就是前向动力学。而在图 11.13（b）所示的焊接场景中，需要精准地控制焊接头移动到指定的位置进行焊接，这就需要根据焊接头的目标位置反算出机械臂每个关节点需要旋转的角度，这就是逆向动力学。逆向动力学只有在一个骨骼（图 11.14）或两个相连骨骼（图 11.15）的情况下才可能存在“解”。

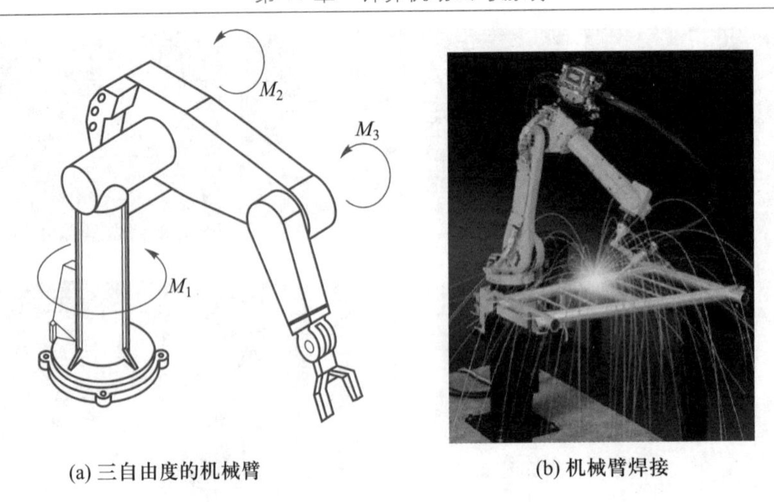

(a) 三自由度的机械臂　　(b) 机械臂焊接

图 11.13　两种动力学方法应用于机械臂的控制

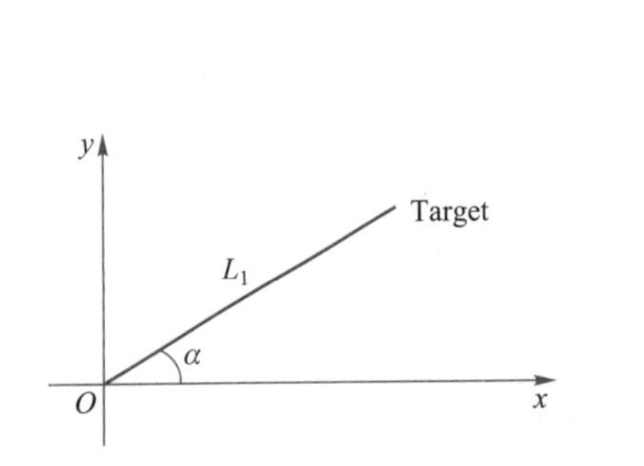

图 11.14　只有一个骨骼的逆向动力学示例

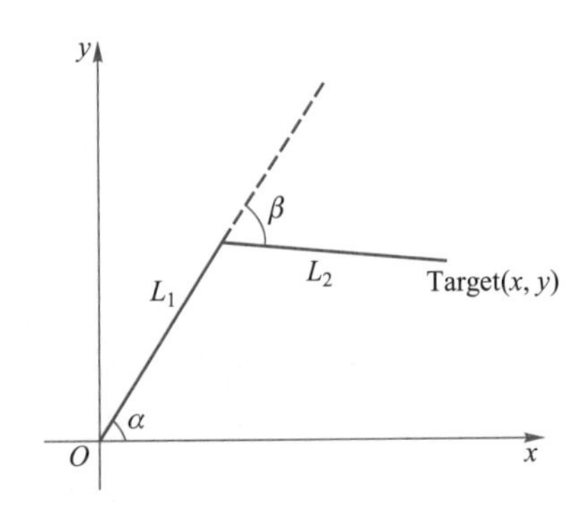

图 11.15　两个骨骼相连的逆向动力学示例

对于二维空间中只有一个骨骼的情况，如图 11.14 所示，其前向动力学方程为

$$\text{Target}.\,x = L_1 \cos\alpha \tag{11.23}$$

$$\text{Target}.\,y = L_1 \sin\alpha \tag{11.24}$$

其逆向动力学方程为

$$\alpha = \arccos\left(\frac{\text{target } x}{L_1}\right) = \arcsin\left(\frac{\text{target } y}{L_1}\right) \tag{11.25}$$

对于在二维空间中两个骨架相连的情况，如图 11.15 所示，其前向动力学方程为

$$\begin{aligned}\text{Target}.\,x &= L_1 \cos\alpha + L_2 \cos(\alpha-\beta)\\ \text{Target}.\,y &= L_1 \sin\alpha + L_2 \sin(\alpha-\beta)\end{aligned} \tag{11.26}$$

其逆向动力学方程为

$$\beta=\arccos^{-1}\left(\frac{\text{target}.x^2+\text{target}.y^2-L_1^2-L_2^2}{2L_1L_2}\right)$$
$$\alpha=\arctan^{-1}\left(\frac{L_2\sin\beta\cdot\text{target}.x+(L_1+L_2\cos\beta)\cdot\text{target}.y}{L_2\sin\beta\cdot\text{target}.y+(L_1+L_2\cos\beta)\cdot\text{target}.x}\right) \tag{11.27}$$

逆向动力学方程和前向动力学方程本质上是一样的，只是在前向动力学方程中，需要求解的是 Target. x 和 Target. y，而在逆向动力学方程中，需要求解的是 α 和 β。

而对于三维空间中的两个或者多个骨架连接的情况，则需要采用约束优化的方法来求取关键帧中骨架的姿态。例如，在图 11.11 骨架结构图所给出的上半身姿态的描述中，其每个运动姿态参数描述如图 11.16 所示。

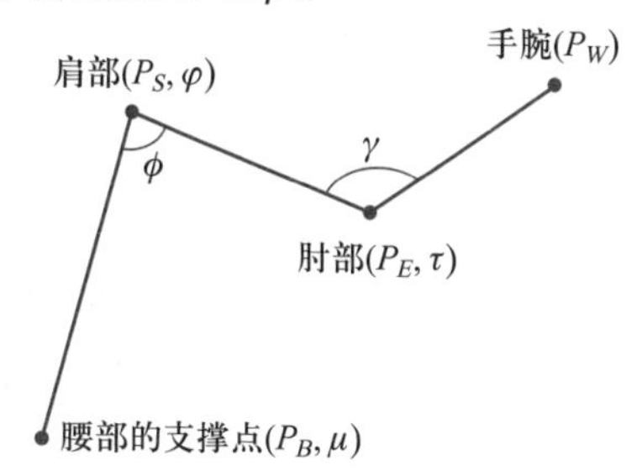

图 11.16 上半身的运动姿态参数描述

其中，φ 是肩部关节点的旋转角度，其三个分量 φ_x、φ_y、φ_z 分别定义了肩肘骨骼相对于肩部关节点绕 x、y、z 轴的旋转，可类似地定义绕腰部和肘部关节点的旋转量为 μ 和 τ。P_B、P_S、P_E 和 P_W 分别是腰部、肩部、肘部和手腕的关节点的位置。ϕ 和 γ 是肩关节和肘关节的夹角。

对于一个特定的动画人物，其每个骨骼的长度一般是固定的。因此，在支撑点位置 P_B 给定的情况下，上半身姿势描述（μ，φ，τ，P_E，P_W，P_S，P_B，γ，ϕ）中的骨架的实际自由度只有 9 个（P_E、P_W、P_S、γ、ϕ 可直接通过 μ、φ、τ 的 9 个旋转分量获得）。因此，可建立如下目标方程：

$$E_{\text{optimal}}(\mu,\varphi,\tau)=\|P_{E'}-P_E\|^2+\|P_{W'}-P_W\|^2+\|P_{S'}-P_S\|^2+\|\gamma'-\gamma\|^2+\|\phi'-\phi\|^2 \tag{11.28}$$

其中，$P_{S'}$、$P_{E'}$ 和 $P_{W'}$ 是肩部、肘部和手腕关节点当前求解得到的位置，ϕ' 和 γ' 是当前求解得到的关节夹角。P_S、P_E 和 P_W 是肩部、肘部和手腕关节点的目标位置，ϕ 和 γ 是目标的关节夹角。求解目标是使得 $E_{\text{optimal}}(\mu,\varphi,\tau)$ 的值小于阈值。根据逆向动力学原理，动画师只要指定肩部、肘部和手腕关节点一个新的位置或者新的关节夹角，系统就能自动计算出相应的 μ、φ 和 τ，这样，动画师就可以通过逆向动力学方法指定关键帧中人物的运动姿态。

可以看出，前向动力学制作关键帧的优点是计算简单和运算速度快，主要缺点是动画师需要指定每个关节的角度和位置，制作效率低下，而且由于骨架的每个关节点之间有内在的关联性，直接指定每个关节点的值很容易产生不一致和不自然的动作。逆向动力学的主要不足之处在于计算量大，但优点是用户的负担比较轻，只需要指定主要关节点的位置即可。

11.3.2 基于动作捕捉的动画生成

动作捕捉是将人或者其他演员的行为动作通过各种传感器记录下来，保存为数字轨迹，转换为计算机系统能够理解的形式，并重新绑定到目标角色的骨骼上，从而让数字化角色对象获得和演员一致的动作。在技术的实现原理上，可以将它看成两个分开的部分，包括演员动作数据的采集和动作数据在虚拟角色上的重新映射。数据的采集需要借助一系列传感器，例如彩色和深度摄像头阵列、微惯性测量单元等。这些传感器能够以高分辨率捕捉演员的实时动作，并将其中的关键点在不同时间空间中的信息记录下来，以数学量和符号集合的形式保存完整的动作轨迹。这些数学量包括相对坐标系统中的空间位置、移动速度、角度、旋转量等。

动作捕捉动画（motion capture animation）的特点是它的逼真度。从计算机动画制作的流程来看，运动捕捉可以在演员表演的阶段就直观地看到角色的动作结果，从而使导演、演员和动画师之间的沟通更加高效、顺畅。另外，由于动作捕捉的实时性和精确性，可以快速通过演员产生准确、专业的动作数据，而并不需要开发者和动画师拥有特定的领域知识，这是关键帧动画无法达到的。动作捕捉的目的是捕获能够观察记录的运动形式，因此运动的对象是广义上的演员，包括专业的表演者、普通大众甚至是动物。由于动作捕捉能够忠实地记录和反映演员的运动特征和形体特征，并在很大程度上能够捕捉演员在连续动作过程中所表现出来的个性化特征，例如一些无意识的身体动作等，因此也被高质量影视动画制作所认可，并已经成为标准的计算机动画制作方法之一。

动作捕捉技术可以看作一种正向动力模型驱动的动画制作方法，典型流程如下所述。

首先，根据动画主题剧本设定情节，准备好每个分镜头所需要的动作，然后根据动作的要求（例如形体、姿态、动作、技能要求等）确定合适的演员。

然后，导演、演员和动画师等工作人员一起协作，完成分镜头动作的表演和记录，并对数据进行去噪声等操作后，保存动作信息。

其次，将捕捉到的动作数据绑定到目标角色的骨骼上，并通过正向动力学模型，使绑定的数据能够驱动骨骼形成运动姿态的每一帧。

最后，根据每一帧的运动姿态映射和驱动计算机动画中角色的动作，结合变形等方法生成每一帧的三维角色模型，最后渲染绘制得到完整的动画序列。

11.3.3 基于物理模拟的动画生成

基于物理模拟的动画生成，是指根据真实世界的物理规律、物理模型和指定的约束条件，使用算法或者过程来模拟产生运动或者动作序列。在动画创作中，涉及的物理属性和规律包括质量、弹性碰撞、压强、体积、速度、压力、摩擦力、风力、转动力矩等，并需要根据动力学、运动学等原理来模拟产生物体的运动数据。当场景中的物体受到外力作用时，采用牛顿力学方程就可以自动产生物体在各个时间节点的位置、方向以及形状等。对于流体动画的创作，则通常采用流体动力学方程来模拟水流、颜料等液体的流动。它能逼真地模拟多种物理现象的变化过程，在烟雾动画、流体动画、服装动画等过程动画的创作中获得了成功应用。基于物理模拟的动画生成的优势在于，很容易根据运动的要求配置相应的参数，初学者也能生成高质量的动画序列。

除了过程动画外，基于物理模拟的动画生成方法也可以应用于人物动画的创作中。在人物动画中，通常是通过计算各个关节点的力矩等驱动人物角色在场景中运动。由于人物角色的动力学系统是一个非线性的运动控制系统，关节之间耦合度高、运动的自由度多，因此，基于物理模拟来进行人物动画创作面临很大的挑战。常见的基于物理模拟的人物动画生成方法包括以下几种。

① 轨迹规划法。它综合了生物力学规律和优化计算方法，把人物角色运动轨迹所需要满足的约束条件表达为约束函数，并结合生物力学原理设立合适的目标优化方程，从而把人物动画生成问题转化为一个离线的时空优化问题。动画师根据创作要求修改约束函数和目标方程，计算机就能够自动生成满足条件的人物动画序列。

② 动力学优化控制法。它源于优化控制理论，通过多目标优化模型实时计算满足动画师高层运动控制要求的人体关节力矩，驱动人物角色的运动。它与轨迹规划法的差异在于：轨迹规划法全局优化计算人物角色的整个运动序列，而动力学优化控制法则注重当前局部时空的运动片段。

③ 低维物理模型法。它通常使用一阶倒立摆、弹簧倒立摆等低维物理模型来模拟计算人物角色的整体运动信息，然后结合人物角色的运动特征以及用户参数控制，合成相应的人物角色运动数据。该方法可以有效减少优化控制变量，增强对外部干扰、地形变化的稳定性。

上述物理模拟方法对简单的运动比较有效，但缺少系统性的方法来描述一个复杂的运动，或者一个具有细微特性的运动。因此，近年来结合运动捕捉数据，研究人员提出了数据驱动的物理模拟等混合型人物动画生成方法。例如，根据约束条件和动画师的创作需求，从运动捕捉数据库中筛选出符合要求的运动数据片段，然后通过物理模拟方法生成这些运动片段之间的连接过渡数据，并合成出人物角色的最终动画序列。当然，为了生成更加复杂多样的人物角色运动数据，基于物理模拟的人物动画生成方法在地面接触模型、关节空间的参数控制、人物角色的平衡控制、自然逼真性等方面依然面临不少技术挑战。

11.3.4 基于机器学习的智能动画生成

随着动画产业的发展，快速、高效的动画制作方法成为计算机动画发展的重点方向之一。动作捕捉技术的普及，使得动画产业界已经积累了大量、高质量的动作数据。虽然传统的动作编辑与合成技术为动作素材的重用提供了有效的技术途径，但把这些动作数据重新应用到新的环境、新的人物角色上，仍然需要动画师大量人工辅助的工作。为了更加快速地创作计算机动画，采用机器学习等人工智能方法，从积累下来的动作样本数据中建立运动模型，并自动/半自动地应用于新的人物角色上和新的场景中，是当前计算机动画领域的研究热点之一。

本质上，动作数据是一个时间和空间高度耦合的时序数据。采用神经网络等深度学习技术来进行运动数据生成的优势为，在大数据样本空间下，对数据分布的拟合精度有显著提高，可以有效处理人体运动数据这类维数高且在时间和空间两个维度都具有较大相关性的数据序列。目前，智能动画生成的大部分神经网络模型是基于时序卷积网络或 LSTM（long short-term memory，长短期记忆）的网络模型。

在双足人物角色的动作生成中，比较有代表性的是基于相位函数的神经网络 PFNN（phase-functioned neural network），它在卷积自编码网络的基础上加入了实时控制机制，将运动相位作为网络模型的输入。运动相位可以看成是运动的周期，在走路、跑步这些简单的运动中，可以通过标记脚和地面的接触来计算运动的周期。PFNN 的基本思路是通过一个相位函数生成周期性的权重变量，作为神经网络模型中的权重，根据相位的变化、前一帧运动状态以及场景的几何形状等就可以预测和生成当前帧的人物角色动作。它可以自动生成动作，让角色适应不同的几何环境，比如在崎岖的地形上行走和奔跑，爬过大石头，跳过障碍物，蹲在低矮的天花板下，等等。

在四足动画角色的动作生成中，一方面，四足运动比双足运动具有更高的复杂性；另一方面，四足动物不像双足人物角色（人类）那样可以受控地进行数据采集，训练样本的采集受到很大限制。虽然 PFNN 能够通过相位的控制生成高质量的双足动画，但是不能直接将 PFNN 模型应用到四足角色上，因为四足动物的步态转换十分复杂，无法手动标记相位，因而提出了模式自适应神经网络（mode-adaptive neural network，MANN）。它由运动预测网络和门控网络组成。运动预测网络在给定前一帧中的状态和用户提供的控制信号的情况下，计算当前帧中的角色状态；门控网络通过选择和混合专家权重（expert weight）来动态地更新动态预测网络的权重，用于实时地生成四足角色的运动。在进行模型训练时，它通过对非结构化运动捕捉数据以端到端的方式进行训练，不需要相位或运动步态的标记。在地形适应方面，MANN 对输出的运动进行 CCD（cyclic coordinate descent，循环坐标下降）全身反向动力学后处理。在进行动作生成时，从智能体行为建模中的行为控制模块得到运动趋势控制（替代训练模型时的用户控制），输入训练好的动作生成模型中，就可实时地生成流畅、符合当前地形的高质量动作。

更高层次的智能动画生成方法是利用计算机程序脚本（script），根据指定的规则自动生成动画效果，将角色生成、动作设置、渲染输出等流程性的工作内容自动化，从而让动画创作者只需关注动画的场景、角色行为互动等核心剧情元素。基于脚本的智能动画生成方法主要包括场景模拟、动作控制和动画生成等要素。场景模拟脚本主要根据预设的场景对象和参数生成定制的计算机动画场景，并支持通过与动画角色和物体的互动来调整场景效果。动作控制是指动画中人物或者其他对象的动作生成，包括利用动力学模型、运动学模型和行为学模型等，通过大量的数据表达和多层次、多粒度的动作细节描述生成特定的动作序列。动画生成是指动画创作者和开发者通过动画描述模型控制动画序列生成。常用的描述模型根据内容的抽象程度分为底层描述语言和高层描述语言，两者都能对动画制作过程和对象提供抽象描述，但是高层模型具有更强的并发控制、角色调整、环境智能以及动画优化等功能。根据脚本描述的对象，它还可以分为以人物角色为核心的脚本描述语言、面向动画过程记号的脚本描述语言、基于时间线的脚本描述语言、基于时序算子的脚本描述语言和基于知识的动画脚本描述语言等。

11.4 计算机游戏概述

11.4.1 计算机游戏的概念

游戏的英文单词是 game，含义为比赛、竞赛等。从词源上看，游戏、比赛等竞技活动是一脉相承的。随着计算机图形技术和人机交互技术的快速进步，人们开始关注如何将这些技术应用于娱乐，由此诞生了计算机游戏（computer game），也称“电子竞技”。计算机游戏是典型的技术和艺术融合的产物，它具有丰富的画面效果和吸引人的交互反馈，结合计算机动画和多媒体效果，已经成为广受大众欢迎的娱乐方式之一。早期的游戏主要是基于非对抗性竞技衍生出来的友好比赛，主要体现为游戏参与者之间的对抗。随着游戏逐渐进入人们的生活，游戏已经脱离了单纯的体力比赛，更多地转变为力量和技巧、策略相结合的综合竞技过程，让人们通过游戏过程体验到放松和愉悦。

计算机游戏随着显示技术和交互技术的发展，也经历了不同的发展阶段。例如，电视机出现并普及后，游戏通过外接电视的游戏主机盒子进入家庭，虽然只能通过阴极射线管技术的显示器显示黑白画面和单通道声音，但通过遥控器和手柄实现的实时互动引起了游戏玩家的极大兴趣（图 11.17）。随着彩色显示技术的成熟和成本的下降，电子游戏迅速占领了街头游戏厅和家庭多媒体娱乐的中心地位（图 11.18）。之后，个人计算机和因特网进入家庭，促进了在线网络游戏（图 11.19）的发展，并形成了网吧等集中的计算机游戏竞技场所。当前，手机和平板计算机等智能终端设备的普及以及移动互联网技术的发展，使计算机游戏拓展到了手机等移动终端，并形成了专门的手机游戏产业（图 11.20），使手机游戏普及到千万玩家。

图 11.17　基于黑白电视机的电子游戏

从本质上看，计算机游戏仍然是一种基于计算机平台的、人机互动的娱乐形式。由于游戏高度强调互动和体验，因此它也是最先探索和尝试新的计算机技术和人机交互技术的领域。高度互动性要求游戏能够满足玩家在操作上对游戏内容与资源的控制，交互方式的丰富程度及满足玩家随心所欲的控制程度越高，玩家能够探索和发挥的可能就越大，得到的游戏可玩性体验也就更充分。在游戏中，玩家的交互操控直接影响和改变着游戏的剧情发展，例如在过关游戏中，交互操作的及时、准确、灵敏能够更好地帮助玩家达到游戏的最终关卡，体验完整的游戏剧情，反之玩家只能提前结束游戏，仅得到其中一部分体验。因此，游戏操控的交互水平往往反映了最新交互技术的前沿水平。

图 11.18　基于彩色电视显示技术的电子游戏

图 11.19　实时战略对抗网络游戏

图 11.20　基于移动终端的游戏

计算机游戏通常会设定一个目标，让玩家通过各种方法、途径得到最终成功的体验，它兼有过程导向和结果导向的特点。因此，从内容上看，计算机游戏不同于传统的喜剧和电影，它通过技术融合了更多内容供玩家体验，是一种更高层次的综合艺术。有人把计算机游戏称为除小说、美术、歌剧、建筑、雕塑等艺术形式之外的第九种艺术，它的艺术性包含了世界观、剧情、规则、人物、互动以及多媒体音乐等。因此，无论是从技术角度还是从艺术角度，游戏的互动吸引力都远远超过了传统艺术形式，并通过构建虚拟的游戏世界（图 11.21），让玩家体会到计算机动画、交互以及故事情节融合后的作品价值。

图 11.21　精彩游戏案例

游戏还具有一定的社会性，可以辅助拓展游戏玩家的个人体验。例如，玩家可以组成团队挑战即时策略游戏，从中提高团队合作能力。多人游戏中玩家之间的对话具有一定的社会性，能在某种程度上帮助玩家积累实际可用的社会经验。同时，游戏能提供巨大的满足感，玩家可以在游戏过程中获得情感共鸣、自我反省和自我肯定，具有宏大叙事背景的游戏甚至鼓励玩家探索虚拟游戏世界，体验创造历史的感觉，从而丰富现实世界中的生活。

游戏的灵魂是可玩性，这也是游戏区别于其他媒介的最重要特征之一。例如，游戏中需要有剧情设计，将虚拟游戏世界中的人物角色和规则、道具、事件结合起来呈现出一个合理的世界观。玩家如何与其他角色互动，角色如何随着游戏中经验的增加而升级，玩家的装备和策略采用什么样的经济模型等，不同的世界观会带来不同的游戏可玩性体验。典型的例子包括，格斗游戏会偏重人物特点和技能并省略一些故事发展剧情，策略对抗游戏会偏重群体行为与攻击、防御的调配组合等，而射击游戏会更强调场景与射击的真实感反馈等。

11.4.2 计算机游戏的发展

计算机游戏是伴随着计算机系统以及计算机图形技术发展起来的。早期的计算机由于硬件体积庞大且主要用于科学计算，作为游戏平台的潜力并未充分显示出来。1961 年，大型计算机 PDP-10（图 11.22）上首次成功运行了太空大战游戏，展示了计算机作为游戏平台的巨大潜力。1978 年，TRS-80 个人计算机（图 11.23）上运行的冒险岛游戏，正式开启了今天上百亿美元市场规模的个人计算机游戏市场。这之后，任天堂、世嘉和雅达利等游戏厂家纷纷推出了计算机游戏，并逐渐形成了主导地位（图 11.24）。

图 11.22 PDP-10 大型计算机

图 11.23 TRS-80 个人计算机

图 11.24 早期的任天堂游戏

进入 20 世纪 80 年代，随着个人计算机的逐渐普及，计算机游戏的主题开始扩展到除冒险、动作和设计游戏外的策略游戏、战争游戏和体育游戏等各种风格的游戏。特别是在 20 世纪 80 年代前中期，随着创世纪系列和 Sir-Tech 公司开发的巫术（wizardry）系列游戏的推出，这类基于个人计算机和电子游戏机系统平台开发的游戏，直接推动了后期游戏进入黄金时代。到 20 世纪 90 年代，Interplay Productions 和暴雪娱乐等游戏公司开发的一系列角色扮演游戏逐渐通过市场推广树立了游戏开发的基准框架。在经过一段快速成长期后，计算机游戏由于开发成本快速升高及与硬件技术升级之间的错位，进入了长达近十年的衰退期，其间不受欢迎的游戏快速消亡，新的热门游戏则迟迟无法上市。

进入 21 世纪，随着计算机动画技术和三维渲染技术、多媒体处理技术的不断进步，3D 游戏引擎被应用于游戏制作，提高了画面质量并使游戏世界的呈现更加逼真。此外，互联网技术和智能终端的爆发式增长，使多平台游戏进入了快速增长期，并逐渐形成了基于游戏主机、智能终端、桌面终端等平台的游戏产业生态。在游戏类型上，大致形成了角色扮演、第一人称射击、动作、格斗、实时策略、回合制策略、模拟游戏、冒险游戏、体育类游戏、赛车类游戏等类别。

11.4.3 计算机游戏开发流程

计算机游戏开发是一项系统化的创作工程，需要协调从策划、开发到发布和市场运作等多个环节（图 11.25）。参与上述环节的开发人员主要包括企划人员和开发人员两类，前者包括制作人、总监、策划人员和剧本作家等，后者包括美术设计师、程序开发人员、音乐制作人等。游戏制作人负责游戏的整体合约、计划、预算以及全流程协调等；总监负责游戏作品的设计制作与开发以及后期作品管理；策划人员负责游戏策划、宣传和市场协调；美术设计师负责游戏的画面效果设计和角色形象设计；程序开发人员负责开发计算机程序，实现游戏内容和交互；音乐制作人负责音乐制作和游戏混音，以及对游戏音乐进行剪辑、数字化创作和管理。

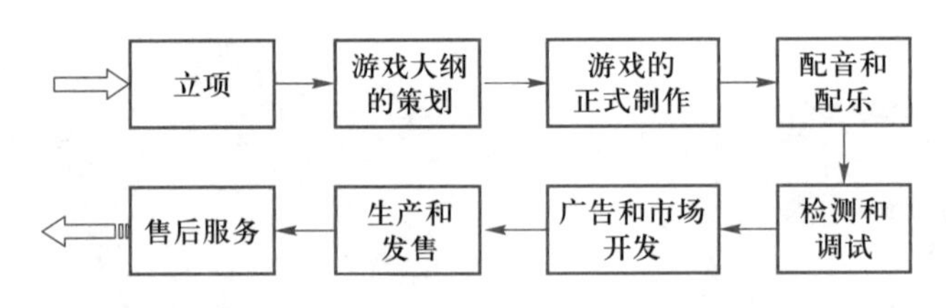

图 11.25 游戏制作关键流程

游戏大纲的策划是决定游戏类型、风格、玩法和世界观的重要步骤。其中，游戏类型指游戏的具体形式；游戏风格指场景和角色的视觉形象与美术风格，目的是渲染游戏的氛围，一般与游戏的主题类型紧密相关；玩法指游戏设置的任务和玩家为完成任务需要采取的行动；世界观指游戏所处的叙事背景，为各角色形象、道具、场景和武器等提供故事背景并设定游戏的内容边界。游戏开发策划的另外一个重要部分是设定游戏的大纲。游戏大纲指游戏的整体规划，内容包括游戏的整体框架，各场景中的玩法、角色、道具设置，程序开发的需求及配合的美术设计效果等。游戏大纲可以较全面地呈现出游戏完成后的预期效果，但对于具体的实现效果，仍需要在设计开发过程中优化。

游戏的正式制作涉及美术制作和程序设计等，是游戏开发流程中的主要步骤之一。这个阶段涉及的人员最多，开发设计等工作的协作最密集。这个步骤的主要任务是实现游戏大纲的所有细节，美术设计师负责风格呈现部分，程序开发人员负责功能实现部分，音乐制作人负责音效和其他配乐的制作。上述人员需要及时交流，配合推进游戏的主体开发。

开发完成的游戏需要通过检测和调试后才能正式发布。检测、调试的对象包括游戏的参数，程序的运行状态与结果，游戏中各角色、道具及两者之间的交互效果，部分游戏还包括游戏中的经济系统核查等。在游戏程序及其参数检查完毕之后，通常还会进行一轮或者多轮的内部模拟测试，通过邀请一部分用户优先体验游戏并帮助反馈游戏程序和玩法方面的不足，从而在大规模上线运营前确保游戏的稳定、可靠。

11.4.4 游戏开发引擎

计算机游戏开发存在很多可以重用的部分，例如底层硬件接口、物理效果仿真、光影渲染、标准输入输出交互接口等。现代计算机游戏开发涉及越来越多的图像和音乐等素材，并且更多地强调场景的逼真感和用户交互的体验感，游戏文件变得日趋庞大。一方面，这为游戏体验提供了良好的资源支撑；另一方面，这也给设计开发人员提出了挑战——如何节省人力物力来更快更好地开发游戏。游戏引擎应运而生。

在计算机游戏的早期阶段，设计开发一款游戏一般需要一年甚至更长时间。但是，越快的开发速度通常意味着越多的游戏上市和越多的用户订阅、购买游戏。因此，考虑到一些计算机游戏平台具有良好的通用性，部分开发人员尝试利用已有游戏的底层框架和代码开发新的游戏。这种框架本质上是一个具有较好通用性的游戏底层框架平台。在游戏引擎基础上，计算机游戏可以看作一个应用程序，利用游戏引擎的建模、动画、光影和其他特效、网络、文件管理等模块接口实现最终的游戏效果。

根据支持的核心功能不同，游戏引擎可以大致分为以下几种：光影效果引擎，它负责游戏场景中物体对象的反射、折射等光照显示；动画生成引擎，它负责为角色形象的骨骼或者模型匹配上对应的动作，并生成变形动画；物理引擎，它负责模拟真实世界中的重力等物理规律，控制游戏中物体的运动方式和碰撞等互动效果；渲染引擎，它负责计算机游戏画面的实时计算和显示，将光影、动画、特效等所有视觉元素根据用户的视点渲染显示在屏幕上；交互引擎，它负责处理用户与游戏之间的所有输入输出活动，部分交互引擎还结合了网络模块，用于管理多用户游戏的通信和协同。

常用的游戏开发引擎有 Cocos2d-x、OGRE、CryENGINE、Unreal Engine、Unity3D 等。其中，Unity3D 是一款由 Unity Technologies 公司研发的跨平台、兼容二维和三维游戏的引擎，支

持跨平台单机游戏开发、智能终端游戏开发及其他游戏主机平台的视频游戏开发。目前，Unity3D 已经支持大部分主流游戏平台，包括虚拟现实和增强现实游戏平台。另外一款知名的游戏引擎是 Epic Games 公司开发的 Unreal Engine 游戏引擎。它最早的应用领域是第一人称射击游戏，目前已经被用于游戏、建筑、交通和运输、体育实况转播、影视以及模拟仿真等诸多领域。Unreal Engine 包含渲染、碰撞检测、人工智能、图形、网络和文件管理系统等模块。其中渲染是该引擎的重要特征之一，例如新发布的引擎版本 5 中就采用了 Nanite 和 Luman 两种核心技术分别处理游戏场景中的复杂几何体和光照细节，取得了惊人的真实感效果。

当然，游戏开发引擎的终极目标用户群体是游戏创作人员，它提供相应的编辑和开发工具，自动/半自动地把游戏创意转化为一个具体的游戏作品。

11.5 游戏场景的组织与绘制

游戏场景的每个场景物体对应一个具有三维空间属性的对象。例如，玩家、建筑、地形、粒子特效、道具以及一些音量、摄像机等隐藏的物体属性都属于场景物体。非场景物体的例子有游戏中的用户界面、用户界面上的物品道具、玩家的生命值和攻击力等属性、物理规律、贴图等。

11.5.1 游戏场景管理

随着计算机图形学技术的发展，游戏画面的视觉效果日益逼真，在游戏场景中也涉及越来越多、越来越复杂的地形、角色、道具等场景物体。如果将这些游戏场景对象以相同的层次细节进行管理，会造成计算资源的浪费。因此，游戏场景管理中引入了层次包围体（bounding volume hierarchies），这是一种基于图元（primitive，指构成场景的基本元素，例如三角形、球面等）划分的空间索引结构。它的特点是将场景中的图元划分成不相交的空间结构，相应地，基于空间划分的空间索引结构的特点是将空间划分为不相交的层次结构。在游戏场景的典型层次包围体（图 11.26）中，图元存储于叶节点上，每个节点存储一个包含其他所有子节点内图元的包围盒。

在基于图元划分的空间索引结构中，每个图元在整个结构中只出现唯一一次，不同的是一个空间区域可以被多个节点包含。另外，基于图元划分的空间索引结构对最大内存消耗是可预计的。例如，每一个节点包含两个子节点，叶节点存储一个图元，所有非叶节点的度为 2，则总的节点个数为 $2n-1$，即 n 个叶节点，$n-1$ 个非叶节点。

建立层次式包围体主要有三个步骤：首先计算游戏场景中每一个图元的包围盒、质心等信息并存储到数组，然后根据不同的划分策略建立树状索引结构，最后将其转化为更加紧凑的表示形式。这个构建过程可以看作一个递归过程，其中最重要的是对图元的划分，例如利用坐标轴划分、基于表面积评估划分等。

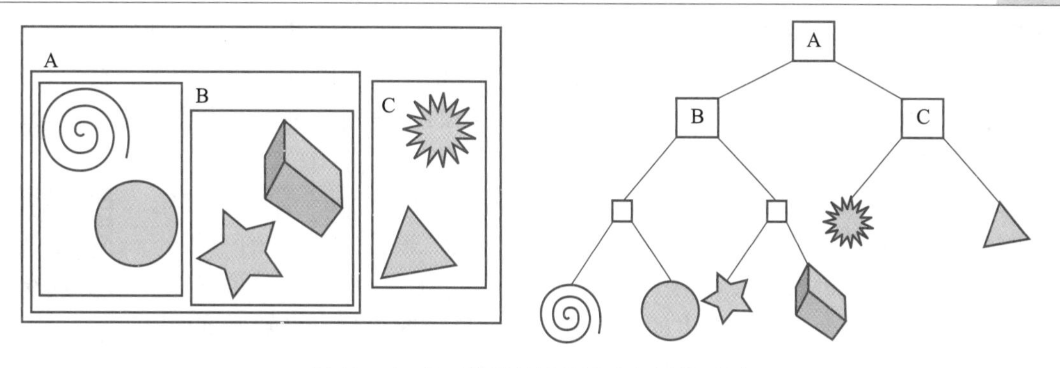

图 11.26 基于简单场景的层次包围体示例

二元空间分割（binary space partitioning，BSP）是一种使用平面对空间进行自适应划分的空间分割方法。它的根节点是一个包含整个场景的大包围盒，如果包围盒中图元的数目大于指定的阈值，包围盒就用其中一个平面一分为二。图元会与其重叠的半边包围盒相关联。一个图元同时与两边的包围盒重叠，会同时关联到两个包围盒上。因此，二元空间分割无法预测最大内存资源消耗，但 BSP 树的最大优点是，对于静态游戏场景，可以采用画家消隐算法，通过 BSP 树的遍历快速实现整个游戏场景的绘制。

空间划分是一个递归过程，即通过不断的分割，直到节点包围盒中的图元数量小于指定阈值或者树的深度达到最大值。划分平面可以放置于包围盒内任意位置且具有不同朝向，因此二元空间分割能够很好地处理非均匀分布的几何体。以 KD 树（KD-tree）为例，它限定划分平面必须垂直于某个坐标轴，确保了遍历和构建的效率，但在空间划分时灵活性稍有不足，选择哪个坐标轴进行划分，从哪个图元开始划分，最大深度以及最大图元数如何设置等都会影响计算性能和划分质量（图 11.27）。

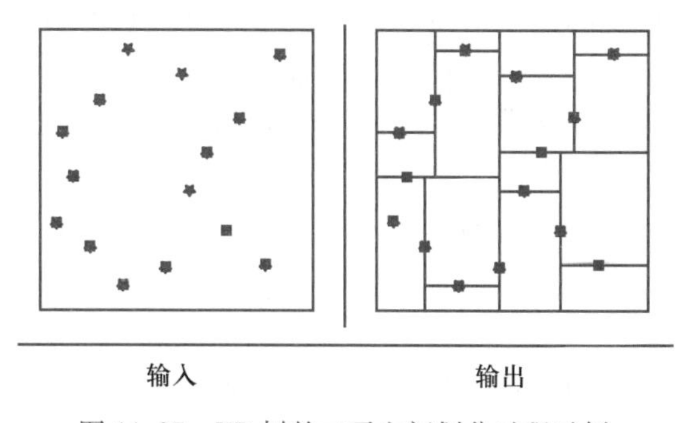

图 11.27 KD 树的二元空间划分过程示例

11.5.2 游戏快速绘制技术

快速绘制与视觉效果生成对三维游戏的体验有非常重要的影响。从光影绘制来看，它涉及光照、纹理、阴影、场景以及可见性等对象属性，决定了三维游戏画面呈现给用户的主要内容。如何让这些对象的绘制具有真实感是当前计算机图形学的核心研究内容，它的目标是绘制像照片一样真实的游戏画面。因此，三维游戏中的快速绘制也可以看作对三维场景进行高保真度的拍照。

画家算法

从三维模型出发到绘制真实感的游戏场景需要完成以下几个阶段。首先，需要通过取景框进行视角变化。取景框只能看到整个三维游戏场景的一部分，它受到视点位置、相机朝向及观察坐标系等因素的影响。因此，需要将三维游戏场景中的坐标系转换为取景框中的观察坐标系，从而获得玩家能够看到的画面。然后，进行取景过程的可见性计算。由于三维场景中不可避免地存在多个物体之间的相互遮挡以及景深、运动模糊等因素的影响，需要根据视点观察到的画面进行裁剪和消隐处理。这个步骤可以使用 Z-buffer、窗口子分、画家算法以及光线投射等方法获得场景可见性计算结果。其次，计算场景的曝光，常用模型包括全局和局部光照模型、BRDF 以及 Phong 模型。最后，计算场景物体的纹理映射，包括凹凸纹理映射和环境纹理映射等，使场景物体获得与真实世界中物体一致的纹理效果。纹理映射是场景绘制中最重要的步骤之一。

在三维游戏中，绘制精细、有高度真实感的场景画面和绘制快速、有效的画面是一对矛盾。呈现真实、优美但卡顿的画面对于游戏而言具有很大的破坏性。因此，如何高效绘制有真实感的三维场景，需要在场景逼真度和计算复杂度之间取得平衡。例如，在计算场景空间中的广扬分布方面，Gouraud 绘制方法具有双线性光强插值和增量式明暗处理能力，可以解决马赫带问题。Phong 绘制方法通过双线性法向插值和增量式明暗处理，可以解决高光问题。

光照纹理映射是一种典型的游戏快速绘制技术。纹理映射可以使用硬件加速，计算开销小并且绘制效果较好，而光照计算较为烦琐，无法通过较小的硬件计算资源开销来达到较好的效果。因此，可以考虑将光照分布作为一种特殊的纹理，通过光照纹理映射简化计算物体表面的光照分布，得到可接受的绘制质量和效果。光照纹理映射技术的关键是生成准确的光照图（lightmap）。常用的方法是由美术设计师或者艺术家根据对于场景的理解，手工绘制预期的光照分布，并根据复杂的光照模型与计算，得到全局光照信息和高光、阴影等细节。

光照图的颜色调整可以表示为

源：R_s，G_s，B_s；Lightmap：R_L，G_L，B_L；

调整后：R_f，G_f，B_f；

$$R_f = R_s \cdot R_L$$

光照图生成的原则可以归纳为最小化纹理尺寸，最大化纹理重用。创建合格的光照图需要注意以下几点。

① 将一组接近平面的多边形聚合成一个平面。

② 确保这些多边形对应的纹理能够拼成一个大纹理。

③ 将纹理坐标保存在多边形的顶点上。

光照图的优势包括以下几点。

① 光照映射允许场景中物体的漫射颜色呈非线性变换，以展现彩色光源和阴影等效果。

② 可模拟任意与视点无关的光照模型。

③ 可以模拟特殊的镜面高光效果。

光照图的不足主要包括对不同的场景需要重新计算，以及光照图的使用有较强的经验性，它的设计要求较高。在实际应用中，光照图需要进行动态更新。一种方式是重新创建新的光照图，这种方法虽然简单但较为低效。另一种方式是将光照图相对于曲面平移，然后缩放到需要的大小，并调节物体表面的光亮度，从而实现新的光照图效果。

动态光照图除了可以用于快速绘制光照效果，还可用于阴影绘制和雾化效果绘制等。其中，雾化效果主要通过动态修正光照图实现，具体步骤包括先将雾状物体添加到场景中，然后计算它们与场景集合相交的部分，并将雾的密度作为动态光照图记录，保持映射图与静态光照图一致，最后将雾化映射图作为额外的光照图添加上去。

除了光照图之外，也可以创建法向图来加速绘制过程。可以采用细节纹理法，通过将高分辨率网格简化为低分辨率网格（即从高逼真度模型到低逼真度模型），通过参数化低分辨率网格建立网格和细节纹理的对应关系。

在三维自然景观的快速绘制方面，简化的动态纹理技术非常有用。它能生成视觉感知上有三维效果但实际上是简化了的场景模型，从而节省计算资源并提高整体游戏画面的绘制效率。简化的动态纹理技术通过控制场景中的纹理方向，始终以一定的角度对准视点镜头（通常为垂直于镜头）。基于感知图形学原理，采用预先设计的几幅图像来代替三维物体、风吹草动的森林与草木等，以较低的计算资源开销让用户感受到逼真的三维效果。例如，公告板技术（billboard mapping）通过 alpha 透明处理与动画技术结合，能够创建不具有平滑实体表面的景象，例如烟雾、云朵、爆炸火花等。这种绘制方式本质上是基于图像的绘制（image-based rendering），可以看成是对精灵纹理加上一个深度值使之成为深度精灵。因此，其特点是与图像的数量有关，但与场景的复杂度无关。

公告板技术主要有朝向视平面的公告板（viewpoint-oriented billboard）、朝向世界的公告板（world-oriented billboard）和轴对称公告板（axis-oriented billboard）等类型。其中，朝向视平面的公告板经常被用于屏幕中的信息提示，它的特点是图像一直与屏幕平行，有一个固定向上的值，n 是镜头视平面法线的逆方向，u 是镜头或者观察坐标系的 up。n 和 u 对同一个镜头而言是一个定量，因此场景中所有相同类型的公告板都可以采用这个变换矩阵。典型的例子有《艾迪芬奇的记忆》中的动态字幕效果。在朝向世界的公告板中，n 是视平面法线的逆方向，新的 u 需要通过世界坐标的 up 计算获得，或者与 screen-aligned 一样，最后计算得到的变换矩阵可以用于渲染场景中的所有物体。在轴对称的公告板中，世界的 up 向量决定坐标轴，公告板只能在上面移动。由于物体并不只是简单地面朝着视点，而是在一定范围内沿着世界坐标轴面朝观察者，因此这种方法也多应用在植被场景中。根据这些特点，朝向屏幕的公告板方法适合于对称的球面物体，轴对称公告板方法适合于表现柱状的对称物体，例如激光射线在所有角度都保持一致，因此适合用轴对称公告板方法表现。

上述公告板技术能够很好地支持植被的快速绘制，基于实景图像所构造的虚拟环境逼真度很高，而且场景的绘制时间与复杂度无关，有利于实时绘制。但其不足是缺乏统一的空间坐标体系，任意方式的空间漫游和交互较难实现。改进的公告板技术有公告板云团（billboard cloud）和伪装者技术（imposters）等。公告板云团是由 D′ecoret 等人提出的，目的是通过一系列的公告板集合相互交叉重叠来表示一个复杂模型。它增加了一些额外的信息，包括法线贴图、位移贴图和不同表面材质等，可以用来组成大规模公告板模型的集合。公告板云团综合了纹理生成、细节层次及模型简化、纸板状模式等以实现大规模植被场景的快速绘制，并在飞行模拟游戏的天空云层与云彩绘制方面也有很好的效果。伪装者技术利用替代物来更好地展现原物体的折射、反射、自发光等特性，本质上，它是一种使用极简单的网格模型来模拟替代真实三维网格模型的快速绘制技术，可以高效地在场景中绘制大量同类物体模型而不需要绘制大量多边形。因此，可以将伪装者技术看作介于公告板技术和三维网格模型之间的一种表征模型，它可节省定点存储的空间和数量，并能够实现模型的全角度细节展示。在采样充分的条件下，伪装者技术的效果可以非常逼真，但受限于采样角度，在相机移动过程中的某些角度会出现真实感的显著降低。

11.6 游戏图形特效

三维游戏为用户提供逼真的视觉体验，需要实现多种视觉特效。三维游戏编程中常见的图形特效包括粒子系统、阴影计算、镜头特效、全局光照明等。基于图形特效绘制方法，可生成三维游戏中常见的场景，如云、烟、爆炸等，也可以实现阴影、镜头光晕、运动模糊与景深、Tone Mapping、相互辉映等光照与视觉效果。

11.6.1 过程式建模与绘制技术

三维游戏中对复杂自然场景的模拟有两个终极目标：其一是物体空间的高度真实感，即以假乱真地绘制蓝天白云、山川河流、花草树木等，使得玩家身临其境，在看到游戏画面时如同置身于真正的大自然；其二是游戏的实时性，这是保证游戏流畅的必要条件。为了获得游戏运行时的时空一致性，三维游戏引擎中的复杂自然场景特效的生成必须采用许多特殊的技巧。

1. 粒子系统

粒子系统（particle system）是一系列独立个体的集合，这些独立个体就称为粒子，它们以一定的物理规律和生命周期在场景中运动。从物理上看，粒子可以抽象为空间中的一个点，这个点拥有某些属性并随时间运动。通常，粒子的属性包括位置、速度、加速度、能量、方向等。粒子的运动具有随机性，在粒子运动过程中，粒子的属性被显示、修改和更新。基于粒子系统的建模方法的基本思想是，采用许多形状简单的微小粒子（如点、小立方体、小球等）作为基本元素来表示自然界中不规则的模糊景物。粒子的创建、消失和运动轨迹受不同的因素影响，如粒子自身的冲力、重力、粒子与其他物体的碰撞等。粒子与其他物体的碰撞检测需要耗费大量的时间，一般不予考虑。由粒子系统表示的物体，要么是给定时刻粒子的位置，如火、雪、烟；要么是粒子的一部分运动轨迹，如草和树。

游戏场景中的很多现象和物体都可以用粒子系统来模拟，包括烟、火焰、爆炸、血溅等。游戏引擎中通常都设计有一个专门的模块，即粒子系统，以完成对它们的模拟。著名的《星际迷航》游戏就设计了将近 400 个粒子系统，总计 75 万个粒子。由于粒子系统包含大量运动的小粒子，出于对效率的考虑，必须综合平衡粒子系统的效率、速度和可扩充性。在设计粒子系统时，必须避免粒子系统生成大量的多边形。图 11.28 所示为一个简单的粒子系统效果。

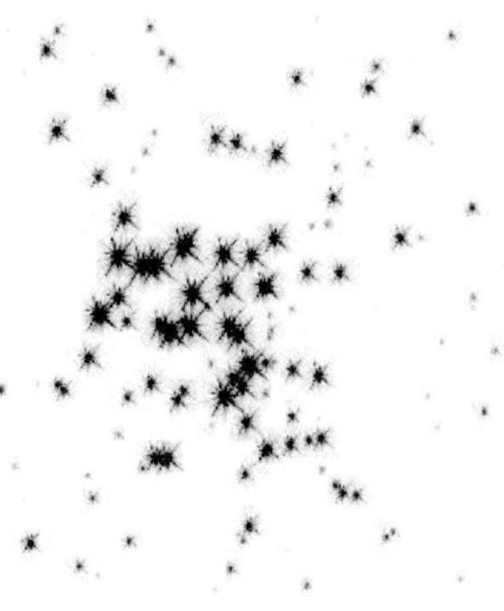

图 11.28　简单的粒子系统效果

在绘制时，粒子的表示方式有二维屏幕长方形、PointSprite 和三维几何模型。出于对效率的考虑，前两种方式应用最广，它们通常由 4 个顶点和 2 个三角形表示。由于粒子系统时刻在发生变化，包括生成、移动、消亡，因此无法预先计算顶点的位置，从而无法使用 Direct3D 所采用的保留绘制模式。在大部分游戏引擎中，粒子始终朝向相机方向，这样做的目的是简化计算，提高绘制效率。在可编程图形硬件的顶点着色器中创建一个始终朝向相机的粒子，方法很简单。首先计算粒子中心点在屏幕上的二维投影位置，再根据粒子与相机的距离计算出粒子的尺寸，并由粒子更新的尺寸直接改变粒子的 4 个顶点在屏幕上的位置。Direct3D 提供的 PointSprite 功能使得计算更为简单，用 PointSprite 表示粒子，应用程序仅须计算出粒子的二维尺寸，即可自动绘制出粒子的形状和纹理。

2. 爆炸与火焰

爆炸是最容易制作且最有震撼性的特效。用粒子系统模拟爆炸有两种方式：第一种称为空中爆炸，它以爆炸点为中心在空中生成一系列分布在球面上的粒子，这些粒子从球心以高速和巨大的能量向外发射；第二种方式是有遮挡的爆炸，它只在半球面上分布粒子，这个半球面的形成与爆炸发生的地点有关，如地面、墙壁或桌面上的爆炸会受到一些面的遮挡，因此爆炸的方向只在半球面方向上发生。

火焰模拟的第一种方法是采用二维随机函数实时在屏幕上生成二维火焰纹理。算法分为设置火源、火焰生成和逐步衰减三步。第一步是在预期的位置生成火焰的中心点，第二步选择随机函数生成火焰的形状与颜色，第三步选择正确的图像模糊算法，模拟火焰的热源从内向外扩散的效果。

第二种方法利用 billboard 结合精灵动画生成二维的火焰效果。构成精灵动画的静态图像本质上是一个 Perlin 噪声函数，噪声函数的选取必须反映正确的火焰光谱。用几个 billboard 构造火焰并在每个 billboard 上循环映射动态纹理，可模拟出多层火苗的运动效果。火苗的蹿升和风吹效果可通过扰动纹理坐标实现。动态纹理的播放和纹理坐标的扰动则由湍流噪声函数控制。事实上，模拟火焰的动态纹理可以采用实拍的视频，视频纹理的循环播放必须保持时空连续性和一定的随机性，否则会产生视觉错误。有兴趣的读者可以参考有关视频纹理的文献。

3. 植被的模拟

游戏场景中植被的模拟需要考虑两方面：一是植被的形态，二是植被的外观。多边形表示是游戏场景中最常用的方法。对于可以由几何曲面定义的物体，尤其当它在屏幕上的投影面积比较大（如近距离阔叶树）时，通常可用多边形进行描述。然而，复杂的自然场景通常包含成千上万株植物，一棵树不同形态、不同方向的枝条上有数以万计的树叶。尽管基于多边形表示的植被绘制可以采用各种成熟的真实感图形技术，如 Z-buffer 深度消隐、光线跟踪方法、光能辐射度方法等，但无法达到游戏的实时性要求，因此，多边形表示的方法适用于中、低等复杂度的场景。而对于复杂的游戏场景，必须根据植物形态学做适当的简化和仿真，从而获得利于绘制的植被模型。在游戏引擎中，常用的植被模拟技术有 billboard、粒子系统和分形系统三类。三者的特点各异，用法不同。基于 billboard 技术的植被模型最为简单、有效，因此被广泛采用。基于粒子系统的方法能模拟自然界植被的动态效果。而分形系统主要关注的是植被的形态，由分形系统生成的植被模型最终需要采用多边形、粒子系统或者 billboard 方法进行绘制。

粒子系统所绘制的森林是早期计算机绘制自然景物的代表。它用圆台状粒子组成植物的枝条，用小球状或小立方体粒子组成树叶，只要建立了这些粒子组合或排列的模型，就可以实现对植物形态结构的模拟，粒子在生命周期中的变化就会反映出植物生长、发育到最终消亡的过程。同时，粒子系统中需要引入随机变量以产生必要的变化，并选取一些决定性的参数来表达植物的大致形态。为了模拟一棵树，通常需要数十个参数控制分枝的角度和枝干的长度。粒子系统的一个主要优点是其基本组成元素是点、线等易于变换和绘制的图元。但是，粒子系统的设计是一个反复试验和修改的过程，而且粒子系统的树木造型有比较明显的人工痕迹，可提供的真实感有限。

利用分形植物形态结构的分形性质（结构自相似性）产生植物图形或图像的方法有 IFS（迭代函数系统）法、DLA（受限扩散凝聚）模型法和 L 系统等。

4. 云的过程式纹理生成

云和烟雾一样，也是一种没有具体几何形状和边界的大气现象。除了采用 billboard 和替身图技术外，另外一种生成云的方法是基于分形函数生成一个真实感的二维或三维纹理函数，如 Gardner 提出的傅里叶函数，即

$$t(x,y)=k\sum_{i=1}^{n}\left(c_i\sin(fx_i x+px_i)+t_0\right)\sum_{i=1}^{n}\left(c_i\sin(fy_i y+py_i)+t_0\right) \tag{11.29}$$

其中，$f_{x_{i+1}}=2f_{x_i}$；$f_{y_{i+1}}=2f_{y_i}$；$c_{i+1}=0.707c_i$；$p_{x_i}=\frac{\pi}{2}\sin(f_{y_{i-1}}y)$，$i>1$；$p_{y_i}=\frac{\pi}{2}\sin(f_{x_{i-1}}x)$，$i>1$。

用这种方法模拟云的关键是避免生成规则的二维纹理。生成的云层纹理可以用立方体纹理映射方法映射在场景的天空中，并与蓝色的天空背景进行融合操作，改变融合因子就可以模拟云的淡入淡出效果。而云的动态性可以通过随时间改变函数的参数来模拟。改变云层纹理的坐标就可以获得云在天空漂移的效果。除了二维纹理外，也可以用三维椭球模拟云的结构，椭球的纹理由三维傅里叶函数生成，在椭球的边界处增加透明度可获得云的缥缈效果。

11.6.2 镜头特效模拟

三维游戏中的镜头特效有透镜光晕、运动模糊和域深、色调映射等，下面分别对这些镜头特效及模拟方法进行简要介绍。

1. 透镜光晕

透镜光晕（lens flare）是一种非人为的效果，主要是由于光线穿过照相机中的透镜时，在一组透镜中经过内部一系列的反射、折射而形成的。在日常生活中，由于照相机透镜的这种固有属性，透镜光晕的效果时常出现在拍摄的照片中。透镜光晕是一种很有趣的效果，有时人们会有意识地在拍摄照片时通过调整角度和镜头来制造这种效果。比如，在拍摄照片、电影时为了增加戏剧性和真实性，通常会故意为之。由于镜头光晕的这种表现力，在游戏设计中也时常需要实现这种效果，从而使得游戏场景更加真实、有趣。

光晕的产生有以下两个原因。

① 光晕由镜头可见范围内的光源产生，如图 11.29（a）所示。

② 光晕由镜头可见范围外的光源产生，这种情况下生成的光晕往往是朦胧的阴霾，如图 11.29（b）所示。

(a) 可见范围内光源产生的光晕

(b) 可见范围外光源产生的光晕

图 11.29 镜头光晕

实现镜头光晕效果的方法通常有三种：光线跟踪、光子映射和采用纹理映射模拟。

2. 运动模糊和域深

运动模糊模拟了相机在场景中快速运动时产生的朦胧效果，如图 11.30（a）所示。它可以在一个高速的动画序列中极大地提高真实感。运动模糊的模拟非常简单，采用的方法是多次绘制欲产生运动模糊效果的物体，每次绘制时递增改变它的位置或旋转角度，并在累积缓冲器中加权平均每次的绘制结果。朦胧的程度与绘制的次数和累积方式有关。

游戏引擎中采用的相机模型是针孔模型，即透视投影模型。由于真实世界的透镜的成像面积有限，因此只能聚焦场景中有限深度范围的物体。在这个范围之外的物体会逐渐变得模糊，这就是域深效果，如图 11.30（b）所示。域深能用来提示玩家与物体的远近关系，因此在第一人称视角游戏中经常会用到。为了模拟域深效果，可以将相机的位置和视角方向进行多次微小的抖动，每次绘制的结果在累积缓冲器中加权平均。两者的抖动保持步调一致，使得相机的聚焦点保持不变。

(a) 运动模糊效果(Unreal Engine绘制)　　(b) 域深效果

图 11.30　运动模糊效果和域深效果

3. 色调映射

色调映射（tone mapping）简单地说就是将自然状态下场景中的光强分布通过某种衰减的方法映射到显示设备能够表达的范围内进行显示的一种技术。人们已经提出了一种保存自然状态下场景中的光强分布的数据格式，即高动态范围图像（HDR）。高动态范围图像有着比传统图像更广的亮度范围和更大的亮度数据存储。因而所谓的色调映射实质上是将高动态范围图像通过合理的动态域压缩，从而在显示设备上获得更好的图像显示质量的技术。所谓高动态范围，是指环境中光照亮度级的最大值和最小值之比。色调映射的提出主要有以下原因：第一，现实场景中的光照能量范围和显示设备的范围不同；第二，现实场景和显示设备的视觉状态完全不同；第三，为了重现现实场景的景象，必须要模拟复杂的人类视觉行为。

色调映射最初应用在摄影领域。由于人类视觉系统和显示设备可以接受的亮度动态范围相差很大，并且观察现实场景和观察显示设备的视觉感受不同，因而需要一种技术将现实世界的信息转换为显示设备的信息。而在游戏中，随着高动态范围光照的引入，人们也需要一种将绘制、计算得到的高动态范围图像转换为显示器上低动态范围图像的方法。图 11.31 所示是将色调映射技术应用到游戏场景中的效果对比。

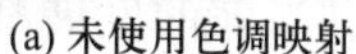
(a) 未使用色调映射　(b) 使用色调映射　(c) 使用色调映射和Gamma

图 11.31　使用色调映射的效果比较（Unreal Engine 绘制）

11.7 小　结

如今，基于动漫技术的数字创意产业已广泛地进入人们的生活。

在《侏罗纪公园》电影首次推出时，美国迪士尼公司就预言 21 世纪的电影明星将会是精心设计的计算机程序。随着计算机硬件技术的高速发展以及计算机图形学技术和应用的深入研究，用计算机在虚拟场景中生成各种高真实感的角色形象和人物动作并配合炫目的特效已经进入主流计算机动画和游戏开发，形成了巨大的产业并稳步壮大。计算机动画已经渗透到人们的生活、工作中，计算机游戏已经成为人们喜闻乐见的一种娱乐媒介。

目前，计算机动画技术在复杂角色建模技术、运动捕捉、光线追踪等方面取得了长足进步，出现了能够以假乱真的三维动画和计算机游戏场景，生成了栩栩如生的计算机动画作品。例如，美国皮克斯动画公司在《怪兽电力公司》中展现了怪物身上毛发的重力感和小女孩身上衣服的灵巧度；在《超人总动员》中创作了史上最可信的动画人类形象，展示了细腻的皮肤、光亮的毛发以及华丽的衣服。梦工厂在《怪物史莱克》中采用了塑形软件来进行角色建模，让人物的面部表情、举止动作更加自如和流畅。福克斯公司的《冰河世纪》创造了皮毛和头发投射出的细腻光影，呈现了具有很高真实感的光线跟踪效果。《最终幻想》呈现了栩栩如生的人物角色，结合影像捕捉技术，使其中的人物逼真程度就像真人电影一样。目前，专业级的计算机动画已经可以实现毛发级别的碰撞检测和响应，支持数以十亿计的毛发进行碰撞检测算法的逐条解算，支持毛孔级的皮肤建模渲染，支持利用肌肉形变驱动的皮肤形变等。

计算机动画和游戏在从二维走向三维的过程中，虽然在计算机图形绘制算法和硬件等方面取得了进展，但是仍然面临较多技术挑战和局限。例如，在三维数据集的构造方面，目前的算法对于三维空间物体和环境的语义理解仍然有限，需要通过采集大量具有语义结构标注信息的数据集结合人工智能模型才能获得突破。近年来随着一些三维数据集的出现，如何对大量三维场景数据进行有效的语义标记，如何将语义信息与三维场景模型关联等问题成为计算机图形领域研究人员的关注热点。随着人工智能的发展，如何将场景的表达和计算机图形渲染有机融合，如何利用机器学习和大数据生成图形对象，以及如何对生成的内容进行自动评价，也是计算机图形学和人工智能等领域研究人员的关注重点。另外，在专业制作工具方面仍面临不少局限。例如，《阿凡达》电影中基于标志点的运动捕捉系统、实时图像解算和运动生成工作站系统的价格动辄数百万甚至数千万美元，仍然需要进一步提高算法效率，改进硬件技术，使计算机动画和计算机游戏制作系统及其背后的计算机软件平台等惠及更多的创作开发人员。

无论对于计算机动画和计算机游戏的研究学者还是开发人员来说，当前的发展都处于一个前所未有的转折点，即传统的计算机图形学研究对象和成果应用在面对新的用户需求时开始变得局限，而人工智能等新兴技术和工具的不断渗透，将被用于开创动画和游戏的新形态，并将应用拓展到更广泛的领域。

习　　题

1. 简述计算机动画的制作流程。
2. 简述计算机动画中的运动控制技术。
3. 列举三维动画的主要创作方法，并分析、比较这些方法的优缺点和适用场景。
4. 简述计算机游戏的制作流程和关键技术。
5. 学习 OGRE 等开源游戏引擎的场景组织方式，体会各种方式的异同点。
6. 利用粒子系统实现简单的喷泉特效。
7. 简述在关键帧人物动画中，如何使用四元数插值来生成骨骼旋转的中间帧。

第 12 章　三维运动的碰撞处理

12.1　碰撞处理简介

对于运动的三维物体，碰撞处理算法是计算机仿真、CAD、VR/AR 等图形学应用中必不可少的环节。碰撞处理算法又可以分为碰撞检测和碰撞响应两个部分，前者负责找到在每个时间点或时间区间内发生的所有碰撞情况，而后者则对于已经发生的碰撞进行正确的反馈，以达到一个无穿透的状态。碰撞处理的大体流程如图 12.1 所示。

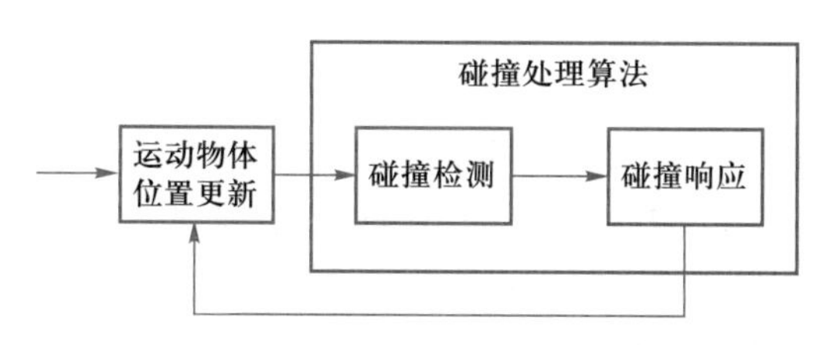

图 12.1　三维运动物体的碰撞处理流程

对于碰撞检测问题，其技术关键是如何确保所有的碰撞对都能被高效率地检测到，不能有碰撞泄露（false negative），同时要减少碰撞误判（false positive）。而碰撞响应的要点则是如何使得物体的反弹效果符合或贴近现实物理世界中的自然规律，使得最终仿真计算的结果真实可信。

在后续各节中，首先将介绍目前常用的两种碰撞检测技术：离散碰撞检测技术和连续碰撞检测技术，以及多核/GPU 并行加速算法，然后对物理仿真中的碰撞响应算法进行详细讨论，最后介绍两个碰撞处理开放平台。

12.2　离散碰撞检测技术

在视频游戏、仿真计算中，离散碰撞检测技术常被采用。通过对运动物体在不同时间点进行采样，计算该物体与环境中其他物体的碰撞情况。如图 12.2 所示，对于运动的行人，通过在其运动轨迹上的不同时刻进行采样，计算其与树、墙的碰撞情况。离散碰撞检测具有计算代价小、速度快的优势，但是当物体运动速度很快或采样点不足时，可能会发生碰撞泄露的情况，如图 12.3 所示。

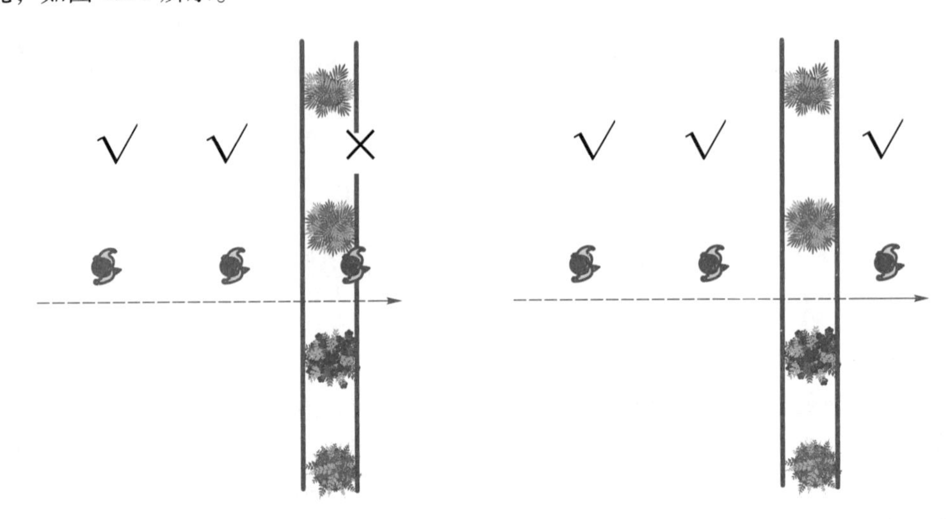

图 12.2　离散碰撞检测　　图 12.3　离散碰撞检测可能发生的碰撞泄露

三维物体通常可以表达为三角形的组合，三维物体间的离散碰撞检测可以通过检测其所属三角形间的碰撞来实现。这个复杂度为 $O(N^2)$ 的计算任务，可以通过使用空间加速结构简化为 $O(N\log N)$。通常将碰撞检测分为 broad phase 和 narrow phase 两个阶段：前者使用包围盒测试，并组织成空间加速结构（BVH、空间哈希、BSP 树等）进行碰撞剔除，大幅度减少精确测试的数目；而后者则只对通过了前一阶段测试的三角形对进行精确碰撞求交。

12.2.1　BVH 加速结构

常用的包围盒包括球体、轴对齐包围盒（AABB）、定向包围盒（OBB）、多面裁剪体（k-DOPs）等，如图 12.4 所示。通常来说，更紧密的包围盒（如定向包围盒、多面裁剪体）能够提供更高的剔除效率，但是需要更多计算来进行重叠检测、构造更新，而相对简单的包围盒（如球体、轴对齐包围盒）则更易于重叠检测、构造和更新，但是剔除效率可能不高。

在选定包围盒以后，包围盒可以组织成一个层次结构（图 12.5），通常是二叉树、四叉树或八叉树的形式。其构造过程采用递归形式，即首先计算当前三角形集合的包围盒，然后依据三角形与包围盒的相对位置关系，将当前集合分割为 2、4 或 8 个子集，并计算各子集包围盒，递归迭代地对各子集继续进行构造。需要注意的是，在包围盒层次结构中，子集包围盒一定会被上层包围盒所包裹，但是子集包围盒之间可能存在重叠区域，这并不会影响碰撞剔除的正确性，但是较大的重叠区域可能会降低剔除效率。

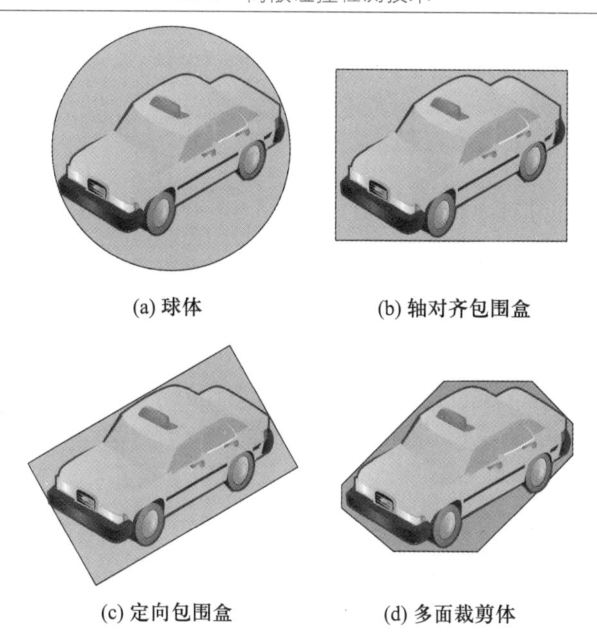

(a) 球体　(b) 轴对齐包围盒

(c) 定向包围盒　(d) 多面裁剪体

图 12.4　常用包围盒示意

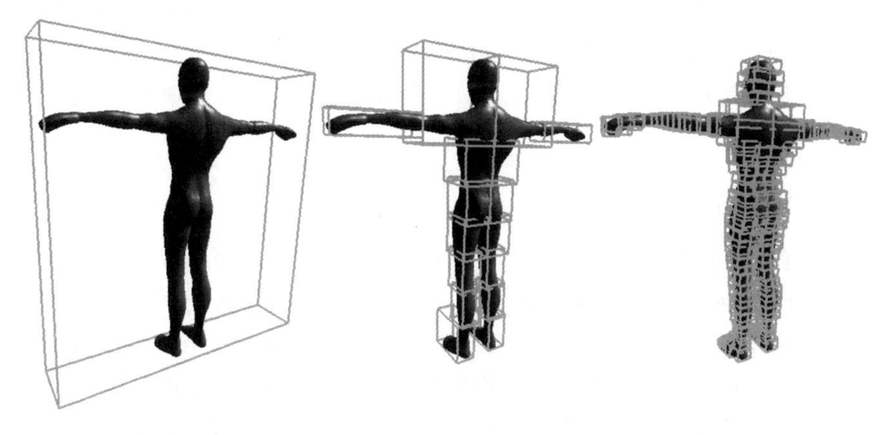

图 12.5　包围盒层次结构

使用包围盒层次结构进行自顶向下的碰撞检测的代码如下所示：

```
void
DeformBVHNode::collide(DeformBVHNode *other, std::vector<triangle_pair>&tri_
list)
{
    if (isLeaf() && other->isLeaf()) {
```

```
        tri_list.push_back(triangle_pair(getTriID(), other->getTriID()));
        return;
    }

    if(!_box.overlaps(other->_box)) {
        return;
    }

    if (isLeaf()) {
        collide(other->getLeftChild(), tri_list);
        collide(other->getRightChild(),tri_list);
    }
    else {
        getLeftChild()->collide(other, tri_list);
        getRightChild()->collide(other, tri_list);
    }
}
```

对于输入的两个 BVH 节点（代码中的 this 和 other），输出需要检测的三角形对（代码中的 tri_list），自顶向下遍历，如果在遍历中发现两个节点的包围盒不重叠则马上返回；否则继续对子节点进行递归检查，直到到达最底层的叶节点，记录需要检测的三角形对并返回。

12.2.2 空间哈希

与 BVH 加速结构使用的对三角形集合进行分割不同，空间哈希方法对模型所占的空间进行细分，如图 12.6 所示，空间被分割为大小均匀的小格子。对于每个三角形，可以通过哈希函数快速计算出其覆盖的格子。例如，图 12.6 中的三角形 a 覆盖了 4 个格子，而三角形 c 则覆盖了 5 个格子。通过对所有的三角形进行遍历，记录所覆盖格子的 ID。再次对所有的格子进行遍历，只有被多个三角形覆盖的格子才需要进行精确的三角形对碰撞检测。在图 12.6 中，只有两个三角形对（a，b）、（c，d）需要被输送到后续阶段进一步进行精确测试。

与 BVH 方法相比，空间哈希的构造算法相对复杂，不同的格子尺寸选择也会对最终的剔除效率产生影响。通常认为，对于碰撞检测问题，BVH 方法更为高效，但是空间哈希方法具有更加优越的并行性，其构造和检测过程都易于并行化，因此在 GPU 上经常被采用。使用空间哈希方法对场景中所有的三角形进行碰撞检测的流程代码如下所示：

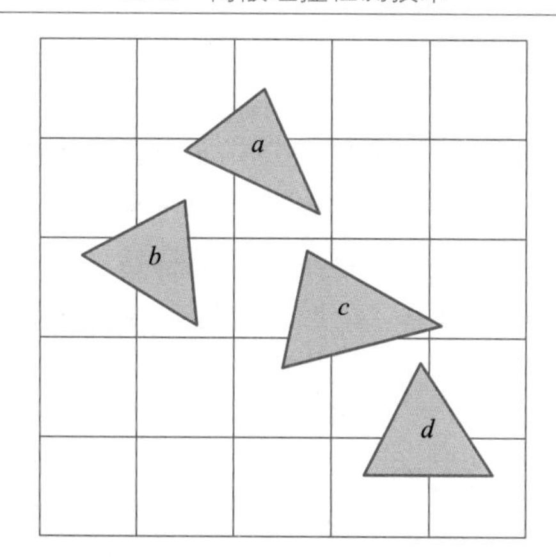

图 12.6　使用空间哈希方法进行三角形碰撞检测的基本原理

```
//对所有的三角形进行遍历
for (int i=0; i<triNum; i++) {
    AABB bx = tri[i].bound();

    //找到三角形包围盒占用的空间哈希格子
    std::vector<hash_cell *> cells;
    getAABBcells(bx, cells);

    //在这些格子上记录下该三角形
    for (int j=0; j<cells.size(); j++) {
        cells[j]->record(i);
    }
}

//对空间哈希的所有格子进行遍历
for(int i=0; i<cellNum; i++) {
    hash_cell *c = allCells[i];
    if (c->triNum() == 0)
        continue;

//对所有落在同一格子上的三角形进行碰撞测试
    test_triangle_contact(c->triangles());
}
```

12.2.3　三角形离散求交

通过以上 broad phase 的剔除后，需要进行 narrow phase 的测试，即对不能使用包围盒测试剔除的三角形对进行精确测试。对于两个三角形的碰撞检测算法，最高效的方法是使用分离轴定理（separating axis theorem），即如果能找到一个合适的投影轴，两个三角形的顶点在该轴上的投影没有重叠，则可以判定两个三角形不会发生碰撞（图 12.7）。

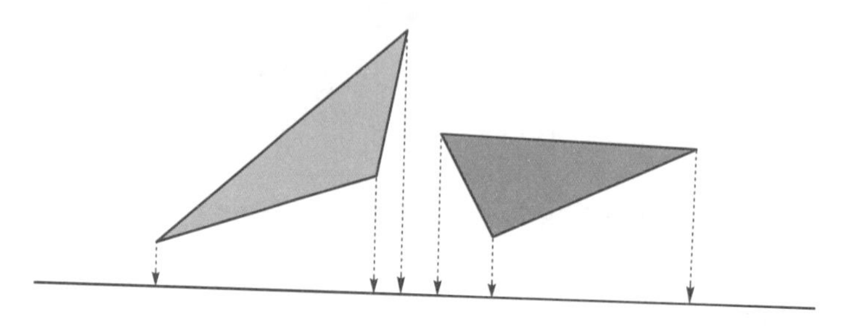

图 12.7　分离轴定理示意

对于一对空间三角形，最多需要进行 17 次分离轴测试，即可判别它们是否相交，其中判别各自的法向量 2 次、各自的边与自身法向的叉积方向 6 次，两两边的叉积方向 9 次。如果任意一次分离轴测试成功，则返回不相交，而如果所有 17 次分离轴测试都不成功，则它们一定相交碰撞。具体实现代码如下所示：

```
inline int project3(const vec3f &ax, const vec3f &p1,
                      const vec3f &p2, const vec3f &p3)
{
    double P1 = ax.dot(p1), P2 = ax.dot(p2), P3 = ax.dot(p3);
    double mx1 = fmax(P1, P2, P3), mn1 = fmin(P1, P2, P3);

    if (mn1 > 0) return 0;
    if (0 > mx1) return 0;
    return 1;
}

inline int project6(vec3f &ax, vec3f &p1, vec3f &p2, vec3f &p3,
                      vec3f &q1, vec3f &q2, vec3f &q3)
{
    double P1 = ax.dot(p1), P2 = ax.dot(p2), P3 = ax.dot(p3);
    double Q1 = ax.dot(q1), Q2 = ax.dot(q2), Q3 = ax.dot(q3);
```

```
    double mx1 = fmax(P1, P2, P3), mn1 = fmin(P1, P2, P3);
    double mx2 = fmax(Q1, Q2, Q3), mn2 = fmin(Q1, Q2, Q3);

    if (mn1 > mx2) return 0;
    if (mn2 > mx1) return 0;
    return 1;
}

bool
tri_tri_contact (vec3f &P1, vec3f &P2, vec3f &P3,
                 vec3f &Q1, vec3f &Q2, vec3f &Q3)
{
    vec3f p1, p2 = P2-P1, p3 = P3-P1;
    vec3f q1 = Q1-P1, q2 = Q2-P1, q3 = Q3-P1;
    vec3f e1 = p2-p1, e2 = p3-p2, e3 = p1-p3;
    vec3f f1 = q2-q1, f2 = q3-q2, f3 = q1-q3;

    vec3f n1 = e1.cross(e2), m1 = f1.cross(f2);
    vec3f g1 = e1.cross(n1), g2 = e2.cross(n1), g3 = e3.cross(n1);
    vec3f h1 = f1.cross(m1), h2 = f2.cross(m1), h3 = f3.cross(m1);

    vec3f ef11 = e1.cross(f1),ef12 = e1.cross(f2), ef13 = e1.cross(f3);
    vec3f ef21 = e2.cross(f1),ef22 = e2.cross(f2),ef23 = e2.cross(f3);
    vec3f ef31 = e3.cross(f1),ef32 = e3.cross(f2), ef33 = e3.cross(f3);

    //now begin the series of tests
    if(!project3(n1, q1, q2, q3)) return false;
    if(!project3(m1, -q1, p2-q1, p3-q1)) return false;

    if(!project6(ef11, p1, p2, p3, q1, q2, q3)) return false;
    if(!project6(ef12, p1, p2, p3, q1, q2, q3)) return false;
    if(!project6(ef13, p1, p2, p3, q1, q2, q3)) return false;
    if(!project6(ef21, p1, p2, p3, q1, q2, q3)) return false;
    if(!project6(ef22, p1, p2, p3, q1, q2, q3)) return false;
    if(!project6(ef23, p1, p2, p3, q1, q2, q3)) return false;
    if(!project6(ef31, p1, p2, p3, q1, q2, q3)) return false;
    if(!project6(ef32, p1, p2, p3, q1, q2, q3)) return false;
```

```
    if(!project6(ef33, p1, p2, p3, q1, q2, q3)) return false;
    if(!project6(g1, p1, p2, p3, q1, q2, q3)) return false;
    if(!project6(g2, p1, p2, p3, q1, q2, q3)) return false;
    if(!project6(g3, p1, p2, p3, q1, q2, q3)) return false;
    if(!project6(h1, p1, p2, p3, q1, q2, q3)) return false;
    if(!project6(h2, p1, p2, p3, q1, q2, q3)) return false;
    if(!project6(h3, p1, p2, p3, q1, q2, q3)) return false;

    return true;
}
```

12.3　连续碰撞检测技术

离散碰撞检测技术经常会由于采样率不足或物体移动速度太快而发生“碰撞泄露”，例如在射击游戏中，玩家快速移动，穿墙而过；或者在布料仿真中，多层布料间发生难看的自穿透等（图 12.8）。为了解决这个问题，连续碰撞检测技术被提出，它不仅仅在起止时间点进行检测，还对物体的整体变形轨迹进行碰撞检测。如图 12.9 所示，连续碰撞检测方法可以有效地克服离散方法存在的缺陷，确保运动轨迹上的所有碰撞都被检测到，但是其计算代价通常比离散方法要高很多。

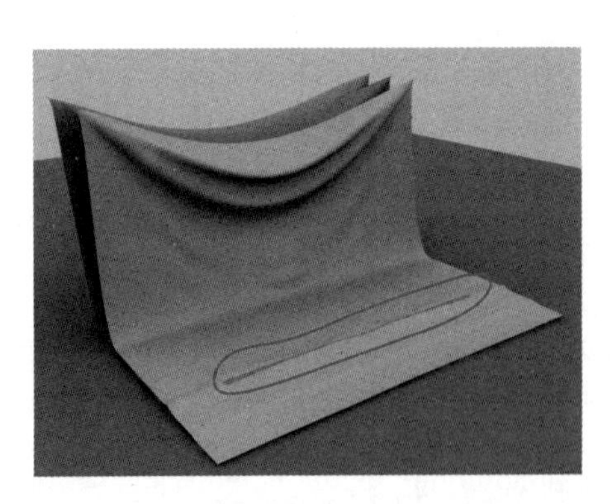

图 12.8　碰撞泄露引起的布料仿真自穿透现象

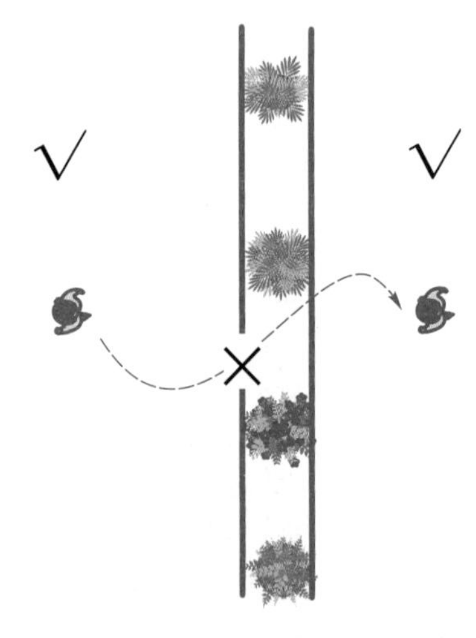

图 12.9　连续碰撞检测方法示意

12.3.1 三角形连续碰撞求交

以一对运动三角形之间的连续碰撞检测过程为例，输入是两个三角形的起止顶点坐标，而输出则是两个三角形的第一接触时间。使用线性插值来模拟三角形顶点的变形轨迹，如图 12.10 所示。三角形间的接触情况可以分为顶点/面碰撞（VF 碰撞）和边/边碰撞（EE 碰撞）两种，如图 12.11 所示。为了找到第一接触时间，需要进行 6 次 VF 碰撞测试（每个三角形三个顶点与另一个三角形进行碰撞测试）和 9 次 EE 碰撞测试（每个三角形的三条边两两相互测试），并从发生碰撞的时间中返回最小值。VF 测试和 EE 测试统称为单元测试。

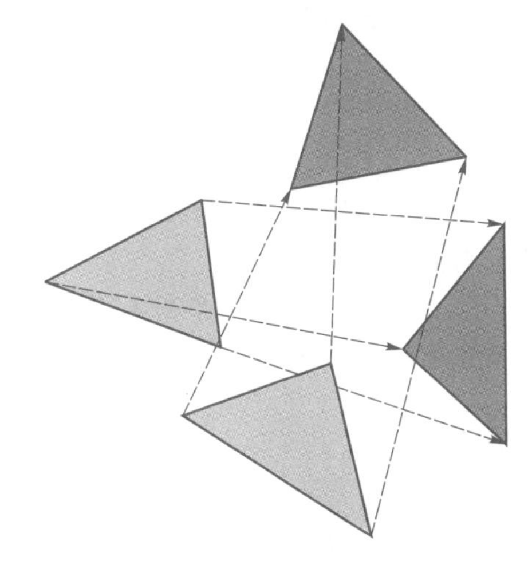

图 12.10 运动三角形之间的连续碰撞检测过程

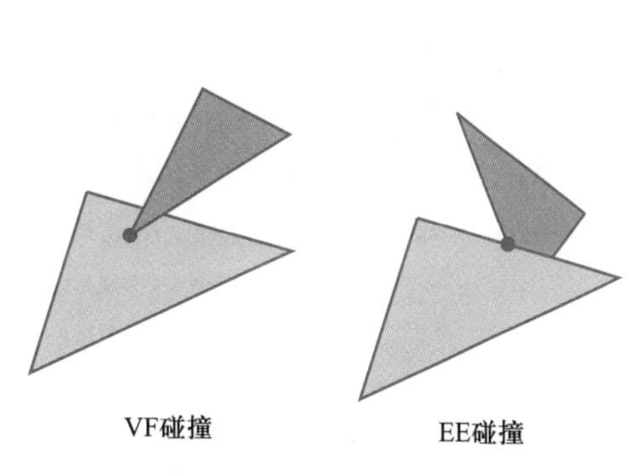

图 12.11 三角形间的接触情况

在线性运动轨迹的假定下，每个 VF 测试或 EE 测试都可以通过求解一个三次方程的计算完成。以 VF 测试为例，假定在 $t=0$ 时，移动顶点 V 的坐标为 v_0，变形三角形 F 的三个顶点为 a_0、b_0、c_0，而在 $t=1$ 时，它们的坐标分别为 v_1、a_1、b_1、c_1。在任一 $t\in[0,1]$的时刻，顶点 V 和三角形 F 的坐标分别为

$$v(t)=v_0*(1-t)+v_1*t$$

$$a(t)=a_0*(1-t)+a_1*t$$

$$b(t)=b_0*(1-t)+b_1*t$$

$$c(t)=c_0*(1-t)+c_1*t$$

如果发生碰撞，首先必须进行共面测试，即

$$(v(t)-a(t))*((b(t)-a(t))\times(c(t)-a(t)))=0$$

这里用 $*$ 表示矢量点积，用×表示矢量叉积。由于 $v(t)$、$a(t)$、$b(t)$、$c(t)$ 都是 t 的一次项，上面的共面测试方程为一个三次方程。通过求解三次方程，找到落在$[0,1]$之间的所有 t，再进行内部测试，即要求碰撞点落在三角形内部，有

$$w_0 = \text{area}(v(t), b(t), c(t)) / \text{area}(a(t), b(t), c(t))$$
$$w_1 = \text{area}(a(t), v(t), c(t)) / \text{area}(a(t), b(t), c(t))$$
$$w_2 = \text{area}(a(t), b(t), v(t)) / \text{area}(a(t), b(t), c(t))$$

这里 area 函数返回输入的三个顶点所组成三角形的带符号面积，当且仅当下面的条件成立时，t 才是一个有效的碰撞时间，即

$$0 \leqslant w_0 \leqslant 1 \text{ AND } 0 \leqslant w_1 \leqslant 1 \text{ AND } 0 \leqslant w_2 \leqslant 1$$

通过进行 15 次单元测试，收集所有的有效碰撞时间 t 并返回最小值，这就是两个三角形之间的第一接触时间。

三次方程的求解可以使用区间分割法、直接求解法等，但是计算量都比较大，而且需要注意浮点数误差可能引起的误判问题。

12.3.2 连续分离轴技术

类似于离散碰撞检测中的分离轴定理，对于两个三角形的连续碰撞检测也存在连续分离轴定理：VF 测试的连续分离轴定理和 EE 测试的连续分离轴定理。

VF 测试的连续分离轴定理：如果存在某个投影方向 $L \neq 0$，使得参与 VF 测试的顶点（v_0 和 v_1）、三角形（a_0，b_0，c_0 和 a_1，b_1，c_1）满足以下 6 个表达式，即

$$(a_0 - v_0) * L, (c_0 - v_0) * L, (b_0 - v_0) * L$$
$$(a_1 - v_1) * L, (c_1 - v_1) * L, (b_1 - v_1) * L$$

具有同样的符号，则 VF 在运动过程中不会发生碰撞。

EE 测试的连续分离轴定理：如果存在某个投影方向 $L \neq 0$，使得参与 EE 测试的顶点 E_1（a_0，b_0 和 a_1，b_1）、E_2（c_0，d_0 和 c_1，d_1）满足以下 8 个表达式，即

$$(a_0 - c_0) * L, (b_0 - c_0) * L, (a_0 - d_0) * L, (b_0 - d_0) * L$$
$$(a_1 - c_1) * L, (b_1 - c_1) * L, (a_1 - d_1) * L, (b_1 - d_1) * L$$

具有同样的符号，则 EE 在运动过程中不会发生碰撞。

以上定理的推导都是基于共面条件的三次方程求解条件，如果上述表达式同号，则三次方程无解，因此可以马上排除 VF/EE 碰撞发生的情况。

12.3.3 几何过滤器

作为连续分离轴定理的一个推广，可以使用几何过滤器对不可能发生碰撞的 VF/EE 测试进行启发式剔除。

以图 12.12 中的 VF 测试为例，由于包围盒需要包裹它们的变形轨迹，因此十分保守，无法剔除（a，b，c）。而如果直观地进行观察，会发现顶点 V 在 $t=0$ 的时刻在 F 的上方，在 $t=1$ 的时刻仍然在 F 的上方。能否直接断言：如果 V 在 $t=0$ 和 $t=1$ 时始终保持在 F 的同一侧，则它们不可能在区间［0，1］发生碰撞？这个断言只需要计算两次点积就可以进行判断，但是正确性如何保证呢？

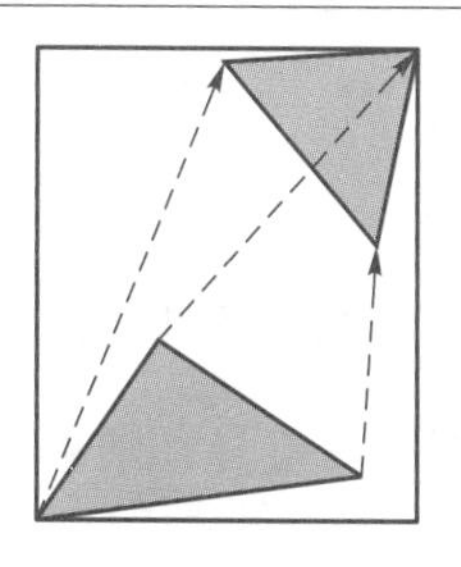

(a) 变形三角形F及其包围盒

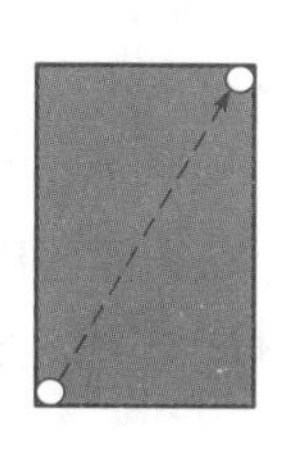

(b) 移动的顶点V及其包围盒

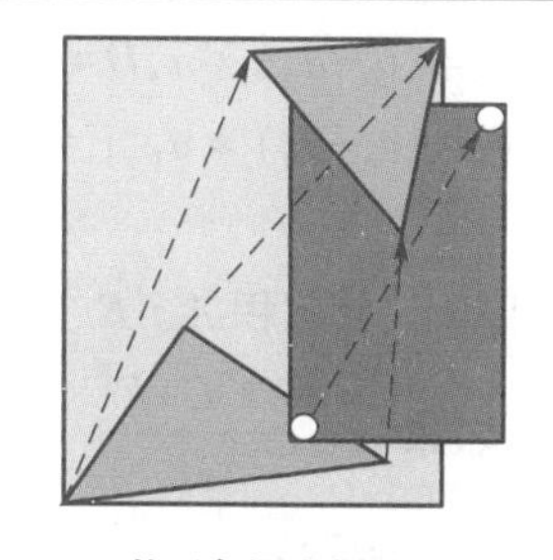

(c) 基于包围盒测试，VF无法分割

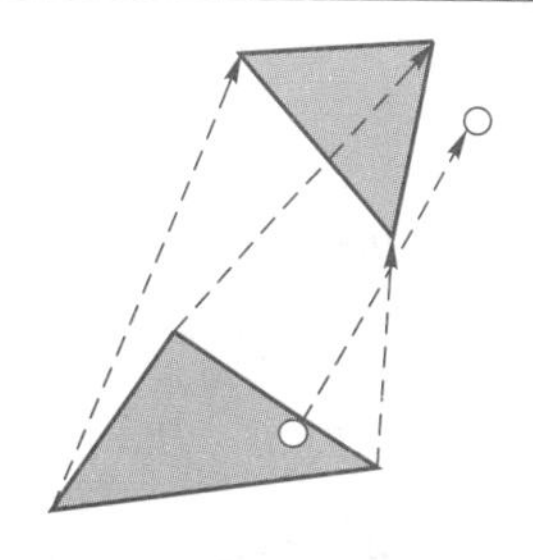

(d) 基于几何过滤器，VF测试被剔除

图 12.12 VF 测试的几何过滤器

下面进行一个简单的推导，使用和之前相同的符号，给出如下共面条件，即

$$(v(t)-a(t))*((b(t)-a(t))\times(c(t)-a(t)))=0$$

代入所有的一次项，并使用

$$n(t)=(b(t)-a(t))\times(c(t)-a(t))$$

得到一个三次方程

$$\begin{aligned}(v(t)-a(t))*n(t)=&(v_0-a_0)*n_0*(1-t)^3\\&+(v_0-a_0)*\hat{n}*2*(1-t)^2*t\\&+(v_0-a_0)*n_1*(1-t)*t^2\\&+(v_1-a_1)*n_1*t^2\\&+(v_1-a_1)*\hat{n}*2*t^2*(1-t)\\&+(v_1-a_1)*n_0*t*(1-t)^2\end{aligned}$$

这里

$$n_0=(b_0-a_0)\times(c_0-a_0)$$
$$n_1=(b_1-a_1)\times(c_1-a_1)$$
$$\hat{n}=\frac{n_0+n_1-(v_b-v_a)\times(v_c-v_a)}{2}$$

其中

$$v_a=a_1-a_0, v_b=b_1-b_0, v_c=c_1-c_0$$

最终

$$\begin{aligned}(v(t)-a(t))*n(t)=&A*B_0^3(t)+\frac{2*C+F}{3}*B_1^3(t)\\&+\frac{2*D+E}{3}*B_2^3(t)+B*B_3^3(t)\end{aligned}$$

这里

$$A=(v_0-a_0)*n_0, B=(v_1-a_1)*n_1$$

$$C=(v_0-a_0)*\hat{n},D=(v_1-a_1)*\hat{n}$$
$$E=(v_0-a_0)*n_1,F=(v_1-a_1)*n_0$$

$B_i^3(t)$是 Bernstein 基函数。

至此可以得到结论，仅仅计算 2 个点积 A、B 并不足以剔除 VF 对，充分条件是需要计算 6 个点积 A、B、C、D、E、F，如果 A、$\frac{2*C+F}{3}$、$\frac{2*D+E}{3}$、B 具有相同的符号，则可以剔除该 VF 对。整个算法的实现代码如下所示：

```
inline vec3f norm(vec3f &p1, vec3f &p2, vec3f &p3)
{
    return (p2-p1).cross(p3-p1);
}

inline bool check_abcd(vec3f &a0, vec3f &b0, vec3f &c0, vec3f &d0,
                       vec3f &a1, vec3f &b1, vec3f &c1, vec3f &d1)
{
    vec3f n0 = norm(a0, b0, c0);
    vec3f n1 = norm(a1, b1, c1);
    vec3f delta = norm(a1-a0, b1-b0, c1-c0);
    vec3f nX = (n0+n1-delta)*0.5;

    vec3f pa0 = d0-a0;
    vec3f pa1 = d1-a1;

    float A = n0.dot(pa0);
    float B = n1.dot(pa1);
    float C = nX.dot(pa0);
    float D = nX.dot(pa1);
    float E = n1.dot(pa0);
    float F = n0.dot(pa1);

    if (A > 0 && B > 0 && (2*C+F) > 0 && (2*D+E) > 0)
        return false;

    if (A < 0 && B < 0 && (2*C+F) < 0 && (2*D+E) < 0)
        return false;
    return true;
```

```
}

bool check_vf(unsigned int fid, unsigned int vid)
{
    unsigned v0 = _tris[fid].id0();
    unsigned v1 = _tris[fid].id1();
    unsigned v2 = _tris[fid].id2();

    vec3f &a0 = _prev_vtxs[v0];
    vec3f &b0 = _prev_vtxs[v1];
    vec3f &c0 = _prev_vtxs[v2];
    vec3f &p0 = _prev_vtxs[vid];

    vec3f &a1 = _cur_vtxs[v0];
    vec3f &b1 = _cur_vtxs[v1];
    vec3f &c1 = _cur_vtxs[v2];
    vec3f &p1 = _cur_vtxs[vid];

    return check_abcd(a0, b0, c0, p0, a1, b1, c1, p1);
}
```

对于 EE 对间的检测，也可以类似地推导出剔除条件，同样只需要计算 6 个点积。

对于推导出的 VF/EE 对剔除条件，将其统一称为几何过滤器。在实践中，85%以上通过包围盒测试的 VF/EE 单元测试可以使用几何过滤器进行剔除（图 12.13），因此可以大幅度降低进行精确测试的数目，进而提升整体执行效率。

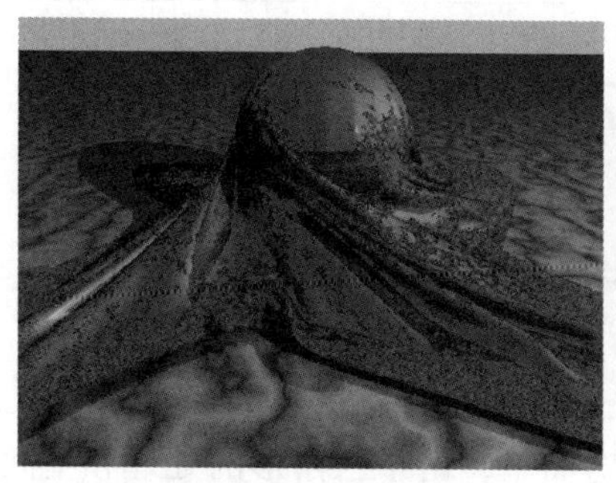

(a) 未使用几何过滤器

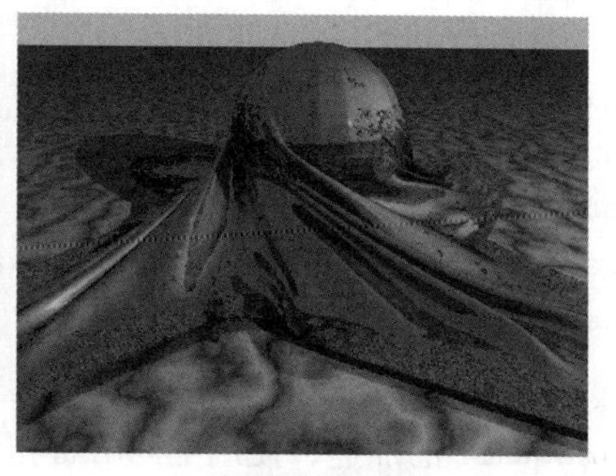

(b) 使用几何过滤器

图 12.13 几何过滤器效果对比

12.4 基于多核/GPU 的碰撞检测并行加速

即使使用了包围盒层次结构或空间哈希，大型场景的碰撞检测特别是连续碰撞检测，依然是很多实时图形学应用的性能瓶颈。如何使用多核 CPU 或众核 GPU 对碰撞检测任务进行计算加速是目前研发的热点问题。

目前，计算机处理器的发展趋势是通过增加处理器的个数来提升整体计算能力。例如，英特尔公司的多核处理器 Xeon Phi 具有 72 个核心；而英伟达公司的桌面级显卡 RTX 2080 Ti 具有 4 352 个 CUDA 核心、11 GB 显存，能提供高达 14.2 TFLOPS 的单精度计算性能。

如何将碰撞检测任务细化分解，分配到多核/众核处理器上并行执行，是提升性能的关键。下面将介绍面向多核 CPU 和众核 GPU 的并行加速策略，以对复杂三维运动场景的碰撞处理进行加速。

12.4.1 面向多核的并行加速

对于 CPU 众核处理器，虽然核心数目（通常小于 100）远远少于 GPU，但是每个核心都具有很强的处理能力，具有多级缓存，支持指令/数据预取、分支预测，因此可以执行逻辑非常复杂的指令。

针对这类处理器，需要设计出高效、可扩展的并行任务分解策略。就碰撞检测任务而言，narrow phase 的并行处理相对简单，VF/EE/三角形对的精确测试各自独立，直接将大规模的精确测试使用静态任务划分/动态任务划分策略分配到各处理器核心即可。下面的代码使用 OpenMP 来进行多线程并行加速。

```
int length = triangle_list.size();
#pragma omp parallel for
for(int i = 0; i<length; i++) {
    int id1, id2;
    triangle_list[i].get_param(id1, id2);
    test_triangles(id1, id2);
}
```

对于 broad phase 的加速，使用空间哈希相对简单，由于三角形的处理和空间格子的处理彼此独立，可以使用 OpenMP 并行化这些处理过程。代码如下所示：

```
//对所有的三角形进行遍历
#pragma omp parallel for
```

```
for(int i=0; i<triNum; i++) {
    AABB bx = tri[i].bound();

    //找到三角形包围盒占用的空间哈希格子
    std::vector<hash_cell *> cells;
    getAABBcells(bx, cells);

    //在这些格子上记录下该三角形
    for(int j=0; j<cells.size(); j++) {
        cells[j]->record(i);
    }
}

//对空间哈希的所有格子进行遍历
#pragma omp parallel for
for(int i=0; i<cellNum; i++) {
    hash_cell *c = allCells[i];
    if (c->triNum() == 0)
        continue;

//对所有落在同一格子上的三角形进行碰撞测试
    test_triangle_contact(c->triangles());
}
```

注意以上代码都涉及结果收集，即数据写操作，需要使用 Atomic 语句来避免写冲突。

使用 BVH 进行 broad phase 剔除的并行化需要额外的技巧。首先，需要保存一个包围盒测试树前线（BVTT 前线）来记录碰撞检测过程中对于 BVH 的遍历情况。在 BVTT 前线中，记录下所有 BVH 遍历终止时来自双方 BVH 的节点。基于 3D 场景的时刻连续性，下一时刻发生的碰撞情况可以直接通过 BVTT 前线的演进过程来收集。如图 12.14 所示，从旧的 BVTT 前线出发（来自前一帧），对所有的前线节点进行测试，如果节点中的两个 BVH 节点仍然分离，则保存不变；否则需要递归遍历其子节点，从而得到一个新的 BVTT 前线（对应当前帧）。而由于所有 BVTT 前线节点的处理各自独立，因此可以使用多线程将处理任务在多核上并行展开。

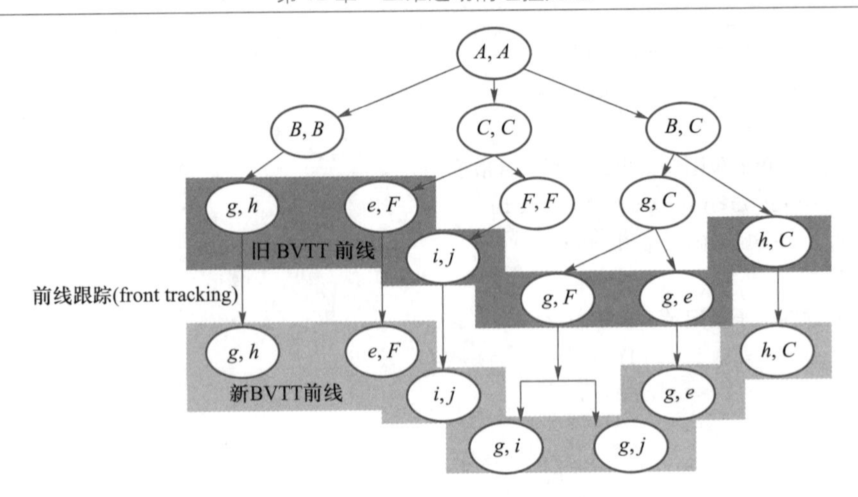

图 12.14　基于 BVTT 前线的并行碰撞检测

12.4.2　面向 GPU 的并行加速

GPU 作为一种众核处理器，通常具有数千个轻量化的计算单元，因此相比于 CPU 多核处理器，需要设计更加细粒度的并行策略，以充分利用 GPU 的计算能力。同时需要注意的是，目前该方法使用的 PCI-E 总线带宽有限，使得 CPU 与 GPU 间的数据通信代价远远高出了计算本身，因此尽可能减少 CPU 与 GPU 间的数据传输也是提升 GPU 计算性能的关键之一。

以基于 BVH 的碰撞检测为例，仍然使用基于 BVTT 前线的并行策略，同时需要把计算中涉及的所有数据都转换为 GPU 上的流数据，如图 12.15 所示。

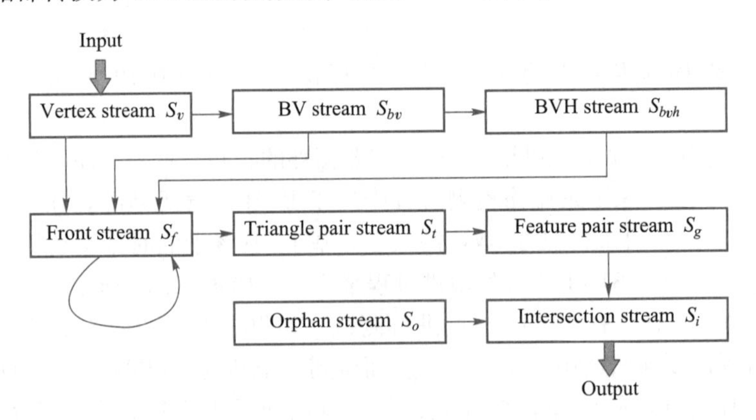

图 12.15　GPU 上的碰撞检测流数据

把顶点、包围盒、包围盒层次结构、BVTT 前线、三角形对、VF/EE 对等数据结构都从 CPU 端传送保存到 GPU 的显存中。对于动画场景，后续可以直接在 GPU 上更新数据，而不需要频繁地在 CPU 与 GPU 间进行数据传输。同时，碰撞处理流程中的各个计算环节也转换为在 GPU 上并行执行的核心，如图 12.16 所示。包围盒更新、BVH 更新、BVTT 前线更新、碰撞对收集、几何过滤器、精确测试等主要计算环节都得以在 GPU 上使用多线程完全并行展开，从而大幅度提升了执行效率。在实践中，使用一块 NVIDIA RTX 2080 Ti GPU，相比于 CPU 上的单线程实现，可以获得 30~40 倍的性能提升。

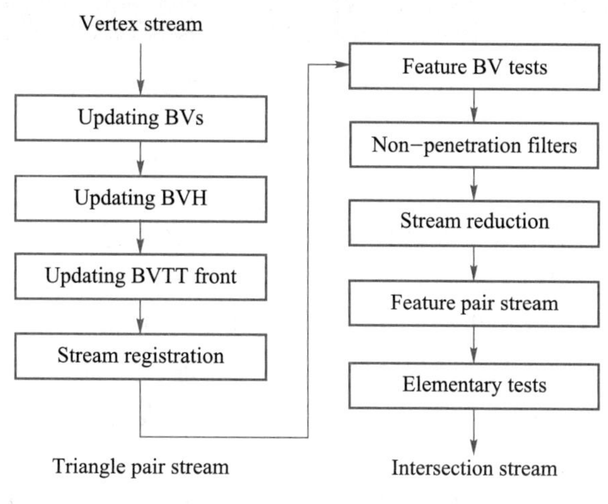

图 12.16 GPU 上的数据处理核心

12.5 物理仿真中的碰撞响应

在获得来自碰撞检测模块的碰撞信息后，仿真动画系统需要做出正确的响应，这个过程称为碰撞响应。对于不同的物体、不同的仿真目的，可以使用不同的碰撞响应算法。下面介绍模拟仿真中对于刚体、柔体、流体常用的碰撞响应策略。

12.5.1 刚体仿真

对于刚体的碰撞响应，常用的算法有质点弹簧法、约束法、冲量法等。质点弹簧法在发生碰撞的区域插入压缩弹簧，将物体反弹开。约束法则通过求解一系列非穿透约束方程来推算出物体间的分离状态。冲量法则通过计算运动冲量，修改物体的速度与角速度。此外，更加复杂的刚体碰撞响应算法还能通过设定断裂发生的阈值模拟出逐渐破碎崩塌的效果(图 12.17)。

图 12.17 刚体仿真中的碰撞响应

12.5.2 柔体仿真

柔体（肌肉、毛发、服装等）的碰撞响应算法与刚体大致类似。作为一类特殊的柔体，服装的碰撞响应算法受到了研究者的大量关注。在服装仿真（图 12.18）中，碰撞泄露往往是致命的，单个碰撞泄露就可能产生引人注目的仿真瑕疵。在布料仿真中，常用的碰撞响应算法为冲量法，为了体现柔性质感，通常会将反弹的动能进行大幅度衰减，最后再使用刚性/柔性冲击区域（rigid/inelastic impact zone）算法对剩余的穿透进行校正，确保得到一个无穿透状态。

图 12.18 柔体仿真中的碰撞响应

12.5.3　流体仿真

在基于粒子模型的流体仿真系统（图 12.19）中，可以通过速度反弹机制来进行碰撞响应。如图 12.20 所示，已知粒子在物体表面发生了碰撞（使用连续碰撞检测方法），碰撞处的速度为 v，碰撞点处的法向量为 $\boldsymbol{n}$，则可以把碰撞处的速度分解为法向速度和切向速度两项，即

$$v_n=(v*\boldsymbol{n})v$$

$$v_t=v-v_n$$

发生碰撞后，反弹后的速度 v_r 可以调整为

$$v_r=(1-\mu)*v_t+\epsilon*v_n$$

这里 μ 是摩擦系数，ϵ 是反弹系数。

图 12.19　流体仿真中的碰撞响应

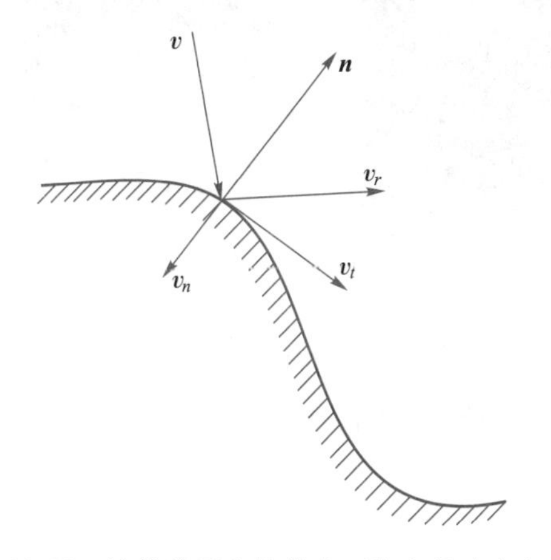

图 12.20　流体粒子在物体表面发生的速度变化

12.6 碰撞处理开放平台

下面介绍两个碰撞处理的开放平台，一个是 MCCD，它是一个多核加速的并行连续碰撞检测库；另一个是 I-Cloth，这是一个 GPU 加速的布料仿真 API。它们可以供研究者特别是碰撞处理领域的初学者参考，从而帮助快速理解算法原理。需要注意的是，虽然这两个开发平台对于研究者是免费的，但如果将它们用于商业用途，则需要获得作者的授权。

12.6.1 多核加速的并行连续碰撞检测库

MCCD 是 2010 年发布的一个开源的连续碰撞检测库。该程序库基于 C++开发，可以在 Windows/Linux 平台下编译，并且提供了基于 OpenGL 的演示程序，给出了如何使用该程序库对 N-body（图 12.21）或布料仿真（图 12.22）的数据集进行碰撞检测。其核心算法基于 12.4.1 节中介绍的基于 BVTT 前线的并行加速策略。

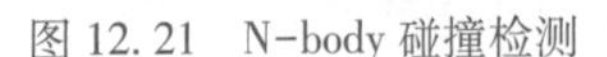

图 12.21 N-body 碰撞检测

图 12.22 布料仿真场景碰撞检测

MCCD 使用了 OpenMP 库，支持多核 CPU 加速的并行碰撞检测。在一条 16 核工作站上的运行数据表明，随着使用核心数目的增加，MCCD 可以获得近似线性的加速比（图 12.23）。

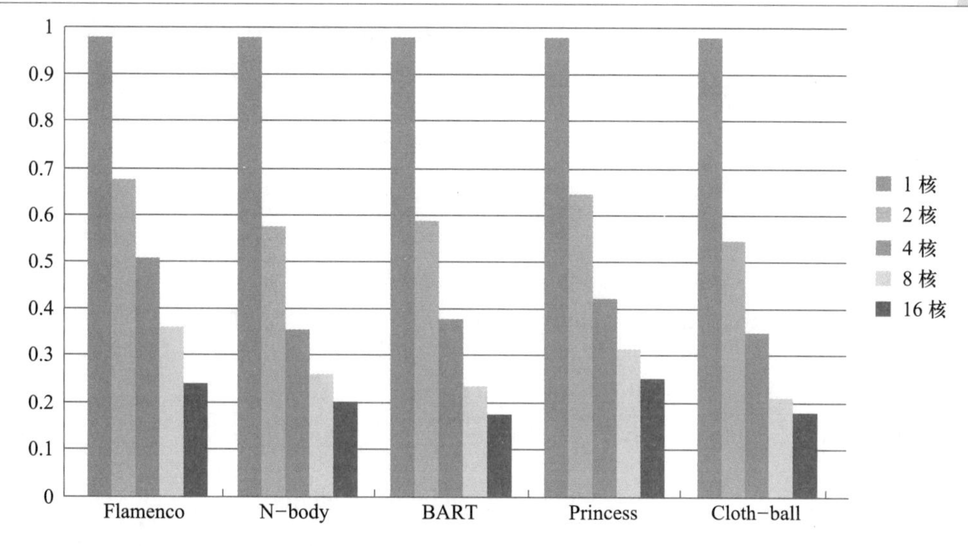

图 12.23　随着处理器核心数目的增加，MCCD 可以获得近似线性的加速比

12.6.2　GPU 加速的布料仿真 API

I-Cloth 是唐敏等在 2018 年发布的一个布料仿真 API。该程序库基于 C++/CUDA 开发，可以在 Windows/Linux 平台下编译，并且提供了基于 OpenGL 的演示程序，给出了如何使用该 API 进行布料仿真。其核心算法基于 12.4.2 节中介绍的基于 GPU 的碰撞检测加速算法与 12.5.2 节中介绍的柔体碰撞响应算法。

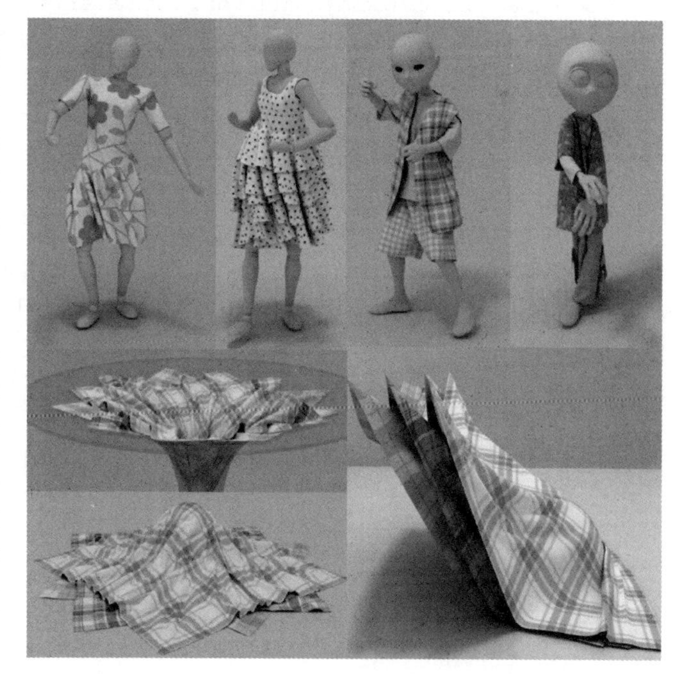

图 12.24　I-Cloth 布料仿真 API 的示例

I-Cloth 使用了 CUDA 9.0 库，需要 NVIDIA GTX 900 系列以上的 GPU 才能运行。使用者只需要提供人体和服装的初始模型，就可以看到人体着装后的仿真动画。I-Cloth 也支持由用户提供 obj 文件定义的人体动画序列，自动生成随着人体运动而产生的衣服变形（部分示例见图 12.24）。

I-Cloth 使用 C++开发，通过对布料仿真的主要计算流程进行封装，提供了30多个接口函数。主要函数如下所示：

```
class DLL_PUBLIC CCSManager
{
    …

public:
    //Prepare for cuda library
    void initialize(int argc, char *argv[]);

    //set default path for bvh.txt
    void setPath(char *path);

    //load material
    bool initMaterial(char *path, REAL density_mult = 1.0, REAL stretching_mult =
                    1.0, REAL bending_mutl = 1.0);

    //PREPARE only
    int addCloth();
    void addClothMaterial(int idx, int materialType);
    void addClothNode(int idx, REAL x, REAL y, REAL z);
    void addClothVert(int idx, REAL u, REAL v);
    void addClothFace(int idx, int na, int nb, int nc, int va, int vb, int vc);

    int addObs();
    void addObsNode(int idx, REAL x, REAL y, REAL z);
    void addObsFace(int idx, int na, int nb, int nc);
    void addObsFFlags(int idx, int num, int *fflags);

    void addNodeHandle(int clothIdx, int nodeIdx, REAL startTime = 0, REALendTime =
                    1e10f);
    void addAttachHandle(int clothIdx, int clothNodeIdx, int obsIdx, int obsNo-
                    deIdx, REAL startTime = 0, REAL endTime = 1e10f);

    REAL getTimeStep();
    void setTimeStep(REAL time);
    void setStartStep(int start);
    void setEndStep(int end);
```

```
    void setGravity(REAL x, REAL y, REAL z);
    void setFriction(REAL fri);
    void setObsFriction(REAL fri);
    void setVelScale(REAL v);
    void setBodyCloseEps(REAL eps);
    void initSimulation(REAL = -1, REAL = -1, REAL = -1, REAL = 0,
                        REAL = 1.0, REAL = 0, REAL = 0); //PREPARE -> SIMULATE

    void toggleCollision(bool);

    //SIMULATE only
    void setSplits(int);
    void warmUp();
    void fixObstacle();
    void save2();

    bool runOneStep(void *pts, bool &loading);
    bool runLastStep();

    //update before step
    void updateObsNode(int obsIdx, int nodeIdx, REAL x, REAL y, REAL z);
    void endSimulation(); //SIMULATE -> PREPARE

    //PREPARE and SIMULATE
    void getClothNode(int clothIdx, int nodeIdx, REAL *x, REAL *y, REAL *z);
    //output nodes after step
    void getObsNode(int obsIdx, int nodeIdx, REAL *x, REAL *y, REAL *z);
    void getObsFFlags(int obsIdx, int *flags);
    void getObsVFlags(int obsIdx, int *vflags);

    int getStep();
    int getStartStep();
    int getEndStep();
    State getState();


private:
```

```
    …
    };
```

以上接口函数覆盖了人体模型输入、布料模型输入、布料材质指定、布料节点指定、仿真步长指定、摩擦系数指定、单步仿真等各个主要环节，对于用户来说，使用的主要流程如图 12.25 所示。

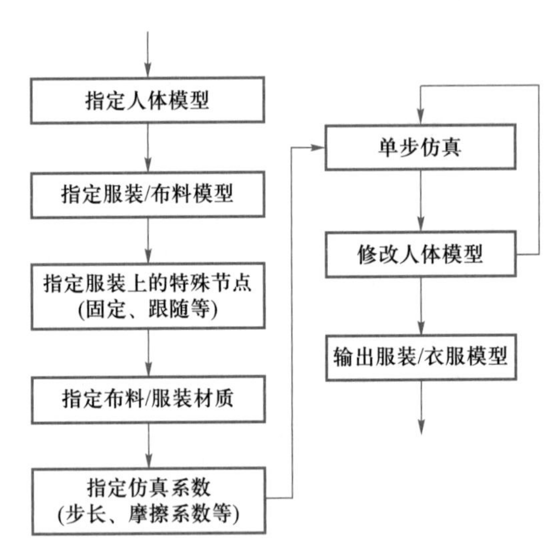

图 12.25 I-Cloth 布料仿真 API 调用流程

习 题

1. 对比离散碰撞检测方法和连续碰撞检测方法，列出各自的优缺点。
2. 对比基于包围盒层次结构的碰撞检测方法和基于空间哈希的检测方法，列出各自的优缺点。
3. 参照 VF 测试的剔除条件推导过程，推导出 EE 测试的剔除条件。
4. 柔体、流体、刚体的碰撞响应算法有何差异?
5. 尝试使用 MCCD 进行复杂场景的碰撞检测。
6. 尝试使用 I-Cloth API 进行布料仿真实验。

第 13 章　计算机图形学的应用

13.1　机械运动中的碰撞检测

在机械运动的仿真中，碰撞检测是至关重要的一个环节，可用于及时发现设计上的缺陷。本节将围绕传动装置运动仿真、机械臂运动仿真两个实例详细说明碰撞检测算法的应用情况。

13.1.1　传动装置运动仿真

图 13.1 给出了一个传动装置的运动仿真示例。这个模型是拖拉机变速箱的一部分，使用 Pro/E 建模，在 GS-CAD 系统中进行运动仿真。GS-CAD 是浙江大学自主开发的一个具有完全自主版权的通用三维 CAD 系统。

图 13.1　传动装置运动仿真示例

传动装置运动仿真中使用了基于 GPU 的碰撞检测算法，如果发现干涉区域，则会高亮显示出来。其具体算法和下面介绍的机械臂运动仿真的算法相同。

13.1.2　机械臂运动仿真

图 13.2 给出了一个机械臂运动仿真示例，这是一个月面着陆器虚拟仿真系统的一部分，这里使用了一个多关节机械臂在月面进行土壤采样。

图13.2 机械臂运动仿真示例

为了验证机械臂的运动是否能够满足实际应用需求，同时不会和其他部件发生干涉，需要进行机械臂的运动仿真和碰撞检测。目前，机械臂碰撞检测算法大部分应用于工业机械臂或机器人的路径规划等场景中，用来规避环境中的障碍物，很少被用于对机械臂与模型自身进行精确的碰撞检测。一些常见的机械臂路径规划方法有人工势场法、RRT（rapidly-exploring random trees）算法、EB-RRT、S-RRT等。对于碰撞部分，最常见的是将机械臂和障碍物的模型简化，即利用简单的几何体代替实际模型，如使用包围盒。通过将机械臂和障碍物分别简化成圆柱体和包围球，或是将机械臂简化为胶囊体等，计算两两包围盒的间距来规避碰撞，这些方法得到的都不是精确的碰撞结果。

为了获得精确的碰撞结果，则需要对每个模型进行精确的碰撞检测计算，因此需要进行大量的面片求交运算，而GPU在很多复杂场景的仿真中都有着很可观的计算效率，甚至能够达到实时的效果，比如河流模拟、柔性物体的碰撞检测等。因此，借助GPU的计算能力，对于进行实时碰撞检测而不影响画面流畅度来说十分必要。

当前，着陆器的模型有很多大面积或者很扁长的三角形面片，如果直接将碰撞的三角面片对进行高亮显示，会降低仿真过程中带给人的真实感，对模型细分过多则会造成场景过于复杂，增加系统运行负担，因此，需要对碰撞面片进行自适应细分来优化碰撞结果显示。

针对上述问题和挑战，本书提出了一个机械臂仿真解决方案，以实现对机械臂的交互式控制，方便用户控制机械臂进行多次不同角度的自主成像以及验证多种状态下的机械臂采样实验；同时还采用基于GPU端BVH的碰撞检测方法对机械臂运动过程中的碰撞进行实时计算，并利用用户可控的细分方式来优化碰撞显示效果，以模拟机械臂的月面采样作业。

对机械臂运动仿真系统有以下几点要求。

① 要易交互易操作，即提供图形交互界面，供用户对机械臂运动进行控制和修改。

② 实现给定目标拍摄点，系统自动计算机械臂搭载的相机是否能拍摄到该点，若能拍摄，

则计算机械臂各个关节的角度。

③ 碰撞检测时需要达到实时检测的效果，尽量减少对系统运行效率的影响。

④ 机械臂碰撞到着陆器模型自身或其他物体时，需要有碰撞提示，并提供给用户设置显示参数的接口。

根据以上 4 点要求，可以把机械臂运动仿真系统的功能分为 4 部分，即对机械臂正向的交互式控制、逆向求解机械臂角度、机械臂实时碰撞检测和碰撞结果显示优化。机械臂仿真系统的结构设计如图 13.3 所示。

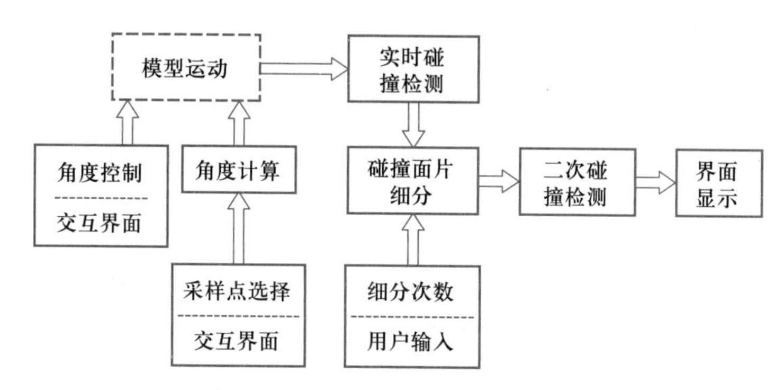

图 13.3 机械臂仿真系统的结构设计

着陆器的机械臂包含 4 个自由度，由 4 个旋转关节控制器控制，分别位于肩方位角关节、肩部抬高关节、肘关节和腕关节，每个关节都有自己旋转的角度范围，并且角度控制相互独立。机械臂的控制主要是为机械臂自拍服务的。机械臂的不同关节上搭载了 4 个取景相机。

1. 机械臂实时碰撞检测

在实现机械臂碰撞检测时使用了 BVH 场景表示方法，对场景中需要进行碰撞检测的所有物体构建单独的 BVH，然后利用 GPU 并行对每对 BVH 进行求交测试，得到两个物体所有的碰撞三角形对。

为了让用户直观地看到碰撞检测的结果，系统还对当前帧所有发生碰撞的三角面片进行可视化显示。由于有些三角面片面积过大，或者三角面片的边长极度不协调而拉伸过长，显示时会出现小区域碰撞却有大面积显示的情况。因此在得到碰撞的三角面片对后，增加了对三角面片的自适应细分，并对细分后的三角面片进行二次碰撞检测。细分的过程在 CPU 上完成，整个碰撞处理流程如图 13.4 所示。

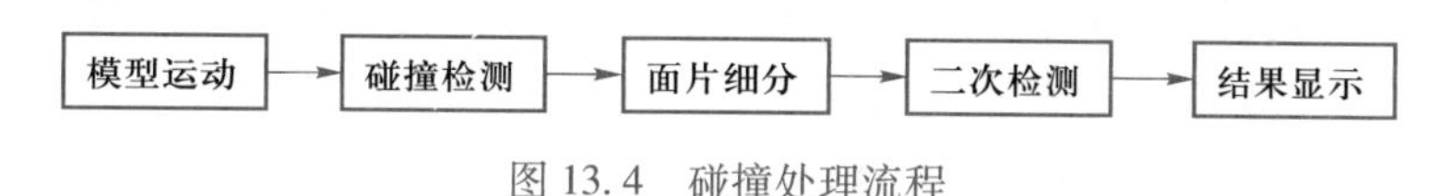

图 13.4 碰撞处理流程

当面片细分次数增加时，系统的计算量会大幅度增加，运行效率下降，但碰撞细节更多，画面效果较好；当面片细分次数减少时，运行效率升高，但碰撞细节更少，画面效果较差。因此，系统增加了用户输入，让用户根据实验要求，选择系统运行效率优先或画面质量优先。

2. 自适应的面片细分算法

需要细分的三角面片分为两种：一种是面积过大的三角面片；另一种是某边的边长远短于其他两边的长度，导致三角形拉伸明显，呈细长条状，因此需要细分的三角形至少应该满足式（13.1）和式（13.2）其中之一，即

$$S_t > S \tag{13.1}$$

S_t为某三角面片的面积，S为用户给定的面积阈值，当某个三角面片的面积超过指定阈值时，对该面片执行细分操作，即

$$l_{t_1} < ml_{t_2}, l_{t_1} < ml_{t_3} \tag{13.2}$$

其中，l_{t_1}为三角面片中最短边，l_{t_2}和l_{t_3}分别为剩下的两边，m为用户指定的系数。当最短边比其他两边的m倍小时执行细分，且有$0<m<1$。

本书根据这两种三角面片的特点采取了不同的细分策略。对于面积过大的三角形，每次细分取每边的中点，细分成4个新三角面片，如图13.5所示。对于拉伸过长的三角面片，则取最长两边的中点，每次细分会将原三角面片分成3个三角面片，如图13.6所示。当面片同时满足两个条件时，优先执行第二种细分。

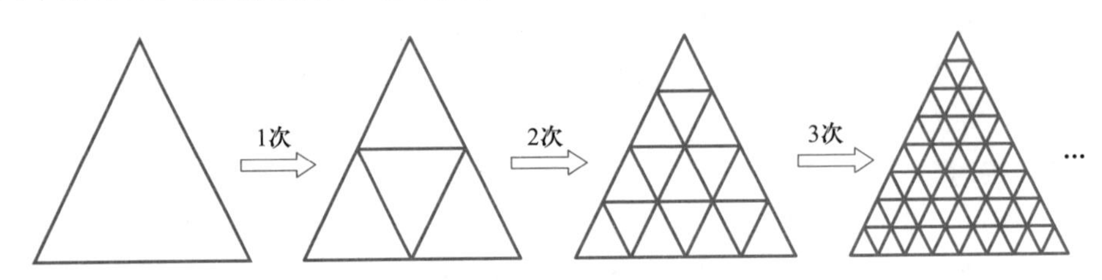

图13.5 面积过大时三角形的细分示例

算法13.1为对一个三角面片进行细分的伪代码。在碰撞检测过程中用到了前一帧和当前帧的模型，因此一个三角面片也分为前一帧和当前帧两个状态，且系统中用到的模型为刚体，在运动过程中不会发生形变，两个状态下的三角面片除了位置不同外，形状、大小都一致，这样一组三角面片需要同时细分，并且要确保细分后该组的顶点也是一一对应的。面片细分次数越多，则精度越高，碰撞检测越耗时，因此需要平衡最后呈现的效果和时间开销来确定细分次数。经过实验，本例细分3或4

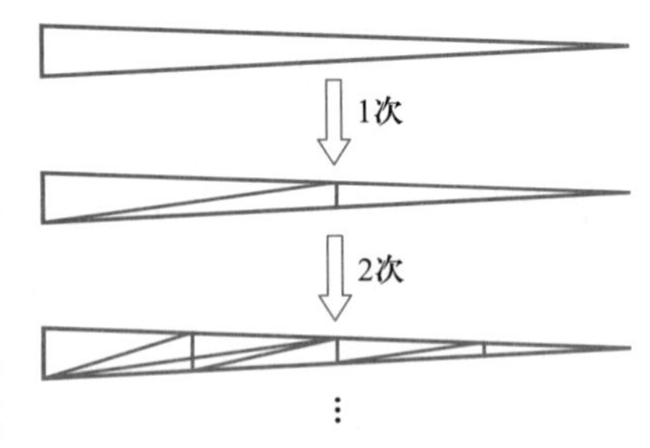

图13.6 某边边长过短时三角形的细分示例

次比较合理。

算法 13.1　三角面片自适应细分算法

输入： 前一帧三角面片 *pTri*；当前帧三角面片 *Tri*；细分结果集 *repTriSet* 和 *reTriSet*；当前细分次数 *level*

输出： 无

```
1  function DivideTriangle(pTri, Tri, &repTriSet, &reTriSet, level)
2      测试三角面片的边
3      计算三角面片的面积 S
4      if level>=期望细分次数 or 三边长度相差不大且 S<面积阈值 then
5          直接将 pTri 和 Tri 分别存入 repTriSet 和 reTriSet 中
6          return
7      end if
8      if 有一条边远小于其他两边 then
9          交换三角面片的顶点，使最短边相对的顶点为第一个点
10         将三角面片细分成 3 个
11         for 细分得到的每个三角面片 ti 和 pti do
12             DivideTriangle(pti, ti, repTriSet, reTriSet, level + 1)
13         end for
14         return
15     end if
16     if S >= 30 then
17         将三角面片细分，取每边中点，细分成 4 个
18         for 细分得到的每个三角面片 ti 和 pti do
19             DivideTriangle(pti, ti, repTriSet, reTriSet, level + 1)
20         end for
21         return
22     end if
23 end function
```

3. 结果与分析

本节中所有实验的实验环境如表 13.1 所示。

表 13.1 实 验 环 境

设　　备	型　　号
CPU	Intel Core i7-6700
内存	32 GB
显卡	NVIDIA GeForce GTX 1060
CUDA 版本	CUDA 9.0
操作系统	Windows 10
开发工具	Visual Studio 2015

表 13.2 为使用 CPU 和 GPU 计算碰撞检测结果的用时对比。根据实验结果可知，当碰撞面片对的数量增加时，CPU 计算耗时也会随着面片对数增加，且碰撞面片数与耗时基本成正比，而使用 GPU 的计算时间则基本保持稳定。当面片数量足够多时，GPU 的加速比可以达到 8 倍左右。因此，当碰撞面片数足够多时，使用 GPU 来计算场景中模型的碰撞用时更少，机械臂动画执行时相比使用 CPU 更加流畅，尤其对于一些比较复杂的场景，CPU 的运算速度可能已经无法满足实时性要求。

表 13.2 CPU 端和 GPU 端碰撞检测用时对比

组　　号	碰撞面片数	CPU 碰撞检测用时/s	GPU 碰撞检测用时/s
1	13 363	0.02	0.02
2	85 085	0.13	0.03
3	177 019	0.26	0.04
4	241 462	0.35	0.04

机械臂在运动过程中若与其他部分发生碰撞，仿真系统会将碰撞的部分标红显示，并显示发生碰撞的提示信息。图 13.7 和图 13.8 所示为两组机械臂在不同状态下利用自适应面片细分前后的碰撞效果对比。图 13.7（a）所示为细分前的碰撞显示，图 13.7（b）所示为细分 3 次后的碰撞显示。细分前的三角面片较大，使得大面积显示红色部分。经过 3 次细分后，只有局部碰撞位置显示红色，视觉优化效果比较明显，更加符合人们的认知。图 13.8 所示为不同细分次数的显示效果对比，随着细分次数的增加，红色区域的面积逐渐减少，碰撞的具体细节则更加清晰、直观。

表 13.3 所示是对基于 GPU 的碰撞检测方法在不同细分次数下的效率的实验结果。由于动画执行不能保证每次实验输出的帧中机械臂恰好处于完全相同的位置，所以碰撞三角面片的

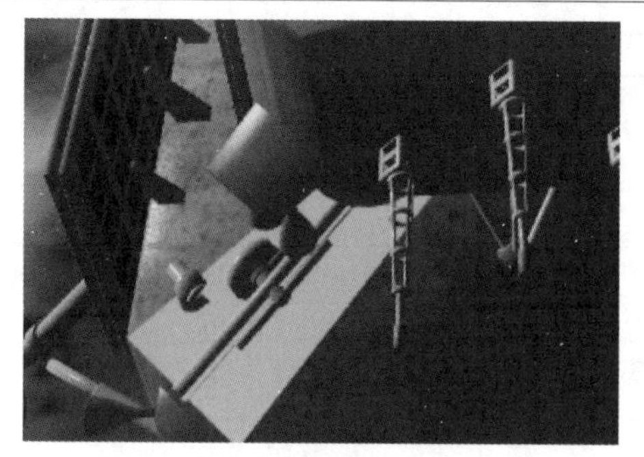

(a) 细分前的碰撞显示

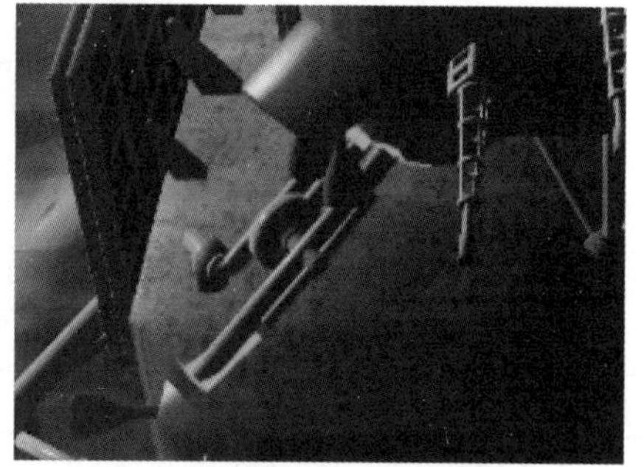

(b) 细分3次后的碰撞显示

图 13.7 三角面片面积过大时细分前后对比

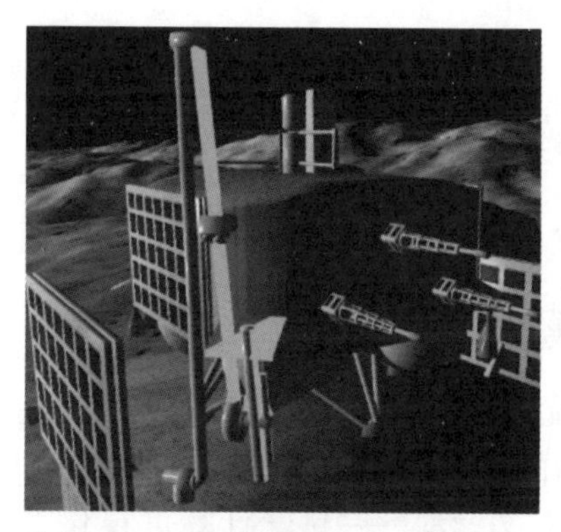

(a) 不细分

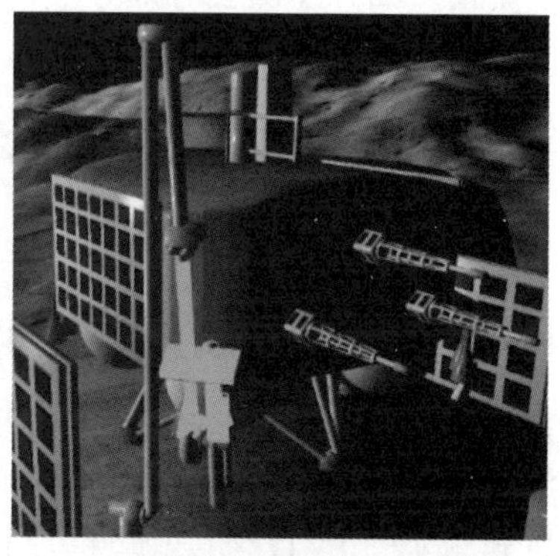

(b) 细分1次

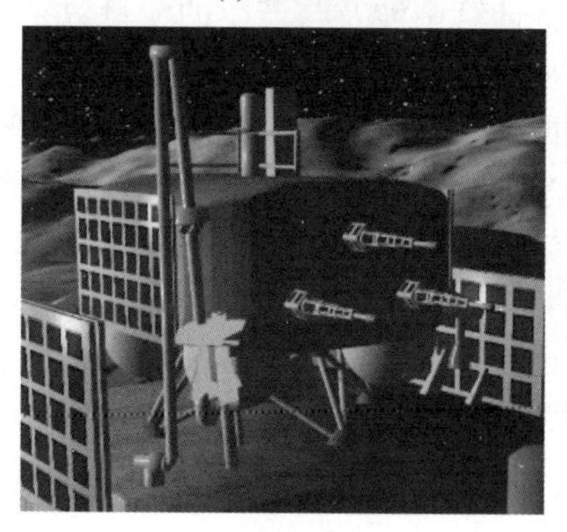

(c) 细分2次

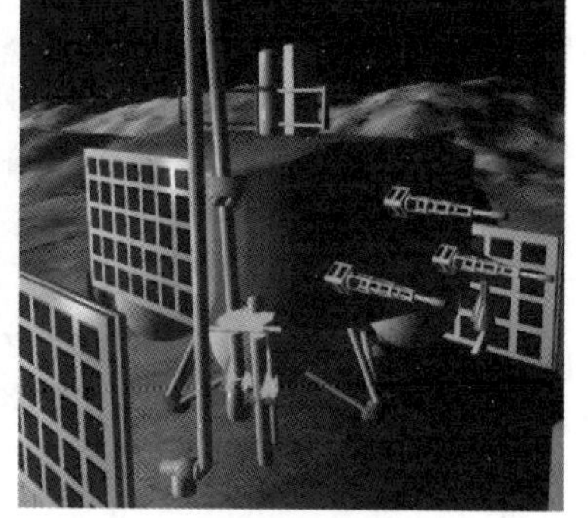

(d) 细分3次

图 13.8 机械臂碰撞面片不同细分次数的显示效果对比

数量会有一些小的差距。其中，处理时间为第一次碰撞检测时间、细分时间和第二次检测时间的和。

表 13.3 GPU 上碰撞检测在不同细分次数下的效率

细分次数	碰撞三角面片数	细分后三角面片数	处理时间/s		
			碰撞检测	细分	二次检测
1	10 078	60 112	0.11	0.03	0.03
2	10 395	176 525	0.12	0.08	0.04
3	10 014	502 650	0.11	0.20	0.05
4	10 389	1 534 600	0.11	0.59	0.09

根据表 13.3 的结果，当细分次数较多时，细分的时间开销也随之增加，主要是在 CPU 上的细分时间消耗较多，两次碰撞检测的时间变化不大。经几组实验对比后发现，细分 3 次及以下的画面比较流畅，细分 4 次会有部分卡顿存在。

13.2 科学计算可视化

13.2.1 科学计算可视化的概念和意义

20 世纪 80 年代末期，由于计算机软件系统及硬件设备的飞速发展，某些应用领域（如医学、气象学、流体力学等）对计算机图形处理的需求日益增加，促成了基于计算机图形学、图像处理、计算机视觉、CAD 等学科的一门交叉学科——科学计算可视化（visualization in scientific computing）的诞生。科学计算可视化将计算中涉及与产生的大量数字信号以图像或图形的信息呈现在研究者面前，以促进研究人员对被模拟对象变化过程的认识，发现通常通过数值信息发现不了的现象，从而缩短研究周期，提高研究效率，取得更多的研究成果。

随着可视化技术的不断发展，它在自然科学（如分子构模、医学图像的三维重建、地球科学）和工程技术（如计算流体动力学、有限元分析、CAD/CAM）等许多领域有着广泛的应用。例如，可以对 CT 扫描图像通过体绘制或表面重构，把肿瘤等的三维形象展示出来，给医师提供诊断、治疗的直观依据；显示飞行器穿越大气层时周围气流的运动情况和飞行器各部位所受的压力，以供工程师分析。根据对象的不同，可视化技术可分为标量场可视化、矢量场可视化和张量场可视化。

13.2.2 标量场可视化方法

标量场可视化根据标量所在的定义域不同，可分为一维标量场的可视化、二维标量场的可视化和三维标量场的可视化，所采用的技术各不相同。

1. 一维标量场的可视化

一维标量场的可视化根据函数值是在区间上逐点定义、区间定义还是枚举定义，可采用线状图、直方图和柱形图等不同方式。

线状图是根据在一组采样点 $x_1,x_2,\cdots,x_n$ 上的函数值 $f(x_1),f(x_2),\cdots,f(x_n)$ 绘制通过这些采样点的曲线。插值曲线可以是最简单的分段线性插值，即折线段，也可以是常用的三次样条曲线。这一方法较适用于连续变动量的表示，如某处温度随时间的变化。特别是当同一定义域内有多个标量需要显示时，这一方法是最适合的，它可以用不同的颜色表示不同的曲线，用户可以方便地进行比较，如表示不同位置处温度随时间的变化。

直方图将给定的一组函数值连成阶梯状，即用阶梯的高度表示函数值的大小，用阶梯的宽度表示函数值对应的定义域区间的大小，这些区间是相邻的。直方图的应用也比较广，如某一产品在不同季度的销量，图像中含有的不同灰度值的像素点的数量等。

柱形图通过垂直矩形条的长度描绘函数值，通常用于枚举型的函数。饼图也可用于枚举型的函数，它通过扇形的大小表示数值，主要用于百分比的表示，如某种产品销量中不同品牌的占有率。

2. 二维标量场的可视化

根据应用的不同，二维标量场的可视化可分为曲面图、图像法和等值线等不同方式。

曲面图方法可以看作是一维标量场可视化中的线状图方法在二维的推广，通过绘制一曲面插值采样点 (x_1, y_1)，(x_1, y_2)，$\cdots$，(x_1, y_n)，(x_2, y_1)，$\cdots$，(x_m, y_n) 处的函数值进行可视化。类似地，也可将直方图和柱形图推广到三维直方图和三维柱形图，但应用不如曲面图方法广泛。

图像法用图像来表示平面上点的函数值。它将二维区域划分为单位网格以对应显示器的像素，用每个像素的灰度表示函数的对应值。

等值线法通过连接定义域内函数值相等的点进行可视化，等高线、等压线等是这一方法的代表。等值线的生成可通过对网格点处的函数值进行插值，求出等值线与网格线的交点进行连接。

3. 三维标量场的可视化

三维标量场的可视化

与一维、二维标量场的可视化相比，三维标量场的可视化要复杂得多，也是本章要重点介绍的内容。三维标量场是对函数 $F(x,y,z)$ 在空间点进行采样的结果，通常采样点取均匀的网格点。三维标量场的可视化有时也称为体可视化，总体上可分为等值面法和体绘制方法两类。

（1）等值面法

等值面法通过构造三维空间中函数值相等的面进行可视化。等值面的重构方法可以分为从等值线进行重构和基于体素的等值面生成两类。

① 从等值线进行重构的方法。

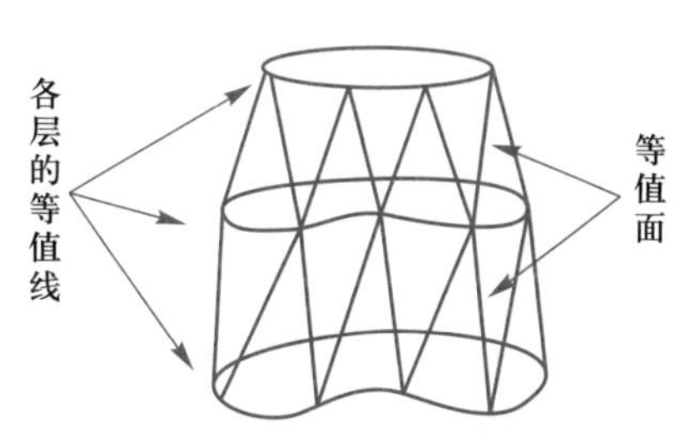

图 13.9　基于等值线的等值面构造

从等值线进行重构的方法适用于分层数据，如医学图像等，其基本思想是先在各层（每一层是一个二维标量场）生成等值线，通常生成的等值线用多边形表示，然后将相邻层的等值线按一定的规则相连，如图 13.9

所示。

重构过程中各层的等值线抽取是简单的，复杂的是相邻层的等值点间的连接方法。设相邻两层的等值线分别由多边形 $P_0 P_1 P_2 P_3 \cdots P_n$ 和 $Q_0 Q_1 Q_2 Q_3 \cdots Q_m$ 表示，连接的标准是在 P_i 和 Q_j 间寻找恰当的对应，以生成合理的等值面。使重构的三角面片的面积和最小是一种较为合理的重构标准，但目前使用较多的是最短对角线法。该方法首先选择最接近的一对点作为起始对应点进行连接，不妨设为 $P_i Q_j$，然后沿着两条等值线的同一方向按最短对角线的原则选择下一连接，即如果 $P_{i+1} Q_j < P_i Q_{j+1}$，则连接 $P_{i+1} Q_j$；否则连接 $P_i Q_{j+1}$。图 13.9 中相邻层的等值线的拓扑是一致的，在连接中困难的是上下两层的等值线拓扑不一致的情况，如图 13.10 所示。

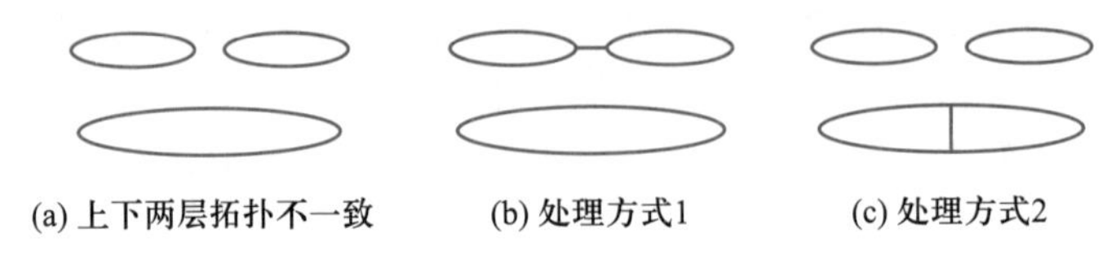

图 13.10 拓扑不同时的处理方式

当拓扑不同时，可以添加辅助线使相邻层的拓扑一致，然后再进行连接。

② 基于体素的等值面生成。

直接基于体素生成等值面的方法中最著名的是 Marching Cube 方法。Marching Cube 方法由 Lorensen 和 Cline 于 1987 年提出，是三维体数据显示的一个重要算法。该算法实用、简洁，算法基本过程如下：三维体数据被分割成多个小立方体，如图 13.11 所示，相邻的 8 个顶点构成一个立方体。判断每个立方体与等值面是否相交，如果有交，以数个三角形逼近等值面与该立方体的交。等值面与所有立方体相交得到的三角形构成了等值面。计算每个三角形顶点的法向，然后用 Gouraud 明暗处理方法绘制三角形。

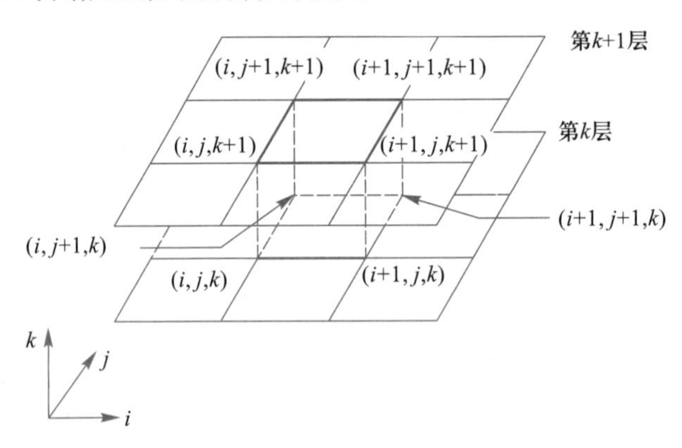

图 13.11 三维空间的均匀分割

从算法过程可知，算法必须解决如何判断立方体与等值面是否相交，如何计算立方体与等值面的交，如何计算相交三角形的法向等问题。

首先将体数据二元化。一个体元具有 8 个顶点，每个顶点都对应一个数据，当给定一个阈值 isovalue 后，体元顶点处的数值可以根据 isovalue 分为两类：

a. 密度值≥isovalue。

b. 密度值<isovalue。

将符合条件 a 的顶点赋值 1，符合条件 b 的顶点赋值 0，即可将体数据二元化。一个体元有 8 个顶点，而每个顶点有两种情况，故共有 2^8 种可能。根据下述两种对称性，可以将讨论的情况大大减少。

a. 互补对称性

将体元的顶点值加以改变，1 变为 0，0 变为 1，得到的体元与等值面相交的情况是一样的，这种对称性称为互补对称性。根据互补对称性，可以将讨论的情况减半。

b. 旋转对称性

如果一个体元经过旋转变换后能与另一个体元相重（顶点处的 0、1 值相同），则这两种情况可按一种情况讨论。加上旋转对称性后，体元的情况可归为 14 种情况（图 13.12）。

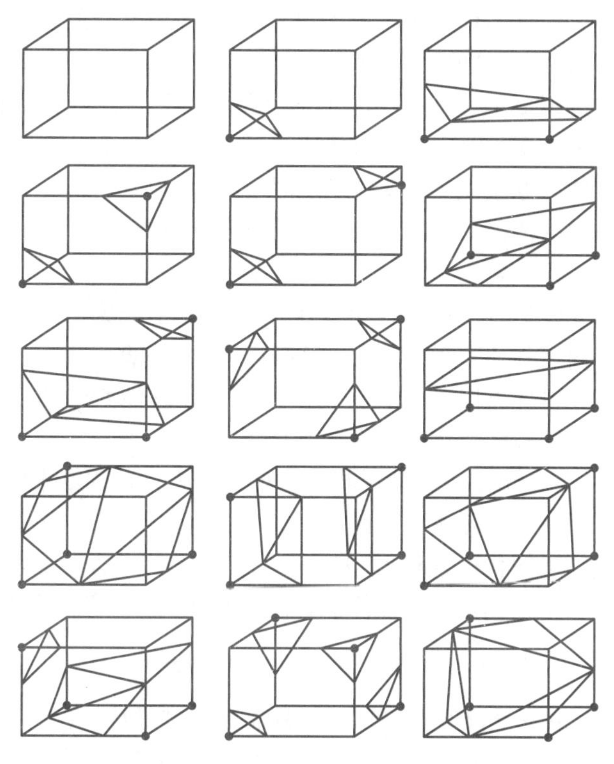

图 13.12 Marching Cube 的 14 种情况

对立方体的每条边，以线性插值法计算出 14 种标准模式的相交三角形。为了计算相交三角形顶点的法向，首先以中心差分法计算出立方体 8 个顶点的单位法向，然后线性插值三角形顶点的法向。

综上所述，Marching Cube 的算法如下：

步骤1：将相邻的切片数据读入内存。

步骤2：扫描中间两张切片，每张切片上各取相应的4个相邻顶点建立一个立方体。

步骤3：将该立方体8个顶点的密度与常数值进行比较，计算出立方体的索引。

步骤4：根据索引，从预先计算表中找出所有与重建曲面相交的边。

步骤5：根据每条边上顶点的密度值，运用线性插值计算重建曲面与边的交，即三角形的顶点。

步骤6：运用中心差分法计算立方体每个顶点的单位法向，并插值出每个三角形顶点的法向。

步骤7：输出三角形的顶点和顶点法向。

（2）体绘制方法

前面提到的等值面的绘制方法显示的是三维场中的一个函数值相等的曲面，无法显示出三维数据场的全貌。为了能够不仅显示三维数据中密度存在突变的物质表面，还能揭示物体内部的属性，Levoy 等人提出了体绘制（volume rendering）方法，在不构造物体表面几何描述的情况下直接对体数据进行显示。体绘制的基本思路是首先根据数据点值对每一数据点赋以不透明度值（α），再根据各数据点所在点的梯度及光照模型计算出各数据点的光照强度，然后将投射到图像平面中同一像素点的各数据点的半透明度和颜色值综合起来，形成最终的结果图像。因此，体绘制中的两个关键因素是光照模型和绘制方法。

① 体光照模型。

当光线穿过体素与光线遇到一曲面时会发生不同的光学现象，因此体光照模型与前面讲的曲面光照模型不同，前者注重吸收、散射等现象，后者注重漫射、反射、透射等现象。体光照模型主要研究光线穿过体素时的光强变化，将光线穿过体素时的物理现象用数学模型来描述。目前，体绘制中采用较多的体光照模型有如下几种。

源-衰减模型。这一术语最早由 Jaffery 提出。该模型为体数据场中的每一体素分配一个源强度和一个衰减系数，每一体素作为一个质点光源，发生的光线在数据场中沿距离衰减后被投影到视平面上，形成结果图像。这种模型的光学基础是所谓消光现象，即当光线通过介质场时，由于光线与介质相互作用，在光的传播方向上光强会逐步削弱的现象。计算公式为

$$I=\int_{-\infty}^{\infty}\left[s(t)\exp\left(-\int_{+}^{\infty}M(P)\mathrm{d}P\right)\right]\mathrm{d}t$$

其中 s 是体素的源强度，M 是衰减系数。由于这种衰减模型是从精确的物理方程出发推导得出的，具有较可靠的数学基础，因此是目前体绘制中主要应用的光照模型。

变密度发射模型。这种模型认为任一对象都是一个质点光源系统，整个对象空间中都充满着粒子云，每一粒子均可发光，并假设质点足够小，可以认为是连续分布的。在由某一视点观察体数据时，每一粒子所发出的光能在向视点传播的过程中被其他粒子散射掉一部分，

到达视点的光强是衰减后的光强。一般来说，虽然微观解释不同，但这种模型与源-衰减模型所推出的结论是一致的。

材料分类及混合模型。这种模型认为每一体素是由若干种材料组合而成的，其中每种材料的组成由该种材料在体素中所占的百分比来描述。对不同材料分别计算其密度分布以及光照强度和不透明度，在分类的基础上，再通过组合公式将各种材料的光照强度和不透明度以所占的百分比为权混合成该体素的亮度和不透明度。

② 绘制方法。

绘制方法目前主要分为两类：以图像空间为序的体绘制算法（如体光线投射法）和以对象空间为序的体绘制算法（如体单元投影法）。

光线投射法（ray casting）是目前使用最广泛的一种体绘制方法。其基本思想是：对于图像平面上的每一像素，从它出发向视点发一条光线穿过数据场，确定光线经过的各体素，依次将光线经过的各体素的不透明度值和颜色值进行合成，最终得到像素处的颜色值。

体单元投影法是以对象空间为序的一种体绘制方法，从对象空间的三维数据场出发，依次计算每个数据点对屏幕上各像素点的贡献，将各像素点光亮度的贡献合成起来得到最后的图像。这种方法有以下典型算法。

a. V-buffer 算法

这是一种基于正交网格点上计算单元的投影绘制方法，类似于 Z-buffer 算法。算法扫描整个对象空间，依次处理每个单元，由视点和单元的相对位置来决定单元的扫描次序，为每个单元定义一个包围盒，用扫描线裁剪生成单元投影贡献的像素区域。对每条扫描线上的像素点，计算出其光照强度和不透明度，然后进行累加。可见性由不透明度决定。

b. Foot Print 算法

Foot Print 算法可视为纹理映射的逆过程。纹理映射是计算出图像平面上每一像素在纹理空间中的取值范围，加权求和后作为像素的纹理值；而 Foot Print 算法是对每一数据采样点计算出在图像平面内所影响的像素范围（Foot Print 范围），通过把各采样点的能量扩展到图像空间，逐步重构原始信号，即算法计算的是每一采样点对最终图像的贡献和每一采样点对每一像素的重构核心。

c. 相关性投影法

相关性投影法利用矩形单元在平等投影情况下的相关性确定投影形状，将单元分成若干相关的子单元，投影计算在子单元上进行。这是一种有效简化投影、加快计算速度的体绘制算法。

13.2.3 矢量场可视化方法

1. 箭标图方法

使用箭头来显示矢量数据是最简单的方法。二维矢量数据可用平面上的箭头来实现可视化，即箭头的指向表示矢量的方向，箭头的大小表示矢量的大小。

在二维屏幕上用箭头显示三维矢量要相对困难，通常使用三维立体箭标，由立体矢量的深度提示或光照/浓淡来提供深度真实感，以显示立体的三维矢量。同时，还可把颜色映射到矢量，以提供额外的度量信息或表示独立变量。矢量类型和箭头的选择可能影响对矢量方向的理解。

箭标图方法（arrow plots）虽然简单、易实现，但存在许多缺陷。对于采样比较密集的数据场，将所有矢量逐点映射为点图标常会导致所生成的图像杂乱无章，显示太少又不能准确地把握矢量场的变化情况；而且采用点图标表示无法揭示出数据的内在连续性；流场中的一些特征，像涡流等结构也很难用点图标的方法表达清楚。

2. 流线法

显示矢量数据的另一种方法是显示流线，它可表示 CFD（计算流体力学）中的流体流动方向或电磁学中的磁通量方向等。用于构造流线的方法是一种比较简单的技术：因为流线上任一点的切线方向与矢量场在该点的方向一致，所以流线 $r(t)$ 满足方程 $\frac{\mathrm{d}r(t)}{\mathrm{d}t}=f(r(t))$，求解该方程就可得到某一瞬时的一条流线。设流线 $r(t)=[x(t),y(t),z(t)]^{\mathrm{T}}$ 为该方程的解，则它在场中的积分表达式为

$$r(t)=r(0)+\int_0^t f(r(t))\,\mathrm{d}t$$

这样，只要选定初始位置，采用数值积分的方法一步步跟踪下去，即可得到流线。然后通过取最近矢量的平均来构造线段，也可通过更复杂一些的、与应用相关的技术（如张量积样条拟合）来构造线段。

3. 矢量场拓扑图方法

使用箭头和流线的缺点是它们限制了表现给观察者的信息密度。矢量场拓扑图方法一般是通过分析关于位置矢量的矩阵来确定矢量场的临界点，从而找出马鞍点（saddle points）、吸附点（attracting nodes）和排斥点（repelling nodes）等。流线从每个合适的临界点开始绘制，其结果一般是既简单又不拥挤的图形，但观察者能够从中推导出整个矢量场。

4. 粒子法

粒子法在矢量场中加入带颜色和有一定透明度的粒子，粒子在矢量场的作用下运动，人们可以通过观察粒子的运动得到矢量场的印象。这一方法的思想与实际流体实验中使用的往流体中加木屑以更清楚地观察流体运动是一致的。

13.2.4 张量场可视化方法

张量场出现在 CFD 和有限元应力分析等应用领域中。三维二阶张量可用排列成 3×3 数组的 9 个分量表示，张量场由二维或三维域中各点上的许多这种数组组成。可以把张量映射到标量，但会丢失许多信息。对张量场进行直接可视化是比较困难的，有关技术包括 Lame 应力椭圆面和 Cauchy 应力二次曲面等。张量场可视化中使用较多的是对对称二阶张量场的显示，

其基本方法是从对称 3×3 矩阵的特征分析中给出张量主题的主要方向和数量，采用一个圆柱轴朝向主方向，并用轴的颜色和长度指示此方向的符号数值。若一个椭圆环绕轴的中心部分，则它的轴对应的是应力张量的中间方向及次方向。圆盘的颜色分布表示每个方向的应力数值。

13.2.5 可视化应用软件

可视化系统是一个集成环境，在其支持下，人们可通过直观的手段对复杂数据进行有效的研究。可视化工具则一般只支持某一方面的可视化。可视化软件发展至今，经历了由简单到复杂的演进过程，可以依照这一过程将可视化软件分为专用可视化工具和通用可视化系统。

专用可视化工具是人们专门为解决某一专用范围内的问题而开发的一种功能固定的可视化工具，工具本身具备了主程序功能，并有一个十分友好的用户界面，因而不要求用户编制程序代码，用户只要按工具的要求将数据输入并提供一些命令，就可利用该工具快速得到所需的分析结果。这类软件的最大特点是功能固定，用户不能对其修改和扩充，因而它们往往只能帮助人们解决某一范围内的问题。有些软件专用于某一应用领域，在气象学、石油勘探、计算流体力学、分子生物学、医学领域都有专门的可视化系统软件。如在医学中，加拿大的 Allegro 系统可以根据用户的需要，与不同厂家的 CT 设备或核磁共振设备连接。美国通用电气公司（GE）生产的螺旋 CT 扫描设备均有基于图形工作站的医学图像可视化系统。在气象学中，德国科学院计算机图形学研究所与德国气象局合作开发的一个软件，已经用于日常的气象预报。

另外一些软件的适用范围则更广一些，它们并不局限于某一应用领域，但提供的可视化技术是事先就固定好的，因而它们解决的问题仍是有限的，如只适于处理某类网格数据问题。这类软件的优点是性能优越，因为它们是针对某一范围内的问题开发的，对这一范围内的用户需求都能很好地满足，且相关的技术也都发挥得淋漓尽致；其缺点是缺少灵活性，功能比较单一。

通用可视化系统实际上是一种用于可视化应用构造与运行的支撑环境，一般采用开放式体系结构，使系统与内容易于扩展，从而满足各种不同可视化应用领域的要求，并且采用可视化编程环境，以便将程序编写量减至最低。它们大多基于数据流机制，拥有一个模块库和一个高层可视化编程界面，用户通过该界面从模块库中选取一些适当的算法模块，直观、交互地将各模块用数据通道连接起来，构成一个可视化应用的数据流图，然后用户就可以对此数据流图加以运行和控制，实现其可视化需求。因此，这些系统通常会提供功能丰富的模块库，包括一些读入/生成数据模块、数据转换模块、图形生成模块、图像绘制模块、图像处理模块及输出模块等。用户可以选取自己需要的模块编写程序，而程序编写的过程也较简单，有些系统甚至可以自动生成程序代码。比较著名的通用可视化软件有美国 Stardent Computer 公司开发的 AVS（Application Visualization System），SGI 公司开发的 IRS Explorer 以及俄亥俄超级计算机中心开发的 apE 系统。这些系统的移植性很强，如 AVS 不仅可以运行在超级计算机、多种类型的图形工作站上，而且也适用于微型计算机这样的硬件平台。

下面简单介绍一些典型的可视化软件。

1. PLOT3D

PLOT3D是NASA（国家航空航天局）专门为计算流体力学的网格和流体可视化设计的一个图形预处理程序。它把超级计算机产生的数值解变换为各种图形信息，然后在工作站上通过GAS软件动态地观察它们。它可生成具有明暗色调的三维透视图像，如流场中一些选择点的运动轨迹图，用不同颜色表示的飞行器表面某些物理量的分布图等。

2. SURF

SURF（Surface Modeler）是一个表面模型构造程序，它接收PLOT3D输出的网格和流体数据文件，交互生成三维表面模型。一个三维物体的表面可用线框表示，也可用带有明暗色调的曲面构成，SURF可把最终构成的画面输出到文件中，再通过GAS软件制作动画。

3. GAS

GAS（Graphics Animation System）是一个动画制作软件，可让研究人员交互地观察三维画面。GAS还可在指定一系列空间固定位置后，自动生成一系列平滑的三维变换图形，以展示物体的运动过程。所有GAS生成的动画画面都可通过Abekas系统自动地录制下来或摄制成16 mm的胶卷。

4. FAST

FAST是Sterling Federal System公司开发的一个流体分析软件工具箱，它包含一组可同时运行的独立模块，运用这些模块，研究人员可有效地分析其数值仿真结果。FAST提供以下几个功能：① 载入数据文件；② 对数据进行计算；③ 为三维图形对象构造场景，生成动画并录制。

5. Data Visualizer

Data Visualizer是Wavefront公司的一个交互式软件系统，它可用于分析任何类型网格上的三维数据，其输入格式有PLOT3D和NetCDF，输出格式有Color Postscript、Tiff、WAVE等。Data Visualizer有一个独特的功能，即可以在多块数据上使用相同的分析工具，为一个流场中各个不同的成分同时单独建立各自的网格，使用户观察各个子部分时都伴有流动条件的复杂组合体，如飞机等。Data Visualizer是为交互式分析大型三维体数据而设计的，这就需要支持用户同时使用多种工具进行分析，而这些工具之间的快速组合则成为提高生产率的一个关键因素。Data Visualizer提供了一个鼠标驱动的点击式（point-and-click）界面，允许用户使用多种图形工具，包括截平面、等值面、等值体、质点跟踪、带（ribbon）和片（sheets）等功能。用户可利用鼠标按键对各图形工具进行定位、打开或关闭等操作，用户还可同时创建、组合或绘制多个图形工具且数目不限。Data Visualizer在用户界面上对图形工具和屏幕布局进行了细致的管理，因而适合于在许多用户需要大量数据吞吐的环境中使用。此外，Data Visualizer中的数据和所有图形工具都可按照时间生成动画。

6. AVS

AVS（Application Visualization System）是Stardent Computer公司开发的一种通用可视化平

台，它以功能模块为基础，采用面向对象的软件开发方法构造出一个网格图编辑子系统。它可让研究人员通过可视化程序设计语言交互，直观地从模块库中选取模块，构造满足自己特定需要的可视化软件。模块库中的模块还可由用户自行扩展功能。AVS 目前被许多计算机厂商所采用，SGI 上的 Explorer 也是 AVS 的翻版。AVS 有可能成为未来用于科学计算的一种标准可视化软件。

7. IVM

IVM（Interactive Volume Modeling）是 Dynamic Graphic 公司的产品，支持用户对三维空间中的测量属性值进行建模、显示和交互控制。

IVM 的建模过程是先取某一物理特征值，如孔积率（porosity）、温度、咸度、化学浓度等的若干散乱数据点，据此计算出一个三维网格，并用此网格来表示该物理性质在三维空间中的分布模型。这个模型可以用三种方式计算：第一种方式是在输入数据分布情况确定的空间中或由用户定义的空间中计算网格；第二种方式是将计算限制在一个预先定义的多边形包围的区域中，即仅限制 X 与 Y 方向的空间，而不限制 Z 方向的空间；第三种方式是由用户指定几个预先计算好的失真或未失真的二维结构化曲面，将其作为严格的边界，把计算限制在 X、Y、Z 三维空间中。其中，第三种方法很有用处，例如，用户可以在某个区域中计算一个孔积率模型或渗透率（permeability）模型，并能保证模型不会被该区域周围其他层次的测量值所影响，因此这种方法就为某区域中物理性质的变化情况提供了更真实的模型。

8. Voxel View/Voxel Lab

Voxel View/Voxel Lab 是由 Vital Images 公司开发的软件，最早源于一个研究项目，该项目的任务是对由激光扫描聚焦显微镜得到的活性神经元数据进行可视化，后来，Voxel View 成为一个通用的、高性能的体绘制软件包。在 Voxel View 中，体元的数据值（范围是 0~225）可以映射为相应的不透明度（opacity values）（范围也是 0~225），这一映射过程可用一个描述最大值、最小值和曲率的函数来定义。采用这一技术就有可能使用户观察到微弱或模糊的细节，如将数据值较高的体元以较透明的值显示出来，使数据值较低的体元更易于观察。另外，软件还提供其他技术用于增强数据特征，如根据阈值将不相关的子区域中的体元删除，或将体元值从一个范围重新分布到另一个范围。由于体绘制十分耗时，Voxel View 还允许用户将绘制的结果序列加以保存以便实时地重画。Voxel View 还具有以下特点。

① 支持图形数据库系统。

② 可生成全曲面的光照明暗图。

③ 用户可对动画参数进行控制。

④ 支持梯度运算，以抽取或有选择地显示体内的嵌套曲面。

⑤ 可为多处理机系统自动配置参数。

Voxel Lab 是 SGI 工作站上 Voxel View 的一个入门级版本，它可以使初级用户领略到体绘制系统的功能与潜力。

9. IRIS Explorer

IRIS Explorer 是由 SGI 公司开发的运行于 IRIS 工作站上的一个科学计算可视化平台，它也采用数据流体系统结构和可视化编程环境，并提供了丰富的模块库，是目前可视化领域中为数不多的商品化软件中较为成功的一个。IRIS Explorer 采用开放式的平台结构，在许多可视化应用领域中都有广泛的用户，如在图像处理、分子化学、CFD 后置处理、FEM 后置处理、大气物理等领域都有成功的应用实例。根据不同的应用需求，IRIS Explorer 将应用开发分成以下 3 个层次。

（1）应用层

用户根据已预编好的流图（map），执行对数据的可视化分析。

（2）流图层

用户根据模块库中的模块，采用可视化编程技术构造符合应用需求的流图。

（3）模块层

用户根据模块库中的模块和自己的特殊要求，用 C 或 FORTRAN 编写算法模块，连接 IRIS Explorer 提供的 API 库程序，或通过模块包装将外部模块转换成 IRIS Explorer 标准格式的库模块，放入模块库中使用。

IRIS Explorer 提供的这种开放式的平台结构，尤其适合于可视化这类与应用密切相关而应用背景又千差万别的领域，用户既可以应用现有的流图，也可以应用已有的模块构造流图，更能根据自己的需求开发特殊的处理模块，因而能够应对来自不同领域、具有不同物理意义的数据集的可视化应用开发。

IRIS Explorer 相应提供了几个交互式工具以支持各应用层次的开发。Map Editor 与 Module Librarian 构成一个集成式环境，前者是流图编辑界面，用鼠标驱动，允许用户构造与运行流图；后者是模块浏览器，用户可从中选取自己所需的模块来构建流图。Data Scribe 是外部数据包装工具，它支持用户将外部数据类型转换成 IRIS Explorer 支持的内部数据类型。Module Builder 是外部模块包装工具，通过交互式的说明，外部模块能自动转换成模块库所需的格式。

IRIS Explorer 流图中的基本单元是模块（module），模块间的连线称为通道（connection）。IRIS Explorer 的流图是非循环性的，支持多输入、多输出，其运行方式是数据驱动的，每个模块有对应的参数控制板，供用户调节模块的运行参数。

IRIS Explorer 的模块库中共有 102 个标准模块，分成下面 6 类。

① 读入/生成数据：读取数据文件或由用户交互生成数据。

② 图像处理：包含各种基本的图像处理功能。

③ 数据变换：从数据生成数据，如从一个体数据中获取一个切片。

④ 几何形状发生：从数据生成几何图元。

⑤ 图像显示：显示图像或显示几何图元。

⑥ 输出：将结果写到磁盘上。

IRIS Explorer 是 SGI 公司的新技术计算环境的主要部分，它的目标是让更多的工作站用户使用公司先进的可视化技术。通过 IRIS Explorer，用户可直观、交互地将软件模块连接成流图，以观察数据和构造可视化应用，其模块提供了各种专门功能，并可在异种平台上分布运行，为用户和应用开发者提供了有效的分布计算功能。

10. IDL

美国 RSI 公司的交互式数据语言（interactive data language，IDL）是进行二维及多维数据可视化表示分析及应用开发的理想软件工具。作为面向矩阵、语法简单的第四代可视化语言，IDL 致力于科学数据的可视化和分析，是跨平台应用开发的最佳选择。它集可视化、交互分析、大型商业开发于一体，为用户提供完善、灵活、有效的开发环境。IDL 提供了一整套强大功能，以帮助专业人士完成他们的数据可视化工作与相应的研究。IDL 提供两种图形显示系统：直接图形系统和对象图形系统。直接图形系统就是将图形直接画到当前设备中，无论该设备是显示器、打印机还是其他设备。尽管该方式通常是静态的，但实现速度快是它的优势。对象图形系统则可以利用 OpenGL 的图形加速技术进行显示，而没有当前设备的概念。该图形系统支持真三维对象的显示与分析，更易完成三维显示之后的高级分析处理工作。

IDL 有很强的数据支持能力，能为不同数据源、文件格式、数据类型和大小的数据提供灵活而有效的支持。IDL 支持 12 种基本数据类型，范围从字符串到复数类型。IDL 一开始就被设计为用于大规模多维数据的处理。IDL 中的变量可以是标量、数组（最高可达 8 维）、结构、指针和对象。它的数据吞吐量已经突破系统平台 2 GB 的限制量。IDL 对数据类型操作灵活，没有强制转换的限制。实际上，IDL 中的变量采用动态的形式，可按需进行自由类型转换。对不同的文件格式，IDL 也同样提供广泛的支持，从 TIFF、JPEG 到 DICOM 和 DXF 等。IDL 同时支持 HDF 系列数据，包含 HDF、HDF-EOS 和 netCDF。IDL 也可以从 TCP/IP socket 中进行读取，以对远程数据直接操作。IDL 的 Dataminer 则是对于数据库的管理接口。

IDL 有很强的数据分析能力。IDL 中含有丰富的类库，涉及数学、统计学、图像处理、信号处理等领域。它的优化算法有 Numerical Recipes 和 LAPACK Numerical Library。IDL 在具有大量特定、前沿的函数及优化算法的同时，包含一整套数学操作符和基本函数。IDL 提供完整的线性代数包，包含特征矢量和特征值的计算、同步线性等式解决的各种方法。IDL 提供了几个用于非线性计算的算法库，并收集了一些用于解决稀疏型线性系统和有效处理稀疏型矩阵的模块。IDL 中的统计学方法包括基本的统计计算及误差分析、假设检验和随机数据生产。时序分析模块可以平滑时序，决定一个时序的平稳性，取消不稳定性因素和通过时序模型进行预报。

IDL 有很强的图像处理能力。图像处理是 IDL 的核心部分之一，功能丰富，从基本的处理手段，如平滑、锐化和对比度拉伸到高级应用如边缘检测、生态学应用和离散小波变换等。与 MATLAB 相比，数据在 IDL 中的管理和变换非常简单，因此，IDL 对数据的处理更加灵活、有效。ENVI 就是 IDL 在遥感影像处理领域的典型案例。

IDL 提供一套技术成熟的信号处理工具包，包括 1-1、2-1 和 3-D 卷积；自适应快速傅里叶变换；小波变换工具包；Bi-level、彩色阈值处理；块卷积；真彩色转换为假彩色；彩色系统（RGB、HLS、HSV）、彩色索引表；卷积和频域块卷积；傅里叶变换；频域滤波和分析；普通图像算法；规则或不规则网格旋转；高、低通滤波；自适应直方图均衡和处理；图像注记、统计功能；交互式拉伸增强；Lomb周期表；中值滤波；形态学算子：腐蚀（erode）、膨胀（dilate）、开（open）、闭（close）等；ROI选择及ROI对象生成；区域增长算法；Roberts、Sobel边缘增强；等等。

13.3 文物数字化

13.3.1 文物数字化的概念和意义

文物作为人类文明历史的遗存，是研究古代人类文明发展的历史见证。它是人类社会珍贵而不可再生的历史文化资源，然而，由于自然灾害、经济建设、旅游开发或文物本身等各种因素的影响，许多珍贵文物处于濒危境地，甚至正在慢慢消失。对这些记录了人类文明的文物资料进行记录、整理和原貌储存，是文物保护及研究的一个十分重要的环节。长期以来，此项工作需要耗费大量的人力和物力。

当前，信息技术的快速发展为珍贵濒危文物的保护与开发创造了新的机遇。文物数字化就是基于信息技术对文物进行数字化存储、虚拟保护修复、辅助考古发现以及开发虚拟旅游展示等。数字化存储可获取文物的形状、图案色彩和材质等信息并在计算机中保存，以便在文物由于各种原因而消失时为人类文明留下永恒的历史记录。文物的虚拟保护修复对进行相关的虚拟实验（如文物的清洗，碎片拼接，在特定外界环境之下的演变预测等）非常有帮助，可在不破坏文物的同时为实际的保护修复提供多种借鉴。辅助考古发现利用遥感等技术快速、准确地定位地表和地下的文物古迹信息，并指导进行安全的挖掘。虚拟旅游展示则通过虚拟现实等技术对文物进行个性化的展示，为文物的展示提供一种全新的方式，同时解决了文物保护和旅游开发以及宣传教育之间的冲突。文物的虚拟展示也为文物保护、考古提供了一个方便的交流平台。

文物数字化和计算机图形/图像处理、虚拟现实、人工智能、多媒体技术及计算机网络技术等许多技术密切相关。近年来，面向古代文物保护与开发的专门信息技术研究已引起学术界的普遍关注。一些多媒体、虚拟技术或图形学方面的国际会议专门开设了文化遗产（cultural heritage）专题，并将多媒体与虚拟技术用于文物保护作为会议的主题。如VSMM（International Conference of Virtual System and Multimedia）自1998年以来专门开设了virtual heritage专题，另外还于2000年成立了一个新的国际组织——Virtual Heritage Network，致力于促进计算机信息技术在世界自然文化遗产保护中的应用。CAA（Computer Applications in Archaeology，后改名为Computer Applications and Quantitative Methods in Archaeology）从1973年至今每年召开会议，将考古学家、计算机科学家和数学家聚集一堂，讨论和促进考古领域的发展。

随着研究和应用领域的快速发展，目前文物数字化处于快速发展的阶段，并正逐步成为一个完整的体系，特别是在文物获取和建模方面。

13.3.2 文物数字化方法介绍

文物的种类繁多，小到一枚钱币，大到一座古城，因此对于不同的文物所使用的文物数字化方法也各不相同。总体上说，可以把文物数字化方法从过程上划分为三个部分：文物信息获取、文物场景建模和文物虚拟展示。下面就从这三个方面进行深入探讨。

1. 文物信息获取技术

文物信息获取是整个文物数字化过程的基础和关键部分，获取的文物信息是文物场景建模的重要数据来源。由于受文物大小和各种其他特性的制约，需要采用不同的方法来获取信息，主要有如下三种方法：遥感获取和重建、基于图像的获取和重建、三维扫描获取和重建。下面就从这三个方面来深入讨论文物信息获取的各种方法。

（1）遥感获取和重建

考古现场及文物遗址的三维空间信息在文物的研究中具有极其重要的意义，对这些信息的记录不仅可以为研究人员提供宝贵的现场资料，同时也可以为文物遗址的虚拟展示提供三维场景模型。高精度的遥感影像提供了内容丰富的地物信息，如何从这些信息中构建具有真实感的地形场景三维模型是文物数字化中遥感重建研究的重点。

遥感是“使用一种传感器，根据电磁波的辐射原理，不接触物体而通过一系列的技术处理，获得物体的物理与几何性质”的技术。从上面的定义中可以看出，传感器在遥感中具有重要的地位。

传感器是收集、探测并记录地物电磁波辐射信息的工具，通常由收集器、探测器、处理器和输出器四部分组成。常用的传感器有全景摄影机（panoramic camera）、多光谱扫描仪（multispectral scanner，MSS）、HRV（high resolution visible range instruments）扫描仪、合成孔径侧视雷达（synthetic aperture side-looking radar）、彩红外摄影机（color infrared camera）等。

多角度遥感通过对地面目标多个方向的观察获得丰富的观测信息，能够有效地获取地面目标的三维空间结构信息，从而成为文物数字化中遥感的主要获取手段。

数字地面模型（digital terrain model，DTM）是描述地表形态的一系列点坐标值的集合，即地形特征的空间分布。其中，三角网数字地面模型 TIN 由于能够很好地顾及地貌特征点、线，更好地保存地形特征，近年来得到较快的发展和较多的应用。

DTM 能够很容易地生成反映地形的真实感图形，并已经存在比较成熟的算法，近年来开展的一些直接从遥感图像重建三维地形的研究在自动建立 DTM 方面取得了很大成功。目前的研究重点是影像特征的提取，以完成城市等人造建筑物地区地物的数字测量图的自动识别与提取。

目前，直接从遥感图像建立 DTM 的技术已经较为成熟，如 VirtuoZo NT 数字摄影测量系统、Phodis 数字摄影测量系统、ImageStation 数字摄影测量系统等都能自动提取 DTM。

(2) 基于图像的获取和重建

三维重建

对于比文物遗址范围小得多的一些文物场景和文物实体来说，如具有极高文物价值的一些旅游点、建筑、大型雕塑等，遥感技术所获取的信息量就不够充分了，因此就需要一种适用于文物场景和大型文物实体信息获取的方法。使用数码相机进行实地拍摄，然后通过照片对文物场景和大型文物实体进行三维重建是针对这类文物一种比较经济和切实可行的信息获取方法。

这种文物信息获取技术主要利用了图形学中的基于图像的场景重建技术，简单地说就是根据若干幅图片来恢复物体和场景的三维模型。这是一个交叉领域，涉及计算机图像处理、计算机图形学、计算机视觉以及模式识别等诸多学科。目前，基于图像的场景重建技术已经成为一个研究热点。与传统的利用建模软件或者三维扫描仪得到立体模型的方法相比，基于图像重建的方法成本低廉、真实感强、自动化程度高，因而具有广泛的应用前景。此外，从理论上说，基于图像重建实际上是计算机图形学的逆问题。如何根据受干扰或者不完整的二维信息来恢复三维信息是这项技术的一大难点，也是计算机视觉的一大难点。对基于图像的建模技术的深入研究可以促进对这些问题的理解和研究，推动相关学科的发展。基于图像建模的方法有很多种，如利用人工投射在物体表面的阴影建模，利用先验的几何信息建模，利用物体轮廓信息建模，采用立体像对重建的方法等。下面对利用立体像对重建技术的原理和重建过程做简单的介绍。该方法的整个流程主要有下面5个步骤。

① 特征点匹配。图像中的特征点是指那些邻域灰度变化较大的像素，一般是物体的拐角或者纹理中的尖角。使用立体像对建模时，首先要抽取两幅图像中的特征点，并对两幅图像中的特征点进行匹配。匹配的特征点对将被用于后面的相机定标步骤。

② 相机定标。相机定标（camera calibration）是基于图像建模中的一个关键问题，用立体像对恢复场景几何时，相机参数被用于极线对齐和计算场景点的三维坐标，场景能否重建及其精度完全取决于相机定标的精度。常见的定标方法主要有通过定标物（calibration object）定标、自定标和利用场景中的几何关系进行定标三种方法。

③ 极线对齐。如果配准时对基准图像的每一个像素都在参考图像中进行二维搜索，以确定其对应像素，其计算量往往是无法接受的。一个有效的解决办法是进行极线对齐，即将两幅图像中对应的极线变换为相互对齐的水平直线，这样，配准时就可以很容易地利用极线约束，变二维搜索为一维搜索，大大提高算法效率。

④ 配准。根据视觉原理，仅用一幅图像无法决定图像中任何像素的深度，只有确定了立体像对两幅图像中像素的对应关系，才能求得每个像素的深度值。求立体像对两幅图像中像素对应关系的过程称为配准。配准和特征点匹配有相似之处，即都是要找出立体像对中互相对应的像素，但是两者也有区别。首先，配准所需的计算量和内存远远大于特征点匹配，因此特征点匹配算法的效率问题并不突出，但设计配准算法时必须认真考虑时间和空间复杂度；其次，一般来说，图像中大部分像素附近的灰度变化都比较小，换句话说，这些像素附近没有明显特征，所以特征点匹配所用的匹配条件不完全适用于配准，还必须有附加约束。由于

这两个原因，不能简单地把特征点匹配算法移植到配准中来。

⑤ 网格生成。立体像对配准后就可以求出密深图，进而得到一些空间散乱点，这些点位于场景中的物体表面上。接下来就要将这些点用三角面片连起来，以便显示和观察，这个过程称为散乱点的曲面重建。

通过上面对基于图像的场景重建技术的简单介绍可以看出，这种方法由于在整个文物信息获取和重建过程中受到各种因素的影响，因此最后得到的文物场景和文物实体的三维数据在精确度上受到了一定的影响，有待更进一步地改进重建过程中各个环节的算法。

（3）三维扫描获取和重建

在文物的信息获取中，另一种非常有效的方法是使用三维扫描仪。三维扫描已成为三维文物数字信息记录的主流技术，它可以快速、精确地建立起文物实体的三维模型，以满足文物考古等对精度要求比较高的应用场合的需要。

三维扫描技术起源于 20 世纪 80 年代。Cyberware 公司研制出世界上最早的三维扫描仪，并将其成功地投入实用领域。进入 20 世纪 90 年代，三维扫描技术获得了广泛的应用，到目前为止，已有上百种型号的三维扫描装置面世。目前，三维扫描已形成了一定的产业规模，其产品在精度、速度、易操作性等方面达到了很高的水平，可扫描的对象不断扩大，而价格却逐步下降。如此种类繁多的三维扫描仪可以根据不同的标准进行分类。根据扫描仪的工作原理可以分为三维电磁波扫描仪、三维超声波扫描仪、三维光学扫描仪等；根据扫描结果有无色彩信息可以分为三维单色扫描仪和三维彩色扫描仪；另外，根据适用的扫描范围可以分为大型三维扫描仪、小型三维扫描仪等。

尽管三维扫描仪的种类繁多，但它们的工作原理却各不相同。利用三维扫描仪对实物进行三维数据信息获取的过程一般分为两步：感知阶段和重构阶段。感知阶段通过收集和获取原始的数据信息来产生最初的几何数据，一般为三维的点云数据。感知的技术有跟踪、成像、深度识别或以上几种技术的混合。重构阶段是一个关键的数据处理过程，它将感知阶段获得的信息转换成三维几何数据，如通过 NURBS 或三角面片来表示。

下面对感知阶段的几种技术进行简单介绍。

跟踪技术是通过在被扫描物体上放置一种探测器并同时触发计算机对其位置进行记录来获取物体的三维信息的。一般自动的跟踪最终得到的是点云数据，需要通过重构阶段来进行进一步的处理，而手动的跟踪可以以耐性和大量的人力劳动为代价直接得到物体的多边形模型，从而省去重构这一阶段。

成像技术是首先获取物体的一幅或多幅二维图像，然后利用图像处理的方法得到物体最初的几何数据，这些最初的几何数据可能是点云数据，也可能经过特征提取的处理已经成为初始的拓扑模型。

深度识别最终得到的是一个保存了深度信息的二维数组，该方法可以通过超声波或者光学的方法实现，其中光学的方法还可以获得物体的颜色信息并对其进行纹理贴图。

重构阶段的工作是将点云数据重构为自由曲面。自由曲面一般用参数曲面表示，如常用的Bézier、B样条和NURBS，此外还有三角面片等离散表示方式。目前在这个方面已经进行了很多的研究工作。成熟的商业重构软件一般由三维扫描仪供应商或者第三方软件商提供。

下面用一个例子来说明重构过程。

用固定的三维彩色扫描仪对转动的花瓶进行扫描（图13.13），其中花瓶每转动1°记录一张侧面图，整个过程共转动360°。每个侧面图不仅保存了每个点的三维坐标信息，还保存了颜色的RGB分量。

图13.14左下角显示的是原始数据，分别为颜色信息和深度信息。由于扫描过程通过旋转花瓶来实现，所以得到的原始数据展开为条状。通过对深度信息做坐标变换可以得到花瓶的一个重构视图，如图13.14所示。从左向右，第一幅视图显示了重构以后的数据点，第二幅视图则是通过对原始数据进行采样重构得到的网格图，紧接着的两个视图分别为没有纹理映射和有纹理映射的重构结果，最后一幅是用右侧光进行光照得到的综合视图。

图13.13　用三维彩色扫描仪扫描转动的花瓶

图13.14　花瓶的重构视图

2. 文物场景建模

通过上述各种方法可以完成文物信息的获取，这些信息充分体现了文物本身的结构和纹理等信息，但是这些信息是互相独立的，根据实际应用的不同，需要把这些文物信息有效地组织成模型，这个过程称为文物场景建模，它的作用就是把独立、分散的文物信息组织成与应用相关的模型。可以大致把文物的应用划分为面向研究和面向虚拟旅游展示两大方面，根据具体需要分别采用不同的建模方法。下面就从这两个方面来进行更深入的讨论。

（1）面向研究的文物场景建模

面向文物研究的应用系统通常需要向专业人士提供精确而完整的文物数据，所以面向文物研究的场景建模主要以完整的文物三维数据和高精度的纹理作为建模的数据来源。下面将从面向文物遗址和面向室内文物场景两个方面来介绍面向文物研究的场景建模方法。

通常，面向文物遗址的研究需要展示遗址概貌、地形特点及历史变迁等。针对文物遗址展示的这些特点，文物遗址建模主要采用下面的方法。

文物遗址研究最基本的需求就是了解文物遗址概况，因此最基本的遗址建模通常包含一组展示文物遗址各个角度，体现文物遗址各个方面的照片，通过对这些照片的有效组织来建立文物遗址的模型。这种建模的优点是照片的数据获取比较容易，模型建立后的展示技术也非常简单，但是缺点也非常明显，由于没有遗址的三维信息，遗址展示的角度受到很大限制，另外展示也只能体现文物遗址拍摄时的面貌。

文物遗址研究通常还需要对文物遗址进行具有真实感的虚拟重建，即在真实的现有文物遗址环境上重建一些虚拟建筑，用于文物的协同研究等。针对这种需求，要建立支持 AR 的文物遗址模型：根据文献资料的描述，用传统建模软件建立建筑模型，然后将照片和模型有机结合，利用 AR 展示技术渲染出虚拟重建的效果。这种建模方法的优点是重建模型的三维结构完整，现实场景照片真实感强，有利于渲染出较强的虚拟重建效果；缺点是建筑重建难度较大，一些展示所用的设备比较昂贵。

文物遗址研究有时还需要展示文物遗址的历史变迁，这就需要建立带有时间维度的文物遗址模型。这种建模的数据来源主要有遥感技术获取的数字地面模型和相关历史文献资料描述。建模过程如下：根据历史文献资料，使用传统的建模软件重建若干年代有代表性的遗址面貌，然后按照时间维度将所有重建的建筑等模型统一到遗址的数字地面模型上去，最后再通过各种相关技术模拟展示文物遗址的历史变迁。这种建模方法的优点是文物遗址三维信息完整，可以满足很多文物展示和文物研究的需要；缺点是建模的难度大，真实感也不强。例如，Ename 974 Project 和 Virtual-Reality Heritage Presentation at Ename 由 Ename 公共考古和遗址保护中心的 Daniel Pletinckx 等人完成，图 13.15 和图 13.16 所示分别是遗址在 1020 年和 1775 年的模型。

图 13.15　1020 年遗址重建

图 13.16　1775 年遗址重建

文物遗址研究有时还需要能够提供完整的考古发现记录（例如，由 Brunel 大学领导的 3D MURALE 项目）。对于这样的应用，建模的数据主要来源于遥感技术获取的数字地面模型和大型三维扫描仪建立的数字地面模型。将考古发现过程中每个重要阶段的数字地面模型、各种测绘数据以及照片等按时间顺序以有效的组织记录下来，当考古结束时就形成了一个完整的遗址考古发现模型，同时可以提供考古过程的虚拟重现。

由于考古或者保护修复等文物研究的需要，需要为室内文物场景建立精确的模型，建模的主要数据来源是建筑测绘数据、三维扫描数据和高清晰度的图像。使用专用建模软件将测绘数据或者三维扫描数据进行有机组合建立起精确的三维模型，并使用高精度的图像进行纹理贴图。例如面向研究的敦煌石窟的场景建模，通过石窟建筑测绘数据、高清晰度的壁画数据和彩塑三维扫描数据的有机组合，构建出敦煌石窟的三维模型，如图13.17所示。

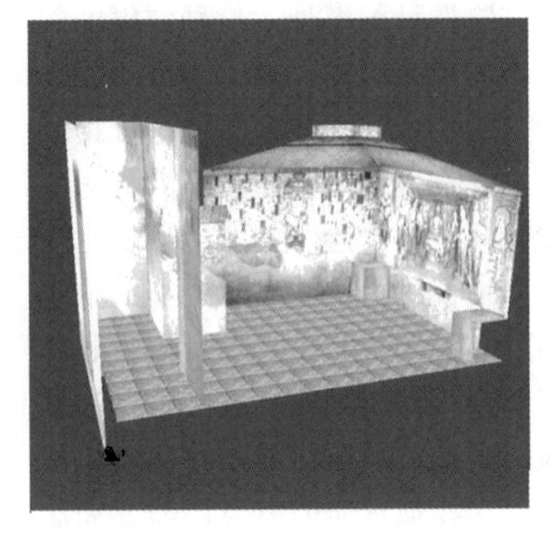

图13.17 敦煌石窟的三维模型

室内文物场景中的许多文物实体可以由三维彩色扫描仪直接获取，但是如果三维扫描仪只能获得文物实体的单色模型，那么如何从文物的单色模型得到具有表面纹理的彩色模型也是建模过程中需要考虑的问题。一种算法是通过文物的单色几何模型和在其周围拍摄的一系列多角度照片来获取物体的圆柱贴图纹理，该算法具有允许在生成过程中对纹理图进行编辑等优点，已应用于敦煌文物数字化项目中并获得了较好的效果，如图13.18所示。

图13.18 单色模型的纹理贴图

(2) 面向虚拟旅游展示的文物场景建模

在具体开始讨论文物场景建模之前，先来看一下文物场景的概念。这里的文物场景分为广义和狭义两种。狭义的文物场景指那些不可移动的文物（如古文化遗址、古墓葬、古建筑、石窟寺等）的地理面貌和那些可移动的文物的馆藏面貌。广义的文物场景则在狭义文物场景的基础上又包括文物周围的自然环境。

在文物场景或者文物场景周围的自然环境中一般包含众多形状复杂的物体，单纯地依赖实体造型技术来建模往往是不现实的，原因如下所述。

① 繁杂的场景使得模型的表达十分复杂，这将带来绘制的低效率。

② 构造逼真的复杂模型本身是一项非常艰巨的工作。

③ 对于微观细节变化丰富、细腻的场景，单纯的实体模型很难达到真实的视觉效果。

基于图像的建模技术弥补了这些不足。基于图像的建模技术，顾名思义就是指用预先获得的一组图像来表达场景的形状和外观，而新的图像的合成则是通过适当地组合原有的图像实现的。它具有建模容易、绘制快、真实感强和交互性好的特点。这一领域目前已有很多文章和成果发表，提出并讨论了多种实现方法，根据表示模式和视图合成方法的不同可归纳为基于立体视觉的方法、基于视图插值的方法、基于拼图和分层的方法及基于全视函数的方法。

在面向虚拟旅游展示的文物场景建模中，根据场景的复杂度等实际情况，可以在基于三维模型的场景建模、基于图像的场景建模或者同时采用两种技术的混合建模中进行选择。

首先介绍文物周围自然环境的建模。

文物周围的自然环境包含许多复杂物体（如树木等），这给三维建模带来了困难。另外，对周围自然环境建模的目的仅仅是为了文物场景模型的完整性，单独来看它的价值并不是很高，因此对于文物周围自然环境的建模一般采用基于图像的建模方式，常用的模型有全景漫游模型和贯穿式漫游模型。

（1）全景漫游模型

全景漫游是一种基于全视函数的方法，通过建立起一个二维的全视函数，即全景图来实现。全景图可以由绕相机中心旋转所拍摄到的一组照片拼合而成，如图 13.19 所示。这里所谓的“拼合”就是把一组相互有重叠的照片无缝地拼接在一起，这一专门的技术称为拼图（image mosaic）。其中拼图的核心技术是图像整合（image registration），即寻找两幅图像间的对应关系以及对应关系之间的映射。

全景图

图 13.19　敦煌石窟外景全景图

拼图过程中考虑到每对图像的整合都存在一定的误差，这些误差累积起来就会使图像序列中的第一幅和最后一幅图像之间出现较大的缝隙。为了减少由整合产生的重影及累积误差，一种简单的方法就是分别由序列两头向中间方向逐次整合，并在整合图像时采用插值技术等来平滑缝合处光亮的变化。

目前已经有较多的产品支持全景漫游的建模方式，如苹果公司开发的产品化系统——QuickTime VR Authoring Studio 中的全景缝合器（Panorama Stitcher）可以将一组照片拼成无缝的全景图，并且对图像拍摄设备没有特殊要求，任何普通相机、专业 SLR 相机或者数码相机均可。

基于全景图的虚拟漫游建模技术已经得到了广泛应用，但是用户在这种漫游模式中只能固定在某一点环视四周，不能变换位置。为了满足用户自由移动的需要，在基于全景图的虚拟漫游技术基础上又提出了基于系列照片的贯穿式虚拟漫游建模技术，以利用二维照片实现准 3D 场景的虚拟漫游。

（2）贯穿式漫游模型

贯穿式漫游的照片获取和全景漫游不同，它首先确定用户在场景中漫游的路线，然后在路线的延长线上设定两根标杆，令相机的镜头中心始终在标杆所确定的直线上移动，并以适当的距离为间隔拍摄照片。曲折的路径可以转化成相近的折线，在每段折线上采用上面的方法拍摄，并在拐角处增加适当角度的全景图照片以实现比较光滑的缝合。

贯穿式漫游

下面针对同一条直线上拍摄的照片的处理算法进行分析。

如图 13.20 所示，在 A 点拍摄一张照片，命名为 P_A，沿着标杆确定的直线前进至 B 点，在同样的方向保持照片的大小和分辨率不变拍摄照片 P_B。记录下在 A、B 两点拍摄时相机的物距值 U_A、U_B及 A、B 两点之间的距离 S。设 P_A与 P_B的宽度和高度分别为 W 和 H，此时可以计算出 P_B在 P_A中所占对应部分的大小，即

$$W'=\frac{U_A-S}{U_A}\times W, H'=\frac{U_A-S}{U_A}\times H$$

图 13.20　同一直线上拍摄照片的处理方法

设从 A 点贯穿漫游到 B 点的时间为 T，当时间进行到 $t(0\leqslant t\leqslant T)$时，屏幕上显示的内容为

$$\begin{cases} t=0, & \text{照片 } P_A \\ 0<t<T, & \text{照片 } P_A \text{ 的一部分放大后与照片 } P_B \text{ 融合}, W_t=\dfrac{(T-t)\times W+t\times W'}{T} \\ t=T, & \text{照片 } P_B \end{cases}$$

其中 W_t 为 t 时刻照片 P_A 放大显示部分的宽度，这部分的高度 H_t 和 W_t 保持与原照片同样的比例。照片 P_B 按照 P_A 的投影比例关系同时缩放后与 P_A 融合，融合时新像素的颜色值按照如下算法计算，即

$$Color_{\text{new}}=\frac{(T-t)\times Color_A+t\times Color_B}{T}$$

结合上面两种建模方式，可以建立如图 13.21 所示的准三维模型。图中每个实线圆弧代表一张照片，虚线圆弧代表利用上述方法生成的图片，封闭的圆环代表一张全景图。从左边的全景图出发，通过贯穿式漫游的方式可以到达右边的全景图并继续延伸。通过这种模型可以实现全景漫游与贯穿式漫游相结合的游览方式。

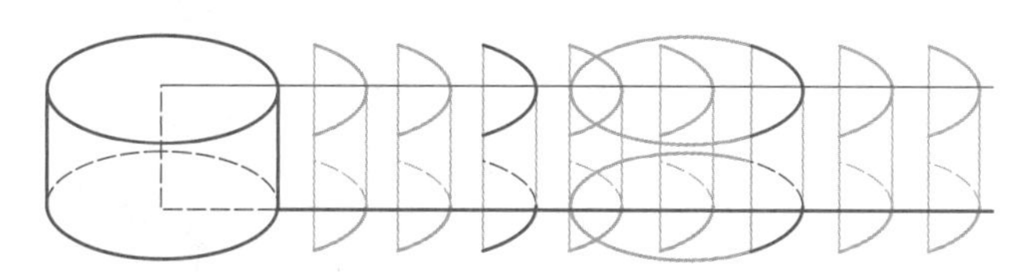

图 13.21 面向贯穿式漫游的准三维模型

该模型综合了全景漫游与贯穿式漫游，利用此模型，用户可以沿预先设计的路线移动，在节点处用户可以自由变换角度，得到较高的自由度和极强的真实感。同时，此模型对数据获取的要求远小于真正的三维模型，为在目前的技术和设备条件下解决虚拟漫游问题提供了一种有效的手段。

前面已经介绍了文物周围自然环境的建模方法，下面重点介绍狭义的文物场景建模方式。以下如果没有特别指明，文物场景指的就是狭义的文物场景。

根据应用目的的不同，文物场景有不同的建模方式，每种建模方式又有它们各自的优缺点。

文物场景建模的一种方法就是利用传统的三维建模方法。利用三维方式表达物体有一些重要的优点，如数据比较精确，漫游的灵活性比较强，平滑感比较好，阴影效果等处理方便。当然，这种表达方式的缺点也是很突出的，主要问题是在场景复杂时，漫游速度很慢，用户操作时有明显的迟滞感，另外模型的精确建立需要大量的工作。一种简单的解决方法就是在用户的视觉可以接受的限度内，降低模型的分辨率和纹理贴图的精度，但是这样势必会影响展示过程中场景的真实性。

文物场景建模的另一种方法就是利用前文所述的基于图像的建模方式。这种建模方式可以在满足用户对于速度、真实感等各方面要求的同时，快速、方便地建立起内部场景的全景图。它的缺点是灵活性比较差，一旦建模过程完成，展示的路线、角度等都被确定，不能更改。图 13.22 所示为敦煌石窟内部全景图的照片获取和建模结果。

文物场景建模还有一种方法就是混合建模。这种建模方式充分利用三维建模和基于图像建模各自的优点，在同一场景中混合地使用三维模型和图像来表达文物场景。具体的建模过

程可以将物体的形体大小和造型复杂度作为选择的参考标准。

3. 文物虚拟展示技术

建立文物场景模型后，下一步工作就是对其进行虚拟展示，展示的过程和建模过程紧密相关。对于不同的模型，展示时需要采用相应的展示技术，具体可以分为基于三维建模的展示、基于图像建模的展示及现实和虚拟模型的混合展示。下面将从这三个方面进行深入讨论，最后还将介绍与网络展示有关的编码技术。

（1）基于三维建模的展示

由于场景是由三维模型构建的，因此，基于三维建模的展示需要根据观察者的视点位置、方向和视角等参数确定观察者所看到的三维模型区域，然后将看到的部分实时渲染出来。基于三维建模的展示对展示的真实感和实时性提出了要求，下面就这两个方面来介绍一些重要的技术。

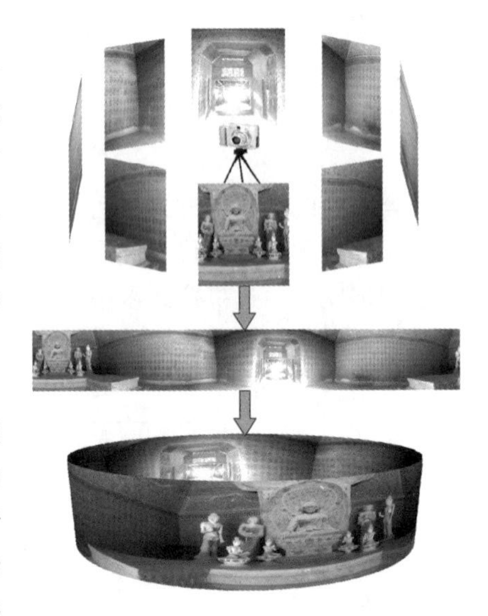

图 13.22　敦煌石窟内景全景图

基于三维建模的场景的真实感一方面需要建模时建立高分辨率的模型，另一方面需要展示时采用一定的技术来体现真实感效果，其中光照下的阴影效果是体现真实感的关键之一。在三维模型中，阴影可以通过传统的方法得到，具体生成算法参见第 8 章中的相关内容。物体表面的质感和一些细节的凹凸感是体现真实感的另外一个因素，可以通过建立非常细致的模型，经过光照效果渲染来体现质感，但是这样将同时提高建模的难度，延长渲染的时间。使用凹凸贴图的方法可以在比较省时的同时体现出较好的质感（例如 3ds Max 中所使用的 bump 贴图）。

基于三维建模的优点是具有完整的模型结构信息，但是随之而来的是模型的复杂度和场景的复杂度相关。高精度的模型在渲染过程中需要大量的运算，这对展示的实时性提出了很大的挑战。当然，可以简单地通过降低模型的精度来提高展示的实时性，但是这会大大降低展示的效果。目前，有许多技术在既保持展示的效果又提高展示的实时性方面做了许多努力，细节层次（level of detail，LOD）模型方法就是其中一个被广泛采用的方法。

LOD 模型方法的提出在一定程度上实现了既保持展示效果，又提高实时性。LOD 模型方法的思想非常简单，即根据视觉原理，近处的物体比较大，看得比较清楚；远处的物体比较小，看得比较模糊。根据这个原理，在建模过程中为物体建立多分辨率的模型，然后在漫游过程中动态地调整模型精度：根据物体离视点的距离，近的采用高分辨率、清晰的模型；远的采用低分辨率、比较模糊的模型。这样，既可以保证漫游效果，又能提高漫游的实时效果。图 13.23 所示为一个 LOD 模型的例子。

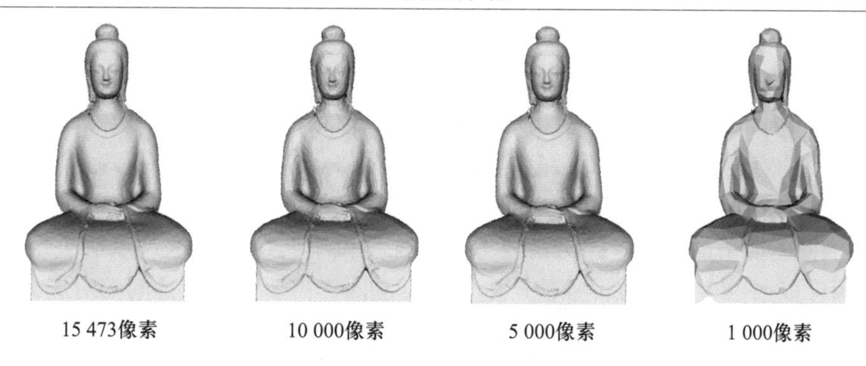

图 13.23 敦煌佛像的 LOD 模型

在采用 LOD 模型的系统中，要使系统获得成功必须解决以下问题：LOD 模型的选择尺度、LOD 模型的选择算法、LOD 模型的平滑过渡方法和 LOD 模型的自动生成。其中，LOD 模型的自动生成是以上问题的基础。静态 LOD 模型在建模阶段生成，展示时根据物体在屏幕上所占区域的大小及用户视点等因素实时地为物体选择不同的 LOD 模型。静态 LOD 模型的优点是实时性好，但是需要耗费大量的空间来保存这些静态模型，另外在展示时将产生一些视觉不连续的跳动。动态 LOD 模型是对静态 LOD 模型的一种改进，该方法根据物体和视点的距离实时地生成一定分辨率的模型，它既保证了视觉的连续性，同时又不需要额外的空间；缺点是由于模型计算，使得展示的实时性受到一定的影响。从理论上讲，LOD 模型是一种全新的模型表示方法，它改变了传统的"图像质量越精细越好"的片面观点，而是依据视线的主方向、视线在景物表面的停留时间、景物离视点的远近和景物在画面上投影区域的大小等因素决定景物应呈现的细节层次，以达到实时显示图形的目的。另外，通过对场景中每个图形对象的重要性进行分析，使得重要的图形对象采用较高质量的绘制，而不重要的图形对象采用较低质量的绘制，在保证图形实时显示的前提下，最大限度地提高视觉效果。

LOD 模型方法的思想同样可以应用在纹理贴图上。此外，还可以通过一些预处理、预渲染等手段来提高展示的实时性，这方面的技术正在不断发展，值得进一步地深入研究。

（2）基于图像建模的展示

基于图像的建模方式利用一组图片来表达物体的立体造型。这种建模方式是以基于图像的绘制（IBR）技术为基础的。IBR 技术是近年来计算机图形学的一个新的发展方向，也是纹理映射技术在表现三维环境应用中的拓展。

IBR 技术以图形学为理论基础，同时结合了计算机视觉等技术，其核心是利用相关对象或环境的一组图像（特定的视点位置）来合成任意视点位置的视图。

基于图像的绘制技术与其建模方法密不可分，通常合称为 IBMR（image-based modeling and rendering）。现有的技术可以归纳为以下 4 类：基于立体视觉的方法、基于视图插值的方法、基于拼图和分层的方法及基于全视函数的方法。

① 基于立体视觉的方法。基于立体视觉的视图合成主要利用立体视觉（stereo vision）技术，从已知参考图像中合成相应于新视点的图像。其中的关键问题是找出已知图像之间的对应映射（correspondence map）问题，从映射关系导出偏差映射（disparity map），并进一步估计出场景中可见点的深度信息，最后利用深度信息对已有的图像进行变换来合成新视点的图像。

② 基于视图插值的方法。该方法要求新的视点位于两参考图像视点所决定的直线上，于是新的视图可以由参考图像线性插值产生。该方法同样需要建立图像间的对应关系。

③ 基于拼图和分层的方法。拼图技术典型地被用于全景图的生成，其主要问题在于建模过程，前文已经做了比较详细的介绍。另一种拼图及其绘制技术——同心圆拼图及其绘制由微软亚洲研究院的沈向阳博士于 1999 年在 SIGGRAPH 大会上提出，具体可参看他的论文“Rendering with Concentric Mosaics”。分层表示则是针对一视频系列，将场景分成运动独立的、由仿射运动模型描述的不同层次，每一层都可单独地控制其刷新频率、空间分辨率及绘制质量等参数，最终各层的子画面被组合到屏幕上。

④ 基于全视函数的方法。全视函数由 Adelson 和 Bergen 命名，可以用来描述空间中任意点在任意时刻、任意视角、任意波长范围内所能看到的全部光线集合。该方法思想很好，但是对场景中所有点进行具体度量极其困难。目前该类方法都是通过增加约束来简化全视函数，如固定视点、固定时刻或者约束环境等。典型的方法可参看 1996 年 SIGGRAPH 大会上 levoy M、Hanrahan 的论文“Light Field Rendering”等。

在文物场景展示过程中，根据不同的图像建模方式，如全景图，通过对物体进行平行的多角度拍摄建模后，需要相应地利用上述基于图像的绘制技术进行展示，具体方法可参看相关文献资料。

（3）现实和虚拟模型的混合展示

现在的 VR 技术已经完全能够做到在计算机虚拟出来的环境与人之间进行交互，但是基于 VR 的本质，这样的环境是有许多限制的。在文物数字化中，VR 技术并不能完全满足展示的需求，特别是像文物遗址这样大场景的展示。首先，大场景的获取和重建要耗费大量的人力物力，时间周期过长；其次，展示对硬件环境要求过高，特别是精细场景的渲染等高计算量的工作，一般的计算机设备难以胜任；最后，纯粹的 VR 技术难以利用现实世界中丰富的信息进行更加真实的展示。于是，就需要一种技术能够同时利用现实信息和虚拟信息的优点进行展示。

在这样的情况下出现了 AR、AV 等概念。AR（增强现实）指的是使用虚拟信息来增强现实世界。换个说法，就是使用计算机技术把计算机虚拟空间中的数据和物理世界中的数据进行叠加。与之不同的是，AV（增强虚拟）技术是用真实世界中的数据来增强虚拟环境的真实感。MR（混合现实）则是两者的总称。图 13.24 很好地说明了这三者的关系。本节主要介绍 AR 技术，该技术已在一些系统中得到了应用，具体参见典型系统介绍。

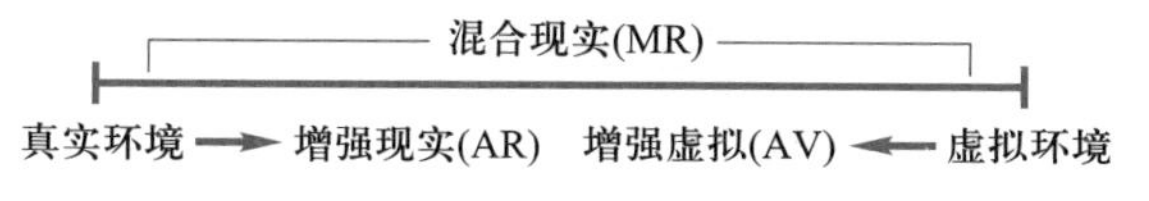

图 13.24 AR、AV、MR 三者的关系

AR 技术的展示方式通常分为两种：基于显示器的展示和基于头戴显示设备（HMD）的展示。基于显示器的展示通常使用一个摄像机获取真实世界的信息，由一个图形系统根据摄像机的位置生成虚拟物体，最后对两者进行叠加并在显示器上显示。基于头戴显示设备的展示方式又可进一步分为两类：基于光学透视（optical see-through）的展示（图 13.25）和基于视频透视（video see-through）的展示（图 13.26）。

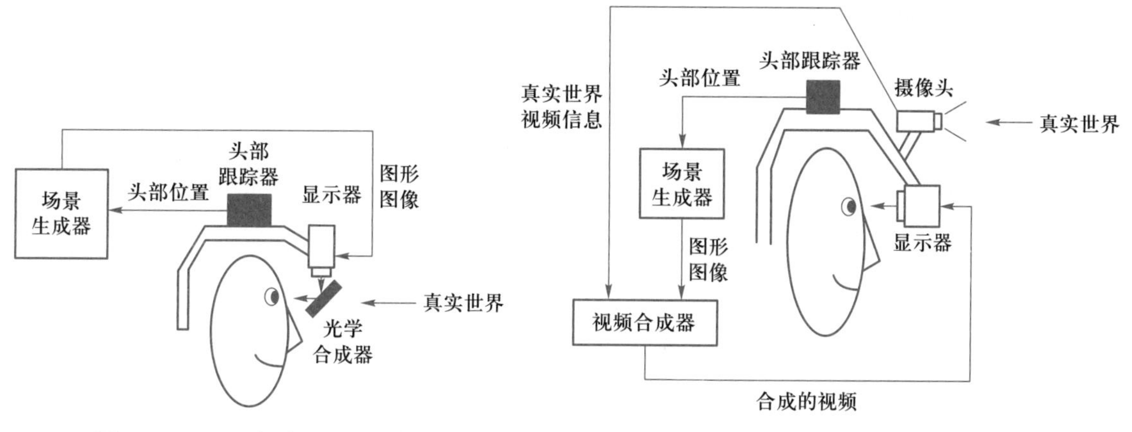

图 13.25 基于光学透视的 HMD

图 13.26 基于视频透视的 HMD

在光学透视中，观察者可以透过一个光学合成器（optical combiner）看到真实的世界，同时虚拟图像也被投影在合成器上，最后，真实的和虚拟的信息在观察者的视网膜上叠加起来。而在视频透视中，头戴显示设备获得观察者前方的画面，并传到系统中进行视频图像和虚拟图像的混合。

下面介绍 AR 技术主要的一些研究方向。

① 配准技术。这是一种根据物理空间的情况把虚拟的物体无缝地融合进去的技术，并且对实时性有较高的要求。配准是一个非常困难的问题：首先，由于人的视觉系统对差异非常敏感，因此人能感觉到非常小的配准错误；其次，增强现实中能容忍的误差比在虚拟环境中要小得多，因此解决位置的对准、时间上的延迟以及阴影显示等问题就成为 AR 研究的一个主要问题。现在的一些研究工作已经引入了计算机视觉的方法来解决配准的问题。

② 协同 AR 研究。其目标是要建立一个环境，使得参与者能够在一起协作，共享一个物理空间和一个虚拟空间。协同 AR 要满足 5 个主要的特性：虚拟性，现实世界中不存在的物体能够被看到；增强性，真实的物体可以用虚拟的注解来增强；协作性，多个用户可以彼此看到对方并且以一种自然的方式进行协作；独立性，每个用户都有自己独立的观察点；个性，

每个用户看到的信息可以是不一样的。具有以上特性的AR就可称为协同AR，它可以进一步分为两类：面对面协同AR和远程协同AR。这两种协同AR可以被用于增强共享物理工作区，并且创建一个三维CSCW的接口。

③ AR交互。AR中的交互可以分为两类：外向（exocentric）交互和内向（egocentric）交互。外向交互发生在用户和虚拟环境之外的场景进行交互时，而内向交互发生在虚拟环境内。外向交互包含阻碍兼容性（虚拟物体后真实物体的显示问题）、遵循物理规律（真实物体上虚拟物体的保持接触等问题）、知觉处理（真实物体移动后系统必须被更新）等问题。内向交互一般又可分为两类：扩展手臂（arm-extension）和投射光线（raycasting）技术。扩展手臂技术通过一个虚拟表示物来扩展用户的手臂，从而允许用户选择本来摸不到的物体；投射光线技术则使用一条和用户的手朝向一致的虚拟光线来选中虚拟物体。

（4）面向网络的文物展示技术

如何高效地组织及传输文物的三维几何模型，在文物的网络展示中扮演着重要的角色。好的编码方式不仅能够减少传输的数据量，提高传输速度，而且还可以提高展示的可交互性，因此，三维几何模型的编码，特别是渐进式编码和压缩已经成为当前研究的热点。

三维模型的编码通常有多种分类方式，按功能可分为压缩编码、渐进传输编码等，按分辨率可分为单分辨率编码和多分辨率编码。通常实际应用的编码方式并不属于单一的种类，而是同时包含了多种编码方式。

① 压缩编码。计算机图形学应用中使用的模型越来越复杂，有时甚至包含上亿个三角网格，为了更有效地存储和传输这些信息，对三维几何模型的压缩变得越来越重要。Michael Deering在1995年的论文“Geometry Compression”中首次提出几何压缩的概念，并提出了一种广义三角网格编码，使得压缩比率能够达到6~10。

压缩编码的目的是使用较少的字节来表示三维模型，从而节省存储空间，加快传输速度，使得网格能够像视频、音频等媒体文件那样得到有效的压缩。压缩编码按照是否损失信息分为有损压缩和无损压缩。为加速图形的绘制速度，Michael Deering提出了广义三角网格（generalized triangle mesh），它增加了顶点缓冲区的长度，从而减少了顶点数据的引用数据量，同时对顶点坐标、颜色、法矢量和材质等数据进行量化、预测及熵编码，进一步减少送到图形管道中的数据量。

广义三角网格是一种纯压缩编码方案，算法简单，可以用硬件实现解码。该方案已经被Java 3D中的图形引擎所采用。

拓扑手术（topological surgery）由Taubin等人提出。该方案的特殊之处在于其对于连接信息的编码策略。首先，该方案将原始模型沿特定边进行切割，将其分割为连接在一起的简单面片，该过程就像做外科手术一样，因而得名为拓扑手术编码；然后，将展开的简单面片组织为一棵三角形跨度树，树中的分支构成了一系列三角串；最后，对三角形跨度树做二进制编码。对于三维模型中的顶点，该方法按照空间位置关系将其组织为一棵顶点跨度树，通过位于树中的祖先顶点预测顶点的坐标值，同时对预测值的误差采用熵编码。顶点跨度树采用与三角形跨度树类似的编码方法。

拓扑手术编码提供了比较高的压缩率，同时也是一种无损压缩的编码。IBM 公司将该编码方案应用到了 VRML 2.0 版本之中。

② 渐进传输编码。在分布式虚拟环境中，交互的实时性是一项非常重要的指标。如果用户需要在交互之前等待正在传输的一幅精细的模型数据，势必会造成用户时间的极大浪费，且很难保证交互的实时性。渐进传输就是在这种背景下提出的。典型的渐进传输编码方案有渐进网格编码和嵌入式编码等。

渐进网格（progressive mesh）将原始的几何模型进行某种变换，从而表示为简单基网格（base mesh）和一系列逐渐精细的细节信息的形式，这些细节信息能够精确或近似地重建出原始的网格。渐进网格最初被提出时，是为了解决三维模型的多分辨率表示问题的。后来，该方案被用于渐进传输，并应用于分布式虚拟环境中。

嵌入式编码（embedded coding）就是编码器将待编码的比特流按重要性的不同进行排序，根据目标码率或失真度大小的要求随时结束编码。而对于给定的码流，解码器也能够随时结束解码，即该比特流在任意位置被截断后，能够从收到的信息中绘制出与原始模型相似的分辨率较低的模型。

13.3.3 文物数字化典型系统介绍

1. 3D-MURALE 系统

3D-MURALE（3D-Measurement and Virtual Reconstruction of Ancient Lost Worlds of Europe）是一个在欧盟支持下由布鲁内尔（Brunel）大学领导的项目，它旨在提供一种新的多媒体技术，用于记录、分类、保存和恢复古代的器物、建筑及遗址。该项目使用土耳其的 Sagalassos 古城遗址作为测试对象。

其中包含两个重要的方面：首先，该技术不是在考古挖掘之后，而是直接通过考古学家来建立多媒体对象，从而提供更加完整的考古发现记录；其次，展示的遗址并不是漫长历史中的一个时间点，而是经历不同变化的地点，这包含了对遗址的不同历史时期及不同挖掘时期的信息。

3D-MURALE 系统由记录、重建、数据库以及可视化几个部分组成，如图 13.27 所示。

记录主要记录了遗址的地形、地层、建筑、陶器、雕塑等信息。考古学家在野外工作开始之前，先使用便携的三维信息记录工具记录地层等信息。使用三维记录信息技术不仅可以建立主要用于分类保存的器物及主要用于重建的雕塑和建筑，还可以建立遗址附近的地形三维模型以用于考古及展示。

重建意味着用不同的方式完成记录下来的三维模型。3D-MURALE 提供了多媒体工具来实现虚拟地修复、分析单个器物及建筑。系统允许使用陶器的虚拟重建来代替物理修复。最后，通过当前重建的模型能够恢复出整个场景、建筑和器物等不同历史时期的整体模型。

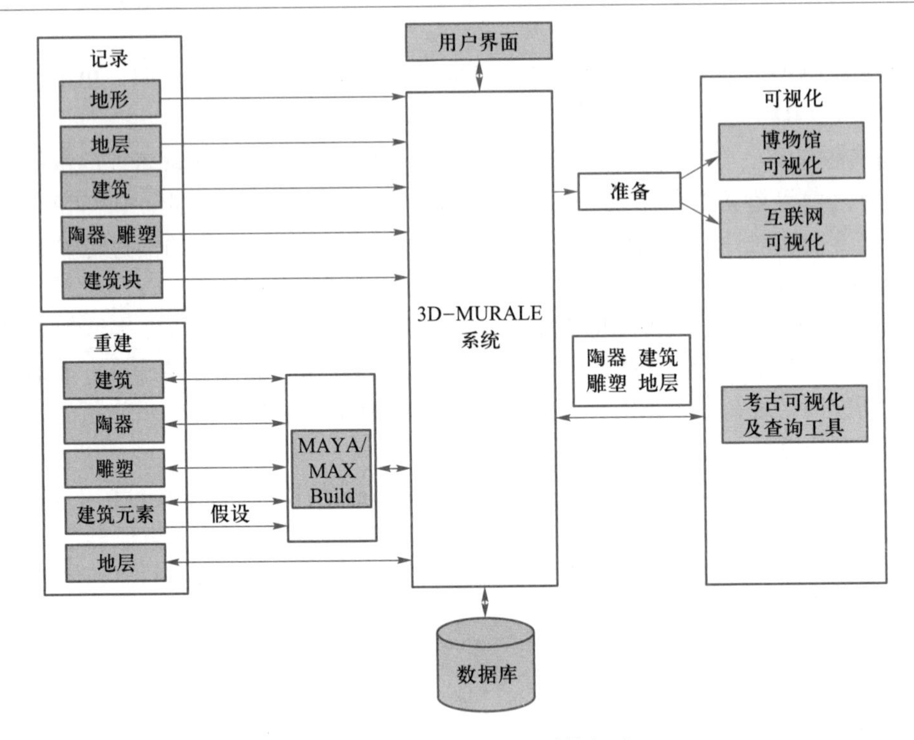

图 13.27 3D-MURALE 系统组成

可视化是通过多媒体技术实现实时的虚拟浏览与漫游。这需要一些特殊的技术，如 LOD 的选择、视区的预测等。可视化还允许重现挖掘过程，以帮助将来的考古学家对遗址进行研究。

多媒体数据库用于存储和查询器物、建筑及它们的重建结果。首先，它包含场景与时间相关的所有片断信息，允许在时间轴上将建筑、植被、器物等自动组合起来；其次，它也为考古学家提供了分类、修复、统计的功能；最后，数据库还可以通过网络向公众、考古学家提供大量的文物及考古信息。

2. 敦煌虚拟洞窟漫游系统

敦煌虚拟洞窟漫游是一个由国家自然科学基金重点项目资助、浙江大学人工智能研究所和敦煌研究院合作的国家自然科学基金项目，曾于 2000 年参加德国汉诺威世界博览会展览，并受到了关注和好评。敦煌虚拟漫游系统需要向用户展示的内容非常广泛，包括石窟的外部环境、建筑结构、壁画、彩塑、佛龛及介绍石窟背景知识的语音。

此系统使用了一套集成化模型来全面地表达以上内容，如图 13.28 所示。

石窟外景漫游模型是采用一系列二维照片建立的场景漫游模型，支持对敦煌石窟外部场景的环视或贯穿式漫游。用户可以在多条指定的路线中选择自己的漫游路线，在某些指定的关键点选择前进的方向，从而实现半交互的石窟外景虚拟漫游。

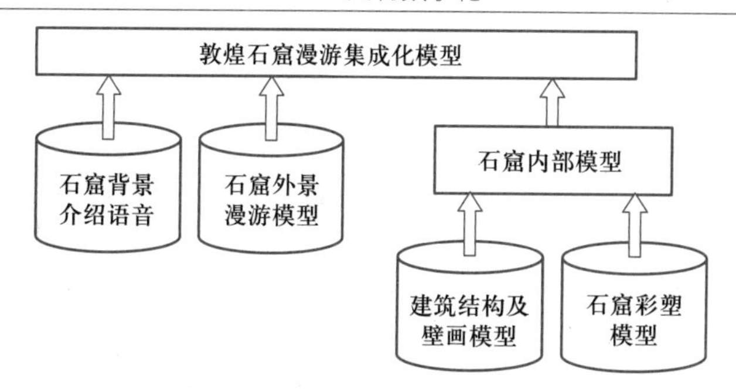

图 13.28 敦煌石窟漫游模型

石窟内部漫游模型由石窟建筑结构及壁画模型和石窟彩塑模型两部分组成，它们分别用于表达石窟内部场景的不同部分。其中，石窟建筑结构及壁画模型用来表达石窟的建筑结构和壁画信息，它采用了传统的图形学三维模型，可以方便地对模型进行结构上的修改，同时增加了漫游的灵活性，还可以通过传统的绘制技术方便地得到阴影等效果。由于彩塑结构复杂，石窟彩塑模型采用了 IBMR 技术，这样图形绘制独立于场景复杂度，仅与所要生成的画面的分辨率有关，且对计算资源的要求并不高，因而可以在普通工作站和个人计算机上实现复杂场景的实时显示，同时展示良好的真实感效果。

石窟背景介绍语音是根据石窟背景介绍语音模型开发的语音播放系统，能接受其他漫游模块的调用，并根据它们指定的内容播放相应的语音，实现了系统的解说功能。

3. 基于增强现实的文物遗址导游系统

基于增强现实的文物遗址导游（augmented reality-based cultural heritage on-site GUIDE，ARCHEOGUIDE）是一个由 EU IST 支持的、一些欧洲组织的联盟（希腊 Intracom S. A、Post Reality 和 Hellenic Ministry of Culture、德国 IGD 和 ZGDV、葡萄牙 CCG、意大利 A&C2000）参与的项目，旨在为文物遗迹提供可交互、个性化、增强现实（AR）的向导。

ARCHEOGUIDE 综合使用了移动实时计算、网络、三维可视化技术和多模式（multi-modal）的交互技术。它不是给参观者提供预先准备好的信息，而是进行个性化的增强虚拟漫游，并且允许参观者自动获得对应于自然视野的语音和可视信息，同时也可提供附加信息并进行交互。

ARCHEOGUIDE 系统由一个遗址信息服务器和由参观者佩戴的一系列移动单元组成，如图 13.29 所示。无线移动局域网络允许移动单元和遗址信息服务器进行通信，另外，遗址应该装备跟踪系统单元用于定位用户的位置。

根据位置和方向的跟踪，系统可以渲染与当前视区相关的音频、视觉信息。增强现实技术通过把建筑物、雕塑等重建的 3D 模型与现实混合以扩展现实的视觉信息。

遗址信息服务器维护一个与该遗址相关的信息数据库，数据库中的内容可以由移动单元通过无线网络访问。另外，遗址信息服务器中的软件允许通过浏览遗址的三维模型创建新的

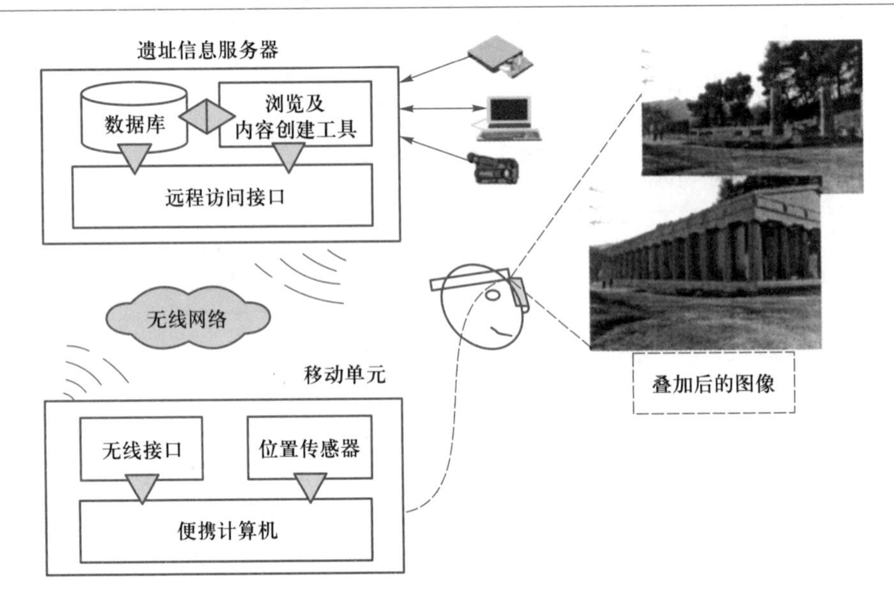

图 13.29 ARCHEOGUIDE 系统组成

内容。

移动单元包含头盔、摄像设备、话筒、耳机和一个便携计算机。便携计算机装备了可以和服务器通过无线网络通信的设备及用于确定位置和方向的设备。

这些移动单元同时也具有一个本地的数据库，其中包含特定区域、特定用户的遗址信息的一个子集，这样系统可以支持不同种类的参观者。当用户在遗址中移动时，移动单元会和服务器通信，从而更新本地数据库中的信息。

为了改进向导功能并增加更多的灵活性，系统会创建一些人物模型并整合到虚拟场景中。例如在 Olympia（奥林匹亚）遗址中，会在 Olympic（奥林匹克）运动场模型中创建一些运动员并模拟比赛的场景。

4. 敦煌风格图案创作系统

敦煌风格图案创作系统是浙江大学人工智能研究所和敦煌研究院合作研发的项目。系统旨在为敦煌风格的图案提供辅助设计平台，为敦煌风格艺术旅游产品提供辅助开发系统，从而进一步开发文物资源在经济与旅游中的作用。

系统支持不同的敦煌图案题材、敦煌图案元素、敦煌图案布局及敦煌图案色彩。同时，作为艺术作品，不同时期、不同地区、不同用途的图案也有不同的特点，如何生成这些不同风格的图案是系统主要的研究目标。

系统通过模拟艺术品欣赏的过程，分析原有的图案作品，提取它们的色彩、造型、布局信息，建立图案的元素、色彩库、布局库和风格模板库，交互进行基于模板的智能创作，最后利用基于实例的推理方法进行图案的色彩协调设计。

图案的创作有三种机制：基于模板的图案创作、基于综合推理的图案创作和基于色彩变换的图案创作。在使用这三种机制进行创作的过程中，需要元素知识库管理器、领域色彩知识库管理器、布局知识库管理器、模板知识库管理器和色彩协调知识库管理器的支撑。另外，可通过布局知识设计器设计新的布局并存入布局库。

整个系统分为色彩管理模块、元素管理模块、布局管理模块、图案设计生成模块和色彩协调模块。图 13.30 所示为敦煌风格图案创作系统的组成。

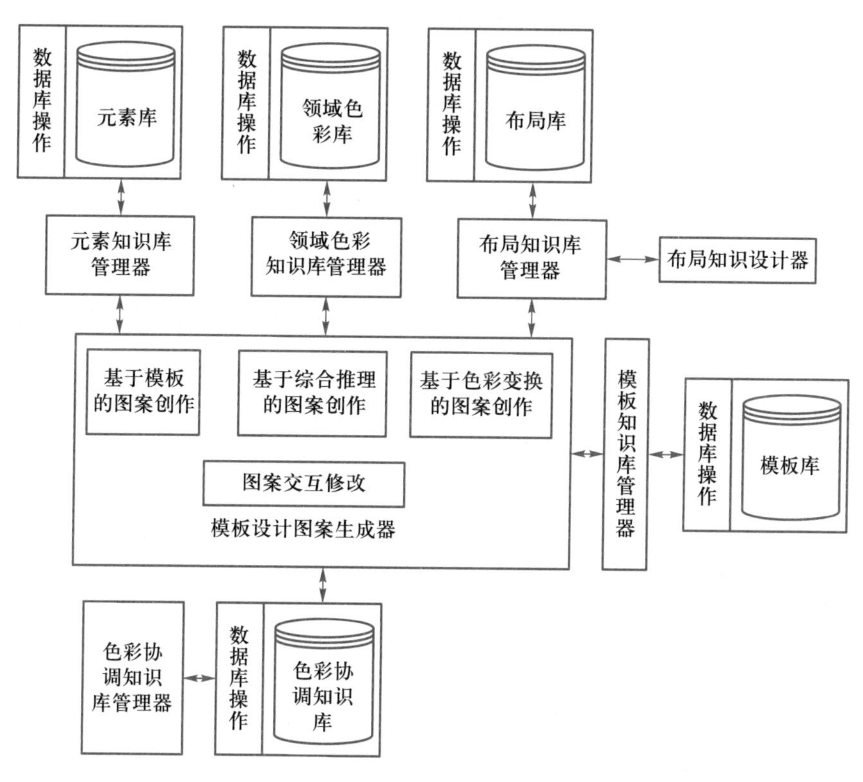

图 13.30 敦煌风格图案创作系统组成

色彩管理模块实现了对领域色彩的管理，提供给用户一个完整的色彩管理机制，设计师可以根据当前的流行色确定所需的背景色并进行分类管理。

元素管理模块实现了对元素知识的管理，采用标准的图元文件格式作为输入格式，将图元文件解读为笔画信息，按照其风格特征分类存于建立在常用数据库管理系统基础上的标准数据库文件中，作为创作图案的基本单位。

布局管理模块实现了布局知识的设计和管理，提供给用户一个可视化界面，收集设计师的构图、变形经验并抽象为构图知识，为智能生成图案提供推理的基础。该模块通过用户界面与用户进行人机交互，达到获取、查询、删除、修改构图知识的功能。在可视化界面中，布局管理模块采用一个四边形象征性地表示规则中的元素或子布局，当对元素进行伸缩、切错、旋转及删除等操作时，四边形即做出相应的变化。

图案设计生成模块实现了基于模板的创作机制和基于综合推理的创作机制，提供交互修改图案的功能。这个模块可根据用户精心设计的布局建立一对多的模板。所谓模板，就是对布局中的各个抽象元素指定元素的选择范围、类别及分辨率大小，并且指定背景色范围的图案过程。系统能进行智能图案生成和交互设计，还能在生成好的图案上进行适当修改，以达到用户满意的效果。

色彩协调模块实现了基于色彩变换的图案创作机制和色彩协调知识的管理。它提供给用户一个对图案色彩进行协调的机制，用户既可以利用色彩协调库中的实例对当前图案进行协调，又可以交互地修改图案的色彩，还可以把图案成品作为色彩协调实例存入协调知识库。

习　题

1. 分析基于细分方法的碰撞区域高亮算法，谈谈如何对它进行改进以精确地高亮出碰撞发生区域。
2. 编制用 marching cube 进行多面体化的程序。
3. 叙述三维矢量场和标量场可视化的主要方法。
4. 叙述文物场景重建的主要方法。

参考文献

[1] ARVO J, KIRK D. Particle transport and image synthesis [J]. Computer Graphics, 24 (3). 63-66.

[2] AKELEY K. Reality engine graphics [C] //Proceedings of SIGGRAPH'93 Conference. Computer Graphics, 1993, 109-116.

[3] BARZEL R. Physically-based modeling for computer graphics [M]. San Diego: Academic Press Inc, 1992.

[4] BÉZIER T. Numerical control-mathematics and applications [M]. London: Wiley and Sons, 1972.

[5] BLINN J F. A generalization of algebraic surface drawing [J]. ACM Transactions on Graphics, 1982, 1 (3): 235-256.

[6] BRUNET P. Solid representation and operation using extended octrees [J]. ACM Transactions on Graphics, 1988, 9 (2): 170-197.

[7] BURT P J, ADELSON E H. A multiresolution spline with application to image mosaics [J]. ACM Transactions on Graphics, 1983, 2 (4): 217-236.

[8] CHEN M, MOUNTFORD S J, Sellen A. A study in interactive 3-d rotation using 2-d control devices [J]. Computer Graphics, 1988, 22: 121-130.

[9] COOK R L. Stochastic sampling in computer graphics [J]. ACM Transactions on Graphics, 1986, 5 (1): 51-72.

[10] DANTZIG G E. Linear programming and extensions [M]. New Jersey: Prentice-Hall Inc., 1987.

[11] METAXAS D, TERZOPOULOS D. Dynamic deformation of solid primitives with constraints [J]. ACM SIGGRAPH Computer Graphics, 1992, 26 (2):309-312.

[12] HEARN D D, BAKER M P. Computer graphics C version [M]. 2nd ed. Tsinghua University Press & PRENTICE HALL, 1998.

[13] DURBECK R, SHERR S. Output hardcopy devices [M]. New York: Academic Press, 1988.

[14] FARIN G. Curves and surfaces for computer aided geometric design a practical guide [M]. 3rd ed. New York: Academic Press, 1993.

[15] FOLEY J D, VAN DAM A, FEINER S K. Computer graphics: principles and practice [M].

2nd ed. Addison-Wesley, 1990.

[16] FOURNIER A, FUSSELL D, CARPENTER L. Computer rendering of stochastic models. Communications of the ACM, 1982, 25 (6): 371-384.

[17] FOURNIER A, MONTUNO D Y. Triangulating simple polygons and equivalent problems. ACM Transactions on Graphics, 1984, 3 (2): 153-174.

[18] HALL R. Illumination and color in computer generated imagery [M]. New York: Springer-Verlag, 1989.

[19] HU S M, TONG R F, TAO J, et al. Approximate merging of a pair of Bézier curves [J]. Computer-Aided Design, 2001, 33 (2): 125-136.

[20] KLASSEN R V. Modeling the effect of the atmosphere on light [J]. ACM Transactions on Graphics, 1987, 6 (3): 215-237.

[21] IMMEL D S, COHEN M F, GREENBERG D P. A radiosity method for non-diffuse environments [J]. ACM SIGGRAPH Computer Graphics, 1986, 20 (4): 133-142.

[22] KENT J R, CARLSON W E, PARENT R E. Shape transformation for polyhedral objects [J]. ACM SIGGRAPH Computer Graphics, 1992, 26 (2): 47-54.

[23] LIANG Y D, BARSKY B A. An analysis and algorithm for polygon clipping [J]. Communications of the ACM, 1983, 26 (11): 868-877.

[24] LINDLEY C A. Practical ray tracing in C [M]. New York: Wiley, 1992.

[25] MAGNENAT-THALMANN N, THALMANN D. Complex models for animating synthetic actors [J]. IEEE Computer Graphics and Applications, 1991, 11 (5): 32-44.

[26] MANDELBROT B B. The fractal geometry of nature [M]. 2nd ed. San Francisco: W. H. Freeman and Co. , 1982.

[27] MAX N L. Atmospheric illumination and shadows [J]. ACM SIGGRAPH Computer Graphics, 1986, 20 (4): 117-124.

[28] MEAGHER D. Geometric modeling using octree encoding [J]. Computer Graphics and Image Processing, 1982, 19 (1): 129-147.

[29] MILLER G S P. The motion dynamics of snakes and worms [J]. Computer Graphics, 1988, 22 (4): 169-178.

[30] MILLER G, PEARCE A. Globular dynamics: a connected particle system for animating viscous fluids [J]. Computers & Gaphics, 1989, 13 (3): 305-309.

[31] MURTA A, MILLER J. Modelling and rendering liquids in motion. Proceedings of WSCG: 194-201.

[32] PAN Y H, HE Z. A system to create computer-aided art patterns [G] //Knowledge Engineering and Computer Modelling in CAD. Oxford: Butterworth-Heinemann, 1986: 367-378.

[33] REEVES W T. Particle system: a technique for modeling a class of fuzzy objects [J]. Com-

puter Graphics，1983，17（3）：359-375.

[34] SEDERBERG T W，PARRY S R. Free-form deformation of solid geometric models [J]. Computer Graphics，1986，20（4）：151-160.

[35] SEDERBERG T W，GREENWOOD E. A physically based approach to 2-D shape blending [J]. Computer Graphics，1992，26（2）：25-34.

[36] SEDERBERG T W，PARRY S R. Free-form deformation of solid geometric models [J]. Computer Graphics，1986，20（4）：151-160.

[37] SEDERBERG T W，GAO P，WANG G J，et al. 2-D shape blending：an intrinsic solution to the vertex path problem [C] //Proceedings of the 20th annual conference on Computer graphics and interactive techniques. New York：Association for Computing Machinery，1993：15-18.

[38] SUTHERLAND I E，HODGMAN G W. Reentrant polygon clipping [J]. Communications of the ACM，1974，17（1）：32-42.

[39] SMITHERS T. AI-based versus geometry-based design or why design cannot be supported by geometry alone [J]. Computer-Aided Design，1989，21（3）：141-150.

[40] TERZOPOULOS D，PLATT J，BARR A. Elastically deformable models [J]. Computer Graphics，1987，21（4）：205-214.

[41] THALMANN D. Scientific visualization and graphics simulation [M]. New York：John Wiley & Sons，1990.

[42] MAGNENAT-THALMANN N，THALMANN D. Complex models for animating synthetic actors [J]. IEEE Computer Graphics and Applications，1991，11（5）：32-44.

[43] TONG R F，DONG J X. A hybrid model for smoke simulation [J]. Journal of Computer Science and Technology，2002，17（4）：512-516.

[44] 孙家广，杨长贵. 计算机图形学（新版）[M]. 北京：清华大学出版社，1995.

[45] 孙家广，胡事民. 计算机图形学基础教程 [M]. 2 版. 北京：清华大学出版社，2009.

[46] 潘云鹤. 计算机辅助色彩设计的原理与方法 [J]. 浙江大学学报：计算机专辑，1985.

[47] 潘云鹤. CAD 系统与方法 [M]. 杭州：浙江大学出版社，2001.

[48] 彭群生，鲍虎军，金小刚. 计算机真实感图形的算法基础 [M]. 北京：科学出版社，1999.

[49] 施法中. 计算机辅助几何设计与非均匀有理 B 样条 [M]. 北京：高等教育出版社，2001.

[50] 石教英，蔡文立. 科学计算可视化算法与系统 [M]. 北京：科学出版社，1996.

[51] 苏步青，刘鼎元. 计算几何 [M]. 上海：上海科技出版社，1980.

[52] 唐荣锡，汪嘉夜，彭群生，汪国昭. 计算机图形学教程 [M]. 修订版. 北京：科学出版社，2000.

[53] 王国瑾，汪国昭，郑建民. 计算机辅助几何设计 [M]. 北京：高等教育出版社 & 施普林格出版社，2001.
[54] 许隆文. 计算机绘图 [M]. 北京：机械工业出版社，1989.
[55] 朱心雄. 自由曲线曲面造型技术 [M]. 北京：科学出版社，2000.
[56] GROSS M. Processing and rendering of point sampled geometry [C] //Pacific Conference on Computer Graphics and Applications. Los Alamitos: IEEE Computer Society, 2001: 210-211.
[57] LAWSON C L. Generation of a triangular grid with application to contour plotting [J]. memo jet propulsion laboratory, 1972.
[58] SIBSON R. Locally equiangular triangulations [J]. The Computer Journal, 1978, 21 (3): 243-245.
[59] GREEN P J, SIBSON R. Computing Dirichlet tessellations in the plane [J]. The Computer Journal, 1978, 21 (2): 168-173.
[60] BOWYER A. Computing Dirichlet tessellations [J]. The Computer Journal, 1981, 24 (2): 162-166.
[61] WATSON D F. Computing the n-dimensional Delaunay tessellation with application to Voronoi polytopes [J]. The Computer Journal, 1981, 24 (2): 167-172.
[62] AMENTA N, BERN M. Surface reconstruction by Voronoi filtering [J]. Discrete & Computational Geometry, 1999, 22 (4): 481-504.
[63] AMENTA N, BERN M, KAMVYSSELIS M. A new Voronoi-based surface reconstruction algorithm [C] //Proceedings of the 25th annual conference on Computer graphics and interactive techniques. New York: Association for Computing Machinery, 1998: 415-421.
[64] AMENTA N, CHOI S, DEY T K, et al. A simple algorithm for homeomorphic surface reconstruction. International Journal of Computational Geometry & Applications, 2011, 12: 125-141.
[65] LORENSEN W E, CLINE H E. Marching cubes: A high resolution 3D surface construction algorithm [J]. Computer Graphics, 1987, 21 (4): 163-169.
[66] BLOOMENTHAL J. An implicit surface polygonizer [M] //HECKBERT P S. Graphics gems IV. Cambridge: Academic Press Professional, 1994: 324-349.
[67] MURAKI S. Volumetric shape description of range data using "Blobby Model" [J]. Computer Graphics, 1991, 25 (4): 227-235.
[68] FLOATER M S, ISKE A. Multistep scattered data interpolation using compactly supported radial basis functions [J]. Journal of Computational and Applied Mathematics, 1996, 73 (1/2): 65-78.
[69] WENDLAND H. Fast evaluation of radial basis functions: methods based on partition of unity [M] //CHUI C K, SCHUMAKER L L, J. STÖCKLER J. Approximation theory X: wavelets,

splines, and applications. Nashville: Vanderbilt University Press, 2002: 473-483.

[70] OHTAKE Y, BELYAEV A, SEIDEL H P. A multi-scale approach to 3D scattered data interpolation with compactly supported basis functions [C] //Proceedings of the Shape Modeling International 2003. Washington: IEEE Computer Society, 2003: 153-161.

[71] OHTAKE Y, BELYAEV A, ALEXA M, et al. Multi-level partition of unity implicits [J]. ACM Transactions on Graphics, 2003, 22 (3): 463-470.

[72] TAUBIN G. Estimation of planar curves, surfaces, and nonplanar space curves defined by implicit equations with applications to edge and range image segmentation [J]. IEEE Transactions on Pattern Analysis and Machine Intelligence, 1991, 13 (11): 1115-1138.

[73] KOBBELT L P, BOTSCH M, SCHWANECKE U, et al. Feature sensitive surface extraction from volume data [C] //Proceedings of the 28th annual conference on Computer graphics and interactive techniques. New York: Association for Computing Machinery, 2001: 57-66.

[74] KAZHDAN M. Reconstruction of solid models from oriented point sets [C] //Proceedings of the third Eurographics symposium on Geometry processing. Goslar: Eurographics Association, 2005: 73-82.

[75] DAVIS J, MARSCHNER S R, GARR M, et al. Filling holes in complex surfaces using volumetric diffusion [C] //Proceedings. First International Symposium on 3D Data Processing Visualization and Transmission. IEEE, 2002: 428-441.

[76] LIEPA P. Filling holes in meshes [C] // Proceedings of the 2003 Eurographics/ACM SIGGRAPH symposium on Geometry processing. Goslar: Eurographics Association, 2003: 200-205.

[77] SHARF A, ALEXA M, COHEN-OR D. Context-based surface completion [J]. ACM Transactions on Graphics, 2004, 23 (3): 878-887.

[78] CHEN C, Y, Cheng K Y. A sharpness-dependent filter for recovering sharp features in repaired 3D mesh models [J]. IEEE Transactions on Visualization and Computer Graphics, 2008, 14 (1): 200-212.

[79] HOPPE H, DEROSE T, DUCHAMP T, et al. Mesh optimization [C] //Proceedings of the 20th annual conference on Computer graphics and interactive techniques. New York: Association for Computing Machinery, 1993: 19-26.

[80] GARLAND M, HECKBERT P S. Surface simplification using quadric error metrics [C] // Proceedings of the 24th annual conference on Computer graphics and interactive techniques. ACM Press/Addison-Wesley Publishing Co. , 1997: 209-216.

[81] TAUBIN G. A signal processing approach to fair surface design [C] //Proceedings of the 22nd annual conference on Computer graphics and interactive techniques. New York: Association for Computing Machinery, 1995: 351-358.

[82] DESBRUN M, MEYER M, P SCHRÖDER P, et al. Implicit fairing of irregular meshes using diffusion and curvature flow [C] //Proceedings of the 26th annual conference on Computer graphics and interactive techniques. ACM Press/Addison - Wesley Publishing Co., 1999: 317-324.

[83] FLEISHMAN S, DRORI I, COHEN-OR D. Bilateral mesh denoising [J]. ACM Transactions on Graphics, 2003, 22 (3): 950-953.

[84] KOBBELT L, CAMPAGNA S, VORSATZ J, et al. Interactive multi-resolution modeling on arbitrary meshes [C] //Proceedings of the 25th annual conference on Computer graphics and interactive technique. New York: Association for Computing Machinery, 1998: 105-114.

[85] 唐敏，童若锋，董金祥. 基于 GPU 的曲面自适应细分 [J]. 浙江大学学报（工学版），2008，42（7）：1145-1149.

[86] 唐敏，CHOU S C，董金祥. GPU 上的非侵入式风格化渲染 [J]. 计算机辅助设计与图形学学报，2005，17（12）：2613-2618.

[87] BAILEY M. GLSL geometry shaders [EB/OL].

[88] ZHANG Z. A exible new technique for camera calibration [J]. IEEE Transactions on pattern analysis and machine intel-ligence, 2000, 22 (11): 1330-1334.

[89] DOSOVITSKIY A, FISCHER P, ILG E, et al. FlowNet: Learning optical flow with convolutional networks [C] //2015 IEEE International Conference on Computer Vision. IEEE, 2015: 2758-2766.

[90] CHANG J R, CHEN Y S. Pyramid stereo matching network [C] //2018 IEEE/CVF Conference on Computer Vision and Pattern Recognition. IEEE, 2018: 5410-5418.

[91] ZHOU T, BROWN M, SNAVELY N, et al. Unsupervised learning of depth and ego-motion from video [C] //2017 IEEE Conference on Computer Vision and Pattern Recognition. IEEE, 2017: 1851-1858.

[92] WAN J, YILMAZ A, YAN L. DCF-BoW: Build match graph using bag of deep convolutional features for structure from motion [J]. IEEE Geoscience and Remote Sensing Letters, 2018, 15 (12): 1847-1851.

[93] SIMO-SERRA E, TRULLS E, FERRAZ L, et al. Discriminative learning of deep convolutional feature point descriptors [C] //2015 IEEE International Conference on Computer Vision. IEEE, 2015: 118-126.

[94] SAVINOV N, SEKI A, LADICKY L, et al. Quad-networks: Unsupervised learning to rank for interest point detection [C] //2017 IEEE Conference on Computer Vision and Pattern Recognition. IEEE, 2017: 3929-3937.

[95] DUSMANU M, ROCCO I, PAJDLA T, et al. D2-Net: Atrainable CNN for joint description and detection of local features [C] //2019 IEEE/CVF Conference on Computer Vision and

Pattern Recognition. IEEE, 2019: 8084-8093.

[96] OR-EL R, ROSMAN G, WETZLER A, et al. RGBD-Fusion: Real-time high precision depth recovery [C] //2015 IEEE Conference on Computer Vision and Pattern Recognition. IEEE, 2015: 5407-5415.

[97] SENGUPTA S, KANAZAWA A, CASTILLO C D, et al. SfSNet: Learning shape, reflectance and illuminance of faces in the wild [C] //2018 IEEE/CVF Conference on Computer Vision and Pattern Recognition. IEEE, 2018: 6296-6305.

[98] YANG D, DENG J. Shape from shading through shape evolution [C] //2018 IEEE/CVF Conference on Computer Vision and Pattern Recognition. IEEE, 2018: 3781-3790.

[99] BLANZ V, VETTER T. A morphable model for the synthesis of 3D faces [C] //Proceedings of the 26th annual conference on Computer graphics and interactive techniques: SIGGRAPH'99. ACM Press/Addison-Wesley Publishing Co. , 1999: 187-194.

[100] CAO C, WENG Y, ZHOU S, et al. FaceWarehouse: A 3D facial expression database for visual computing [J]. IEEE Transactions on Visualization and Computer Graphics, 2014, 20 (3): 413-425.

[101] PAYSAN P, KNOTHE R, AMBERG B, et al. A 3D face model for pose and illumination invariant face recognition [C] //Proceedings of the 2009 Sixth IEEE International Conference on Advanced Video and Signal Based Surveillance. IEEE Computer Society, 2009: 296-301.

[102] ANGUELOV D, SRINIVASAN P, KOLLER D, et al. SCAPE: Shape completion and animation of people [J]. ACM Transactions on Graphics, 2005, 24 (3): 408-416.

[103] SONG D, TONG R F, CHANG J, et al. 3D Body shapes estimation from dressed-human silhouettes [J]. Computer Graphics Forum, 2016, 35 (7): 147-156.

[104] CHENG K L, TONG R F, TANG M, et al. Parametric human body reconstruction based on sparse key points [J]. IEEE Transactions on Visualization and Computer Graphics, 2016, 22 (11): 2467-2479.

[105] BRIDSON R, FEDKIW R, ANDERSON J. Robust treatment of collisions, contact and friction for cloth animation [J]. ACM Transactions on Graphics, 2002, 21 (3): 594-603.

[106] TANG M, MANOCHA D, YOON S E, et al. VolCCD: Fast continuous collision culling between deforming volume meshes [J]. ACM Transactions on Graphics, 2011, 30 (5): 1-15.

[107] TANG M, MANOCHA D, Tong R F. Fast continuous collision detection using deforming non-penetration filters [C] //Proceedings of ACM SIGGRAPH Symposium on Interactive 3D Graphics and Games: I3D' 10. New York: Association for Computing Machinery, 2010: 7-13.

[108] TANG M, CURTIS S, YOON S E, et al. ICCD: Interactive continuous collision detection between deformable models using connectivity-based culling [J]. IEEE Transactions on Visualization and Computer Graphics, 2009, 15 (4): 544-557.

[109] TANG M, MANOCHA D, TONG R F. MCCD: Multi-core collision detection between deformable models using front-based decomposition [J]. Graphical Models, 2010, 72 (2): 7-23.

[110] TANG M, MANOCHA D, LIN J, et al. Collision-streams: fast GPU-based collision detection for deformable models [C] //Symposium on Interactive 3D Graphics and Games: I3D'11. New York: Association for Computing Machinery, 2011: 63-70.

[111] TANG M, TONG R F, WANG Z D, et al. Fast and exact continuous collision detection with Bernstein sign classification [J]. ACM Transactions on Graphics, 2014, 33 (6): 1-8.

[112] WANG Z D, TANG M, TONG R F, et al. TightCCD: Efficient and robust continuous collision detection using tight error bounds [J]. Computer Graphics Forum, 2015, 34 (7): 289-298.

[113] 杨柳枝. 月面探测可视化仿真系统中若干关键技术的设计与实现 [D]. 杭州: 浙江大学, 2020 年.

[114] 浙江大学计算机科学与技术学院. GS-CAD 用户手册 [Z]. 2020 年.